CAD/CAM/CAE 工程应用系列丛书

互联网+创新型“十四五”精品教材

中文版 Pro/E Wildfire 5.0
实例教程
（微课版）

主　编　刘喜峰　单桂峰　刘　平

副主编　林　美　茹　岩　王　静

U0810929

哈爾濱工程大學出版社
Harbin Engineering University Press

内 容 简 介

本书共 10 章，主要包括 Pro/E Wildfire 5.0 基础、二维草绘的基本操作、基础特征的创建、基准特征的创建、工程特征的创建、模型特征的编辑、其他特征的创建、产品装配的设计、工程图的设计，以及综合应用经典实例相关内容，读者学后可以融会贯通、举一反三，快速熟悉并使用 Pro/E Wildfire 5.0。

本书结构清晰，语言简洁，既可作为应用型本科院校、职业院校的教材，也可作为各类初、中级的 Pro/E Wildfire 和 CAD 读者的参考用书，还可作为各类计算机培训中心的教材。

图书在版编目（CIP）数据

中文版 Pro/E Wildfire 5.0 实例教程 ：微课版 / 刘喜峰，单桂峰，刘平主编. —哈尔滨 ：哈尔滨工程大学出版社，2024.1

ISBN 978-7-5661-4246-7

I. ①中… II. ①刘… ②单… ③刘… III. ①机械设计－计算机辅助设计－应用软件－教材 IV. ①TH122

中国国家版本馆 CIP 数据核字（2024）第 020177 号

中文版 Pro/E Wildfire 5.0 实例教程（微课版）

ZHONGWENBAN Pro/E Wildfire 5.0 SHILI JIAOCHENG（WEIKE BAN）

责任编辑 吴振雷

封面设计 赵俊红

出版发行 哈尔滨工程大学出版社

社　　址 哈尔滨市南岗区南通大街 145 号

邮政编码 150001

发行电话 0451-82519328

传　　真 0451-82519699

经　　销 新华书店

印　　刷 三河市中晟雅豪印务有限公司

开　　本 787 mm×1 092 mm 1/16

印　　张 18

字　　数 460 千字

版　　次 2024 年 1 月第 1 版

印　　次 2024 年 1 月第 1 次印刷

书　　号 ISBN 978-7-5661-4246-7

定　　价 79.80 元

http://www.hrbeupress.com

E-mail:heupress@hrbeu.edu.cn

前　言

党的二十大报告提出，“建设现代化产业体系。坚持把发展经济的着力点放在实体经济上，推进新型工业化，加快建设制造强国、质量强国、航天强国、交通强国、网络强国、数字中国”。

Pro/E 自问世以来，已逐渐成为世界上较为普及的三维 CAD/CAM 系统标准软件，广泛应用于航空航天、自动化、机械、电子、模具和家用电器等各行业中。Pro/E 现已成为国内外大专院校机械设计、工业设计的专业必修课，也是现代制造业工程技术人员的必备技能。

本书以 Pro/E 最新的版本 Pro/E Wildfire 5.0 为例，立足于软件的入门和行业的提高，由浅入深、从易到难，对 Pro/E Wildfire 5.0 进行了全面地讲解，可满足 Pro/E 初、中级学者的需求。读者学习本书，有助于响应科技兴邦、实干兴邦的二十大精神，掌握一门实用的技术，提升自身的能力。本书主要有以下特色。

（1）全面的功能应用：工具、按钮、菜单、命令、快捷键、理论、实战演练等应有尽有，内容详细、具体，是一本自学手册。

（2）海量的案例实战：书中安排了 200 多个精辟范例，以实例加理论的方式，进行了全面、细致地讲解，读者可以边学边用。

（3）配套的资源赠送：270 多分钟书中实例操作重现的演示视频，350 多个与书中同步的素材和效果源文件，可以随调随用。

本书共 10 章，主要包括 Pro/E Wildfire 5.0 基础、二维草绘的基本操作、基础特征的创建、基准特征的创建、工程特征的创建、模型特征的编辑、其他特征的创建、产品装配的设计、工程图的设计，以及综合应用经典实例相关内容。

本书由刘喜峰（山东省菏泽化工高级技工学校）、单桂峰（昆明冶金高等专科学校）、刘平（肥城市职业中等专业学校）担任主编，由林美（山东省烟台护士学校）、茹岩（柳州铁道职业技术学院）、王静（漯河职业技术学院）担任副主编。本书的相关资料和售后服务可扫封底微信二维码或登录 www.bjzzwh.com 下载获得。

由于编者水平有限，书中难免存在疏漏和不当之处，敬请各位专家及读者批评指正。

编　者

目　录

第 1 章　Pro/E Wildfire 5.0 基础

第 2 章　二维草绘的基本操作

第 3 章　基础特征的创建

第 4 章　基准特征的创建

第 5 章　工程特征的创建

第 6 章　模型特征的编辑

第 7 章　其他特征的创建

第 8 章　产品装配的设计

第 9 章　工程图的设计

第 10 章 综合应用经典实例

第 1 章
Pro/E Wildfire 5.0 基础

随着计算机辅助设计——CAD（computer aided design）技术的飞速发展和普及，越来越多的工程设计人员开始利用计算机进行产品的设计和开发，Pro/E Wildfire 5.0 作为流行的高端三维 CAD 软件，越来越受到我国工程技术人员的青睐。

本章主要向用户介绍 Pro/E Wildfire 5.0 的系统环境配置、三维建模设置，以及工作界面的组成、文档的基本操作等内容。

本章重点

- 初识 Pro/E Wildfire 5.0
- 三维建模前的两种设置
- Pro/E Wildfire 5.0 的工作界面
- 文档的六种基本操作

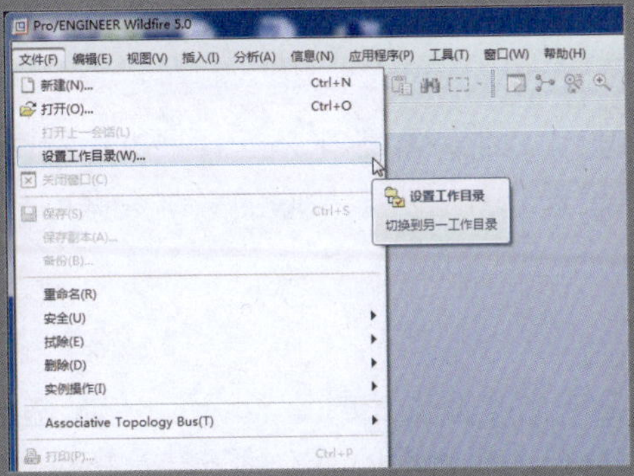

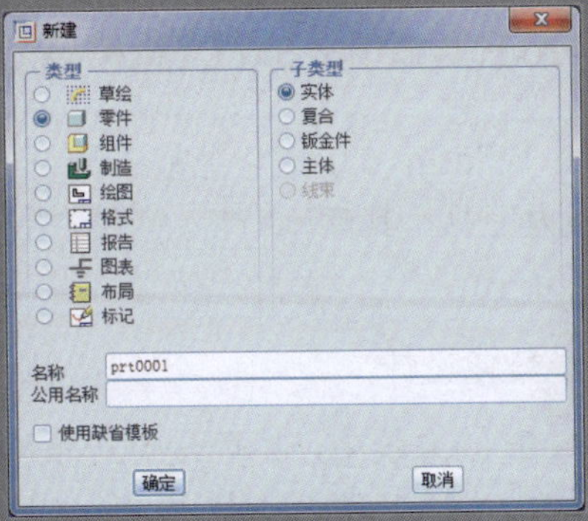

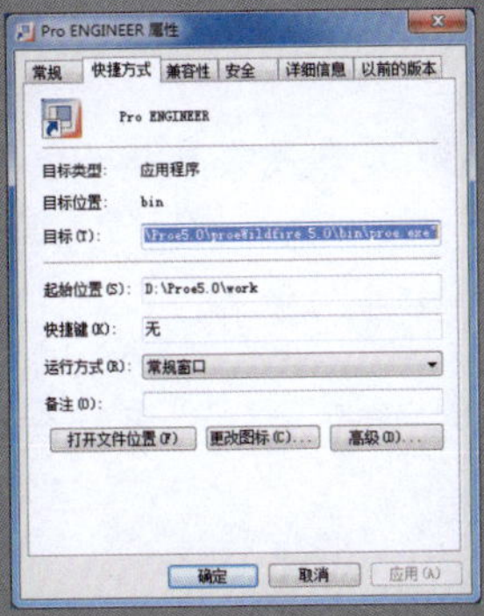

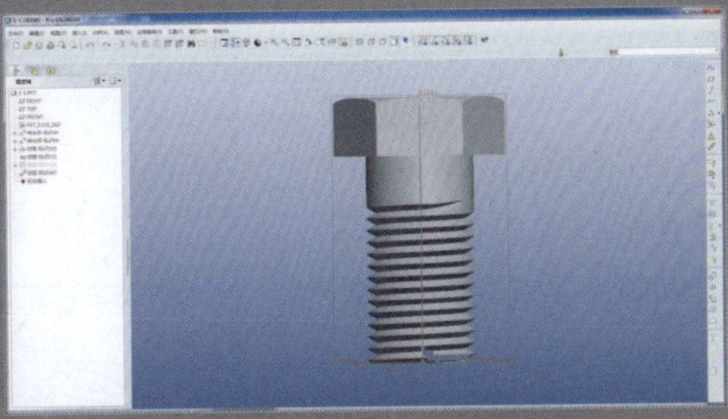

1.1 Pro/E Wildfire 5.0 入门基础

在学习 Pro/E Wildfire 5.0 之前，首先需要了解 Pro/E Wildfire 5.0 的发展历程、建模特征、新特性和系统环境配置。

1.1.1 Pro/E Wildfire 5.0 简介

美国参数技术公司（parametric technology corporation，PTC）1985 年成立于美国波士顿。该公司自 1989 年上市伊始，即引起机械界的极大震动，其销售额及净利润连续 50 个季度递增，每年以翻番的速度增长。pro engineer（Pro/E）软件产品的总体设计思想体现了主机入侵防御系统（malware defende，MD）软件的发展趋势，在国际 MD 软件市场已处于领先地位。

PTC 提出的单一数据库、参数化、基于特征、完全关联及工程数据再利用等概念改变了模型驱动架构（model driven architecture，MDA）的传统观念，这种全新的概念已成为当今世界 MDA 领域的新标准。

利用此概念写成的 Pro/E Wildfire 5.0 能将产品从设计至生产的过程集成在一起，让所有用户同时进行同一产品的设计制造工作，即所谓的并行工程。Pro/E Wildfire 5.0 目前包括多个专用模块，涉及工业设计、机械设计、功能仿真、加工制造等方面，能为用户提供全套解决方案。

Pro/E Wildfire 5.0 的系统应用范围横跨许多行业，比如航空、航天、汽车、船舶、机械工业、模具、工业设计、信息家电、通信和电子等，其功能应用包括实体与曲面设计、零件组装、二维工程图制作、管路设计、异种格式文件处理、机构仿真与有限元素分析、CAE 技术、钣金设计、模具设计、电缆设计、机械加工、逆向工程、同步工程、电路设计等。

1.1.2 Pro/E Wildfire 5.0 的建模特征

Pro/E Wildfire 5.0 是一个基于特征的全参数化软件，参数化是一种把设计意图融入三维模型的强大工具，其建模特征主要包括参数化设计和具有完全关联的系统数据库，下面分别进行简要介绍。

1．参数化设计

在 Pro/E 的系统中，特征是一个重要的概念，是零件设计的基本单元，包括基准、拉伸、孔、倒圆角、倒角、切口、阵列和扫描等几何特征。而所谓的参数化设计是指以尺寸参数来描述和驱动零件或装配体等模型，任何模型参数的改变都会导致其相关特征的自动更新，并且可以给相关尺寸参数设定关系来更好地把握设计意图。

参数化设计这一特性，使设计人员能够以最自然、直观的思考方式来从事设计工作，并在设计过程中轻易改变模型，让设计工作更加简易和灵活。

2．具有完全关联的系统数据库

Pro/E Wildfire 系统虽然包含众模块，但这些模块都是建立在完全关联的系统数据库之上的。完全关联是指在整个设计过程中，任何一处的改变都可以反映在整个设计过程的相关环节上。

例如，在零件模式下改变某零件的一个特征，那么其对应的装配体、工程图、模具和数字控制（numerical control，NC）刀具路径等相关设计也会随之自动更新。这一特性，使得设计修改工作变得简捷，从而提高了系统的执行效率，并且能够在所有适当的团队成员之间完美地共享数字化产品数据。

1.1.3　Pro/E Wildfire 5.0 的特性

Pro/E Wildfire 5.0 已经将传统意义上服务于设计工程师个体的三维机械设计软件，提升到服务产品设计的全过程、服务整个设计团队乃至全球并行设计的一整套产品设计解决方案，并有机地结合客户的需求和对供应商的要求，使设计的产品在最短的时间内最大地满足客户的需要，其功能已将其竞争对手远远地抛到后面。下面主要简述 Pro/E Wildfire 5.0 的主要特性。

1．方便易用

Pro/E 重新定义如何创建一流的产品，如何在最短的时间内连续不断地创建新设计，如何更有效地与小组成员合作，如何在设计进入生产阶段时对设计进行有效的控管。

中文版 Pro/E Wildfire 5.0 带来多样的增强功能，以及高度的可用性和特征，可以使用户迅速地完成设计项目。其方便易用主要体现在交互式曲面设计、高级图像渲染、直接建模、模型预览等方面。

2．适应面广

在听取了各个方面的资深 Pro/E 用户的意见后，PTC 努力研发，改进了 Pro/E 的功能，使用户可以更加轻松地完成工作。无论是结构工程师、生产设计工程师、制造工程师还是 CAD 管理员等，都可以在中文版 Pro/E Wildfire 5.0 中找到所期盼的功能。

3．激发灵感，创造一流产品

兼顾精确的设计及效率，专注于过程和基础结构数年之后，现在优秀企业又回到了最重要的事情上，即制造出优秀产品。这意味着，所制造的产品不仅外观漂亮，而且性能卓越，并且要保证产品快速到达客户手中。

中文版 Pro/E Wildfire 5.0 中使用新的零件建模、布线系统、智能化钣金设计增强功能以及实时拟真图彩等功能，可以让用户创建一流的产品。

4．完全适合解决目前最棘手的制造问题

现在的全球制作环境与过去几年的汽车厂和工厂大不相同，现在复杂的设计合作伙伴、供货商和客户网络，需要制造工程师拥有深厚的专业技术。

对工程师而言，这不仅仅意味着要寻找先进的成型、铸造、冲压和加工方法，还必须在整个制造过程中确保复杂部件的适用性和一致性，并要照顾所有客户的要求。这些都可以通过使用 Pro/E Wildfire 中的以下五个功能来解决。

- 通过支持 Web（world wide web，即万维网）技术提供前所未有的关联性。
- Windows 接口加快用户的系统导入。
- 统一的工作流程菜单。
- 操控板上包括常用的功能，并放在易于选择的位置。
- 在零件放入模座之前，通过专家模座设计包含图形的用户接口，可实时预览分布情况。

5．改善了 CAD 环境的管理

企业越来越清楚，它们的目标是制造出具有突破性设计和效能绝对可靠的产品——所有这些都要求在一个快速的环境中完成，且质量绝对不能有问题。公司的设计人员和工程师重新成为关注的焦点。这意味着，设计人员和工程师面临着精确最佳化性能的压力。

在中文版 Pro/E Wildfire 5.0 中，用户通过优化的工作流程可以立即提高效率，并且可以提高个人效率，能轻松地升级、安装和运用，交叉版本间的兼容性和互动操作性以及组建全球开发小组等功能，更加满足了用户的需求。

6．提高了创新过程效率

凭借先进的制造能力，在设计过程的早期获得制造过程的输入信息，不仅可以缩短产品的整个上市时间，而且可以降低总体成本。中文版 Pro/E Wildfire 5.0 中的访问数据管理和协作工具，有助于提供最佳的供应和制造过程，并能确保外部合作伙伴访问到最新信息。

中文版 Pro/E Wildfire 5.0 支持 Web 技术，通过类似 Web 的超级链接，可以轻而易举地浏览和交叉引用丰富的模型资料，并把统一资源定位符嵌入用户的设计中，还可以使用浏览器密切地连接到 PTC 的一体化 Windchill（PTC 公司推出的集成应用软件）协同合作及产品开发的解决方案，主要包括浏览线上零件目录、把制造输入合并到用户的设计过程中、快速响应来判断客户需求、自动进行规划和项目管理以及建立自我管理的项目协同作业区等内容。

7．完整而全面的数据管理 CAD

使用 PTC 解决方案，用户可以灵活地控制产品和工程资料，确定什么信息需要管理以及谁需要访问这些资料。这种灵活性能让用户更有效地根据自己的需求来配置数据控制系统。

1.1.4 Pro/E Wildfire 5.0 的配置

在中文版 Pro/E Wildfire 5.0 中，可以通过对文件和系统环境进行配置，使其更符合用户的习惯与需求。

1．配置文件

犹如 Windows 操作系统的注册表可以用来进行系统配置，Pro/E Wildfire 5.0 同样也为用户提供这种功能。用户可以修改 Pro/E Wildfire 5.0 的配置文件以设定其系统环境，如设置常用工作环境和定制常用快捷键等，从而可以减少大量重复操作，实现快捷操作。

配置系统环境

2．配置系统环境

在中文版 Pro/E Wildfire 5.0 中，用户可以对系统环境进行优化与更改，下面以关闭操作中的铃声为例，向用户介绍配置系统环境的操作。

Step 01 单击“工具”|“选项”命令，如图 1-1 所示。

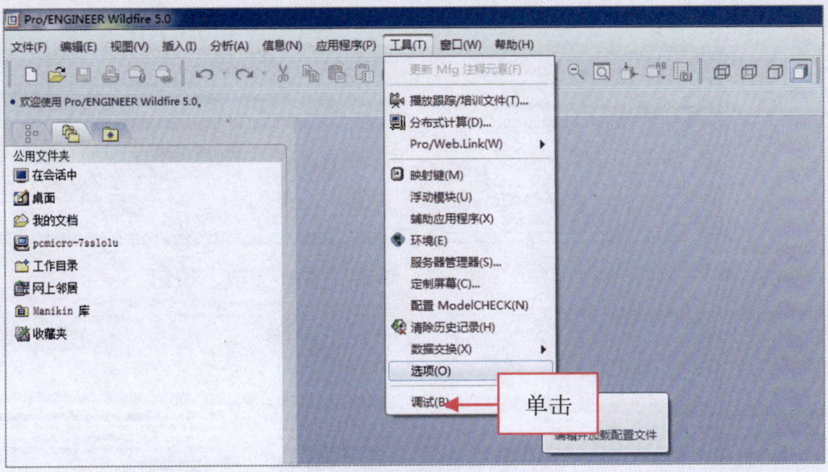

图 1-1　单击“选项”命令

Step 02 在弹出的“选项”对话框中，单击“查找”按钮，如图 1-2 所示。

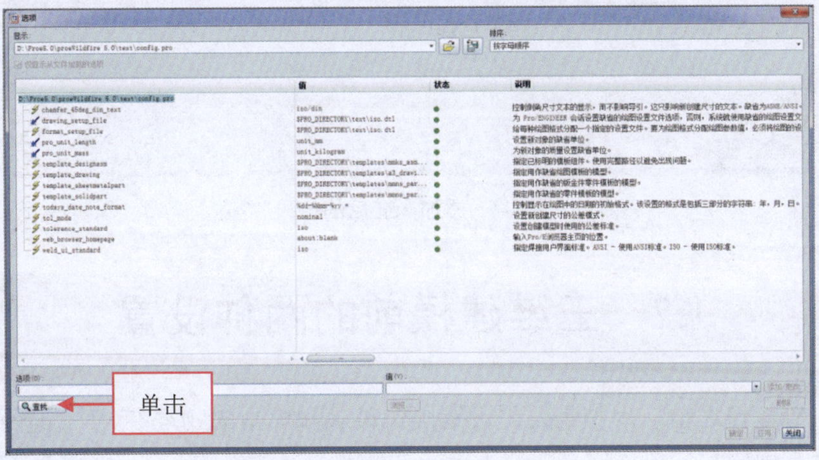

图 1-2　单击“查找”按钮

Step 03 弹出“查找选项”对话框，在“输入关键字”文本框中输入 bell，单击“立即查找”按钮，此时“选择选项”列表框中会显示与查找内容相关的说明，在“设置值”文本框中输入 no，单击“添加/更改”按钮，如图 1-3 所示，将 bell 添加到“选项”对话框的当前进程中。

Step 04 关闭“查找选项”对话框，在“选项”对话框中可以看到所做的改动，单击“确定”按钮，如图 1-4 所示，退出“选项”对话框，即可让设置生效。

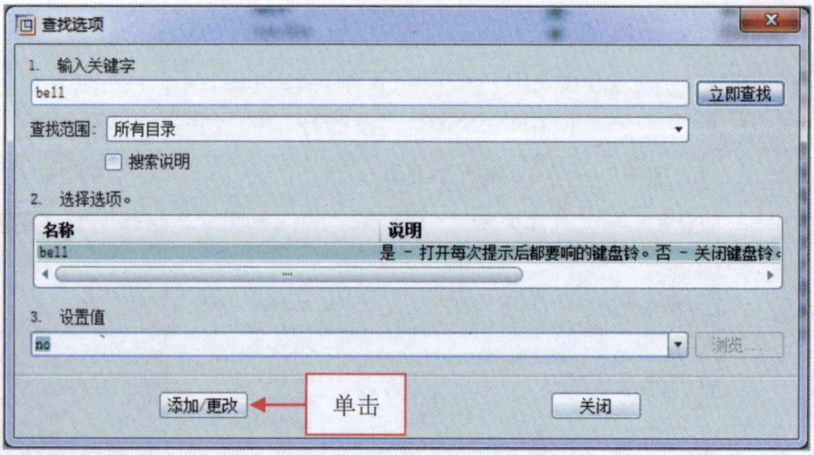

图 1-3　单击“添加/更改”按钮

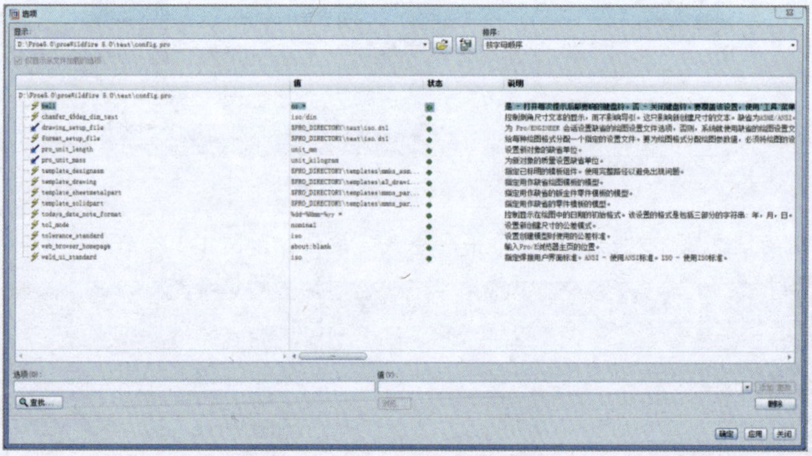

图 1-4　添加 bell 后的效果

1.2　三维建模前的两种设置

在进行三维建模之前，用户需要先设置工作目录和模型的物理参数，下面将分别向用户简述这两种设置的方法及步骤。

设置工作目录（1）

1.2.1　设置工作目录

在开始三维建模前，建议用户先在自己的硬盘上设置一个工作目录，然后在 Pro/E Wildfire 5.0 中指定此工作目录，以便确定文件在硬盘中的位置。

另外，用户在以后的设计过程中，应尽可能一个模型对应一个工作目录，这样有利于造型文件的管理。在设置工作目录的时候，尽量不要采用中文来命名，因为这容易引起 Pro/E Wildfire 5.0 突然退出，给用户带来不必要的损失。在中文版 Pro/E Wildfire 5.0 中，设置工作目录的具体操作步骤如下。

Step 01 选中桌面上的 Pro ENGINEER 快捷方式图标并单击鼠标右键，在弹出的快捷菜单中选择“属性”选项，如图 1-5 所示。

Step 02 弹出“Pro ENGINEER 属性”对话框，在“快捷方式”选项卡中的“起始位置”文本框中，输入要作为目录的路径，单击“确定”按钮，如图 1-6 所示，即可完成工作目录的设置。

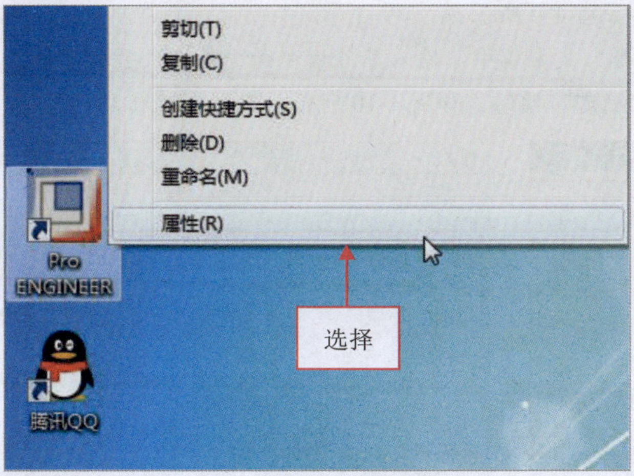

图 1-5　选择“属性”选项

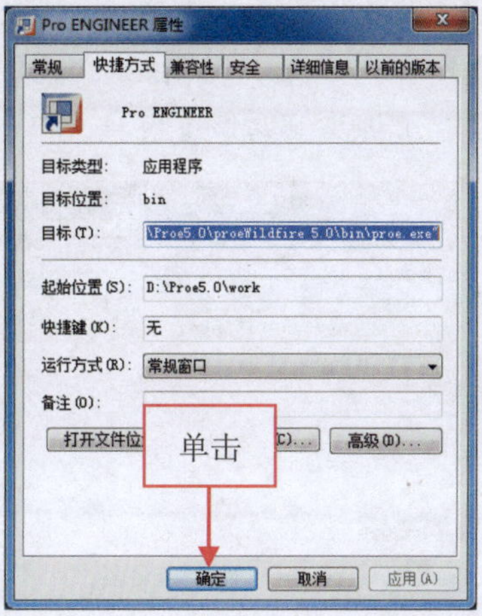

图 1-6　单击“确定”按钮

通过上述方法设置工作目录后，每次启动 Pro/E Wildfire 5.0 时，工作目录都会指向用户自定的路径。此外，用户还可以通过以下步骤，选择当前 Pro/E Wildfire 5.0 进程的不同工作目录，但当退出当前的 Pro/E Wildfire 5.0 进程时，系统不保存新的工作目录设置，其具体操作步骤如下。

设置工作目录（2）

Step 01 单击“文件”|“设置工作目录”命令，如图 1-7 所示。

Step 02 在弹出的“选取工作目录”对话框中，设置要指定的目录，单击“确定”按钮，如图 1-8 所示，即可将指定的目录设置为当前进程的工作目录。

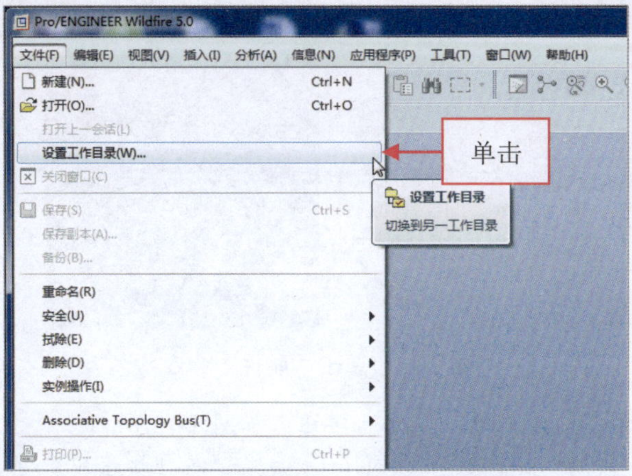

图 1-7　单击“设置工作目录”命令

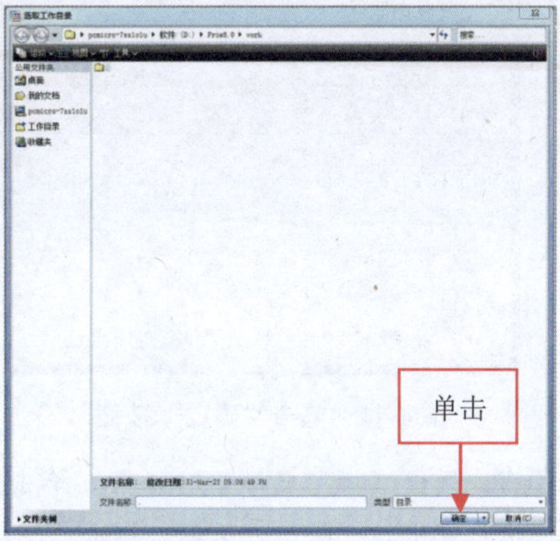

图 1-8　单击“确定”按钮

1.2.2 设置模型的物理参数

设置模型的物理参数

完成工作目录的设置后，应对设计模型的物理参数进行设置，如材料密度、模型质量、尺寸单位等。下面将以模型的材料为例，向用户介绍设置模型的物理参数的操作步骤。

Step 01 单击“文件”|“新建”命令，如图 1-9 所示。

Step 02 弹出“新建”对话框，在“名称”文本框中，输入零件模型的文件名，并取消选中“使用缺省模板”复选框，单击“确定”按钮，如图 1-10 所示，设置新建信息。

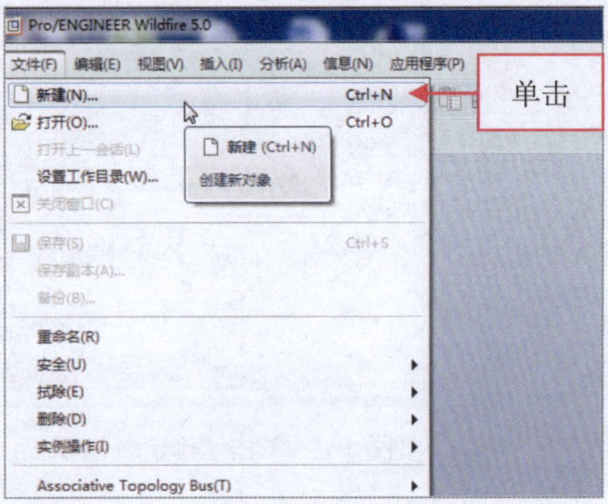

图 1-9 单击“新建”命令

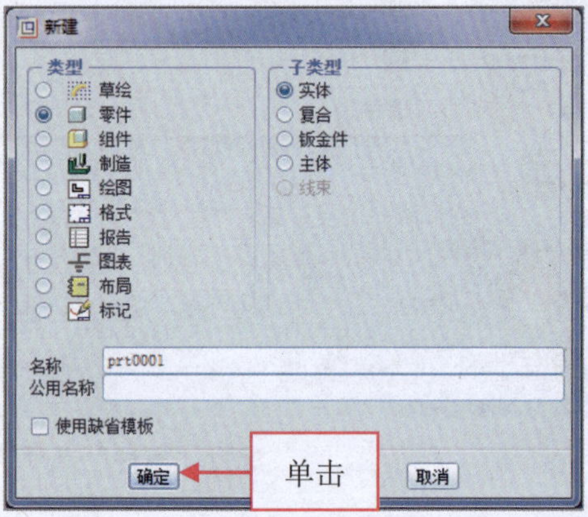

图 1-10 单击“确定”按钮（1）

Step 03 弹出“新文件选项”对话框，在“模板”列表框中选择“空”选项，单击“确定”按钮，如图 1-11 所示，确定新文件的信息设置。

Step 04 进入零件的模型设计窗口，单击“文件”|“属性”命令，如图 1-12 所示，通过属性的调整设置模型的物理参数。

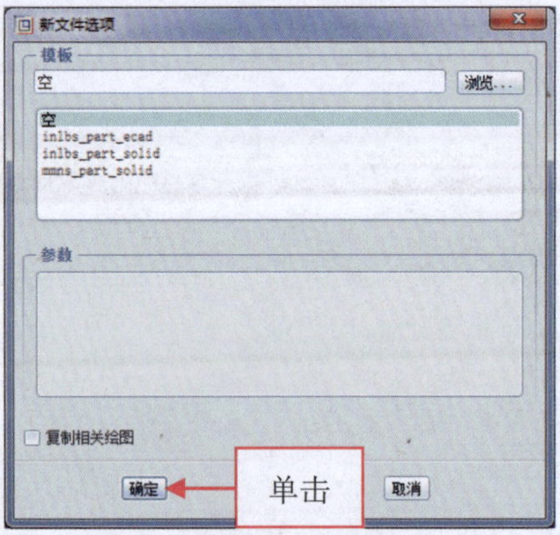

图 1-11 单击“确定”按钮（2）

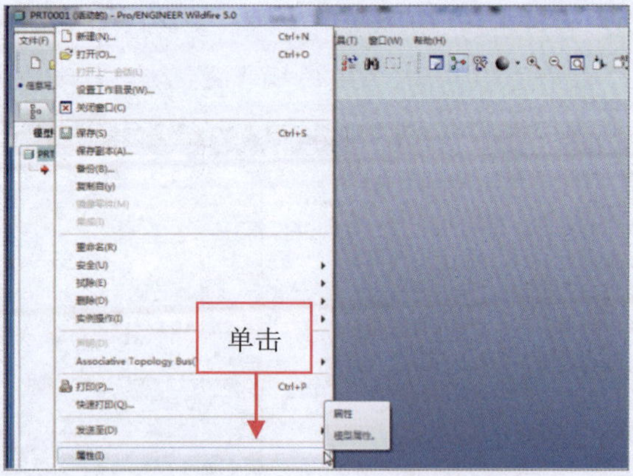

图 1-12 单击“属性”命令

Step 05 弹出“模型属性”对话框，单击“材料”右侧的“更改”按钮，如图 1-13 所示。

Step 06 弹出“材料”对话框，单击“创建新材料”按钮，如图 1-14 所示，通过新建材料设置模型属性。

Step 07 弹出“材料定义”对话框，在“名称”文本框中输入 steel1，单击“保存到模型”按钮，如图 1-15 所示，保存材料定义信息。

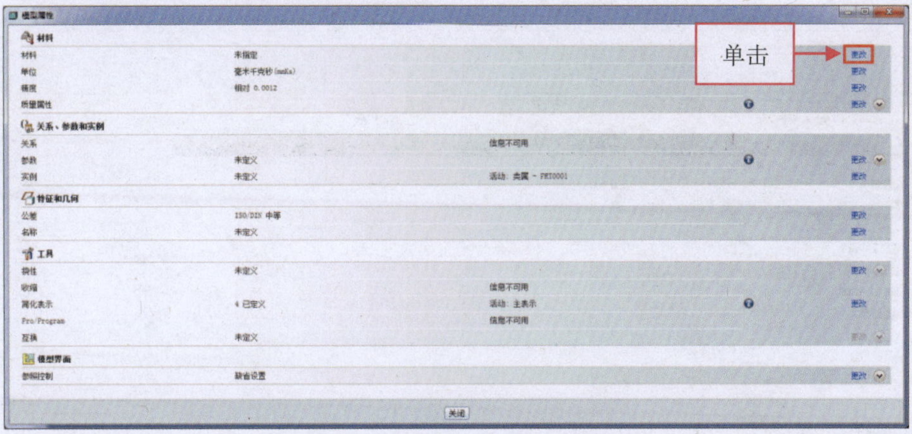

图 1-13 单击“更改”按钮

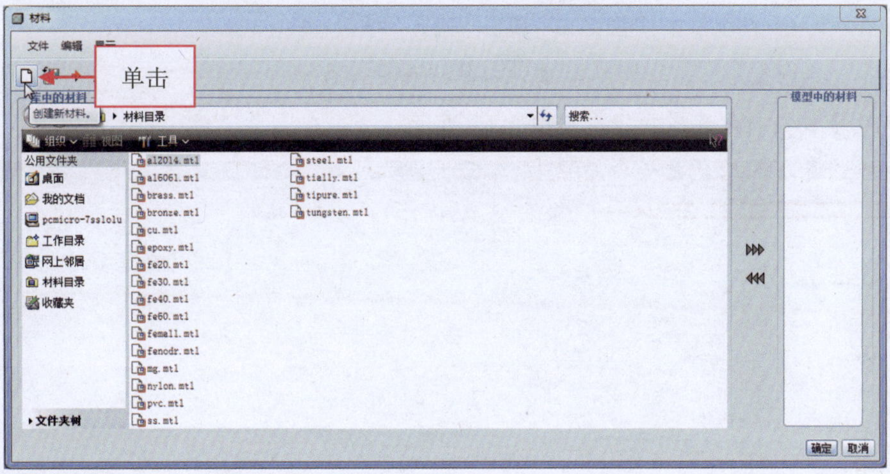

图 1-14 单击“创建新材料”按钮

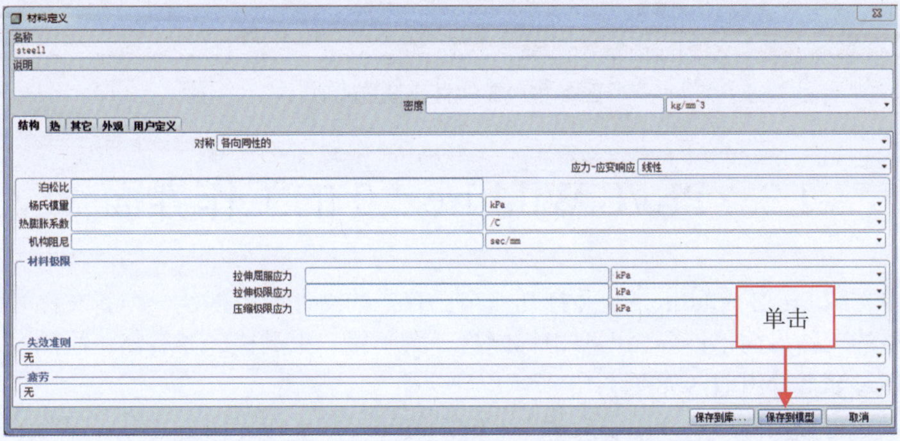

图 1-15 单击“保存到模型”按钮

Step 08 返回“材料”对话框，此时，“模型中的材料”列表框中将显示创建的 steel 材料，单击“确定”按钮，如图 1-16 所示，确认材料信息。

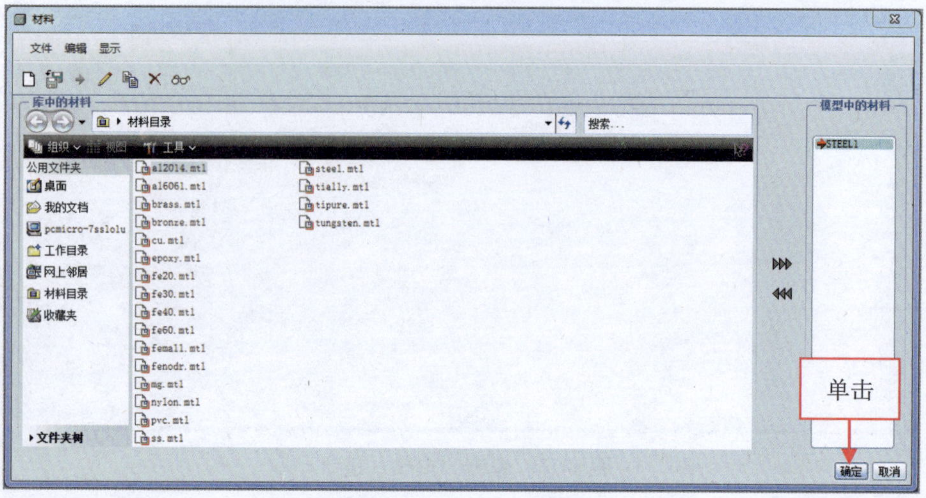

图 1-16　单击“确定”按钮（3）

Step 09 返回“模型属性”对话框，如果“材料”的右侧显示“名称”文本框中输入的内容，就说明零件材料设置成功了，如图 1-17 所示。

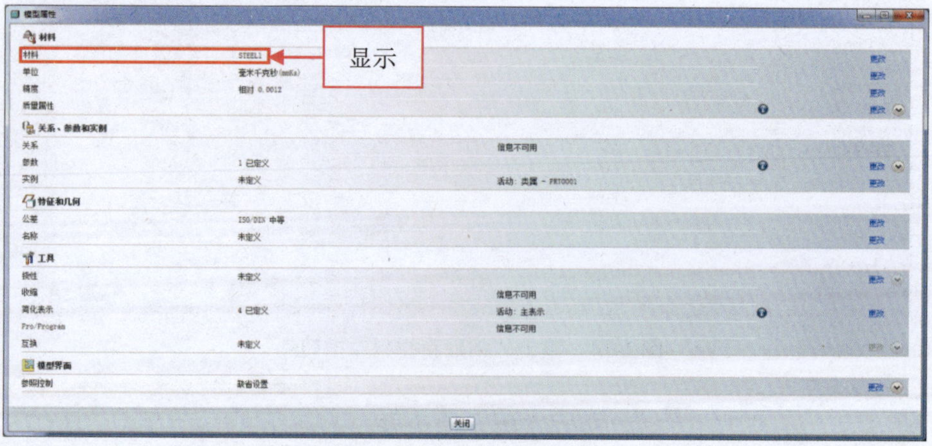

图 1-17　零件材料设置成功

1.3　Pro/E Wildfire 5.0 的工作界面

启动中文版 Pro/E Wildfire 5.0 并打开一个已存在的文件或者创建一个新文件时，可以看到一个完整的工作界面，该界面主要由标题栏、菜单栏、工具栏、导航窗、绘图区、特征工具栏和选择过滤器等组成，如图 1-18 所示。

这一节，将分别向用户介绍中文版 Pro/E Wildfire 5.0 工作界面中各组成部分的功能，让用户快速熟悉 Pro/E Wildfire 5.0 的工作界面。

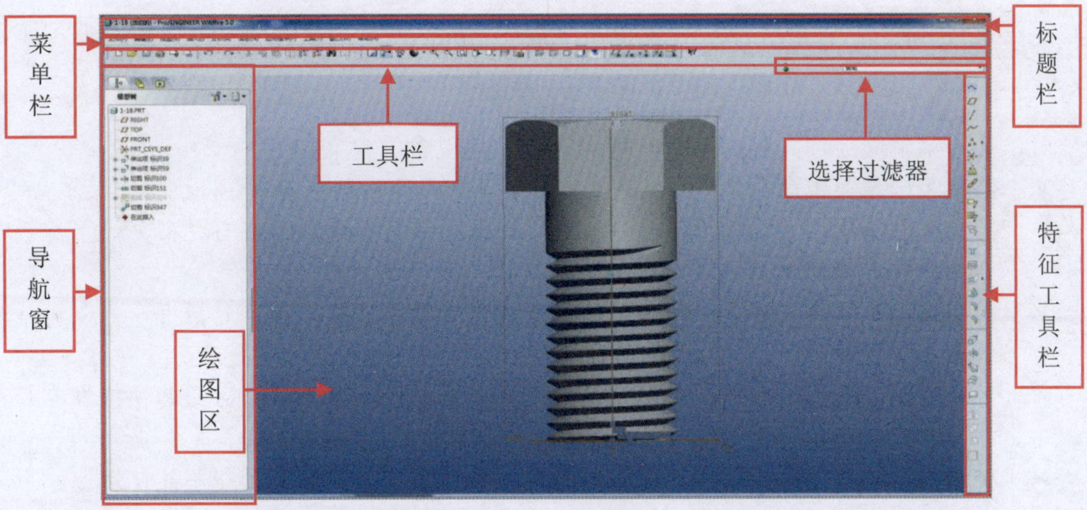

图 1-18 中文版 Pro/E Wildfire 5.0 的工作界面

1.3.1 标题栏

标题栏位于应用程序工作界面的最上方，用于显示当前正在运行的程序名及文件名等信息。如果是 Pro/E Wildfire 5.0 默认的图形文件，其名称为 prt####（#随着打开文件的数目，依次显示为 0001、0002、0003……）。

标题栏的最左端是软件按钮，单击它或在标题栏上单击鼠标右键，会弹出快捷菜单，如图 1-19 所示。在该快捷菜单中，可以完成最小化和最大化窗口、还原窗口、移动窗口和关闭 Pro/E Wildfire 5.0 等操作。

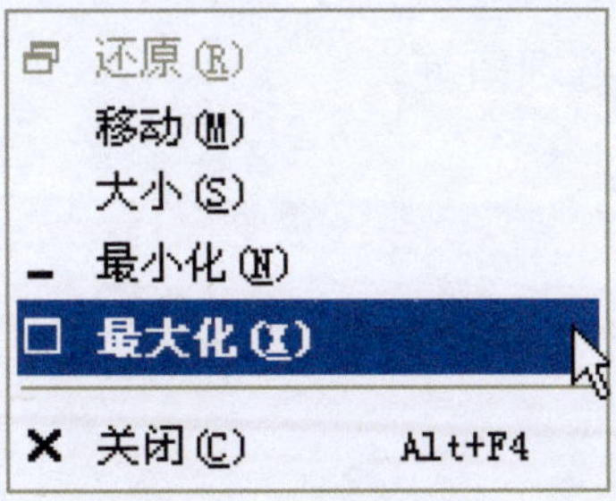

图 1-19 快捷菜单

标题栏的右端有三个按钮，依次为“最小化”“还原”（最大化）和“关闭”按钮，单击它们可以分别最小化、还原（最大化）和关闭当前 Pro/E Wildfire 5.0 程序窗口。

1.3.2 菜单栏

菜单栏位于标题栏的下方，它由“文件”“编辑”“视图”“插入”“分析”“信息”“应用程序”“工具”“窗口”以及“帮助”命令组成，这些命令包括了 Pro/E 基本的窗口操作命令和模型处理功能，如图 1-20 所示。单击任意主菜单命令，将弹出一个列表框，单击其中相应的菜单命令即可对窗口进行操作以及处理模型等。

图 1-20　菜单栏

对于某些菜单命令项，其后面跟有特殊符号，其包含的含义如下。

- **带有组合键菜单命令**：表示在键盘上按下菜单命令后的组合键，将执行该菜单命令。
- **带有小三角形“▸”的菜单命令**：表示选择的该菜单选项还有与之相关的下一级子菜单，将光标移动到该菜单命令上，将弹出子菜单。
- **带有省略号“…”的菜单命令**：表示选择该选项将会弹出一个对话框，可以进一步编辑相关信息。
- **带有快捷键的菜单命令**：表示打开该主菜单时，按下菜单命令后跟的快捷键字母，即可执行相应的命令。
- **灰色显示的菜单命令**：表示在当前的绘图条件下该菜单命令功能不能使用。

1.3.3　工具栏

工具栏（也叫“常用工具栏”）是程序调用命令的另一种方法，它包含了许多由按钮表示的命令。工具栏中集中了文件处理、视图处理、视角控制和模型显示等部分常用功能的按钮，这些按钮为快速进入命令及设置工作环境提供了极大的便利。

在中文版 Pro/E Wildfire 5.0 中，用户可以根据具体情况定制工具栏，即用户可以自行添加或删除工具栏按钮并可调整控制位置。

如果要显示或隐藏某个工具栏，可在任意工具栏上单击鼠标右键，执行操作后，会弹出快捷菜单，其中，已经打开的工具栏名称前面带有“√”标识，如图 1-21 所示。要显示某个工具栏，只要选择该选项即可。图 1-22 为选择“信息”选项后，该快捷菜单的显示效果；如果要隐藏工具栏，则再次选择该选项即可。

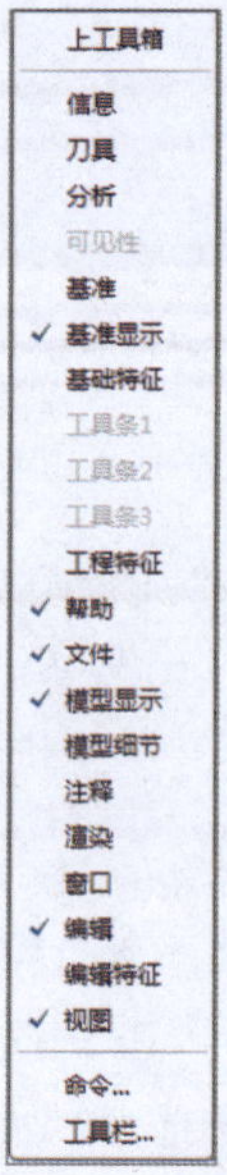

图 1-21　快捷菜单

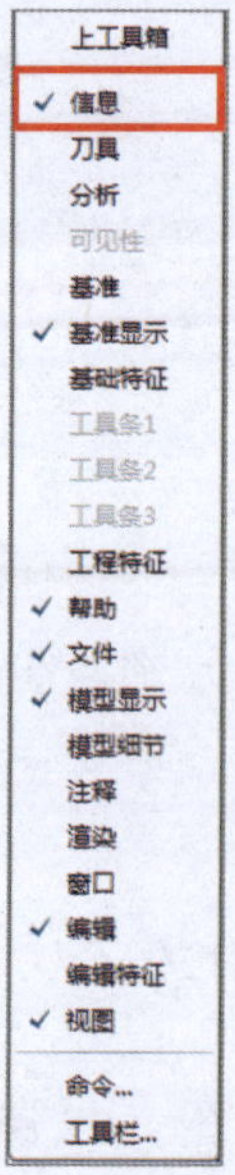

图 1-22　选择“信息”选项后的显示效果

1.3.4 导航窗

在默认状态下，导航窗位于工作界面的左侧，该区域宽度大约占整个界面的 10%。导航窗中包含三个选项卡，分别是“模型树”（或“层树”）、“文件夹浏览器”和“收藏夹”，如图 1-23 所示。

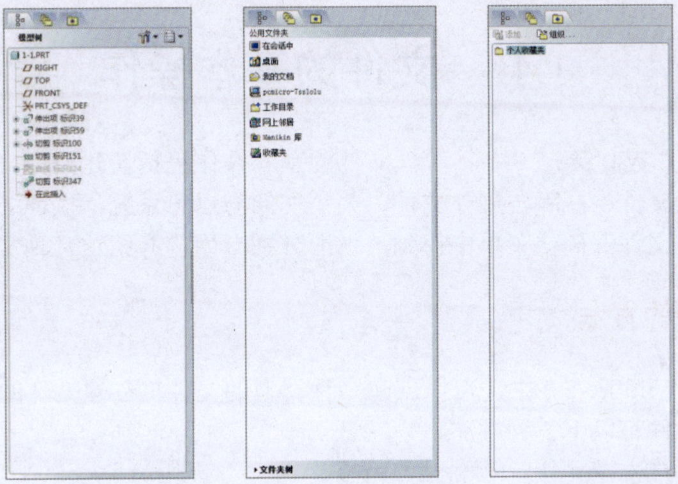

（a）　　　　（b）　　　　（c）

图 1-23　导航窗中的三个选项卡

在中文版 Pro/E Wildfire 5.0 中，导航窗中各选项卡的含义分别如下。

- **模型树**：包含活动文件中所有特征或零件的列表，并以树形显示模型结构。“模型树”在其树的顶部显示根对象（活动零件或组件），并将从属对象（零件或特征）置于根对象之下。例如，在活动装配文件中，“模型树”列表的顶部是零件，零件下方是每个特征的名称。如果弹出多个 Pro/E 对话框，则“模型树”内容只反映活动对话框的文件。
- **层树**：可以有效组织和管理模型中的层。
- **文件夹浏览器**：类似于 Windows 的“资源管理器”功能，用于浏览文件。
- **收藏夹**：用于有效组织和管理个人资源。

1.3.5 绘图区

绘图区是用户进行绘图的工作区域，所有绘图结果都将反映在这个区域中。用户可根据需要关闭其周围的导航栏和各个工具栏，以增大绘图空间。在绘图区中，除显示当前的模型之外，还显示了当前使用的基准平面、基准坐标等信息。

1.3.6 特征工具栏

在中文版 Pro/E Wildfire 5.0 中有两个工具栏，其中，工具栏位于标题栏的下方，特征工具栏位于绘图区的右侧。特征工具栏可以看成是对工具栏的补充，它的出现是为了让用户快速使用工具进行相关操作，提高工作的效率。

1.3.7 选择过滤器

选择过滤器位于工具栏的右下侧，它的功能是根据过滤条件快捷地在图形区域中选择所需要的对象。比如，要在图形中选择某注释特征，可以先在选择过滤器下拉列表框中选择“注释”选项，然后在绘图区中选择对象，此时，只能在绘图区中选择注释特征。

1.4 文件的基本操作

在中文版 Pro/E Wildfire 5.0 中，管理文件的基本操作包括新建文件、打开文件、保存与备份文件、重命名文件、拭除与删除文件、关闭文件与退出系统，执行这些文件管理操作的命令，均可以在“文件”快捷菜单中找到，下面分别向用户介绍这几种文件管理操作方法。

1.4.1 新建文件的方法

中文版 Pro/E Wildfire 5.0 中，可以创建多种类型的文件，创建文件的方法都是一样的。具体来说，新建文件有以下三种方法。

- **菜单栏**：单击“文件”|“新建”命令。
- **快捷键**：按【Ctrl + N】组合键。
- **工具栏**：单击工具栏中的“创建（Ctrl + N）”按钮。

使用以上任意一种方法，都将弹出“新建”对话框，在该对话框中，用户可以选择所需创建的文件类型和子类型，并输入文件名称，然后单击“确定”按钮，即可新建文件。

下面以创建一个新的零件文件为例，向用户介绍其创建的具体操作步骤。

新建文件的方法

Step 01 单击“文件”|“新建”命令，弹出“新建”对话框，在“类型”选项区中选中“零件”单选按钮，选中“子类型”选项区中的“钣金件”单选按钮，在“名称”文本框中输入由有效字符组成的文件名，单击“确定”按钮，如图 1-24 所示。

Step 02 进入 Pro/E Wildfire 5.0 的工作界面，会自动新建一个钣金件的零件文件，如图 1-25 所示。

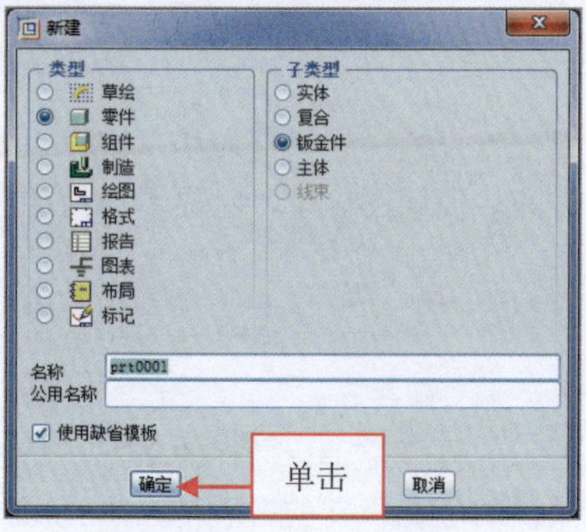

图 1-24　单击“确定”按钮

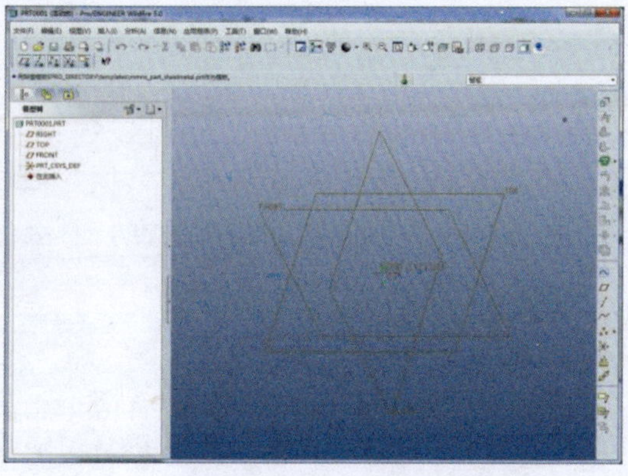

图 1-25　新建一个钣金件的零件文件

在“新建”对话框中，用户可以创建不同类型的文件，不同类型的文件其扩展名也不相同，常用的文件类型有以下四种。

- **草绘**：创建二维剖面文件，扩展名为.sec。
- **零件**：创建三维实体零件文件，扩展名为.prt。
- **组件**：创建三维零件装配文件，扩展名为.asm。
- **绘图**：创建二维工程图文件，扩展名为.drw。

1.4.2 打开文件的方法

打开文件的方法

在中文版 Pro/E Wildfire 5.0 中，用户可以使用以下三种方法打开文件。

- **菜单栏**：单击“文件”|“打开”命令。
- **快捷键**：按【Ctrl + O】组合键。
- **工具栏**：单击工具栏中的“打开（Ctrl + O）”按钮。

下面以通过菜单栏打开文件为例，向用户介绍其具体的操作步骤。

Step 01 单击“打开（Ctrl + O）”按钮，如图 1-26 所示。

Step 02 在弹出的“文件打开”对话框中选中对应的文件，单击“打开”按钮，如图 1-27 所示。

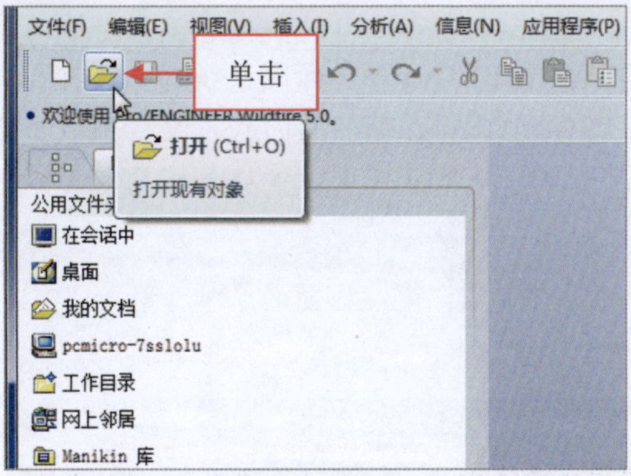

图 1-26 单击“打开（Ctrl+O）”按钮

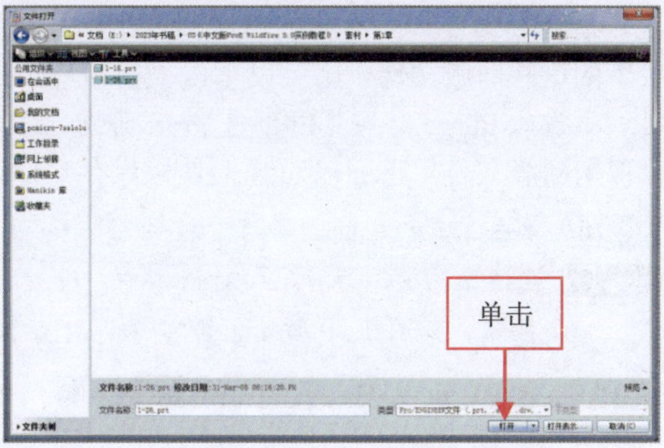

图 1-27 单击“打开”按钮

Step 03 进入 Pro/E Wildfire 5.0 的工作界面，会自动打开对应的文件，如图 1-28 所示。

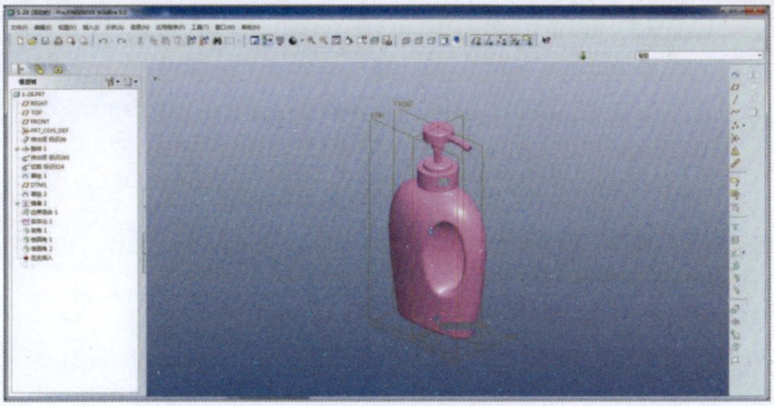

图 1-28 自动打开对应的文件

> ▶ 专家指点
>
> 启动系统后使用过的所有零件文件都将保存在系统内存中（除非执行某些命令将其从内存中拭除），如果在“文件打开”对话框中单击“进程中”按钮，便会在对话框中显示出这些保存在系统内存中的文件，用户可以从中选择所需文件来打开。

1.4.3 文件的保存与备份

在中文版 Pro/E Wildfire 5.0 中，保存文件的命令主要包括“保存”“保存副本”和“备份”。下面分别介绍这三种保存文件命令的方法及其特点。

1．保存

保存

在中文版 Pro/E Wildfire 5.0 中，使用以下三种方法，即可将文件以原名形式保存在其他原来的目录下或当前设定的工作目录下。

- **菜单栏**：单击“文件”|“保存”命令。
- **快捷键**：按【Ctrl + S】组合键。
- **工具栏**：单击工具栏中的“保存”按钮。

使用以上任意一种方法，即可将文件保存。每执行一次“保存”命令，所保存的文件都是一个新版文件，而不会覆盖之前的旧版文件（或称过程文件）。如果不想保留当前工作目录下的这些旧版文件，则可以单击“窗口”|“打开系统窗口”命令，弹出系统窗口，在指定目录下输入 Purge 并按【Enter】键来确认，这样系统便将指定目录下的旧版本文件删除，而只保留新版文件。下面以通过工具栏保存文件为例，向用户介绍其具体的操作步骤。

Step 01 单击工具栏中的“保存”按钮，如图 1-29 所示。

Step 02 在弹出的“保存对象”对话框中，设置文件的保存位置，输入模型的名称，单击“确定”按钮，如图 1-30 所示，即可保存对应的文件。

图 1-29　单击“保存”按钮

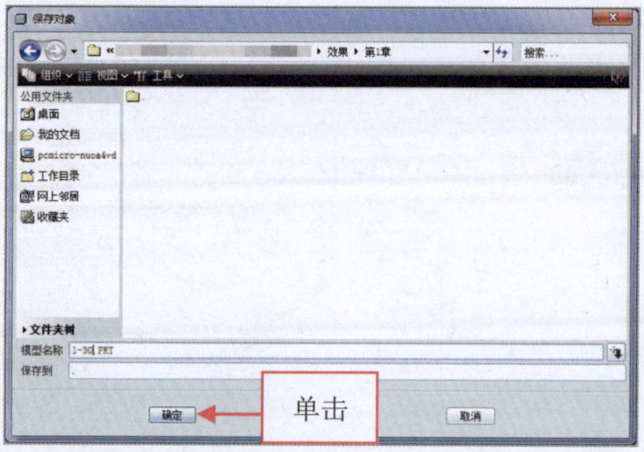

图 1-30　单击“确定”按钮

2．保存副本

保存副本

在中文版 Pro/E Wildfire 5.0 中，执行“保存副本”命令，即可将当前活动的文件以新名称的形式保存在相同的或者不同的目录下，并且可以根据设计需要为新文件指定系统所认可的数据类型。具体来说，用户可以通过以下操作保存文件的副本。

Step 01 单击“文件”|“保存副本”命令，如图 1-31 所示。

Step 02 在弹出的“保存副本”对话框中，设置文件的保存位置，输入文件的新名称，单击“确定”按钮，如图 1-32 所示，即可保存对应文件的副本。

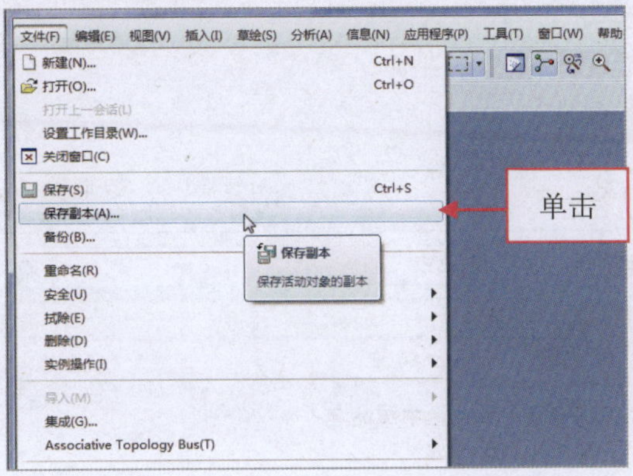

图 1-31　单击“保存副本”命令

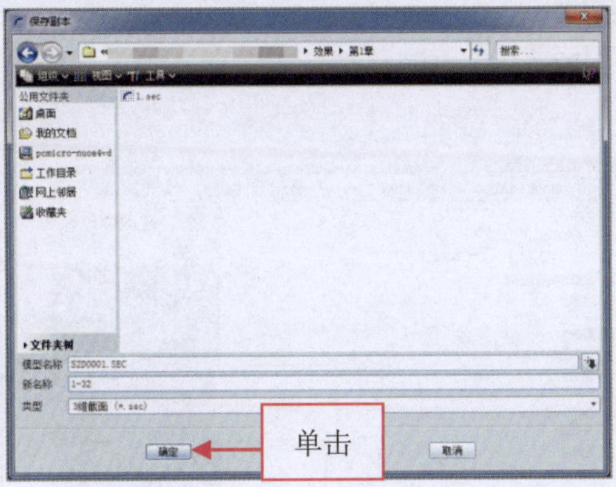

图 1-32　单击“确定”按钮

3. 备份

在中文版 Pro/E Wildfire 5.0 中，执行“备份”命令，即可将当前活动的文件以原名称的形式在磁盘上指定的目录下进行数据备份，而内存和活动窗口都不加载该备份文件。具体来说，用户可以通过以下操作给文件备份。

备份

Step 01 单击“文件”|“备份”命令，如图 1-33 所示。

Step 02 在弹出的“备份”对话框中，设置文件的保存位置，输入模型的名称，单击“确定”按钮，如图 1-34 所示，即可给对应文件备份。

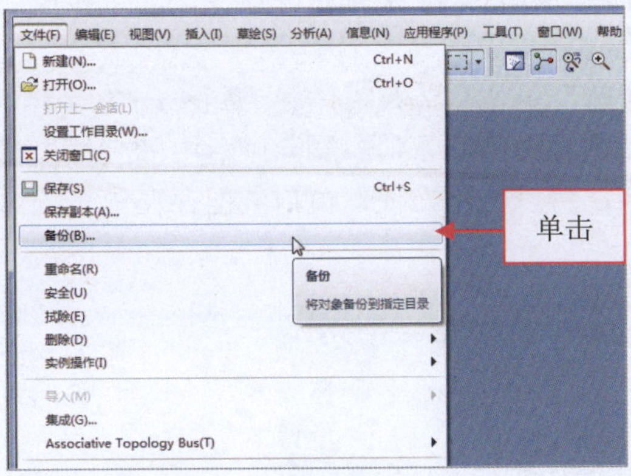

图 1-33　单击“备份”命令

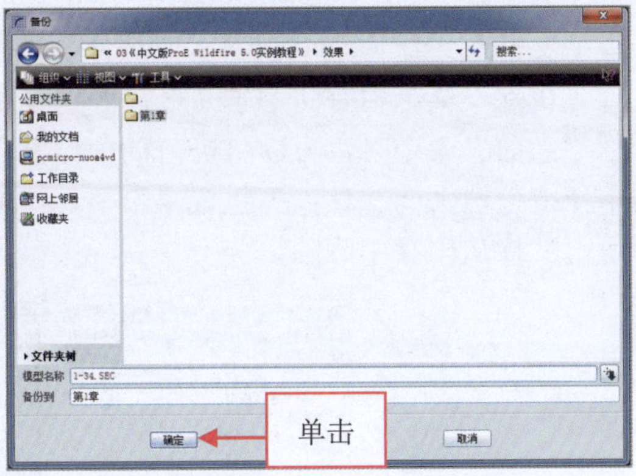

图 1-34　单击“确定”按钮

1.4.4　文件重命名

在中文版 Pro/E Wildfire 5.0 中，用户可以对文件进行重命名，修改文件的名称，具体操作步骤如下。

文件重命名

Step 01 单击“文件”|“重命名”命令，如图 1-35 所示。

Step 02 在弹出的“重命名”对话框中，输入文件的新名称，单击“确定”按钮，如图 1-36 所示，即可对文件进行重命名。

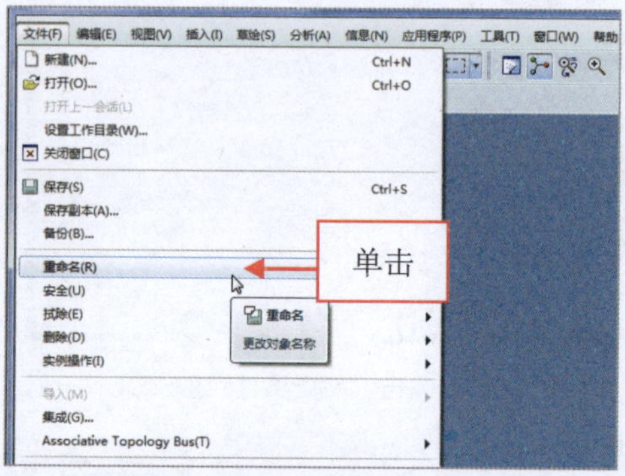

图 1-35　单击“重命名”命令

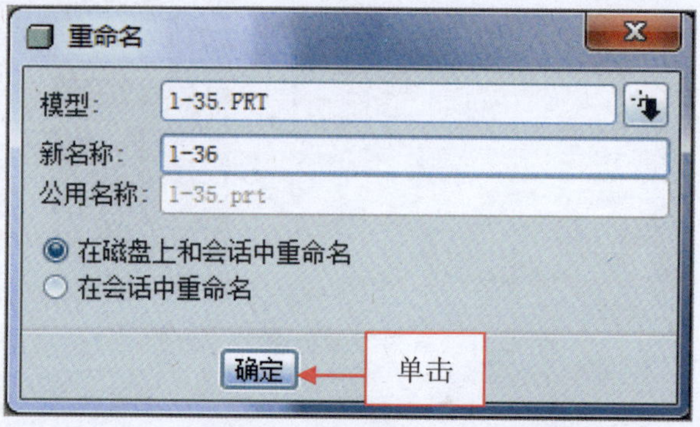

图 1-36　单击“确定”按钮

1.4.5　文件的拭除与删除

在中文版 Pro/E Wildfire 5.0 中，文件的拭除和删除操作对文件的管理而言，是比较重要的。下面分别向用户介绍这两种操作的方法及其特点。

1．拭除文件

在中文版 Pro/E Wildfire 5.0 中，单击“文件”|“拭除”子菜单中的命令，即可将窗口中的模型文件从系统内存中删除，但文件仍然保存在硬盘中。

“拭除”菜单中有两个子命令，分别是“当前”和“不显示”命令，如图 1-37 所示。当执行“当前”命令时，可以将当前的窗口文件从内存中删除，但不删除硬盘中的文件，相当于不留痕迹地关闭文件；当执行“不显示”命令，可以将不在任何窗口上但存在于系统内部的所有文件从内存中删除。

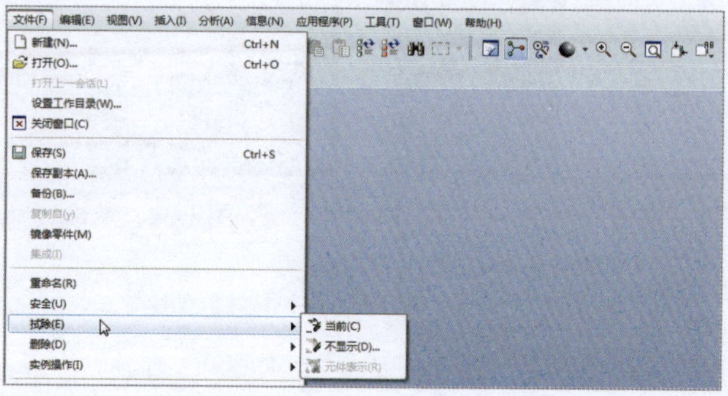

图 1-37　“拭除”菜单中的两个子命令

2．删除文件

在中文版 Pro/E Wildfire 5.0 中，单击“文件”|“删除”子菜单中的命令，即可将文件从硬盘上永久删除。

“删除”菜单中有两个子命令，分别是“旧版本”和“所有版本”命令。当执行“旧版本”命令时，可以将一个文件的所有旧版本从硬盘空间中删除，只留下最新的版本；当执行“所有版本”命令，即可将一个文件中的所有版本从硬盘空间中全部删除。

1.4.6　文件的关闭与退出

在中文版 Pro/E Wildfire 5.0 中，单击“文件”|“关闭窗口”命令或单击“窗口”|“关闭”命令，可以关闭当前的文件窗口。文件关闭后，其模型数据仍然存在于系统内存中。

单击“文件”|“退出”命令，可以退出中文版 Pro/E Wildfire 5.0 系统。如果想在退出系统时让系统询问是否要保存文件，那么需要将配置文件 Config.pro 的配置选项 Prompt_on_exit 的值设置为 yes。

本章小结

本章主要向读者介绍了 Pro/E Wildfire 5.0 的相关基础知识，帮助读者了解 Pro/E Wildfire 5.0 软件的设置技巧和工作界面，并掌握文件的基本操作方法，如新建、打开、保存与备份、重命名、拭除与删除以及关闭与退出等。希望读者通过对本章的学习，能够对 Pro/E Wildfire 5.0 的基本操作有所了解。

课后习题

课后习题

鉴于本章知识的重要性，为了帮助读者更好地掌握所学知识，本节将通过上机习题帮助读者进行简单的知识回顾和补充。

本习题需要掌握在 Pro/E Wildfire 5.0 中文件的保存方法。用户可以在素材的基础上进行备份操作，将素材备份到“效果”文件夹中（自己创建的另一个文件夹）。

第 2 章
二维草绘的基本操作

为零件建模时，通常需要通过二维草绘进行结构设计。本章将在带领用户了解二维草绘的同时，讲解二维草绘的一些基本操作，帮助用户从零开始快速提高实操水平，轻松完成二维草绘的相关工作。

本章重点

- 快速了解草绘
- 图元的创建
- 图元的编辑
- 尺寸的标注和编辑
- 几何约束

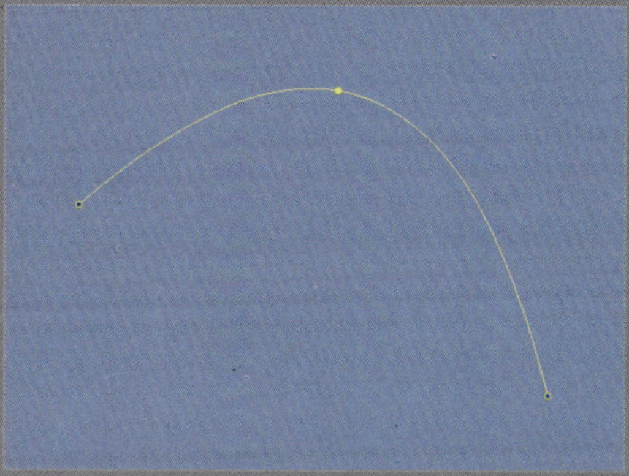

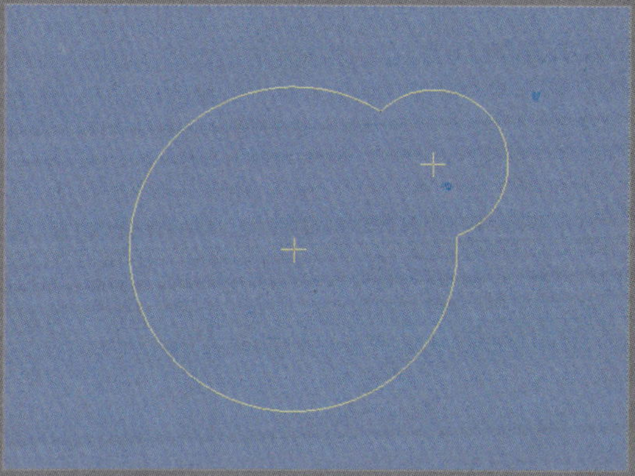

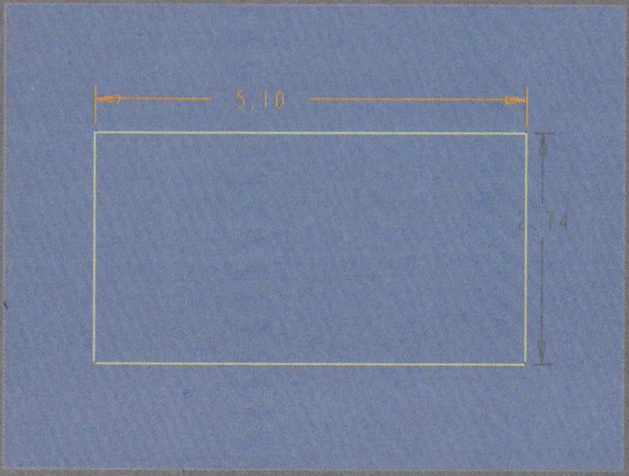

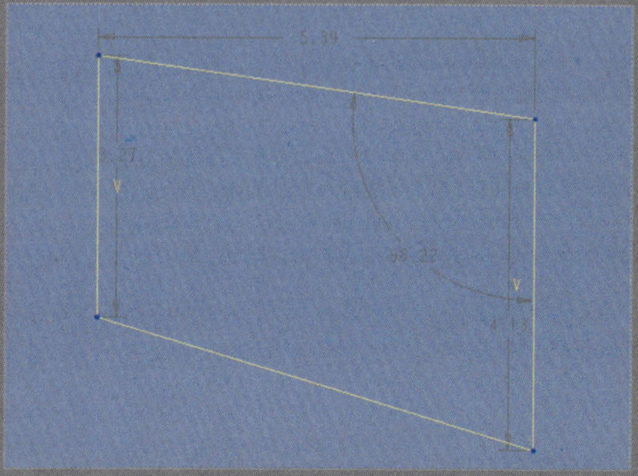

2.1　快速了解草绘

二维草绘是进行工业造型和结构设计的基础，在进行零件建模时，需要进入内部草绘器中的创建截面，然后利用界面通过一定的关系或方式来创建特征。本节将介绍 Pro/E Wildfire 5.0 的草绘界面和草绘器工具栏，帮助用户快速了解草绘的基础操作。

2.1.1　草绘界面

草绘界面

用户可以根据自身需要对草绘界面的环境进行设置，具体操作步骤如下。

Step 01 单击“文件”|“新建”命令，弹出“新建”对话框，在“类型”选项区中，选中“草绘”单选按钮，在“名称”文本框中，输入由有效字符组成的文件名，单击“确定”按钮，如图 2-1 所示，确定新建信息。

Step 02 进入 Pro/E Wildfire 5.0 的草绘工作界面，单击“草绘”|“选项”命令，如图 2-2 所示，设置草绘的相关信息。

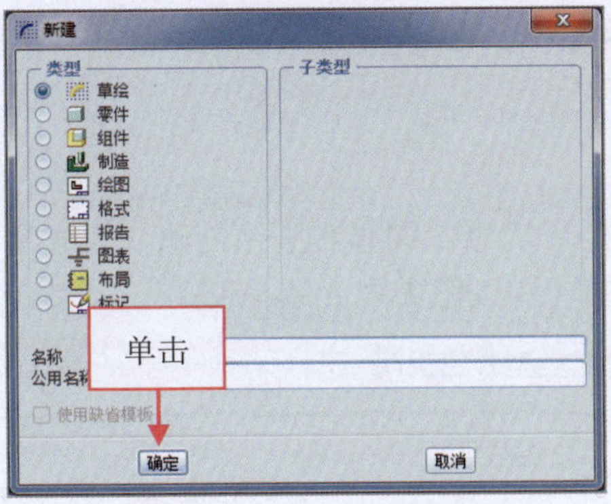

图 2-1　单击“确定”按钮

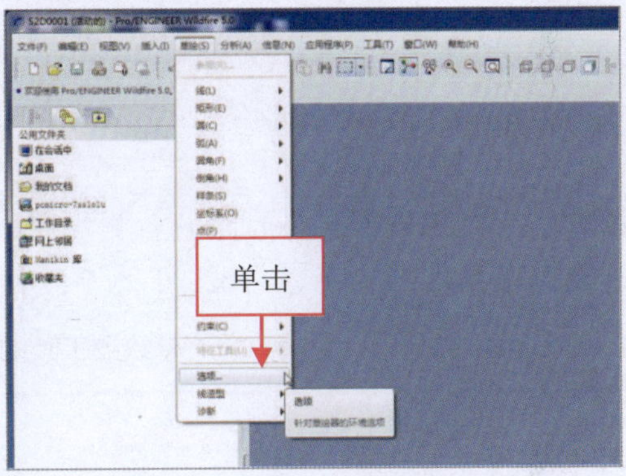

图 2-2　单击“选项”命令

Step 03 弹出“草绘器首选项”对话框，在该对话框中，对“其他”“约束”和“参数”选项卡中的信息进行设置，单击按钮，如图 2-3 所示。

Step 04 单击“视图”|“显示设置”|“系统颜色”命令，如图 2-4 所示，设置系统颜色。

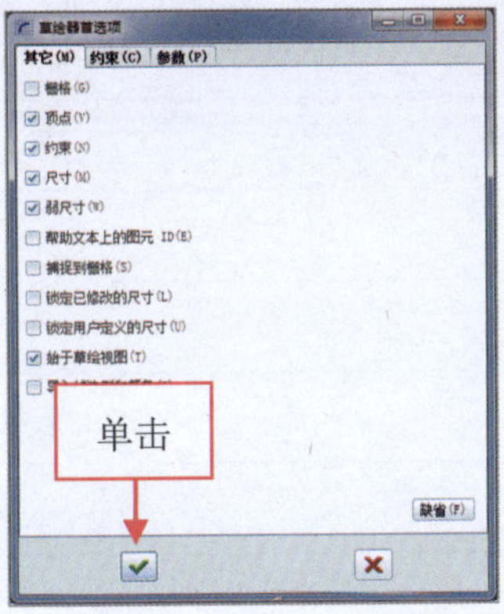

图 2-3　单击按钮

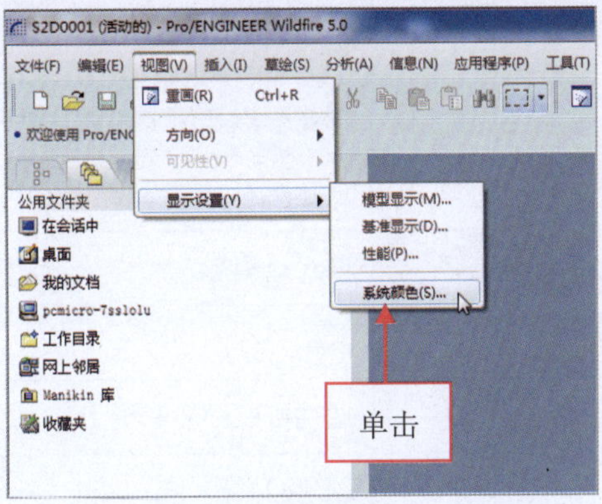

图 2-4　单击“系统颜色”命令

Step 05 系统颜色设置完成后，打开对应的文件，即可进入草绘模式，查看设置好工作环境的草绘界面，如图 2-5 所示。

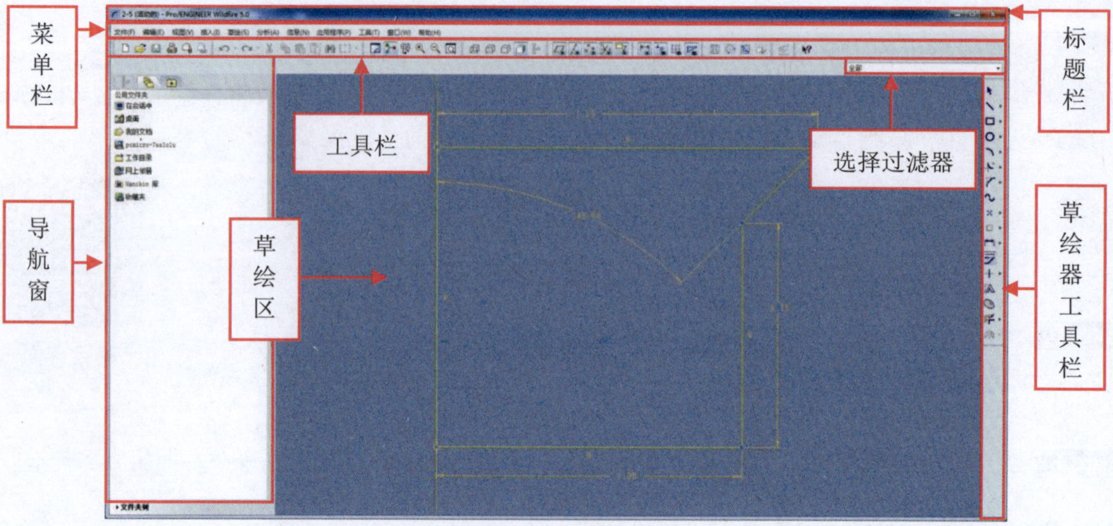

图 2-5 草绘界面

2.1.2 草绘器工具栏

草绘器工具栏位于整个界面的右侧，利用工具栏可以对二维截面进行创建、尺寸标注和编辑以及约束条件的定义等。表 2-1 为草绘器工具的功能按钮类型介绍说明。

表 2-1 草绘器工具的功能按钮类型介绍说明

类型	按钮	介绍说明
依次项目选取		按下表示进入选取模型，此时可以选择要编辑的对象，一次选取一个对象，多个对象选取则要同时按下【Ctrl】键
直线		创建两点线
		创建与两个图元相切的线
		创建两点中心线
		创建两点几何中心线，如作为旋转特征的中心线或参照线
四边形		创建矩形
		创建斜矩形
		创建平行四边形
圆		通过拾取圆心和圆上一点来创建圆
		创建同心圆

续表

类型	按钮	介绍说明
圆		通过拾取其三个点来创建圆
		创建与三个图元相切的圆
		根据椭圆的长轴端点创建一个椭圆
		根据椭圆的中心和长轴端点创建一个椭圆
圆弧		用三点创建一个弧，或创建一个在其端点相切于图元的弧
		创建同心圆弧
		通过选取弧圆心和端点来创建圆弧
		创建与三个图元相切的圆弧
		创建锥形弧
圆形		在两图元间创建一个圆角
		在两图元间创建一个椭圆形圆角
倒角		在两图元间创建倒角并创建构造线延伸
		在两图元间创建一个倒角
样条曲线		创建样条曲线
点		创建点
		创建几何点
		创建坐标系
		创建几何坐标系
使用		通过边创建图元
		通过偏移一条边或草绘图元来创建图元
		通过在两侧偏移边或草绘图来创建图元
法向		创建定义尺寸
		创建周长尺寸
		创建参照尺寸
		创建一条纵坐标尺寸基线
修改		修改尺寸值、样条几何或文本图元

续表

类型	按钮	介绍说明
约束		使线或两定点垂直
		使线或两定点水平
		使两图元正交
		使两图元相切
		在线或弧的中间放置点
		创建相同点、图元上的点或共线约束
		使两点或定点关于中心对称
		创建等长、等半径、等尺寸或相同曲率的约束
		使各条线平行
文本		创建文本，作为剖面一部分
调色板		将调色板中的外部数据插入到活动对象
删除段		动态修剪剖面图元
		将图元修剪（剪切或延伸）到其他图元或几何
		在选取点的位置处分割图元
镜像		镜像选定的图元
		平移、转移和缩放选定图元

2.2 图元的创建

Pro/E Wildfire 5.0 中提供了多种草绘二维图元的工具，可以快速创建多种图元。本节主要介绍直线、四边形、圆和椭圆、弧、圆角、倒角、样条曲线、点和坐标系的创建方法。

2.2.1 直线的创建

线是构成几何图形的基准元素，而中心线则是无限长的且不具有形成实体边的特征。下面将为用户介绍常见直线图元的创建方法。

创建直线

1. 创建直线

在 Pro/E Wildfire 5.0 中创建直线的具体操作步骤如下。

Step 01 单击草绘器工具栏中的“线”按钮，如图 2-6 所示。

Step 02 在草绘区的预定位置单击直线段的始点和终点，即可完成直线的创建，如图 2-7 所示。

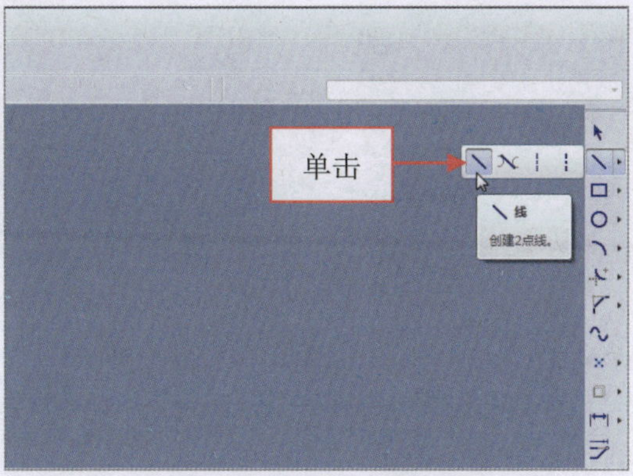

图 2-6　单击“线”按钮

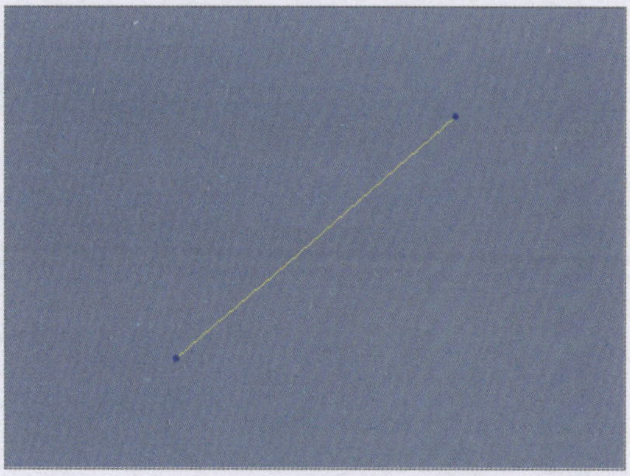

图 2-7　完成直线的创建

2．创建相切直线段

相切直线段的创建需要定义两个图元，即两圆或两圆弧。具体来说，用户可以通过如下操作方法创建相切直线。

创建相切直线段

Step 01 单击草绘器工具栏中的“直线相切”按钮，如图 2-8 所示。

Step 02 在草绘区中，选择一个圆（或圆弧）上的一点，移动鼠标光标至另一个圆（或圆弧）的附近区域，此时系统会自动捕捉到相切点，单击鼠标左键以确定，即可完成相切直线段的创建，如图 2-9 所示。

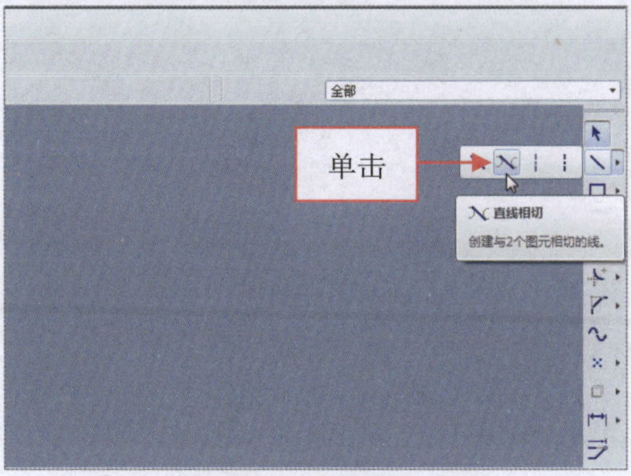

图 2-8　单击“直线相切”按钮

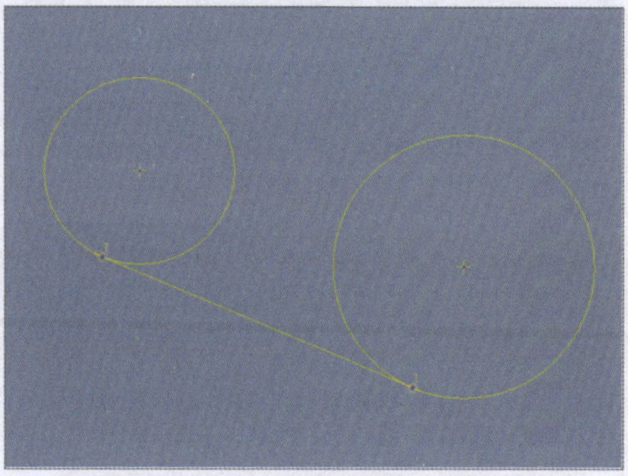

图 2-9　完成相切直线段的创建

3．创建中心线、几何中心线

中心线不能构建几何实体，但它是执行某些命令时必须要进行的操作，如创建旋转特征的中心轴线、约束图元对称等通常都需要创建中心线。具体来说，在 Pro/E Wildfire 5.0 中创建中心线的操作步骤如下。

创建中心线

Step 01 单击草绘器工具栏中的“中心线”按钮，如图 2-10 所示。

Step 02 在草绘区的预定位置单击某个点，系统会跟着鼠标显示将要创建的水平、垂直等中心线，单击鼠标左键即完成中心线的创建，如图 2-11 所示。

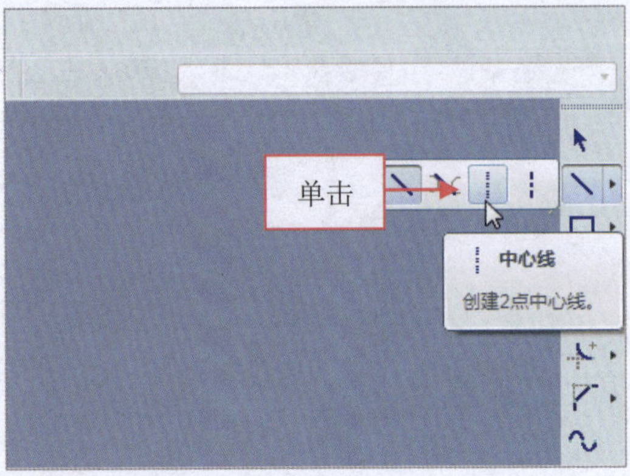

图 2-10　单击“中心线”按钮

图 2-11　完成中心线的创建

除了中心线，用户还可以在 Pro/E Wildfire 5.0 中创建几何中心线。创建几何中心线和创建中心线的操作相似，具体来说，用户可以通过如下操作创建几何中心线。

创建几何中心线

Step 01 单击草绘器工具栏中的“几何中心线”按钮，如图 2-12 所示。

Step 02 在草绘区的预定位置单击某个点，系统会跟着鼠标显示将要创建的水平、垂直等几何中心线，单击鼠标左键即完成几何中心线的创建，如图 2-13 所示。

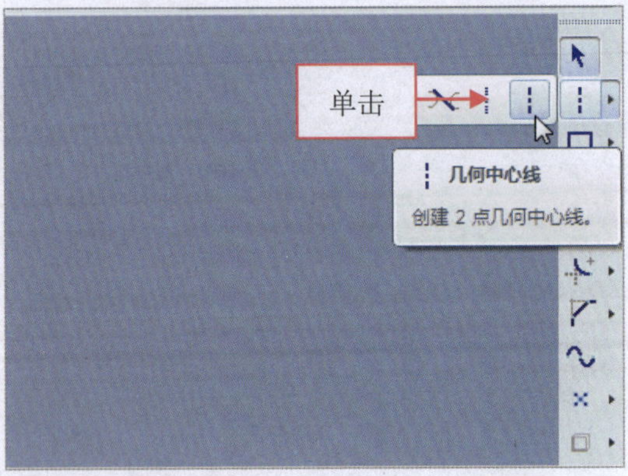

图 2-12　单击“几何中心线”按钮

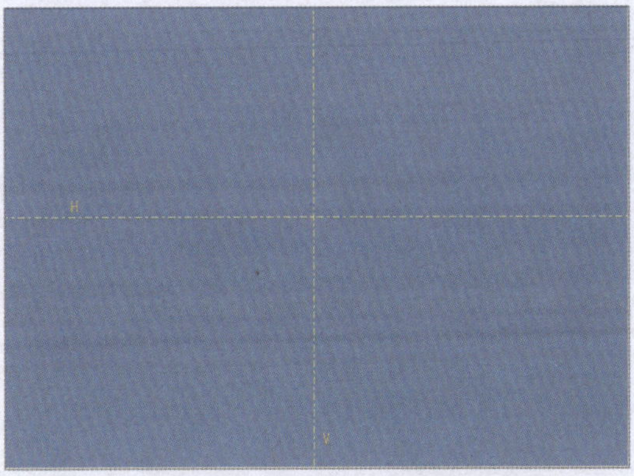

图 2-13　完成几何中心线的创建

2.2.2　四边形的创建

Pro/E Wildfire 5.0 中可以快速创建三种类型的四边形，即矩形、斜矩形和平行四边形，下面将分别进行讲解。

1．创建矩形

在 Pro/E Wildfire 5.0 中创建矩形的具体操作步骤如下。

创建矩形

Step 01 单击草绘器工具栏中的“矩形”按钮，如图 2-14 所示。

Step 02 在草绘区中单击某个点，移动鼠标光标，单击另一个点，即可完成矩形的创建，如图 2-15 所示。

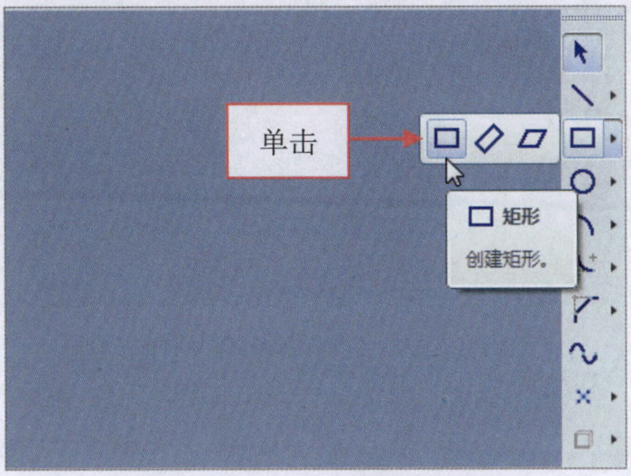

图 2-14 单击“矩形”按钮

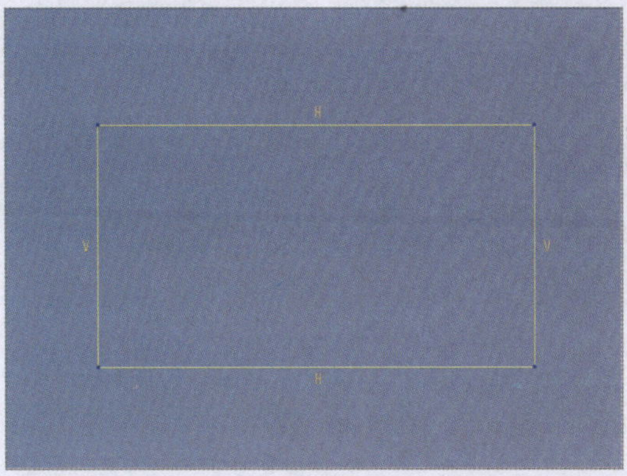

图 2-15 完成矩形的创建

2. 创建斜矩形

在 Pro/E Wildfire 5.0 中创建斜矩形的具体操作步骤如下。

创建斜矩形

Step 01 单击草绘器工具栏中的“斜矩形”按钮，如图 2-16 所示。

Step 02 在草绘区中，单击 2 个点确定斜矩形的某条边，移动鼠标光标单击第 3 个点，即可完成斜矩形的创建，如图 2-17 所示。

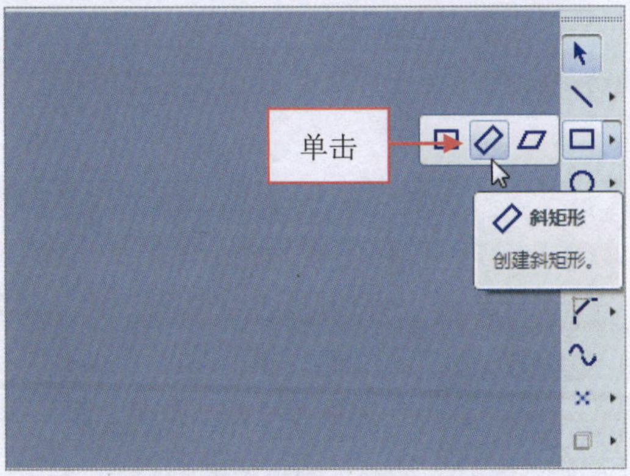

图 2-16 单击“斜矩形”按钮

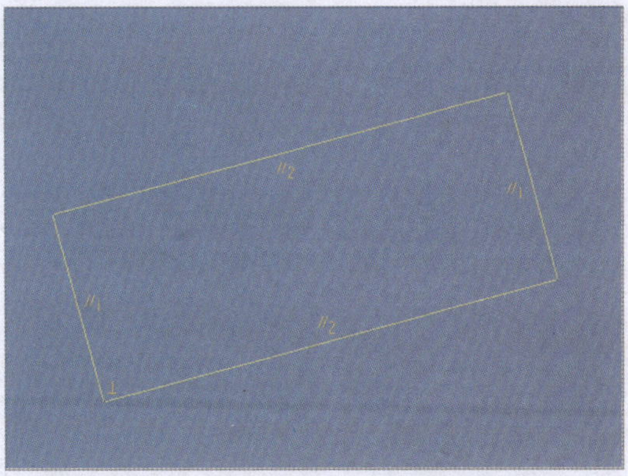

图 2-17 完成斜矩形的创建

3. 创建平行四边形

在 Pro/E Wildfire 5.0 中创建平行四边形的具体操作步骤如下。

创建平行四边形

Step 01 单击草绘器工具栏中的“平行四边形”按钮，如图 2-18 所示。

Step 02 在草绘区中，单击 2 个点确定平行四边形的某条边，移动鼠标光标单击第 3 个点，即可完成平行四边形的创建，如图 2-19 所示。

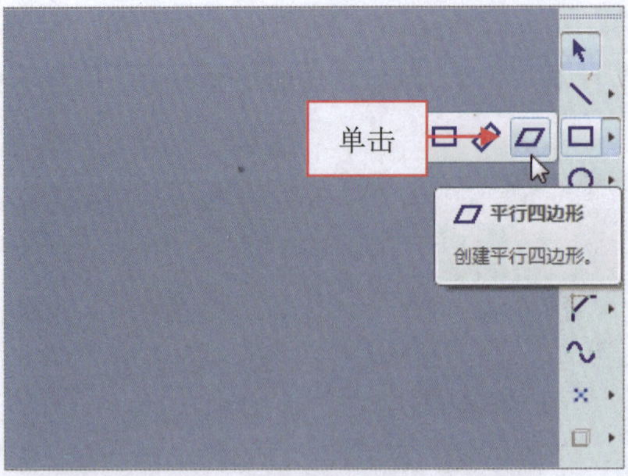

图 2-18　单击“平行四边形”按钮

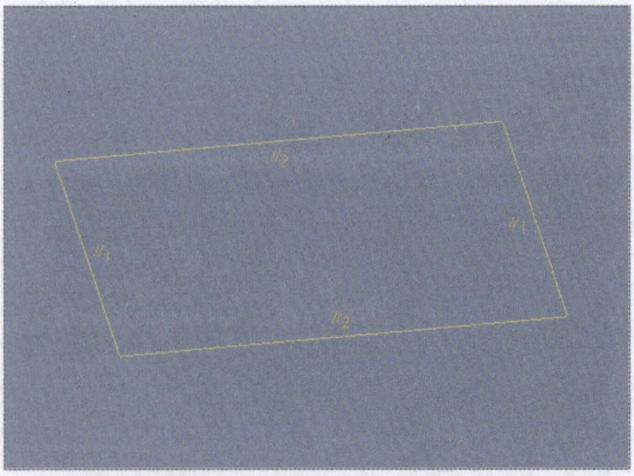

图 2-19　完成平行四边形的创建

2.2.3　圆和椭圆的创建

创建圆的方法有四种，即通过圆心和点创建圆、创建同心圆、创建三点圆和创建三点相切圆。除圆之外，还可以通过根据长轴端点、中心和长轴端点进行椭圆的创建。下面将为用户讲解圆和椭圆的具体创建方法。

通过圆心和点创建圆

1．通过圆心和点创建圆

在 Pro/E Wildfire 5.0 中，通过圆心和圆上一点创建圆的具体操作步骤如下。

Step 01　单击草绘器工具栏中的“圆心和点”按钮，如图 2-20 所示。

Step 02　在草绘区中，单击某点作为圆的圆心，移动鼠标光标单击第 2 个点以确定圆的半径，即可完成圆的创建，如图 2-21 所示。

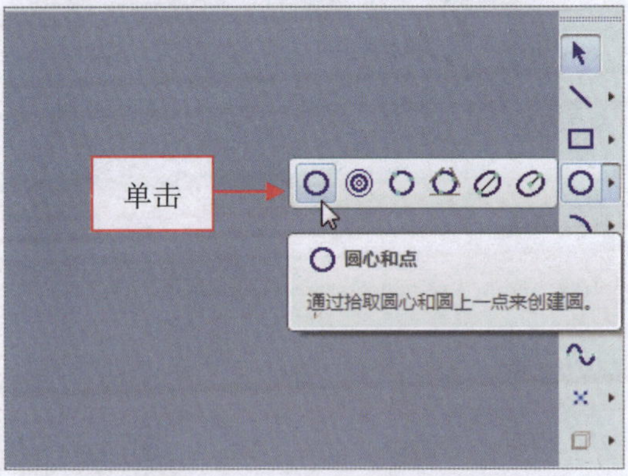

图 2-20　单击“圆心和点”按钮

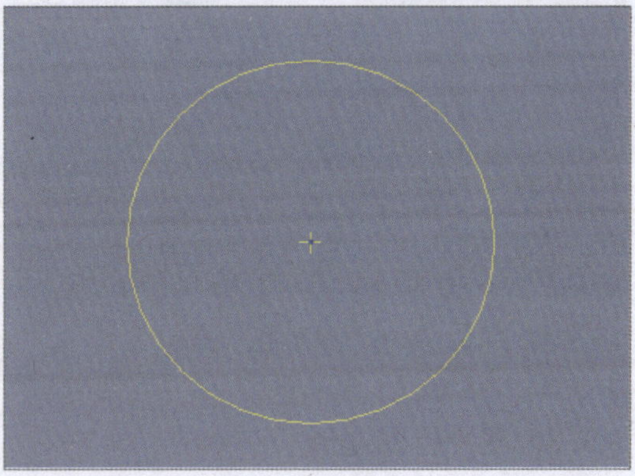

图 2-21　完成圆的创建

2．创建同心圆

在 Pro/E Wildfire 5.0 中，创建同心圆的具体操作步骤如下。

Step 01　打开素材文件，单击草绘器工具栏中的“同心”按钮，如图 2-22 所示。

创建同心圆

Step 02 选择原始圆或圆弧，向原始圆内侧或外侧移动鼠标光标，则系统会跟着鼠标显示将要创建的同心圆，单击鼠标左键即可完成同心圆的创建，如图 2-23 所示。

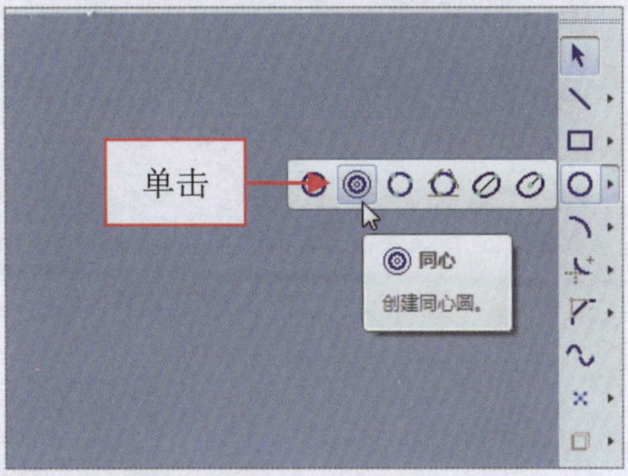

图 2-22　单击“圆心”按钮

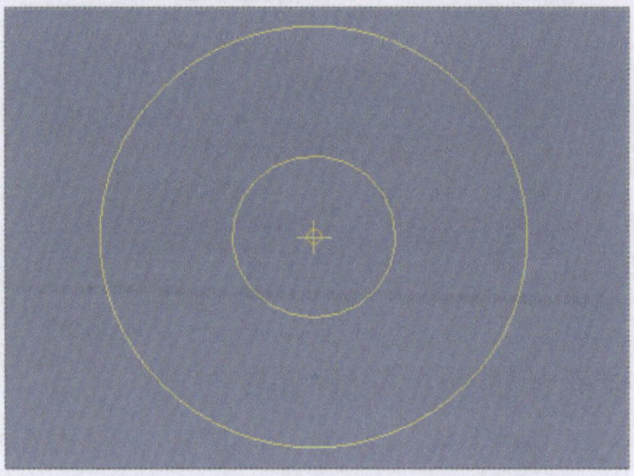

图 2-23　完成同心圆的创建

3．创建 3 点圆

在 Pro/E Wildfire 5.0 中，创建 3 点圆的具体操作步骤如下。

创建 3 点圆

Step 01 单击草绘器工具栏中的“3 点”按钮，如图 2-24 所示。

Step 02 选择圆周上的 3 个点来确定 1 个圆，在单击两个点后，系统会跟着鼠标显示将要创建的圆，单击第 3 个点以确定圆的大小，如图 2-25 所示。

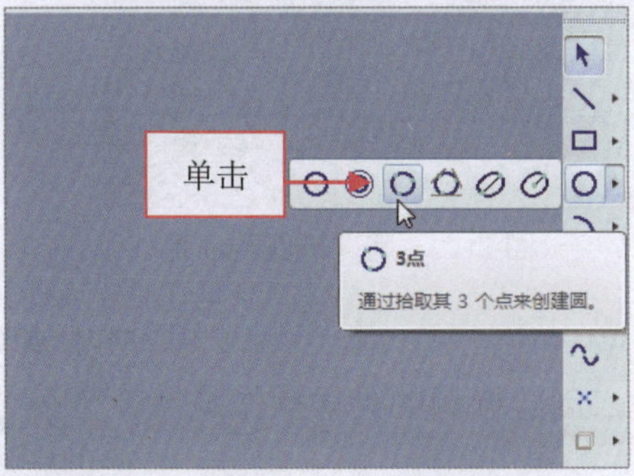

图 2-24　单击“3 点”按钮

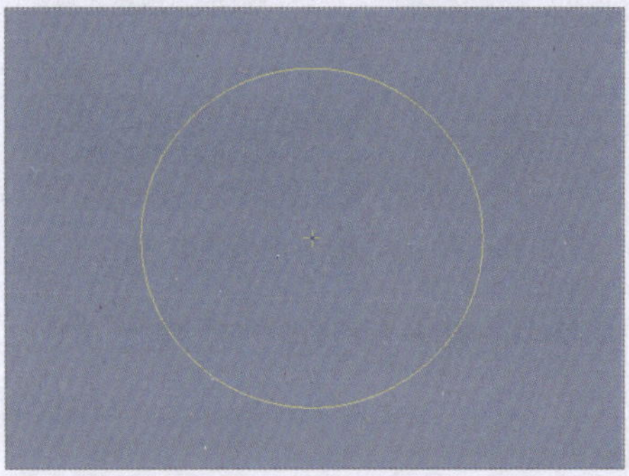

图 2-25　完成圆的创建

4．创建 3 点相切圆

在 Pro/E Wildfire 5.0 中，创建 3 点相切圆的具体操作步骤如下。

创建 3 点相切圆

Step 01 先定义 3 个图元，单击草绘器工具栏中“3 相切”按钮，如图 2-26 所示。

Step 02 分别选择在草绘区定义 3 个图元，系统会自动创建与 3 个图元相切的圆，如图 2-27 所示。

▶ 专家指点

若图元为圆或圆弧，则其选择的位置会直接影响到生成的相切圆的性质，即系统会根据选择的位置而自动判定所创建的是内侧或是外侧相切方式的圆。

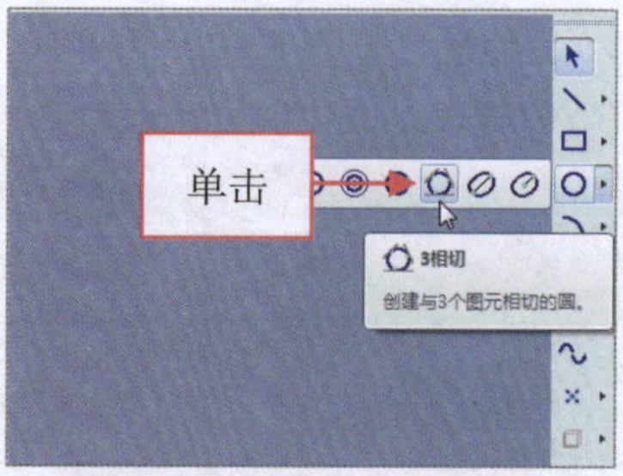

图 2-26　单击“3 相切”按钮

图 2-27　完成圆的创建

5．根据长轴端点创建椭圆

在 Pro/E Wildfire 5.0 中，根据长轴端点创建椭圆的具体操作步骤如下。

根据长轴端点创建椭圆

Step 01 单击草绘器工具栏中的“轴端点椭圆”按钮，如图 2-28 所示。

Step 02 在草绘区中，单击 3 个点，系统会自动创建 1 个椭圆，如图 2-29 所示。

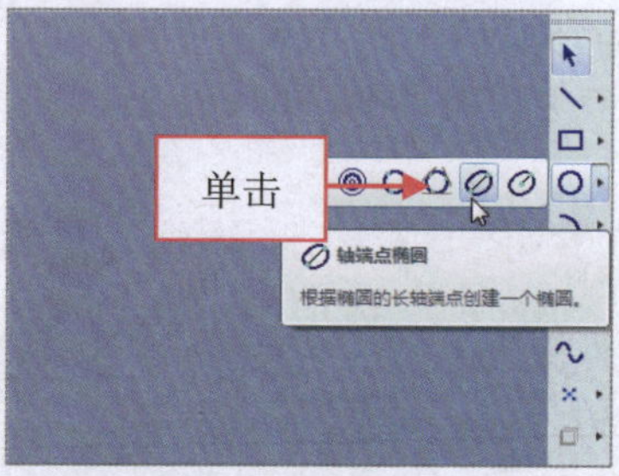

图 2-28　单击“轴端点椭圆”按钮

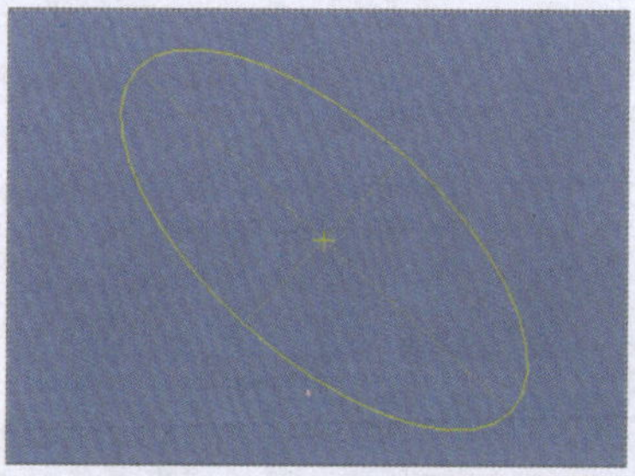

图 2-29　完成椭圆的创建

6．根据中心和长轴端点创建椭圆

在 Pro/E Wildfire 5.0 中，根据中心和长轴端点创建椭圆的具体操作步骤如下。

根据中心和长轴端点创建椭圆

Step 01 单击草绘器工具栏中的“中心和轴椭圆”按钮，如图 2-30 所示。

Step 02 在草绘区中，单击某点作为椭圆的中心，单击第 2 个点确定长轴的长度，移动鼠标光标，单击第 3 个点确定其形状，即可完成椭圆的创建，如图 2-31 所示。

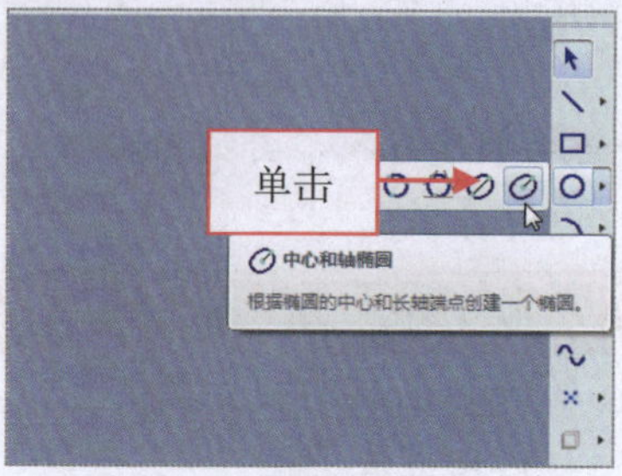

图 2-30　单击“中心和轴椭圆”按钮

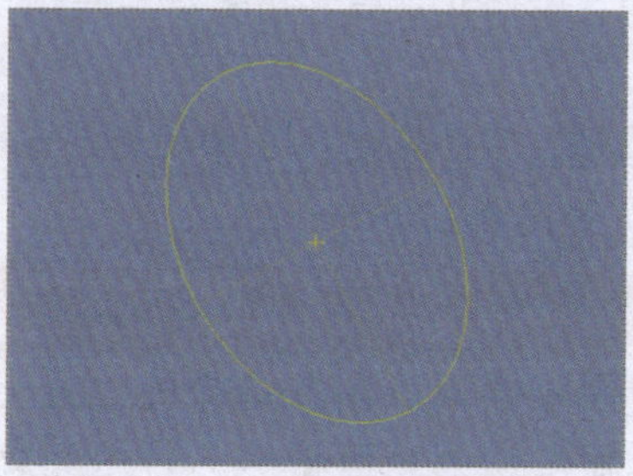

图 2-31　完成椭圆的创建

2.2.4　弧的创建

通过 3 点创建圆弧

圆弧的创建一般可通过下列五种方法进行操作。

1．通过 3 点创建圆弧

在 Pro/E Wildfire 5.0 中，通过 3 点创建圆弧的具体操作步骤如下。

Step 01 单击“3 点/相切端”按钮，如图 2-32 所示。

Step 02 在草绘区单击第 1 个点作为圆弧的起点，单击第 2 个点作为圆弧的终点，单击起点和终点连线上的某个点（第 3 个点），即可完成圆弧的创建，如图 2-33 所示。

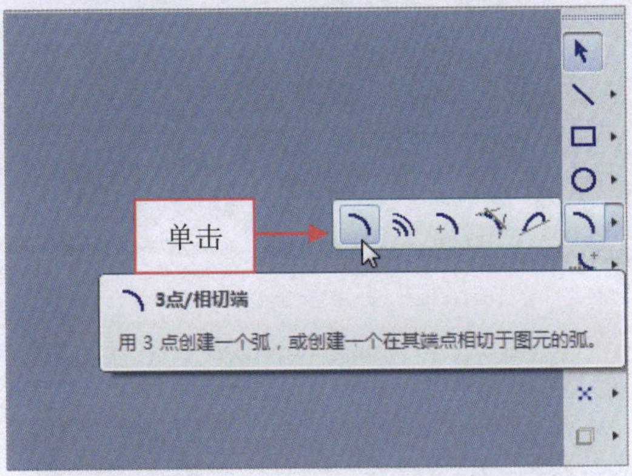

图 2-32　单击“3 点/相切端”按钮

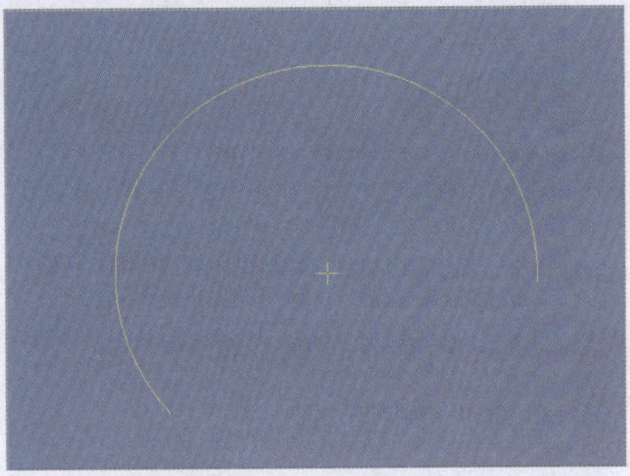

图 2-33　完成圆弧的创建

2．创建同心弧

创建同心弧

在 Pro/E Wildfire 5.0 中，通过 3 点创建同心弧的具体操作步骤如下。

Step 01 创建一个圆弧作为原始弧，单击草绘器工具栏中的“同心”按钮，如图 2-34 所示。

Step 02 选择原始弧的圆心以定义要创建的同心弧，移动鼠标光标，此时草绘区中会显示双点画线来表示参考的同心弧，选择同心弧的起点和终点，即可完成同心弧的创建，如图 2-35 所示。

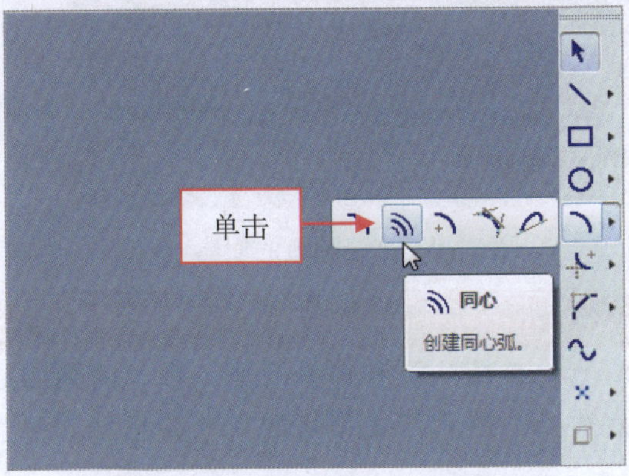

图 2-34　单击“同心”按钮

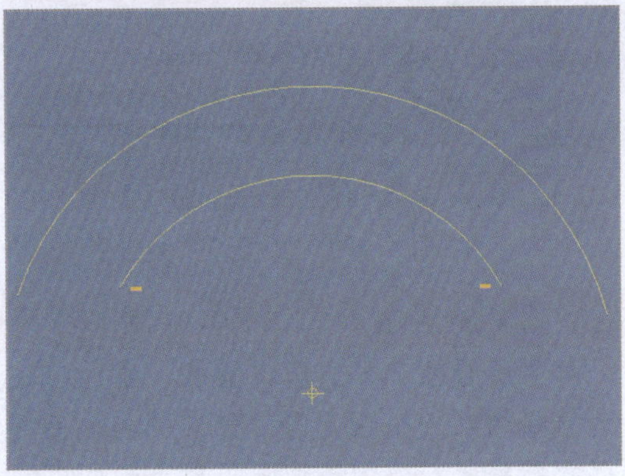

图 2-35　完成同心弧的创建

3. 通过圆心和端点创建圆弧

通过圆心和端点创建圆弧

在 Pro/E Wildfire 5.0 中，通过圆心和端点创建圆弧的操作步骤如下。

Step 01 单击草绘器工具栏中的“圆心和端点”按钮，如图 2-36 所示。

Step 02 单击某点作为圆弧圆心，此时会随着鼠标光标的移动显示将要创建的圆弧，单击第 2 个点确定圆弧的起点，单击第 3 个点确定圆弧的终点，即可完成圆弧的创建，如图 2-37 所示。

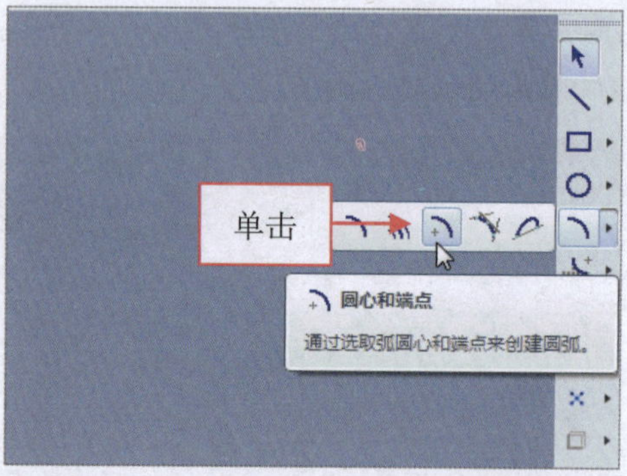

图 2-36　单击“圆心和端点”按钮

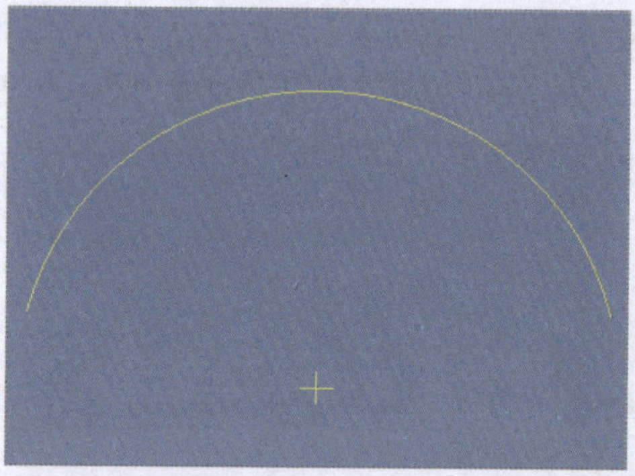

图 2-37　完成圆弧的创建

4. 创建 3 点相切圆弧

创建 3 点相切圆弧

在 Pro/E Wildfire 5.0 中，创建 3 点相切圆弧的具体操作步骤如下。

Step 01 定义 3 个图元，单击草绘器工具栏中的“3 相切”按钮，如图 2-38 所示。

Step 02 分别选择 3 个图元，即可创建与所选图元相切的圆弧，如图 2-39 所示。

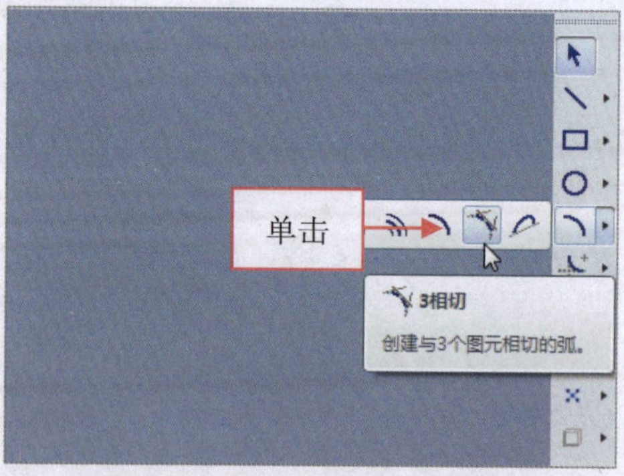

图 2-38　单击“3 相切”按钮

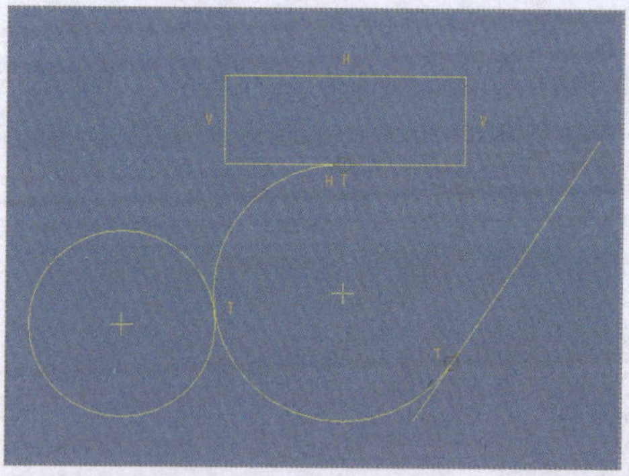

图 2-39　完成圆弧的创建

> **▶ 专家指点**
>
> 如果所选图元中有圆或圆弧，那么应注意图元的选择位置和选择顺序，创建的弧的起点为选择的第一个图元与之相切的点，而终点为第二个图元与之相切的点，其指针的位置不同，结果所创建的相切圆弧也会不同。

5. 创建圆锥弧

在 Pro/E Wildfire 5.0 中，创建圆锥弧的具体操作步骤如下。

创建圆锥弧

Step 01 单击草绘器工具栏中的“圆锥”按钮，如图 2-40 所示。

Step 02 选择圆锥曲线的第 1 个端点，移动鼠标光标选择圆锥曲线的第 2 个点，单击第 3 个点确定圆锥的大小和形状，即可完成圆锥弧的创建，如图 2-41 所示。

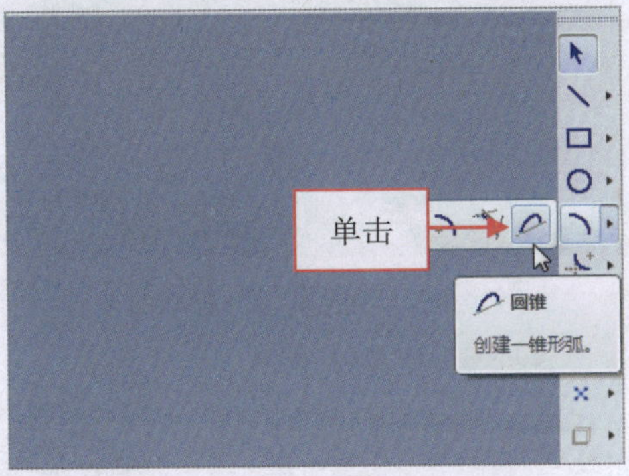

图 2-40　单击“圆锥”按钮

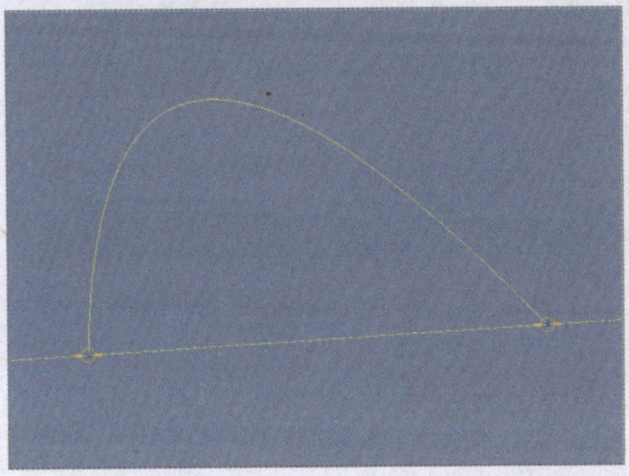

图 2-41　完成圆锥弧的创建

2.2.5　圆角的创建

创建圆角的方法分为两种：第一种是在两图元之间创建圆角；第二种是在两图元之间创建椭圆形圆角。

创建圆角

1. 创建圆角

在 Pro/E Wildfire 5.0 中，创建圆角的具体操作步骤如下。

Step 01 定义两个图元，单击草绘器工具栏中的“圆形”按钮，如图 2-42 所示。

Step 02 依次选择定义的两个图元，即可完成圆角的创建，如图 2-43 所示。

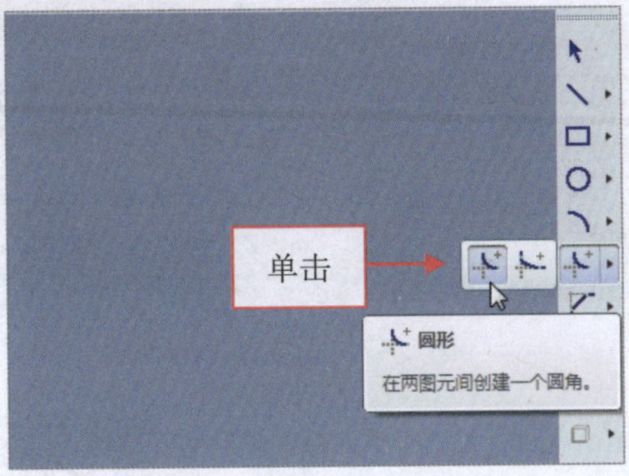

图 2-42　单击“圆形”按钮

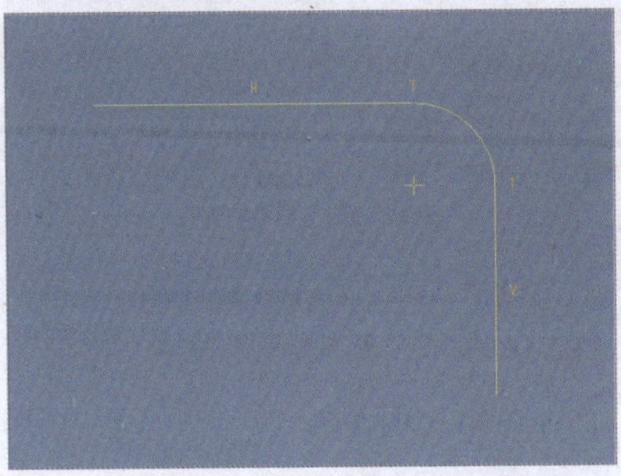

图 2-43　完成圆角的创建

2. 创建椭圆形圆角

在 Pro/E Wildfire 5.0 中，创建椭圆形圆角的具体操作步骤如下。

创建椭圆形圆角

Step 01 定义两个图元，单击草绘器工具栏中的“椭圆形”按钮，如图 2-44 所示。

Step 02 依次选择定义的两个图元，即可完成椭圆形圆角的创建，如图 2-45 所示。

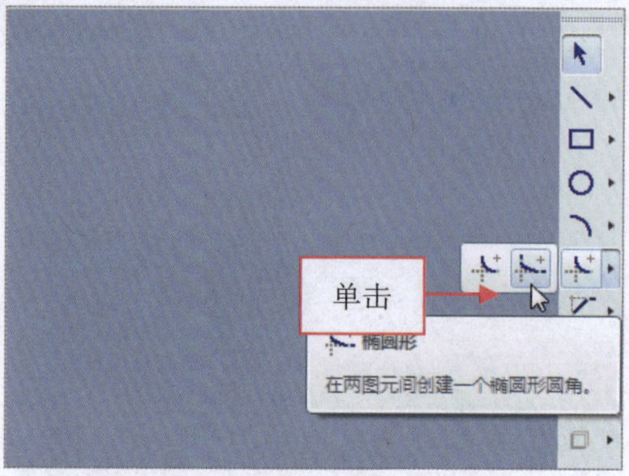

图 2-44 单击“椭圆形”按钮

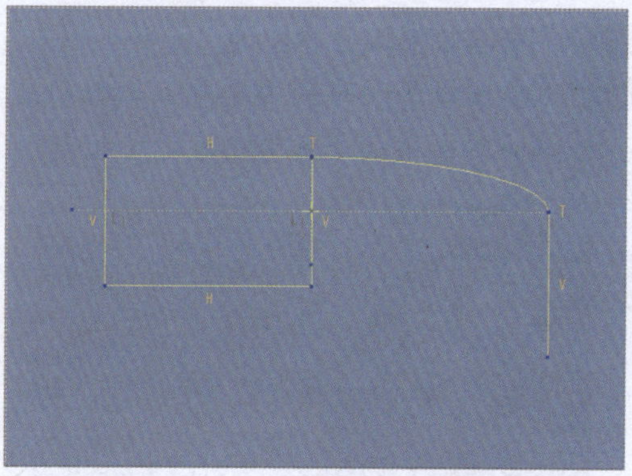

图 2-45 完成椭圆形圆角的创建

2.2.6 倒角的创建

创建倒角的方法分为两种：第一种是单独创建一个倒角；第二种是创建倒角和构造线。

单独创建一个倒角

1．单独创建一个倒角

在 Pro/E Wildfire 5.0 中，单独创建一个倒角的具体操作步骤如下。

Step 01 定义两个图元，单击草绘器工具栏中的“倒角修剪”按钮，如图 2-46 所示。

Step 02 分别单击定义的两个图元上的某个点，即可完成倒角的创建，如图 2-47 所示。

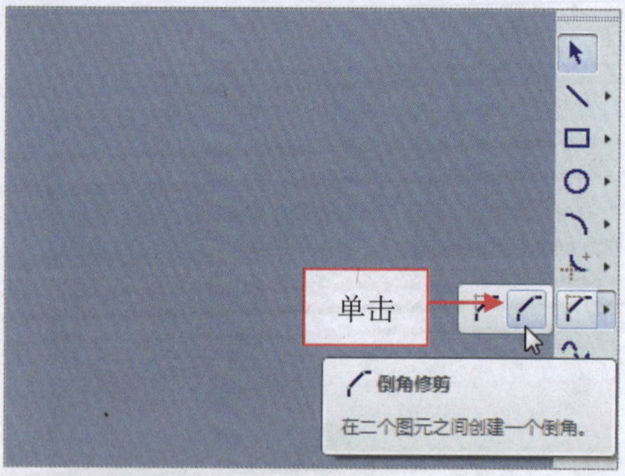

图 2-46 单击“倒角修剪”按钮

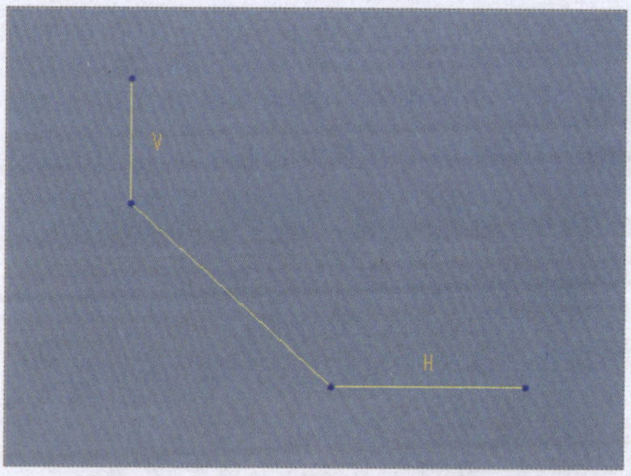

图 2-47 完成倒角的创建

2．创建倒角和构造线

在 Pro/E Wildfire 5.0 中，创建倒角和构造线的具体操作步骤如下。

Step 01 定义两个图元，单击工具栏中的“倒角”按钮，如图 2-48 所示。

Step 02 分别单击定义的两个图元上的某个点，即可完成倒角和构造线的创建，如图 2-49 所示。

创建倒角和构造线

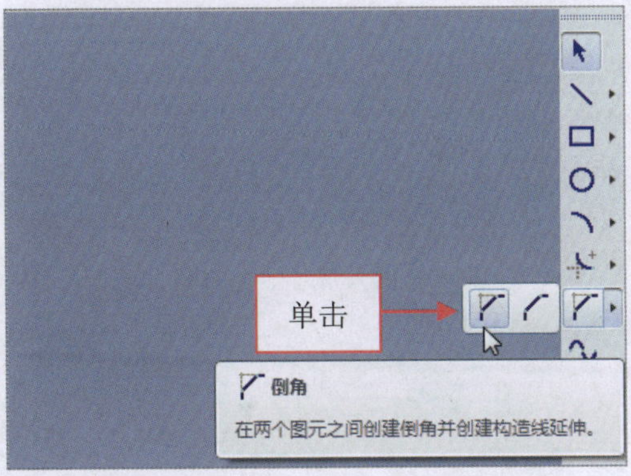

图 2-48　单击“倒角”按钮

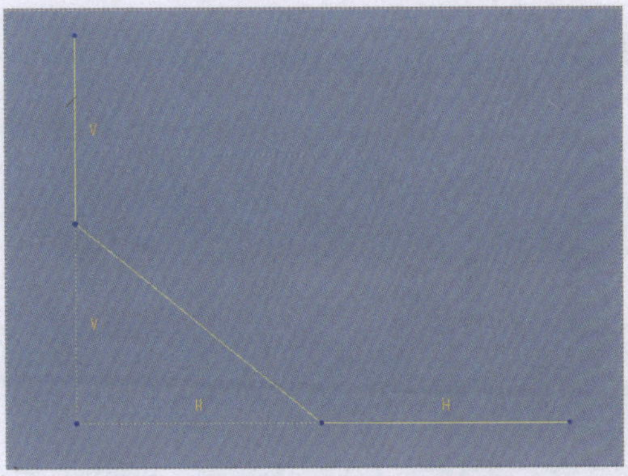

图 2-49　完成倒角和构造线的创建

2.2.7　样条曲线的创建

样条曲线的创建

要创建样条曲线，至少需要在草绘区中单击 3 个点，系统将以缺省的光滑方式将这些点依次连接起来。具体来说，在 Pro/E Wildfire 5.0 中，创建样条曲线的操作步骤如下。

Step 01　单击草绘器工具栏中的“样条”按钮，如图 2-50 所示。

Step 02　依次单击 3 个点或多个点，即可完成样条曲线的创建，如图 2-51 所示。

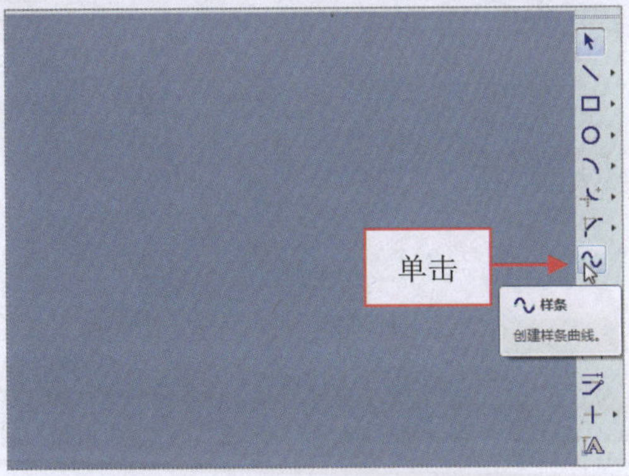

图 2-50　单击“样条”按钮

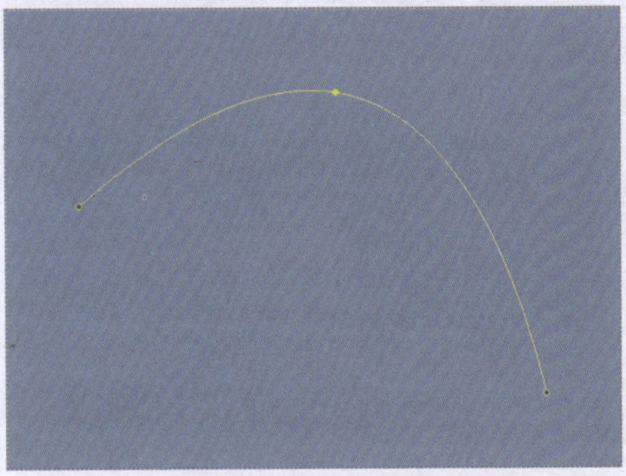

图 2-51　完成样条曲线的创建

2.2.8　点和坐标系的创建

Pro/E Wildfire 5.0 中可以根据自身的需求快速创建点、几何点、坐标系、几何坐标系，下面分别进行讲解。

1．创建点

创建点

在 Pro/E Wildfire 5.0 中，创建点的具体操作步骤如下。

Step 01　单击草绘器工具栏中的“点”按钮，如图 2-52 所示。

Step 02　在草绘区预定的位置单击鼠标左键，即可创建一个点。也可以把鼠标光标移动到别的位置并单击鼠标左键，连续创建多个点，如图 2-53 所示。

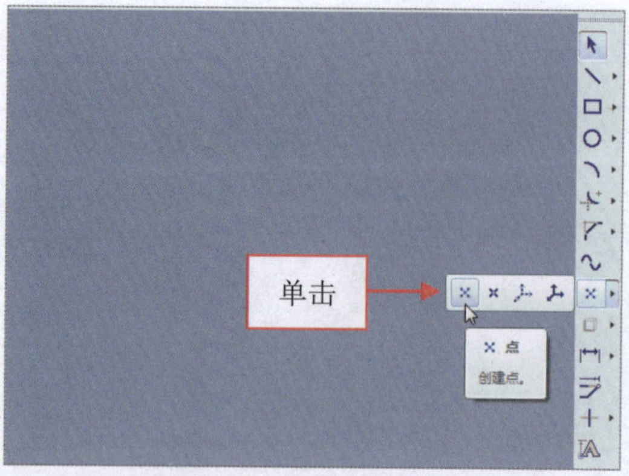

图 2-52　单击“点”按钮

图 2-53　连续创建多个点

2．创建几何点

在 Pro/E Wildfire 5.0 中，创建几何点的具体操作步骤如下。

创建几何点

Step 01 单击草绘器工具栏中的“几何点”按钮，如图 2-54 所示。

Step 02 在草绘区预定的位置单击鼠标左键，即可创建一个几何点。也可以把鼠标光标移动到预定位置并单击鼠标左键，连续创建多个几何点，如图 2-55 所示。

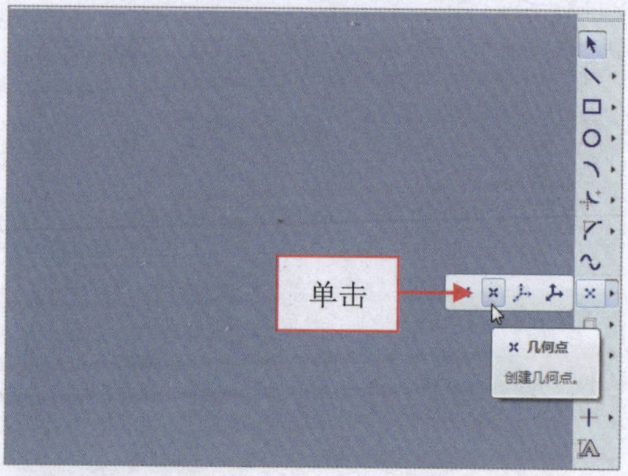

图 2-54　“几何点”按钮

图 2-55　连续创建多个几何点

3．创建坐标系

在 Pro/E Wildfire 5.0 中，创建坐标系的具体操作步骤如下。

创建坐标系

Step 01 单击草绘器工具栏中的“坐标系”按钮，如图 2-56 所示。

Step 02 在草绘区预定的位置单击鼠标左键，即可创建一个坐标系，如图 2-57 所示。也可以把鼠标光标移动到别的位置并单击鼠标左键，连续创建多个坐标系。

4．创建几何坐标系

在 Pro/E Wildfire 5.0 中，创建坐标系的具体操作步骤如下。

创建几何坐标系

Step 01 单击草绘器工具栏中的“几何坐标系”按钮，如图 2-58 所示。

Step 02 在草绘区预定的位置单击鼠标左键，即可创建一个几何坐标系，如图 2-59 所示。也可以把鼠标光标移动到别的预定位置并单击鼠标左键，连续创建多个几何坐标系。

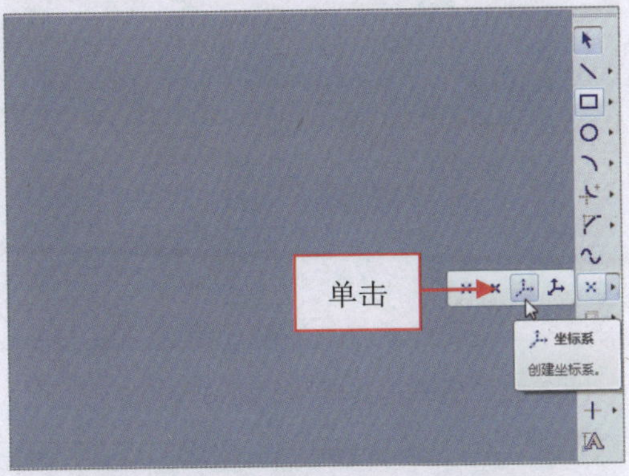

图 2-56 单击“坐标系”按钮

图 2-57 创建一个坐标系

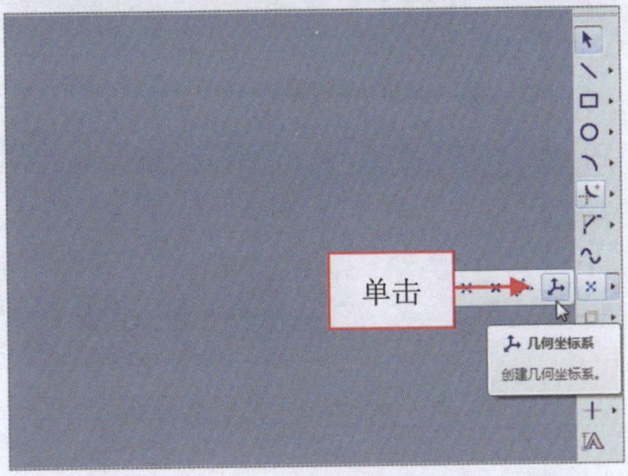

图 2-58 单击“几何坐标系”按钮

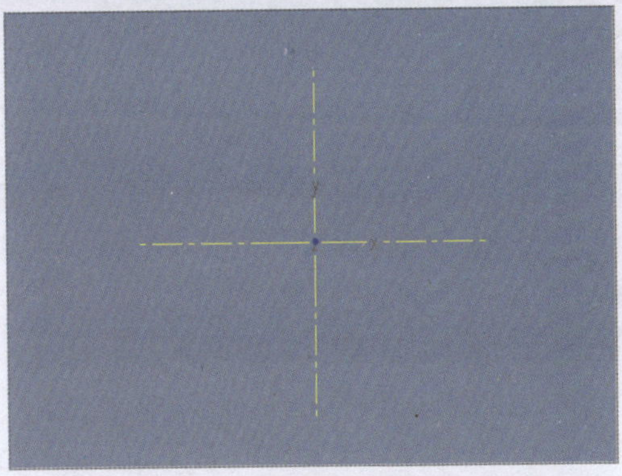

图 2-59 创建一个几何坐标系

2.3 图元的编辑

用户可以对已创建的图元进行编辑，让其呈现出所需的效果。这一节将介绍常用的编辑技巧，帮助用户快速完成图元的调整。

2.3.1 动态修剪图元

动态修剪图元

当创建的图元呈现的形状与自身需求不一致时，用户可以通过动态修剪来调整图元的形状，具体操作步骤如下。

Step 01 打开包含要进行动态修剪图元的文件，单击草绘器工具栏中的“删除段”按钮，如图 2-60 所示。

Step 02 将鼠标光标移动至要删除的线条上（如某条圆弧上），如图 2-61 所示。

Step 03 单击鼠标左键，对应线条自动消失，将鼠标光标移动至其他要删除的线条上，如图 2-62 所示。

Step 04 单击鼠标左键，将多余的线条都删除，完成图元的动态修剪，如图 2-63 所示。

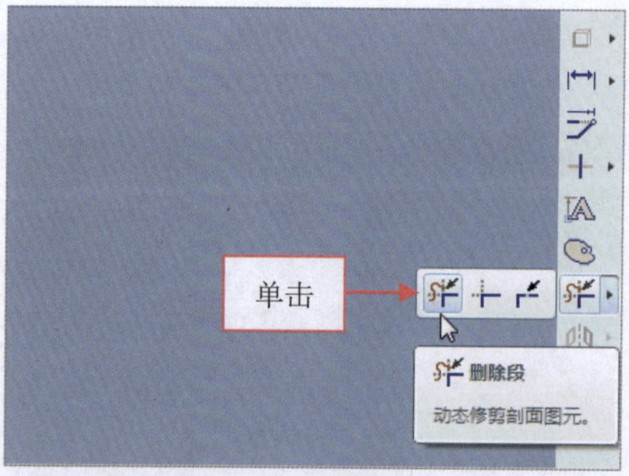

图 2-60　单击“删除段”按钮

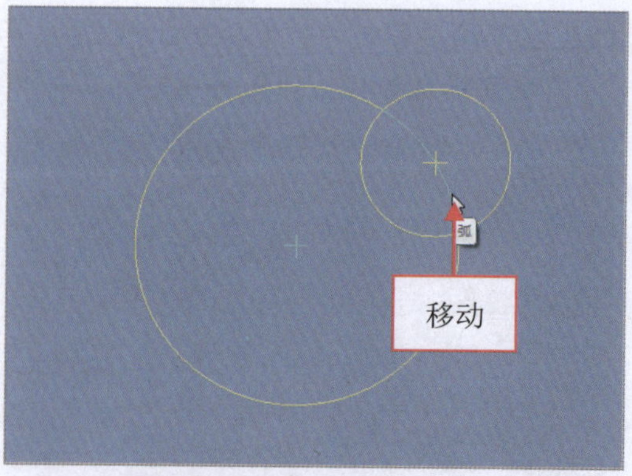

图 2-61　将鼠标光标移动至要删除的线条上

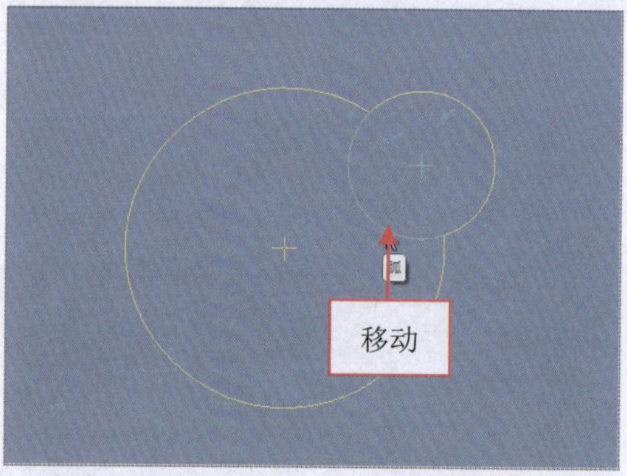

图 2-62　将鼠标光标移动至其他要删除的线条上

图 2-63　完成图元的动态修剪

2.3.2　裁剪和延伸图元

裁剪和延伸图元

借助“拐角”功能，用户可以将图元裁剪和延伸，具体操作如下。

Step 01 打开包含要进行裁剪和延伸图元的文件，单击草绘器工具栏中的“拐角”按钮，如图 2-64 所示。

Step 02 选择某个图元，单击另一个图元上的某点，即可完成图元的裁剪和延伸，如图 2-65 所示。

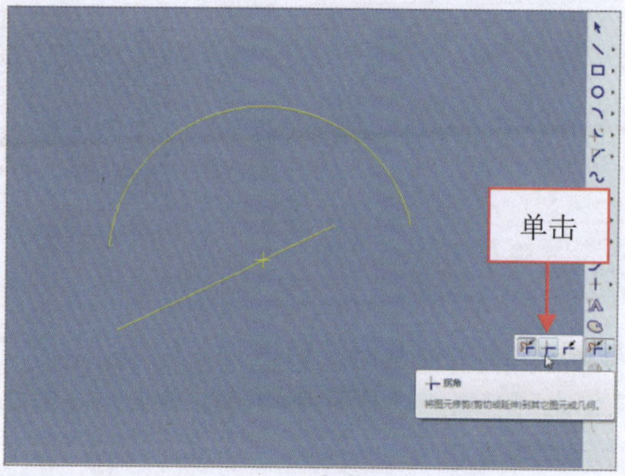

图 2-64　单击“拐角”按钮

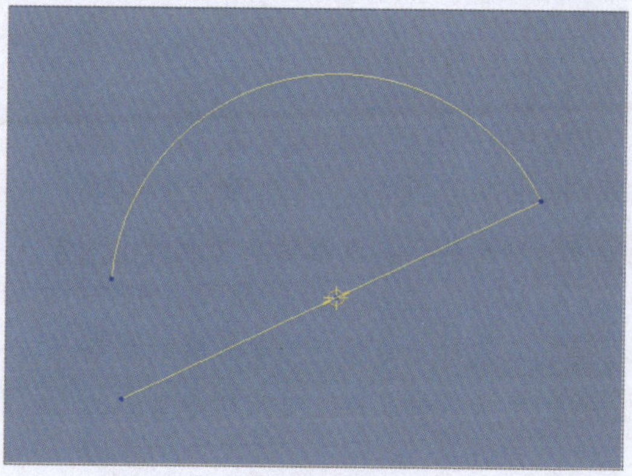

图 2-65　完成图元的裁剪和延伸

2.3.3　分割图元

分割图元

借助“分割”功能，可以将一个图元分割开来，具体操作步骤如下。

Step 01 打开包含要分割图元的文件，单击草绘器工具栏中的“分割”按钮，如图 2-66 所示。

Step 02 单击图元上的某个点，如果单击的位置显示蓝色的点，就说明图元分割成功了，如图 2-67 所示。

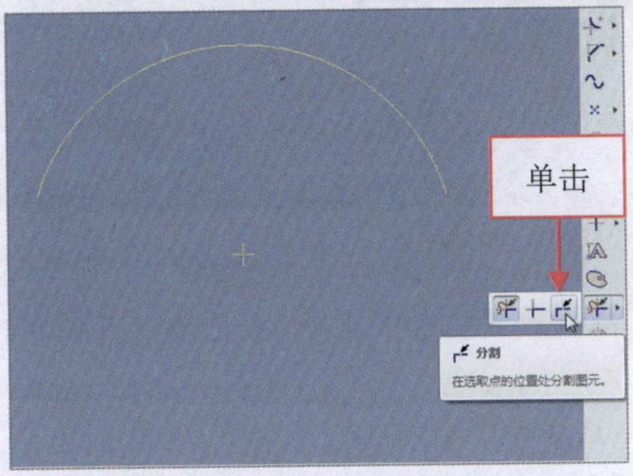

图 2-66　单击“分割”按钮

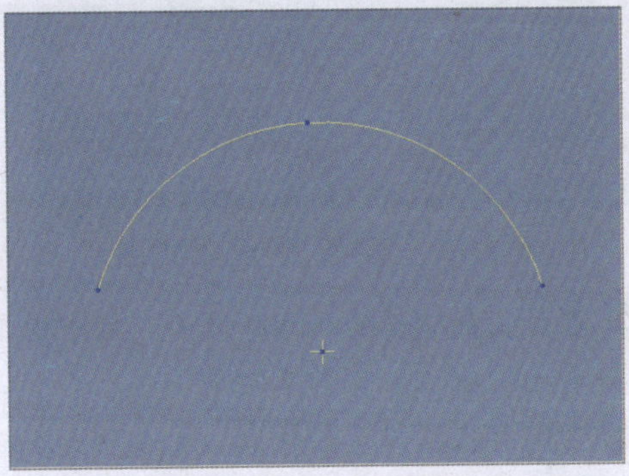

图 2-67　图元分割成功

2.3.4　图元镜像

图元镜像

借助“镜像”功能，可以像镜子一样，以条线为对称线复制并呈现图元，具体操作步骤如下。

Step 01 打开包含要进行镜像呈现的图元的文件，选择要复制的图元部分，单击草绘器工具栏中的“镜像”按钮，如图 2-68 所示。

Step 02 单击草绘区中的中心线，如果以中心线为对称轴复制并呈现了另一部分图元，就说明“镜像”功能使用成功了，如图 2-69 所示。

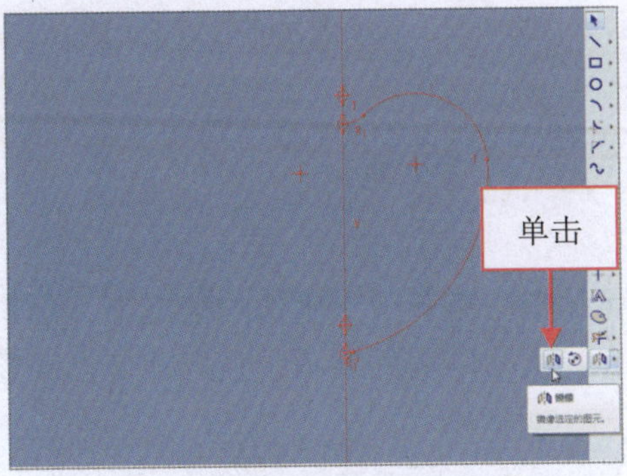

图 2-68　单击“镜像”按钮

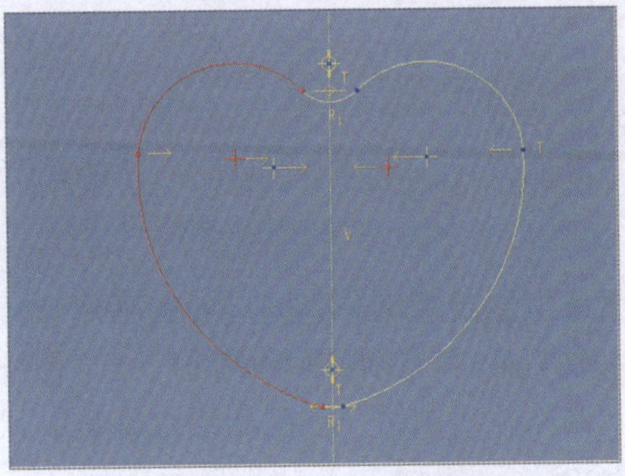

图 2-69　“镜像”功能使用成功

2.3.5　移动和调整图元

移动和调整图元

借助“移动和调整大小”功能，对图元进行平移、旋转和缩放等操作，操作步骤如下。

Step 01 打开包含要进行移动调整图元的文件，选中要进行操作的图元，如图 2-70 所示。

Step 02 单击草绘器工具栏中的“移动和调整大小”按钮，如图 2-71 所示。

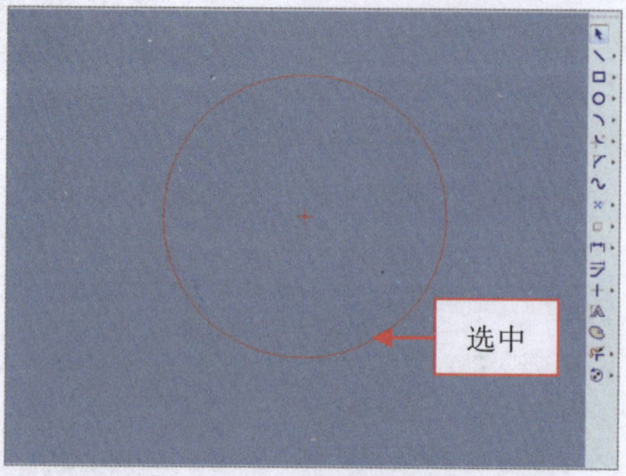

图 2-70　选中要进行操作的图元

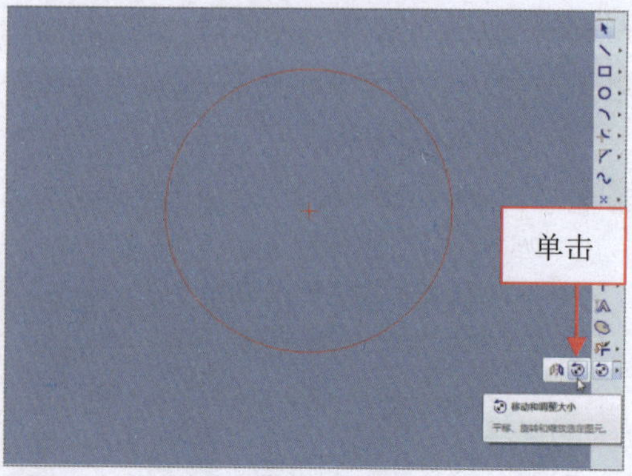

图 2-71　单击“移动和调整大小”按钮

Step 03 在弹出的“移动和调整大小”对话框中，设置相关信息，单击“接受更改并关闭对话框”按钮，如图 2-72 所示。

Step 04 系统会根据设置的信息，完成图元的移动和调整，如图 2-73 所示。

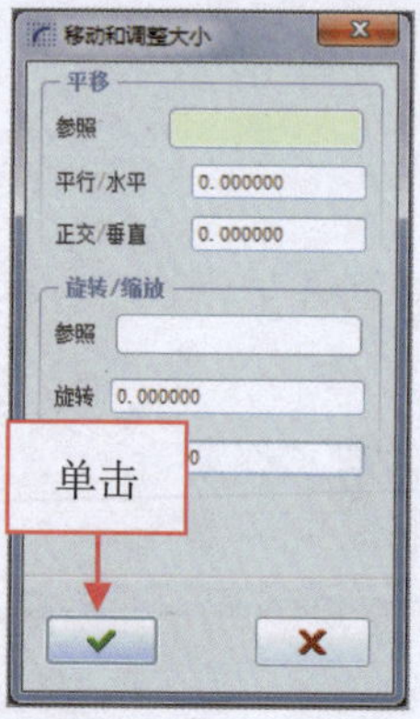

图 2-72　单击“接受更改并关闭对话框”按钮

图 2-73　完成图元的移动和调整

2.4　尺寸的标注和编辑

系统中的尺寸可分为弱尺寸和强尺寸。弱尺寸是指在没有用户确认的情况下，由草绘器自动生成并且也可以自动移除的尺寸，系统缺省的弱尺寸以灰色显示；强尺寸是指草绘器不能自动删除并是由用户创建和经过确认的尺寸。

Pro/E Wildfire 5.0 可以对图元的尺寸进行标注和编辑，这一节将介绍相关的操作技巧。

2.4.1　图元的尺寸标注

在 Pro/E Wildfire 5.0 中，可以快速对图元进行尺寸标注，具体操作步骤如下。

图元的尺寸标注

Step 01 打开要标注尺寸的图元，单击“显示尺寸”按钮，如图 2-74 所示。

Step 02 系统会自动标注对应图元的相关尺寸信息，如图 2-75 所示。

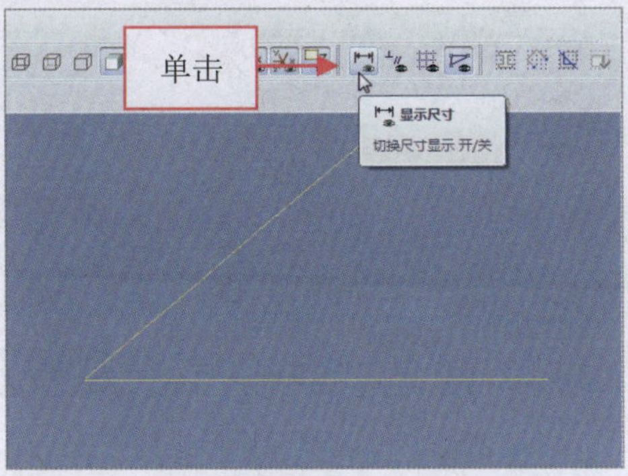

图 2-74　单击“显示尺寸”按钮

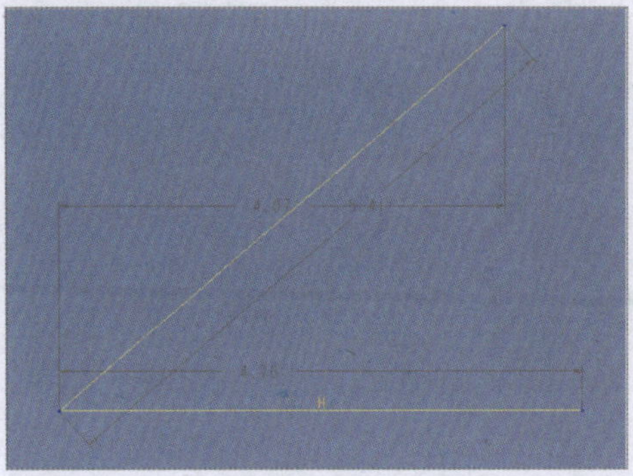

图 2-75　自动标注对应图元的相关尺寸信息

2.4.2　移动尺寸的标注

在 Pro/E Wildfire 5.0 中，移动尺寸的标注，具体操作步骤如下。

移动尺寸的标注

Step 01 打开包含对应图元的文件，选中尺寸标注线并按住鼠标左键进行移动，会显示红色的线，如图 2-76 所示。

Step 02 将红色的线移动至尺寸标注的理想位置，松开鼠标左键，即可完成尺寸标注的移动，如图 2-77 所示。

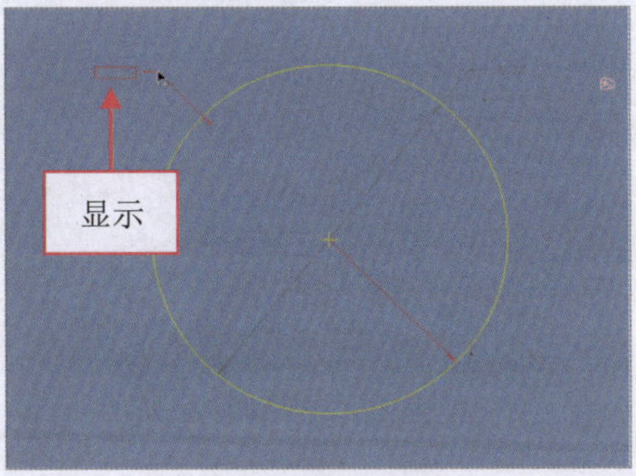

图 2-76　显示红色的线

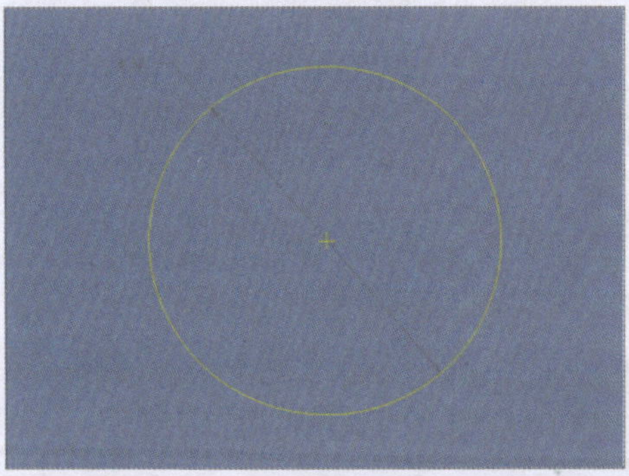

图 2-77　完成尺寸标注的移动

2.4.3　修改尺寸标注

尺寸修改有两种常用的方法：一是双击鼠标左键修改尺寸数值；二是使用“修改尺寸”对话框来修改尺寸。以双击鼠标左键修改尺寸数值为例，只需执行如下操作即可。

修改尺寸标注

Step 01 双击需要修改的尺寸标注，会出现一个输入框，在输入框中输入尺寸标注的修改数值，如图 2-78 所示。

Step 02 按【Enter】键，即可完成尺寸标注的修改，如图 2-79 所示。

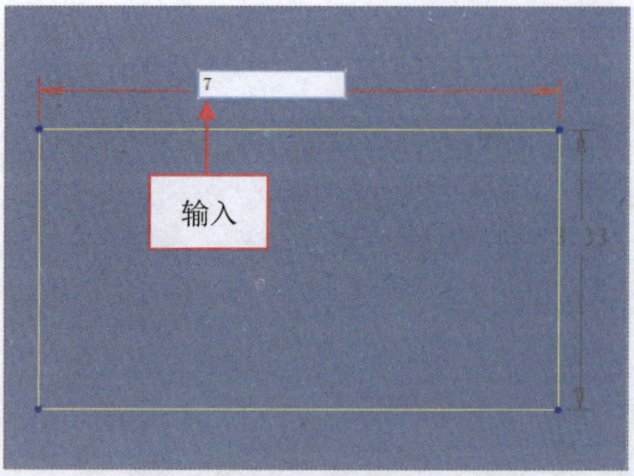

图 2-78　输入尺寸标注的修改数值

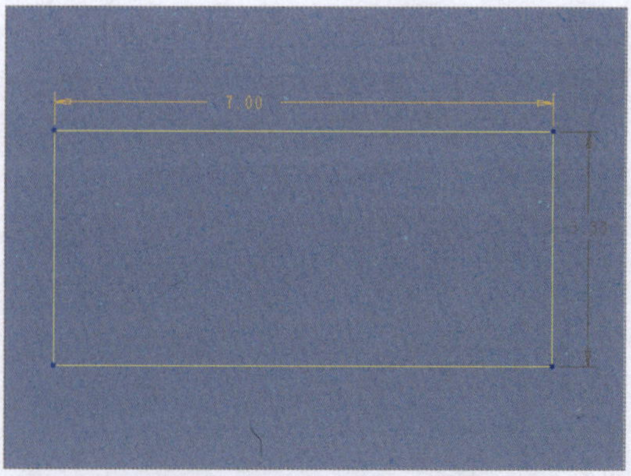

图 2-79　完成尺寸标注的修改

2.4.4　锁定/解锁尺寸标注

用户修改过的尺寸标注在经过一番修改或创建后，尺寸数值可能会发生变化，为了保证创建的稳定性，可以使用锁定尺寸功能将尺寸锁定，防止它的变化，即选择需要锁定的尺寸后，单击“编辑”|“切换锁定”命令，如图 2-80 所示。锁定后的标注尺寸颜色发生变化即颜色变深，以区分其他的尺寸标注，如图 2-81 所示。

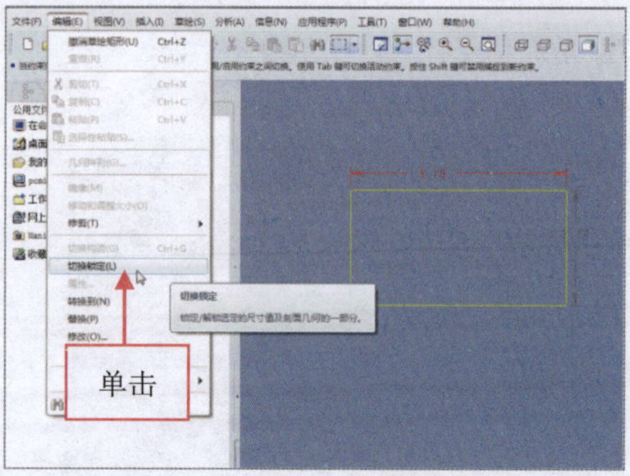

图 2-80　单击“切换锁定”命令

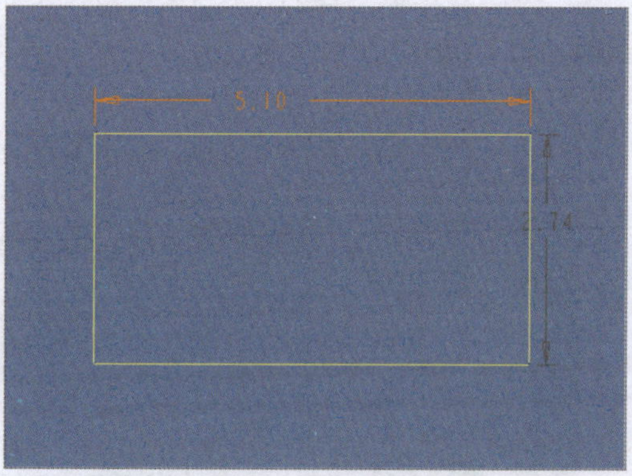

图 2-81　锁定后的标注尺寸颜色发生变化

解除锁定的尺寸即禁用尺寸的方法：选择需要解除的尺寸，单击“编辑”|“切换锁定”命令即可。

2.5　几何约束

约束是定义几何或图元间的关系，在草绘环境下系统有自动捕捉一些约束的功能，其约束符号显示在图元的旁边，约束可以大大简化绘图过程，也使创建的图形准确而又简单。

和尺寸相似，约束也有强、弱约束之分，草绘器可以自动移除的约束称为弱约束，草绘器不能自动删除的约束称为强约束。这一节将讲解几何约束的相关操作，让用户快速了解 Pro/E Wildfire 5.0 的约束功能。

2.5.1　显示或关闭约束

显示或关闭约束

和尺寸一样，约束也可以通过单击按钮来控制。具体来说，在 Pro/E Wildfire 5.0 中，可以通过如下操作来显示或关闭约束。

Step 01 打开要显示约束的图元，单击“显示约束”按钮，如图 2-82 所示。

Step 02 系统会自动显示图元中的约束，将鼠标光标移动到对应约束符号上，还会显示具体的约束信息，如图 2-83 所示。如果要关闭约束，只需再次单击“显示约束”按钮即可。

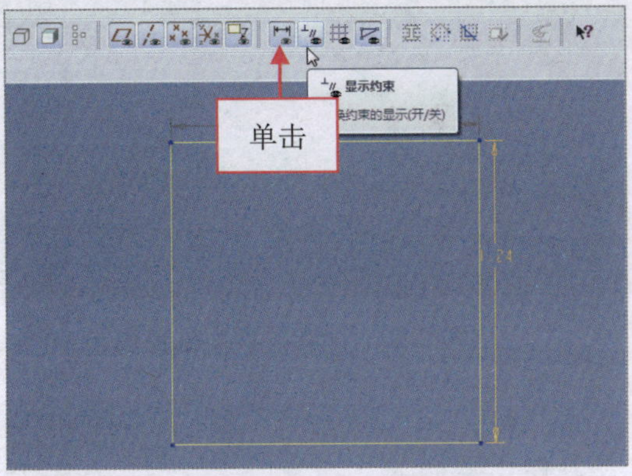

图 2-82　单击“显示约束”按钮

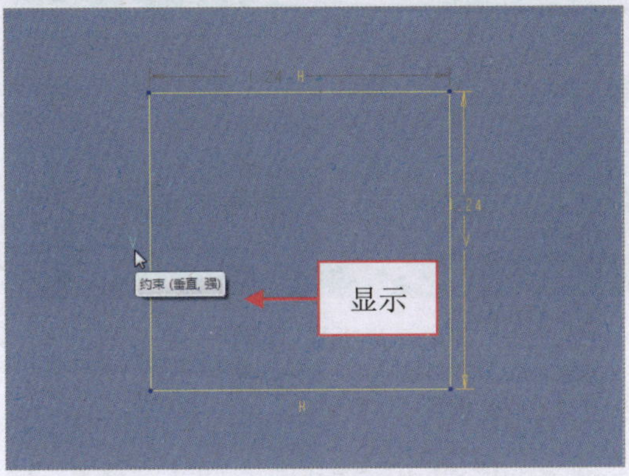

图 2-83　显示具体的约束信息

2.5.2　创建约束

在草绘器工具栏中单击“垂直”按钮，在弹出的列表框中选择约束类型按钮，然后选择相应的几何图元，即完成创建约束特征。下面将向用户介绍约束类型的操作方法。

1．创建竖直约束

创建竖直约束

在 Pro/E Wildfire 5.0 中，创建竖直约束的具体操作步骤如下。

Step 01 打开包含要进行操作的图元的文件，单击“垂直”按钮，如图 2-84 所示。

Step 02 将鼠标光标移动至要进行约束操作的图元边线上，如图 2-85 所示。

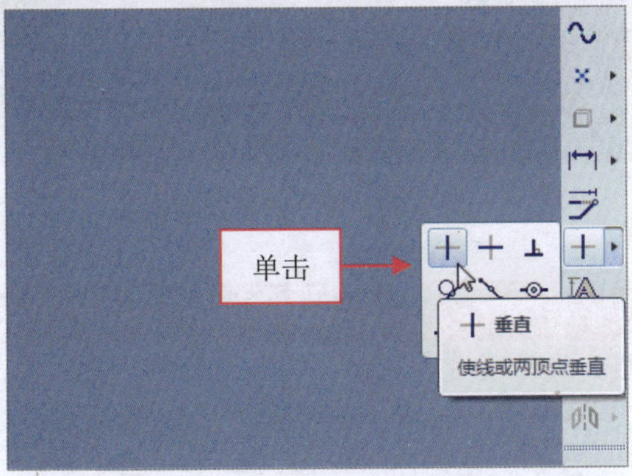

图 2-84　单击“垂直”按钮

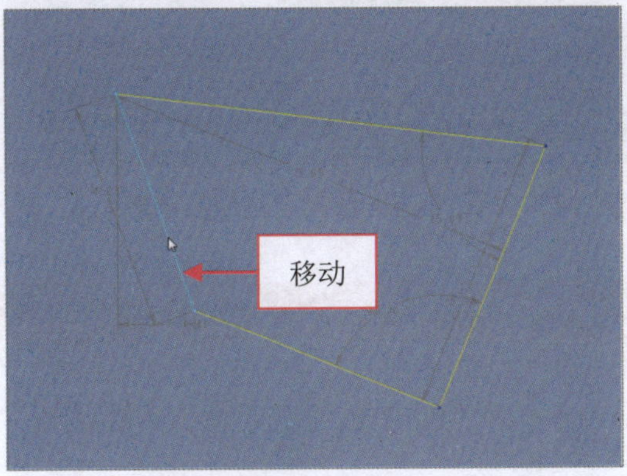

图 2-85　将鼠标光标移动至对应图元边线上

Step 03 单击鼠标左键，图元会发生变化，并显示约束符号 V，将鼠标光标移动至另一条边线上，如图 2-86 所示。

Step 04 单击鼠标左键，对应边线会变成竖直状态，图元也会再次发生变化，如图 2-87 所示。

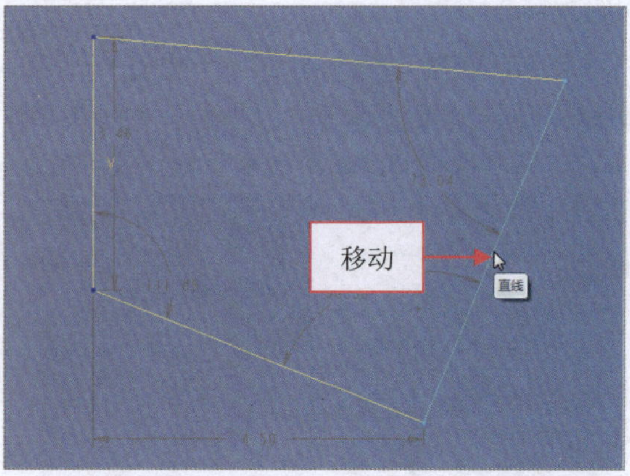

图 2-86　将鼠标光标移动至另一条边线上

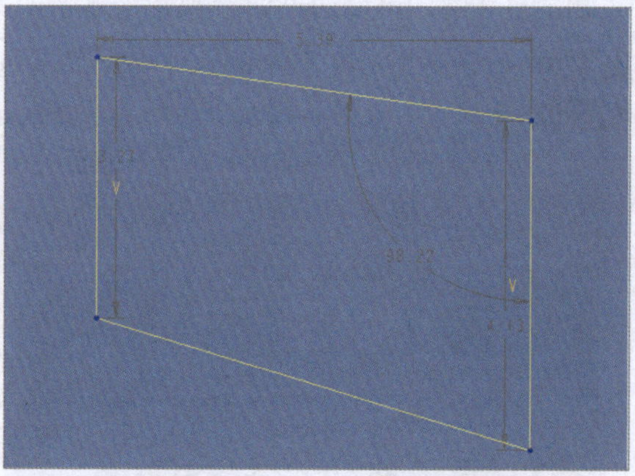

图 2-87　图元再次发生变化

2. 创建水平约束

在 Pro/E Wildfire 5.0 中，创建水平约束的具体操作步骤如下。

创建水平约束

Step 01 打开包含要进行操作的图元的文件，单击“水平”按钮+，将鼠标光标移动至要进行约束操作的图元边线上，如图 2-88 所示。

Step 02 单击鼠标左键，如果图元发生变化，并显示约束符号 H，就说明水平约束创建成功了，如图 2-89 所示。

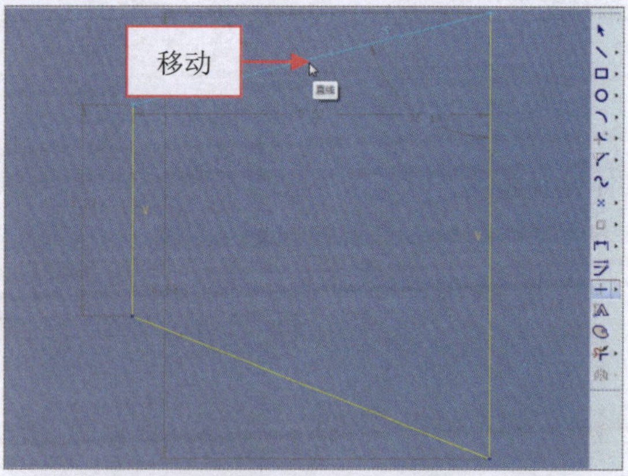

图 2-88　将鼠标光标移动至对应图元边线上

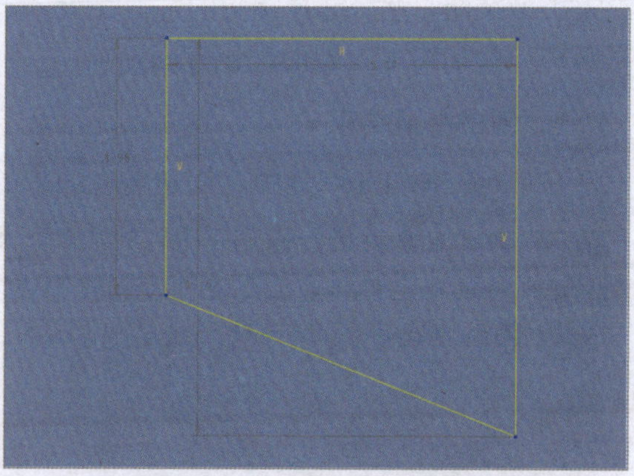

图 2-89　水平约束创建成功

▶ 专家指点

同一个文件中可以多次创建水平约束，使图元发生变化。例如，单击“水平”按钮+之后，单击图 2-89 所示的图元中的下边线，下边线会变为一条水平的线段，而该图元则会变为一个矩形。

3．创建垂直约束

在 Pro/E Wildfire 5.0 中，创建垂直约束的具体操作步骤如下。

创建垂直约束

Step 01 打开包含要进行操作的图元的文件，单击“垂直”按钮⊥，如图 2-90 所示。

Step 02 依次单击要创建约束的两个图元，如果图元发生变化，并显示倒 T 字形约束符号，就说明垂直约束创建成功了，如图 2-91 所示。

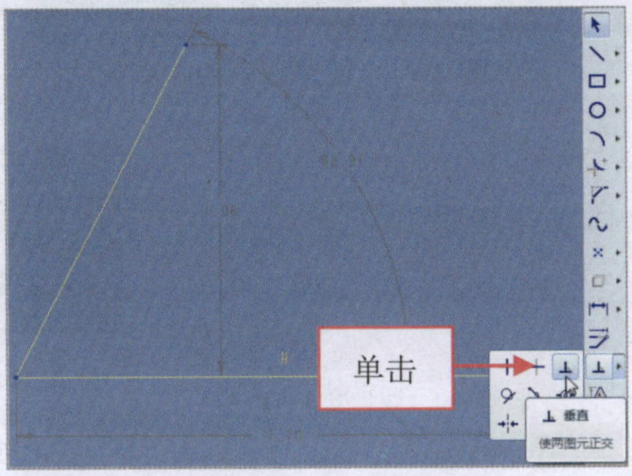

图 2-90　单击“垂直”按钮⊥

图 2-91　垂直约束创建成功

4．创建相切约束

在 Pro/E Wildfire 5.0 中，创建垂直约束的具体操作步骤如下。

创建相切约束

Step 01 打开包含要进行操作的图元的文件，单击“相切”按钮𝜑，如图 2-92 所示。

Step 02 依次单击要创建约束的两个图元，如果图元发生变化，并显示倒 T 字形约束符号，就说明相切约束创建成功了，如图 2-93 所示。

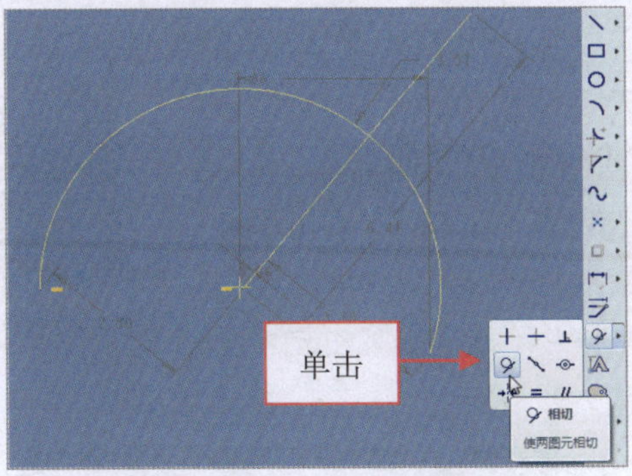

图 2-92　单击“相切”按钮𝜑

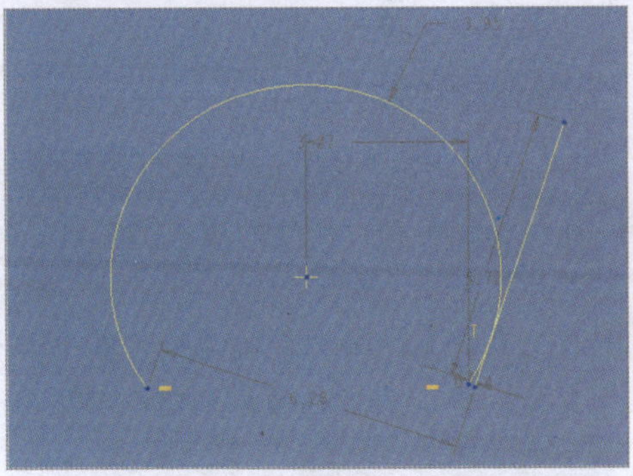

图 2-93　相切约束创建成功

5．创建约束为中点

在 Pro/E Wildfire 5.0 中，创建垂直约束的具体操作步骤如下。

创建约束为中点

Step 01 打开包含要进行操作的图元的文件，单击“中点”按钮⟍，如图 2-94 所示。

Step 02 依次单击要创建约束的两个图元，如果图元发生变化，并显示约束符号 M，就说明创建约束为中点成功了，如图 2-95 所示。

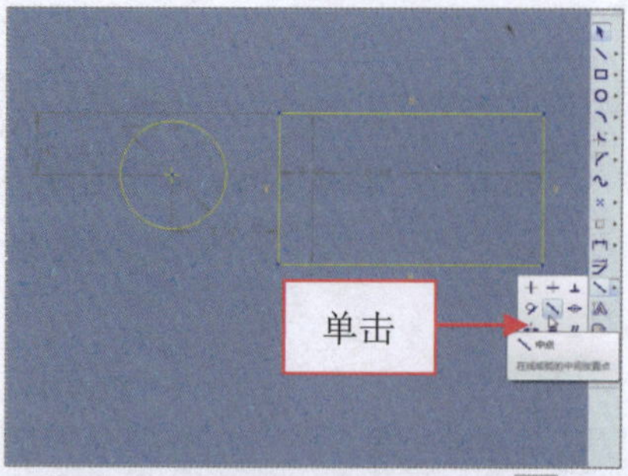

图 2-94　单击“中点”按钮

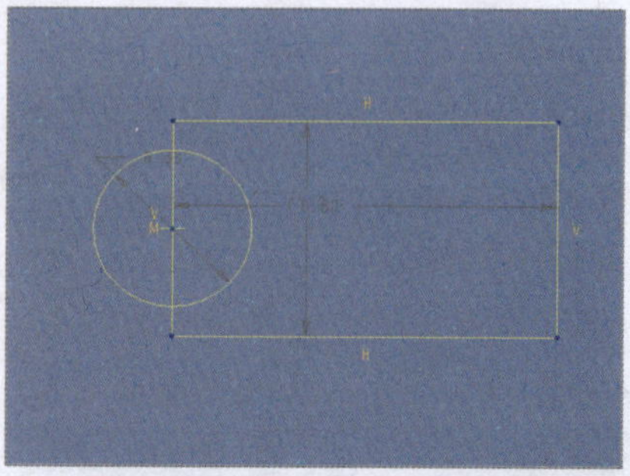

图 2-95　创建约束为中点成功

6．创建重合约束

创建重合约束

在 Pro/E Wildfire 5.0 中，创建重合约束的具体操作步骤如下。

Step 01 打开包含要进行操作的图元的文件，单击“重合”按钮，如图 2-96 所示。

Step 02 依次单击要创建约束的两个图元，如果图元发生变化，就说明重合约束创建成功了，如图 2-97 所示。

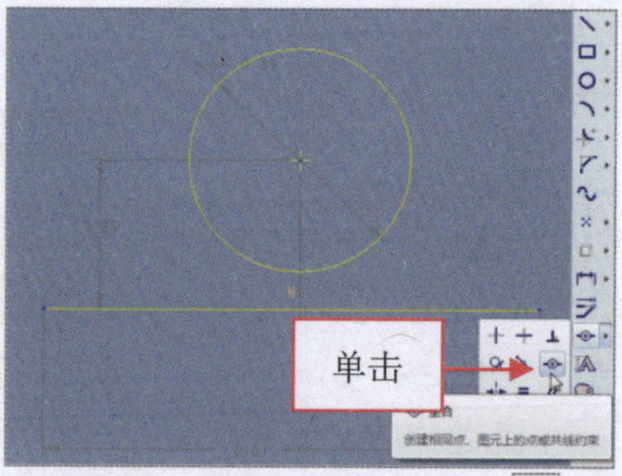

图 2-96　单击“重合”按钮

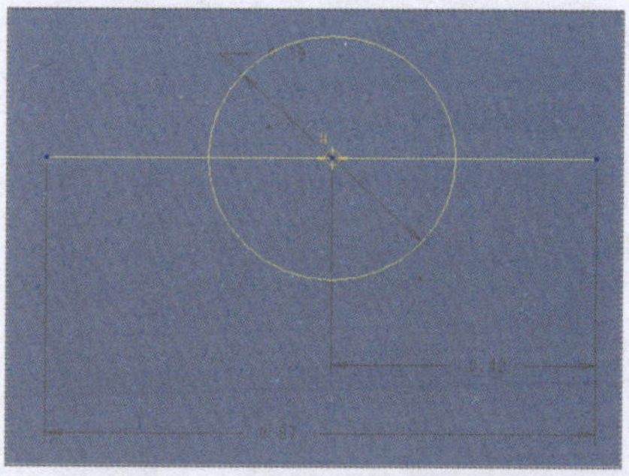

图 2-97　重合约束创建成功

7．创建对称约束

创建对称约束

在 Pro/E Wildfire 5.0 中，创建对称约束的具体操作步骤如下。

Step 01 打开包含要进行操作的图元的文件，单击“对称”按钮，如图 2-98 所示。

Step 02 依次单击选择图元上的顶点（或中心点）和中心线，如果图元发生变化，就说明对称约束创建成功了，如图 2-99 所示。

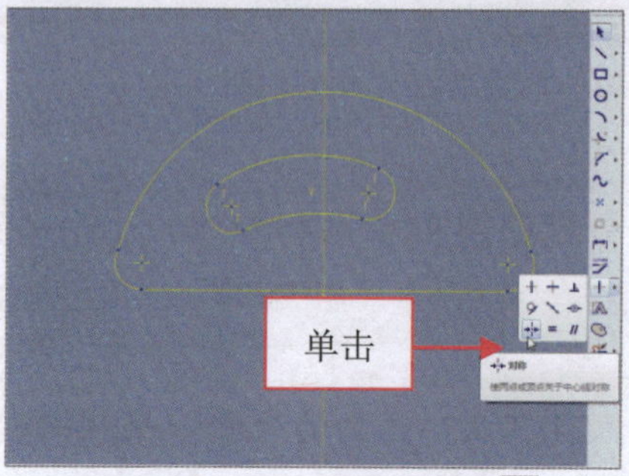

图 2-98　单击“对称”按钮

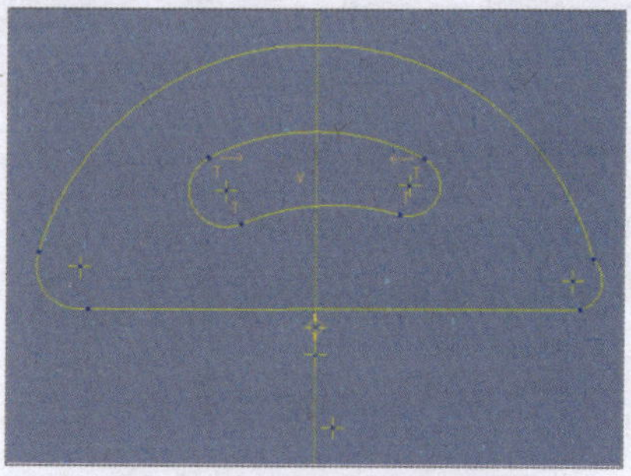

图 2-99　对称约束创建成功

8. 创建相等约束

创建相等约束

在 Pro/E Wildfire 5.0 中，创建相等约束的具体操作步骤如下。

Step 01 打开包含要进行操作的图元的文件，单击“相等”按钮 = ，如图 2-100 所示。

Step 02 依次单击要创建相等约束的两个图元，如果图元发生变化，并显示约束符号 L，就说明相等约束创建成功了，如图 2-101 所示。

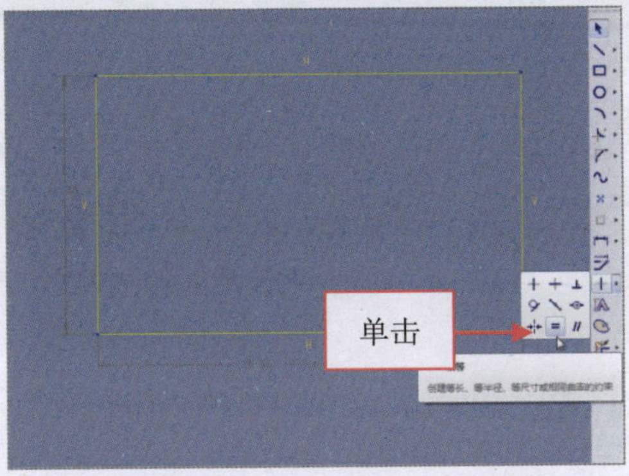

图 2-100　单击“相等”按钮 =

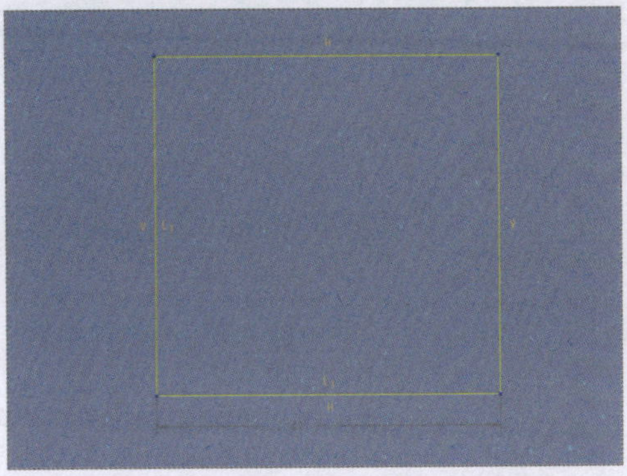

图 2-101　相等约束创建成功

9. 创建平行约束

创建平行约束

在 Pro/E Wildfire 5.0 中，创建平行约束的具体操作步骤如下。

Step 01 打开包含要进行操作的图元的文件，单击“平行”按钮 // ，如图 2-102 所示。

Step 02 依次单击要创建平行约束的两个图元，如果图元发生变化，并显示两条平行线样式的约束符号 // ，就说明平行约束创建成功了，如图 2-103 所示。

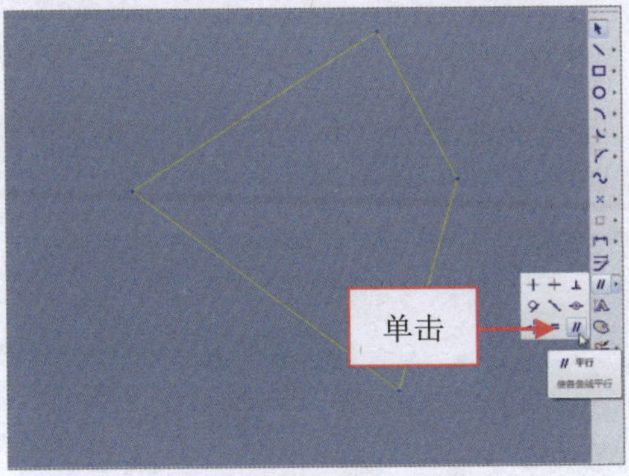

图 2-102　单击“平行”按钮 //

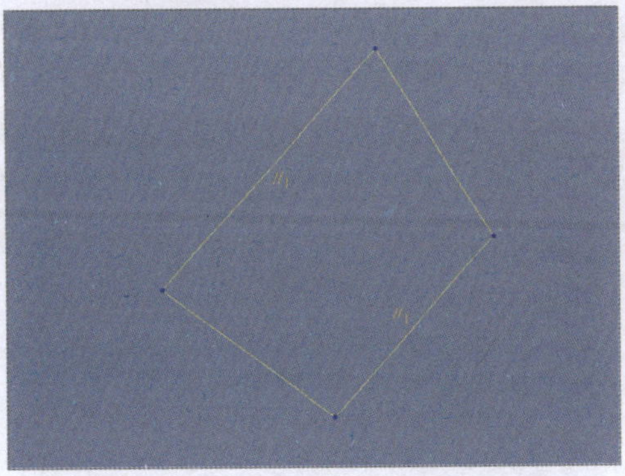

图 2-103　平行约束创建成功

2.5.3　删除约束

选择要删除的约束符号后，单击“编辑”|“删除”命令，如图 2-104 所示，或按键盘上的【Delete】键。如果约束符号消失，就说明对应约束删除成功了，如图 2-105 所示。删除约

束后，系统或自动添加一个相应的弱尺寸。

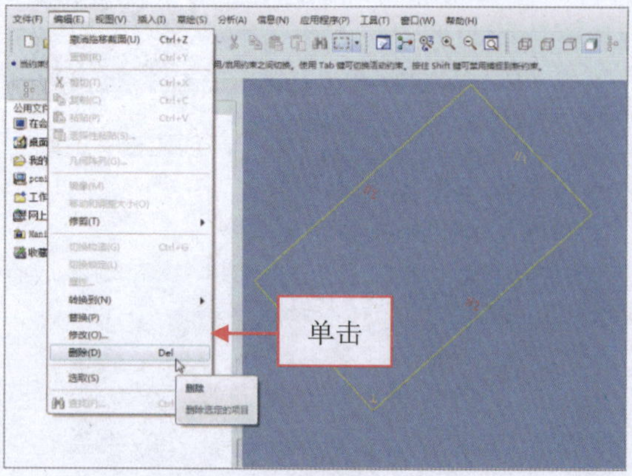

图 2-104　单击“删除”命令

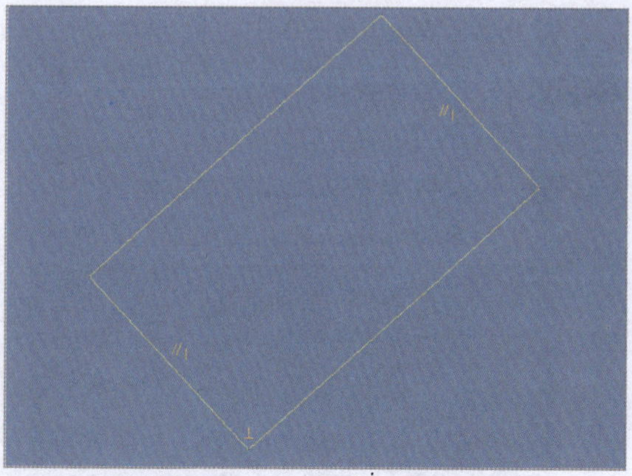

图 2-105　对应约束删除成功

本章小结

本章主要向读者介绍了二维草绘的相关基础知识，帮助读者了解二维草绘的基础知识，并掌握相关的操作技巧，如图元的创建、图元的编辑、尺寸的标注和编辑以及几何约束的实用技巧等。希望读者通过对本章的学习，能够对 Pro/E Wildfire 5.0 的二维草绘基本操作有所了解。

课后习题

课后习题

鉴于本章知识的重要性，为了帮助读者更好地掌握所学知识，本节将通过上机习题，帮助读者进行简单的知识回顾和补充。

本习题需要掌握图元尺寸显示的关闭技巧。打开文件之后，系统通常会自动显示相关图元的尺寸，用户可以通过简单操作关闭尺寸的显示，效果如图 2-106 所示。

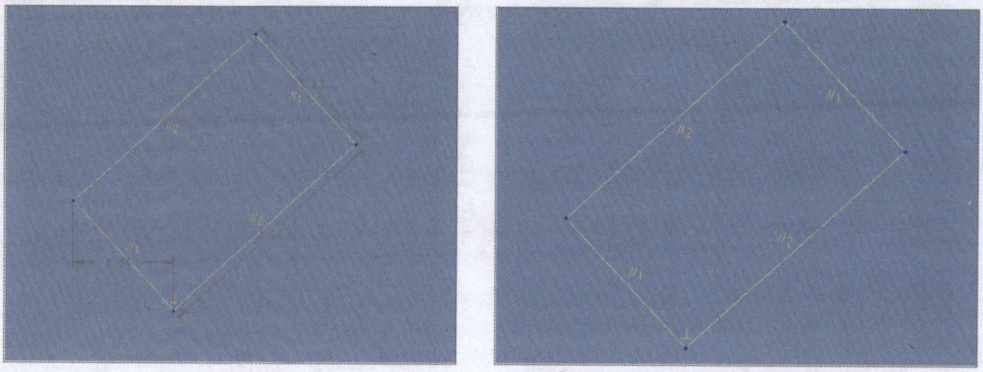

（a）　　（b）

图 2-106　关闭尺寸显示的效果

第 3 章

基础特征的创建

参数化设计软件通常也称为基础特征的建模软件，所谓特征是指在三维实体建模环境中每次创建的一个单独几何。本章主要介绍零件模块的基础知识以及拉伸特征、旋转特征、扫描特征、混合特征和其他特征的创建和应用。

本章重点

- 初识零件模块
- 拉伸特征
- 扫描特征
- 混合特征
- 其他基础特征

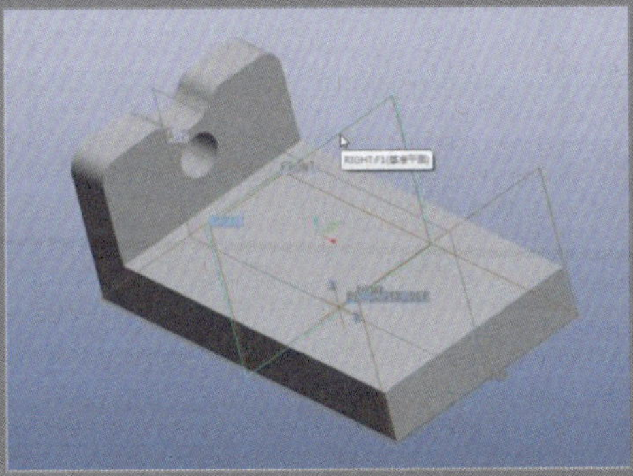

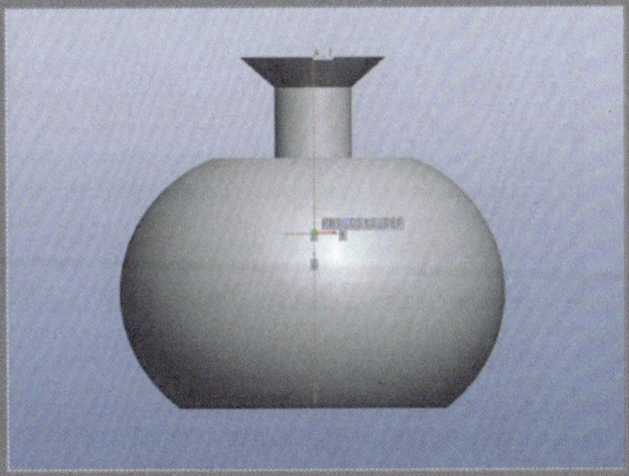

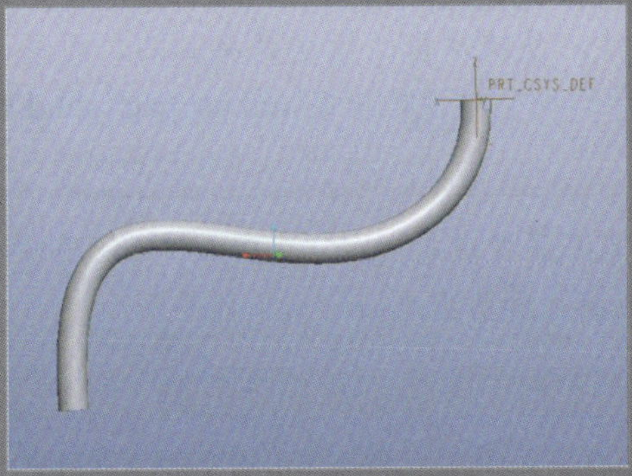

3.1 初识零件模块

零件模板是零件设计重要的参照，它除了可包含一些设计基准和视图方向，更重要的是可包含零件模块的一些特性参数，如单位制、精度、质量属性等。用户在使用模块设计零件模型时，可在相同的环境中工作，在创建工程图时也可以使用这些特性参数，下面简要介绍零件模块的创建方法和参数设置。

3.1.1 零件模块的创建方法

零件模块的创建方法

零件模块创建的操作步骤如下。

Step 01 单击“文件”|“新建”命令，或单击“文件”工具栏中的“创建新对象”按钮，会弹出“新建”对话框，在“类型”选项区中，选中“零件”单选按钮，在“子类型”选项区中，选中“实体”单选按钮，在“名称”文本框中输入新建名称，取消选中“使用缺省模板”复选框，单击“确定”按钮，如图 3-1 所示，确定新建信息。

Step 02 弹出“新文件选项”对话框，在“模板”选项区中选择对应选项，将其作为新文件模板，单击“确定”按钮，如图 3-2 所示，即可进入零件模型模式。

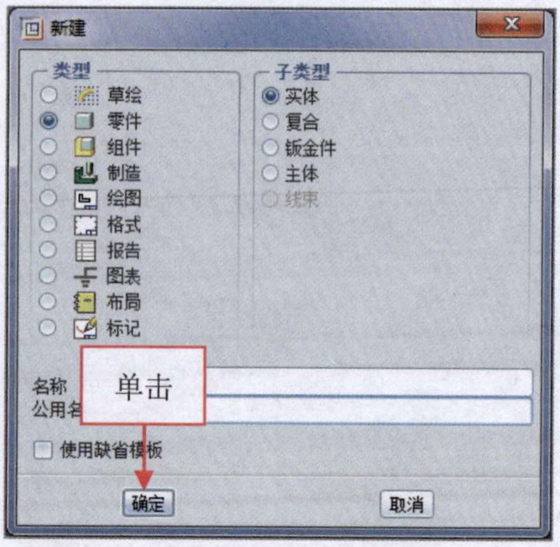

图 3-1　单击“确定”按钮（1）

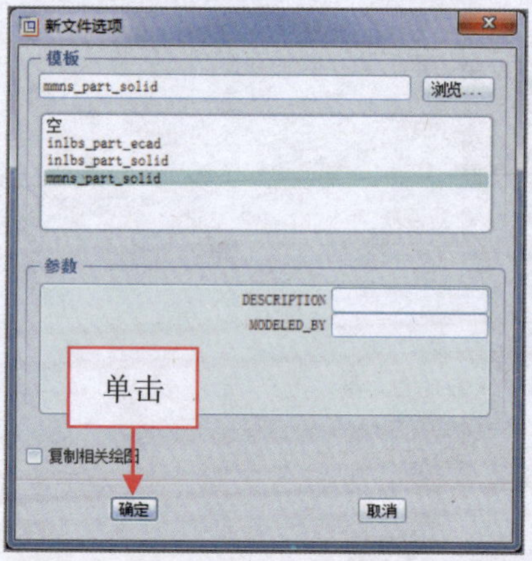

图 3-2　单击“确定”按钮（2）

> **▶ 专家指点**
>
> 在 Pro/E Wildfire 5.0 中，零件一般都在零件模块中创建，从而保证所有零件都具有相同的某些属性，如系统单位、模型文件的参数等，系统缺省的模块是英制的，而符合中国人设计习惯的单位制是公制单位，选择“新文件选项”对话框中的 mmns_part_solid 模板就是采用公制单位的模块。

Step 03 如果在“新文件选项”对话框的“模板”选项区中选择“空”选项，即不使用设计模板，单击“确定”按钮后，系统会显示没有坐标系和基准平面的空工作界面。

Step 04 单击特征工具栏中的“坐标系”按钮，系统会自动完成零件坐标系的创建；单击特征工具栏中的“平面”按钮，系统会自动完成三个相互正交基准平面的创建，如图 3-3 所示。

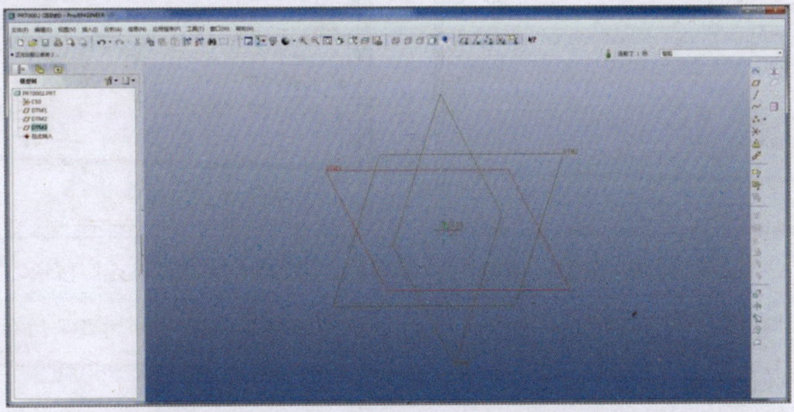

图 3-3　完成三个相互正交基准平面的创建

3.1.2　零件模块的参数设置

零件模块的特性参数分为单位、精度、质量属性，下面将分别向用户介绍这三种参数的设置方法。

1. 设置单位

使用空模板时，还要设置其单位制为公制，操作方法如下。

设置单位

Step 01 单击“文件”|“属性”命令，单击弹出的“模型属性”对话框中“单位”右侧的“更改”按钮，如图 3-4 所示。

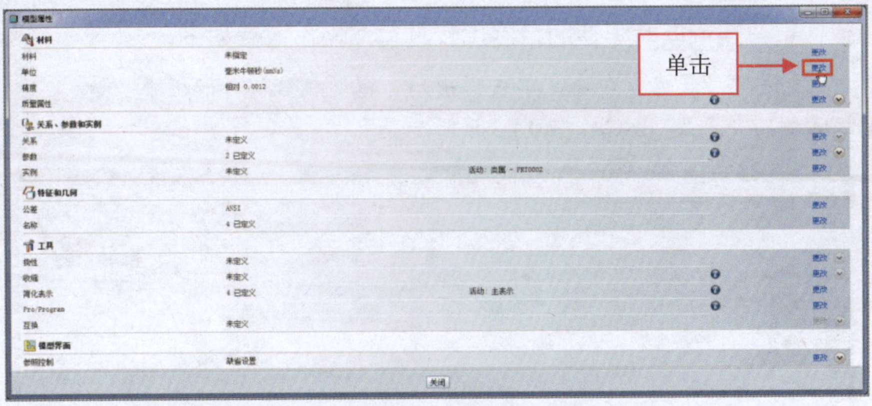

图 3-4　单击“单位”右侧的“更改”按钮

Step 02 弹出“单位管理器”对话框，选中单位制规格的对应选项，单击“设置”按钮，如图 3-5 所示。

Step 03 弹出“改变模型单位”对话框，选中对应尺寸模型单选按钮，单击“确定”按钮，如图 3-6 所示。

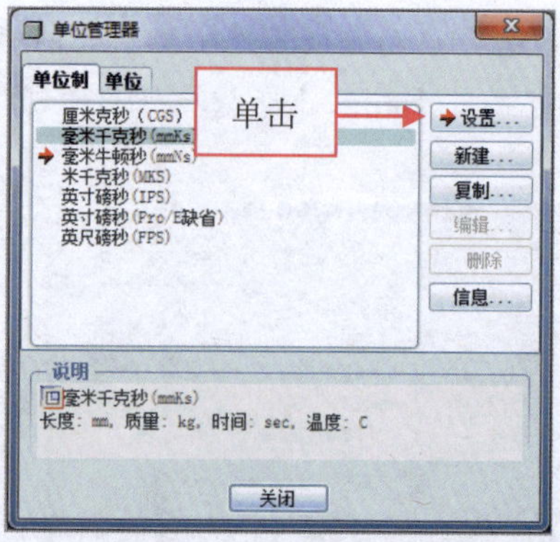

图 3-5　单击“设置”按钮

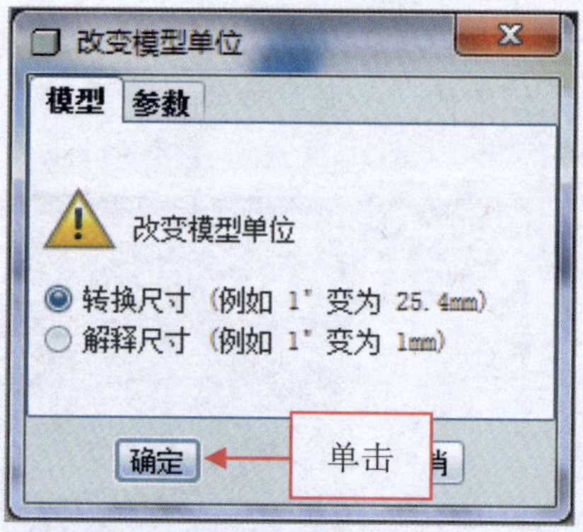

图 3-6　单击“确定”按钮

Step 04 返回“模型属性”对话框，即可查看设置成功的单位信息，如图 3-7 所示。

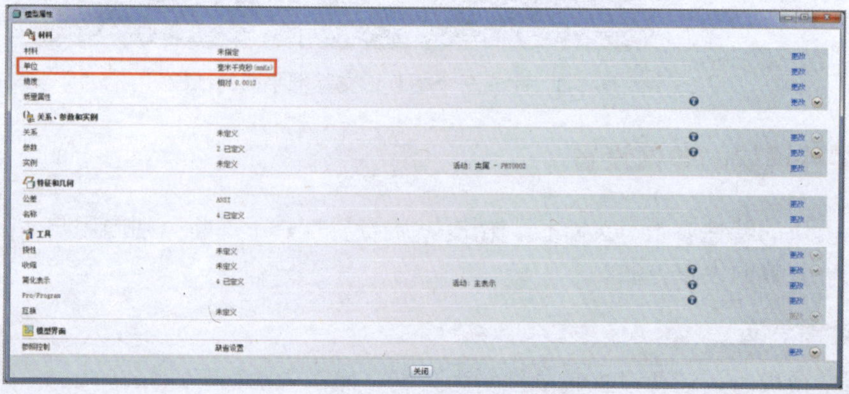

图 3-7　查看设置成功的单位信息

2．设置精度

除了单位，用户还可以对零件的精度进行设置，操作方法如下。

设置精度

Step 01 单击“文件”|“属性”命令，单击弹出的“模型属性”对话框中“精度”右侧的“更改”按钮，如图 3-8 所示。

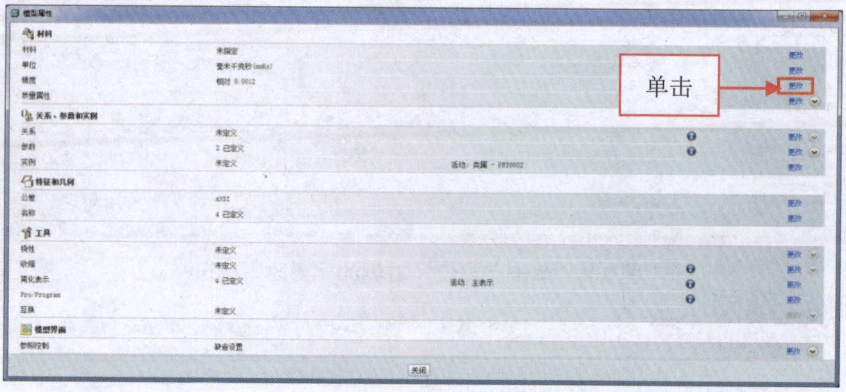

图 3-8　单击“精度”右侧的“更改”按钮

Step 02 在弹出的“精度”对话框中，输入精度数值，单击“再生模型（R）”按钮，如图 3-9 所示。

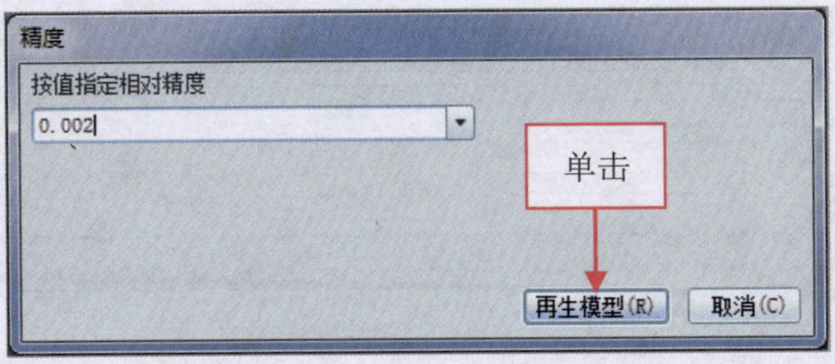

图 3-9　单击“再生模型（R）”按钮

Step 03 返回“模型属性”对话框，即可查看设置成功的精度信息，如图 3-10 所示。

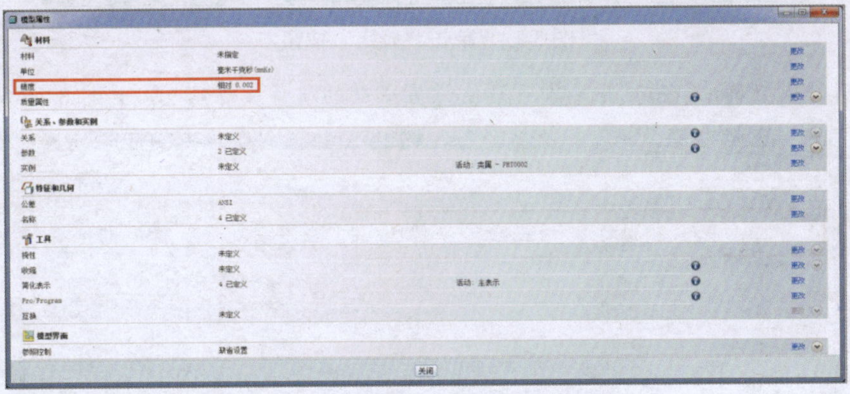

图 3-10　查看设置成功的精度信息

3．设置质量属性

质量属性可以提供关于对象的附加信息，其设置操作方法如下。

设置质量属性

Step 01 单击“文件”|“属性”命令，单击弹出的“模型属性”对话框中“质量属性”右侧的“更改”按钮，如图 3-11 所示。

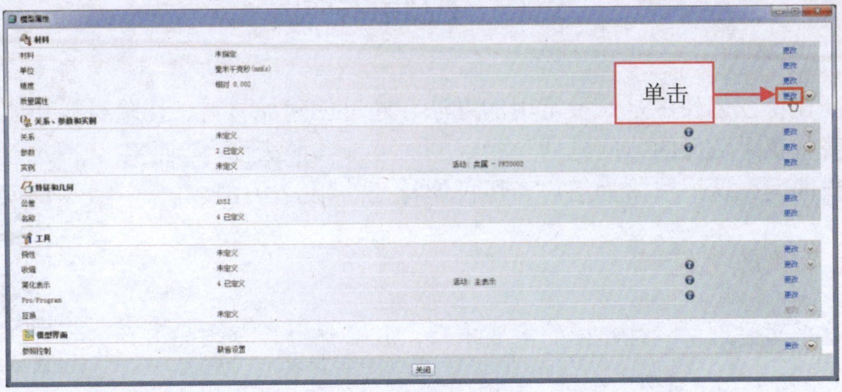

图 3-11　单击“质量属性”右侧的“更改”按钮

Step 02 在弹出的“设置质量属性”对话框中，设置相关信息，单击“确定”按钮，如图 3-12 所示。

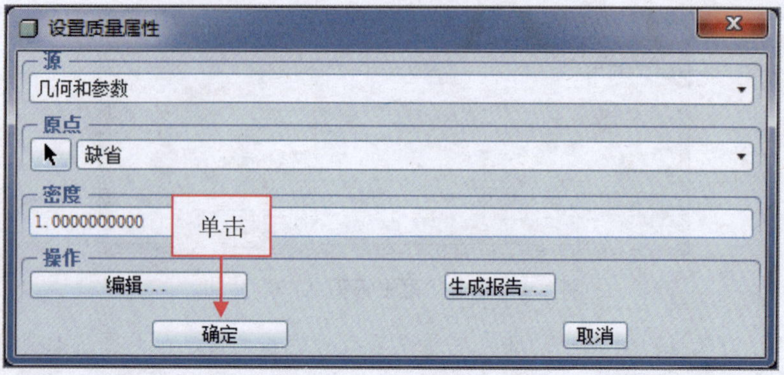

图 3-12　单击“确定”按钮

Step 03 返回“模型属性”对话框，即可查看设置成功的质量属性信息，如图 3-10 所示。

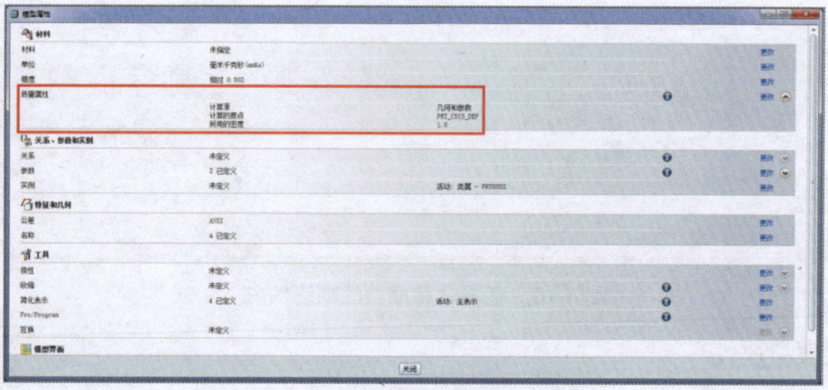

图 3-13　查看已设置成功的精度信息

3.2　拉伸特征

拉伸特征在特征创建中是一种常用的方法，通过创建加材料、切除材料和曲面特征，将二维草绘沿着垂直于截面的方向延伸至指定的深度或参照表面，从而生成三维实体或曲面。这一节将为用户介绍拉伸特征的相关操作技巧。

3.2.1　设置草绘放置信息

设置草绘放置信息

设置草绘平面信息是三维建模的重要步骤，其具体操作步骤如下。

Step 01 单击“插入” | “拉伸”命令，如图 3-14 所示。

Step 02 在弹出的拉伸操作面板中，单击“放置” | “定义...”按钮，如图 3-15 所示，进行放置信息的定义。

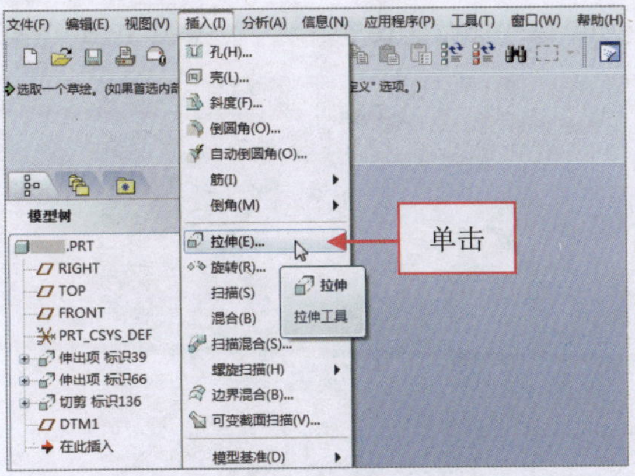

图 3-14 单击“拉伸”命令

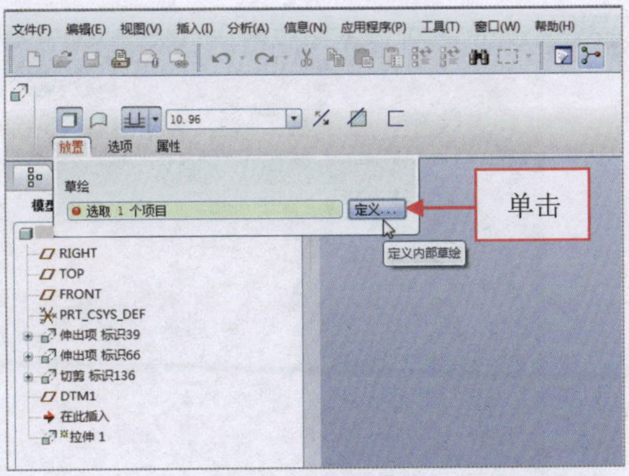

图 3-15 单击“定义…”按钮

Step03 弹出“草绘”对话框，用户可以在该对话框中设置拉伸的相关放置信息，单击“平面”右侧的选择框，如图 3-16 所示，设置草绘平面。

Step04 单击草绘区中的某个平面，如图 3-17 所示，选择草绘的平面。

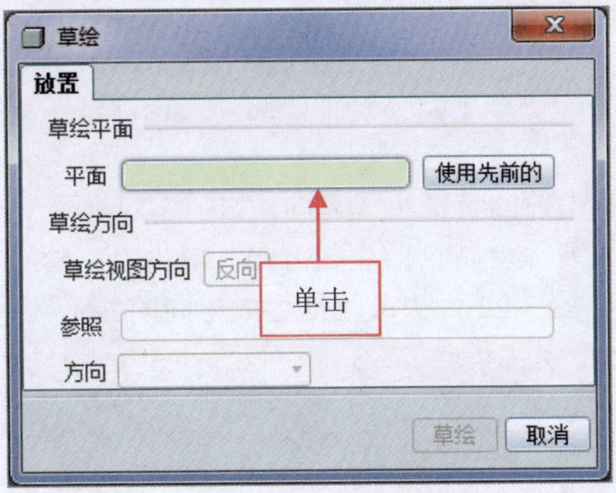

图 3-16 单击“平面”右侧的选择框

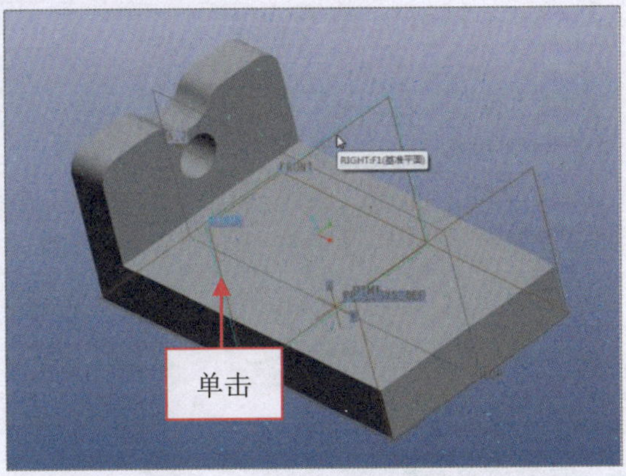

图 3-17 单击草绘区中的某个平面

Step05 “草绘”对话框中会显示对应的草绘平面信息，如图 3-18 所示。

Step06 设置草绘视图方向的相关信息，单击“草绘”按钮，如图 3-19 所示。

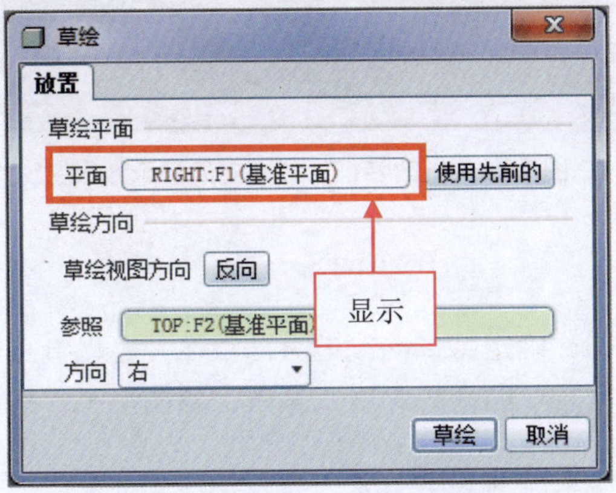

图 3-18 显示对应的草绘平面信息

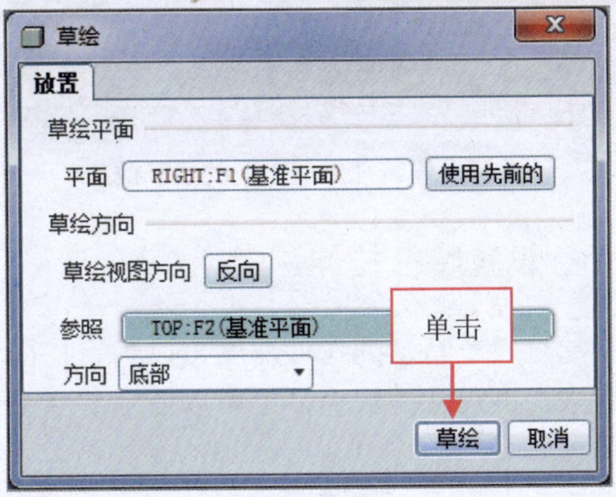

图 3-19 单击“草绘”按钮

Step 07 如果草绘区呈现的画面出现了变化，就说明草绘平面信息设置成功了，如图 3-20 所示。

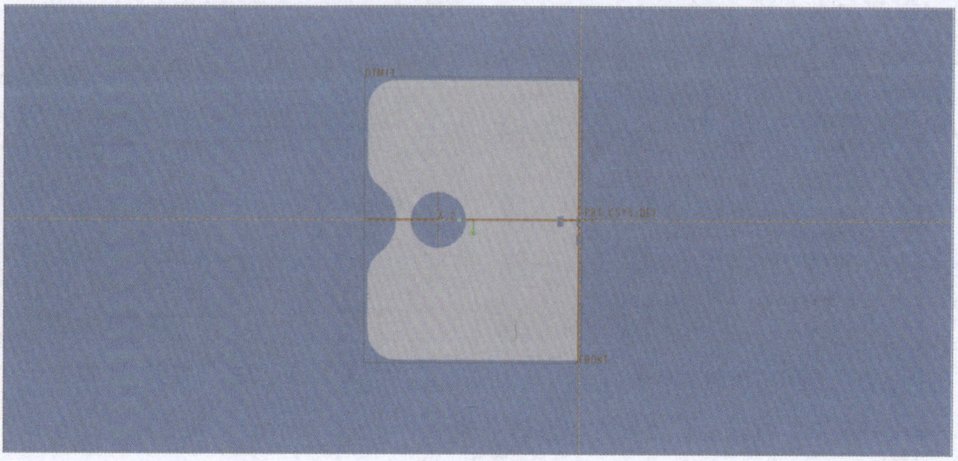

图 3-20 草绘平面信息设置成功

3.2.2 确定特征生成方向

确定特征生成方向实际上是设定在草绘平面的一侧产生实体特征，此外，也可以在草绘平面的双侧都创建实体特征。

绘制草绘剖面后，系统会用一个黄色箭头标示当前的特征生成方向，如图 3-21 所示，一般来说这个方向是当前创建特征的最佳方向。如果要改变特征的生成方向，单击“草绘”对话框中“草绘视图方向”右侧的“反向”按钮即可。图 3-22 为更改特征生成方向的显示效果。

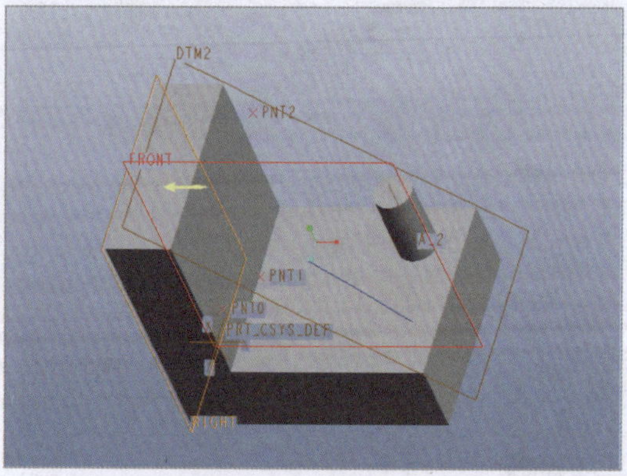

图 3-21 原特征生成方向的显示效果

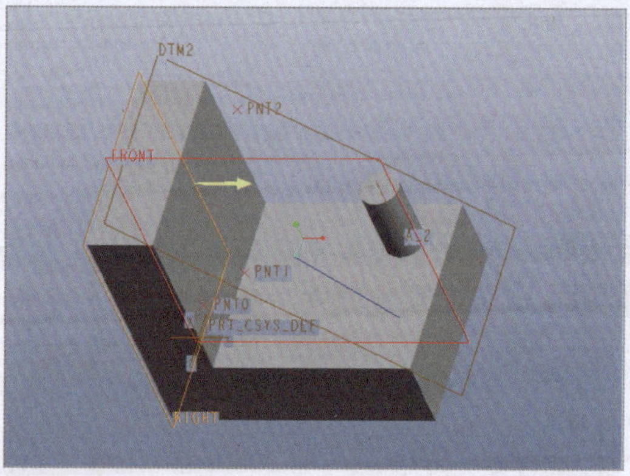

图 3-22 更改特征生成方向的显示效果

3.2.3 设置特征拉伸深度

通过设置特征的拉伸深度可以确定特征的大小。确定特征深度的方法很多，可以直接输入代表深度尺寸的数值，也可以使用参照进行设计。下面介绍深度工具条上各图形工具按钮的用法。

➢ ⊥：直接在按钮右侧的文本框中输入深度数值来确定特征深度。如果单击文本框右侧的▾按钮，还可以从最近设置的深度参数列表中选取数值。

- ➢ ⊟：在草绘平面的双侧产生拉伸特征，每侧拉伸深度为文本框中输入数值的一半。
- ➢ ≒：特征延伸至特征生成方向上的第一个曲面。
- ➢ ⫼：特征穿透模型，用于创建切减材料特征切透所有材料。
- ➢ ⊥：特征以指定曲面作为参照，延伸到该曲面为止。
- ➢ ⊥：特征以选定的点、线、平面或曲面作为参照，延伸到该参照为止。

设置特征拉伸深度

具体来说，可以通过如下操作设置特征拉伸深度。

Step 01 单击“插入”|“拉伸”命令，单击拉伸操作面板中⊥右侧的▾按钮，在弹出的列表框中，选择对应的拉伸方式选项，如图 3-23 所示。

Step 02 拉伸操作面板中会显示刚刚选择的拉伸方式选项，设置拉伸深度值，如图 3-24 所示。

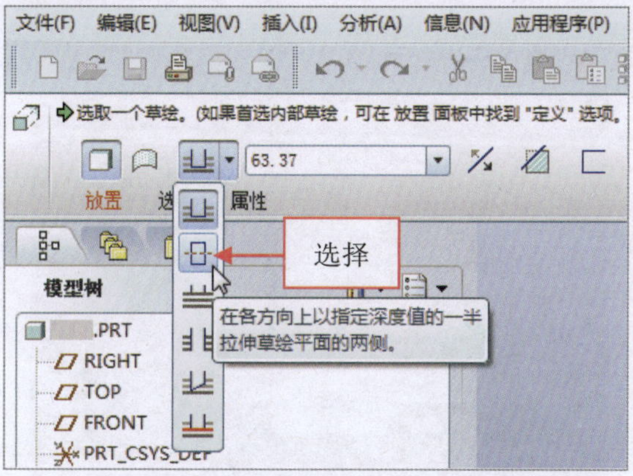

图 3-23 选择对应的拉伸方式选项

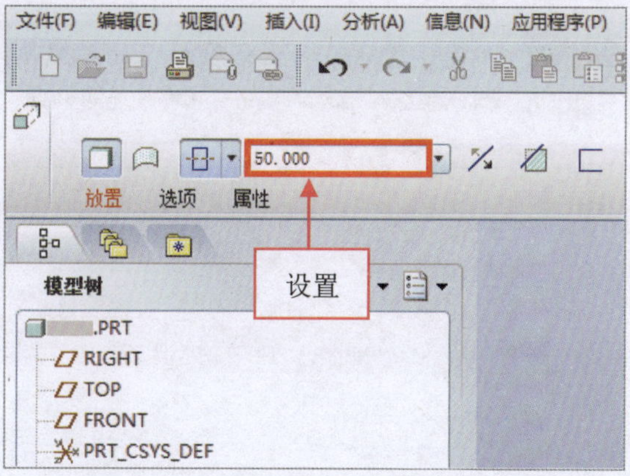

图 3-24 设置拉伸深度值

Step 03 将鼠标光标移动至要延伸的图元上，如图 3-25 所示。

Step 04 单击鼠标左键，如果草绘区中显示黄色的实体，就说明拉伸特征设置成功了，如图 3-26 所示，此时只需保存设置效果即可。

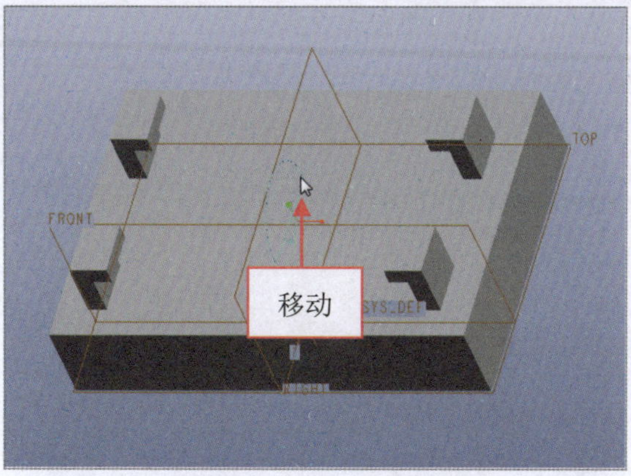

图 3-25 将鼠标光标移动至要延伸的图元上

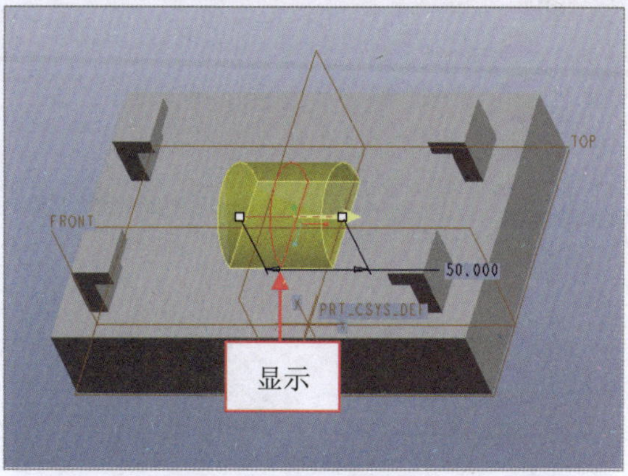

图 3-26 拉伸特征设置成功

3.2.4 创建切减材料特征

创建切减材料特征

切减材料特征是指通过拉伸的设置切去实体上部分材料的特征。切减材料特征的创建原理和加材料特征类似，区别在于在大多数情况下创建切减材料特征时还需要指定材料参数，而创建加材料特征时通常可以由系统自动确定材料。

在创建切减材料特征时，注意必须适当调整特征生成方向才能正确创建特征。因为系统缺省的特征模式是加材料特征，对于加材料特征，系统设置的缺省特征生成方向指向实体外侧，而切减材料特征的生成方向必须指向实体内侧。

具体来说，可以通过如下操作创建切减材料特征。

Step 01 单击“插入”|“拉伸”命令，单击拉伸操作面板中的“移除材料”按钮，如图 3-27 所示。

Step 02 将鼠标光标移动至移除材料的参照图元上，如图 3-28 所示。

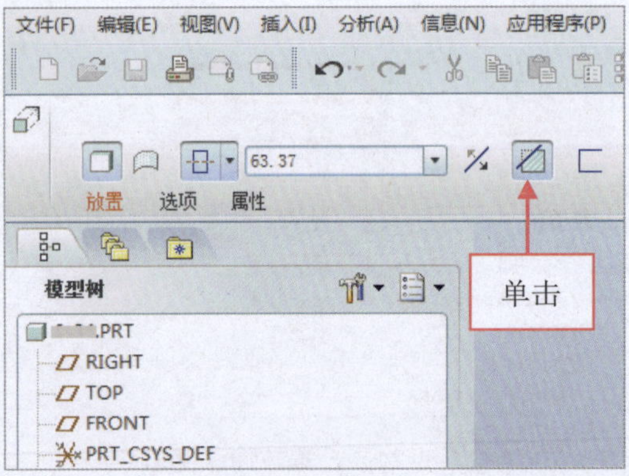

图 3-27 单击“移除材料”按钮

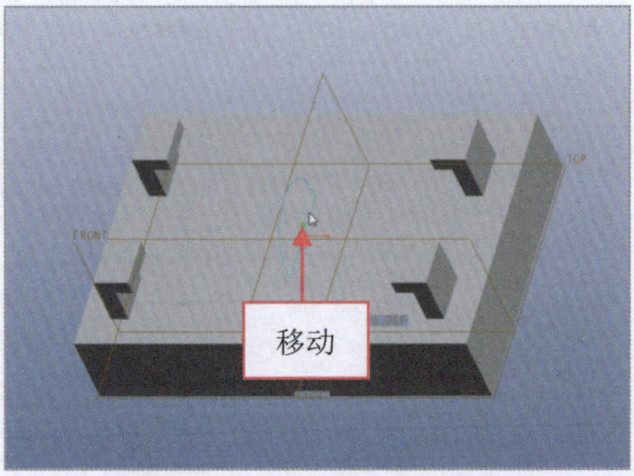

图 3-28 将鼠标光标移动至移除材料的参照图元上

Step 03 单击鼠标左键，实体图元上将出现移除材料的立体参照图元，单击向下的黄色箭头（选中之后会改变颜色），如图 3-29 所示。

Step 04 向下的黄色箭头变为向上的黄色箭头（将黄色箭头设置为向上才能成功移除材料），如图 3-30 所示。

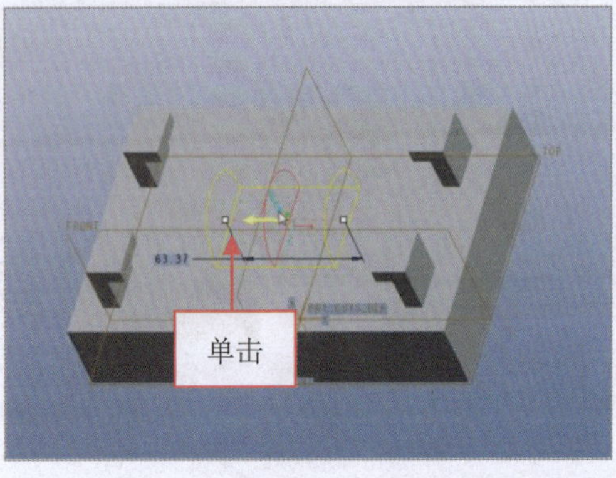

图 3-29 单击向下的黄色箭头

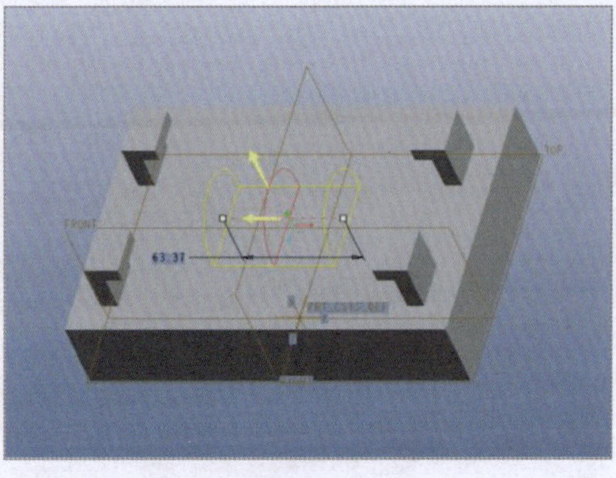

图 3-30 向下的黄色箭头变为向上的黄色箭头

Step 05 单击拉伸操作面板右侧的按钮，如图 3-31 所示。

Step 06 如果实体材料的一部分消失，就说明该实体材料切减成功了，如图 3-32 所示。

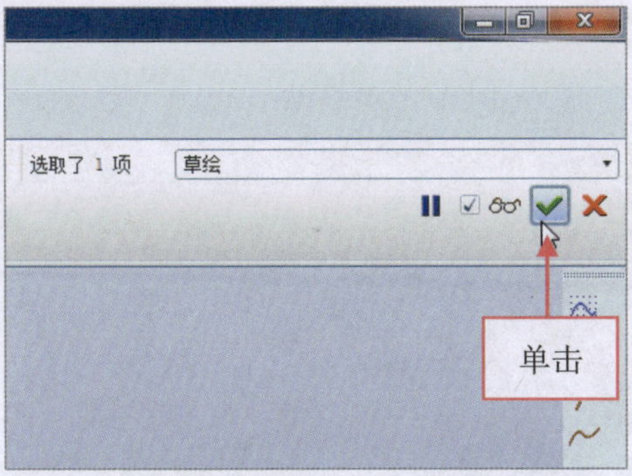

图 3-31　单击拉伸操作面板右侧的按钮

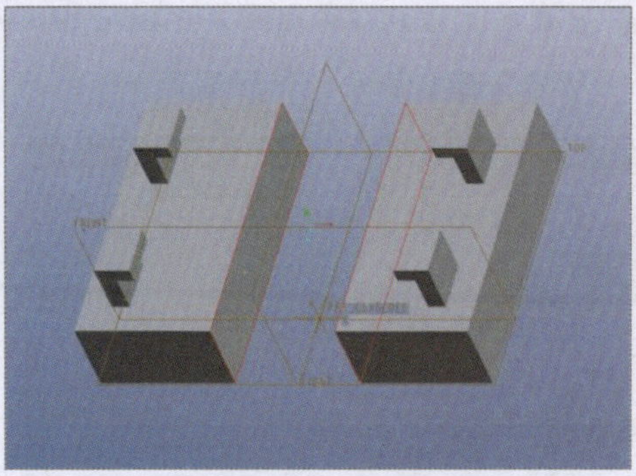

图 3-32　实体材料切减成功

3.3　旋转特征

在 Pro/E Wildfire 5.0 中，旋转特征构建方法是很常用的，它是由截面绕一根中心线旋转一定角度而创建的特征，旋转特征可以是实体形式，也可以是曲面形式。

对于任何类型的旋转特征，在草绘环境里用户都要绘制旋转截面轮廓和旋转中心线。对于实体模型而言，旋转特征可以是正空间特征，也可以是负空间特征，旋转的加材料特征为正空间特征，其负空间对应的是旋转的切减材料特征。这一节将为用户介绍旋转特征的相关操作技巧。

3.3.1　通过旋转剖面创建伸出项

通过旋转剖面创建伸出项

通过旋转剖面创建伸出项的具体操作步骤如下。

Step 01 新建一个实体零件文件，进入 Pro/E Wildfire 5.0 的工作界面，单击“插入”|“旋转”命令，如图 3-33 所示。

Step 02 在弹出的旋转操作面板中，单击“放置”|“定义...”按钮，如图 3-34 所示。

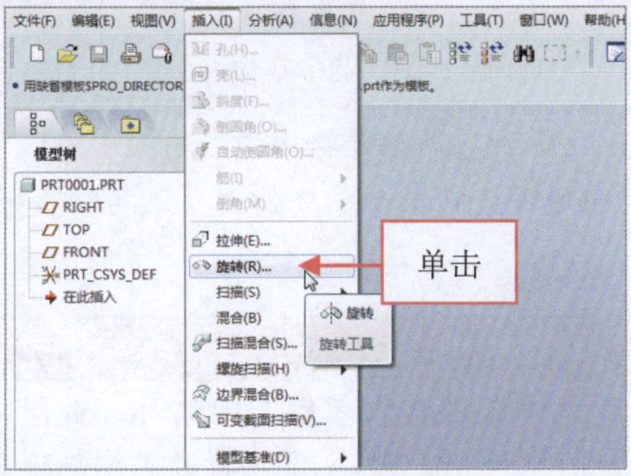

图 3-33　单击“旋转”命令

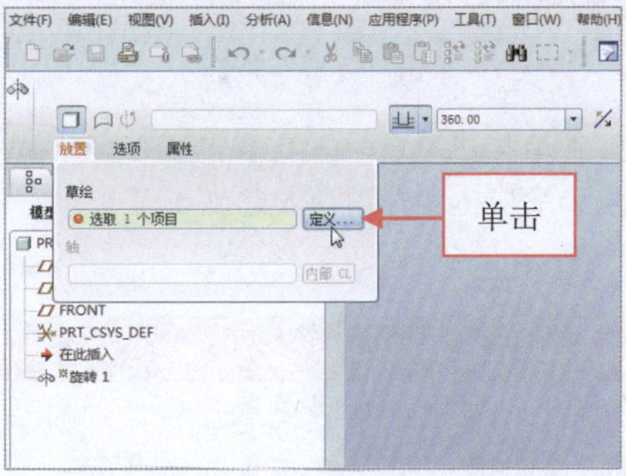

图 3-34　单击“定义...”按钮

Step 03 在弹出的“草绘”对话框中，设置旋转特征的放置信息，单击“草绘”按钮，如图 3-35 所示。

Step 04 在草绘区绘制对应的图元（根据要创建的实体零件，确定某一侧的平面图），如图 3-36 所示，确定旋转的参照图形。

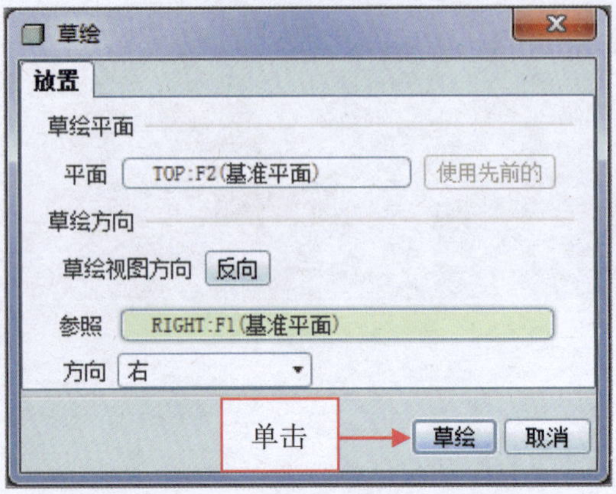

图 3-35 单击“草绘”按钮

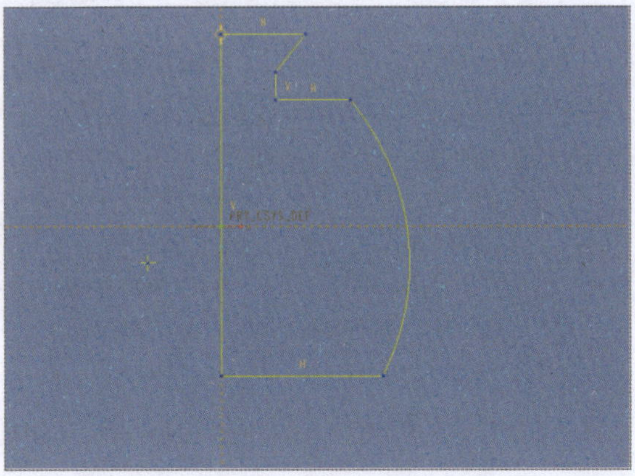

图 3-36 在草绘区绘制对应的图元

Step 05 单击“完成”按钮✓，如图 3-37 所示，保存绘制好的图元，以便继续进行旋转操作。

Step 06 草绘区中将出现一个黄色的实体零件图，设置操作面板中的信息，选中实体图中的中心线（即绘制的图元的旋转轴），如图 3-38 所示。

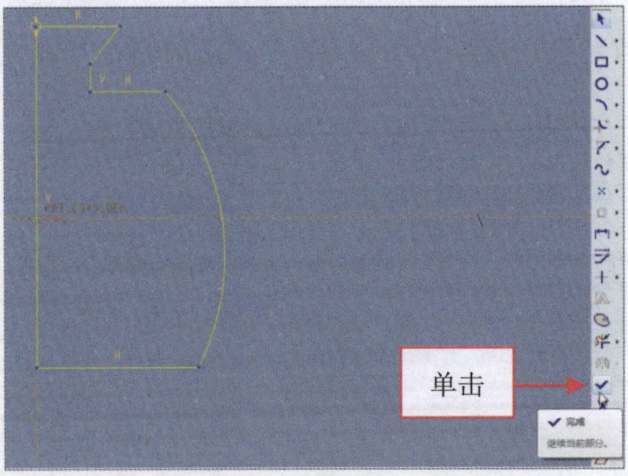

图 3-37 单击“完成”按钮✓

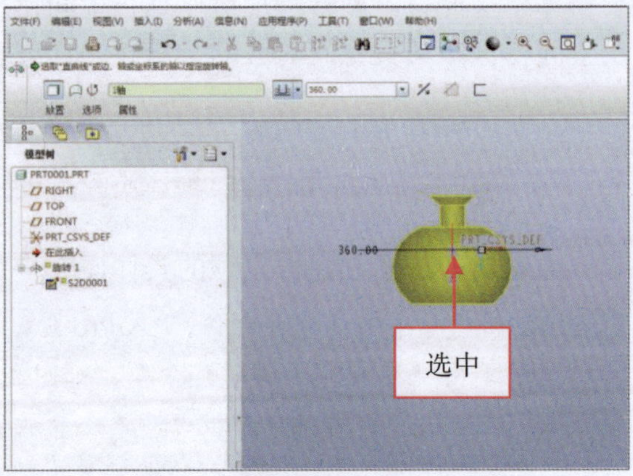

图 3-38 选中实体图中的中心线

Step 07 单击拉伸操作面板右侧的✓按钮，如图 3-39 所示，保存旋转操作。

Step 08 如果实体零件图的颜色发生了变化，就说明通过旋转剖面创建伸出项成功了，如图 3-40 所示。

> ▶ 专家指点
>
> 在操作过程中，如果电脑卡顿，可能会出现无法显示实体零件图的情况。此时，可以先完成相关操作，并保存文件，等重新打开保存的文件时，便会看见通过旋转剖面创建的伸出项。

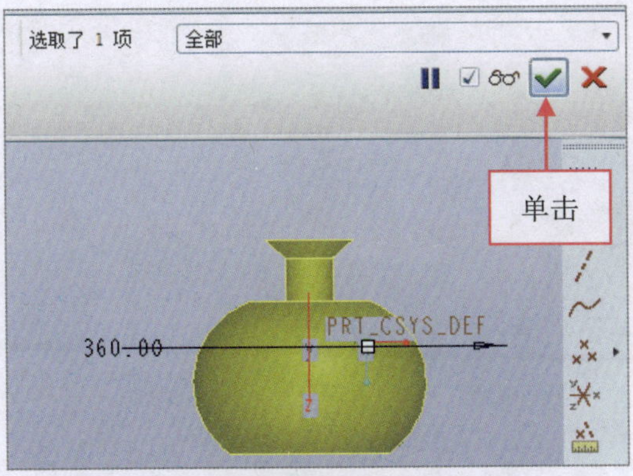

图 3-39　单击拉伸操作面板右侧的✔按钮

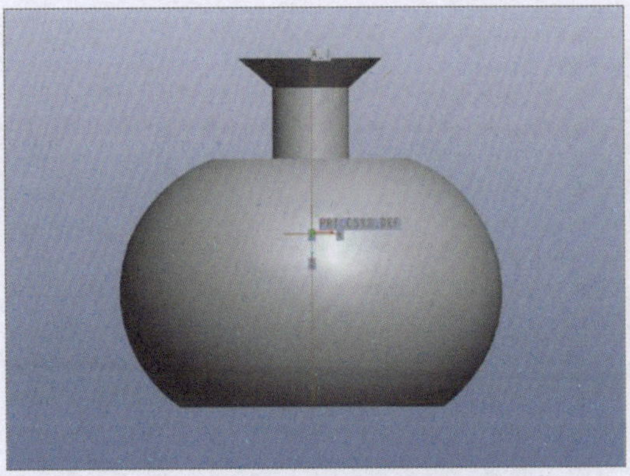

图 3-40　通过旋转剖面创建伸出项成功

3.3.2　通过旋转剖面创建切口

通过旋转剖面创建切口

通过旋转剖面创建切口的具体操作步骤如下。

Step 01 打开素材文件，进入 Pro/E Wildfire 5.0 的工作界面，单击“插入”|“旋转”命令，在弹出的旋转操作面板中，设置相关信息，单击“放置”|“定义…”按钮，如图 3-41 所示。

Step 02 在弹出的“草绘”对话框中，设置旋转特征的放置信息，单击“草绘”按钮，如图 3-42 所示。

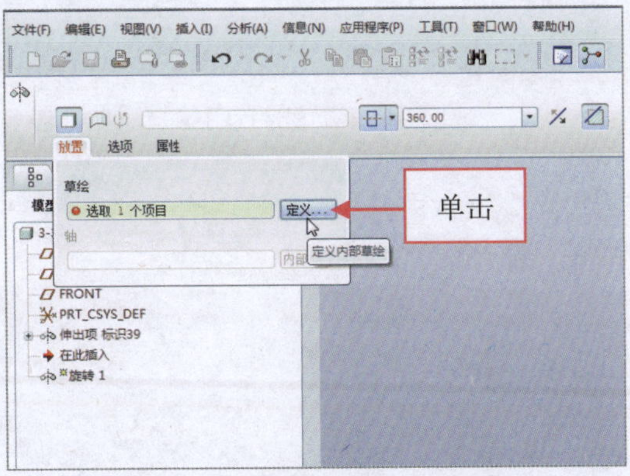

图 3-41　单击“定义…”按钮

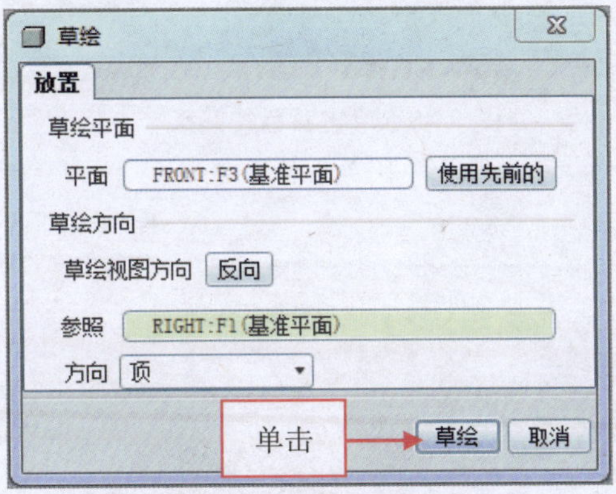

图 3-42　单击“草绘”按钮

Step 03 在草绘区中绘制对应的图元，如图 3-43 所示，确定旋转的参照图形。

Step 04 单击“完成”按钮✔，如图 3-44 所示，保存绘制好的图元，以便继续进行旋转操作。

Step 05 单击坐标系中的 X 轴，系统会生成旋转参照图，并出现一个显示旋转方向的黄色箭头，单击该箭头，如图 3-45 所示，调整旋转的方向。

Step 06 如果向右的黄色箭头变成了向左的黄色箭头，就说明旋转的方向调整成功了，如图 3-46 所示。

Step 07 单击旋转操作面板右侧的✔按钮，如图 3-47 所示，保存旋转操作。

Step 08 如果实体零件图的一部分消失，就说明通过旋转剖面创建切口成功了，如图 3-48 所示。

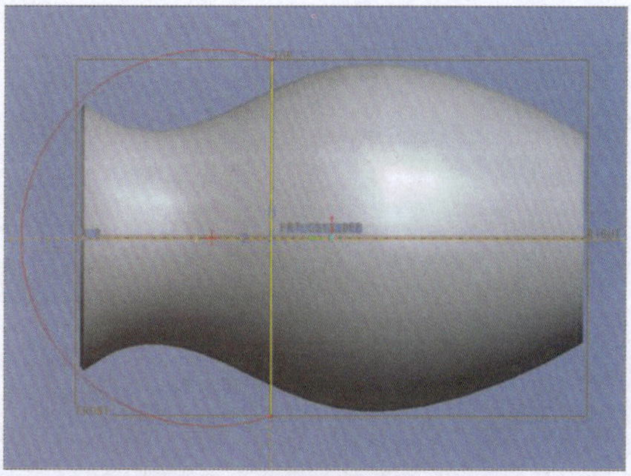

图 3-43　在草绘区绘制对应的图元

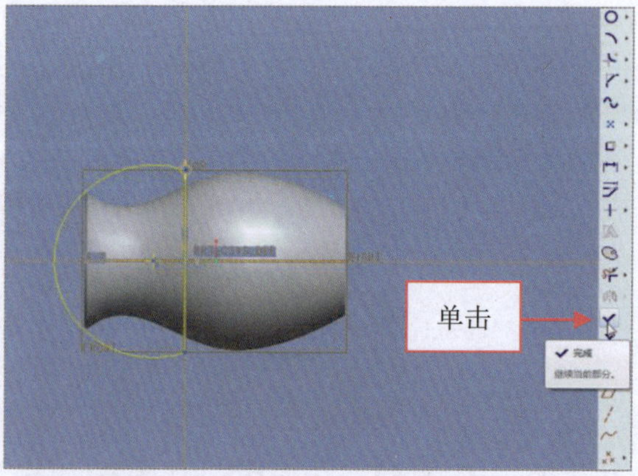

图 3-44　单击“完成”按钮✓

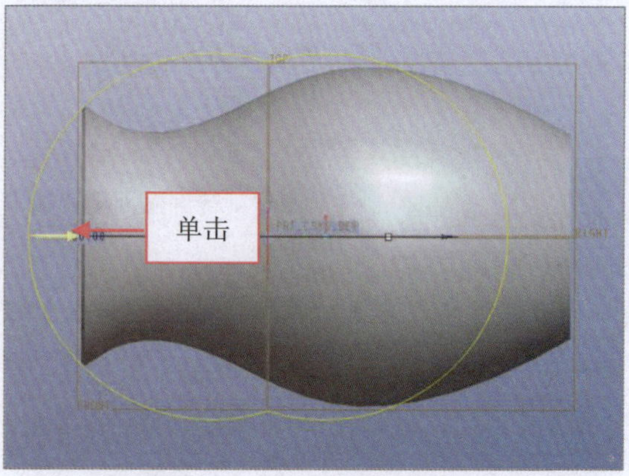

图 3-45　单击黄色的箭头

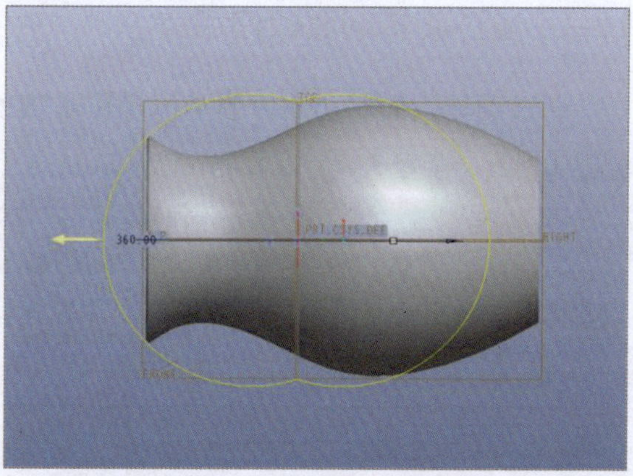

图 3-46　旋转的方向调整成功

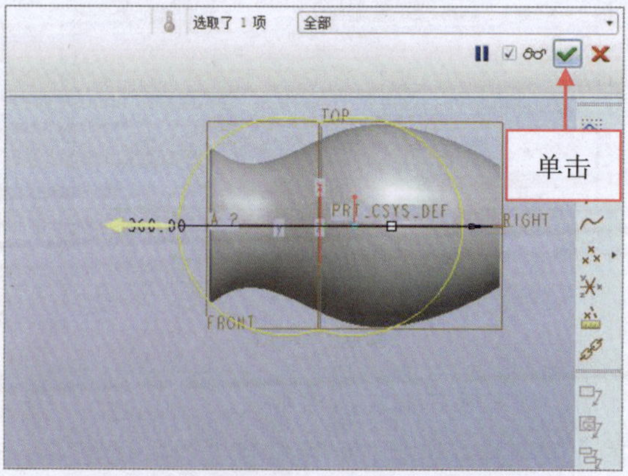

图 3-47　单击旋转操作面板右侧的✓按钮

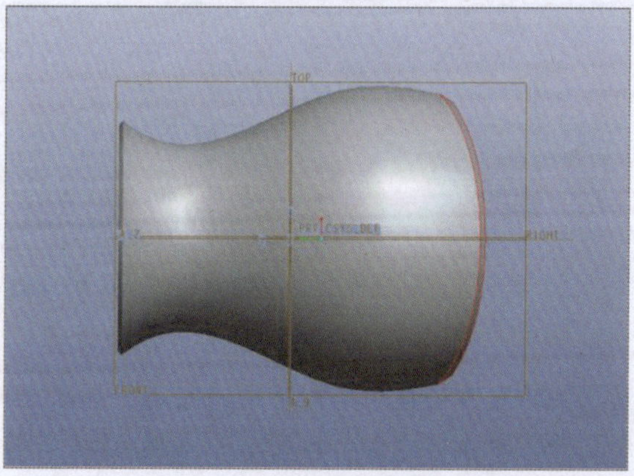

图 3-48　通过旋转剖面创建切口成功

3.3.3　通过旋转剖面创建实体薄板

借助旋转操作面板中的“加厚草绘”功能旋转剖面，可以创建出实体薄板。具体来说，通过旋转剖面创建实体薄板的具体操作步骤如下。

通过旋转剖面
创建实体薄板

Step 01 打开素材文件，进入 Pro/E Wildfire 5.0 的工作界面，单击“插入”|“旋转”命令，在弹出的旋转操作面板中，设置相关信息，单击“放置”|“定义...”按钮，如图 3-49 所示。

Step 02 在弹出的“草绘”对话框中设置旋转特征的放置信息，单击“草绘”按钮，如图 3-50 所示。

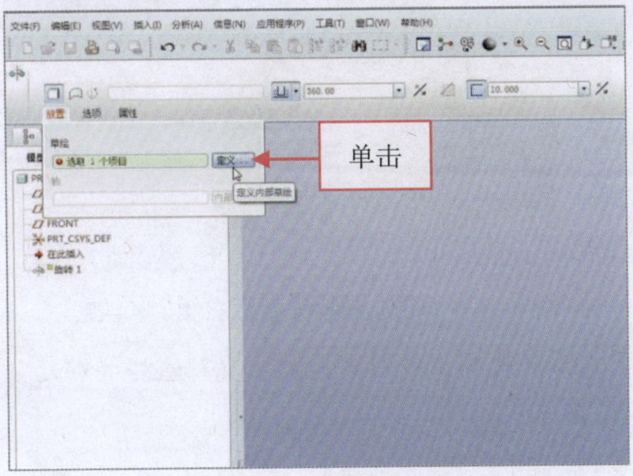

图 3-49 单击“定义...”按钮

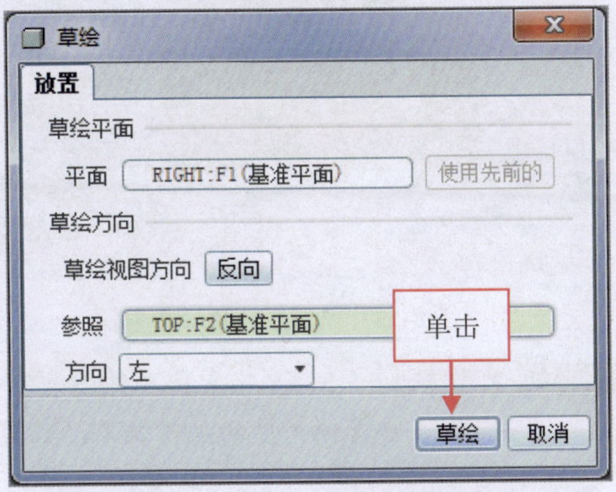

图 3-50 单击“草绘”按钮

Step 03 在草绘区绘制对应的图元（这里绘制的图元无需闭合），如图 3-51 所示，确定旋转的参照图形。

Step 04 单击“完成”按钮✓，如图 3-52 所示，保存绘制好的图元，以便继续进行旋转操作。

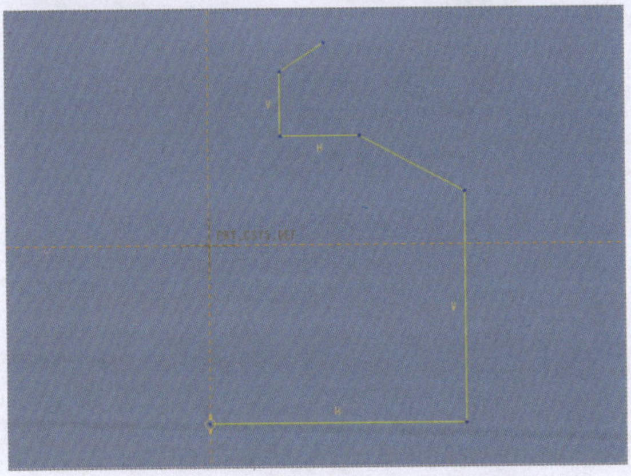

图 3-51 在草绘区绘制对应的图元

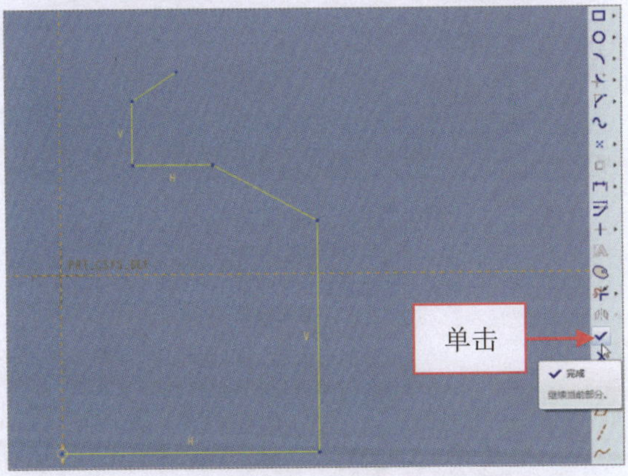

图 3-52 单击“完成”按钮✓

Step 05 单击坐标系中的 Z 轴，系统会生成旋转参照图，如图 3-53 所示。

> ▶ 专家指点
>
> 有时候可能会出现无法选中中心线的情况，此时可以单击旋转操作面板中的旋转轴旋转框，再选择中心线。

Step 06 单击旋转操作面板右侧的✓按钮，如图 3-54 所示，保存旋转操作。

Step 07 如果草绘区中显示灰色的实体零件图，就说明通过旋转剖面创建实体薄板成功了，如图 3-55 所示。

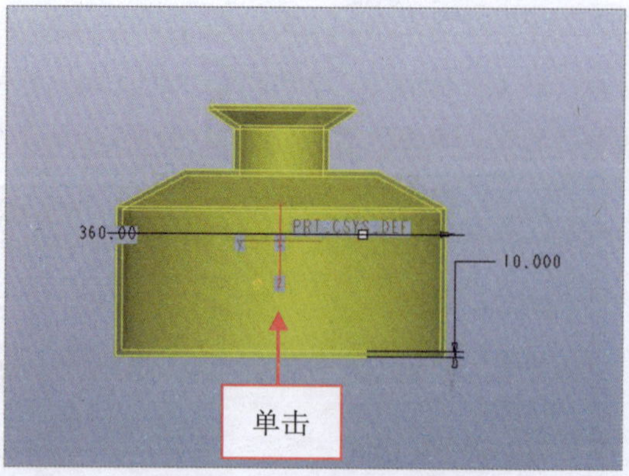

图 3-53　系统生成旋转参照图

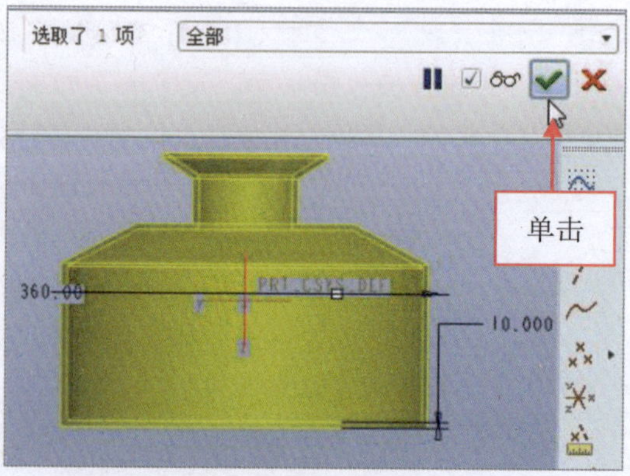

图 3-54　单击旋转操作面板右侧的☑按钮

Step 08 可能从图 3-52 很难看出零件图是实心的还是薄板的，此时可以按下鼠标滚轮并移动鼠标，查看其他角度的显示效果，如图 3-56 所示。

图 3-55　通过旋转剖面创建实体薄板成功

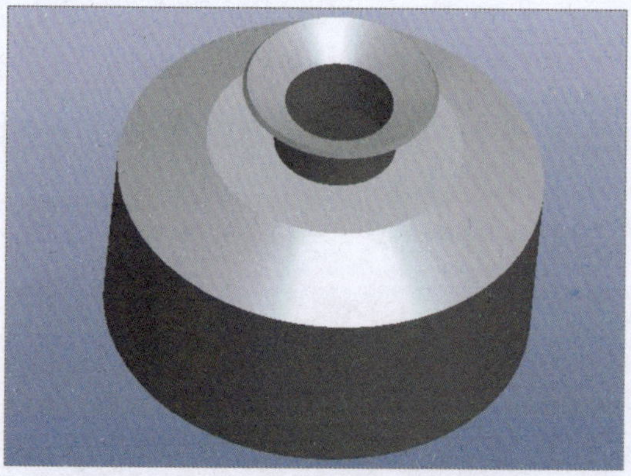

图 3-56　查看其他角度的显示效果

3.4　扫描特征

扫描特征是通过草绘轨迹或选择草绘轨迹，然后沿该轨迹的草绘截面来创建的，与拉伸特征的最大区别在于：拉伸特征的草绘截面垂直于草绘平面的方向，做直线运动而形成的特征；而扫描特征的草绘截面沿着一条曲线（轨迹）运动形成的特征，草绘截面在运动过程中始终垂直于轨迹曲线而不是扫描截面的草绘平面。

按照扫描特征的形成机理，创建时必须先定义扫描轨迹，以确定草绘截面的运动路径，再依据轨迹线的定位草绘扫描截面。这一节将为用户介绍扫描特征的相关操作技巧。

创建扫描伸出项

3.4.1　创建扫描伸出项

通过“扫描”功能，可以直接创建伸出项、薄板伸出项、切口、薄板切口、曲面、曲面修剪和薄曲面修剪。这里以创建扫描伸出项为例，为用户讲解具体的操作步骤。

Step 01 新建一个实体零件文件，进入 Pro/E Wildfire 5.0 的工作界面，单击“插入”|“扫描”|“伸出项”命令，如图 3-57 所示。

Step 02 会弹出“伸出项：扫描”对话框和“菜单管理器”对话框，选择“菜单管理器”对话框中的“草绘轨迹”选项，如图 3-58 所示。

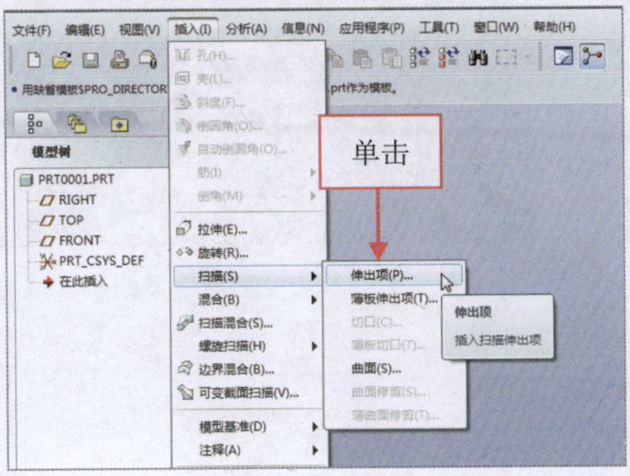

图 3-57　单击“伸出项”命令

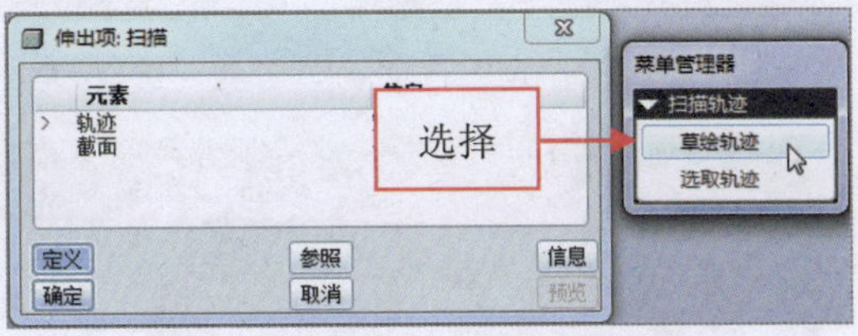

图 3-58　选择“草绘轨迹”选项

Step 03 设置扫描的草绘平面和平面信息，如选择“新设置”选项和“平面”选项，如图 3-59 所示。

Step 04 在草绘区中单击某个平面，会显示一个红色的箭头，如图 3-60 所示。

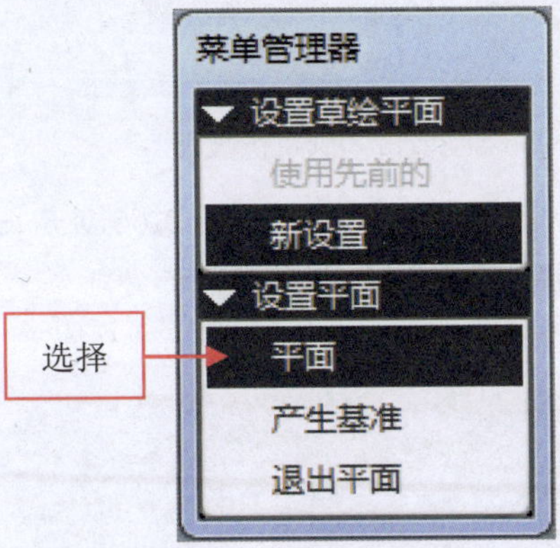

图 3-59　选择“平面”选项

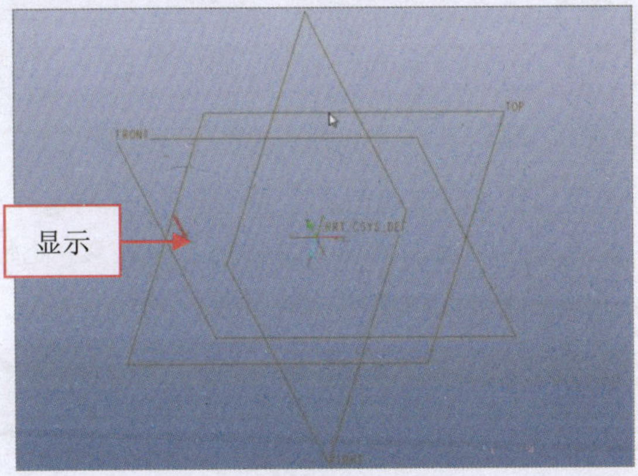

图 3-60　显示一个红色的箭头

Step 05 在“菜单管理器”对话框中，设置扫描的方向，如选择“确定”选项，如图 3-61 所示。

Step 06 在“菜单管理器”对话框中，设置草绘视图信息，如选择“缺省”选项，如图 3-62 所示。

Step 07 进入草绘模式，绘制对应的图元，确定扫描的轨迹，单击“完成”按钮✓，如图 3-63 所示。

Step 08 进入草绘模式，绘制截面图，单击“完成”按钮✓，如图 3-64 所示。

Step 09 返回“伸出项：扫描”对话框，该对话框中会显示扫描轨迹和截面的相关信息，单击“确定”按钮，如图 3-65 所示。

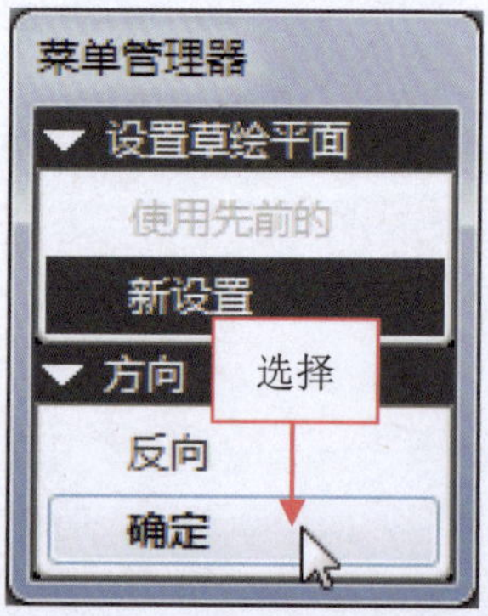

图 3-61　选择“确定”选项

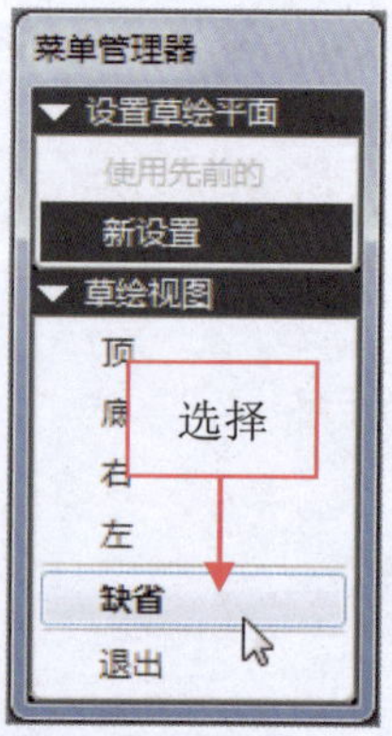

图 3-62　选择“缺省”选项

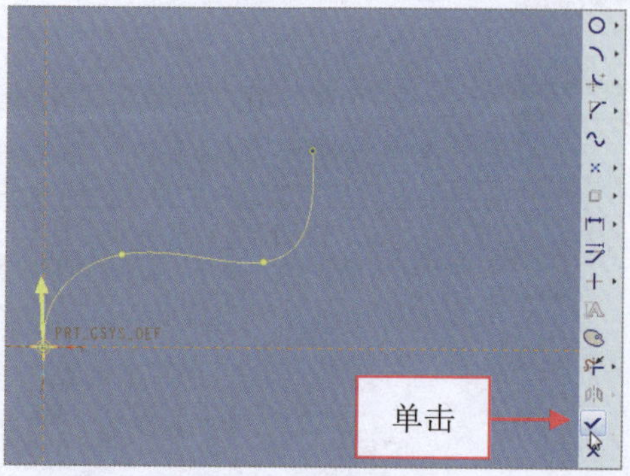

图 3-63　单击“完成”按钮✓（1）

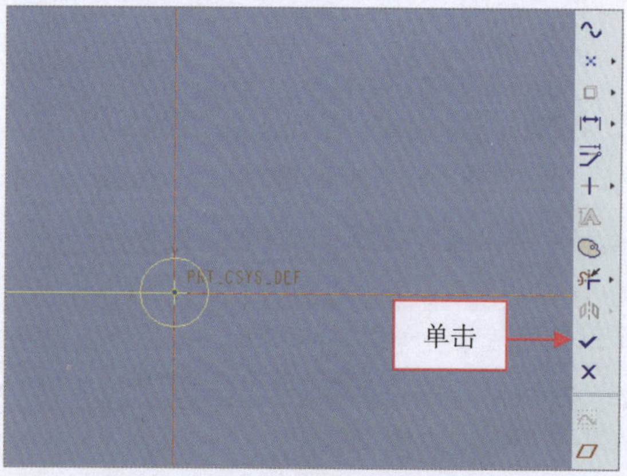

图 3-64　单击“完成”按钮✓（2）

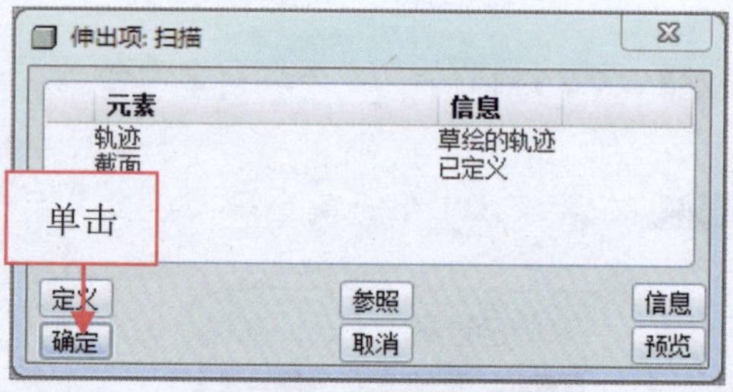

图 3-65　单击“确定”按钮

Step 10 如果草绘区中显示新的灰色实体零件，说明通过扫描创建伸出项成功了，如图 3-66 所示。

Step 11 可能从图 3-66 很难看出零件图的立体效果，此时可以按下鼠标滚轮并移动鼠标光标，查看其他角度的显示效果，如图 3-67 所示。

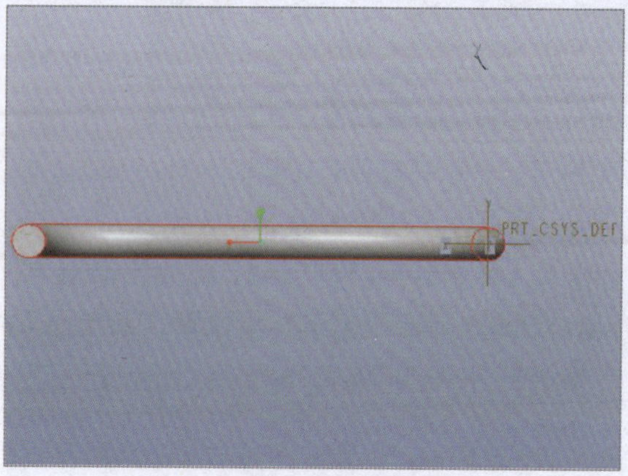

图 3-66　通过扫描创建伸出项成功

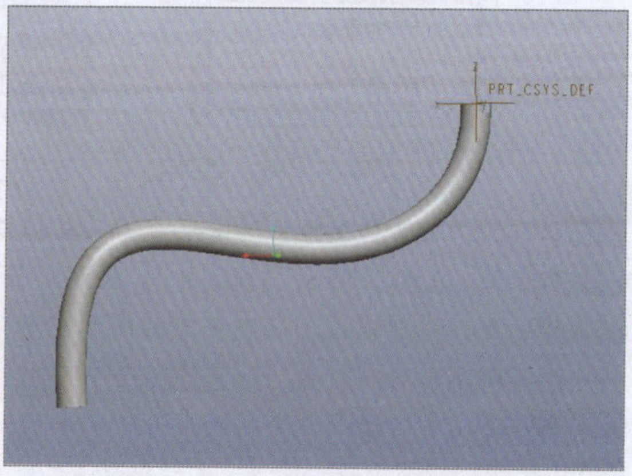

图 3-67　查看其他角度的显示效果

3.4.2　关于正放式轨迹扫描

在已经有了实体特征的模型中沿开放式的轨迹创建扫描特征还有一项属性需要设置，就是当定义完扫描轨迹以后，系统会弹出一个设置扫描终点与实体结合方式的“属性”对话框，该菜单管理器中包括合并端和自由端两个选项。

- **合并端**：将扫描的端点与相邻实体接合。
- **自由端**：不将扫描端点完全连接到实体。

具体来说，用户可以通过如下操作创建合并端开放式扫描。

创建合并端开放式扫描

Step 01 打开素材文件，执行 3.4.1 小节中的 Step 01 至 Step 03，将鼠标光标移动至要设置的平面上，如图 3-68 所示，单击鼠标左键。

Step 02 草绘区中会显示一个红色的箭头，在“菜单管理器”对话框中设置扫描的方向，如选择“确定”选项，如图 3-69 所示。

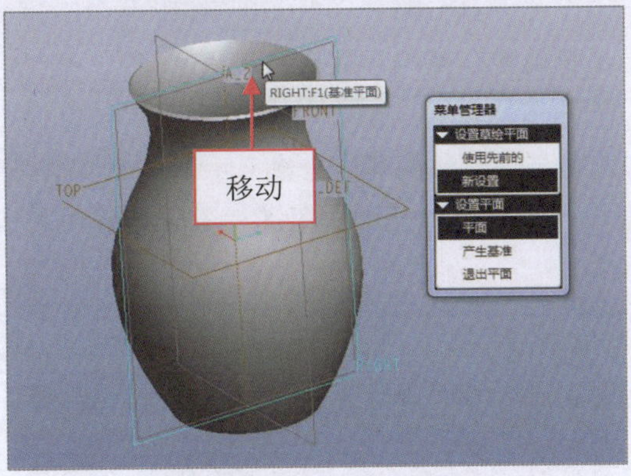

图 3-68　将鼠标光标移动至要设置的平面上

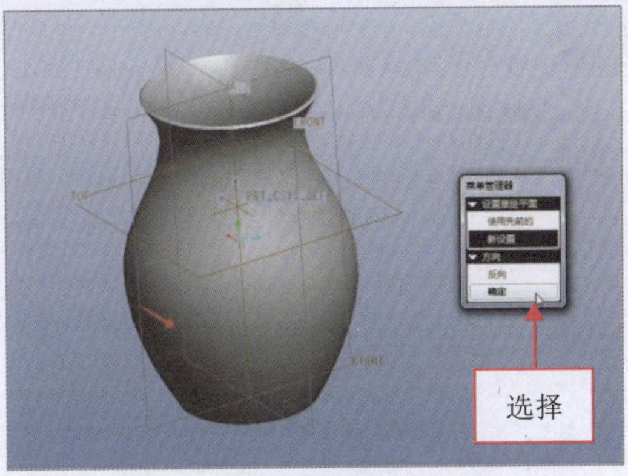

图 3-69　选择“确定”选项

Step 03 在“菜单管理器”对话框中设置草绘视图信息，如选择“缺省”选项。进入草绘模式，绘制对应的图元，确定扫描的轨迹，单击“完成”按钮✔，如图 3-70 所示。

Step 04 在“菜单管理器”对话框中依次选择“合并端”选项和“完成”选项，如图 3-71 所示，设置扫描的属性。

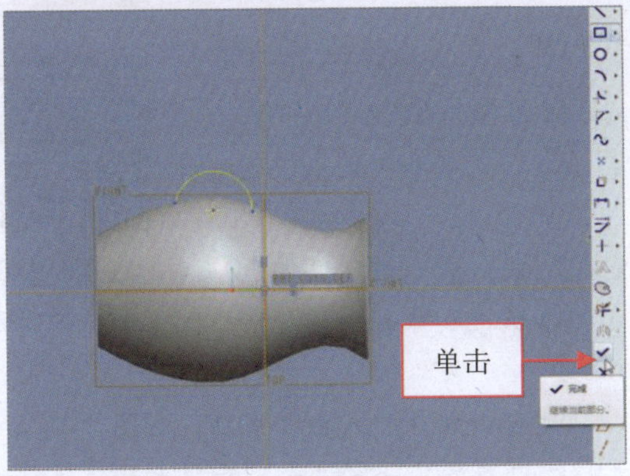

图 3-70　单击“完成”按钮✔（1）

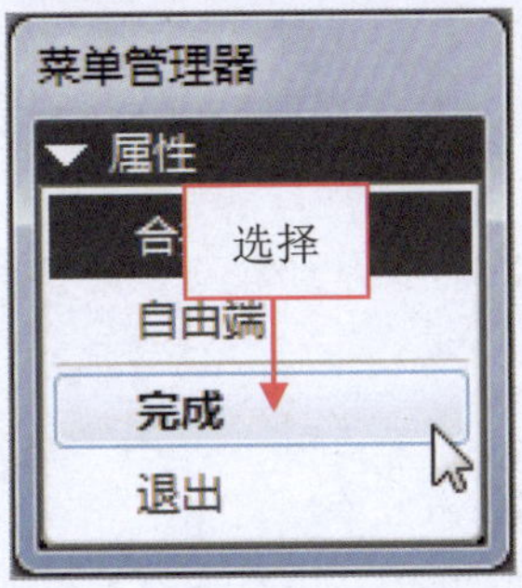

图 3-71　选择“完成”选项

Step 05 进入草绘模式，绘制截面图，单击“完成”按钮✓，如图 3-72 所示。

Step 06 返回“伸出项：扫描”对话框，该对话框中会显示扫描轨迹和截面的相关信息，单击“确定”按钮，如图 3-73 所示。

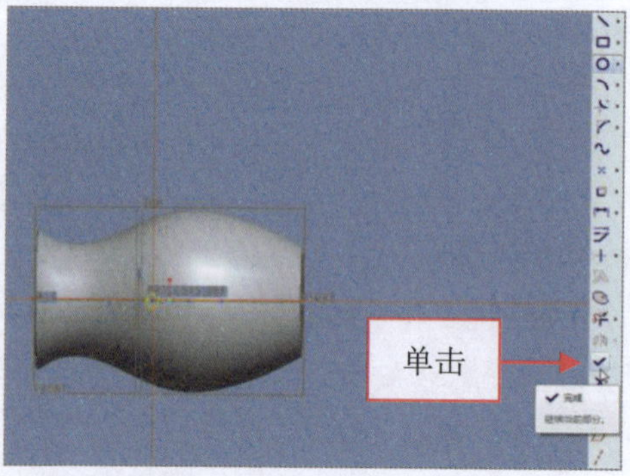

图 3-72　单击“完成”按钮✓（2）

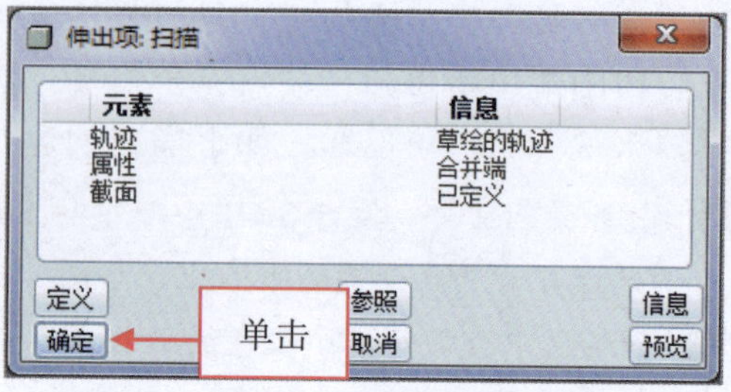

图 3-73　单击“确定”按钮

Step 07 如果草绘区中显示灰色的实体零件图，就说明创建合并端开放式扫描成功了，如图 3-74 所示。

Step 08 可能从图 3-74 很难看出通过合并端开放式扫描创建的实体零件是否和原来的实体零件合并成功（无法判断实体零件之间是否有缝隙），此时可以按下鼠标滚轮并移动鼠标，查看其他角度的显示效果，如图 3-75 所示。

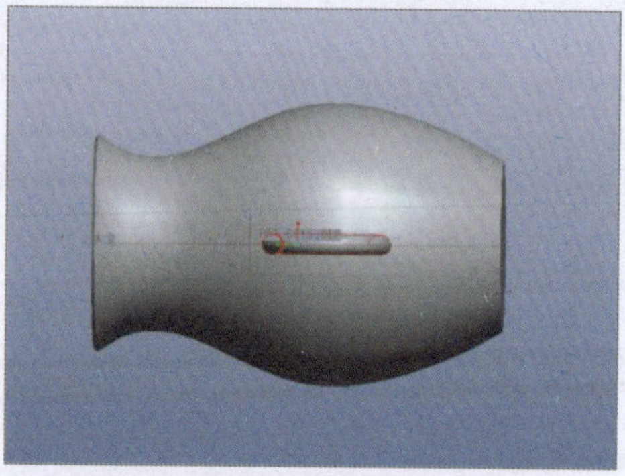

图 3-74　创建合并端开放式扫描成功

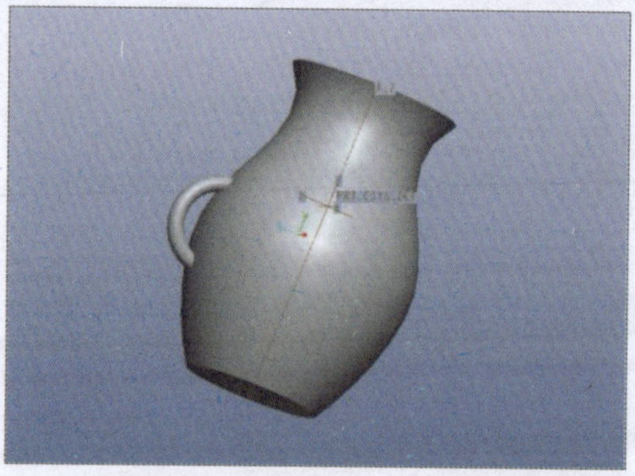

图 3-75　查看其他角度的显示效果

当然，用户也可以选择创建自由端开放式扫描，具体操作如下。

创建自由端开放式扫描

Step 01 打开素材文件，执行创建合并端开放式扫描的 Step 01 至 Step 03，在“菜单管理器”对话框中，选择“自由端”选项和“完成”选项，如图 3-76 所示。

Step 02 进入草绘模式，绘制截面图，单击“完成”按钮✓。返回“伸出项：扫描”对话框，该对话框中会显示扫描轨迹和截面的相关信息，单击“确定”按钮，如图 3-77 所示。

Step 03 如果草绘区中显示新的灰色实体零件，创建自由端开放式扫描成功，如图 3-78 所示。

Step 04 从图 3-78 很难看出通过自由端开放式扫描创建的实体零件是否和原来的实体零件有缝隙，此时可以按下鼠标滚轮并移动鼠标，查看其他角度的显示效果，如图 3-79 所示。

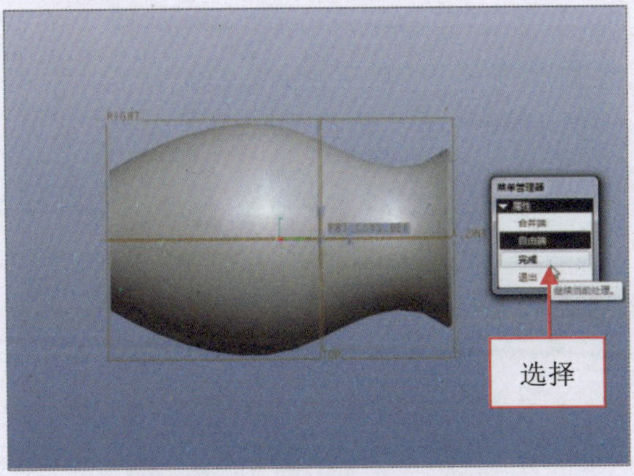

图 3-76　选择“完成”选项

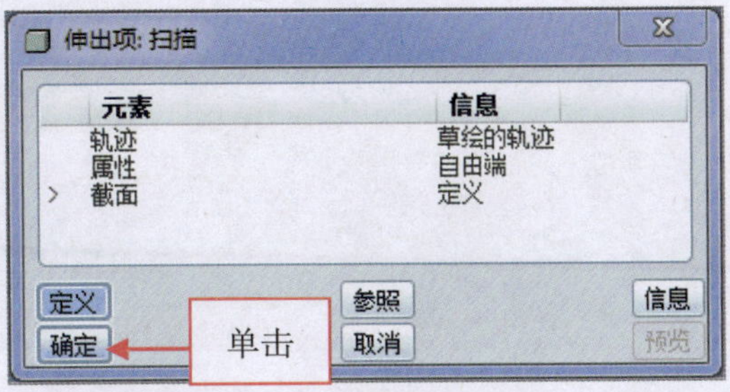

图 3-77　单击“确定”按钮

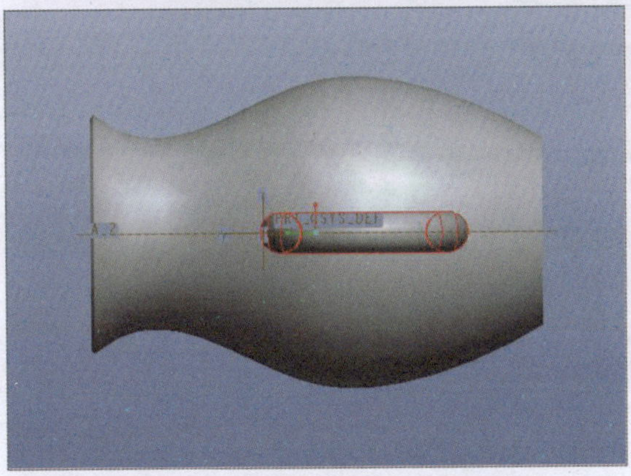

图 3-78　创建自由端开放式扫描成功

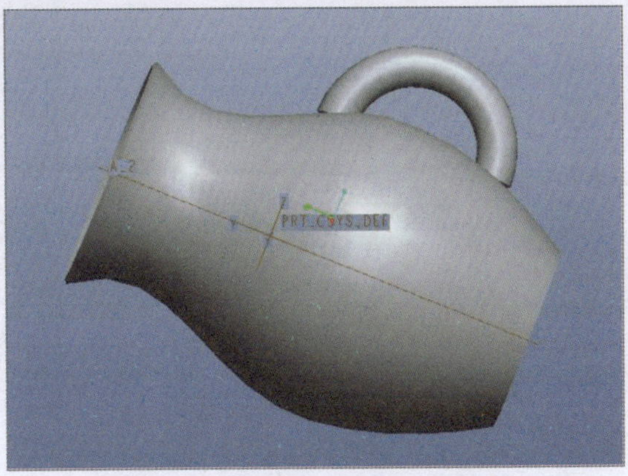

图 3-79　查看其他角度的显示效果

3.4.3　关于封闭式轨迹扫描

创建添加内表面封闭式扫描

封闭式轨迹创建扫描特征也有一项属性需要设置，当定义完扫描轨迹以后，系统会弹出“属性”菜单管理器，在该菜单管理器中包括“添加内表面”和“无内表面”两个选项。

➢ **添加内表面：**要求扫描截面必须是开放式的，并且添加顶面和底面，才能得到闭合扫描实体。

➢ **无内表面：**要求扫描截面必须是闭合的，不为扫描添加顶面和底面。

具体来说，用户可以通过如下操作创建添加内表面封闭式扫描。

Step 01 执行 3.4.1 中的 Step 01 至 Step 03，将鼠标光标移动至要设置的平面上，如图 3-80 所示，单击鼠标左键。

Step 02 在“菜单管理器”对话框中设置扫描的方向和草绘视图信息，进入草绘模式，绘制对应的图元，确定扫描的轨迹，单击“完成”按钮✔，如图 3-81 所示。

Step 03 在“菜单管理器”对话框中，依次选择“添加内表面”选项和“完成”选项，如图 3-82 所示，设置扫描的属性。

Step 04 进入草绘模式，绘制截面图，单击“完成”按钮✔，如图 3-83 所示。

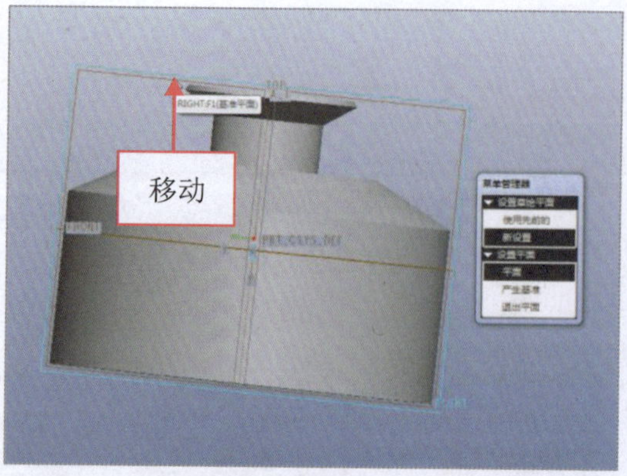

图 3-80　将鼠标光标移动至要设置的平面上

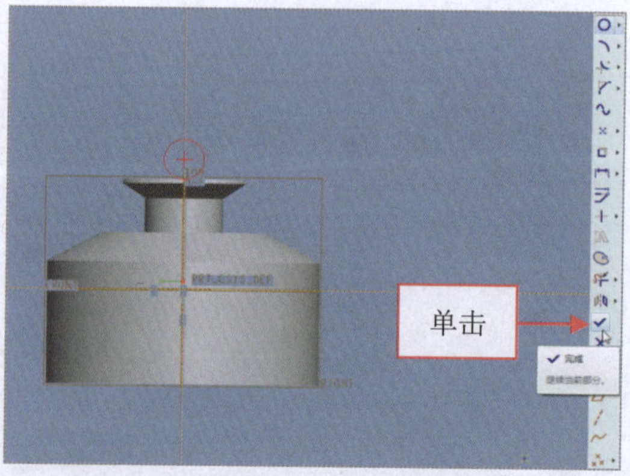

图 3-81　单击“完成”按钮✓（1）

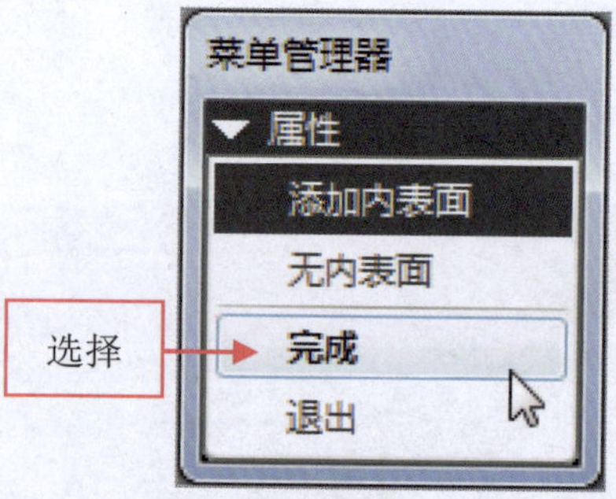

图 3-82　选择“完成”选项

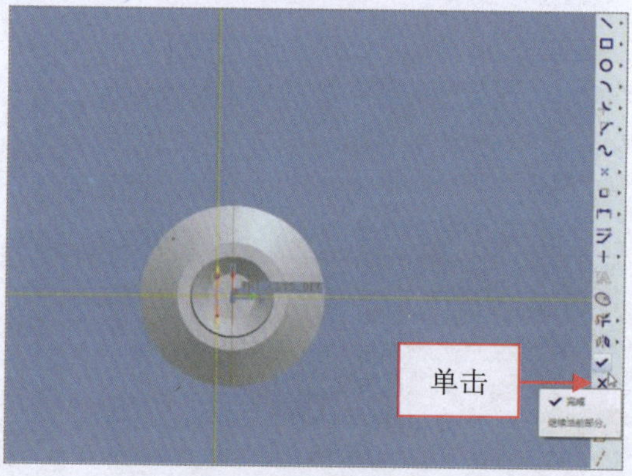

图 3-83　单击“完成”按钮✓（2）

Step 05 返回“伸出项：扫描”对话框，该对话框中会显示扫描轨迹和截面的相关信息，单击“确定”按钮，如图 3-84 所示。

Step 06 如果草绘区中显示灰色的实体零件图，就说明创建添加内表面封闭式扫描成功了，如图 3-85 所示。

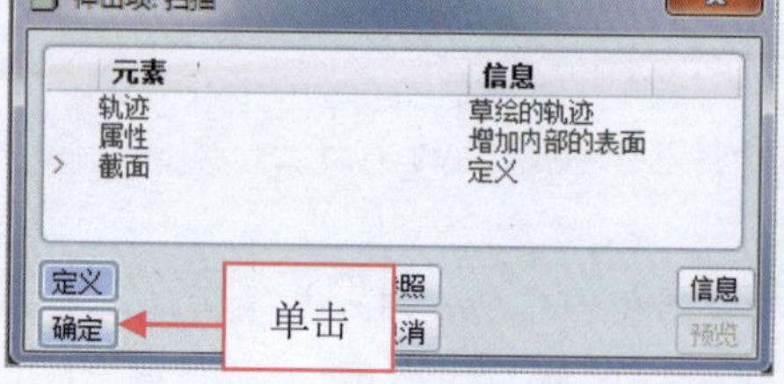

图 3-84　单击“确定”按钮

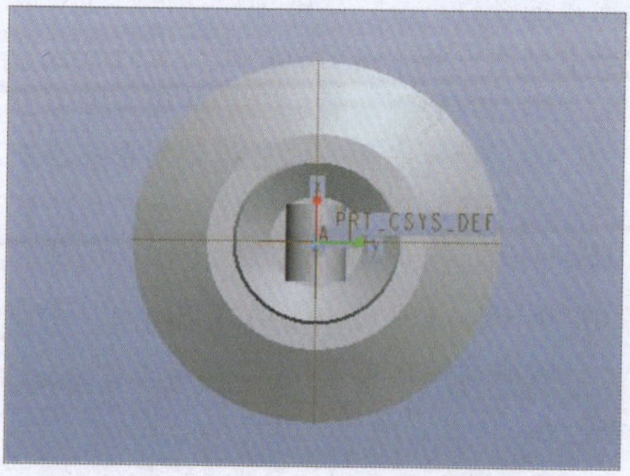

图 3-85　创建添加内表面封闭式扫描成功

Step 07 可能从图 3-85 很难看出先创建实体零件的立体效果，此时可以按下鼠标滚轮并移动鼠标，查看其他角度的显示效果，如图 3-86 所示。

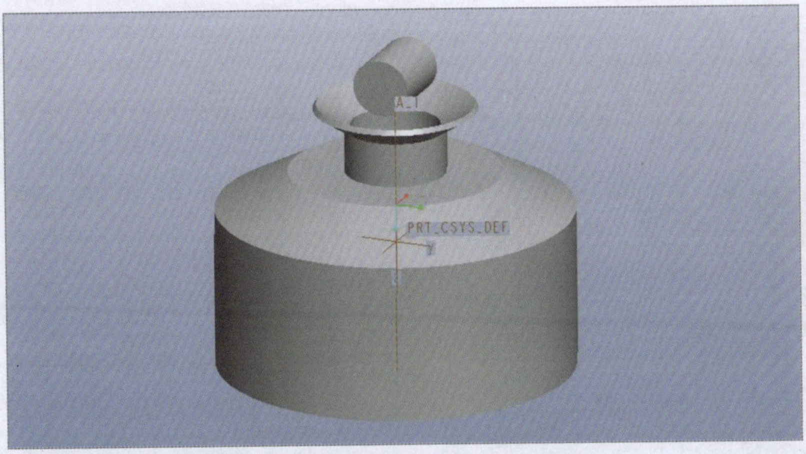

图 3-86　查看其他角度的显示效果

当然，用户也可以选择创建无内表面封闭式扫描，具体操作如下。

创建无内表面封闭式扫描

Step 01 执行 3.4.2 中的 Step 01 至 Step 03，进入草绘模式，绘制对应的图元，确定扫描的轨迹，单击“完成”按钮✓，如图 3-87 所示。

Step 02 在“菜单管理器”对话框中依次选择“无内表面”选项和“完成”选项，如图 3-88 所示，设置扫描的属性。

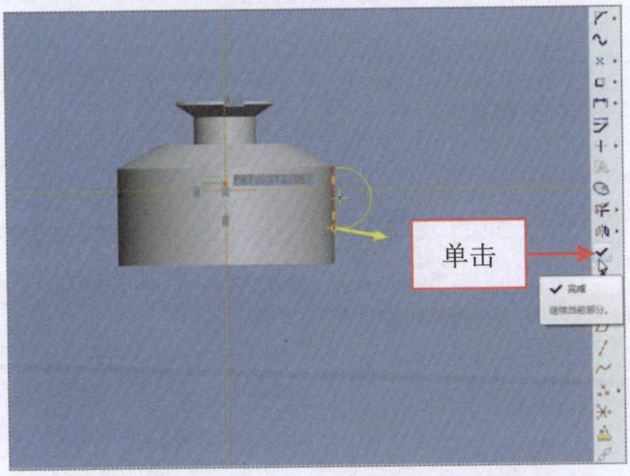

图 3-87　单击“完成”按钮✓（1）

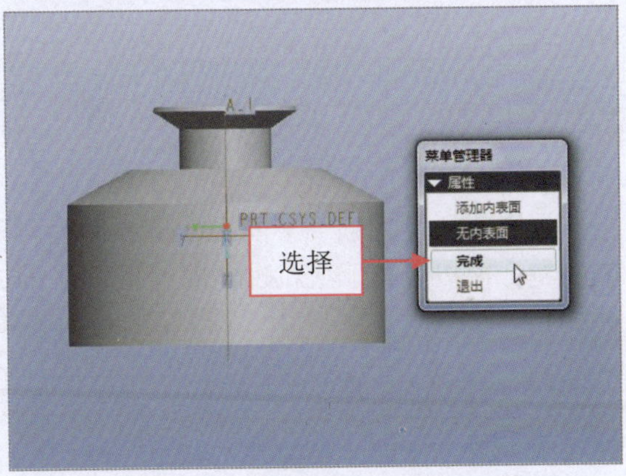

图 3-88　选择“完成”选项

Step 03 进入草绘模式，绘制截面图，单击“完成”按钮✓，如图 3-89 所示。

Step 04 返回“伸出项：扫描”对话框，该对话框中会显示扫描轨迹和截面的相关信息，单击“确定”按钮，如图 3-90 所示。

Step 05 如果草绘区中显示新的灰色实体零件，就说明创建添加无表面封闭式扫描成功了，如图 3-91 所示。

Step 06 可能从图 3-91 很难看出新创建实体零件的立体效果，此时可以按下鼠标滚轮并移动鼠标光标，查看其他角度的显示效果，如图 3-92 所示。

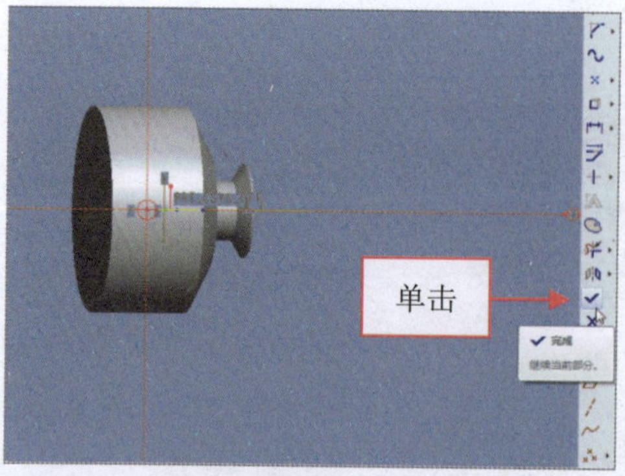

图 3-89　单击“完成”按钮✓（2）

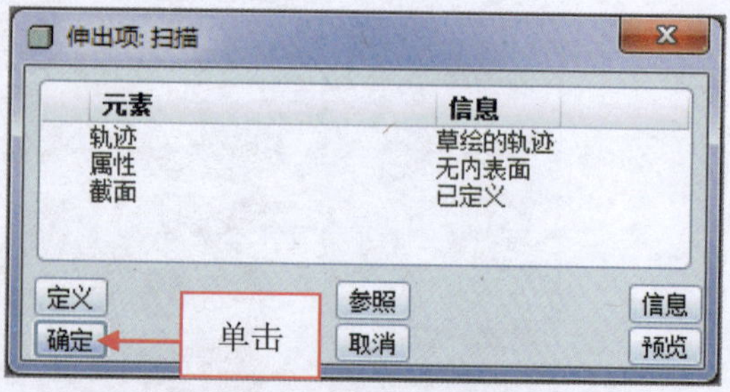

图 3-90　单击“确定”按钮

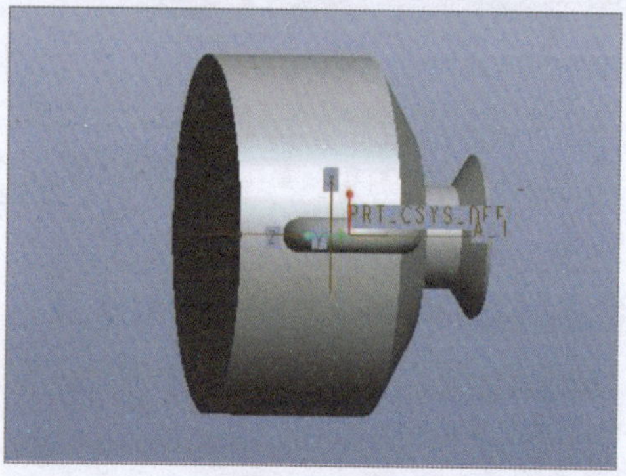

图 3-91　创建添加无表面封闭式扫描成功

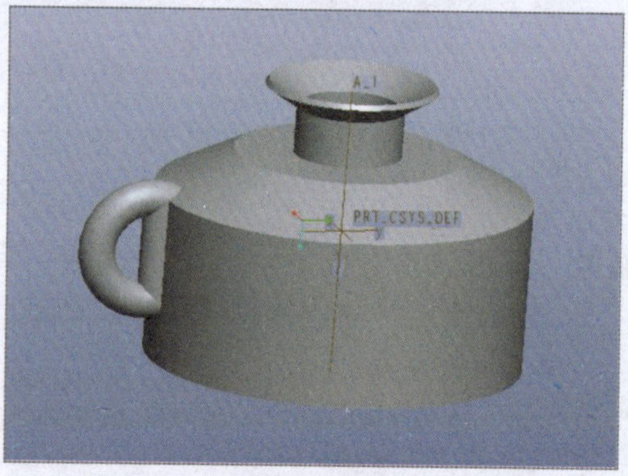

图 3-92　查看其他角度的显示效果

3.5　混合特征

混合特征是将位于不同平面上的截面（至少两个平面的截面）按照指定的规则捏合而形成的特征，按照其形成机理，每个截面必须拥有相同的区段数。这一节将为用户讲解混合特征的相关知识。

3.5.1　创建混合特征

创建混合特征

通过“混合”功能，可以直接创建伸出项、薄板伸出项、切口、薄板切口、曲面、曲面修剪和薄曲面修剪。这里以创建混合伸出项为例，为用户讲解具体的操作步骤。

Step 01 新建一个实体零件文件，进入 Pro/E Wildfire 5.0 的工作界面，单击“插入”|“混合”|“伸出项”命令，如图 3-93 所示。

Step 02 在弹出的“菜单管理器”对话框中，设置混合选项的相关信息，如依次选择“平行”“规则截面”“草绘截面”和“完成”选项，如图 3-94 所示。

Step 03 会弹出“伸出项：混合，平行，规则截图”对话框和“菜单管理器”对话框，在“菜单管理器”对话框中，选择“完成”选项，如图 3-95 所示，设置混合的属性信息。

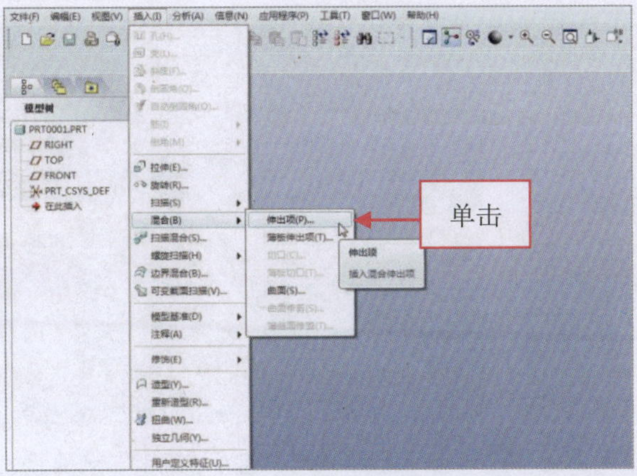

图 3-93　单击“伸出项”命令

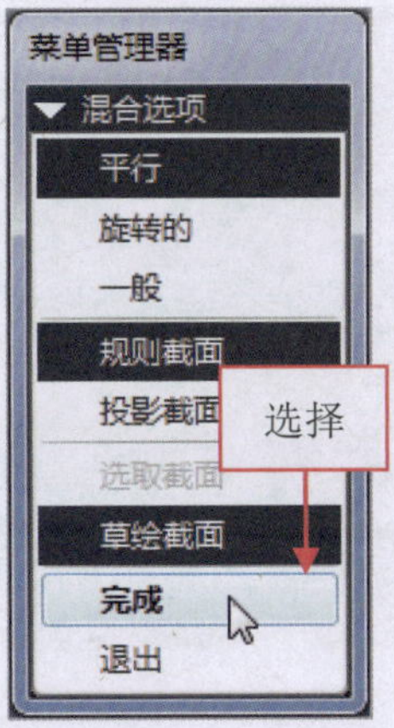

图 3-94　选择“完成”选项

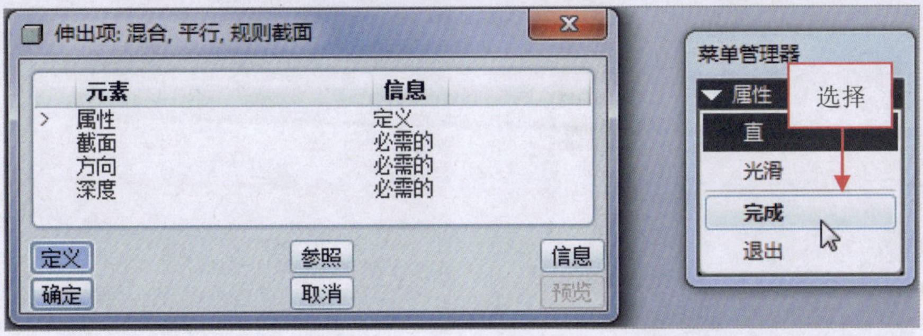

图 3-95　选择“完成”选项

Step 04 在“菜单管理器”对话框中，设置草绘平面和平面信息，如图 3-96 所示。

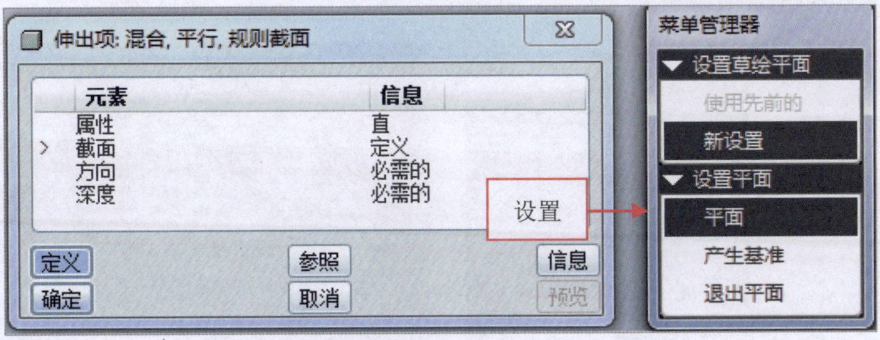

图 3-96　设置草绘平面和平面信息

Step 05 将鼠标光标移动到绘图区的对应平面上，如图 3-97 所示，单击鼠标左键。

Step 06 绘图区中会出现一个红色的箭头，在“菜单管理器”对话框中，设置方向信息，如选择“确定”选项，如图 3-98 所示。

Step 07 在“菜单管理器”对话框中，设置草绘视图信息，如选择“缺省”选项，如图 3-99 所示。

Step 08 在草绘区中绘制一个截面图元，如图 3-100 所示。

Step 09 单击“草绘”|“特征工具”|“切换截面”命令，如图 3-101 所示，将图元切换成截面。

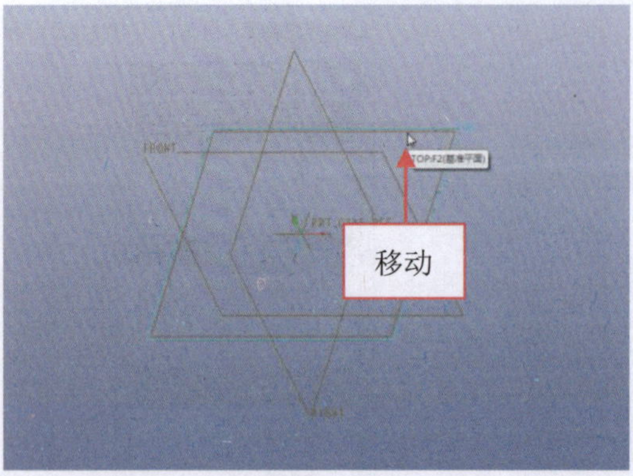

图 3-97　将鼠标光标移动到草绘区的对应平面上

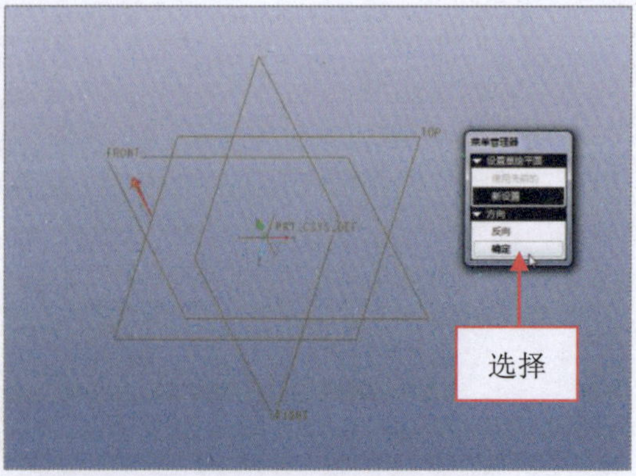

图 3-98　选择“确定”选项

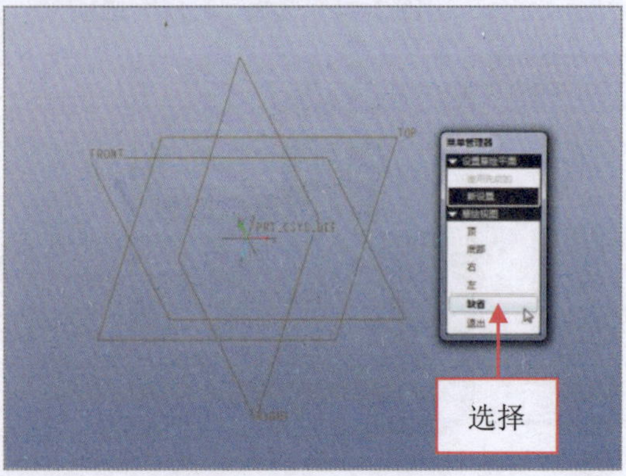

图 3-99　选择“缺省”选项

图 3-100　绘制一个截面图元

Step 10 草绘区中的截面图元会变成灰色并显示灰色的箭头，如图 3-102 所示。

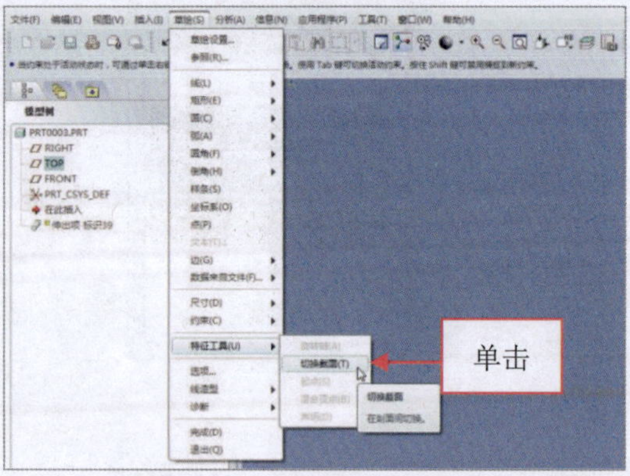

图 3-101　单击“切换截面”命令

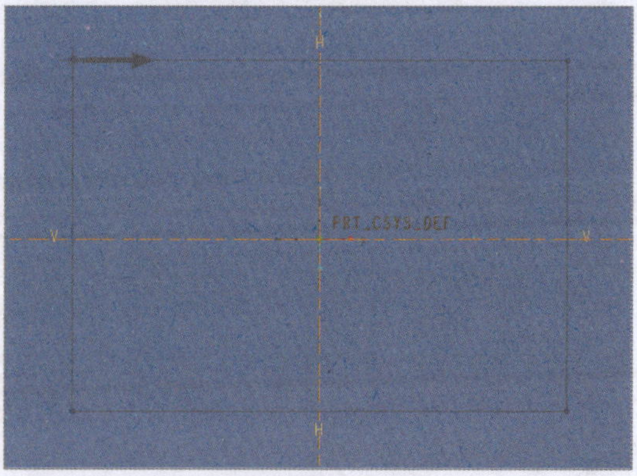

图 3-102　图元会变成灰色并显示灰色的箭头

Step 11 绘制第 2 个截面图元，单击“草绘”|“特征工具”|“切换截面”命令，草绘区中的所有截面图元及箭头都会变成灰色，如图 3-103 所示。

Step 12 在草绘区中绘制第 3 个截面图元（覆盖住第一个截面图元），单击“完成”按钮✔，如图 3-104 所示。

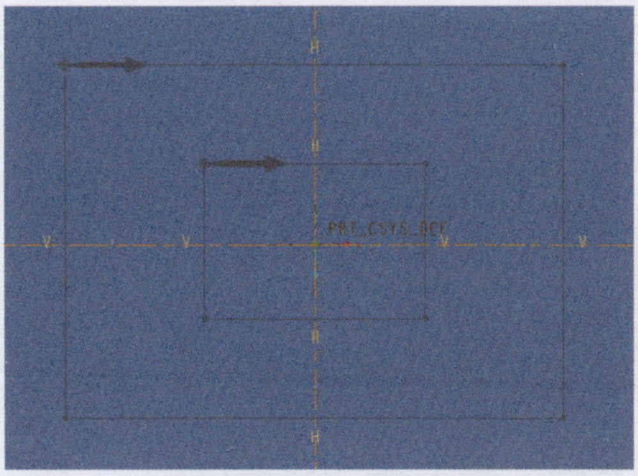

图 3-103 所有截面图元及箭头都会变成灰色

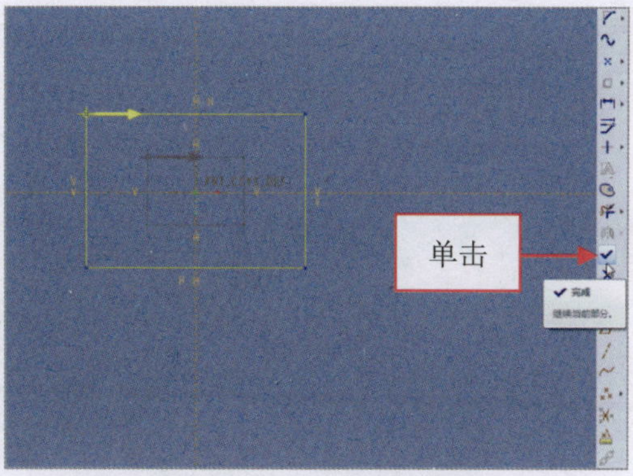

图 3-104 单击“完成”按钮✓

Step 13 在“菜单管理器”对话框中，设置深度信息，如选择“盲孔”和“完成”选项，如图 3-105 所示。

Step 14 在弹出的“输入截面 2 的深度”对话框中，输入截面深度值，单击“接受值”按钮☑，如图 3-106 所示。参照同样的操作，输入截面 3 的深度值，单击“接受值”按钮☑。

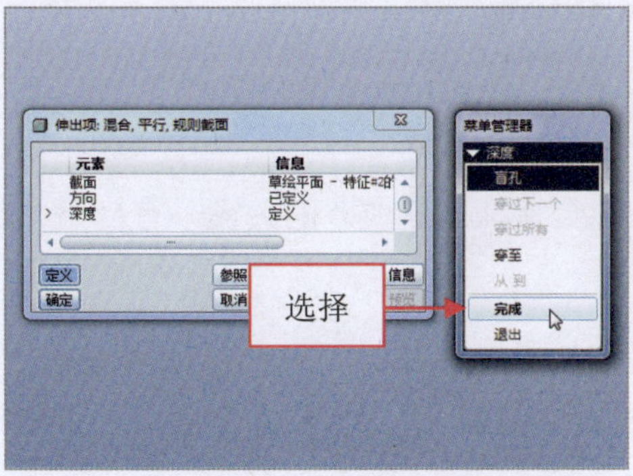

图 3-105 选择“完成”选项

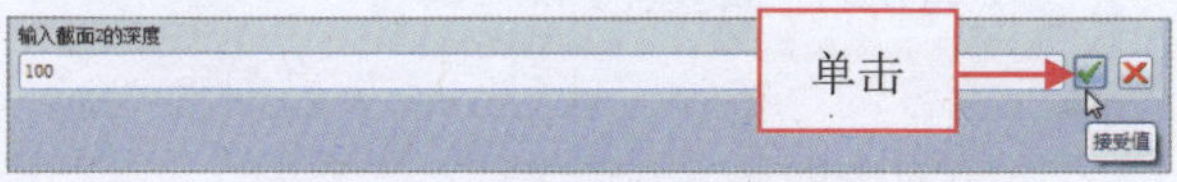

图 3-106 单击“接受值”按钮☑

Step 15 返回“伸出项：混合，平行，规则截面”对话框，单击“确定”按钮，如图 3-107 所示。

Step 16 如果草绘区中显示灰色实体零件图，就说明通过混合创建实体零件成功了，如图 3-108 所示。

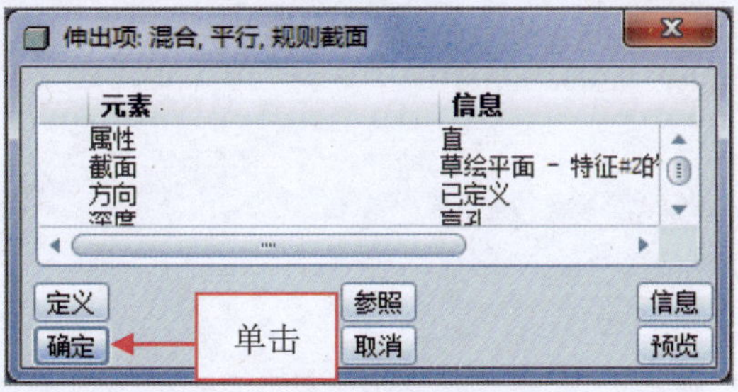

图 3-107 单击“确定”按钮

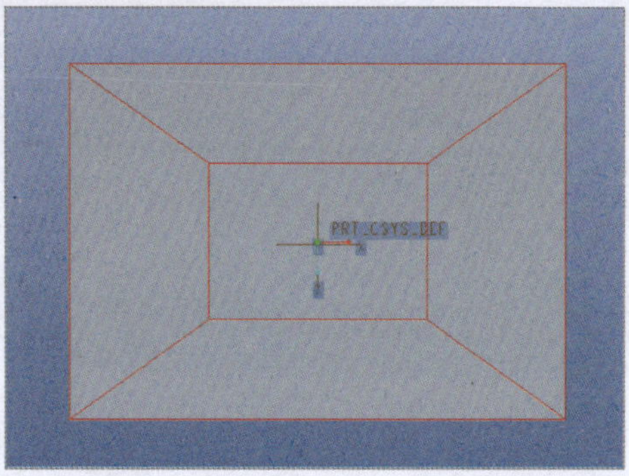

图 3-108 通过混合创建实体零件成功

Step 17 可能从图 3-108 很难看出实体零件的立体效果，此时可以按下鼠标滚轮并移动鼠标光标，查看其他角度的显示效果，如图 3-109 所示。

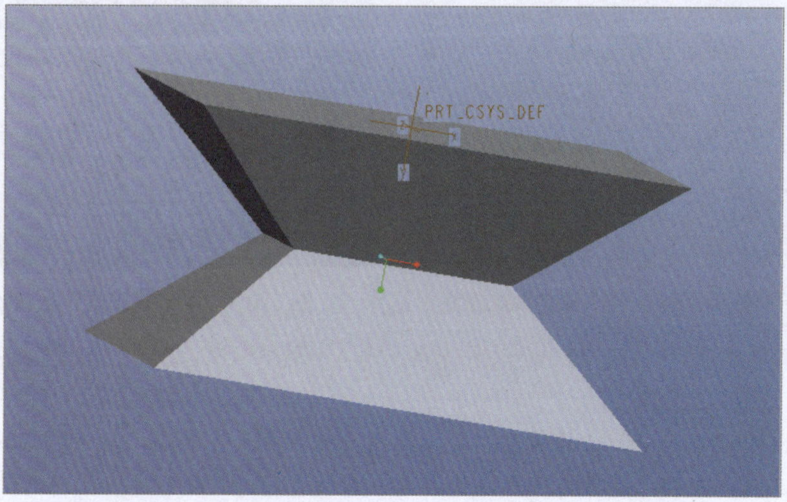

图 3-109　查看其他角度的显示效果

3.5.2　创建混合特征的注意事项

混合截面的绘制是创建混合特征的重要步骤，是混合特征创建成败的关键，有以下几点需要注意。

1．及时执行“切换截面”命令

通过混合创建实体零件时，需要及时对绘制的截面图元执行“切换截面”命令，否则将无法成功完成截面图元的绘制。

例如，如果用户绘制完第一个截面图元之后，没有执行“切换截面”命令，但是绘制完第 2 个截面之后却执行了该命令，那么截面图元中只会出现一个箭头，如图 3-110 所示。这种情况下，按要求绘制完第 3 个图元之后，如图 3-111 所示，再单击“完成”按钮✓，会发现草绘区不会发生任何变化，这样就无法接着进行其他操作了。

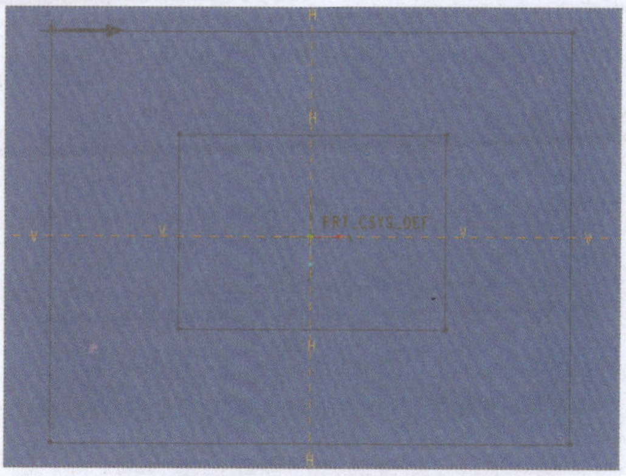

图 3-110　截面图元中只出现了一个箭头

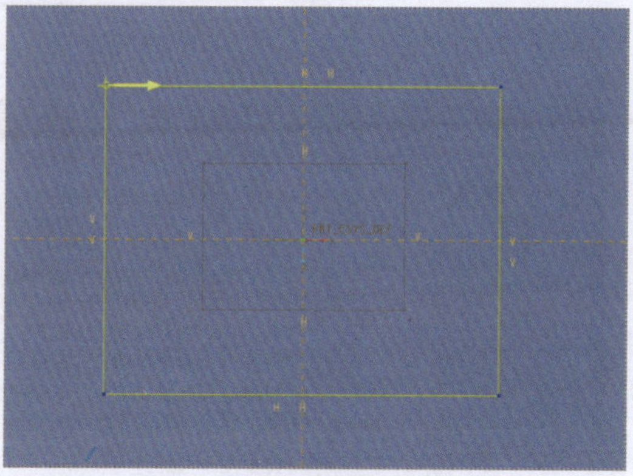

图 3-111　按要求绘制完第三个图元

2．各截面的起点和指示方向要一致

在绘制截面图元时，各截面的起点和指示方向要一致，否则将无法成功创建实体零件。例如，用户从不同的方向绘制两个截面图元并“切换截面”命令，会显示指示方向不同的箭头，如图 3-112 所示。此时，绘制第三个截面图元，如图 3-113 所示，并单击“完成”按钮。按要求执行其他操作，会弹出“再生失败”对话框，如图 3-114 所示，无法创建实体零件。

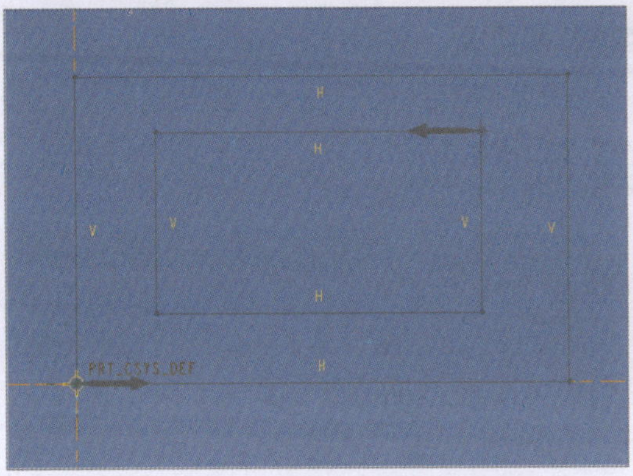

图 3-112　显示指示方向不同的箭头

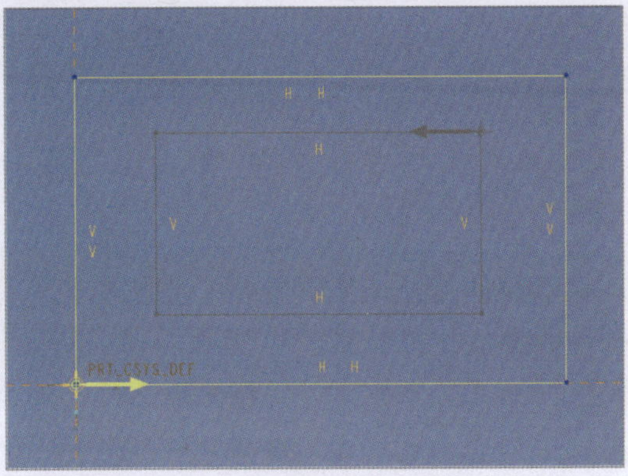

图 3-113　绘制第三个截面图元

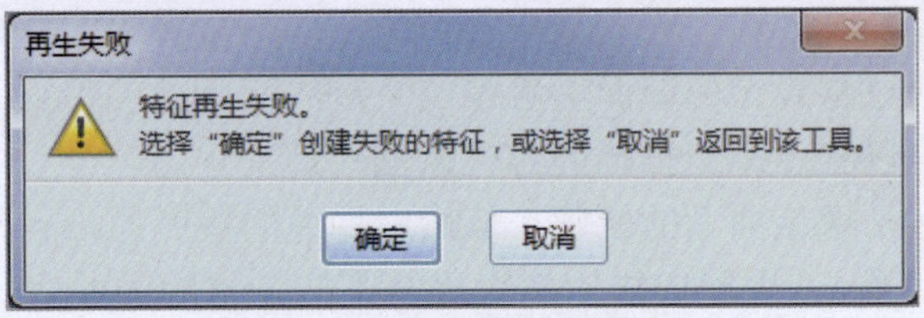

图 3-114　“再生失败”对话框

3．绘制完最后一个截面不要执行“切换截面”命令

在通过混合特征创建实体零件时，绘制完最后一个截面之后，不能执行“切换截面”命令，否则只能绘制空截面。例如，用户按要求绘制两个截面图元并执行“切换截面”命令，如图 3-115 所示。再绘制第 3 个图元并执行“切换截面”命令，如图 3-116 所示。此时，单击“完成”按钮，会弹出“空截面”对话框，如图 3-117 所示。

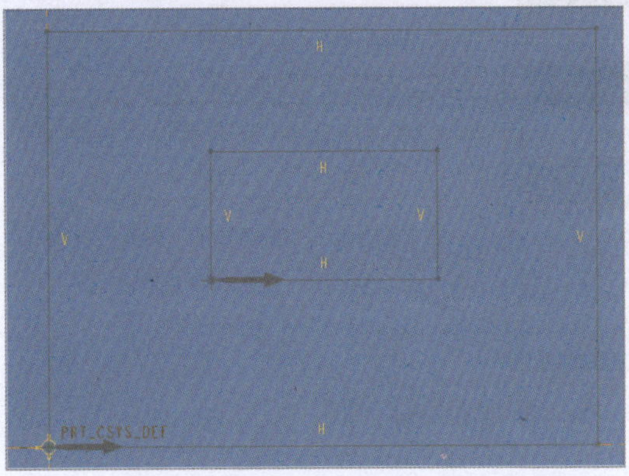

图 3-115　绘制两个截面图元并执行“切换截面”命令

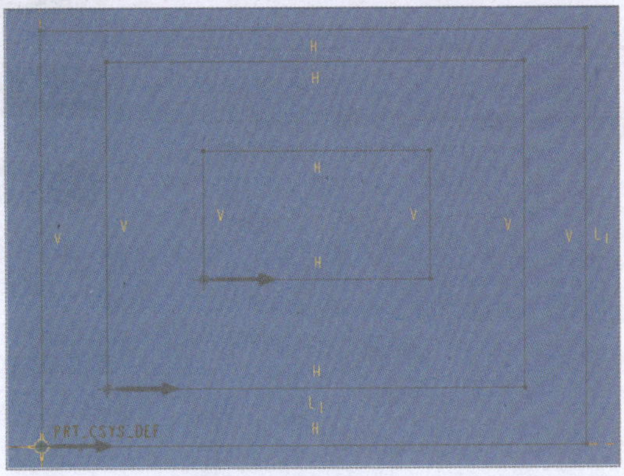

图 3-116　绘制第 3 个图元并执行“切换截面”命令

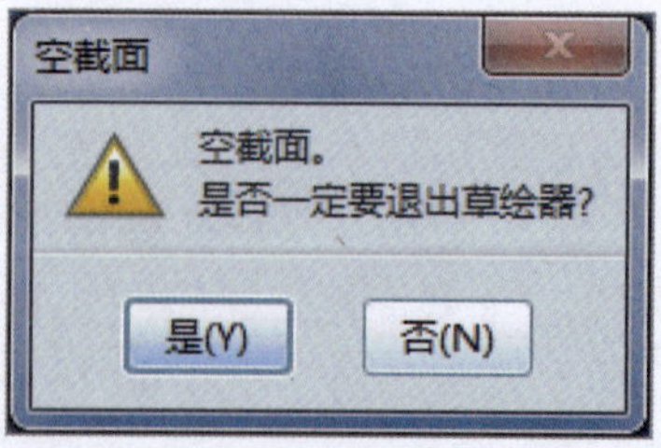

图 3-117 “空截面”对话框

3.6 其他基础特征

除了拉伸特征、旋转特征、扫描特征和混合特征之外，用户还需要了解一些其他的基础特征，即螺旋扫描特征、可变截面扫描特征和扫描混合特征。这一节将为用户介绍这些其他基础特征的相关知识，这些其他基础特征的创建操作可参照前面几节的内容，由于篇幅有限，这里就不赘述了。

3.6.1 螺旋扫描特征

螺旋扫描特征是通过将设定的截面沿着螺旋轨迹线而创建的特征，在设计中，各种压缩弹簧、螺纹模型，都可以利用螺旋扫描的方式来创建。

螺旋轨迹的参数包括螺旋曲面的轮廓（从螺旋特征的截面原点到其旋转轴之间的距离）、螺距（螺旋线之间的距离）。螺旋扫描轮廓轨迹线不能为封闭的曲线，在放置轮廓轨迹的截面中必须要有旋转轴，而且轨迹线不可以与旋转轴的垂直线相切。

单击“插入”|“螺旋扫描”命令，弹出螺旋扫描菜单，选择相应的选项，如选择“伸出项”选项时，会弹出“属性”设置的“菜单管理器”对话框，如图 3-118 所示。利用该菜单可以设定螺旋是否恒定、指定螺旋横截面的约束条件或选定螺旋轨迹应遵循的定义法则。

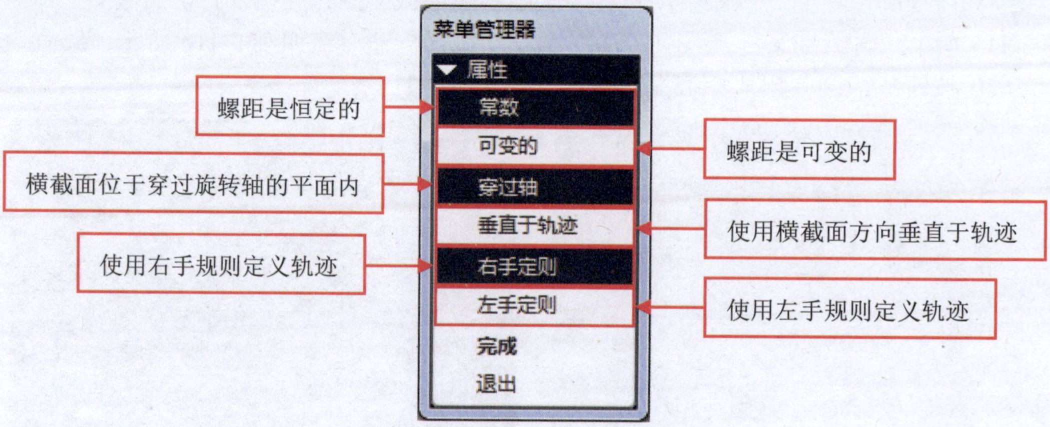

图 3-118 “属性”设置的“菜单管理器”对话框

3.6.2 可变截面扫描特征

创建可变截面扫描特征需要定义截面和选定的轨迹这两个基本要素，和一般扫描特征的不同之处在于，它的截面是可变的，截面将沿着原点轨迹及轮廓线进行扫描，在很多情况下，剖面的形状大小将随着原点轨迹线及轮廓线的变化而变化。

单击“插入”|“可变截面扫描”命令，或单击特征工具栏中的“可变截面扫描工具”按钮，弹出可变截面扫描操作面板，如图 3-119 所示。

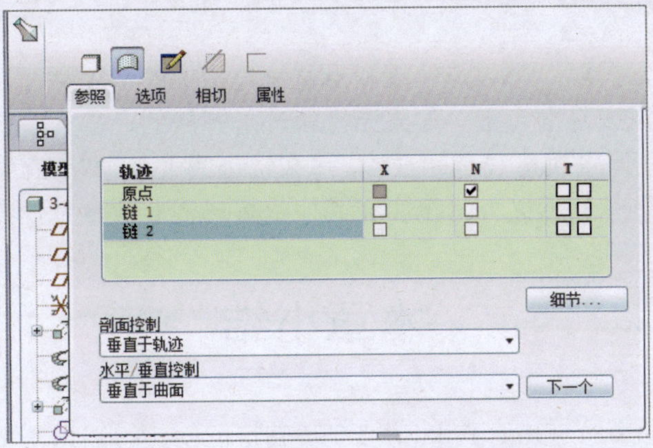

图 3-119 弹出可变截面扫描操作面板

单击操作面板中的“扫描为实体”按钮，在工作窗口中选择轨迹线，可以按住【Ctrl】键选择多条轨迹线。选择的第一条曲线即为原点轨迹，其余为限制约束截面的链轨迹曲线，链轨迹曲线是辅助曲线。原点轨迹的起点由黄色的箭头表示，当需要切换原点轨迹的起点时，可以选择原点轨迹，然后在起点箭头上单击，即可将原点轨迹的起点切换到轨迹线的另一端。

在可变截面扫描操作面板的“参照”面板上，可以设置剖面的控制方式，其控制类型包括“垂直于轨迹”“垂直于投影”和“恒定的法向”，各类型的功能含义如下。

➢ **垂直于轨迹**：剖面在扫描过程中始终与指定的轨迹线垂直。
➢ **垂直于投影**：剖面平面沿指定的方向垂直于原点轨迹的二维投影。
➢ **恒定的法向**：剖面平面垂直向量保持与指定的方向参照平行。

当设置剖面的控制方式为“垂直于轨迹”时，定义原点轨迹后，还需选择一条控制截面外形的轮廓边链。在可变截面扫描的操作面板中，各按钮对应面板的功能及其选项含义如下。

➢ **参照**：面板上的“水平/垂直控制”列表框主要用来控制剖面扫描时的扭转形状，其缺省的选项为“自动”选项，使剖切剖面具有自动定位的 X、Y 方向，可以根据设计需要选择其他选项，如果选择“X 轨迹”选项，则截面的 X 轴通过指定的 X 轨迹和沿扫描的截面的交点。
➢ **选项**：主要是指定可变或恒定扫描。选中“可变剖面”单选按钮，可以利用链轨迹等参照来限制剖面形状，或使用函数结合图元形状来控制剖面；选中“恒定剖面”单选按钮，则在沿轨迹扫描的过程中截面形状保持不变，仅截面所在框架的方向发生变化。利用“草绘放置点”收集器，可以设置原点轨迹上的任意一点为截面绘制点，它并不影响扫描的起始点。

- **相切**：主要是用相切轨迹选择及控制曲面。“参照”列表框中有“无”和“选取的”两个选项，其中，“无”选项是指禁用相切轨迹；“选取的”选项是指动手指定扫描截面的相切曲面。
- **属性**：主要是为特征输入定制名称以替换自动生成的名称。

3.6.3 扫描混合特征

“扫描混合”命令融合了扫描和混合两个功能，利用它可以创建一些复杂且具有多个扫描截面的特征。

创建扫描混合时，需要一个原点轨迹和沿着轨迹扫描的多个截面，要扫描的多个截面必须位于原点轨迹的顶点或基准点上。如果原点轨迹是开放的，那么在轨迹线的起始点和终点上必须要有截面；如果原点轨迹线是闭合的，那么轨迹线上必须存在两个或两个以上的断点，而且除在起始点上需创建截面之外，至少在其他位置还需要放置草绘截面。

本章小结

本章主要向读者介绍了 Pro/E Wildfire 5.0 基础特征创建的知识，帮助读者了解零件模块和相关基础特征的操作技巧，如拉伸、旋转、扫描和混合特征的创建技巧等。希望读者通过对本章的学习，能够根据自身需求，熟练创建相关的基础特征。

课后习题

课后习题

鉴于本章知识的重要性，为了帮助读者更好地掌握所学知识，本节将通过上机习题，帮助读者进行简单的知识回顾和补充。

本习题需要掌握使用空模板时，单位的设置技巧。用户可以根据自身需求设置零件模块的单位，例如，可以将单位设置为：“米千克秒（MKS）”，效果如图 3-120 所示。

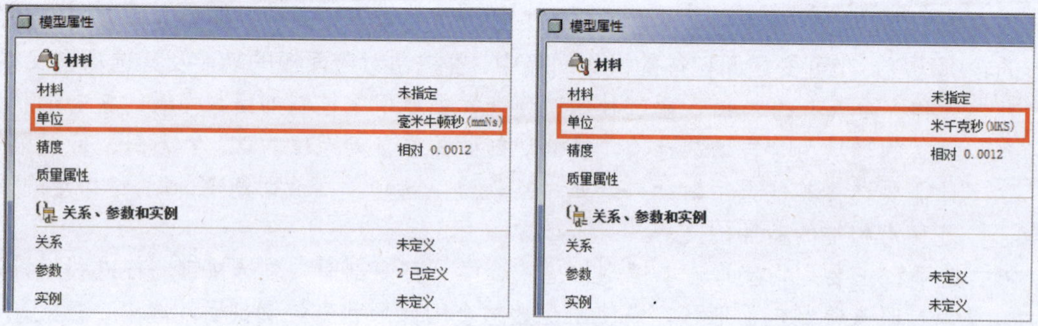

（a）　　（b）

图 3-120　将单位设置为：“米千克秒（MKS）”的效果

第 4 章
基准特征的创建

在实体造型的过程中，很多情况下要使用一些点、线、面作为设计参照，以便更好地捕捉设计意图。作为实体特征参照的点、线、面，被称为基准特征，在系统中它们与实体特征具有同等的地位和参数化的特性。本章主要介绍常用基准特征的相关创建技巧。

本章重点

- 基准特征基础
- 创建基准平面
- 创建基准曲线
- 创建基准轴
- 创建基准点
- 创建基准坐标系

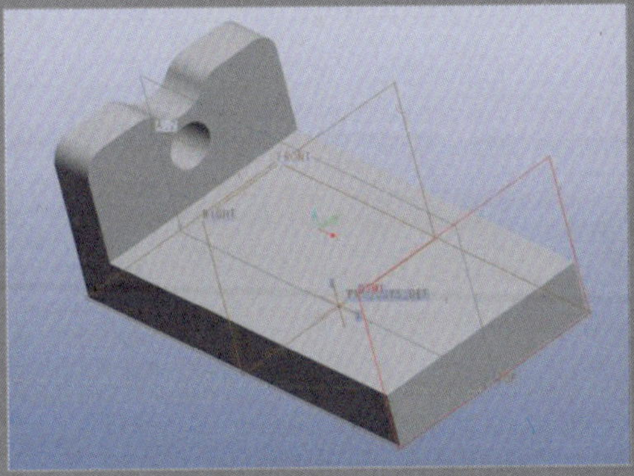

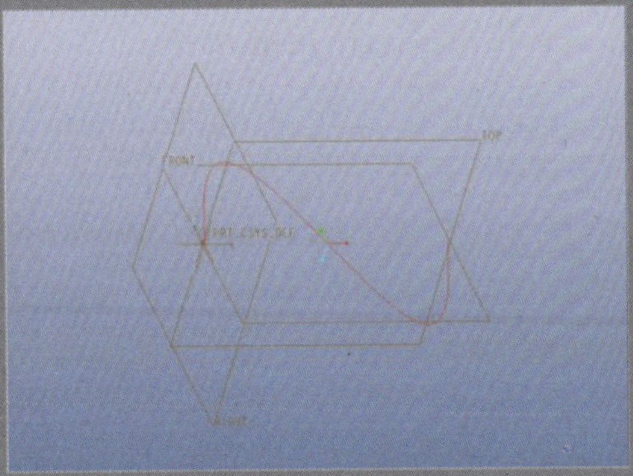

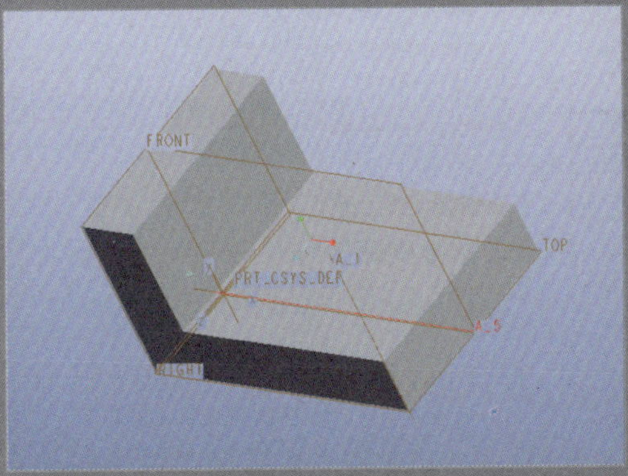

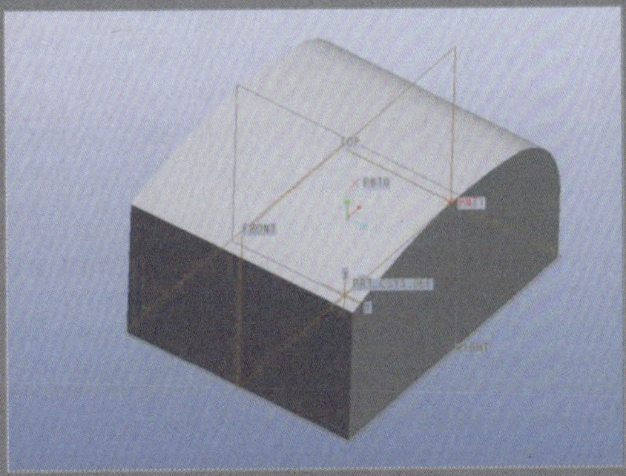

4.1 基准特征基础

基准特征包括基准平面、基准轴、基准曲线、基准点和基准坐标系等。本节将介绍基准特征的一些基础知识。

4.1.1 基准特征的按钮和命令

进行基准特征创建时，需要用到一些按钮或命令。在零件模型下，提供的基准特征按钮和命令如图 4-1 所示。其中，基准点又分为一般基准点、偏移坐标系基准点和域基准点。

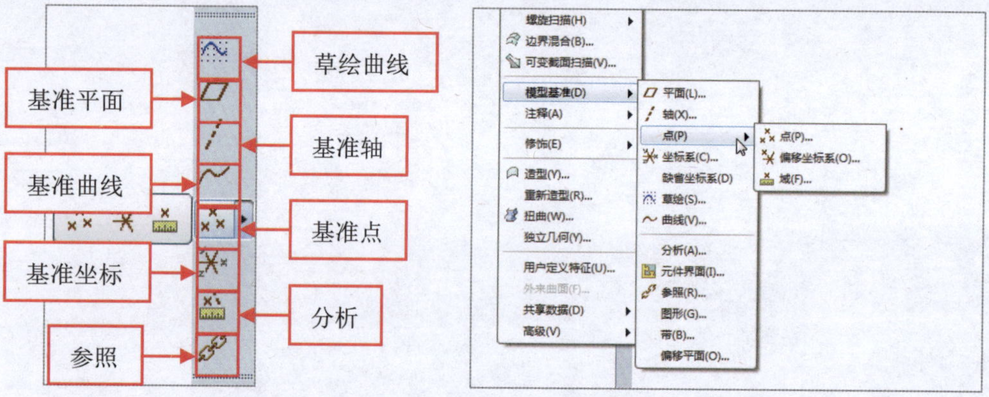

（a）　　　　　　　　（b）

图 4-1　基准按钮和基准命令

4.1.2 基准特征的特定显示

在实际应用中，对基准特征的选择操作基本都可以在“模型树”窗口中进行，基准特征在 “模型树”窗口中的显示如图 4-2 所示。

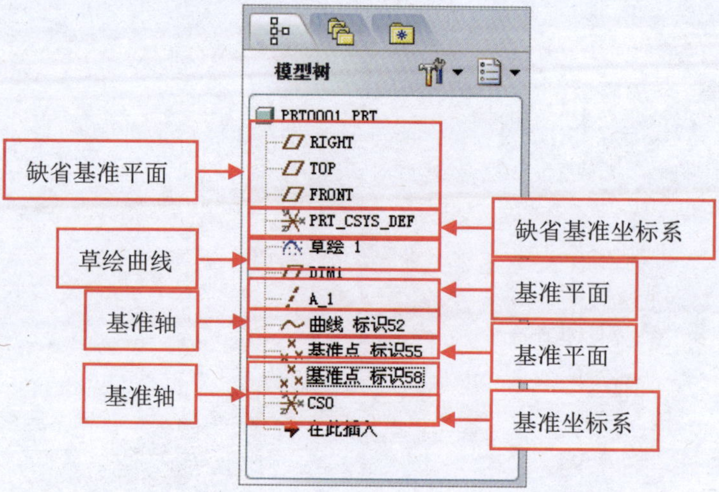

图 4-2　基准特征在“模型树”窗口中的显示

在缺省的情况下，系统会自动在模型中显示用户所创建的基准特征的名称，其基准特征名称的特定显示如表 4-1 所示。

表 4-1 基准名称的特定显示

基准特征名称	基准名称代号	说明
基准平面	DTM#	#是已创建的基准平面的编号，图 DTM1、DTM2
基准轴	A_#	#是已创建的基准轴的编号，A_1、A_2
基准点	PNT#	#是已创建的基准点的编号，缺省从 0 开始
基准曲线	曲线 标识※	※是基准曲线在零件模型中自动生成的特征标识号
草绘基准曲线	草绘#	#是已创建的草绘基准曲线的编号，缺省从 1 开始
基准坐标系	CS#	#是已创建的基准坐标系的编号，缺省从 0 开始

4.2 创建基准平面

基准平面是一个无限大的平面，它没有大小、体积和质量，始终适合于实体模型的大小，是系统或用户定义的，用作参照基准的平面。在零件模块中，系统已自动定义了 TOP、FRONT 和 RIGHT 基准平面，如果系统中没有存在新特征所需的参照平面，那就需要为此定义一个新的基准平面，其在模型中以方框形式显示，并在方框的顶角点标示名称，如 DTM1、DTM2 等。这一节将为用户讲解创建基准平面的相关知识。

4.2.1 基准平面概述

在特征工具栏中，单击“平面”按钮，或单击“插入”|“基准”|“平面”命令，可以创建基于现有参照对象（如平面、曲面、边线、基准平面、点、坐标系）的基准平面，而所选取的参照对象可以在单击“平面”按钮之前选择，也可以在单击“平面”按钮之后选择，但不是所有的命令都可以同时适用这两种方法。

单击“平面”按钮，弹出“基准平面”对话框，在该对话框中有三个选项卡，即“放置”“显示”和“属性”，各选项卡的含义如下。

➢ **放置**：该选项卡主要包含一个“参照”收集器，其收集器是用来创建基准平面的放置参照的，并且可以为每个选定的参照设置一个约束；“约束类型选项”列表只有当选择了参照对象后才会被激活，而且会根据选定的参照对象提供相应的约束类型选项，如图 4-3 所示。

➢ **显示**：在该选项卡中，用户可以调整反向基准平面，还可以调整基准平面的显示轮廓的大小，选择 FRONT 基准平面并单击鼠标右键，选择快捷菜单中的“编辑定义”选项，弹出“基准平面”对话框，单击“显示”选项卡，选中“调整轮廓”复选框，即可设置基准平面的法向显示信息，如图 4-4 所示。

➢ **属性**：在该选项卡中，用户可以为基准特征重新设置一个名称，单击“显示此特征的信息”按钮🛈，如图 4-5 所示。还可以查看当前基准平面的特征信息，如图 4-6 所示。

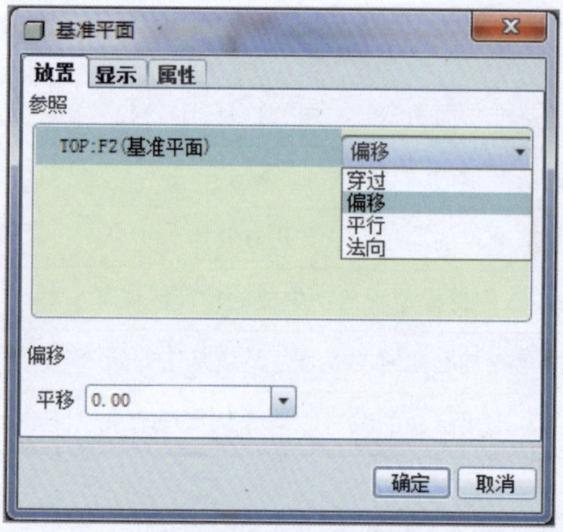

图 4-3 “放置”选项卡

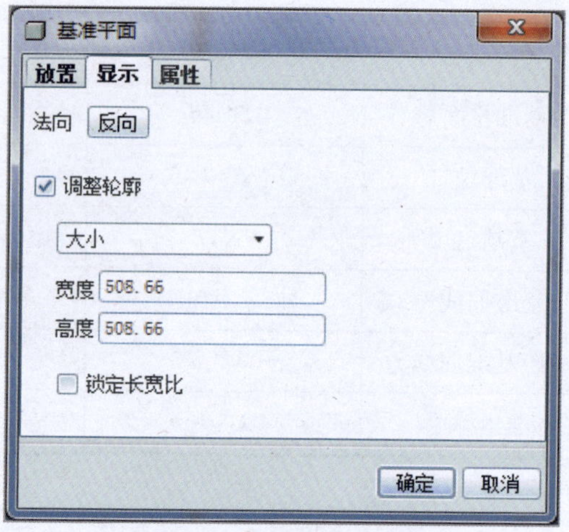

图 4-4 “显示”选项卡

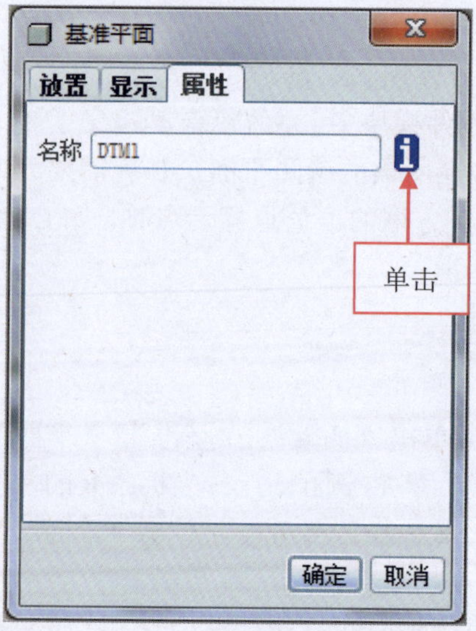

图 4-5 单击“显示此特征的信息”按钮🛈

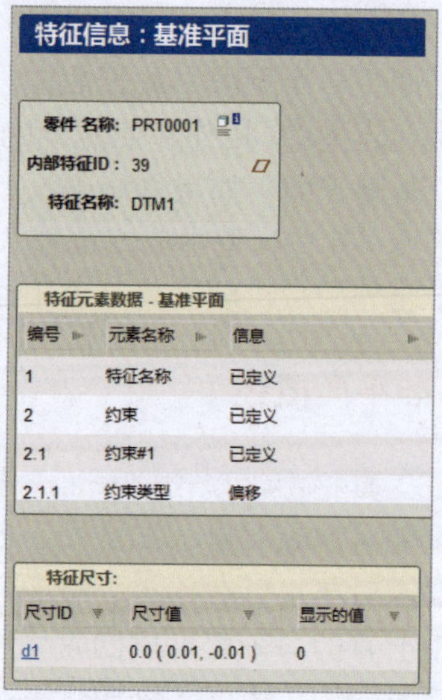

图 4-6 查看当前基准平面的特征信息

4.2.2 创建基准平面的方法

创建基准平面主要是以选择参照为基础，即可以选择平面、边或轴线、顶点或基准点、圆柱面等参照来进行创建。

平面作为参照

1. 平面作为参照

如果选择平面作为参照，可以利用“基准平面”对话框来选择参照的显示约束类型。“基准平面”对话框中各约束类型的含义如下。

- **穿过：**是指基准平面与参照中的平面重合，只需一个约束条件即可完成一个基准特征的创建。
- **偏移：**是指基准平面平行于至参照平面并平移一定的距离，会在参照平面上显示箭头，表示平移方向，输入平移距离即可完成特征的创建，输入的参数为正，则沿箭头方向平移，输入的参数为负数，则沿箭头的反方向平移。
- **平行：**是指基准平面与参照平面平行，需要与其他约束条件配合才能完成基准特征的创建。
- **法向：**是指基准平面与参照平面垂直，也需要与其他约束条件配合才能完成基准特征的创建。

例如，将穿过约束作为平面参照，可以通过以下操作创建基准平面。

Step 01 打开素材文件，进入 Pro/E Wildfire 5.0 的工作界面，单击“平面”按钮，如图 4-7 所示，会弹出“基准平面”对话框。

Step 02 在绘图区中选择基准参照平面，如 TOP 平面，所选平面会变成红色，如图 4-8 所示。

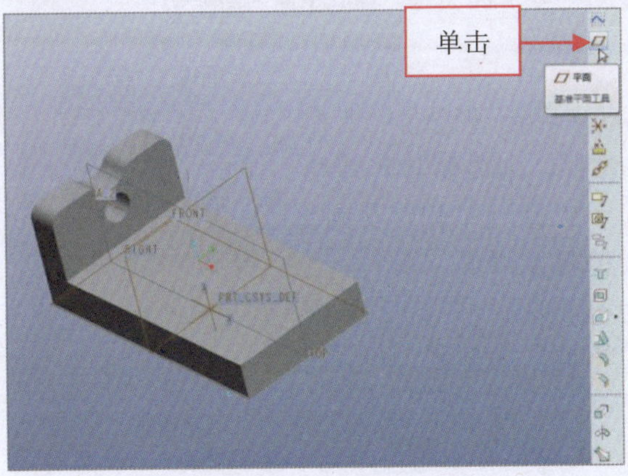

图 4-7　单击“平面”按钮

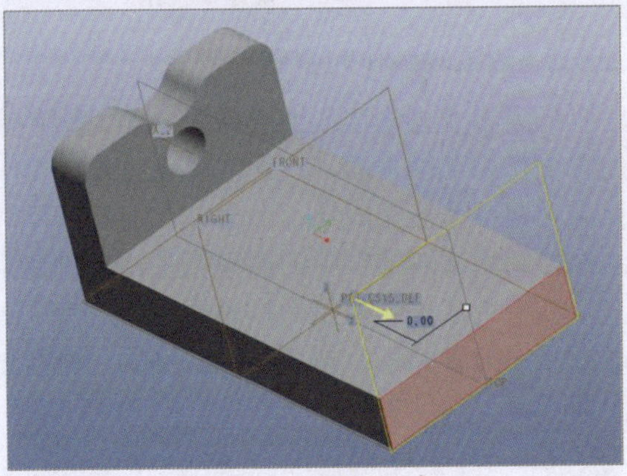

图 4-8　所选平面变成红色

Step 03 返回“基准平面”对话框，单击“放置”选项卡“参照”中的“偏移”按钮，如图 4-9 所示。

Step 04 在弹出的列表框中，选择“穿过”选项，如图 4-10 所示。

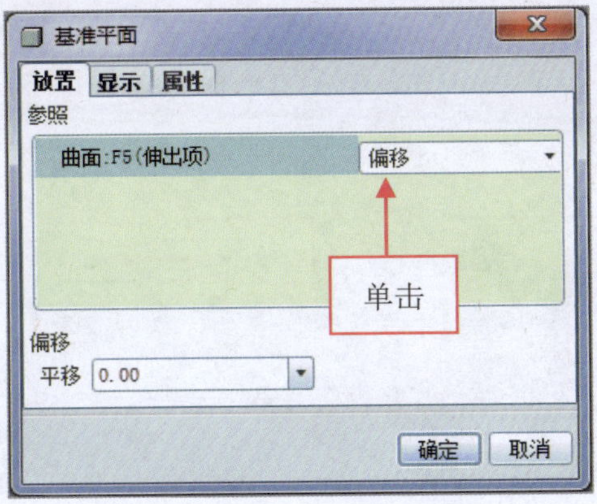

图 4-9　单击“偏移”按钮

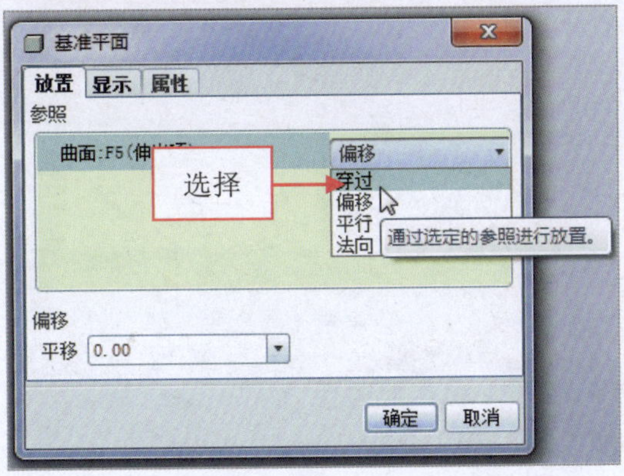

图 4-10　选择“穿过”选项

Step 05 “基准平面”对话框的“放置”选项卡的“参照”中将显示“穿过”，单击“确定”按钮，如图 4-11 所示。

Step 06 如果绘图区中显示 DTM1 平面，就说明基准平面创建成功了，如图 4-12 所示。

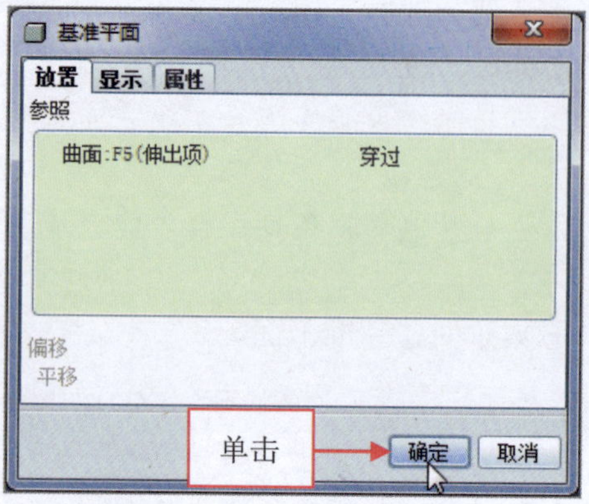

图 4-11 单击“确定”按钮

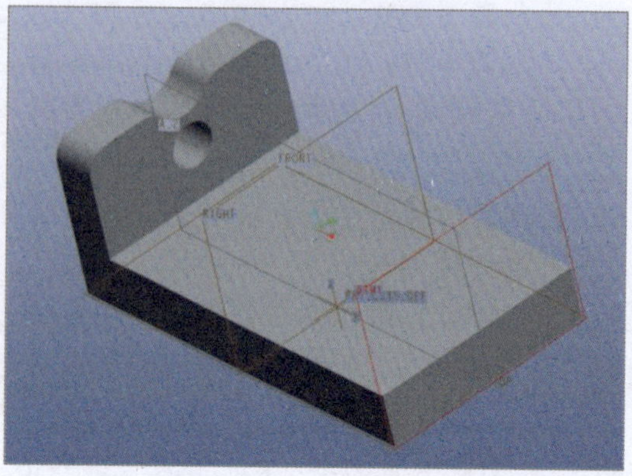
图 4-12 基准平面创建成功

2．边或轴线作为参照

如果将非直线边或曲线作为参照，系统会自动以参照边或曲线所在的平面作为基准平面，如果将直线边或轴线作为参照，则需要与其他约束条件配合才能完成特征的创建，对话框中将显示“穿过”和“法向”约束，利用该对话框中的约束类型，可创建需要的基准平面。

边或轴线作为参照

其中“穿过”是指通过参照边或轴线创建基准平面；“法向”是指基准平面与参照边或轴线垂直。例如，将穿过边和轴作为参照，可以通过如下操作创建基准平面。

Step 01 打开素材文件，进入 Pro/E Wildfire 5.0 的工作界面，单击“平面”按钮，选中要作为参照的边线，如图 4-13 所示，“基准平面”对话框“放置”选项卡的“参照”中将显示“穿过”。

Step 02 按住【Ctrl】键，选中基准轴 A_2，单击“基准平面”对话框中的“确定”按钮，如图 4-14 所示，确定基准轴的设置。

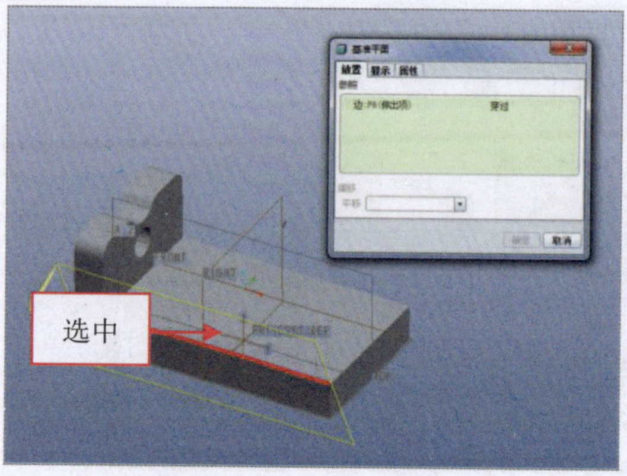

图 4-13 选中要作为参照的边线

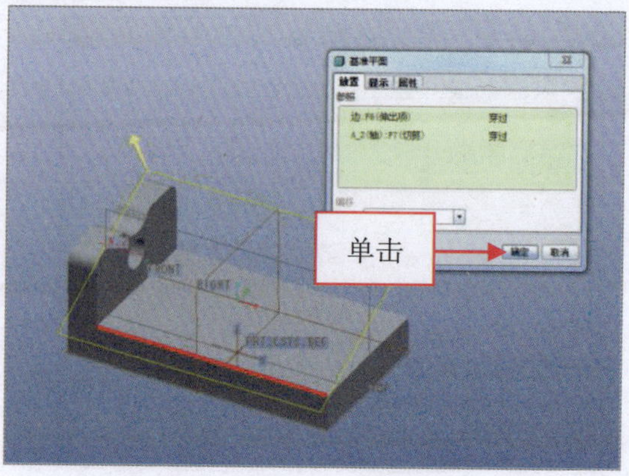

图 4-14 单击“确定”按钮

Step 03 如果绘图区中显示 DTM1 平面，就说明基准平面创建成功了，如图 4-15 所示。

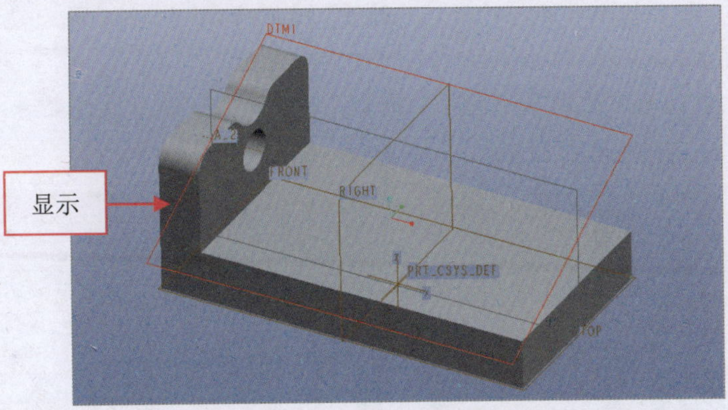

图 4-15　基准平面创建成功

3．顶点或基准点作为参照

如果选用模型顶点或基准点作为参照，则需要与其他约束条件配合才能完成特征的创建，包括不在一条直线上的三个顶点或基准点确定一个平面，来定义基准平面。例如，将穿过顶点作为参照，可以通过如下操作创建基准平面。

顶点或基准点作为参照

Step 01 打开素材文件，进入 Pro/E Wildfire 5.0 的工作界面，单击“平面”按钮，选中要作为参照的 3 个顶点，单击“基准平面”对话框中的“确定”按钮，如图 4-16 所示。

Step 02 如果绘图区中显示 DTM1 平面，就说明基准平面创建成功了，如图 4-17 所示。

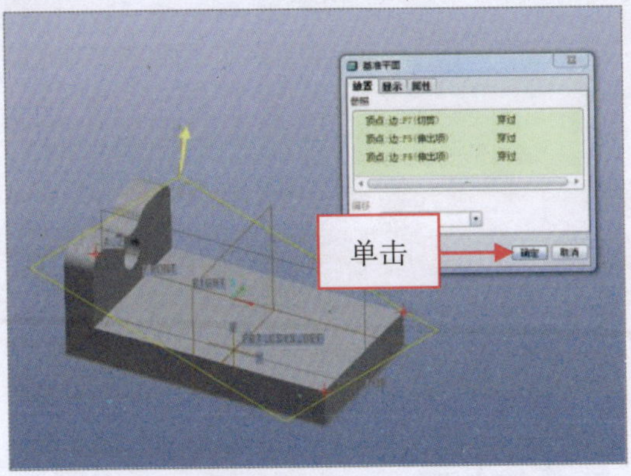

图 4-16　单击“确定”按钮

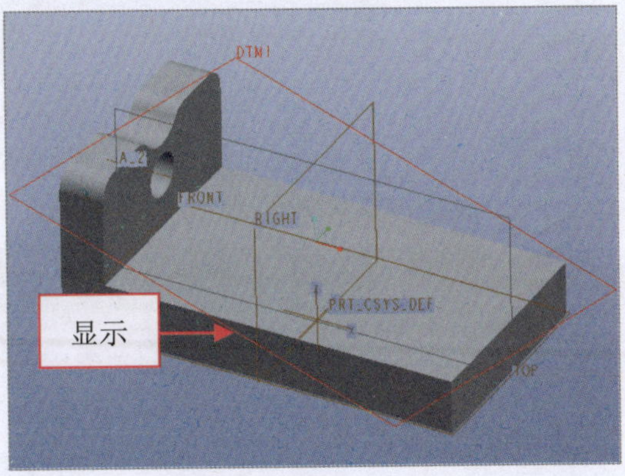

图 4-17　基准平面创建成功

4．圆柱面作为参照

如果选用圆柱曲面作为参照，则需要与其他约束条件配合才能完成特征的创建，此时对话框中显示约束类型为“穿过”和“相切”。“穿过”是指基准平面穿过圆柱曲面上的某条线；“相切”是指基准平面与参照圆柱曲面相切。例如，将相切圆柱面作为参照，可以通过如下操作创建基准平面。

圆柱面作为参照

Step 01 打开素材文件，进入 Pro/E Wildfire 5.0 的工作界面，单击“平面”按钮，选中圆柱面上的某条线，将“基准平面”对话框“放置”选项卡的“参照”信息设置为“相切”，如图 4-18 所示。

Step 02 按住【Ctrl】键，选中绘图区中的某个平面，将其“参照”信息设置为“法向”，单击“确定”按钮，如图 4-19 所示。

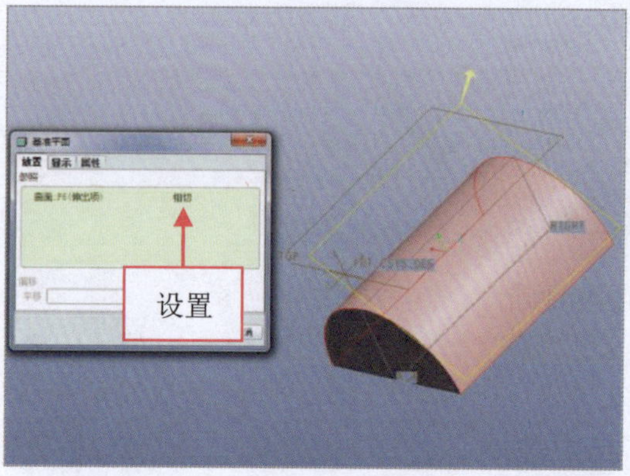

图 4-18　将“参照”信息设置为“相切”

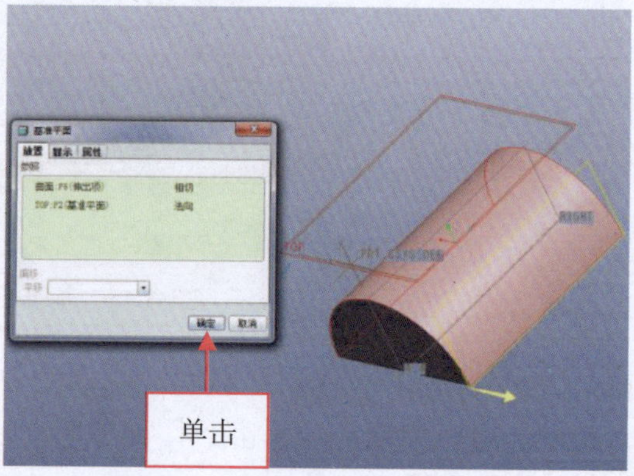

图 4-19　单击“确定”按钮

Step 03 如果绘图区中显示 DTM1 平面，就说明基准平面创建成功了，如图 4-20 所示。

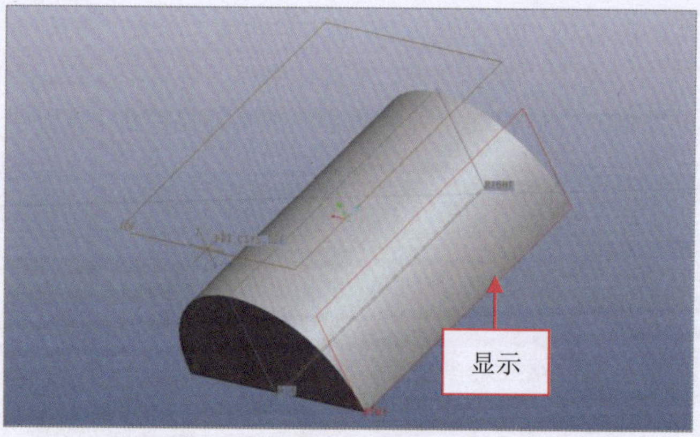

图 4-20　基准平面创建成功

4.3　创建基准曲线

基准曲线在曲面设计中会经常应用到，与草绘基准曲线性质相同。基准曲线可以是二维截面上的曲线，也可以是空间曲线，同时也可以用作扫描特征的轨迹，从而创建出许多复杂的特征。

单击“插入基准曲线”按钮，或单击“插入”|“模型基准”|“曲线”命令，会弹出“曲线选项”的“菜单管理器”对话框，该对话框中提供了“通过点”“自文件”“使用剖截面”和“从方程”这几种创建基准曲线的方式，这一节将分别进行介绍。

4.3.1　通过点

在 Pro/E Wildfire 5.0 中，用户可以通过点来创建曲线，并利用“相切”选项定义曲线，其具体操作步骤如下。

通过点

Step01 打开素材文件，进入 Pro/E Wildfire 5.0 的工作界面，单击“曲线”按钮，如图 4-21 所示。

Step02 在弹出的“菜单管理器”对话框中，依次选择“通过点”和“完成”选项，如图 4-22 所示，设置曲线选项的信息。

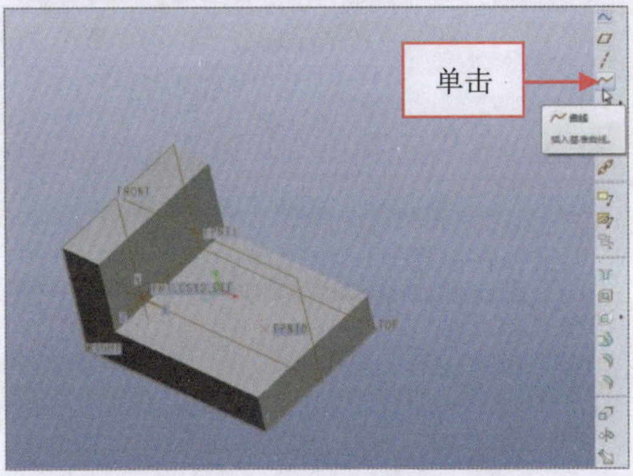

图 4-21　单击“曲线”按钮

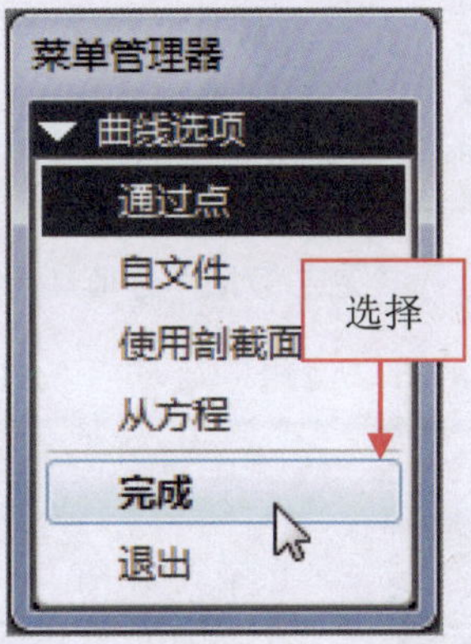

图 4-22　选择 “完成”选项（1）

Step03 选择“菜单管理器”对话框中的“样条” “整个阵列”和“添加点”选项，设置连结类型，依次选中实体模型中的各个连结点，选择“完成”选项，如图 4-23 所示。

Step04 在“曲线：通过点”对话框中，选择“相切”选项，单击“定义”按钮，如图 4-24 所示。

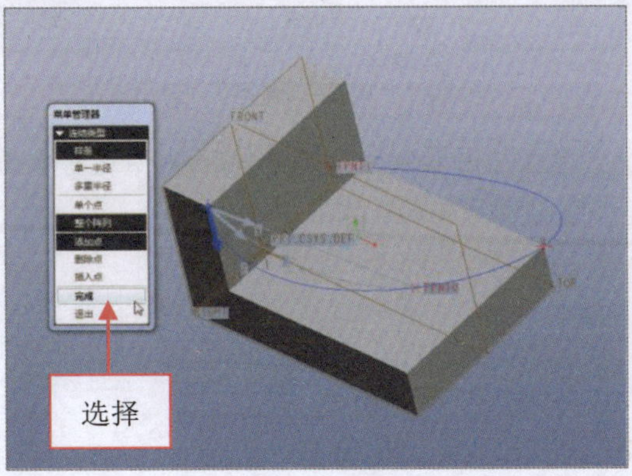

图 4-23　选择 “完成”选项（2）

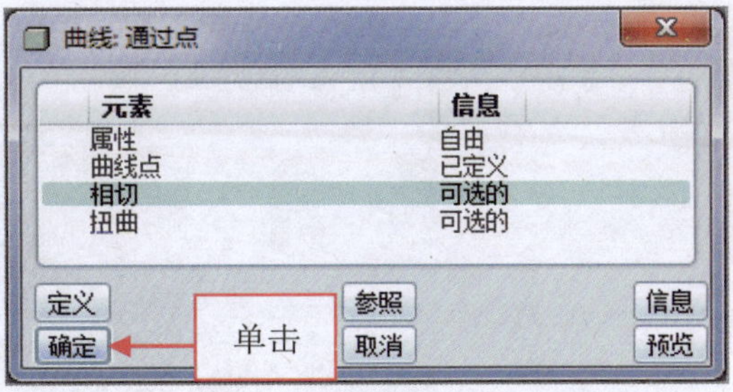

图 4-24　单击“定义”按钮

Step05 在弹出的“菜单管理器”对话框中，依次选择“起始”和“曲面”选项，选中“法向”复选框，选择“完成/返回”选项，如图 4-25 所示，设置“定义相切”的相关信息。

Step06 选择实体模型的顶面作为起始点的参照面，此时，起始点处会显示一个沿轮廓边延伸方向的箭头，箭头的方向即为曲线的方向，选择“菜单管理器”对话框中的“确定”选项，如图 4-26 所示。

Step 07 选择“菜单管理器”对话框中的“终止”和“曲面”选项，选中“相切”前方的复选框，选择终止点所属的平面，选择“完成/返回”选项，如图 4-27 所示。

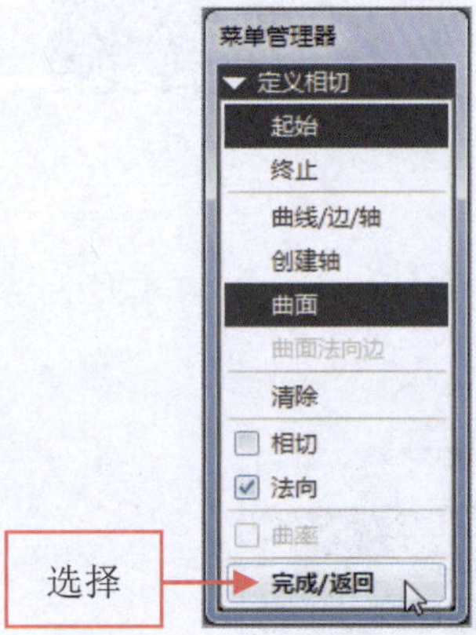

图 4-25　选择“完成/返回”选项（1）

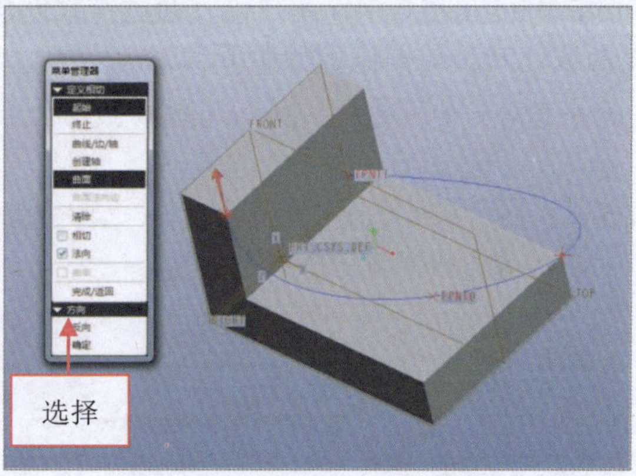

图 4-26　选择“确定”选项

Step 08 单击“曲线：通过点”对话框中的“确定”按钮，如图 4-28 所示。

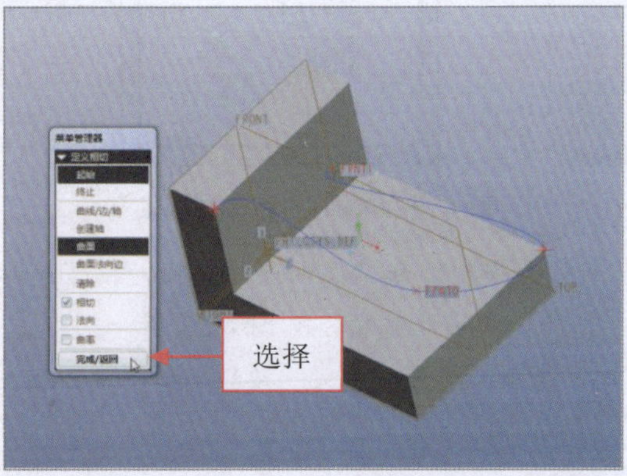

图 4-27　选择“完成/返回”选项（2）

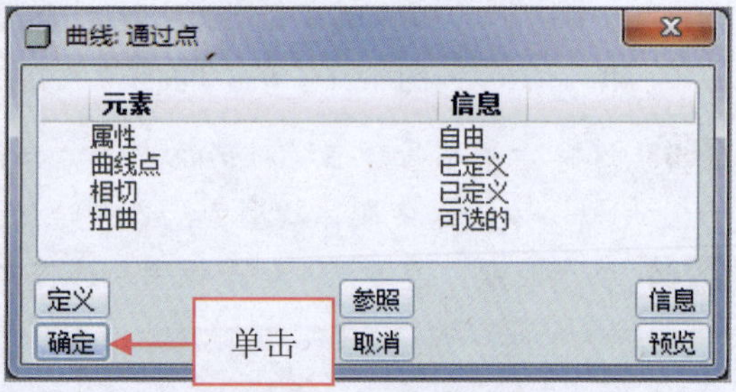

图 4-28　单击“确定”按钮

Step 09 如果绘图区中显示一条与设置的起始点和终止点相同的红色曲线，就说明创建基准曲线成功了，如图 4-29 所示。

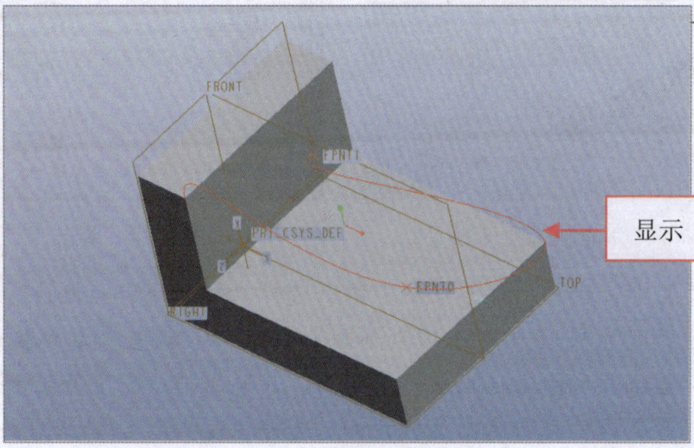

图 4-29　创建基准曲线成功

4.3.2　自文件

选择“曲线选项”设置“菜单管理器”对话框中的“自文件”选项，可以输入来自 IBL、IGES、SET 或 VDA 文件格式的基准曲线。

在“曲线选项”设置“菜单管理器”对话框中，选择“自文件”和“完成”选项后，还必须选取参照坐标系，系统弹出文件检索对话框，从磁盘中检索文件并单击“打开”按钮即可完成特征的创建。数据文件可采用记事本编辑器编写，编写完成后应将其保存为 IBL、IGES、SET 或 VDA 文件格式。

除在每段曲线的坐标前都需要有 begin section（开始部分）和 begin curv（开始曲线）之外，IBl 文件格式与混合文件的格式非常相似，一段中的两点定义一条直线，两个以上的点定义一个样条。若连接曲线段，应确保第一个点的坐标与先前段的最后一个点的坐标相同。

同一数据文件中可包含多个截面或曲线，即在数据文件中可间隔输入多行截面或曲线的开始语句。数据按 4 列输入：第 1 列为点序号；第 2 列为 X 坐标值；第 3 列为 Y 坐标值；第 4 列为 Z 坐标值，利用换行的方式输入组成曲线的点，如果曲线由多点组成，则此曲线为样条曲线。

4.3.3　使用剖截面

使用剖截面创建基准曲线，即将剖切平面与实体模型的交线作为基准曲线，其操作方法如下。

使用剖截面

Step 01 打开素材文件，进入 Pro/E Wildfire 5.0 的工作界面，单击“曲线”按钮，在弹出的“菜单管理器”对话框中，依次选择“使用剖截面”和“完成”选项，如图 4-30 所示，设置“曲线选项”信息。

Step 02 会弹出“截面名称”设置的“菜单管理器”对话框，将鼠标光标移动至实体模型上，如图 4-31 所示，单击鼠标左键。

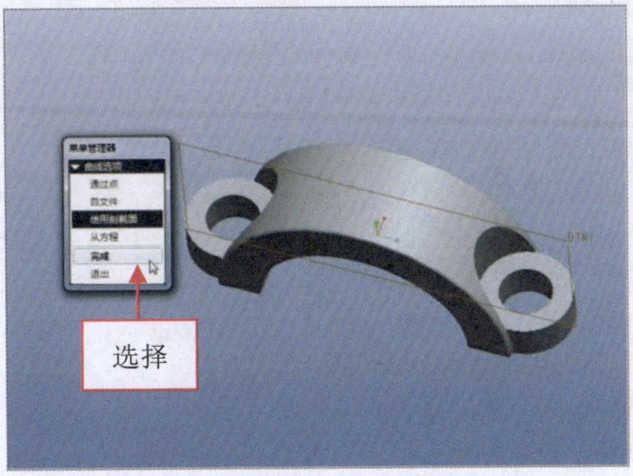

图 4-30　选择“完成”选项

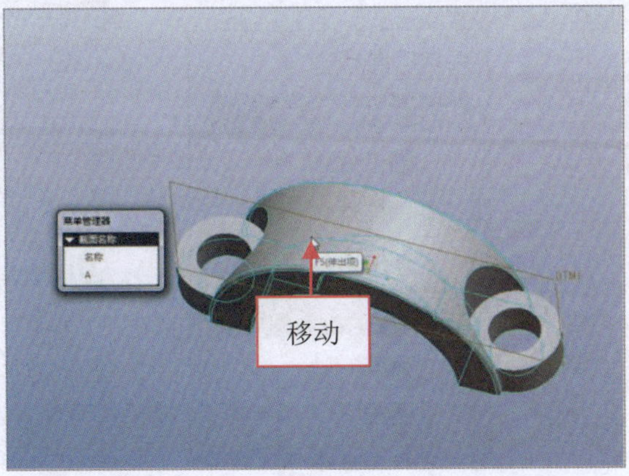

图 4-31　将鼠标光标移动至实体模型上

Step 03 选择“菜单管理器”对话框中的 A 选项，如图 4-32 所示。

Step 04 如果实体模型上显示多条红色线条，并且单击绘图区空白处之后，实体模型上显示蓝色的线条，就说明使用剖截面创建基准曲线成功了，如图 4-33 所示。

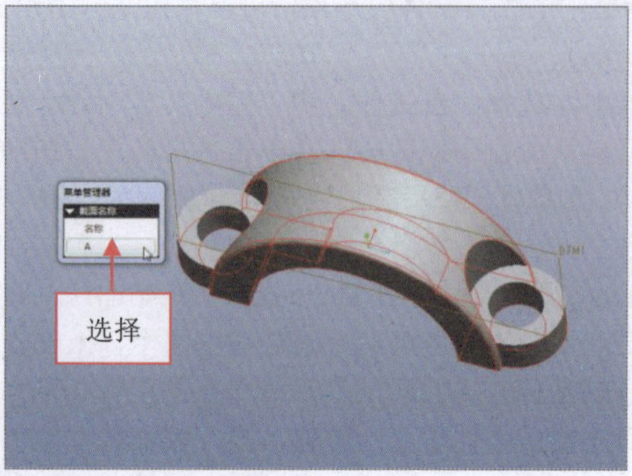

图 4-32 选择 A 选项

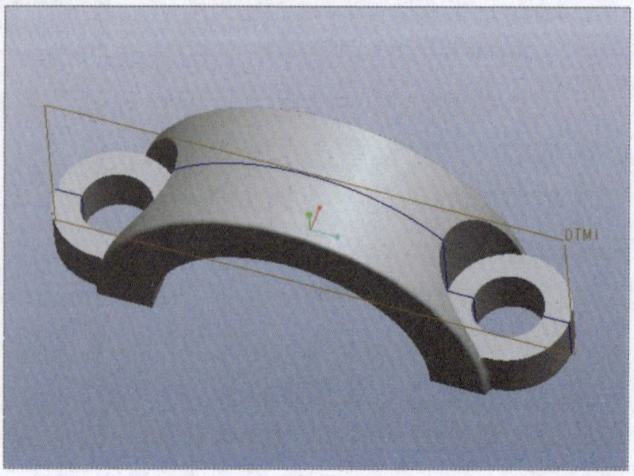

图 4-33 创建基准曲线成功

4.3.4 从方程

通过方程可以创建许多以草绘方式所不能或难以创建的复杂曲线，如三角函数曲线、渐开线、双曲线等。利用方程来创建基准曲线，需要分别定义三个方面：坐标系、坐标系类型和方程，其具体操作步骤如下。

从方程

Step 01 新建一个实体零件文件，单击“曲线”按钮，在弹出的“菜单管理器”对话框中，依次选择“从方程”和“完成”选项，如图 4-34 所示，设置“曲线选项”信息。

Step 02 弹出“曲线：从方程”和“菜单管理器”对话框，选择“菜单管理器”对话框中的“选取”选项，如图 4-35 所示，设置得到坐标系的信息。

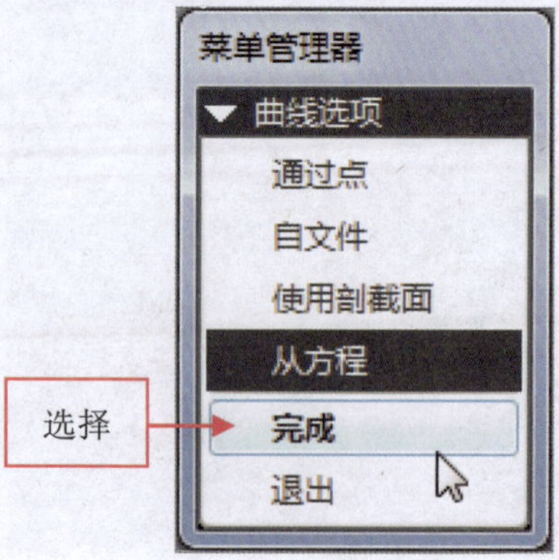

图 4-34 选择“完成”选项

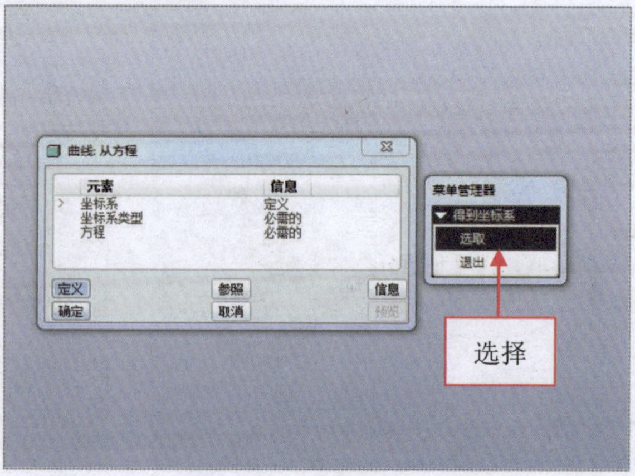

图 4-35 选择“选取”选项

Step 03 将鼠标移动至绘图区中的坐标系上，如图 4-36 所示，单击鼠标左键。

Step 04 绘图区中对应的坐标系会变为红色，选择“菜单管理器”对话框中坐标类型的对应选项，如“笛卡尔”选项，如图 4-37 所示。

Step 05 在弹出的记事本编辑器中，输入曲线方程的相关函数信息，如图 4-38 所示。

Step 06 单击记事本编辑器中的“文件”|“保存”命令，如图 4-39 所示，并关闭记事本编辑器。

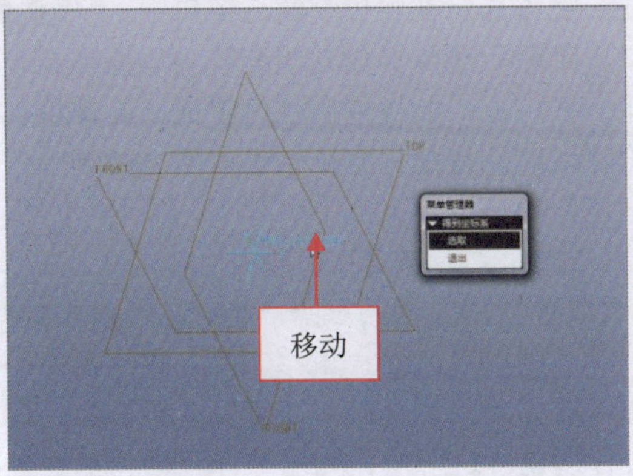

图 4-36　将鼠标移动至绘图区中的坐标系上

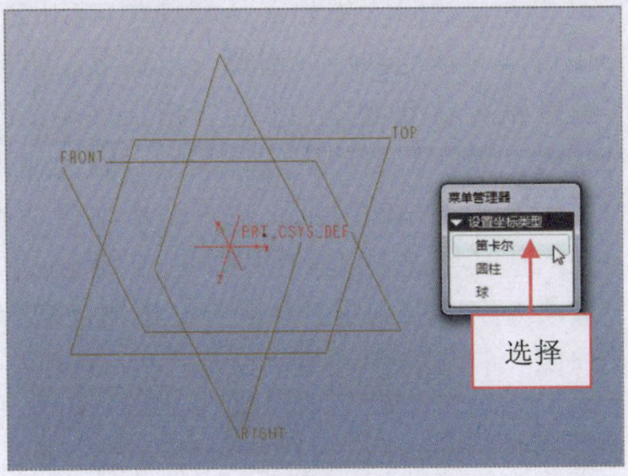

图 4-37　选择“笛卡尔”选项

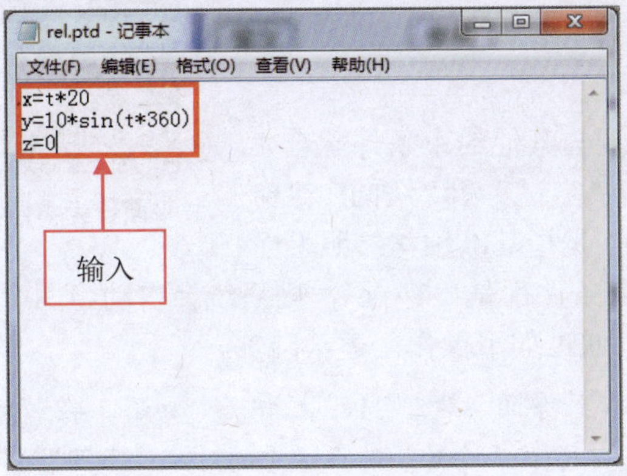

图 4-38　输入曲线方程的相关函数信息

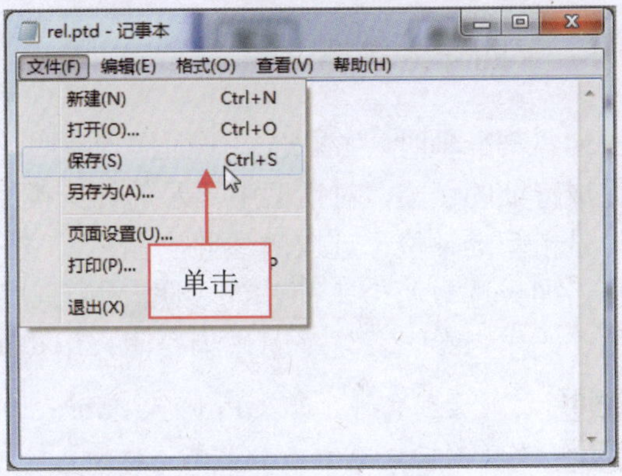

图 4-39　单击“保存”命令

Step 07 单击“曲线：从方程”对话框中的“确定”按钮，如图 4-40 所示。

Step 08 如果绘图区中显示一条红色的曲线，就说明从方程创建基准曲线成功了，如图 4-41 所示。

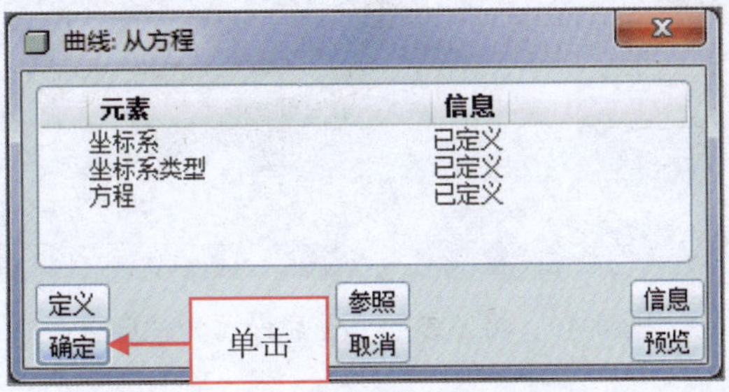

图 4-40　单击“确定”按钮

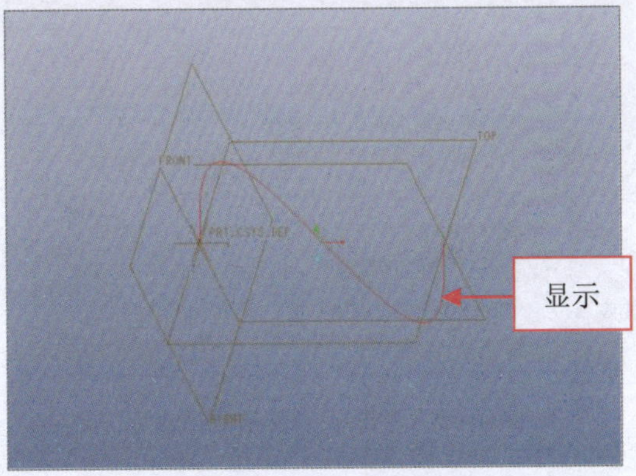

图 4-41　从方程创建基准曲线成功

4.4　创建基准轴

基准轴可以作为其他特征创建的参照，如以基准轴为参照，可以定义基准平面，同轴放置项目和创建径向阵列等。基准轴是单独的特征，能够显示在“模型树”窗口中。“模型树”窗口中可以对基准轴进行选择、重命名、重定义、隐藏、删除、创建组和阵列等操作。

特征轴与基准轴有所不同。特征轴是在创建一些特征，如拉伸圆柱体特征、旋转特征孔特征等时，系统会自动生成特征中心轴。如果删除了这些特征，特征轴也就随之被删除，所以特征轴不是单独的特征，也不会出现在“模型树”窗口中。

在“基准特征”工具栏中，单击“基准轴工具”按钮，弹出“基准轴”对话框，在“放置”选项卡中可以利用“参照”收集器，来选择要放置新基准轴的参照，然后选择参照类型。在“参照”收集器中选定“法向”作为参照类型时，则可以激活“偏移参照”收集器。

与创建基准平面相似，创建基准轴也是主要以选择参照为基础，即可以选择平面、直边或基准曲线、顶点或基准点、圆柱面等参照来进行创建。这一节将为用户介绍创建基准轴的六种方法。

4.4.1　平面作为参照

平面作为参照

创建基准轴时，如果选用平面作为参照，需要与其他约束条件配合才能完成特征的创建，对话框中显示的约束类型有“穿过”和“法向”。“穿过”是指基准轴位于选取的参照平面内；“法向”是指基准轴与参照平面垂直。如果选取两个平面作为参照，并且其约束条件都是“穿过”，则系统会自动将两个平面的交线作为参照。将平面作为参照，用户可以通过如下操作创建基准轴。

Step 01 打开素材文件，进入 Pro/E Wildfire 5.0 的工作界面，单击“轴”按钮，如图 4-42 所示。

Step 02 在绘图区中选中一个平面，将“基准轴”对话框“放置”选项卡中的对应“参照”信息设置为“穿过”，如图 4-43 所示。

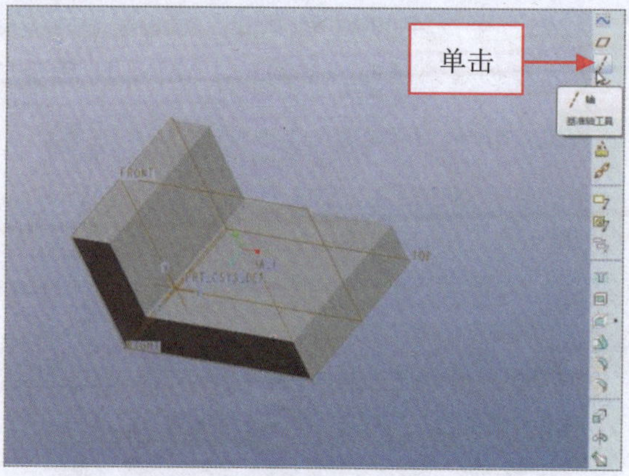

图 4-42　单击“轴”按钮

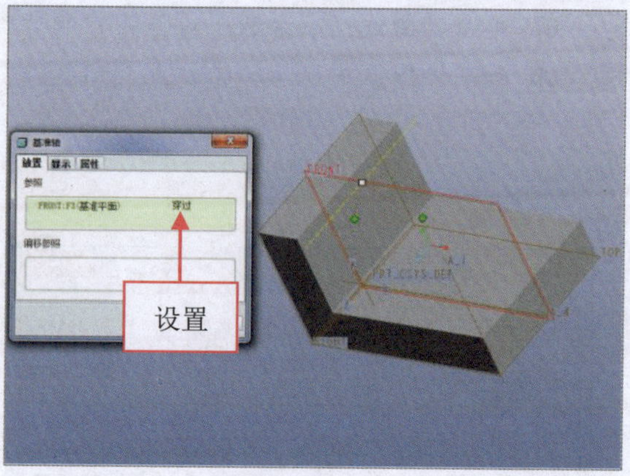

图 4-43　将“参照”信息设置为“穿过”

Step 03 在绘图区中选中第二个平面，将对应的“参照”信息设置为“穿过”，单击“确定”按钮，如图 4-44 所示。

Step 04 如果两个平面的相交线显示为红色，就说明将平面作为参照创建基准轴成功了，如图 4-45 所示。

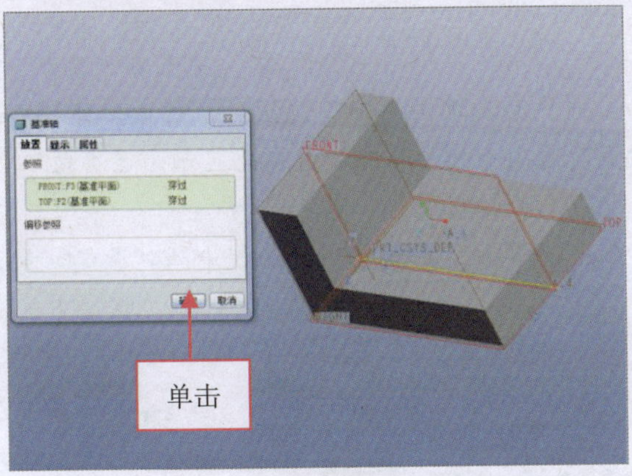

图 4-44　单击“确定”按钮

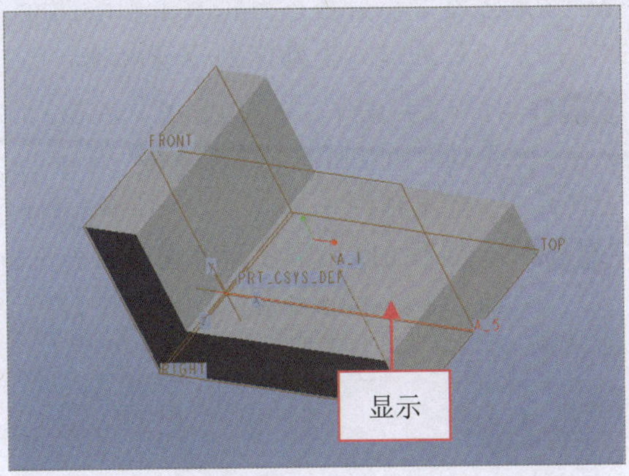

图 4-45　将平面作为参照创建基准轴成功

4.4.2　圆柱面作为参照

圆柱面作为参照

创建基准轴时，如果将圆柱曲面作为参照，对话框中的显示约束类型也是“穿过”和“法向”。“穿过”是指基准轴为圆柱曲面的中心线；“法向”是指基准轴与圆柱面垂直，可以激活“偏移参照”收集器，然后选择定位基准。将圆柱面作为参照，用户可以通过如下操作创建基准轴。

Step 01 打开素材文件，进入 Pro/E Wildfire 5.0 的工作界面，单击“轴”按钮，选中某个圆柱面，将其“参照”信息设置为“穿过”，单击“确定”按钮，如图 4-46 所示。

Step 02 如果绘图区中显示 1 条红色的线，就说明将圆柱面作为参照创建基准轴成功了，如图 4-47 所示。

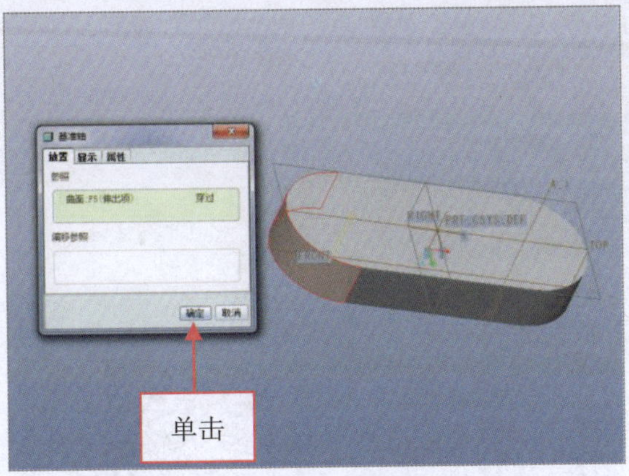

图 4-46　单击“确定”按钮

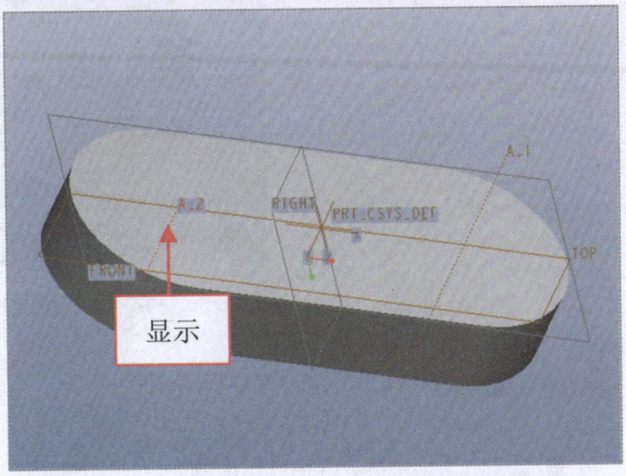

图 4-47　将圆柱面作为参照创建基准轴成功

4.4.3 非圆柱曲面作为参照

非圆柱曲面作为参照

如果选用非圆柱曲面作为参照，对话框中显示的约束条件只有“法向”，则可以再选取曲面上的一个基准点来创建特征，此时基准轴将通过参照点并在该点垂直于参照曲面。将非圆柱曲面作为参照，用户可以通过如下操作创建基准轴。

Step 01 打开素材文件，进入 Pro/E Wildfire 5.0 的工作界面，单击“轴”按钮，选中实体模型中的非圆柱曲面，“基准轴”对话框“放置”选项卡的“参照”信息会显示为“法向”，如图 4-48 所示。

Step 02 按住【Ctrl】键，选中非圆柱曲面上的某个点，单击“基准轴”对话框中的“确定”按钮，如图 4-49 所示。

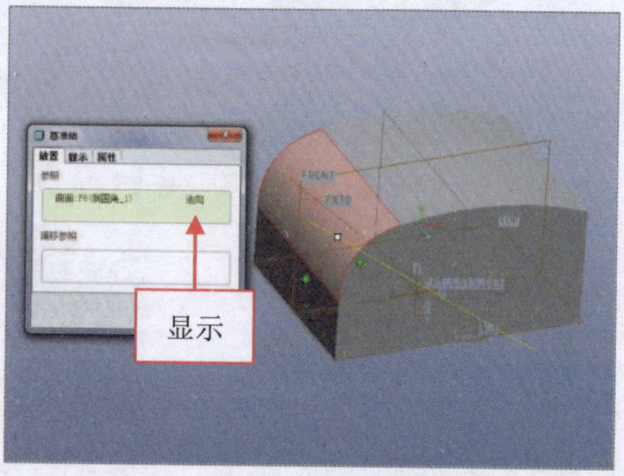

图 4-48 “参照”信息会显示为“法向”

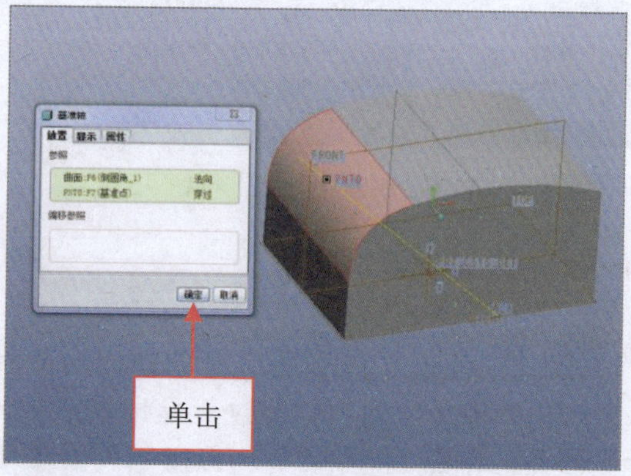

图 4-49 单击“确定”按钮

Step 03 如果绘图区中显示一条红色的线，就说明将非圆柱曲面作为参照创建基准轴成功了，如图 4-50 所示。

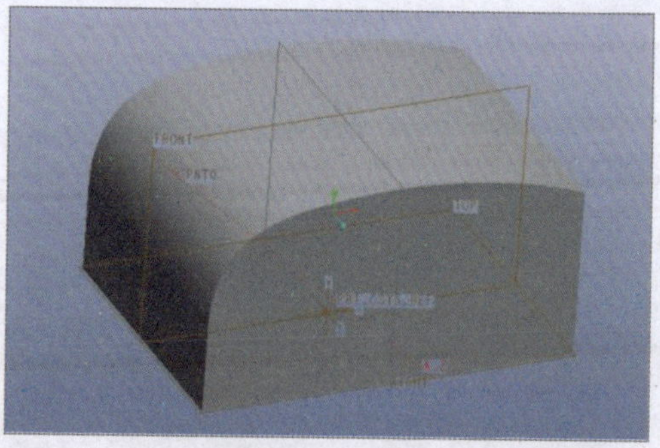

图 4-50 将非圆柱曲面作为参照创建基准轴成功

4.4.4 直边或基准曲线作为参照

直边或基准曲线作为参照

如果选用直边或直的基准曲线作为参照，对话框中的列表框中显示约束类型为“穿过”和“相切”。“穿过”是指基准轴与选取的参照直线重合；“相切”是指基准轴与参照直线相切，但实际上没意义。将直边或基准曲线作为参照，可以通过如下操作创建基准轴。

Step 01 打开素材文件，进入 Pro/E Wildfire 5.0 的工作界面，单击“轴”按钮，选中实体模型中的某条直边，将“基准轴”对话框“放置”选项卡中的“参照”信息设置为“穿过”，单击“确定”按钮，如图 4-51 所示。

Step 02 如果绘图区中显示一条红色的线，说明直边作为参照创建基准轴成功了，如图 4-52 所示。

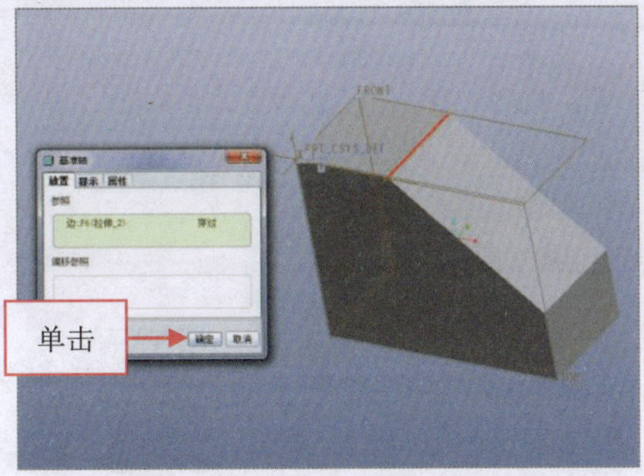

图 4-51　单击“确定”按钮

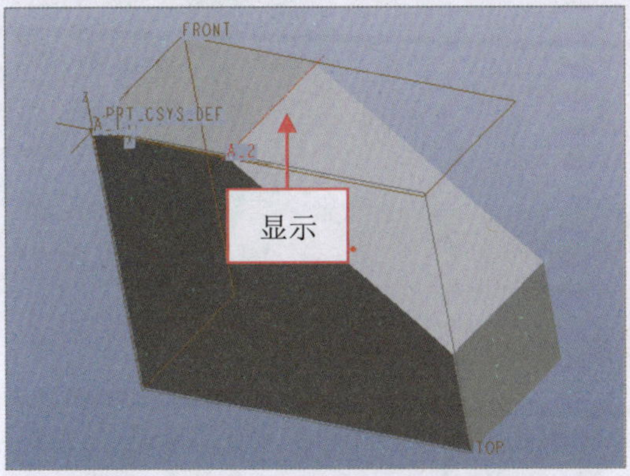

图 4-52　将直边作为参照创建基准轴成功

4.4.5　非直线作为参照

如果选择将非直线作为参照，则对话框中只会显示“相切”选项，创建的基准轴在参照曲线选取点处与该曲线相切。将非直线作为参照，可以通过如下操作创建基准轴。

非直线作为参照

Step 01 打开素材文件，进入 Pro/E Wildfire 5.0 的工作界面，单击“轴”按钮，选中实体模型中的某条非直线，“基准轴”对话框“放置”选项卡中的“参照”信息将显示为“相切”，如图 4-53 所示。

Step 02 选中刚选中的非直线的某个端点（如终点），其“参照”信息将显示为“穿过”，单击“确定”按钮，如图 4-54 所示。

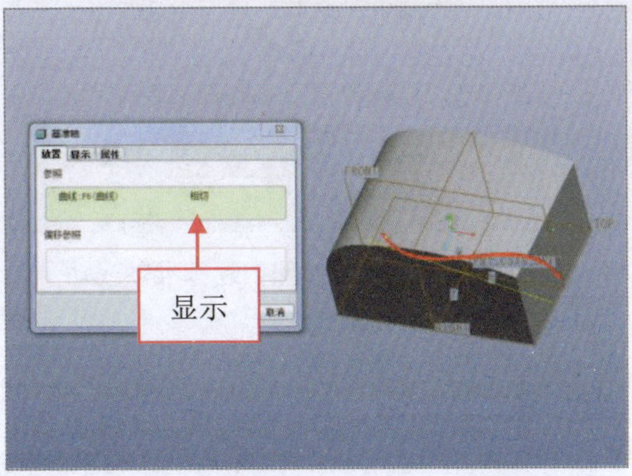

图 4-53　“参照”信息显示为“相切”

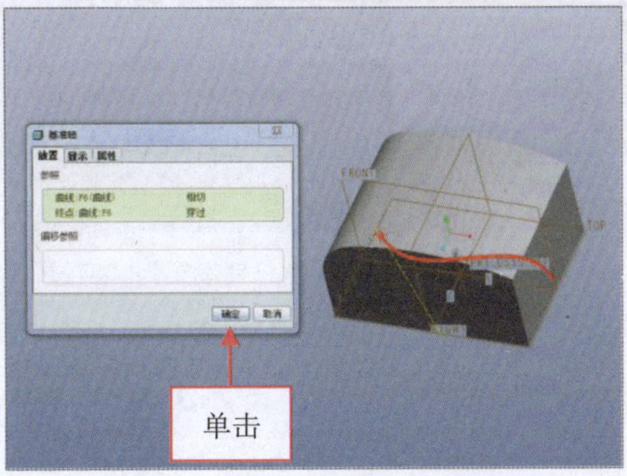

图 4-54　单击“确定”按钮

Step 03 如果绘图区中显示一条红色的线，就说明将非直边作为参照创建基准轴成功了，如图 4-55 所示。

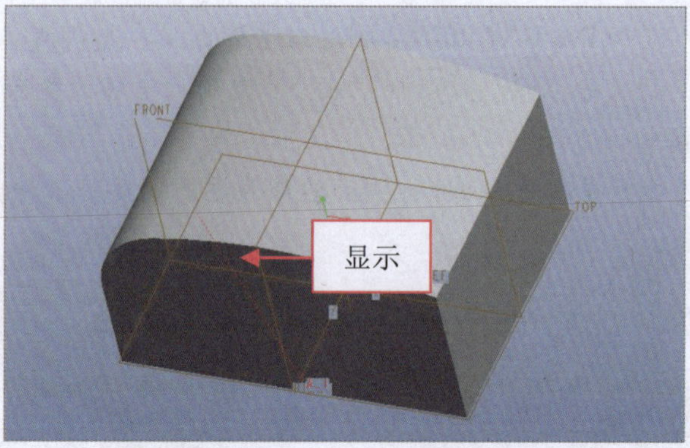

图 4-55　将非直边作为参照创建基准轴成功

4.4.6　点作为参照

如果将实体模型的顶点或基准点作为参照，对话框中只会显示“穿过”选项，创建的基准轴将通过参照点。将点作为参照，可以通过如下操作创建基准轴。

点作为参照

Step 01 打开素材文件，进入 Pro/E Wildfire 5.0 的工作界面，单击“轴”按钮 ，选中实体模型中的两个点，将“基准轴”对话框“放置”选项卡中的“参照”信息都设置为“穿过”，如图 4-56 所示。

Step 02 单击“确定”按钮，如果绘图区中显示 1 条红色的线，就说明将点作为参照创建基准轴成功了，如图 4-57 所示。

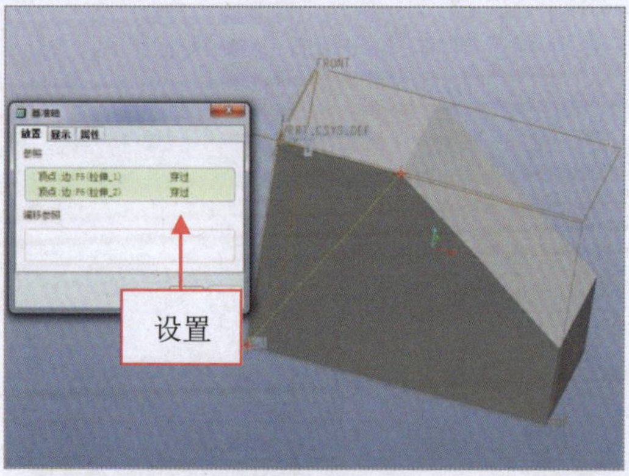

图 4-56　将“参照”信息都设置为“穿过”

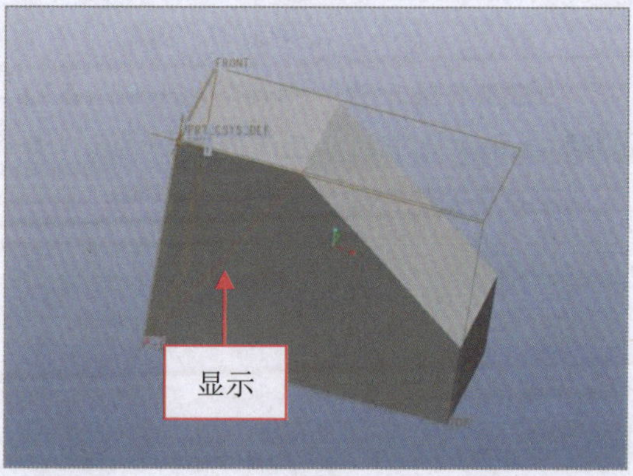

图 4-57　将点作为参照创建基准轴成功

4.5　创建基准点

基准点是用作模型特征的参照基准，通过基准点可以创建空间曲线。另外，基准点还可以用作计算和模型分析的已知参考点，其在“模型树”窗口和模型中显示为 PNT0、PNT1、PNT2 等。基准点可以分为三类，即基准点、偏移坐标系基准点和域基准点，这一节将分别进行说明。

基准点

4.5.1　基准点

一般基准点是利用约束条件来进行创建的。如果将平面或曲面作为参照，需要与其他约束条件配合才能完成特征的创建，此时，“基准点”对话框中会显示“在其上”和“偏移”选项。“在其上”是指基准点在参照平面或曲面上；“偏移”是指基准点沿着参照平面或曲面的法线方向偏移指定距离。具体来说，创建“在其上”约束条件的基准点，操作步骤如下。

Step 01 打开素材文件，进入 Pro/E Wildfire 5.0 的工作界面，单击“点”按钮，如图 4-58 所示。

Step 02 选中实体模型中的某个平面，如图 4-59 所示，为基准点设置参照平面。

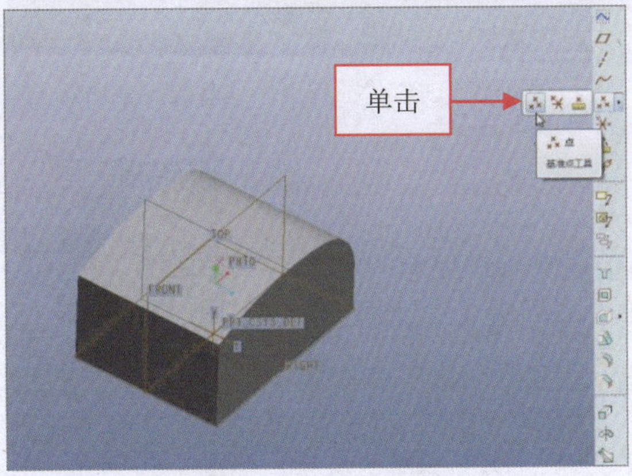

图 4-58　单击“点”按钮

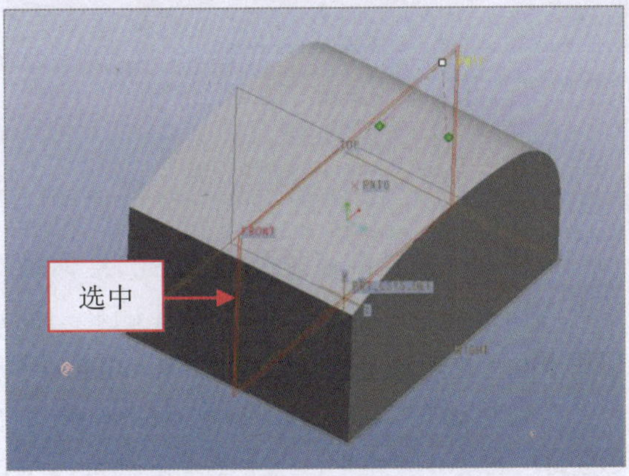

图 4-59　选中实体模型中的某个平面

Step 03 在弹出的“基准点”对话框中，将“放置”选项卡中对应的参照信息设置为“在其上”，如图 4-60 所示。

Step 04 选中实体模型中的某条边，如图 4-61 所示，为基准点增加参照信息。

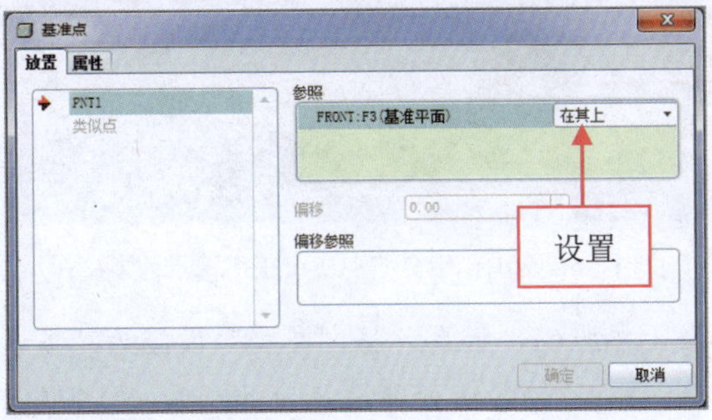

图 4-60　将参照信息设置为“在其上”

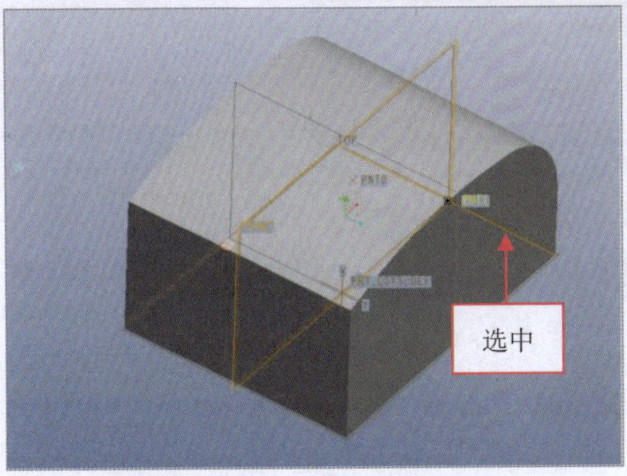

图 4-61　选中实体模型中的某条边

Step 05 在弹出的“基准点”对话框中，将“放置”选项卡中对应边的参照信息设置为“在其上”，单击“确定”按钮，如图 4-62 所示。

Step 06 如果绘图区中显示一个红色的点，就说明创建“在其上”的基准点成功了，如图 4-63 所示。

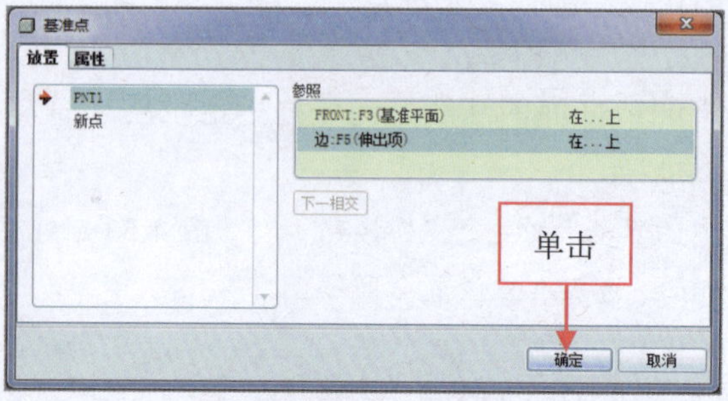

图 4-62　单击“确定”按钮

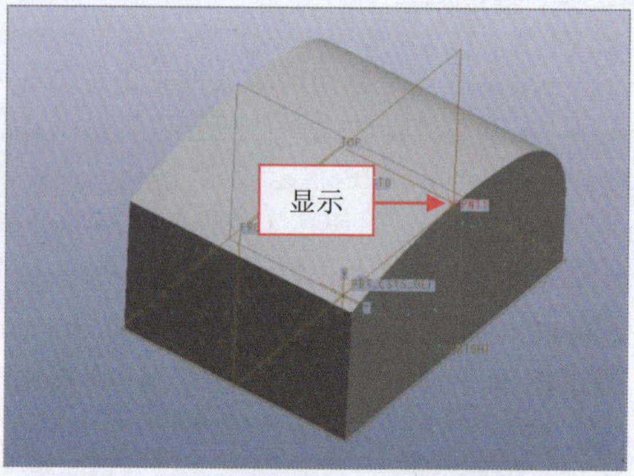

图 4-63　创建“在其上”的基准点成功

4.5.2　偏移坐标系基准点

偏移坐标系基准点是利用选定的坐标系（包括笛卡尔坐标系、球坐标系或柱坐标系）来定位的，其创建偏移坐标系基准点的操作步骤如下。

偏移坐标系基准点

Step 01 打开素材文件，进入 Pro/E Wildfire 5.0 的工作界面，单击“偏移坐标系”按钮，如图 4-64 所示。

Step 02 在实体模型中，选中参考坐标系，如 PRT_CSYS_DEF 基准坐标系，如图 4-65 所示，为基准点设置参照坐标系。

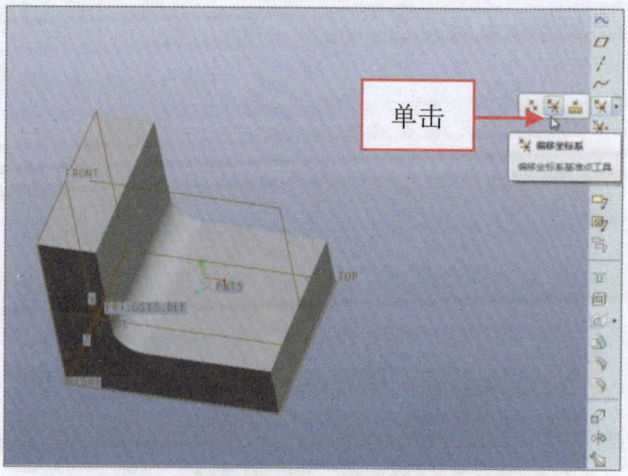

图 4-64　单击“偏移坐标系”按钮

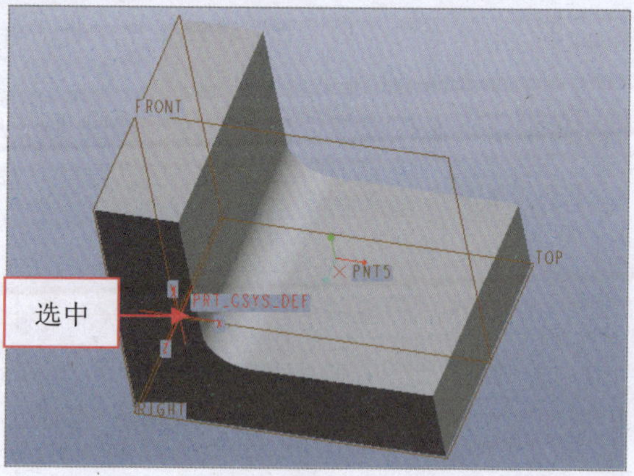

图 4-65　选中 PRT_CSYS_DEF 基准坐标系

Step 03 弹出的“偏移坐标系基准点”对话框中会显示参照的坐标系，将“类型”设置为“笛卡尔”，输入要创建的基准点的坐标，如将 X、Y、Z 轴的值分别设置为 50.00、－100.00、100.00，单击“确定”按钮，如图 4-66 所示。

Step 04 如果绘图区中显示一个红色的点，就说明创建偏移坐标系基准点成功了，如图 4-67 所示。

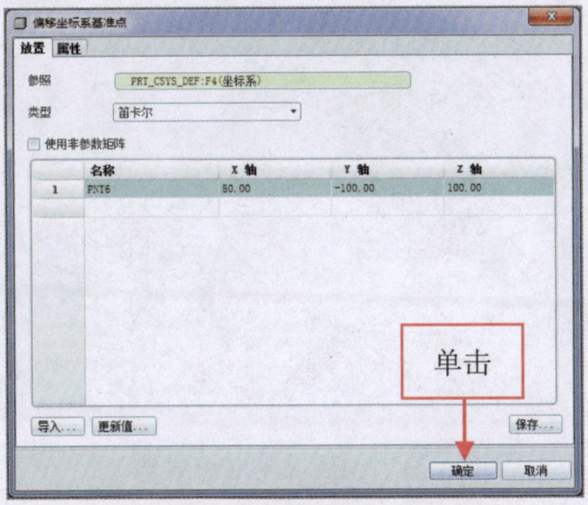

图 4-66　单击“确定”按钮

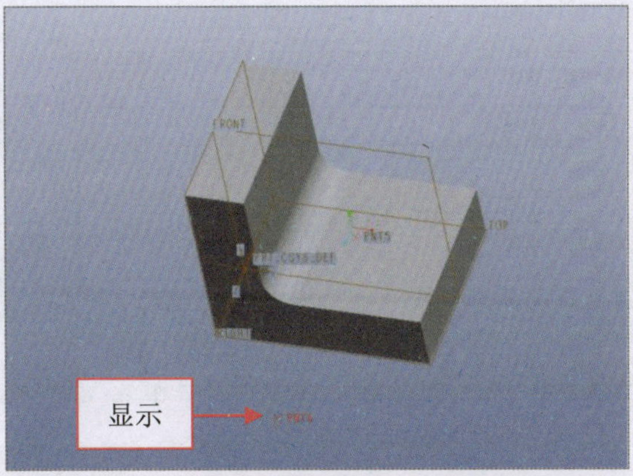

图 4-67　创建偏移坐标系基准点成功

▶ 专家指点

如果不想使基准点具备参数化效应，可将它们进行非参数化处理，使它们只保留创建位置而不保留可修改参数的尺寸。具体来说，基准点的定位尺寸输入完成后，选中“使用非参数矩阵”复选框，待基准点创建成功后，双击基准点将不再显示尺寸参数。

4.5.3　域基准点

域基准点

域基准点是与用户定义的分析（UDA）一起使用的一类基准点，但不要把域基准点作为建模的参照。域基准点的标识用在不同的场合会有不同的名称表示，用在零件中其名称表示为 FPNT#，而用在组件中的名称则为 AFPNT#。创建域基准点的基本操作步骤如下。

Step 01 打开素材文件，进入 Pro/E Wildfire 5.0 的工作界面，单击“域”按钮，如图 4-68 所示。

Step 02 在实体模型中，选中要作为参照的边或平面，如图 4-69 所示。

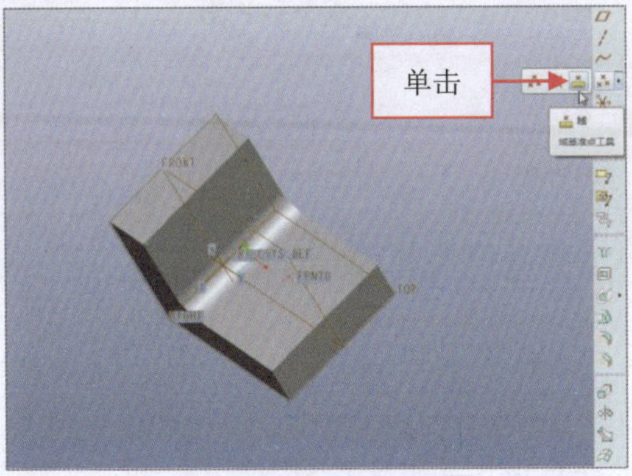

图 4-68　单击“域”按钮

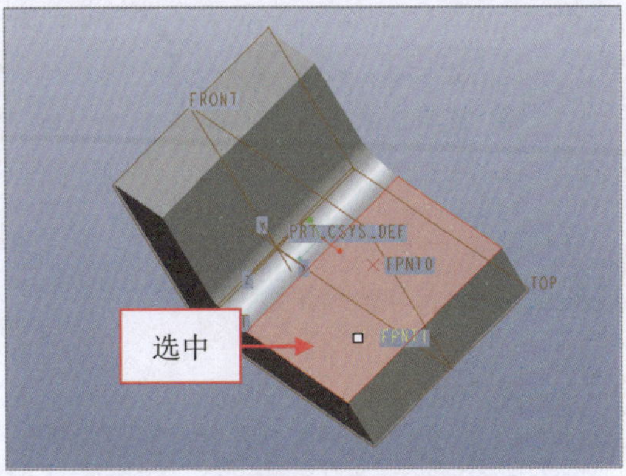

图 4-69　选中要作为参照的边或平面

Step 03 弹出的“域基准点”对话框的“放置”选项卡中将显示相关的参照信息，单击“确定”按钮，如图 4-70 所示。

Step 04 如果绘图区中显示一个红色的点，就说明创建域基准点成功了，如图 4-71 所示。

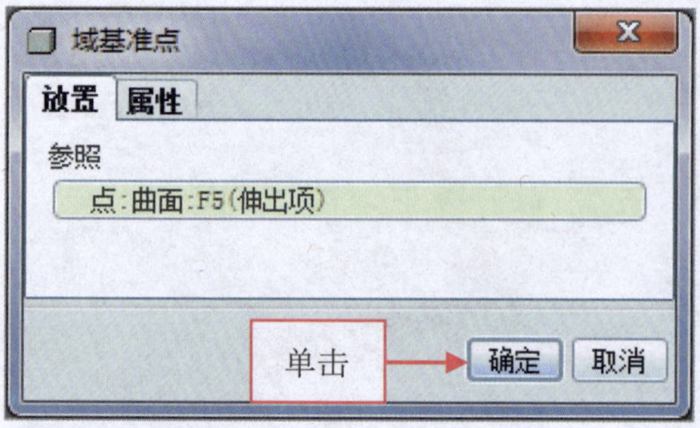

图 4-70　单击“确定”按钮

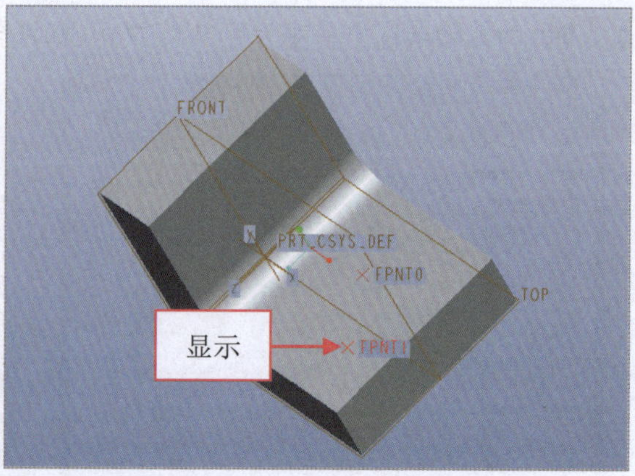

图 4-71　创建域基准点成功

4.6　创建基准坐标系

中文版 Pro/E Wildfire 5.0 系统中的基准坐标系没有大小、体积和质量，但有方向。基准坐标系以坐标轴 X、Y、Z 表示，可用它代表笛卡尔坐标、柱坐标和球坐标，并在原点处表示出坐标系的名称 CS0、CS1、CS2 等，各种坐标含义，如图 4-72 所示。坐标系的创建方式与几何坐标系基本相同，同样需要指定原点的位置、坐标轴的名称和方向。

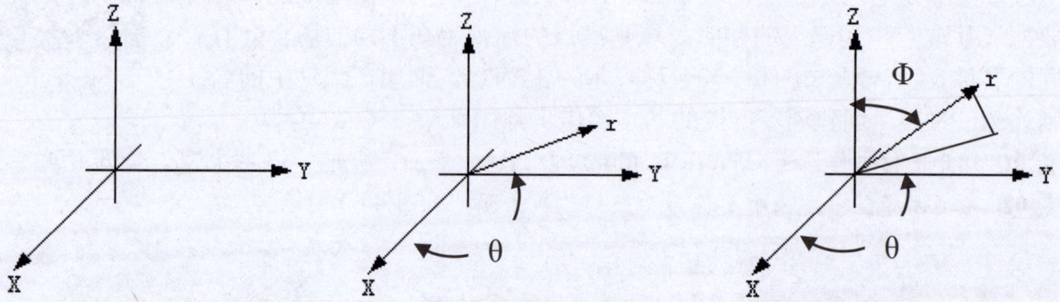

（a）笛卡尔坐标　（b）柱坐标　（c）球坐标

图 4-72　坐标系类型

创建基准坐标系常用的三种方法为：将三个平面、两条不平行的直线和坐标系作为参照来进行创建。

三个平面作为参照

4.6.1　三个平面作为参照

选取三个有公共点的平面作为参照，平面的交点将作为坐标系的原点，并按照默认规则显示坐标系。坐标系的第一根轴垂直于第一参照；第二根轴通过原点并平行于第一参照；第三根轴通过原点并垂直于其他两轴所在的平面，如果坐标轴的标识或方向不符合要求，则可以单击对话框中的“定向”选项卡，然后进行调整。具体来说，将三个平面作为参照，创建基准坐标系的操作步骤如下。

Step 01 打开素材文件，进入 Pro/E Wildfire 5.0 的工作界面，单击“坐标系”按钮，如图 4-73 所示。

Step 02 在实体模型中，选中要作为参照的三个平面，如图 4-74 所示。

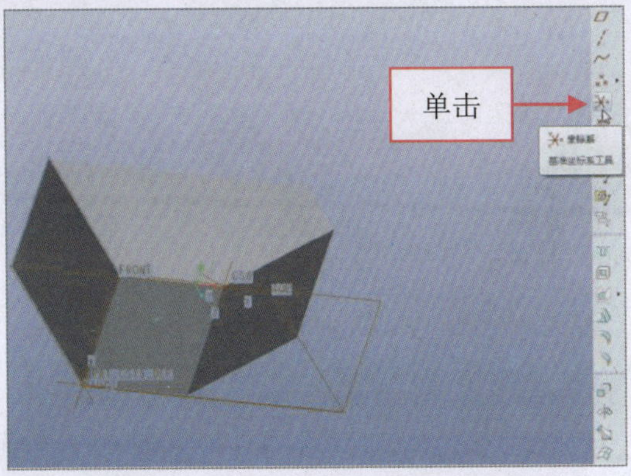

图 4-73　单击“坐标系”按钮

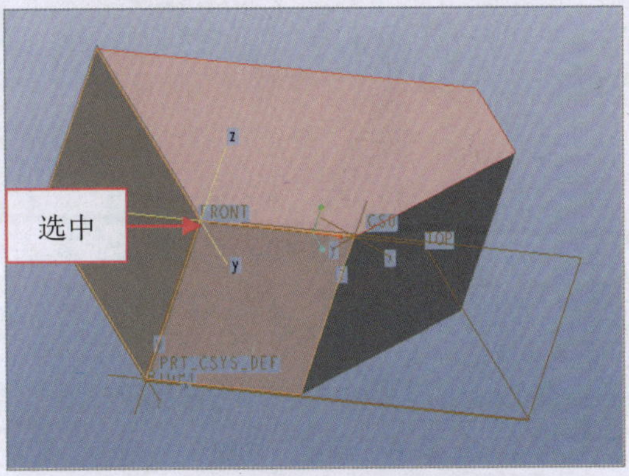

图 4-74　选中要作为参照的三个平面

Step 03 弹出的“坐标系”对话框的“原点”选项卡中将显示相关的参照信息，单击“确定”按钮，如图 4-75 所示。

Step 04 如果绘图区中显示一个红色的坐标系，就说明将三个平面作为参照创建基准坐标系成功了，如图 4-76 所示。

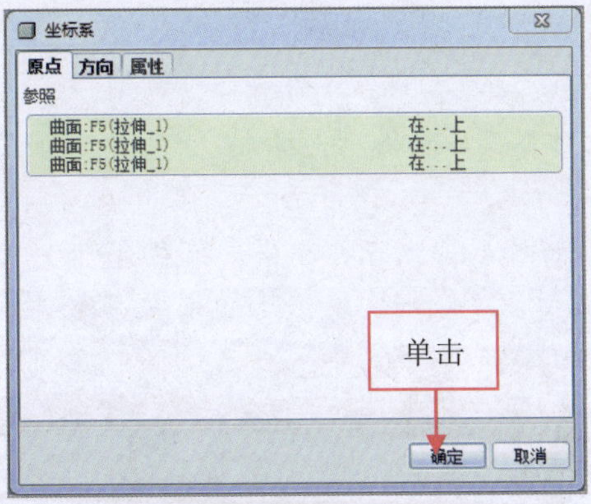

图 4-75　单击“确定”按钮

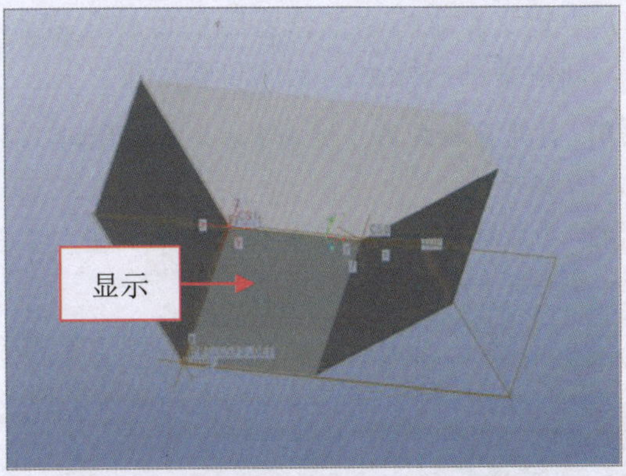

图 4-76　将三个平面作为参照创建基准坐标系成功

4.6.2　两条不平行的直线作为参照

分别选取不平行的模型边界或直的基准曲线作为参照，如果所选取的参照为不平行的直线，系统会将两条直线的交点作为原点。具体来说，将两条不平行的直线作为参照，创建基准坐标系的操作步骤如下。

两条不平行的直线作为参照

Step 01 打开素材文件，进入 Pro/E Wildfire 5.0 的工作界面，单击“坐标系”按钮，在实体模型中，选中要作为参照的两条不平行的直线，弹出的“坐标系”对话框的“原点”选项卡中将显示相关的参照信息，单击“确定”按钮，如图 4-77 所示。

Step 02 如果绘图区中显示一个红色的坐标系，就说明将两条不平行的直线作为参照创建基准坐标系成功了，如图 4-78 所示。

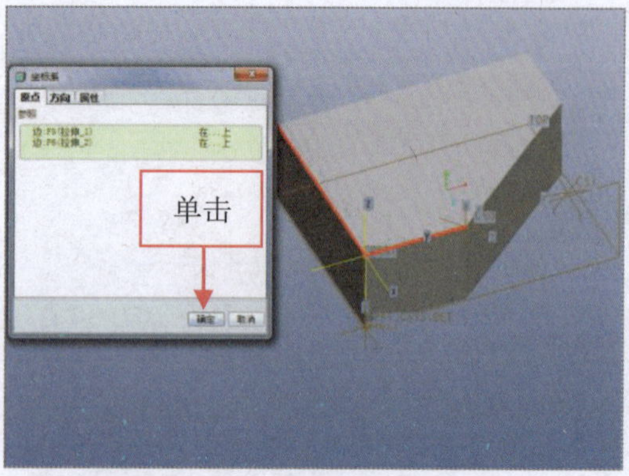

图 4-77　单击“确定”按钮

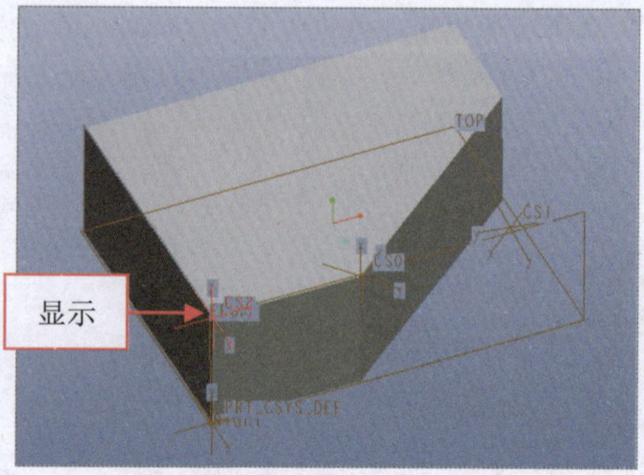

图 4-78　将两条不平行的直线作为参照创建基准坐标系成功

4.6.3　坐标系作为参照

坐标系作为参照

以实体模型已有的坐标系为参照，通过平移、旋转或平移和旋转创建新的坐标系。选取参照坐标系后，在对话框中的“原始”选项卡中定义新坐标系偏移参照的偏距，如果需要旋转，则可单击“定向”选项卡并在其中定义新坐标系偏移参照的旋转角度。具体来说，将坐标系作为参照，创建基准坐标系的操作步骤如下。

Step 01 打开素材文件，进入 Pro/E Wildfire 5.0 的工作界面，单击“坐标系”按钮，如图 4-79 所示。

Step 02 将鼠标光标移动至要作为参照的坐标系上，如图 4-80 所示，单击鼠标左键。

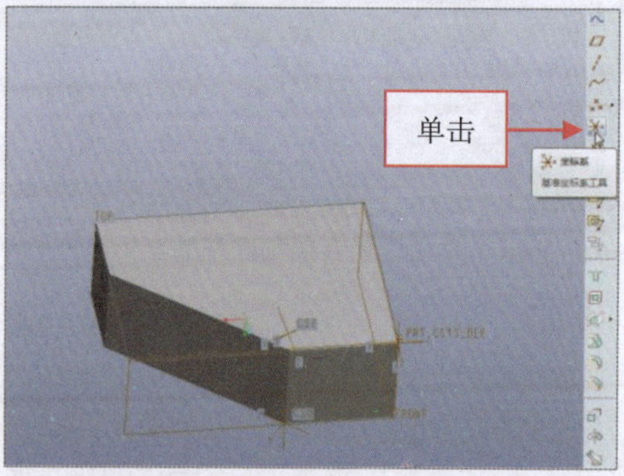

图 4-79　单击“坐标系”按钮

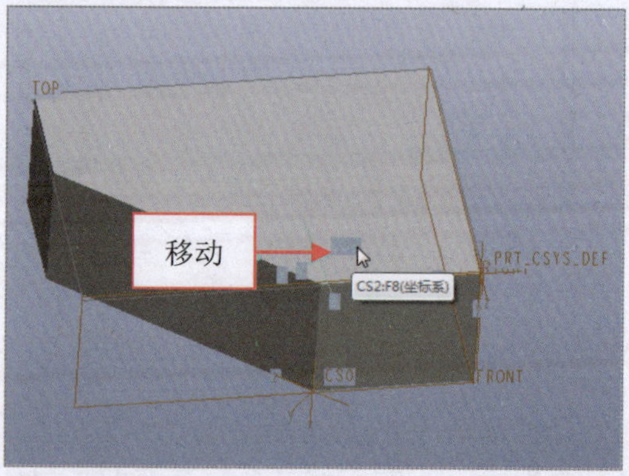

图 4-80　将鼠标光标移动至要作为参照的坐标系上

Step 03 弹出的“坐标系”对话框“原点”选项卡中将显示相关的参照信息，设置偏移的类型，输入要创建的基准坐标系各坐标轴的偏移数值，如将 X、Y、Z 轴的偏移值都设置为 10.00，单击“确定”按钮，如图 4-81 所示。

Step 04 如果绘图区中显示一个红色的坐标系，就说明将坐标系为参照创建基准坐标系成功了，如图 4-82 所示。

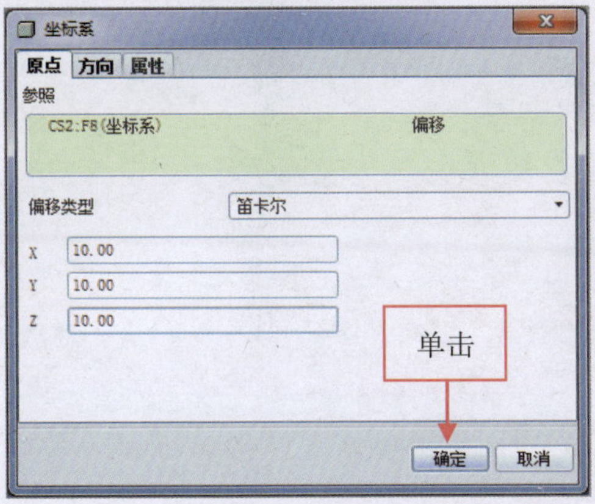

图 4-81　单击“确定”按钮

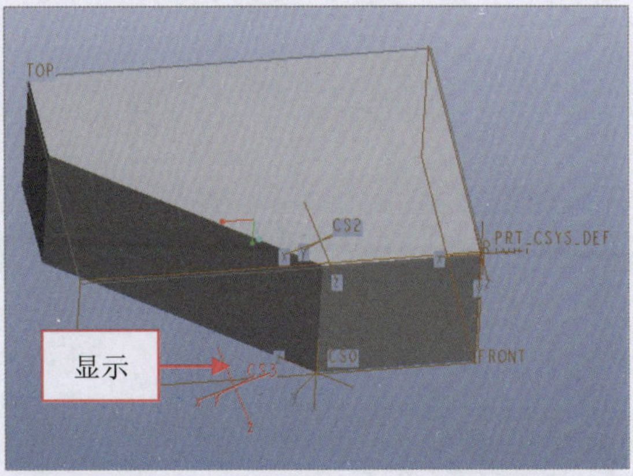

图 4-82　将坐标系作为参照创建基准坐标系成功

本章小结

本章主要向读者介绍了 Pro/E Wildfire 5.0 基准特征创建的相关知识，帮助读者了解基准特征的基础知识和实用技巧，如基准平面、基准曲线、基准轴、基准点和基准坐标系的创建等。希望读者通过对本章的学习，能够熟练在 Pro/E Wildfire 5.0 中创建出所需的基准特征。

课后习题

课后习题

鉴于本章知识的重要性，为了帮助读者更好地掌握所学知识，本节将通过上机习题，帮助读者进行简单的知识回顾和补充。

本习题需要掌握在 Pro/E Wildfire 5.0 中创建基准轴的方法。用户可以将素材中的两个点（即点 FPNT0 和 FPNT1）作为参照，创建一条基准轴，效果如图 4-83 所示。

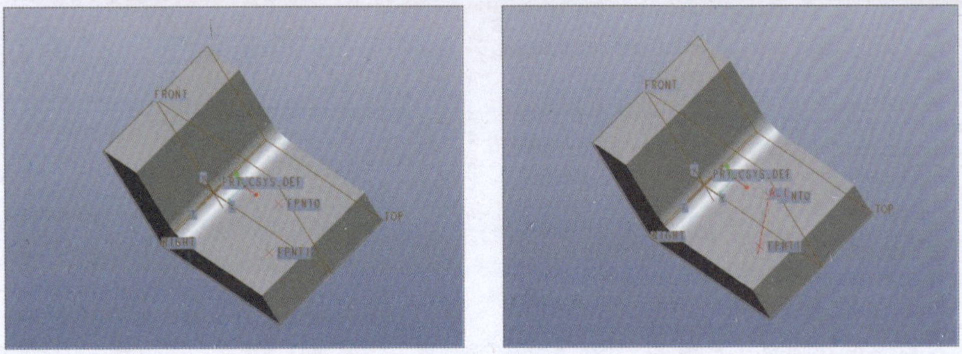

(a)　(b)

图 4-83　将素材中的两个点作为参照创建一条基准轴的效果

第 5 章 工程特征的创建

工程特征是在已存在的特征上创建如孔、壳、筋、拔模、倒圆角、倒角等特征，只有当文件存在着模型特征时，才可能在模型特征的基础上创建出工程特征。创建工程特征时，选取特征的类型和放置位置并赋予必要的尺寸参数，系统就会自动完成特征的创建。本章主要介绍工程特征的用途及创建过程。

本章重点

- 孔特征
- 壳特征
- 筋特征
- 拔模特征
- 倒圆角特征
- 边角特征

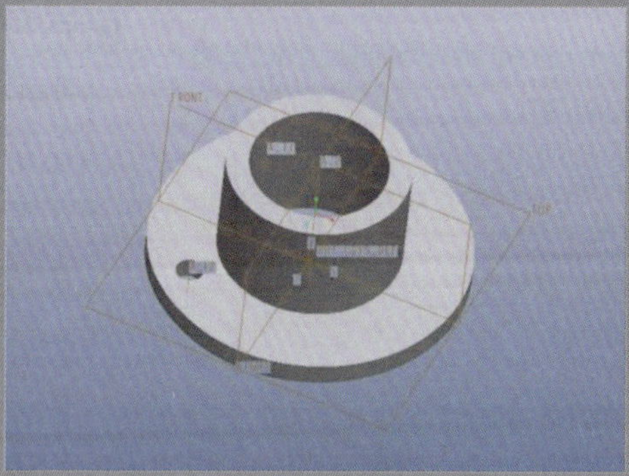

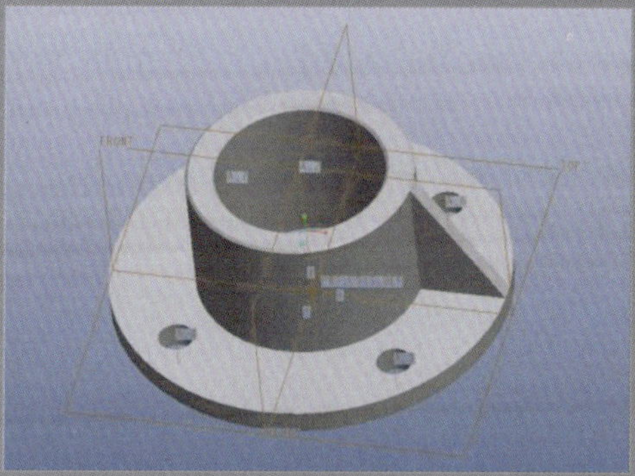

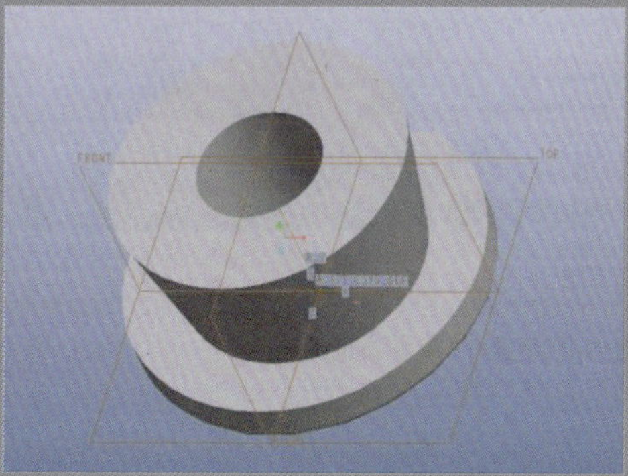

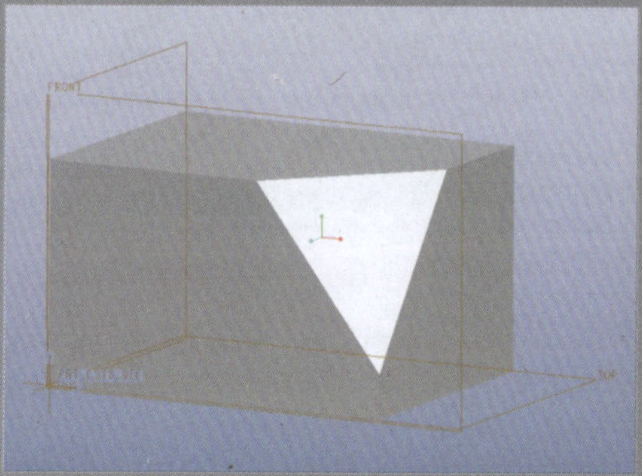

5.1　孔特征

单击“工程特征”工具栏中的“孔工具”按钮，可以在实体模型中创建简单孔和标准孔。这两类孔特征的含义如下。

- **简单孔**：生成的孔在孔的长度上直径不变（钻孔）。
- **标准孔**：是通过紧固件表定义的。

创建孔特征需要定义放置参照，放置的孔参照可以分为放置参照和偏移参照两种。选择的放置参照用来在模型中放置孔，可以通过在孔预览几何特征中拖动主控制图柄，或将主放置控制图柄捕捉到某个参照上来重新定义孔。

偏移参照是用来约束孔相对于所选参照的位置，所选的参照可以是轮廓边、基准平面、轴、点或曲面。在设计过程中，常用的方法是通过拖动偏移放置控制图柄来捕捉到偏移参照。当选择次参照时，偏移参照的尺寸值便出现在图形窗口中。

在定义偏移参照时，需要注意以下三点。

- 不能将两条边作为一个偏移参照使用。
- 不能选择与放置参照垂直的边。
- 虽然创建同轴孔需要设置偏移参照，但系统不提供偏移参照放置控制柄，对此，只需激活偏移参照收集器并选择参照即可。

本节将讲述上述两类孔特征的创建方法，帮助用户熟练创建出符合自身需求的孔特征。

5.1.1　创建简单孔

创建简单孔不需要草绘，只需通过单击“插入”|“孔”命令，在弹出的孔操作面板中进行操作即可。缺省情况下，创建的简单孔是单侧孔。但可以使用“形状”上滑面板来创建双侧简单直孔。在孔操作面板中，单击“放置”按钮，选择放置孔的主参照后，可以定义孔的放置类型以确定孔的放置方式。下面将讲述各种孔放置类型的操作技巧。

1．线性放置

线性放置

“线性”是使用两个特征平面或两条特征边线放置孔，平面必须垂直于孔的放置平面。如果选择平面、基准平面、圆柱或圆锥实体曲面作为主放置参照，此时可以使用“线性”放置类型，当选择的是曲面或基准平面作为主放置参照，此时系统缺省设置为“线性”放置类型，具体操作步骤如下。

Step 01 打开素材文件，进入 Pro/E Wildfire 5.0 的工作界面，单击“孔”按钮，如图 5-1 所示，会弹出孔操作面板。

Step 02 选中实体模型的某个面，将其作为放置孔的主参照，所选的平面会变成红色，如图 5-2 所示。

Step 03 单击“放置”按钮，会弹出“放置”面板，在该面板中设置放置的类型，在“偏移参照”收集器中单击鼠标左键，如图 5-3 所示，激活“偏移参照”。

Step 04 按住【Ctrl】键并选中实体模型的两个平面作为偏移参照，如图 5-4 所示。

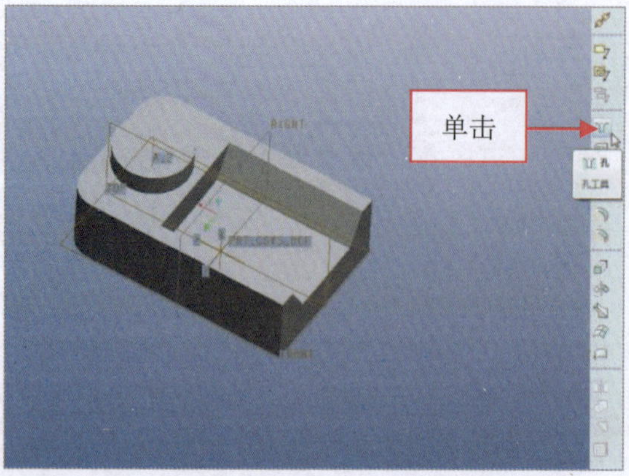

图 5-1　单击“孔”按钮

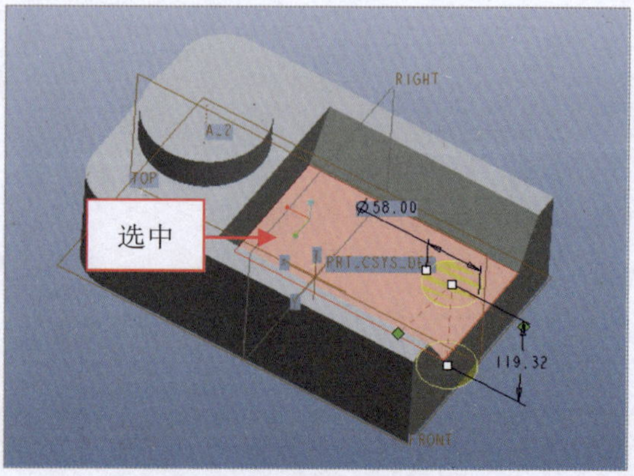

图 5-2　所选平面变成红色

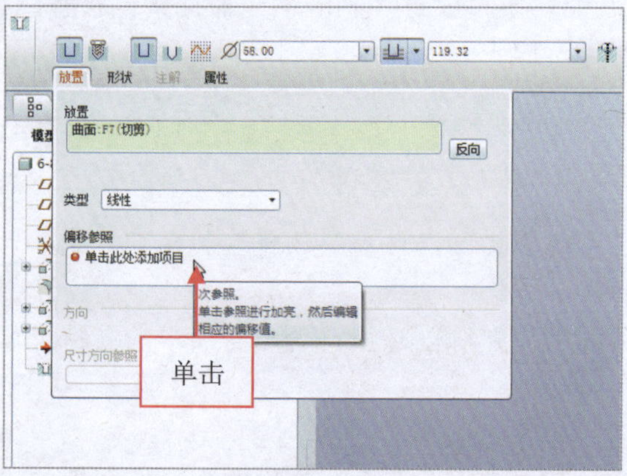

图 5-3　在“偏移参照”收集器中单击鼠标左键

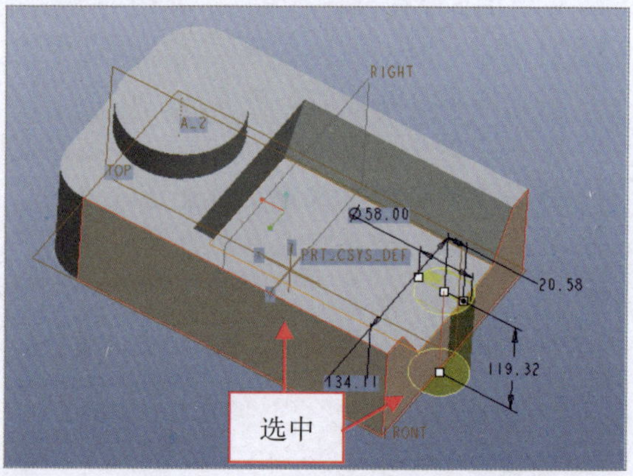

图 5-4　选中实体模型的两个平面作为偏移参照

Step 05 “偏移参照”收集器中会显示所选平面的偏移设置信息，输入修改的偏移值，设置“孔直径”为 50.00，单击“从放置参照以指定的深度值钻孔”按钮右侧的按钮，如图 5-5 所示。

Step 06 在弹出的列表框中，选择对应的钻孔方式，如图 5-6 所示。

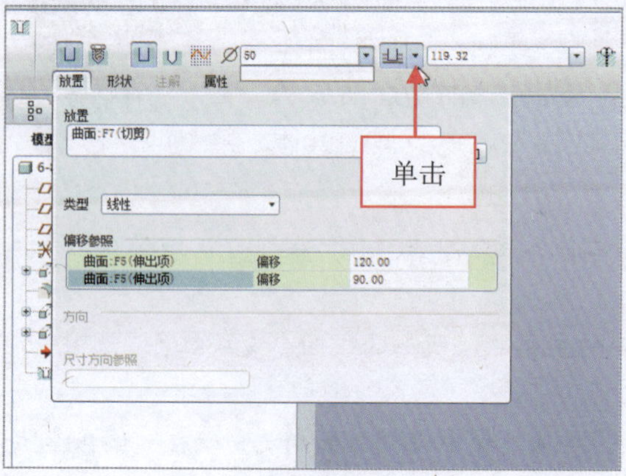

图 5-5　单击右侧的按钮

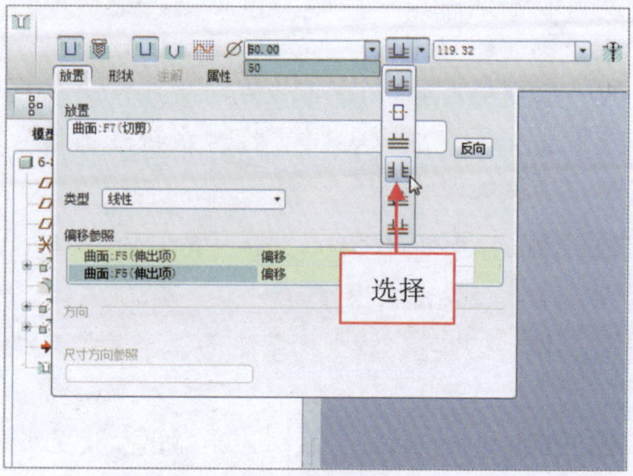

图 5-6　选择对应的钻孔方式

Step 07 单击孔操作面板右侧的按钮，如图 5-7 所示。

Step 08 如果实体模型的对应位置显示一个孔，就说明通过“线性”放置创建孔特征成功了，如图 5-8 所示。

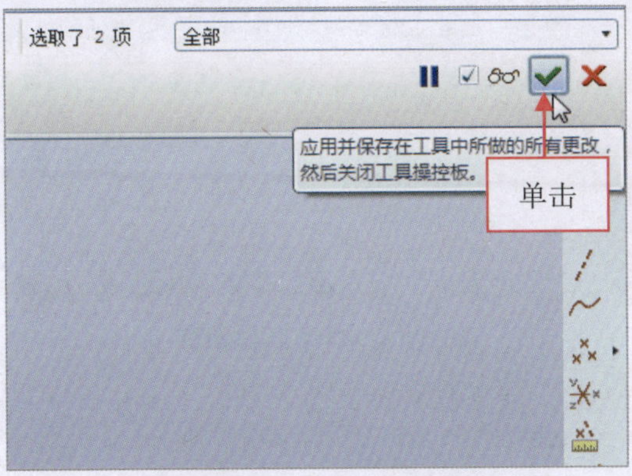

图 5-7　单击孔操作面板右侧的按钮

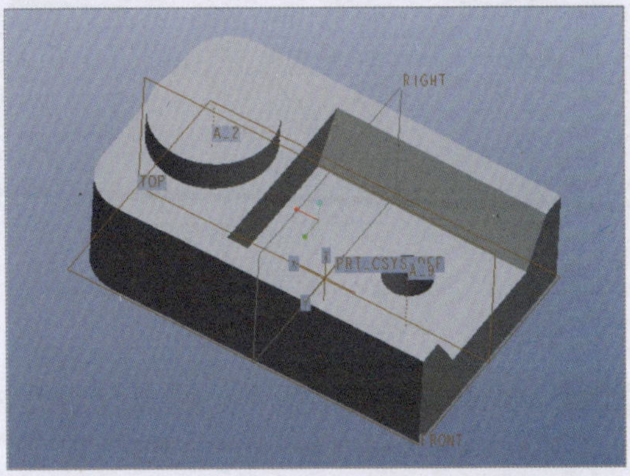

图 5-8　通过“线性”放置创建孔特征成功

2．径向放置

“径向”是按照与轴线的距离和同参照平面的夹角来定位孔的，可以选择平面、基准平面、圆柱或圆锥实体曲面作为主参照。这种放置方式通常用于旋转阵列，如环形排列的螺钉孔。通过“径向”放置创建孔特征的具体操作步骤如下。

径向放置

Step 01 打开素材文件，进入 Pro/E Wildfire 5.0 的工作界面，单击“孔”按钮，如图 5-9 所示，会弹出孔操作面板。

Step 02 选中实体模型上表面作为放置孔的主参照，所选的平面会变成红色，如图 5-10 所示。

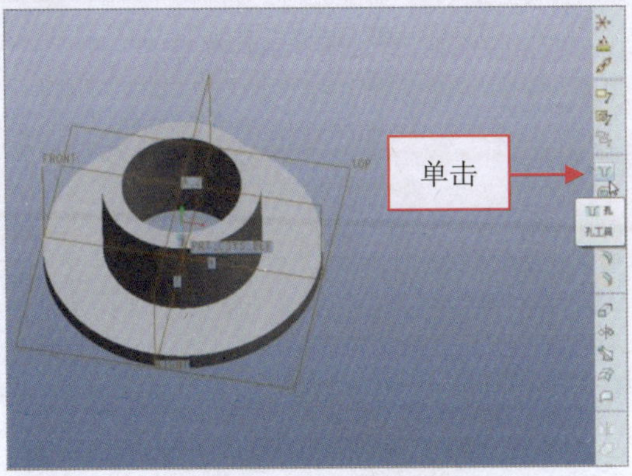

图 5-9　单击“孔”按钮

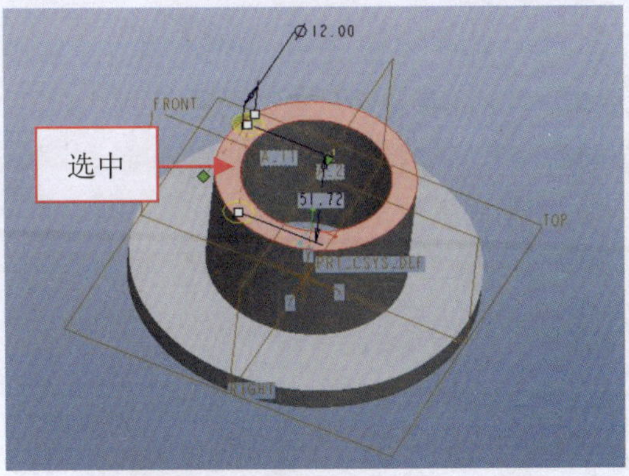

图 5-10　所选平面变成红色

Step 03 单击“放置”按钮，会弹出“放置”面板，单击“类型”右侧的“线性”按钮会弹出一个列表框，选择列表框中的“径向”选项，如图 5-11 所示。

Step 04 在“偏移参照”收集器中，单击鼠标左键，如图 5-12 所示，激活“偏移参照”。

Step 05 按住【Ctrl】键选中旋转中心轴 A_2 和 FRONT 基准平面作为“偏移参照”，如图 5-13 所示。

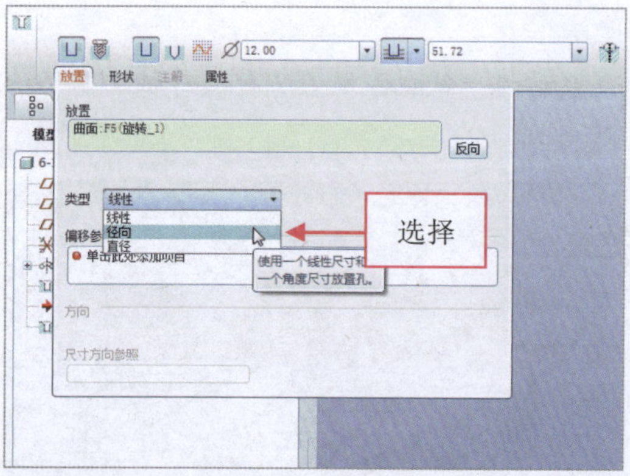

图 5-11　选择“径向”选项

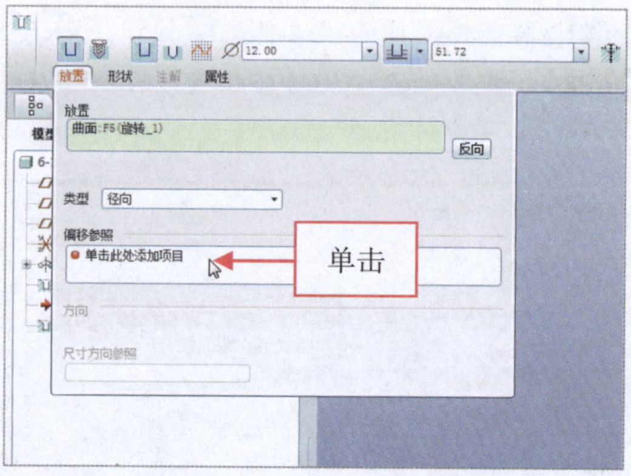

图 5-12　单击鼠标左键

Step 06 输入修改的偏移值，设置“孔直径”为 12.00，设置钻孔方式为“钻孔至与所有曲面相交”，如图 5-14 所示。

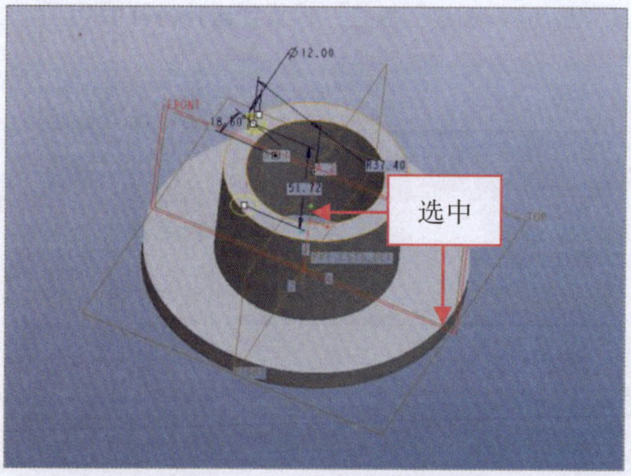

图 5-13　选择“偏移参照”

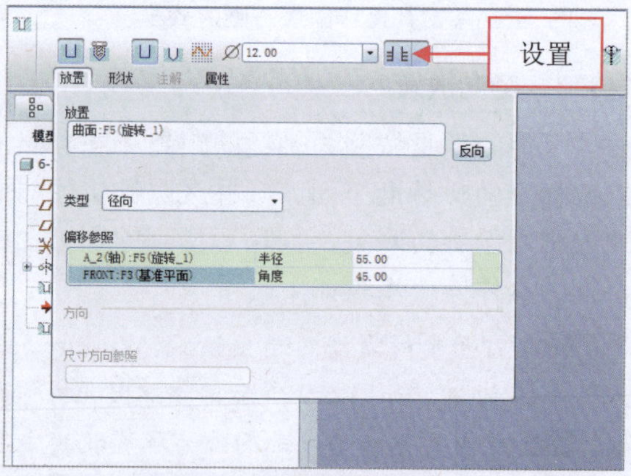

图 5-14　设置钻孔方式

Step 07 单击孔操作面板右侧的按钮，如图 5-15 所示。

Step 08 如果实体模型的对应位置显示一个孔，就说明通过“径向”放置创建孔特征成功了，如图 5-16 所示。

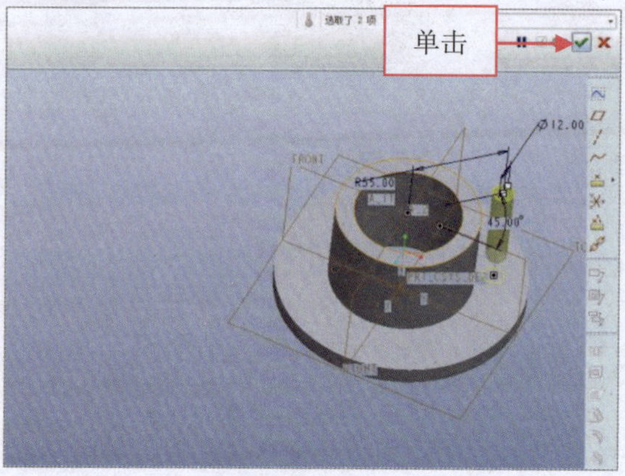

图 5-15　单击孔操作面板右侧的按钮

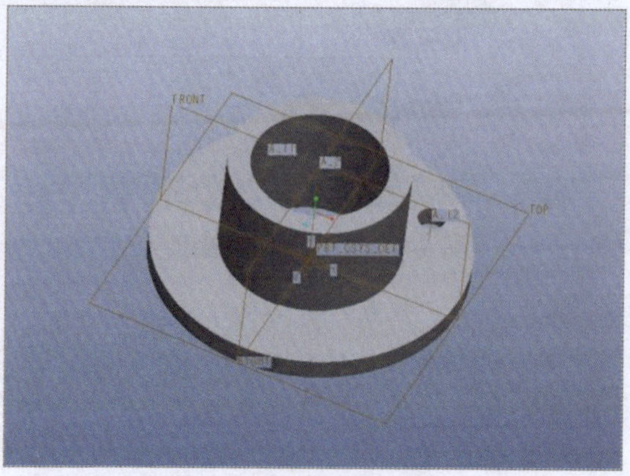

图 5-16　通过“径向”放置创建孔特征成功

3．直径放置

直径放置

“直径”放置与“径向”放置相似，都需要选择一个参照轴线，并使用线性和角度尺寸来创建孔。其中，孔特征轴与参照轴之间的距离是以直径形式来标注的，以选择基准平面、平面或实体曲面作为主放置参照。通过“直径”放置创建孔特征的具体操作步骤如下。

Step 01 打开素材文件，进入 Pro/E Wildfire 5.0 的工作界面，单击“孔”按钮，如图 5-17 所示，会弹出孔操作面板。

Step 02 选中实体模型上圆孔的曲面作为放置孔的主参照，所选平面会变成红色，如图 5-18 所示。

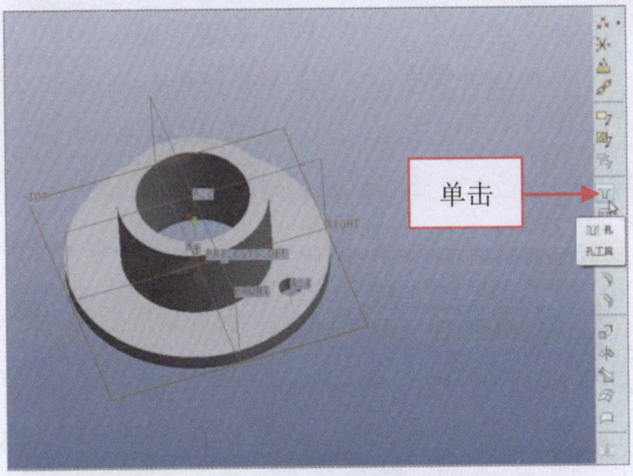

图 5-17　单击“孔”按钮

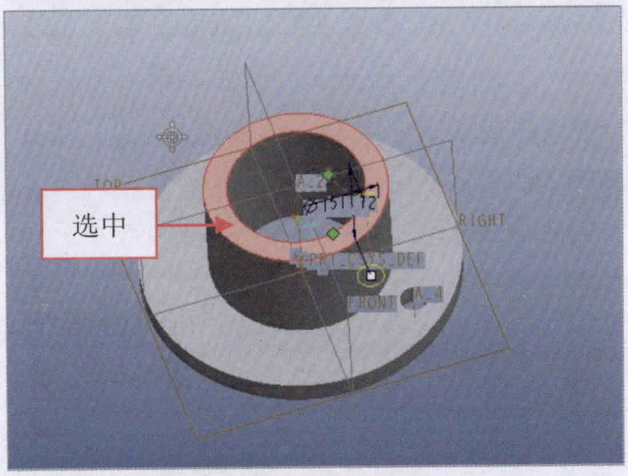

图 5-18　所选平面变成红色

Step 03 单击“放置”按钮，会弹出“放置”面板，单击“类型”右侧的“线性”按钮会弹出一个列表框，选择列表框中的“直径”选项，如图 5-19 所示。

Step 04 在“偏移参照”收集器中，单击鼠标左键，如图 5-20 所示，激活“偏移参照”。

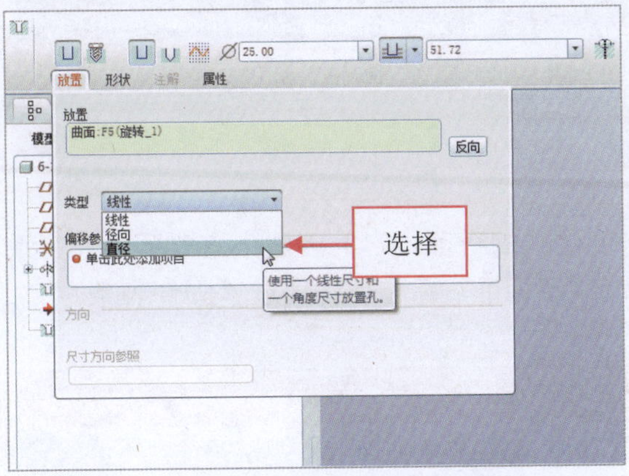

图 5-19　选择“直径”选项

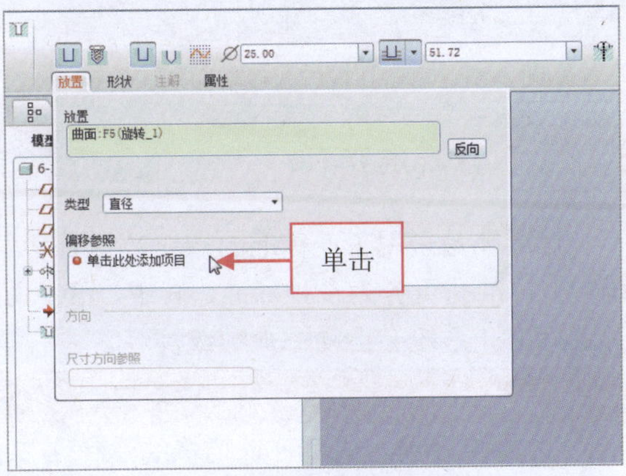

图 5-20　单击鼠标左键

Step 05 按住【Ctrl】键，选中旋转中心轴 A_2 和 FRONT 基准平面作为“偏移参照”，如图 5-21 所示。

Step 06 输入修改的偏移值，设置“孔直径”为 25.00，设置钻孔方式为“钻孔至与所有曲面相交”，如图 5-22 所示。

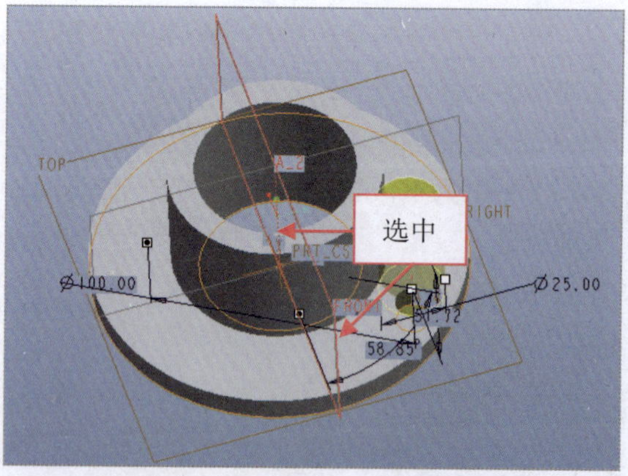

图 5-21　选择“偏移参照”

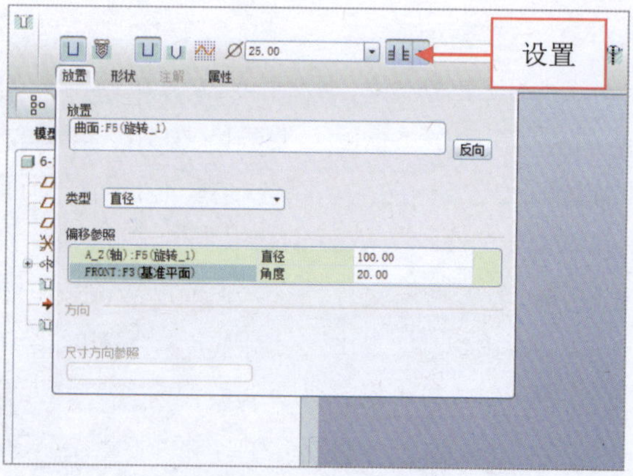

图 5-22　设置钻孔方式

Step 07　单击孔操作面板右侧的✔按钮，如图 5-23 所示。

Step 08　如果实体模型的对应位置显示一个孔，就说明通过“直径”放置创建孔特征成功了，如图 5-24 所示。

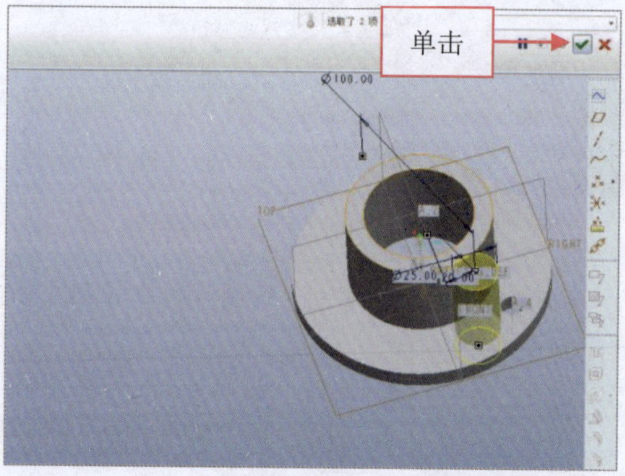

图 5-23　单击孔操作面板右侧的✔按钮

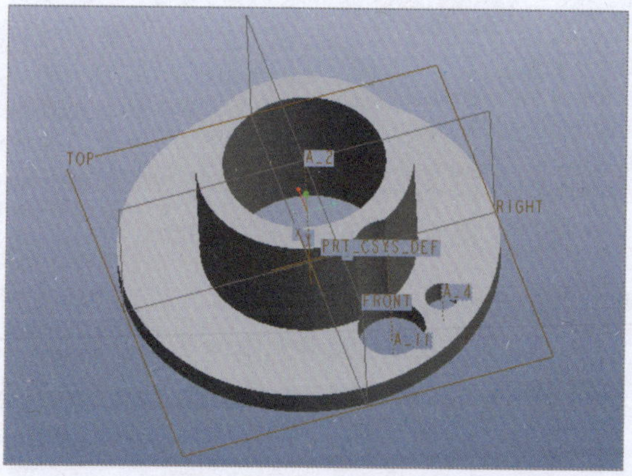

图 5-24　通过“直径”放置创建孔特征成功

5.1.2　创建标准孔

标准孔是采用工业标准的螺纹数据等参数来创建孔的特征，它的创建不需要草绘，在系统中，标准孔可分为多种标准，其中，ISO 为系统缺省标准，标准孔是通过紧固件表来定义，对于标准孔系统会自动添加螺纹注释。

▶ 专家指点

为操作方便，通常可以把螺纹注释在工作窗口隐藏起来，即单击“工具”|“环境”命令，弹出“环境”对话框，在“显示”选项卡中取消选中“3D 注释”复选框。或者利用层的方式来隐藏螺纹注释，方法是单击“模型树”窗口中的“显示”|“树层”命令，然后在“层”菜单中选择“新建层”选项，再将螺纹注释添加到新建层中，最后隐藏该层即可。

在孔操作面板中单击“创建标准孔”按钮，进入标准孔的操作面板。标准孔的操作面板中可对下列六种选项进行设置。

- **攻丝**：在孔中攻丝，可清除此选项以创建一个间隙孔，或选择“到下一个”深度选项，在缺省情况选取此选项。注意，对于使用“可变”深度选项的孔，是无法清除此选项的，该选项只有在标准通孔时有效。
- **间隙**：这是在不选择“攻丝”选项时定义的参数，“间隙”选项是在紧固件螺纹不与孔啮合时才被选中的，设置该选项为紧固件螺纹提供间隙配合。
- **螺纹曲面**：该选项只在“攻丝”选项被选中时有效，它提供了螺纹的修饰表示，该选项在孔操作面板的“形状”上滑面中。
- **螺纹长度**：该选项提供了标准孔内螺纹的长度，并只在“攻丝”选项被选中后有效，该选项在“形状”上滑面板中。
- **添加埋头孔**：缺省情况下，系统会自动激活“添加埋头孔”按钮，如果该孔不需要埋头孔，可以单击“添加埋头孔”按钮，移除埋头孔；当要定义沉孔直径或角度时，可以单击“形状”按钮，在“形状”上滑面板的相应列表框中输入或从中选取新的埋头孔直径或角度。
- **添加沉孔**：添加沉孔，可通过“形状”面板中相应的沉孔列表框来定义沉孔直径和深度。

创建标准孔

创建标准孔特征的具体操作步骤如下。

Step 01 打开素材文件，进入 Pro/E Wildfire 5.0 的工作界面，单击“孔”按钮，如图 5-25 所示，会弹出孔操作面板。

Step 02 选中实体模型的曲面作为放置孔的主参照，所选的平面会变成红色，如图 5-26 所示。

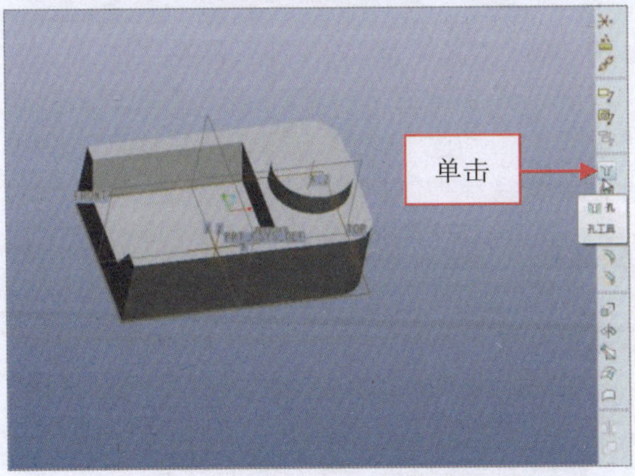

图 5-25　单击“孔”按钮

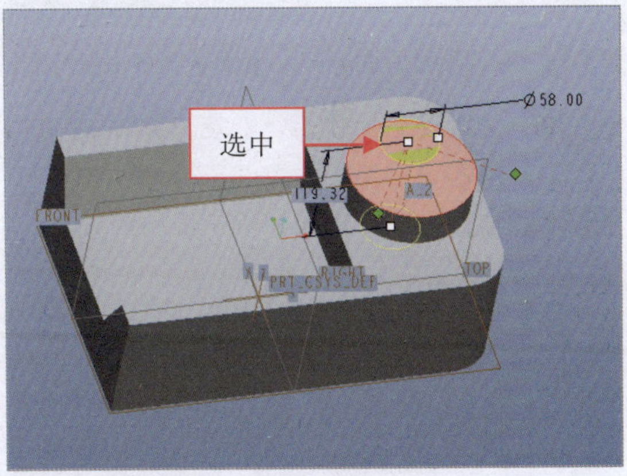

图 5-26　所选的平面变成红色

Step 03 单击“放置”按钮，会弹出“放置”面板，在该面板中设置放置的类型，在“偏移参照”收集器中，单击鼠标左键，如图 5-27 所示，激活“偏移参照”。

Step 04 选中实体模型的某条轴作为“偏移参照”，所选轴会变成红色，如图 5-28 所示。

Step 05 “偏移参照”收集器中会显示所选平面的偏移设置信息，输入修改的偏移值，在“尺寸方向参照”收集器中，单击鼠标左键，如图 5-29 所示，对其进行激活。

Step 06 选中实体模型上某条边作为放置孔的尺寸方向参照，所选边会变成红色，如图 5-30 所示。

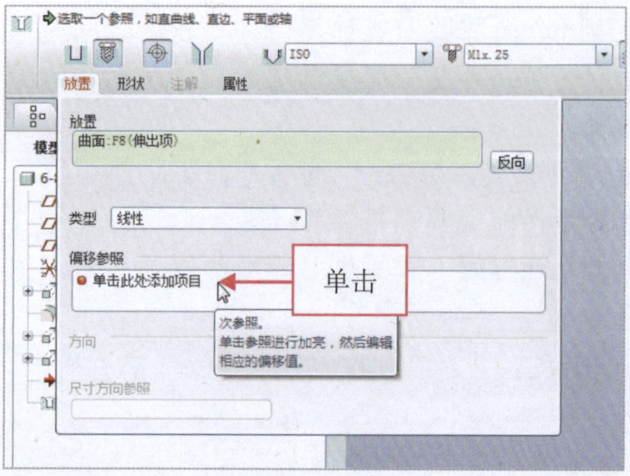

图 5-27　在“偏移参照”收集器中单击鼠标左键

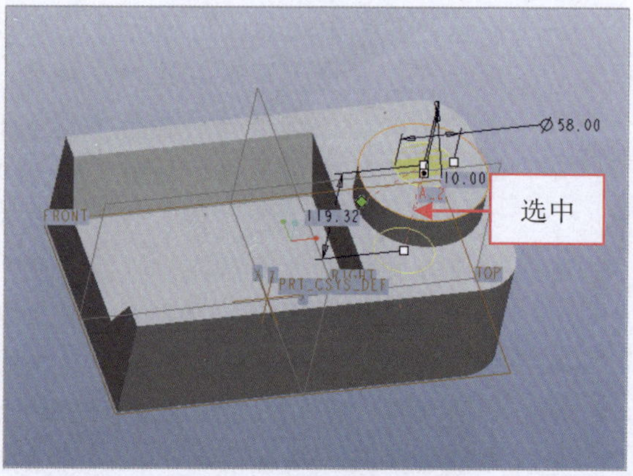

图 5-28　所选轴变成红色

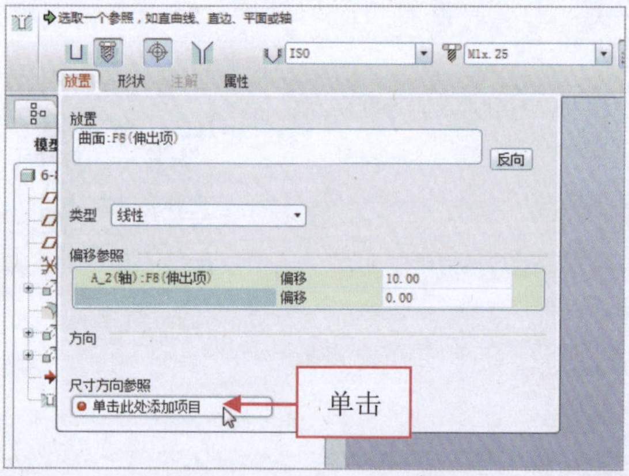

图 5-29　在“尺寸方向参照”收集器中单击鼠标左键

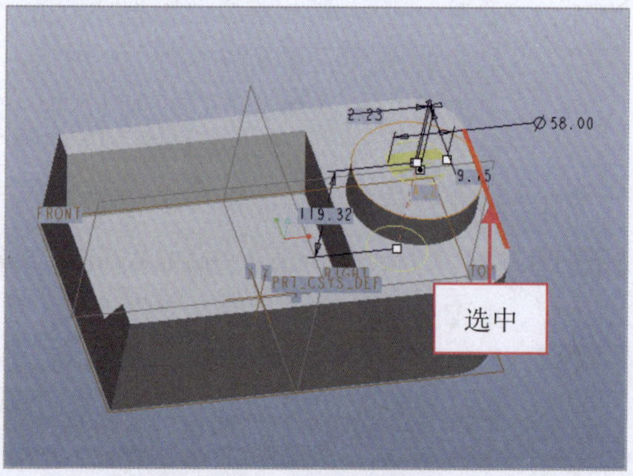

图 5-30　所选边变成红色

Step 07　“放置”操作面板将显示所选边的相关信息，将螺纹类设置为 ISO，螺纹尺寸设置为 M7 × 1，钻孔方式设置为“钻孔至与所有曲面相交”，如图 5-31 所示。

Step 08　单击孔操作面板中的“添加埋头孔”按钮，如图 5-32 所示。

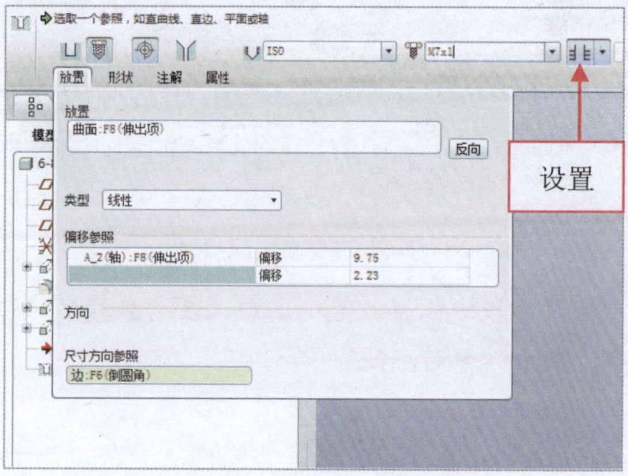

图 5-31　设置钻孔方式

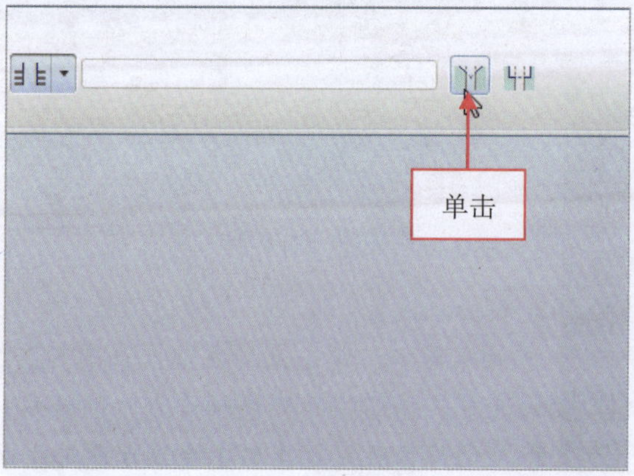

图 5-32　单击“添加埋头孔”按钮

Step 09 单击孔操作面板中的“形状”按钮，在弹出的“形状”操作面板中，输入埋头孔的直径值，如 20.00，如图 5-33 所示。

Step 10 单击孔操作面板右侧的按钮，如果实体模型的对应位置显示一个孔，就说明标准孔特征创建成功了，如图 5-34 所示。

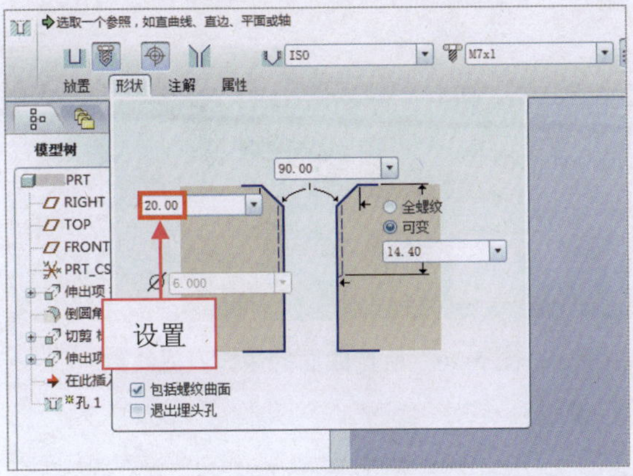

图 5-33　输入埋头孔的直径值

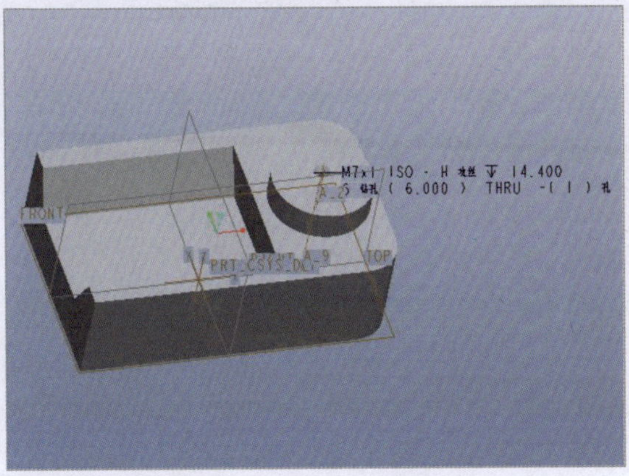

图 5-34　标准孔特征创建成功

5.2　壳特征

“壳”命令是把选定的曲面从零件上去除，并将零件掏空，变成用户指定壁厚的壳体，壳壁沿着零件（包括抽壳操作之前创建的所有特征）的外表面创建。

创建壳特征时，可以指定要移除一个或多个曲面。如果没有指定移除的曲面，那么系统会将实体生成一个封闭的壳，即内部材料被掏空，并且空心部分没有入口，在这种情况下，可添加必要的切口或孔来生成特定的几何特征。如果反向厚度侧，壳厚度将被添加到零件的外部。

在定义壳特征时，可选择要在其中指定不同厚度的曲面，也可为每个曲面指定单独的厚度值，但是无法为这些曲面设置成负的厚度值或反向厚度侧。厚度侧由壳的缺省厚度确定。

当创建具有不同壁厚的壳特征时，需要单击壳操作面板中的“参照”按钮，在弹出“参照”操作面板中，将“非缺省厚度”收集器激活，然后选择指定的曲面，最后设定这些曲面的厚度即可。

下面以创建实体模型中的壳特征为例，向用户介绍在实体模型中添加壳特征的方法，其具体操作步骤如下。

壳特征

Step 01 打开素材文件，进入 Pro/E Wildfire 5.0 的工作界面，单击“壳”按钮，如图 5-35 所示，会弹出壳操作面板。

Step 02 选中实体模型中要移除的曲面，所选曲面的边线会变成红色，如图 5-36 所示。

Step 03 单击壳操作面板中的“参照”按钮，会弹出“参照”操作面板，该操作面板中会显示移除曲面的相关信息，在“非缺省厚度”收集器中，单击鼠标左键，如图 5-37 所示，激活“非缺省厚度”。

Step 04 选中实体模型中作为非缺省厚度参照的两个曲面，所选曲面会变成红色，如图 5-38 所示。

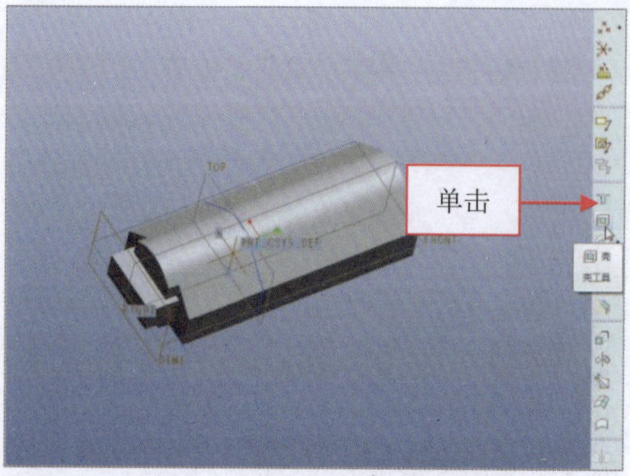

图 5-35 单击“壳”按钮

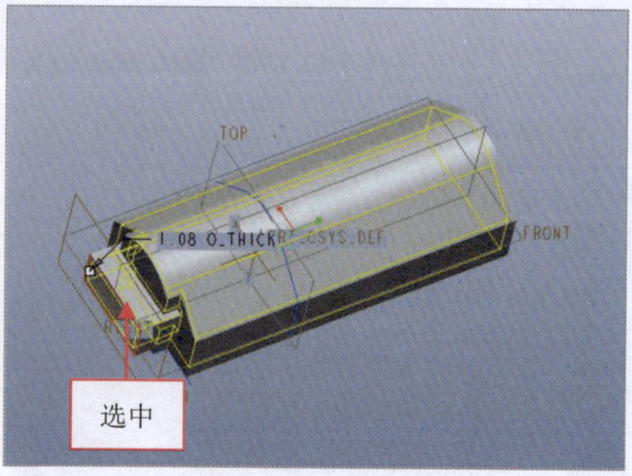

图 5-36 所选曲面的边线变成红色

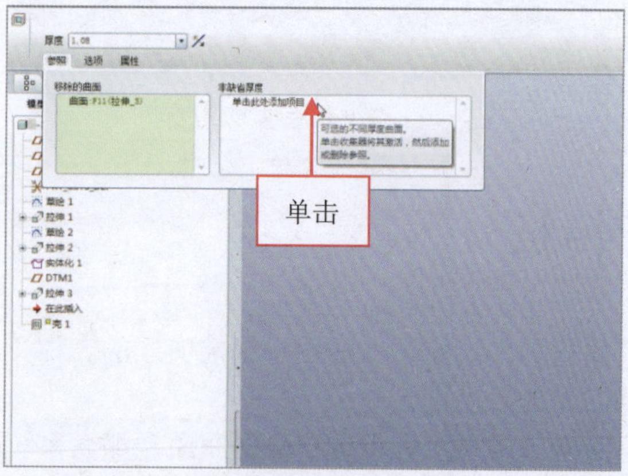

图 5-37 单击鼠标左键

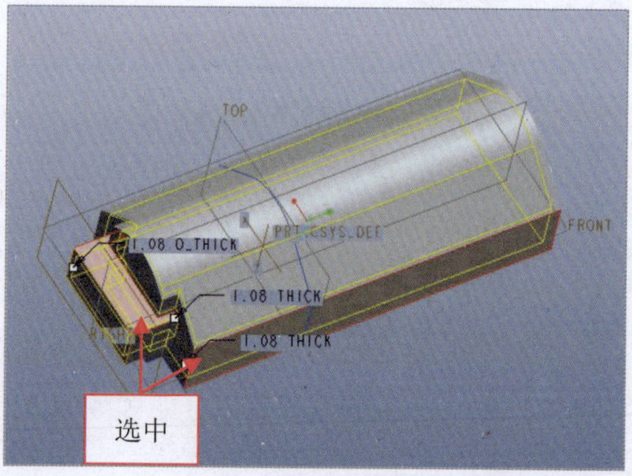

图 5-38 所选的曲面变成红色

Step 05 “非缺省厚度”收集器中会显示所选平面的非缺省厚度值，输入修改的非缺省厚度值，如图 5-39 所示。

Step 06 单击壳操作面板右侧的✔按钮，如图 5-40 所示。

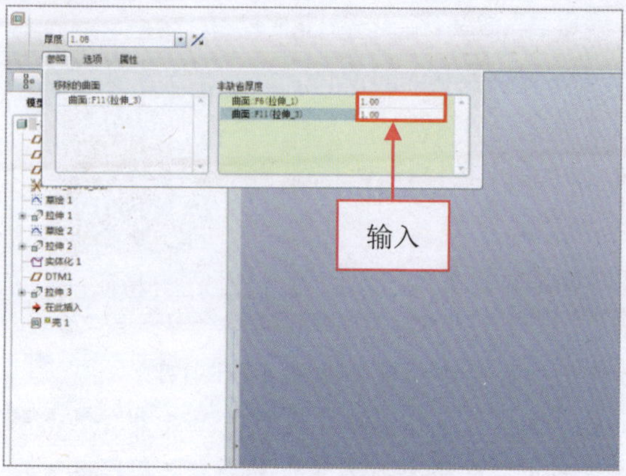

图 5-39 输入修改的非缺省厚度值

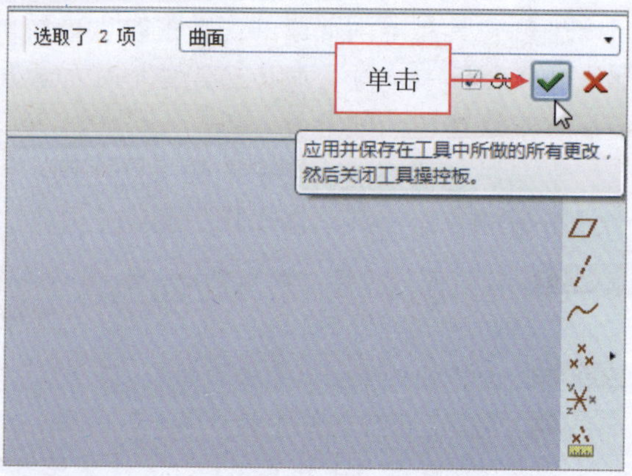

图 5-40 单击壳操作面板右侧的✔按钮

Step 07 如果实体模型的对应位置出现了一个切口，就说明壳特征创建成功了，如图 5-41 所示。

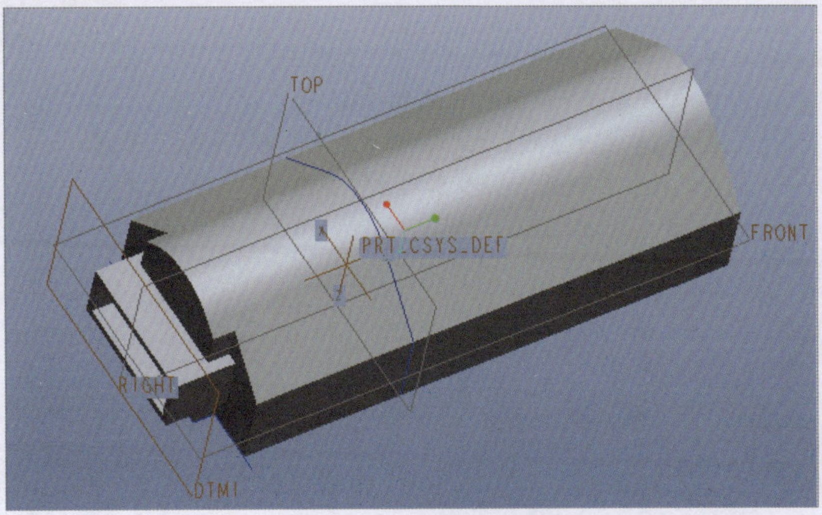

图 5-41　壳特征创建成功

5.3　筋特征

筋特征是在设计过程中，用来加固设计中的零件结构，也常用来防止出现不需要的折弯。筋与从草绘平面的两个方向上拉伸的加材料特征类似，不像大多数的拉伸特征，筋的截面是开放的。

另外，筋的截面的一端必须是和已有的零件表面对齐，绘制在通过轴的基准平面上和以旋转的曲面作参考的筋的截面时，会在筋的上端形成一个截面。

总的来说有效的筋特征草绘必须满足以下三点。

- 单一的开放环。
- 连续的非相交草绘图元。
- 草绘端点必须与形成封闭区域的连接曲面对齐。

筋特征的生成方向可分为三种，即对称（两侧）、侧一和侧二，如图 5-42 所示。系统缺省的生成方向为两侧，可以单击筋操作面板中的“更改两个侧面之间的厚度选项”按钮来调整筋的生成方向。

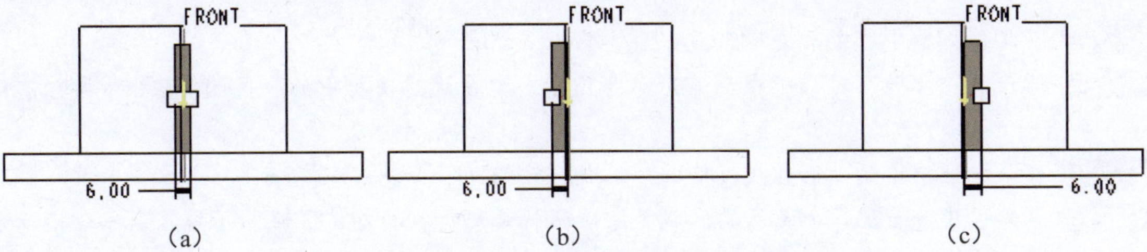

图 5-42　筋特征的生成方向

下面以法兰盘中的加强筋为例，向用户介绍在圆盘实体模型中添加筋特征，其具体操作步骤如下。

筋特征

Step 01 打开素材文件，进入 Pro/E Wildfire 5.0 的工作界面，单击“轮廓筋”按钮，如图 5-43 所示，会弹出筋操作面板。

Step 02 在筋操作面板中，单击“参照”按钮，会弹出“参照”面板，单击该面板中的“定义...”按钮，如图 5-44 所示。

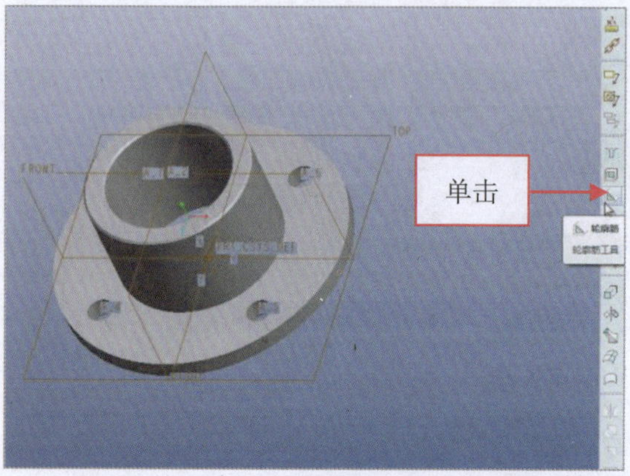

图 5-43　单击“轮廓筋”按钮

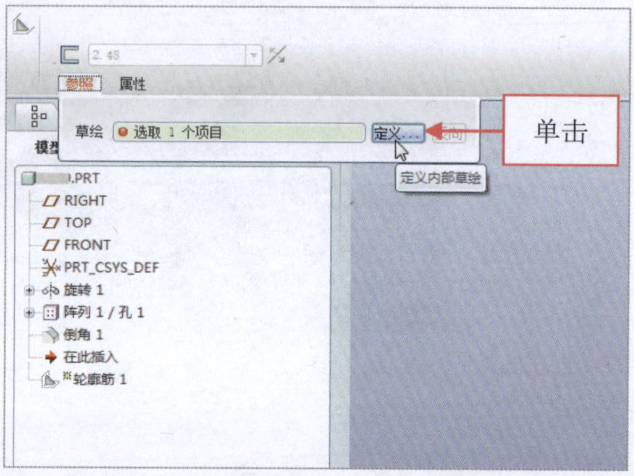

图 5-44　单击“定义...”按钮

Step 03 设置草绘放置的相关信息，单击“草绘”对话框中的“草绘”按钮，如图 5-45 所示。

Step 04 单击“草绘”|“参照”命令，如图 5-46 所示，开始设置参照。

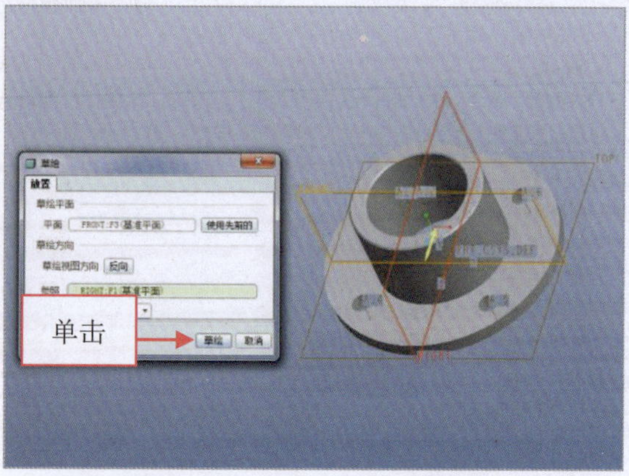

图 5-45　单击“草绘”按钮

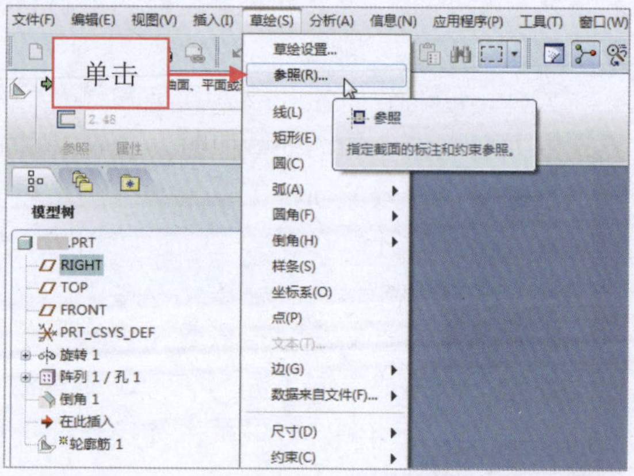

图 5-46　单击“参照”命令

Step 05 在实体模型中选中草绘参照，如图 5-47 所示。

Step 06 弹出的“参照”对话框中会显示参照信息，单击该对话框中的“关闭（C）”按钮，如图 5-48 所示。

Step 07 在草绘区中绘制 1 条直线，单击“完成”按钮，如图 5-49 所示。

Step 08 草绘区中会出现一个黄色的区域（该区域就是筋特征的创建区域），并显示一个指示方向的箭头，如图 5-50 所示。

Step 09 在筋操作面板中，设置筋的厚度值，如图 5-51 所示。

Step 10 单击筋操作面板右侧的☑按钮，如图 5-52 所示。

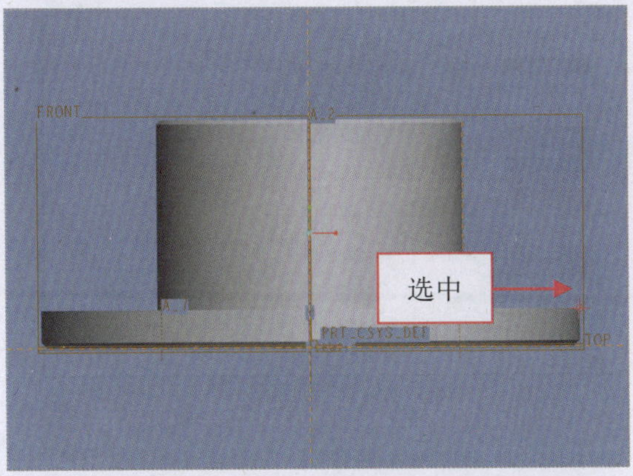

图 5-47　在实体模型中选中草绘参照

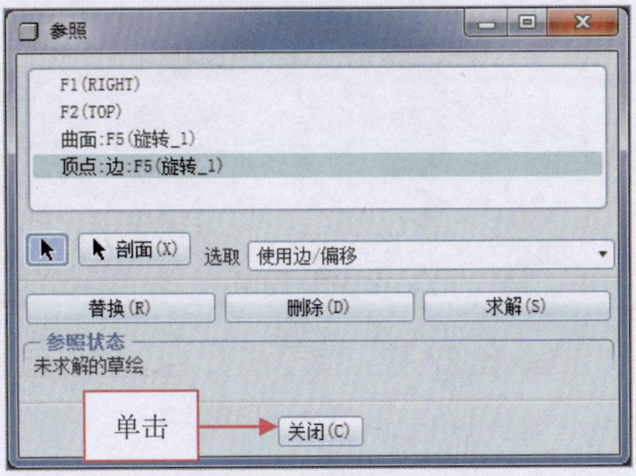

图 5-48　单击“关闭（C）”按钮

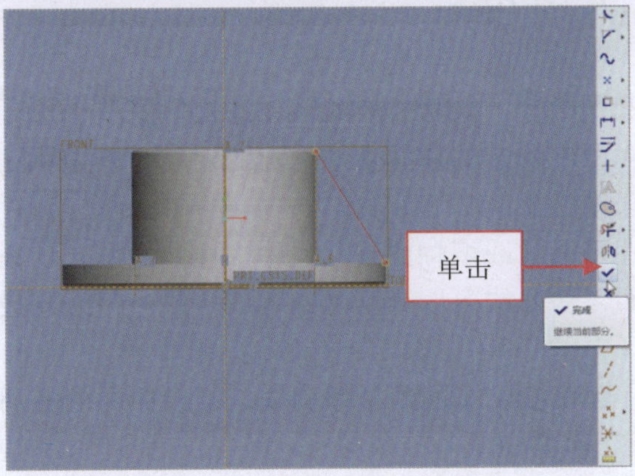

图 5-49　单击“完成”按钮☑

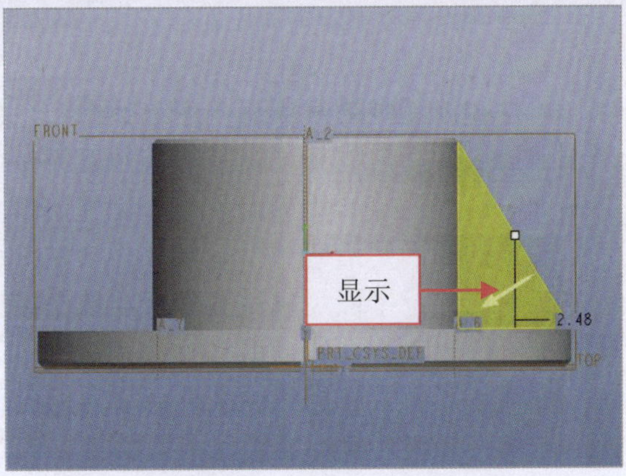

图 5-50　显示一个指示方向的箭头

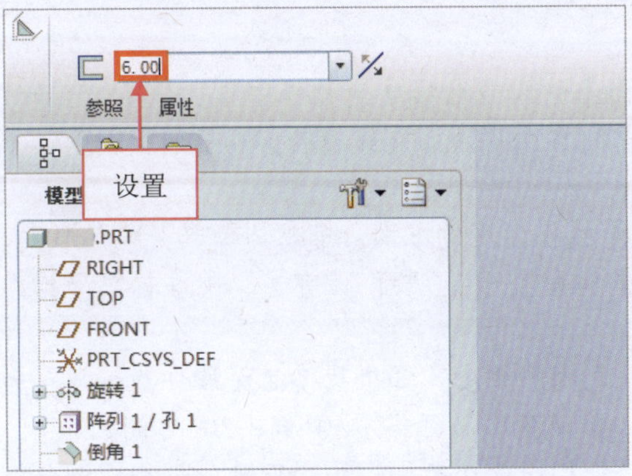

图 5-51　设置筋的厚度值

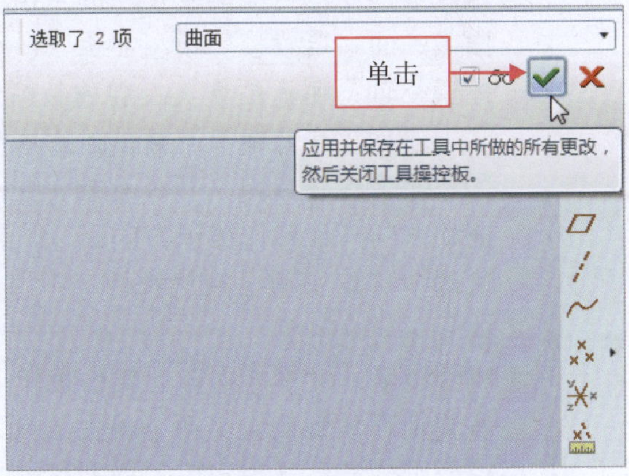

图 5-52　单击筋操作面板右侧的☑按钮

Step 11 如果实体模型的对应位置出现了新实体部件，就说明筋特征创建成功了，如图 5-53 所示。

Step 12 可能从图 5-53 中很难看出新创建筋特征的立体效果，此时可以按下鼠标滚轮并移动鼠标光标，查看其他角度的显示效果，如图 5-54 所示。

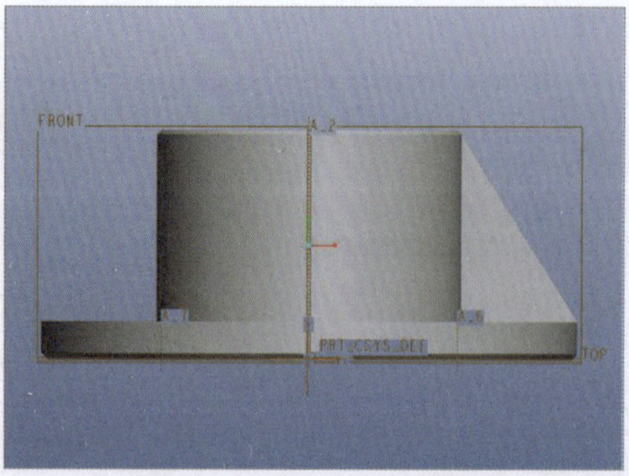

图 5-53　筋特征创建成功

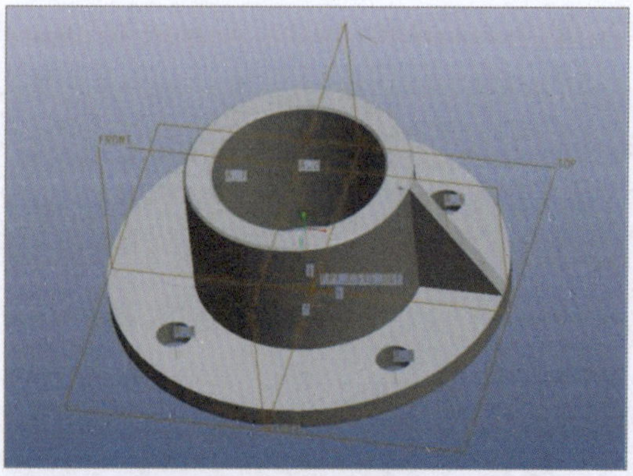

图 5-54　查看其他角度的显示效果

5.4　拔模特征

铸件和注塑件通常需要一个拔模面，才能顺利脱模，Pro/E Wildfire 5.0 提供了多个选项来创建拔模面，拔模特征是将拔模角度添加到模型中选定的曲面上，选定的曲线可以是单独的曲面，也可以是一组曲面，可以创建的最大角度为±30º。

选定的曲面是沿着一个枢轴平面（也称中性平面）或枢轴曲线（也称中性曲线）转动来创建拔模面的，平面可以是零件表面或基准平面，而曲线可以是基准曲线或边线。另外，拔模曲面可沿枢轴平面或曲线进行分割。

创建拔模特征中的拔模曲面可以是圆柱面、圆锥面、平面或样条曲线，但当曲面边界周围有圆角特征时，就不能创建拔模特征。所以，在模型中既有拔模特征，又有倒圆角特征时，要先创建倒圆角特征，然后再创建拔模特征。

在进行拔模操作，可能需要使用的术语及相关说明如下。

- **拔模曲面**：要拔模的模型曲面。
- **拔模枢轴**：曲面围绕其旋转的拔模曲面上的线或曲线（也称作中性曲线），可通过选取平面（在此情况下拔模曲面围绕它们与此平面的交线旋转）或选取拔模曲面上的单个曲线链来定义拔模枢轴。
- **拖动方向（也称作拔模方向）**：用于测量拔模角度的方向。通常为模具开模的方向，可通过选取平面（在这种情况下拖动方向垂直于此平面）、直边、基准轴或坐标系的轴来定义它。
- **拔模角度**：拔模方向与生成的拔模曲面之间的角度。如果拔模曲面被分割，则可为拔模曲面的每侧定义两个独立的角度，拔模角度必须在－30º 到＋30º 之间。

拔模特征可分为不分割拔模和分割拔模，而分割拔模包括根据拔模枢轴分割和根据分割对象分割拔模，其拔模特征的各分割类型的含义如下。

- **不分割**：创建拔模并且不分割拔模曲面，用户要选择拔模枢轴和拔模曲面，输入拔模角度，拔模角度可以为正，也可以为负。
- **根据拔模枢轴分割**：创建拔模并且在指定的拔模枢轴上分割拔模曲面，可以为被分割的拔模曲面一侧指定拔模角度，用户要选择拔模曲面和拔模枢轴，然后设置其拔模角度。

➢ **根据分割对象分割：**使用面组或草绘分割拔模曲面；如果使用不在拔模曲面上的草绘分割，Pro/E Wildfire 5.0 会以垂直于草绘平面的方向将其投影到拔模曲面上。

这一节，就为用户介绍上述三种拔模特征的创建方法。

5.4.1　创建不分割拔模特征

不分割拔模特征可分为两种：一种是不分割的枢轴平面拔模特征；另一种是不分割的枢轴曲线拔模特征，下面就来介绍这两种拔模特征的创建方法。

创建不分割的枢轴平面拔模特征

1．创建不分割的枢轴平面拔模特征

创建不分割的枢轴平面拔模特征是指将设定的拔模角度以最基本的方式添加到实体模型的曲面上，其具体操作步骤如下。

Step 01 打开素材文件，进入 Pro/E Wildfire 5.0 的工作界面，单击“拔模”按钮，如图 5-55 所示，会弹出拔模操作面板。

Step 02 选中实体模型中的圆柱曲面作为拔模曲面，所选的曲面会变成红色，如图 5-56 所示。

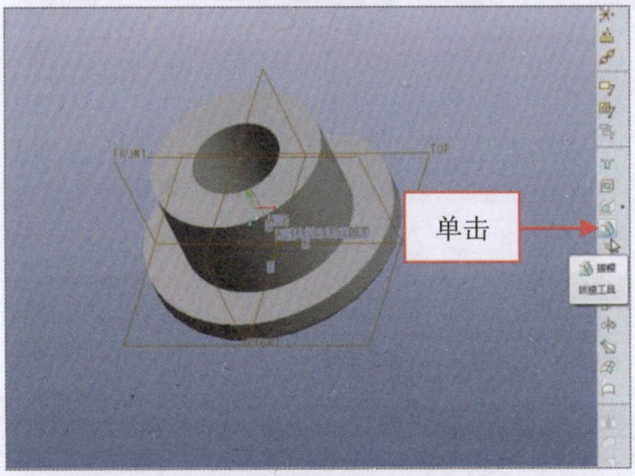

图 5-55　单击“拔模”按钮

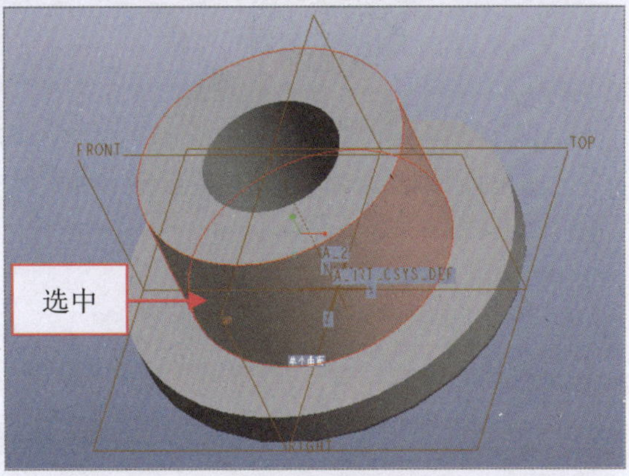

图 5-56　所选的曲面变成红色

Step 03 在拔模操作面板中，单击“参照”按钮，会弹出“参照”面板，在“拔模枢轴”收集器中，单击鼠标左键，如图 5-57 所示，激活“拔模枢轴”。

Step 04 选中实体模型中的曲面作为拔模枢轴，所选的曲面会变成红色，并且系统会自动使用选中的拔模枢轴来确定拖动方向，双击代表拖动角度的数值，如图 5-58 所示，设置拖动的角度。

Step 05 将拖动角度的数值设置为 10.00，如图 5-59 所示，按下【Enter】键。

Step 06 拖动角度的数值会显示为 10.00，并且实体模型周围会显示黄色的面，如图 5-60 所示。

Step 07 返回参照面板，此时面板中会显示相关的设置信息，如图 5-61 所示，单击拔模操作面板右侧的按钮。

Step 08 如果实体模型的形状发生了明显的变化，就说明拔模特征创建成功了，如图 5-62 所示。

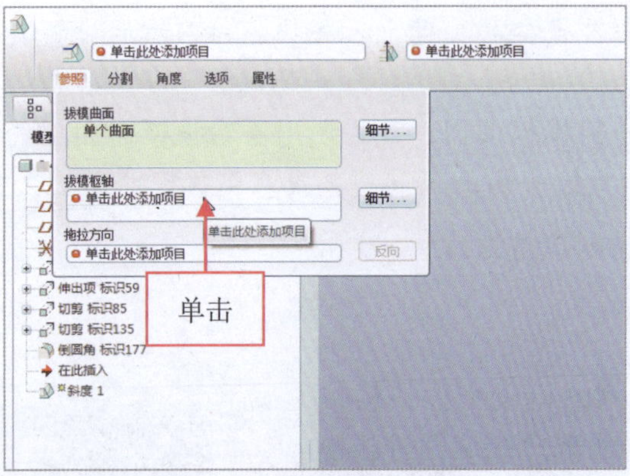

图 5-57　单击鼠标左键

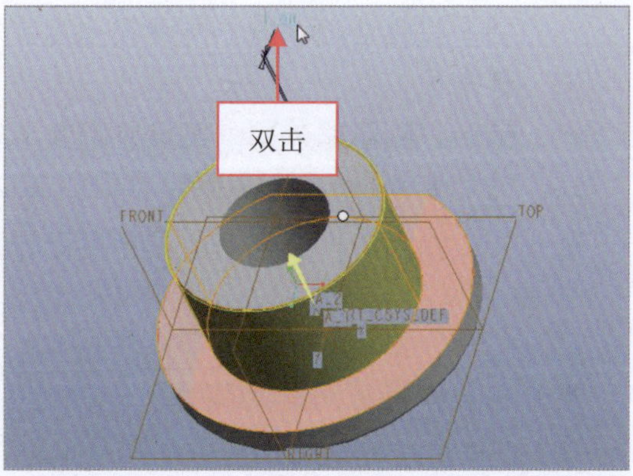

图 5-58　双击显示代表拖动角度的数值

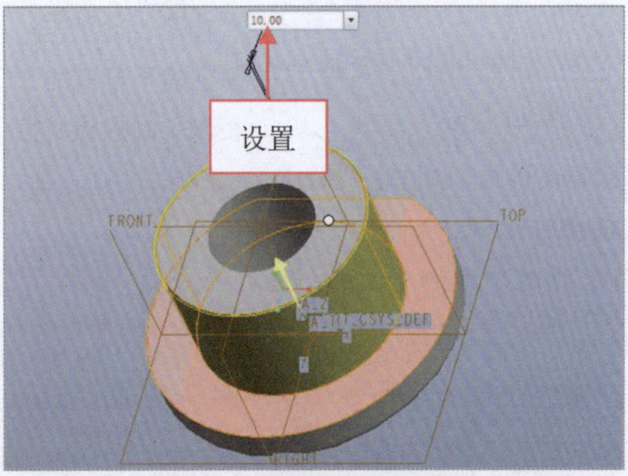

图 5-59　将拖动角度的数值设置为 10.00

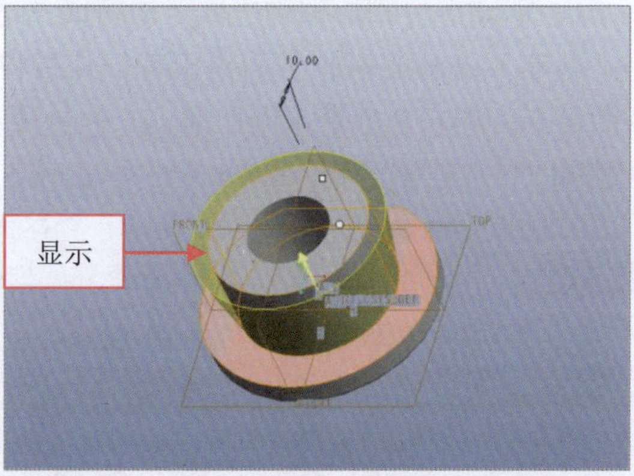

图 5-60　实体模型周围会显示黄色的面

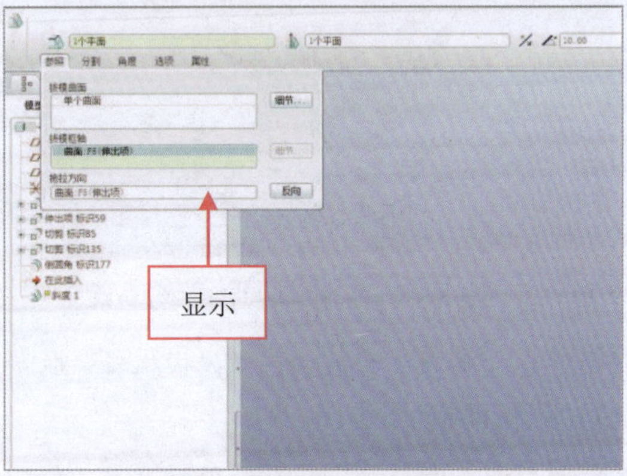

图 5-61　显示相关的设置信息

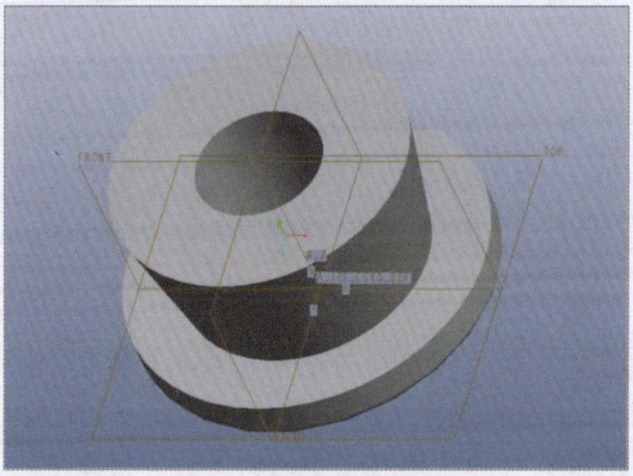

图 5-62　拔模特征创建成功

▶ 专家指点

创建不分割拔模特征时，无需选择拔模的拖动方向，系统会自动选择拔模枢轴来确定其拖动方向。若要切换拖动方向，或在使用曲线作为拔模枢轴时，定义拖动方向可以在操作面板中激活拔模拖动方向收集器，然后选择平面、直线、基准轴或基准坐标系来定义拖动方向；单击操作面板中的“反转拖动方向”按钮，即可切换拔模拖动方向。

2．创建不分割的枢轴曲线拔模特征

不分割的枢轴曲线拔模特征允许绕一条基准曲线或边线转动来创建一个拔模面，它们允许非平面、曲面和基准曲线作为拔模枢轴，其具体操作步骤如下。

创建不分割的枢轴曲线拔模特征

Step 01 打开素材文件，进入 Pro/E Wildfire 5.0 的工作界面，单击“拔模”按钮，如图 5-63 所示，会弹出拔模操作面板。

Step 02 选中实体模型中的某个侧面作为拔模曲面，所选的侧面会变成红色，如图 5-64 所示。

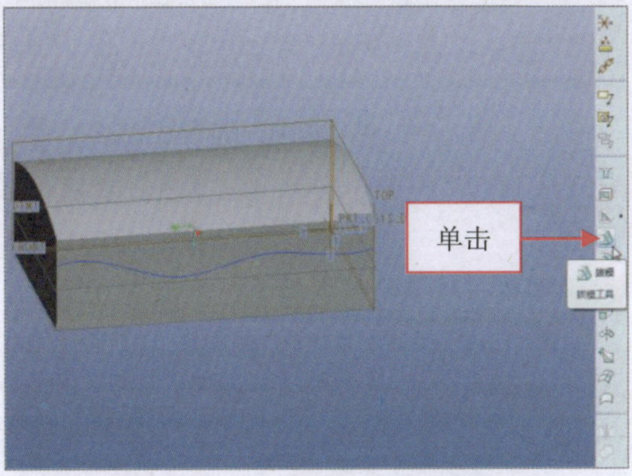

图 5-63　单击“拔模”按钮

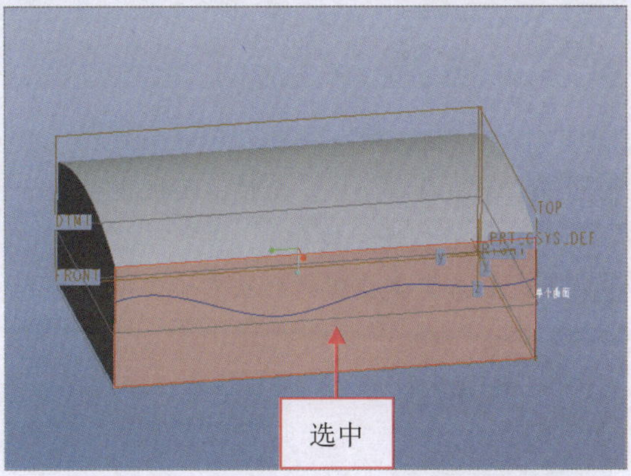

图 5-64　所选的侧面变成红色

Step 03 在拔模操作面板中，单击“参照”按钮，会弹出“参照”面板，在“拔模枢轴”收集器中，单击鼠标左键，如图 5-65 所示，激活“拔模枢轴”。

Step 04 选中实体模型中的某个平面，将其作为拔模枢轴，所选的平面会变成红色，并且系统会自动使用选择的拔模枢轴来确定拖动方向，单击表示方向的黄色箭头，如图 5-66 所示，调整拖动的方向。

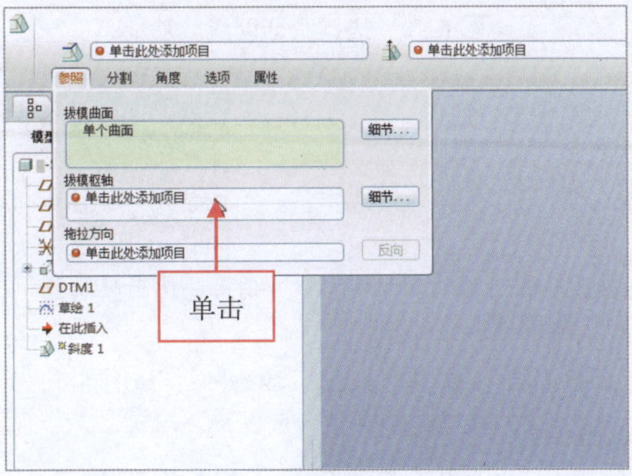

图 5-65　单击鼠标左键

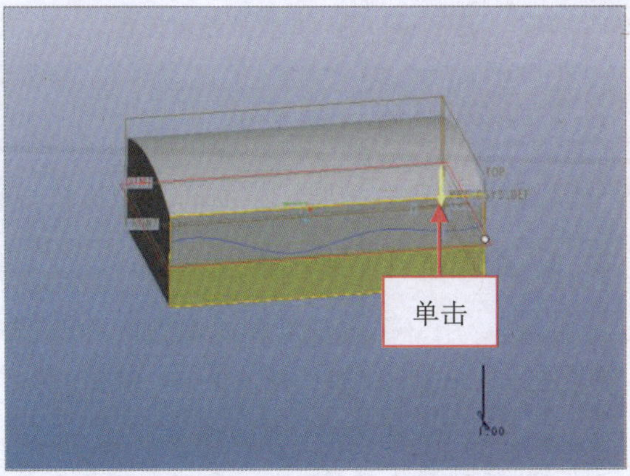

图 5-66　单击表示方向的黄色箭头

Step 05 黄色箭头的方向将发生变化，双击代表拖动角度数值，如图 5-67 所示，设置拖动的角度。

Step 06 将拖动角度的数值设置为 15.00，如图 5-68 所示，按下【Enter】键。

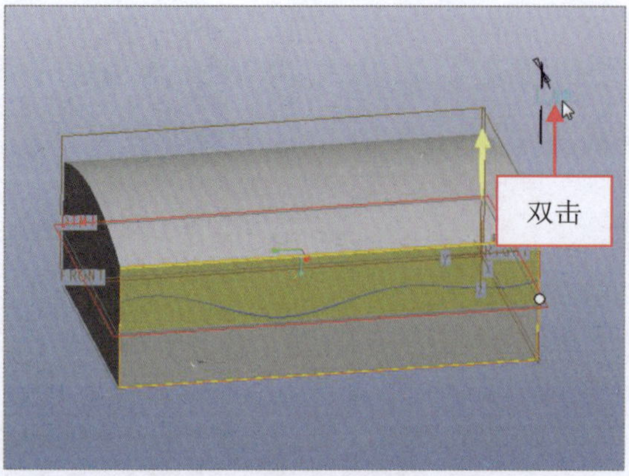

图 5-67　双击代表拖动角度的数值

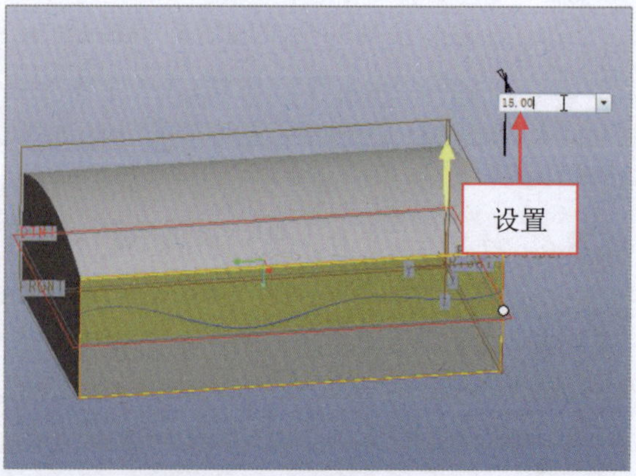

图 5-68　设置拖动角度的数值

Step 07 返回参照面板，此时该面板中会显示相关的设置信息，如图 5-69 所示，单击拔模操作面板右侧的✔按钮。

Step 08 如果实体模型的形状发生了明显的变化，就说明拔模特征创建成功了，如图 5-70 所示。

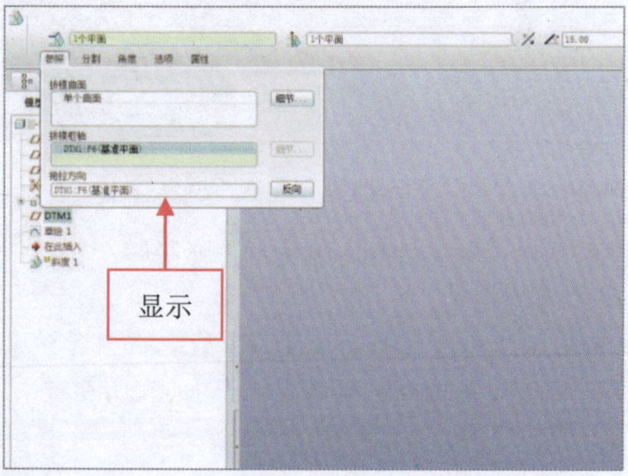

图 5-69　显示相关的设置信息

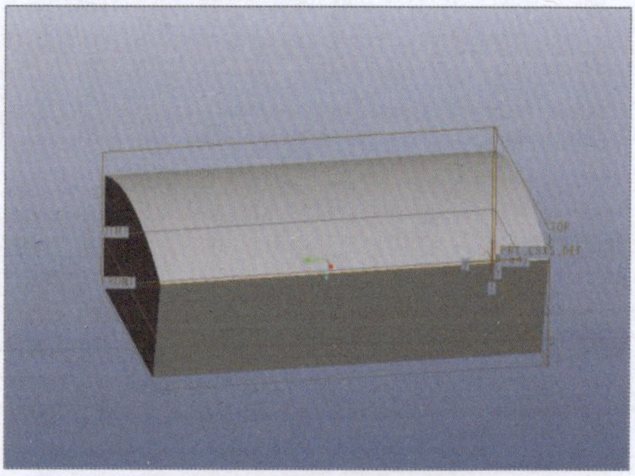

图 5-70　拔模特征创建成功

5.4.2　创建分割拔模特征

拔模曲面可以按照拔模曲面上的拔模枢轴或分割对象进行分割。

根据拔模枢轴分割

1．根据拔模枢轴分割

根据拔模枢轴进行分割拔模曲面的具体操作步骤如下。

Step 01 打开素材文件，进入 Pro/E Wildfire 5.0 的工作界面，单击“拔模”按钮，如图 5-71 所示，会弹出拔模操作面板。

Step 02 选中实体模型中的某个曲面作为拔模曲面，所选的曲面会变成红色，如图 5-72 所示。

Step 03 在拔模操作面板中，单击“参照”按钮，会弹出“参照”面板，在“拔模枢轴”收集器中，单击鼠标左键，如图 5-73 所示，激活“拔模枢轴”。

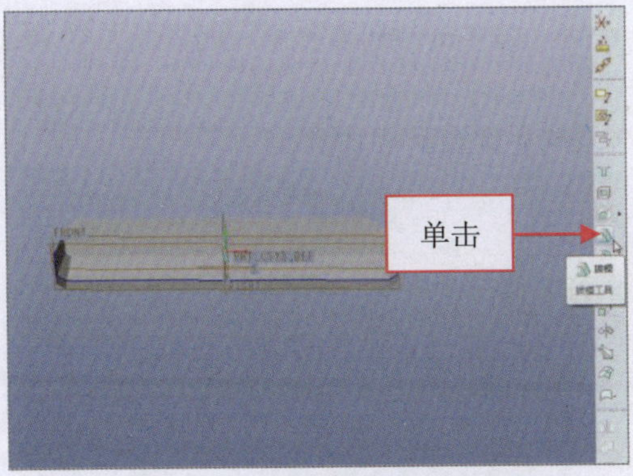

图 5-71　单击“拔模”按钮

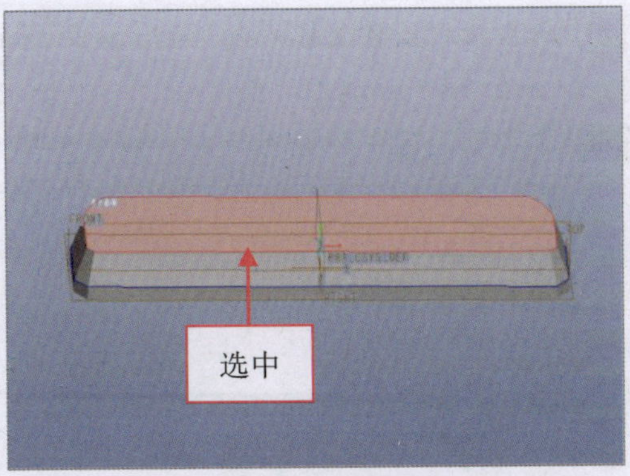

图 5-72　所选的曲面变成红色

Step 04 选中绘图区中的某个平面，将其作为拔模枢轴，所选平面的边线会变成红色，如图 5-74 所示，并且系统会自动使用选择的拔模枢轴来确定拖动方向。

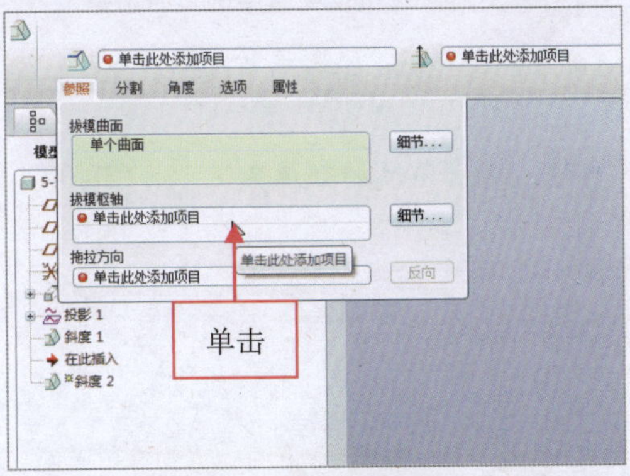

图 5-73　单击鼠标左键

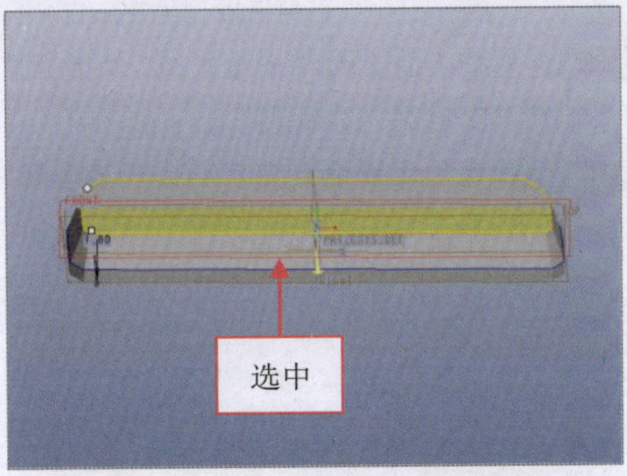

图 5-74　所选平面的边线变成红色

Step 05 返回拔模操作面板，此时该面板中会显示相关的设置信息，单击拔模操作面板中的“分割”按钮，如图 5-75 所示。

Step 06 单击“分割”面板中的“不分割”按钮，在弹出的列表框中，选择“根据拔模枢轴分割”选项，如图 5-76 所示，设置拔模的分割方式。

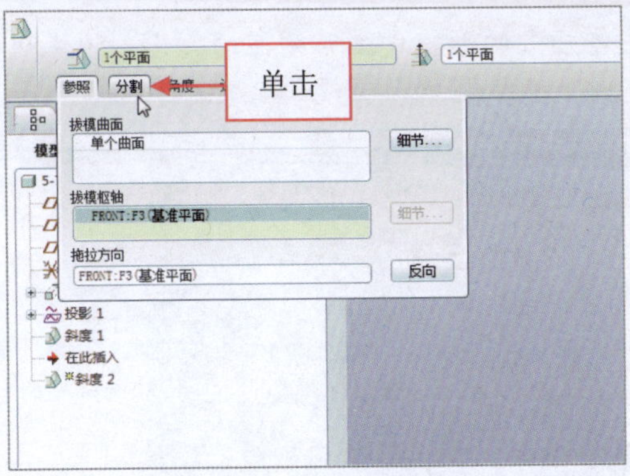

图 5-75　单击“分割”按钮

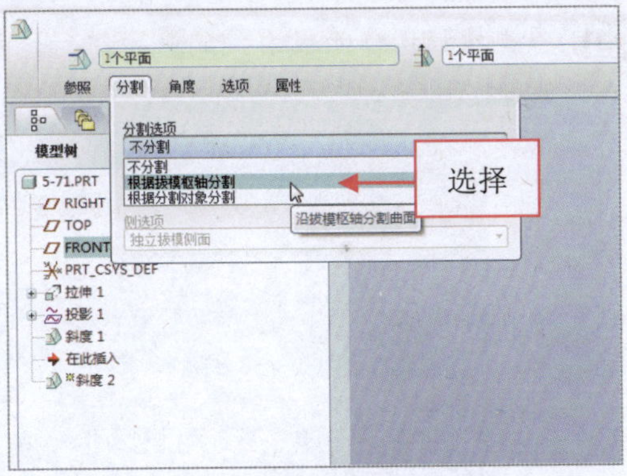

图 5-76　选择“根据拔模枢轴分割”选项

Step 07 单击拔模操作面板中的“独立拔模侧面”按钮，在弹出的列表框中，选择对应的侧选项，如图 5-77 所示。

Step 08 单击草绘区中的黄色箭头，如图 5-78 所示，调整拔模的创建方向。

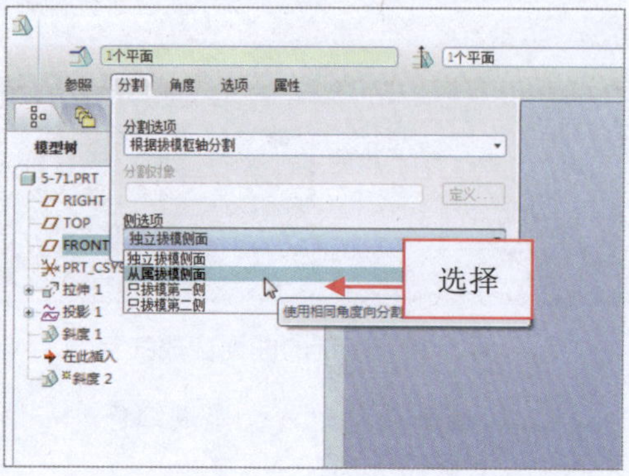

图 5-77　选择对应的侧选项

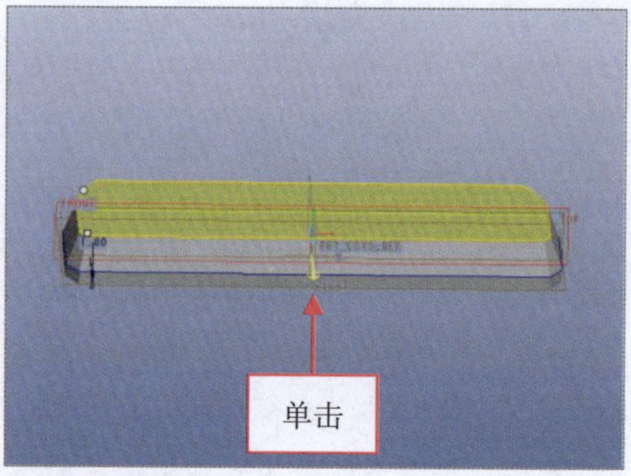

图 5-78　单击草绘区中的黄色箭头

Step 09 黄色箭头的方向将发生变化，双击代表拖动角度的数值，设置拖动角度的数值，如图 5-79 所示，按下【Enter】键。

Step 10 参照操作面板中会显示相关的设置信息，同时，拖动角度的数值会显示为 30.00，如图 5-80 所示。

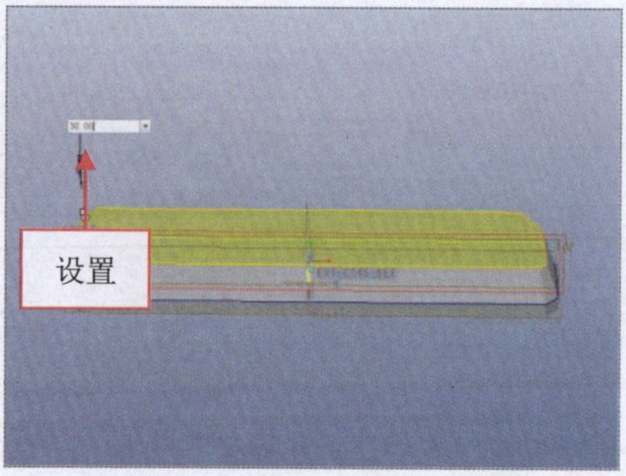

图 5-79　设置拖动角度的数值

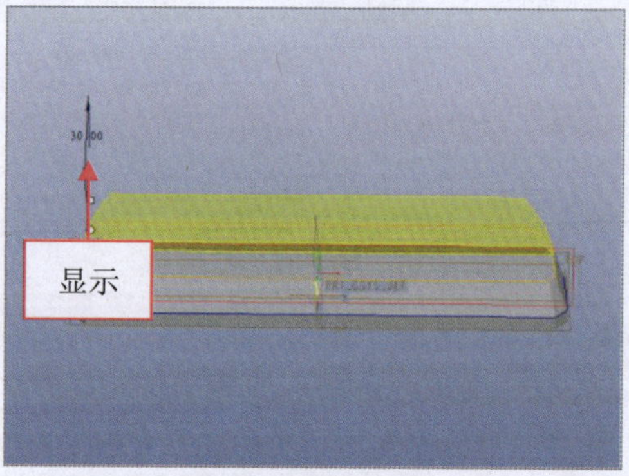

图 5-80　拖动角度的数值会显示为 30.00

Step 11 单击拔模操作面板右侧的☑按钮，如果实体模型的形状发生了明显的变化，就说明拔模特征创建成功了，如图 5-81 所示。

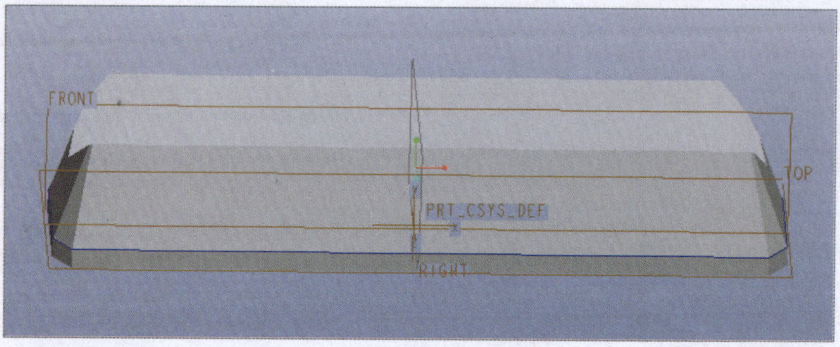

图 5-81　拔模特征创建成功

2．根据分割对象分割

根据分割对象分割

根据分割对象分割的操作方法如下。

Step 01 打开素材文件，进入 Pro/E Wildfire 5.0 的工作界面，单击“拔模”按钮，如图 5-82 所示，会弹出拔模操作面板。

Step 02 选中实体模型中的某个曲面，将其作为拔模曲面，所选曲面会变成红色，如图 5-83 所示。

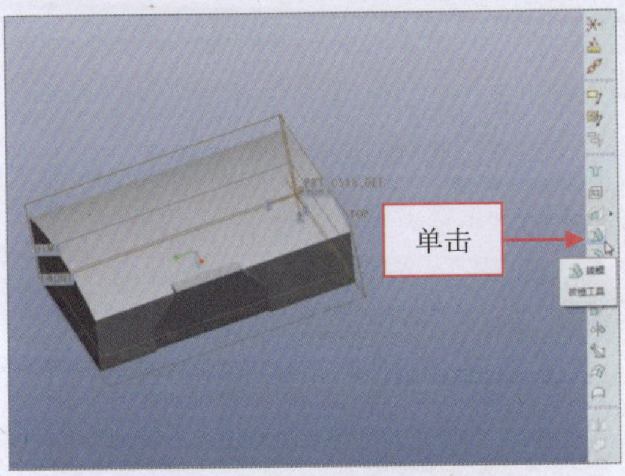

图 5-82　单击“拔模”按钮

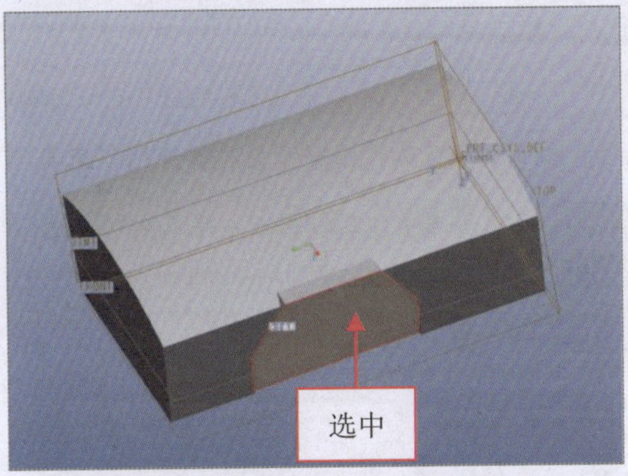

图 5-83　所选的曲面会变成红色

Step 03 在拔模操作面板中，单击“参照”按钮，会弹出“参照”面板，在“拔模枢轴”收集器中，单击鼠标左键，激活“拔模枢轴”。选中实体模型中的某个曲面，将其作为拔模枢轴，系统会自动使用选择的拔模枢轴来确定拖动方向，并显示黄色的箭头，如图 5-84 所示。

Step 04 返回“参照”面板，此时该面板中会显示相关的设置信息，单击拔模操作面板中的“分割”按钮，如图 5-85 所示。

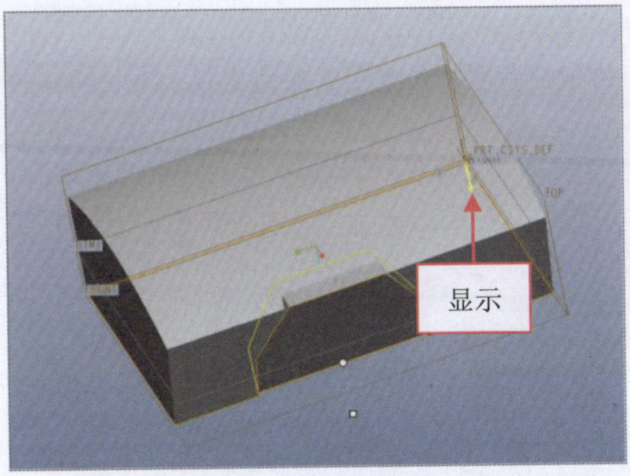

图 5-84　显示黄色的箭头

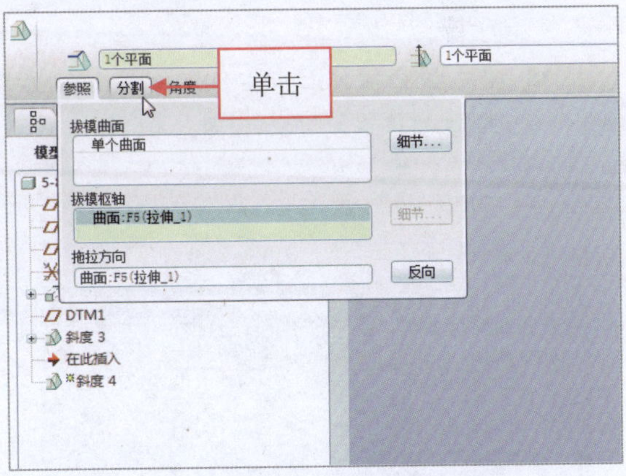

图 5-85　单击“分割”按钮

Step 05 单击“分割”面板中的“不分割”按钮，在弹出的列表框中，选择“根据分割对象分割”选项，如图 5-86 所示，设置拔模的分割方式。

Step 06 单击“分割”面板中的“定义...”按钮，如图 5-87 所示，定义分割对象的信息。

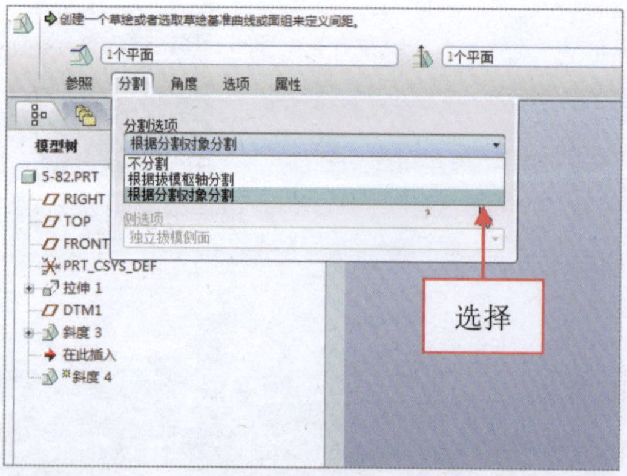

图 5-86 选择“根据分割对象分割”选项

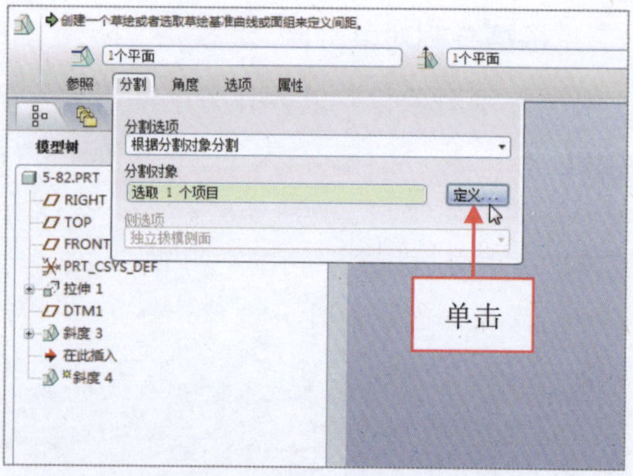

图 5-87 单击“定义...”按钮

Step 07 设置草绘的放置信息，单击“草绘”对话框中的“草绘”按钮，如图 5-88 所示。

Step 08 在草绘区中，绘制对应的图元，单击“完成”按钮☑，如图 5-89 所示。

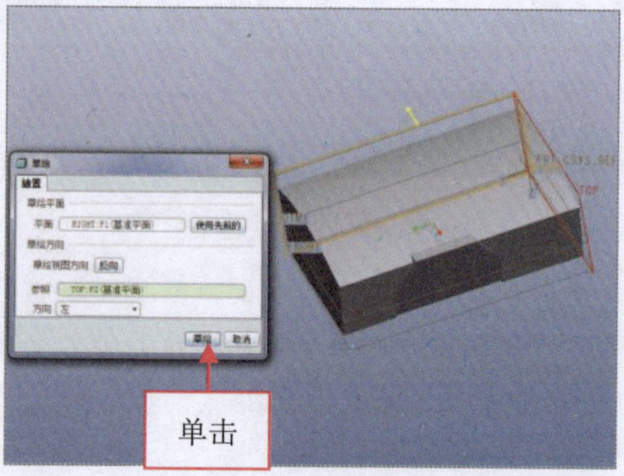

图 5-88 单击“草绘”按钮

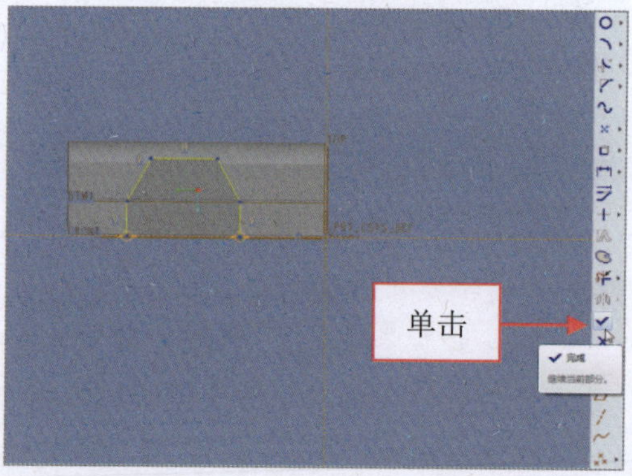

图 5-89 单击“完成”按钮☑

Step 09 双击绘图区中代表拖动角度的数值，设置拖动角度的数值，按下【Enter】键，如图 5-90 所示。

Step 10 单击拔模操作面板右侧的☑按钮，如果实体模型的形状发生了明显的变化，就说明拔模特征创建成功了，如图 5-91 所示。

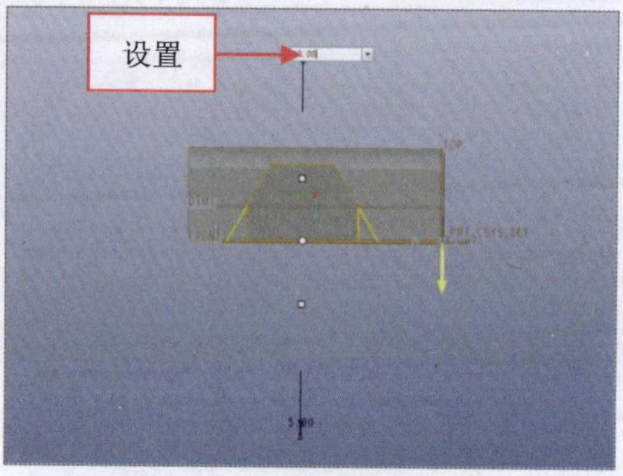

图 5-90 设置拖动角度的数值

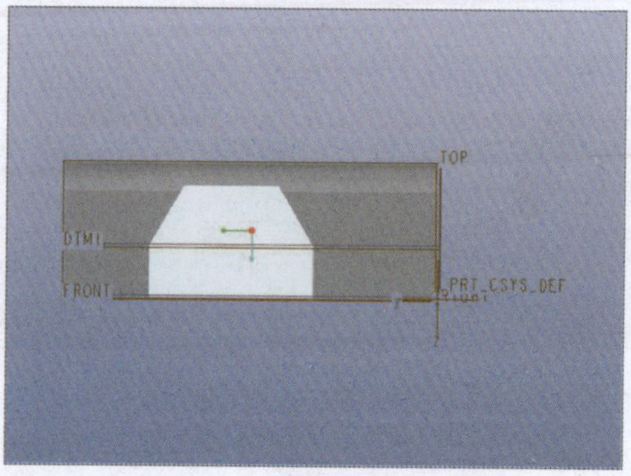

图 5-91 拔模特征创建成功

Step 11 可能从图 5-91 中很难看出新创建拔模特征的立体效果，此时可以按下鼠标滚轮并移动鼠标光标，查看其他角度的显示效果，如图 5-92 所示。

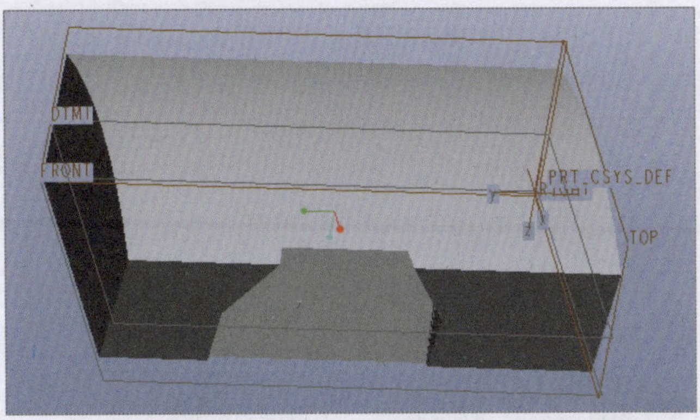

图 5-92　查看其他角度的显示效果

5.5　倒圆角特征

倒圆角特征是通过向一条或多条边、边链或在曲面之间添加半径而形成的，它是一种常用的边处理特征，在很多设计模型中都可以看到倒圆角特征。

“倒圆角”工具可能是 Pro/E Wildfire 5.0 中比较难掌握的工具，在复杂的特征上创建圆角常常会出错，下面的四个建模方法可以帮助避免圆角冲突。

- 在建模的过程的后期创建倒圆特征。
- 先创建半径较小的圆角，再创建较大的半径的圆角。
- 避免使用圆角几何形状作为参照创建特征。
- 对于拔模表面，先对表面拔模，然后创建必要的圆角特征。

倒圆角特征由倒圆角集和过渡两个项目组成，其含义如下。

- **倒圆角集**：一个圆角集可以包含不同的参数，包括半径、形状元素和过渡，在 Pro/E Wildfire 5.0 中，圆角集利用【Ctrl】键操作，要启动第一个圆角集，在选择参照时连续按住【Ctrl】键不放；要启动新的圆角集，需要放开【Ctrl】键，然后选取新圆角集的第一个参照。
- **过渡**：指连接到圆角段的填充几何，它位于倒圆角相交处或终止处，一般情况下，使用缺省的过渡就可以了，同时系统还可以创建和修改过渡类型，以此满足一些高级或特殊的设计要求。

本节将介绍几种倒圆角特征的创建方法。

5.5.1　一般倒圆角

创建倒圆角特征可分为：具有恒定半径值的倒圆角特征、具有可变半径值的倒圆角特征和由曲线驱动的倒圆角特征等，下面就来分别介绍这几种倒圆角特征的创建方法。

1. 创建恒定倒圆角特征

创建恒定倒圆角特征

创建恒定圆角特征的操作步骤如下。

Step 01 打开素材文件，进入 Pro/E Wildfire 5.0 的工作界面，单击“倒圆角”按钮，如图 5-93 所示，会弹出倒圆角操作面板。

Step 02 选中实体模型中某条边，将其作为倒圆角的参照，所选的边会变成红色，如图 5-94 所示。

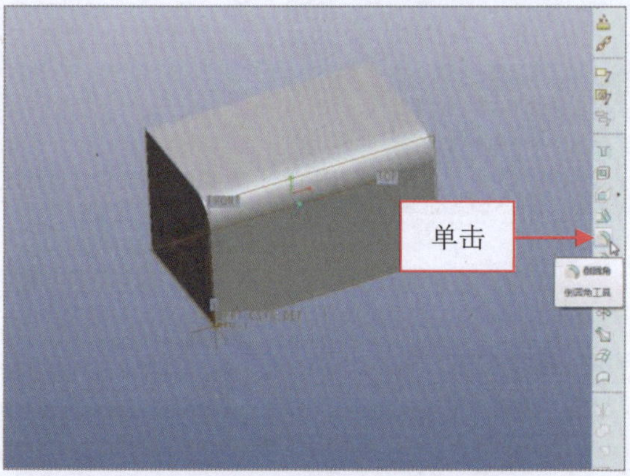

图 5-93　单击“倒圆角”按钮

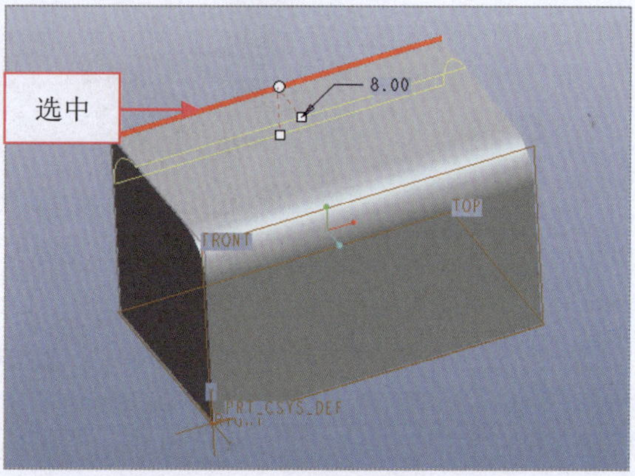

图 5-94　所选的边变成红色

Step 03 在倒圆角操作面板中，设置倒圆角半径的数值，如图 5-95 所示。

Step 04 单击倒圆角操作面板右侧的☑按钮，如果实体模型的形状发生了明显的变化，就说明恒定倒圆角特征创建成功了，如图 5-96 所示。

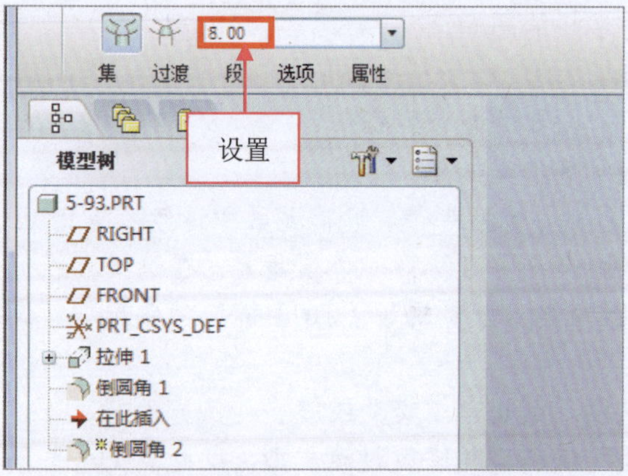

图 5-95　设置倒圆角半径的数值

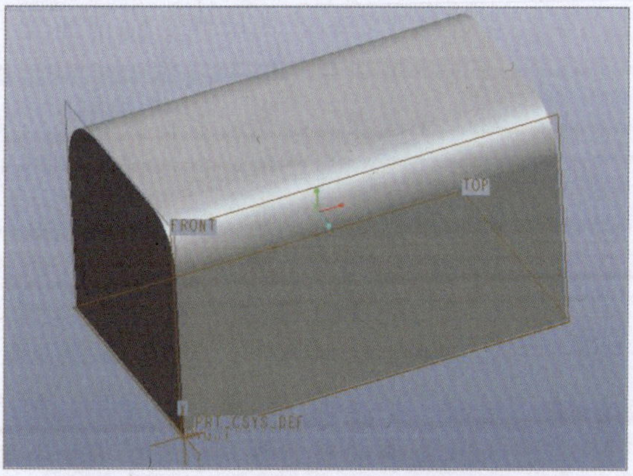

图 5-96　恒定倒圆角特征创建成功

2. 创建可变倒圆角特征

创建可变倒圆角特征

创建可变圆角特征，具体操作步骤如下。

Step 01 打开素材文件，进入 Pro/E Wildfire 5.0 的工作界面，单击“倒圆角”按钮，会弹出倒圆角操作面板。选中实体模型中的某条边，单击倒圆角操作面板中的“集”按钮，如图 5-97 所示。

Step 02 在“集”面板的“半径”列表框中，单击鼠标右键，在弹出的快捷菜单中，选择“添加半径”选项，如图 5-98 所示，添加倒圆角半径的控制点。

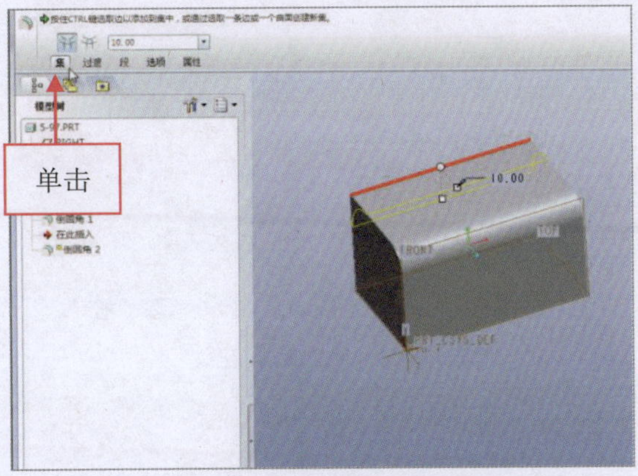

图 5-97 单击“集”按钮

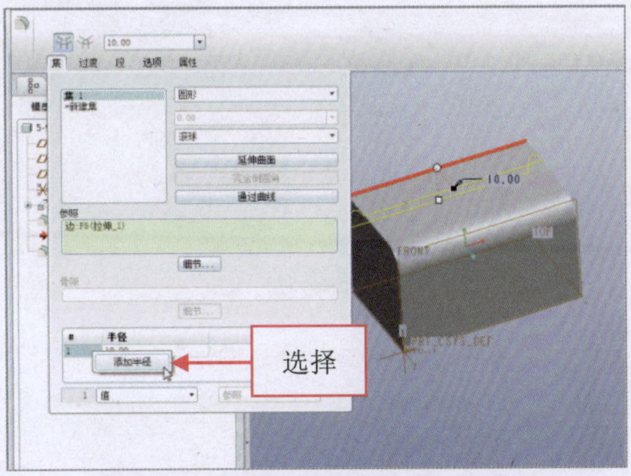

图 5-98 选择“添加半径”选项

Step 03 输入控制点的半径值，如图 5-99 所示，按下【Enter】键。

Step 04 单击倒圆角操作面板右侧的按钮，如果实体模型的形状发生了明显的变化，就说明可变倒圆角特征创建成功了，如图 5-100 所示。

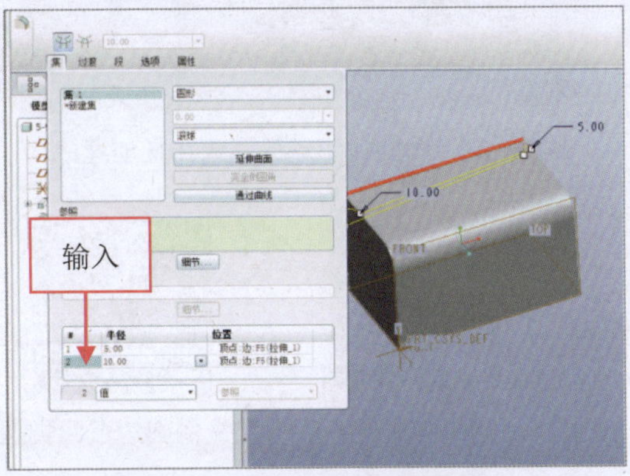

图 5-99 输入控制点的半径值

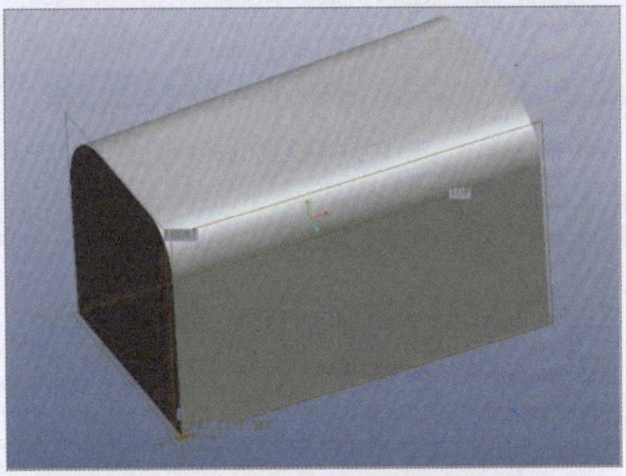

图 5-100 可变倒圆角特征创建成功

3. 创建由曲线驱动的倒圆角特征

创建由曲线驱动的倒圆角特征的具体操作方法如下。

创建由曲线驱动的倒圆角特征

Step 01 打开素材文件，进入 Pro/E Wildfire 5.0 的工作界面，单击“倒圆角”按钮，会弹出倒圆角操作面板。选中实体模型中的某条边，单击倒圆角操作面板中的“集”按钮，在弹出的“集”面板中，单击“通过曲线”按钮，如图 5-101 所示。

Step 02 在“驱动曲线”收集器中，单击鼠标左键，如图 5-102 所示，设置驱动曲线。

Step 03 选中实体模型中的某条边，如图 5-103 所示，将其作为驱动曲线。

Step 04 单击倒圆角操作面板右侧的按钮，如果实体模型的形状发生了明显的变化，就说明由曲线驱动的倒圆角特征创建成功了，如图 5-104 所示。

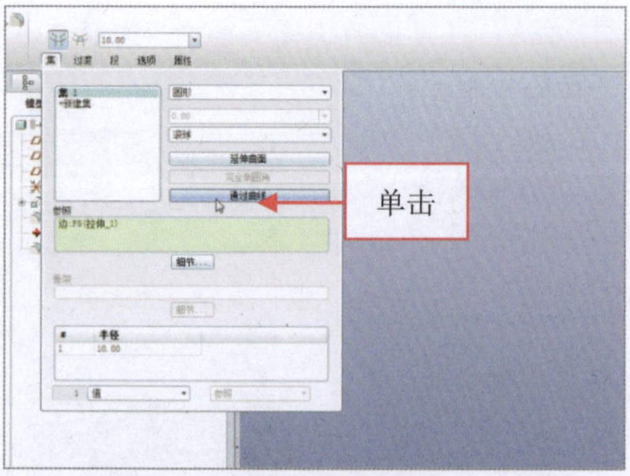

图 5-101　单击“通过曲线”按钮

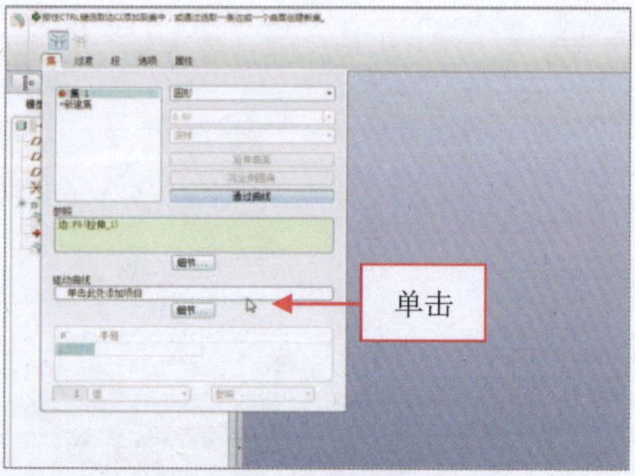

图 5-102　单击鼠标左键

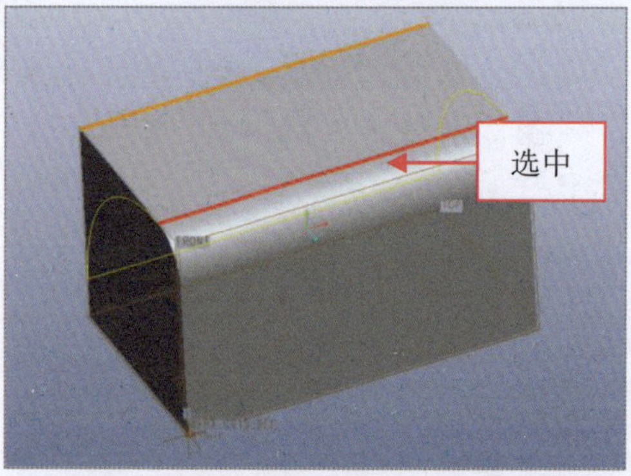

图 5-103　选中实体模型曲线的某条边

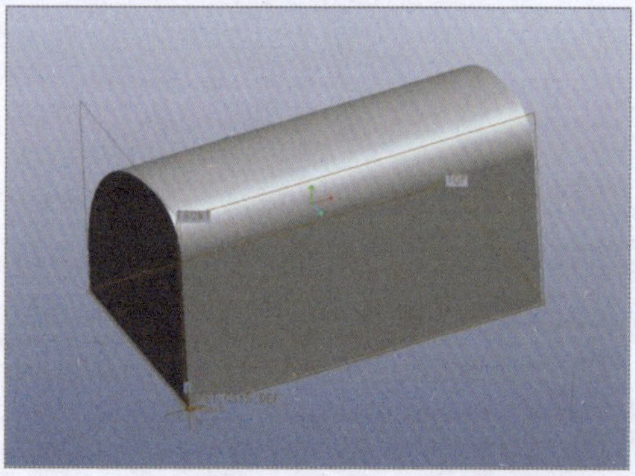

图 5-104　由曲线驱动的圆角特征创建成功

5.5.2　定义倒圆角过渡类型

定义倒圆角过渡类型

在一些特殊的设计项目中，需要重新定义圆角的过渡类型，以获得满意的效果，过渡类型不同，实体模型的效果也会不同。定义倒圆角过渡时，需注意以下三点。

- 某个组包含具有用户定义过渡的倒圆角，如果要复制、重定参照或放置该组，则 Pro/E Wildfire 5.0 将从生成的特征中移除这些过渡。
- 如果倒圆角特征由于缺少过渡参照而失败，则系统会显示错误信息，并指示用户通过为各过渡选取参照来重定义过渡。如果过渡具有无效参照，可通过替换丢失的或无效的参照来修复过渡，也可改变过渡类型。
- 如果在“集”模式下修改倒圆角集几何（如已添加或移除参照或集）导致相关的用户定义过渡无效，那么 Pro/E Wildfire 5.0 将删除无效过渡，并为倒圆角几何重建缺省过渡。

重定义圆角的过渡类型操作步骤如下。

Step 01 打开素材文件，进入 Pro/E Wildfire 5.0 的工作界面，在“模型树”窗口中选择已创建的倒圆角特征，单击鼠标右键，在快捷菜单中，选择“编辑定义”选项，如图 5-105 所示。

Step 02 在倒圆角操作面板中，单击“切换至过渡模式”按钮激活过渡模式，如图 5-106 所示。

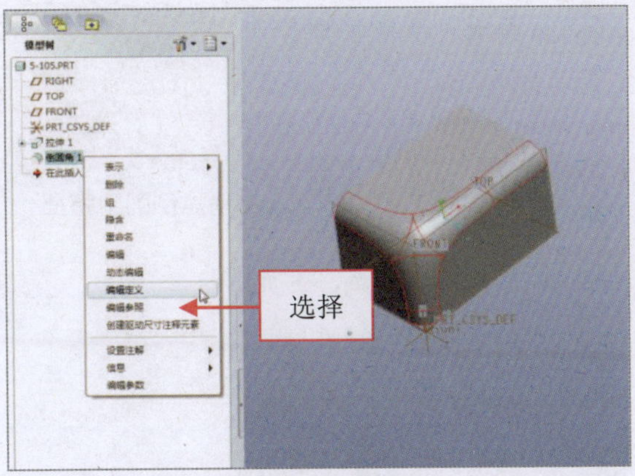

图 5-105　选择“编辑定义”选项

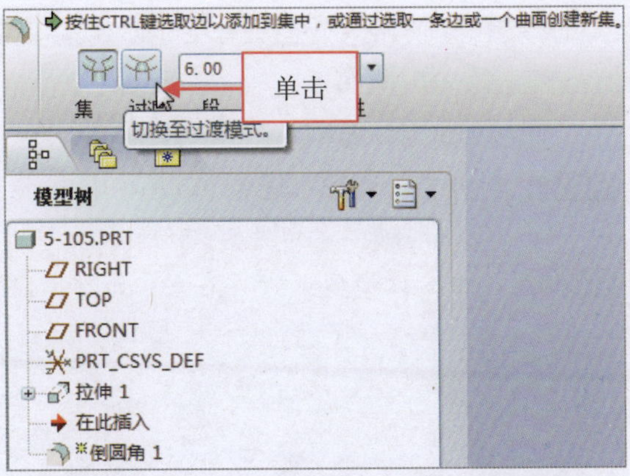

图 5-106　单击“切换至过渡模式”按钮

Step 03 选中实体模型中要定义的过渡曲面，设置过渡曲面的各项参数，如图 5-107 所示。

Step 04 单击倒圆角操作面板右侧的✓按钮，如果实体模型的形状发生了变化，就说明定义倒圆角过渡类型成功了，如图 5-108 所示。

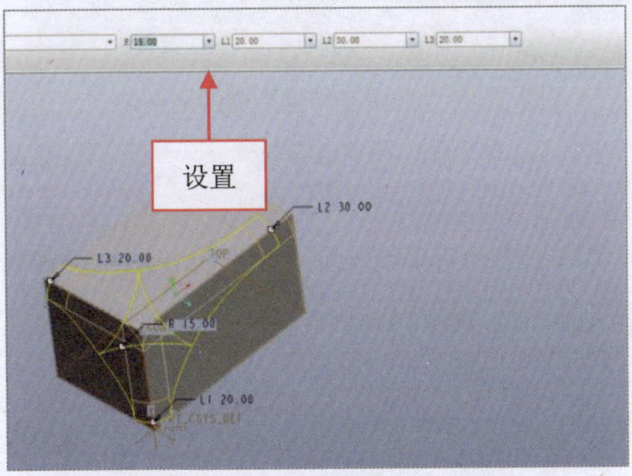

图 5-107　设置过渡曲面的各项参数

图 5-108　定义倒圆角过渡类型成功

5.5.3　完全倒圆角

通过指定对边可创建完全倒圆角，此时指定对边所构成的曲面会被删除，圆角的大小被该曲面所限制。创建倒圆角特征应注意以下几点。

- 如果使用边参照，则这些边参照必须有公共曲面。Pro/E Wildfire 5.0 可通过转换一个倒圆角集内的两个倒圆角来创建完全倒圆角。
- 如果使用两个曲面参照，必须选取第三个曲面作为“驱动曲面”。此曲面决定倒圆角的位置，有时还决定其大小。Pro/E Wildfire 5.0 会使用圆部分替换此公共曲面来创建曲面至曲面完全倒圆角。
- 可为实体或曲面几何创建完全倒圆角。
- 两个以上的边参照以同一曲面为边界时，不能创建完全倒圆角。
- 要定义的倒圆角具有“圆锥”截面形状时，不能创建完全倒圆角。

➢ 已经使用“垂直于骨架”创建了要定义的倒圆角时，不能创建完全倒圆角。

创建倒圆角特征的具体操作步骤如下。

创建倒圆角特征

Step 01 打开素材文件，进入 Pro/E Wildfire 5.0 的工作界面，单击“倒圆角”按钮，如图 5-109 所示。

Step 02 选中实体模型中的两条边，如图 5-110 所示，将其作为倒圆角的参照。

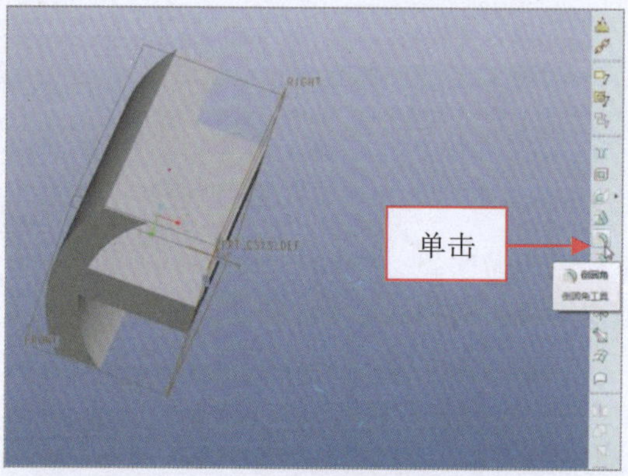

图 5-109　单击“倒圆角”按钮

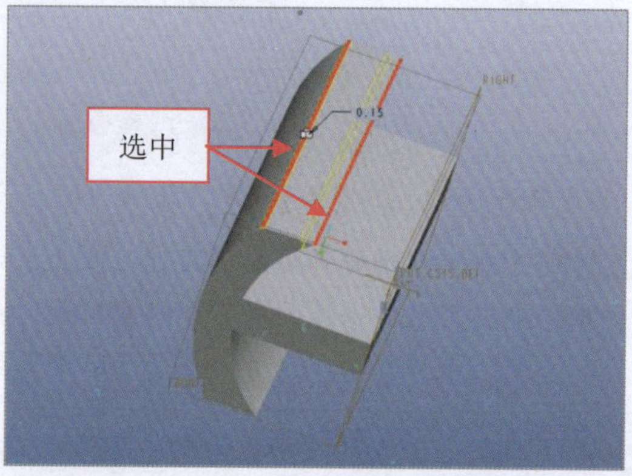

图 5-110　选中实体模型中的两条边

Step 03 在倒圆角操作面板中，单击“集”按钮，在弹出的“集”面板中，单击“完全倒圆角”按钮，如图 5-111 所示。

Step 04 单击倒圆角操作面板右侧的✓按钮，如果实体模型的形状发生了变化，就说明完全倒圆角创建成功了，如图 5-112 所示。

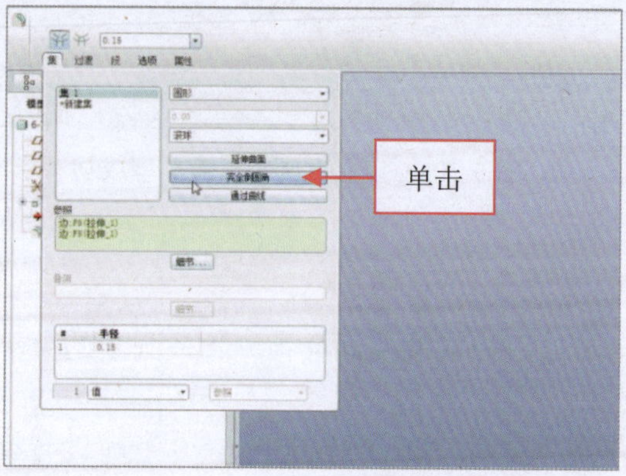

图 5-111　单击“完全倒圆角”按钮

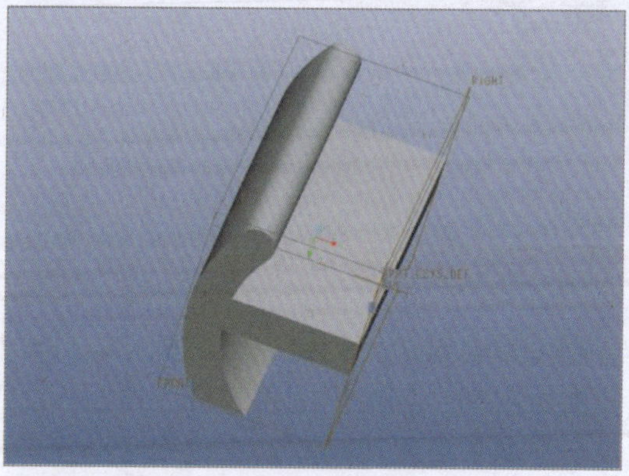

图 5-112　完全倒圆角创建成功

5.6　倒角特征

倒角在机械设计中经常应用到，它是对边或拐角定点进行斜切削的特征。倒圆角特征分为两种类型：一种是边倒角；另一种为拐角倒角。这一节来讲解这两种倒角的创建方法。

5.6.1　边倒角

创建边倒角

创建边倒角的具体操作步骤如下。

Step 01　打开素材文件，进入 Pro/E Wildfire 5.0 的工作界面，单击“边倒角”按钮，如图 5-113 所示。

Step 02　选中实体模型中要作为参照的边（不要直接选中平面），如图 5-114 所示。

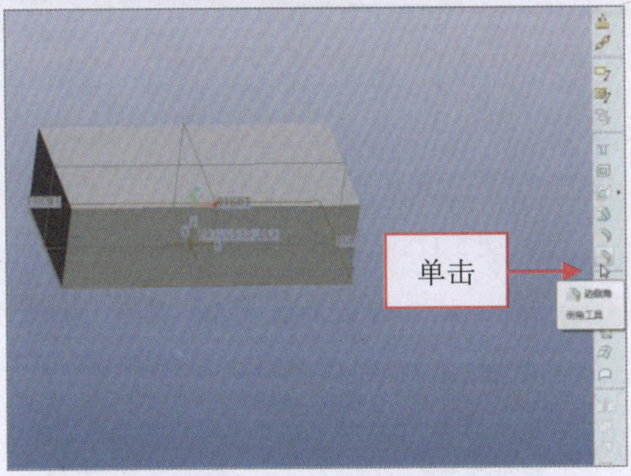

图 5-113　单击“边倒角”按钮

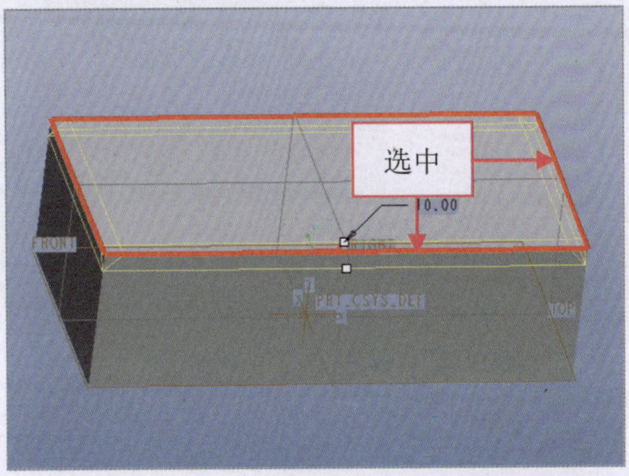

图 5-114　选中实体模型中要作为参照的边

Step 03　在倒角操作面板中，选择边倒角的某种标准形式，如 D × D，设置 D 的数值，如图 5-115 所示。

Step 04　单击倒角操作面板右侧的按钮，如果实体模型的形状发生了变化，就说明边倒角创建成功了，如图 5-116 所示。

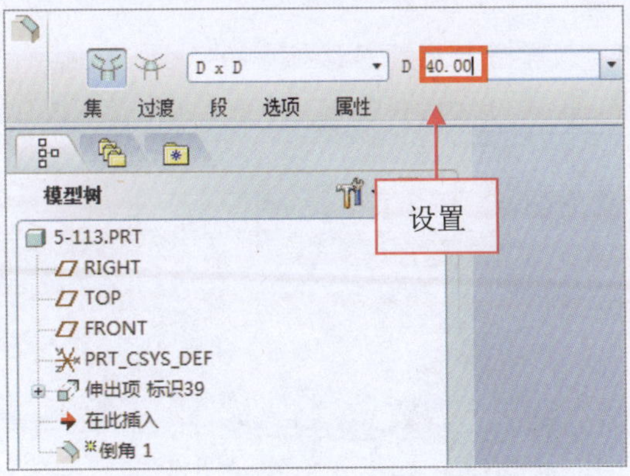

图 5-115　设置 D 的数值

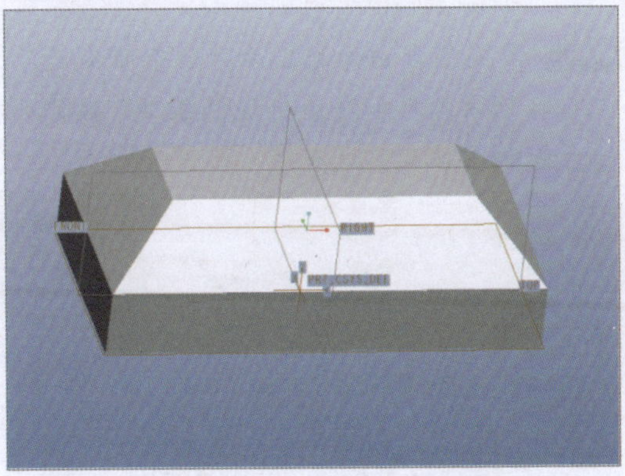

图 5-116　完全倒圆角创建成功

5.6.2　拐角倒角

创建拐角倒角

拐角倒角是一种特殊的倒角，其具体操作步骤如下。

Step 01　打开素材文件，进入 Pro/E Wildfire 5.0 的工作界面，“插入” | “倒角” | “拐角倒角”命令，如图 5-117 所示，会弹出“拐角”对话框。

Step 02 选中实体模型中要作为参照的边，会弹出“菜单管理器”对话框，选择对话框中的“输入”选项，如图 5-118 所示，设置“选出/输入”信息。

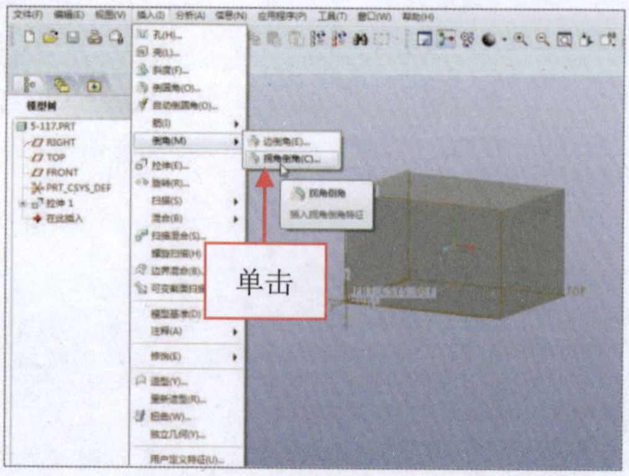

图 5-117 单击“拐角倒角”命令

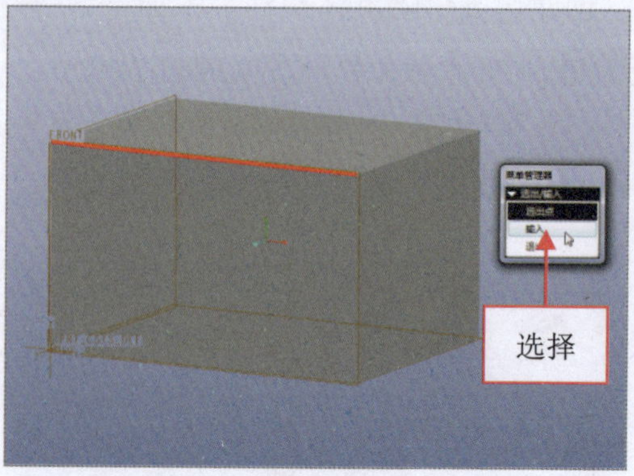

图 5-118 选择“输入”选项

Step 03 在弹出的“输入沿加亮边标注的长度”操作面板中，输入标注的长度值，单击“接受值”按钮☑，如图 5-119 所示。

图 5-119 单击“接受值”按钮☑（1）

Step 04 系统会自动加亮显示第 2 条相交边，选择“菜单管理器”对话框中的“输入”选项，在“输入沿加亮边标注的长度”操作面板中，输入标注的长度值，单击“接受值”按钮☑，如图 5-120 所示。

Step 05 系统会自动加亮显示第 3 条相交边，选择“菜单管理器”对话框中的“输入”选项，在“输入沿加亮边标注的长度”操作面板中，输入标注的长度值，单击“接受值”按钮☑，如图 5-121 所示。

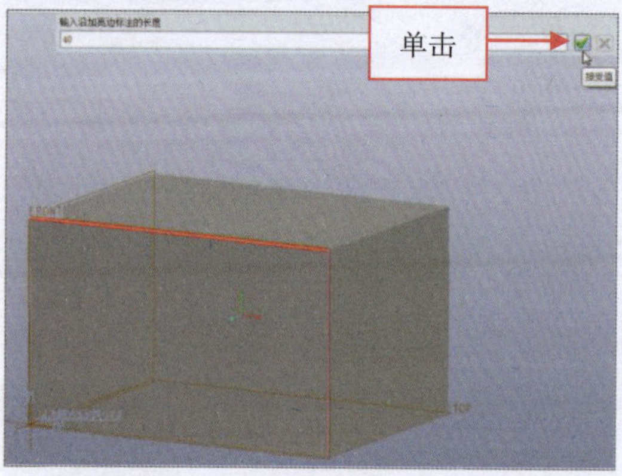

图 5-120 单击“接受值”按钮☑（2）

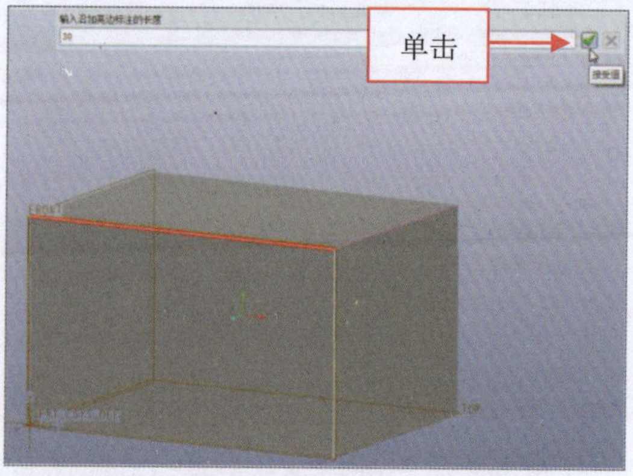

图 5-121 单击“接受值”按钮☑（3）

Step 06 单击“倒角（拐角）：拐角”对话框中的“确定”按钮，如图 5-122 所示，确定设置的各项信息。

Step 07 如果实体模型的形状发生了变化，就说明拐角倒角创建成功了，如图 5-123 所示。

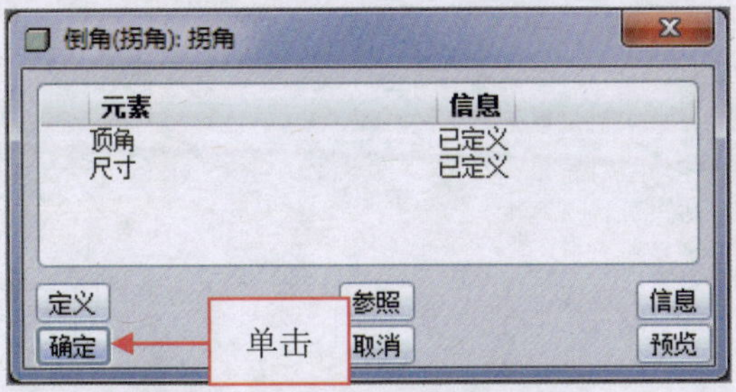

图 5-122 单击“确定”按钮

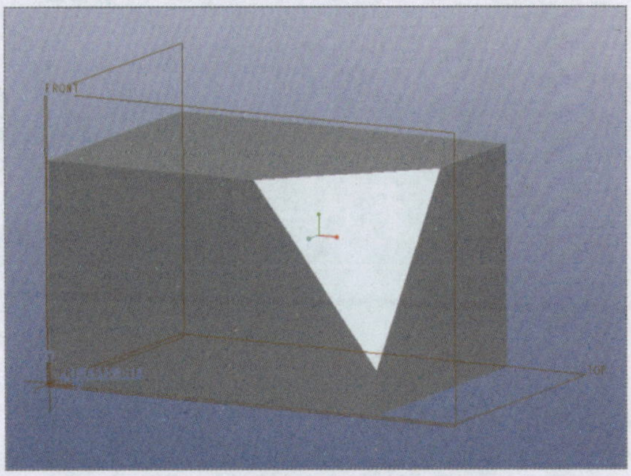

图 5-123 拐角倒角创建成功

本章小结

本章主要向读者介绍了 Pro/E Wildfire 5.0 工程特征的创建技巧，帮助读者了解各种创建工程特征的基础知识和创建方法，如孔特征、壳特征、筋特征、拔模特征、倒圆角特征和倒角特征的创建等。希望读者通过对本章的学习，能够在 Pro/E Wildfire 5.0 中快速创建出相关的工程特征。

课后习题

课后习题

鉴于本章知识的重要性，为了帮助读者更好地掌握所学知识，本节将通过上机习题，帮助读者进行简单的知识回顾和补充。

本习题需要掌握在 Pro/E Wildfire 5.0 中创建边倒角特征的方法。用户可以将素材中上表面的四条边作为参照，创建边倒角特征，效果如图 5-124 所示。

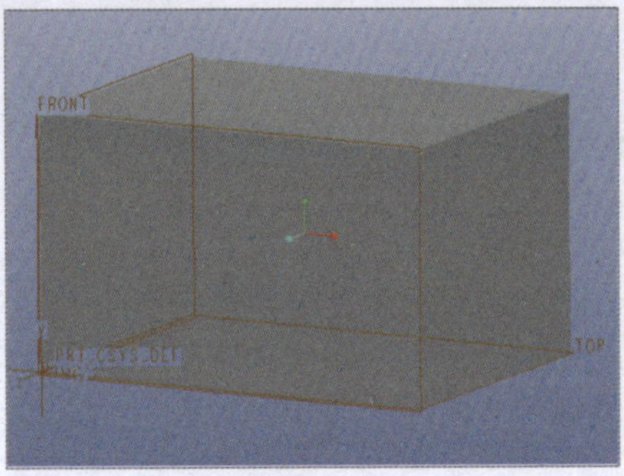

（a）

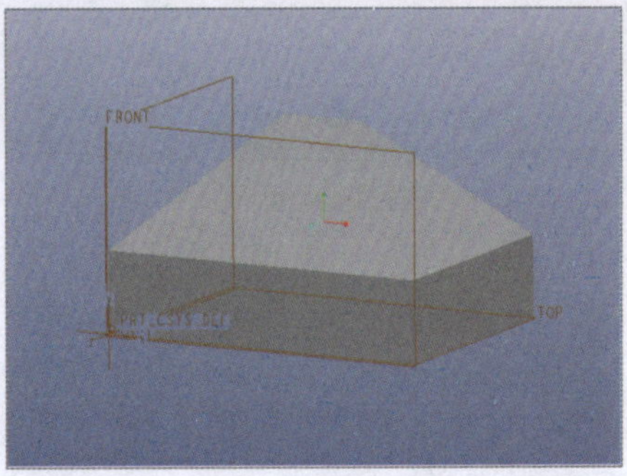

（b）

图 5-124 将素材中上表面的四条边作为参照创建边倒角特征的效果

第 6 章 模型特征的编辑

中文版 ProE Wildfire 5.0 在原始特征的基础上进行复制粘贴、镜像、移动、阵列或曲面合并等诸如此类的操作而产生的特征，被称之为编辑特征。本章将重点讲解模型特征的编辑技巧，帮助用户快速完成实体模型的调整。

本章重点

- 复制特征
- 镜像、移动特征
- 阵列特征
- 偏移特征
- 曲面生成实体特征

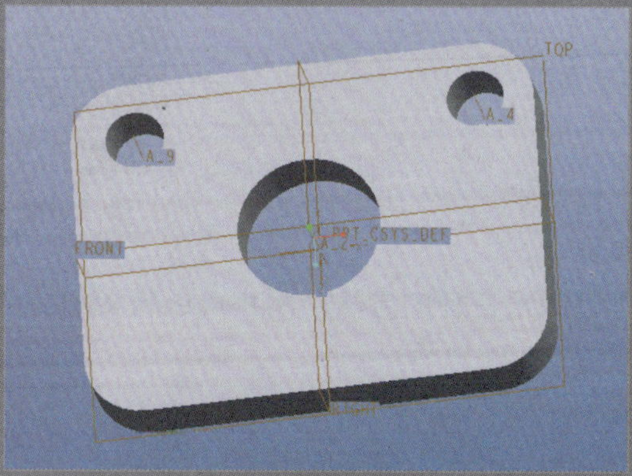

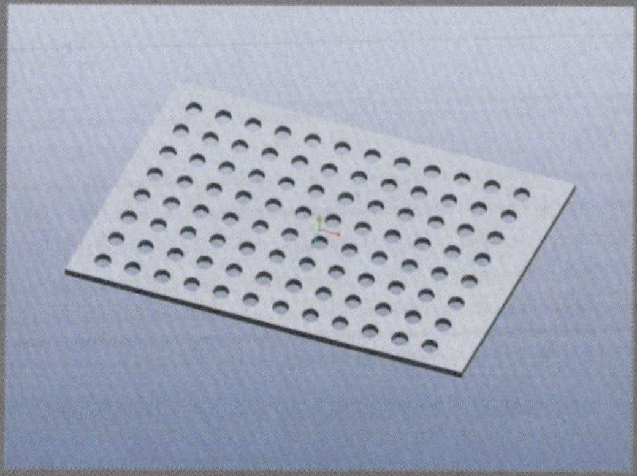

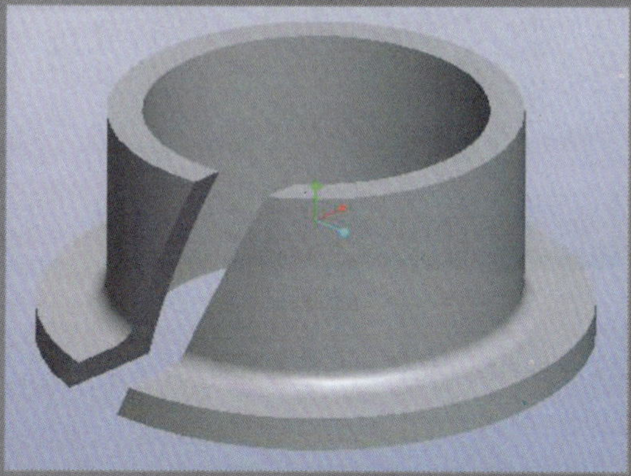

6.1　复制特征

复制和粘贴的命令位于“编辑”菜单中，同时系统也提供了快捷方式的按钮。只有选择特征后，才可以激活“复制”命令，只有单击了“复制”命令后，才能够使用“粘贴”和“选择性粘贴”命令。“选择性粘贴”对话框中包括五个选项，各选项的含义如下。

- **从属副本：**复制特征从属于原始特征的尺寸或草绘，或完全从属于原始特征的所有属性、元素和参数。缺省情况下会选取此选项，如果取消“从属副本”复选框，则可创建原始特征或特征集的独立副本。
- **完全从属于要改变的选项：**是指创建完全从属于原始特征的所有属性、元素和参数的原始特征副本，但允许改变尺寸、注释、参数、草绘和参照的从属关系。可将配置选项 default_dep_copy_option（缺省的深度复制选项）设置为 full_dep（完整的深度），以使其成为“从属副本”的缺省复制选项。
- **仅尺寸和注释元素细节：**创建原始特征的副本，但仅在原始特征的尺寸或草绘（或两者）、或者注释元素上设置从属关系，此选项为“从属副本”的缺省选项。当“从属副本”及其选项对于某些特征（如阵列）不可用时，可使用“使副本从属于原件尺寸”选项。
- **对副本应用移动/旋转变换：**通过平移或旋转来移动副本，可以创建特征的完全从属移动副本。跨模型粘贴特征时此选项不可用。此选项对于所有阵列类型可用，包括曲线阵列和转换阵列，如方向、轴或填充，但对于组阵列或阵列的阵列不可用。
- **高级参照配置：**使用原始参照或新参照在同一模型中或跨模型粘贴复制的特征。列出原始特征的参照，并允许保留这些参照或在粘贴的特征中将其替换为新参照。它允许在粘贴复制的特征时重定和替换参照，而不是在完成复制粘贴后再单独重定参照。

选择要复制的特征，单击“复制”按钮后，可以根据设计需要来单击“粘贴”按钮和“选择性粘贴”按钮，如果单击“粘贴”按钮，可以在弹出的操作面板中，重定义复制特征；如果单击“选择性粘贴”按钮，则系统允许通过新参照替换原始参照来影射复制特征的参照，总的来说可以创建以下四种类型的特征参照。

- 创建特征的完全从属副本，带有因原始特征的具体元素或属性（例如，尺寸、草绘、注释元素、参照和参数）而异的从属关系。
- 创建仅从属于尺寸或草绘（或两者）以及注释元素的特征的副本。
- 保留原始特征的参照，或使用复制实例中的新参照替换原始参照。
- 对粘贴实例应用进行移动或旋转变换操作。

这一节就为用户介绍复制特征的相关操作技巧。

6.1.1　复制和粘贴

利用“复制”和“粘贴”命令来复制特征，其具体操作步骤如下。

复制和粘贴

Step 01 打开素材文件，进入 Pro/E Wildfire 5.0 的工作界面，选中实体模型中的某个部分，如实体模型的某个孔特征，单击“复制（Ctrl+C）”按钮，如图 6-1 所示，复制孔特征。

Step 02 单击“粘贴（Ctrl+V）”按钮，如图 6-2 所示，会弹出拉伸操作面板。

Step 03 单击拉伸操作面板中的“放置”按钮，会弹出对应面板，单击面板中的“编辑...”按钮，如图 6-3 所示，编辑内部草绘信息。

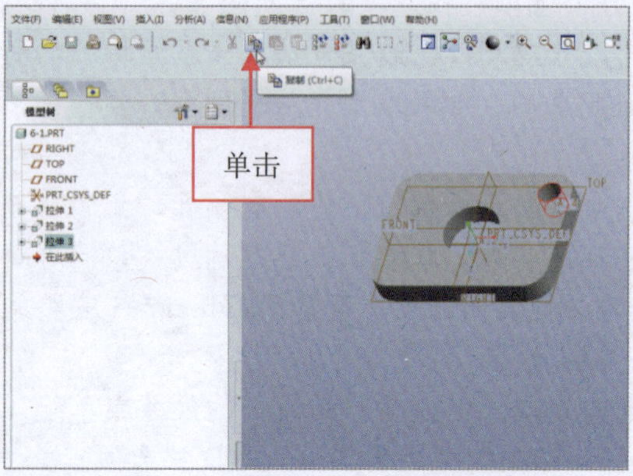

图 6-1　单击“复制（Ctrl+C）”按钮

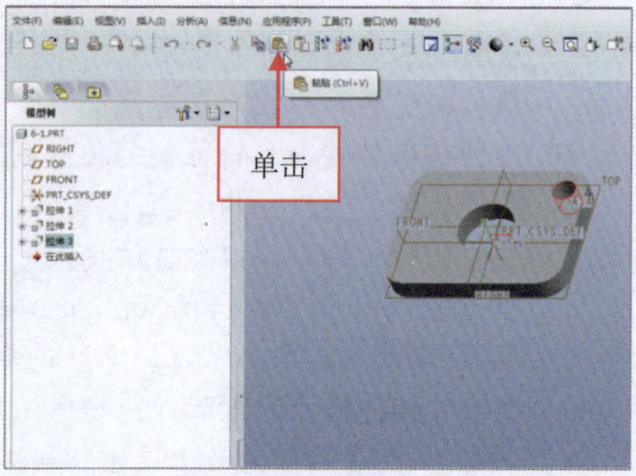

图 6-2　单击“粘贴（Ctrl+V）”按钮

Step 04 选中孔特征所在的上表面作为草绘平面，单击弹出的“草绘”对话框中的“草绘”按钮，如图 6-4 所示。

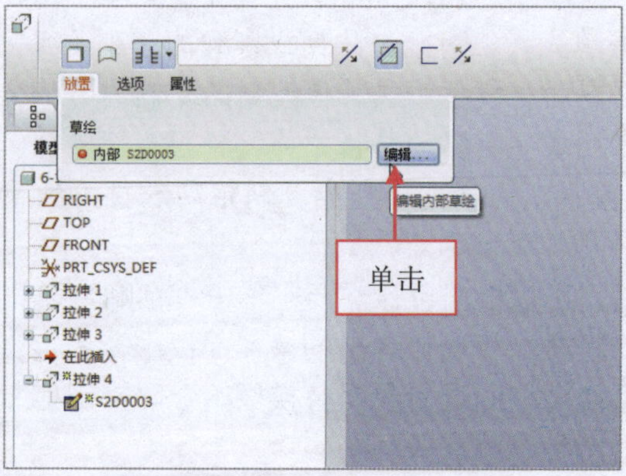

图 6-3　单击“编辑...”按钮

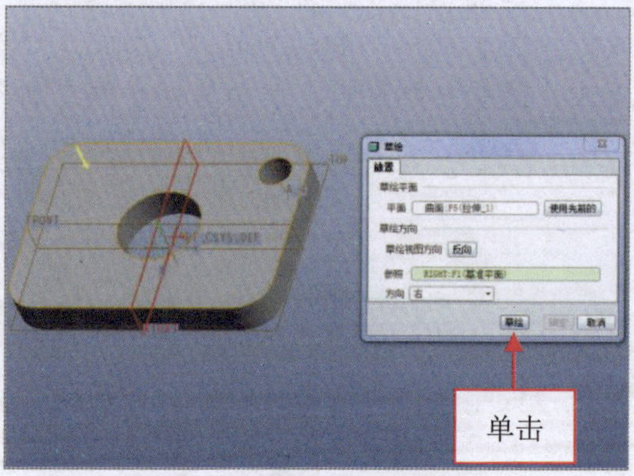

图 6-4　单击“草绘”按钮

Step 05 进入草绘模式，移动鼠标光标，在实体模型截面的对应位置单击鼠标左键，放置复制的截面，单击“完成”按钮，如图 6-5 所示，退出草绘模式。

Step 06 实体模型中将显示放置截面的范围和代表拉伸方向的箭头，如图 6-6 所示。

Step 07 单击拉伸操作面板右侧的按钮，如果实体模型的对应位置出现了新的孔特征，就说明对应特征复制成功了，如图 6-7 所示。

Step 08 可能从图 6-7 中很难看出复制特征的立体效果，此时可以按下鼠标滚轮并移动鼠标光标，查看其他角度的显示效果，如图 6-8 所示。

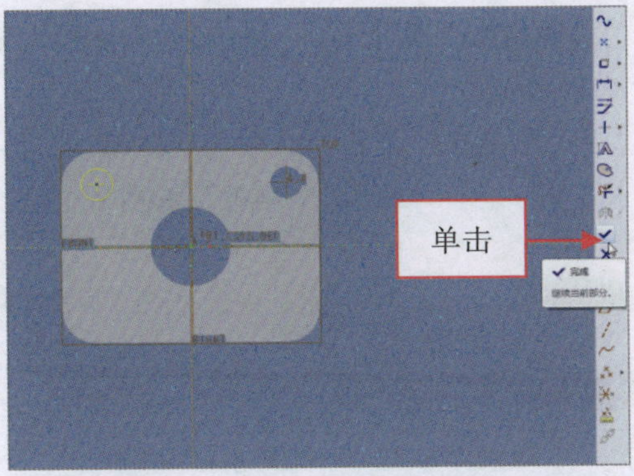

图 6-5　单击“完成”按钮

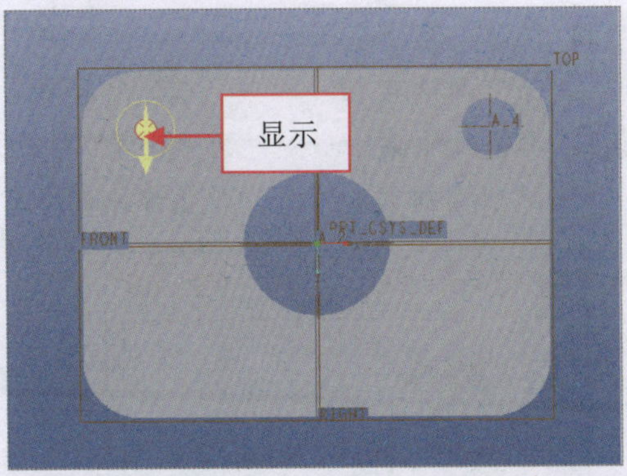

图 6-6　显示放置截面的范围和代表拉伸方向的箭头

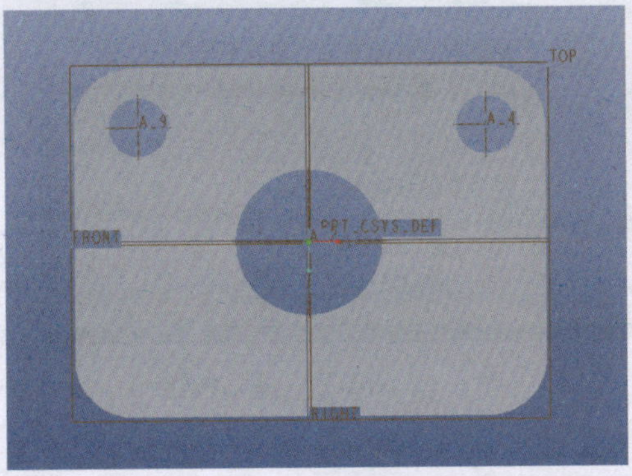

图 6-7　孔特征复制成功

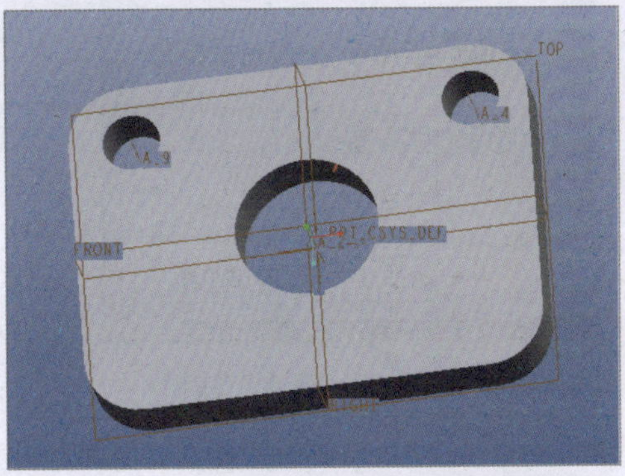

图 6-8　查看其他角度的显示效果

6.1.2　复制和选择性粘贴——平移特征

平移特征，即对实体模型中的相关特征进行水平移动，复制和旋转性粘贴平移特征的具体操作步骤如下。

复制和选择性粘贴——平移特征

Step 01　打开素材文件，进入 Pro/E Wildfire 5.0 的工作界面，选中实体模型中的某个部分，如实体模型的某个孔特征，单击“复制（Ctrl+C）”按钮，如图 6-9 所示，复制孔特征。

Step 02　单击“选择性粘贴”按钮，如图 6-10 所示。

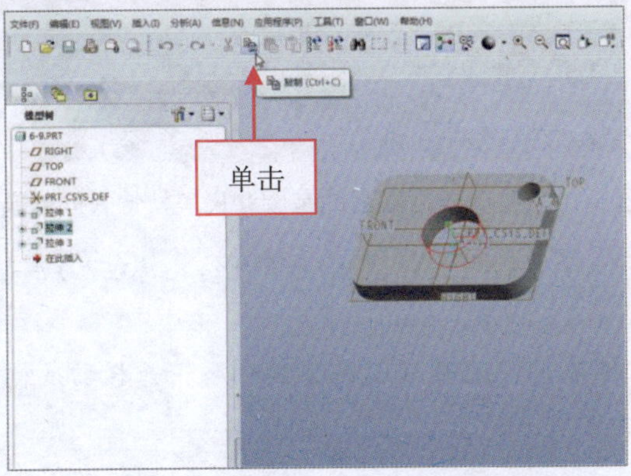

图 6-9　单击“复制（Ctrl+C）”按钮

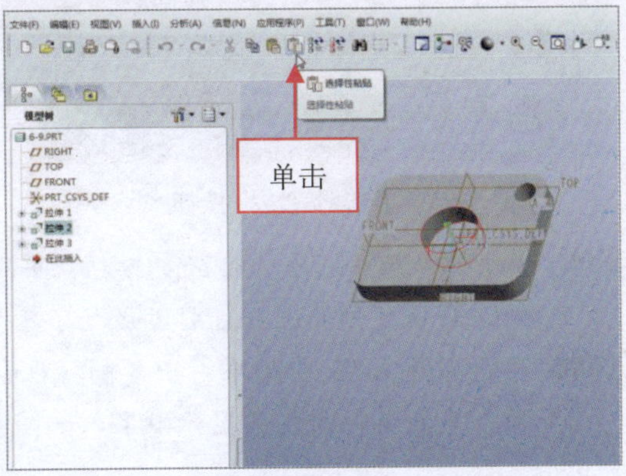

图 6-10　单击“选择性粘贴”按钮

Step 03 在弹出的“选择性粘贴”对话框中，选中“从属副本”复选框和“仅尺寸和注释元素细节”单选按钮，单击“确定”按钮，如图 6-11 所示。

Step 04 单击拉伸操作面板中的“放置”按钮，会弹出对应面板，单击面板中的“编辑...”按钮，编辑内部草绘信息。单击弹出的“草绘编辑”对话框中的“是”按钮，如图 6-12 所示。

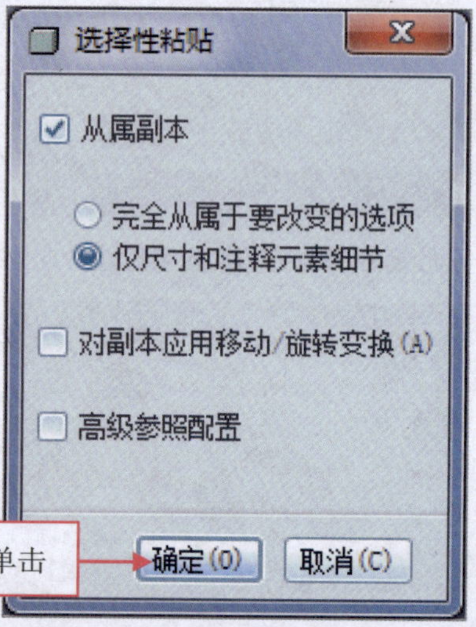

图 6-11　单击“确定”按钮

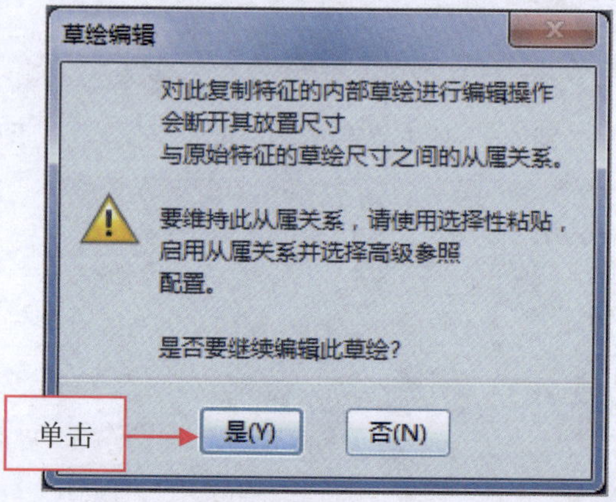

图 6-12　单击“是”按钮

Step 05 选中孔特征所在的上表面作为草绘平面，单击弹出的“草绘”对话框中的“草绘”按钮。进入草绘模式，移动鼠标光标，在实体模型截面的对应位置单击鼠标左键，放置复制的截面，单击“完成”按钮，如图 6-13 所示，退出草绘模式。

Step 06 实体模型中将显示放置截面的范围和代表拉伸方向的箭头，如图 6-14 所示。

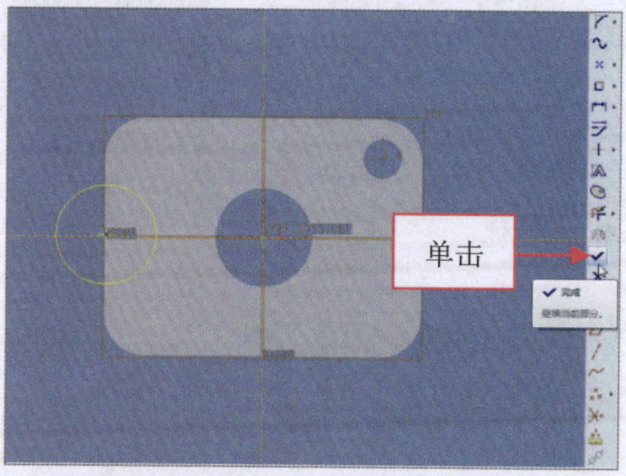

图 6-13　单击“完成”按钮

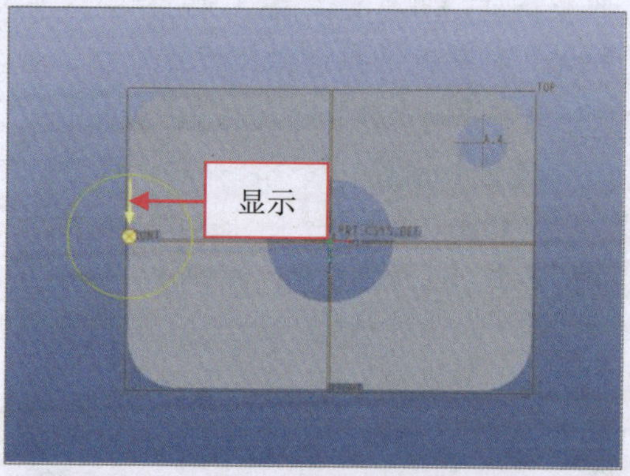

图 6-14　显示放置截面的范围和代表拉伸方向的箭头

Step 07 单击拉伸操作面板右侧的按钮，如果实体模型的对应位置出现了新的孔特征，就说明对应特征复制和选择性粘贴成功了，如图 6-15 所示。

Step 08 可能从图 6-15 中很难看出复制特征的立体效果，此时可以按下鼠标滚轮并移动鼠标光标，查看其他角度的显示效果，如图 6-16 所示。

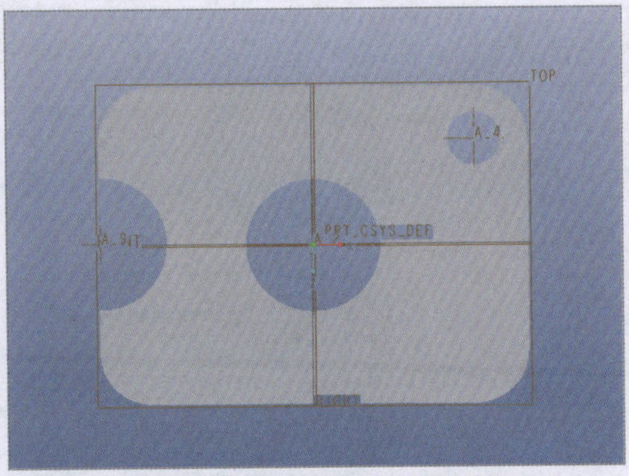

图 6-15　孔特征复制和选择性粘贴成功

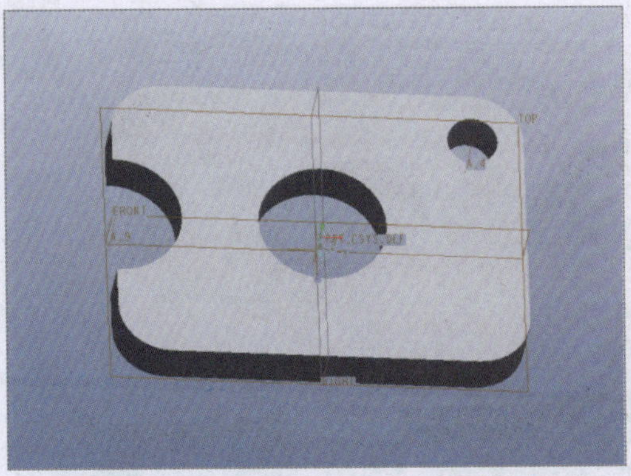

图 6-16　查看其他角度的显示效果

6.1.3　复制和选择性粘贴——旋转特征

旋转特征，即对实体模型中的相关特征进行旋转，复制和旋转性粘贴旋转特征的具体操作步骤如下。

复制和选择性粘贴——旋转特征

Step 01 打开素材文件，进入 Pro/E Wildfire 5.0 的工作界面，选中实体模型中的某个部分，如实体模型的某个孔特征，单击“复制（Ctrl + C）”按钮，复制孔特征。单击“选择性粘贴”按钮，在弹出的“选择性粘贴”对话框中，选中“从属副本”复选框、“仅尺寸和注释元素细节”单选按钮和“从副本应用移动/旋转变换（A）”复选框，单击“确定”按钮，如图 6-17 所示。

Step 02 在弹出的旋转操作面板中，单击“相对选定参照旋转特征”按钮，如图 6-18 所示，确定旋转的参照方式。

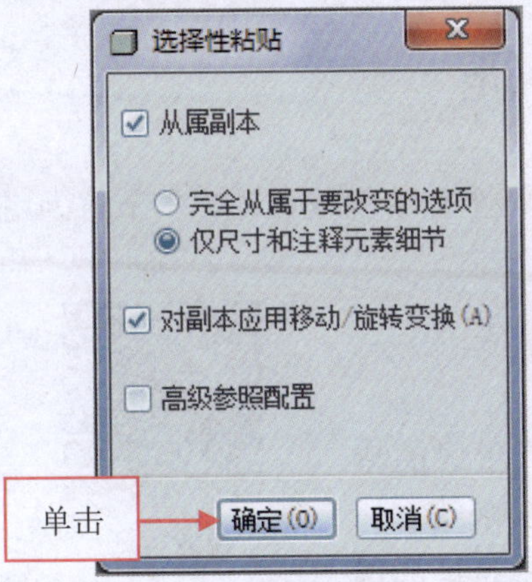

图 6-17　单击“确定”按钮

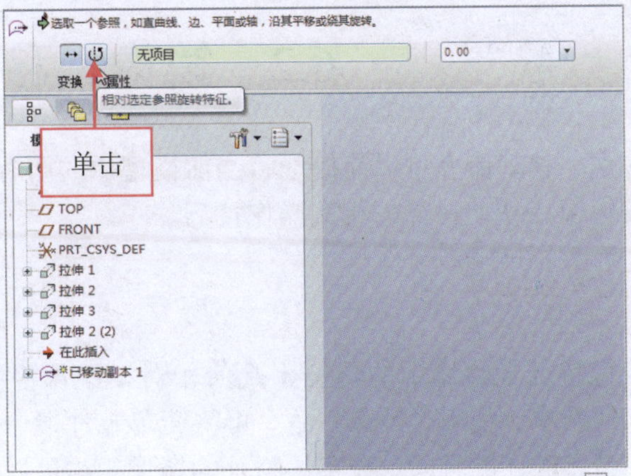

图 6-18　单击“相对选定参照旋转特征”按钮

Step 03 选中某条线或轴作为旋转变换中心线，如 A_2 轴，如图 6-19 所示。

Step 04 设置旋转角度为 180.00，预览复制特征的旋转效果，如图 6-20 所示。

Step 05 单击旋转操作面板右侧的✓按钮，如果实体模型的对应位置出现了新的孔特征，就说明对应特征复制和选择性粘贴成功了，如图 6-21 所示。

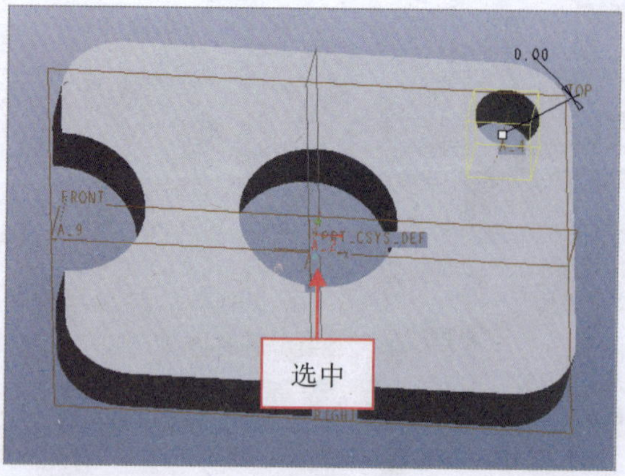

图 6-19　选中 A_2 轴

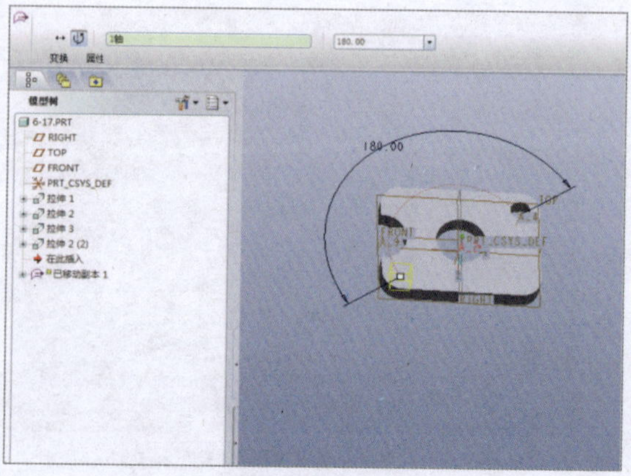

图 6-20　预览复制特征的旋转效果

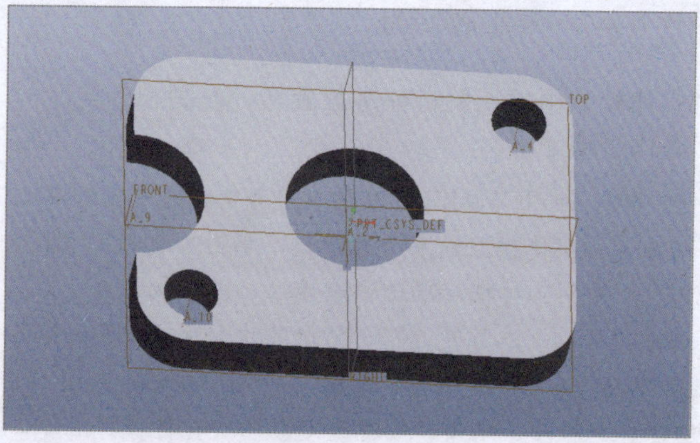

图 6-21　孔特征复制和选择性粘贴成功

6.2　镜像、移动特征

镜像、移动命令可以简捷地将当前模型中的所有几何特征全部镜像或移动，本节将为用户讲解镜像、移动特征的相关操作技巧。

6.2.1　镜像特征

镜像特征

镜像特征是将选定的特征、几何相对于镜像平面投影而生成的特征、几何副本。使用“镜像”命令可将简单零件镜像到较为复杂的设计中去，节省操作的时间。在实体特征的镜像中，可以设置镜像特征的尺寸是否与原始项目关联；而对于一些基准、曲线等项目，可以设定在镜像操作后只显示新的镜像特征而隐藏原始特征。创建镜像特征的基本操作步骤如下。

Step 01　打开素材文件，进入 Pro/E Wildfire 5.0 的工作界面，选中实体模型中要镜像的特征，单击“镜像”按钮，如图 6-22 所示，会弹出镜像操作面板。

Step 02　选中镜像的参照平面，如 TOP 平面，如图 6-23 所示。

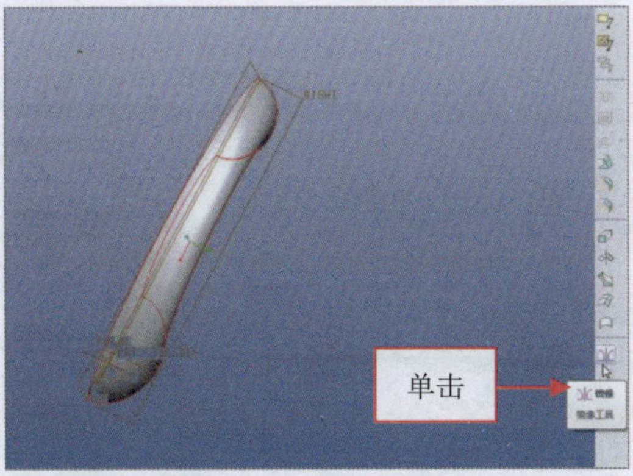

图 6-22　单击“镜像”按钮

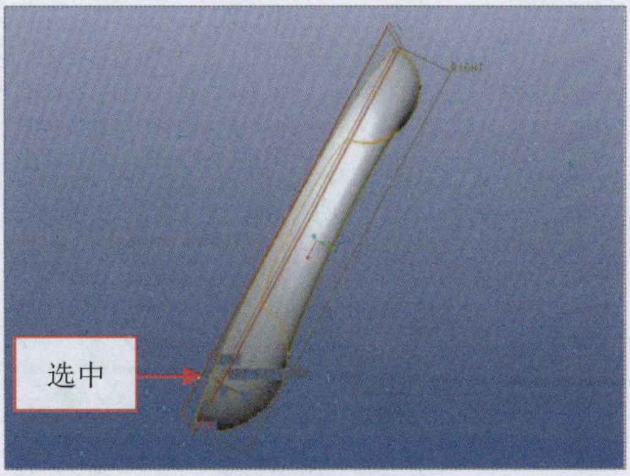

图 6-23　选中 TOP 平面

Step 03 单击镜像操作面板中的“选项”按钮，在弹出的列表框中，取消选中“复制为从属项”复选框，如图 6-24 所示。

Step 04 单击镜像操作面板右侧的按钮，如果实体模型的对应位置出现了新的部分，就说明创建镜像特征成功了，如图 6-25 所示。

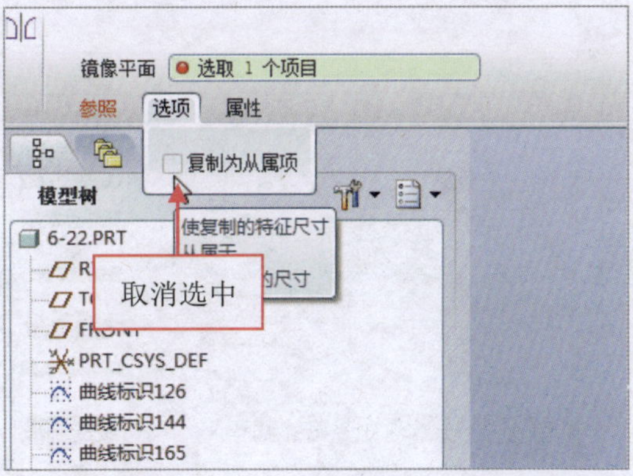

图 6-24　取消选中“复制为从属项”复选框

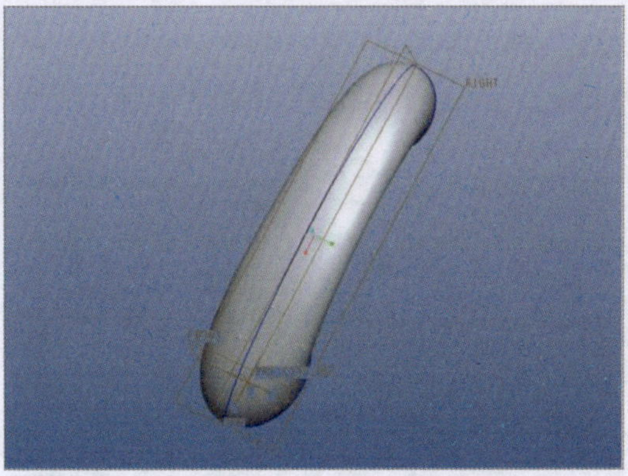

图 6-25　创建镜像特征成功

6.2.2　移动特征

移动特征

“特征操作”命令可以在指定的位置上复制得到与原有特征相同的副本，也可以对特征的尺寸数值进行更改从而得到不同的特征。单击“编辑”|“特征操作”命令，在弹出的“菜单管理器”中选择“复制”选项，会弹出“复制特征”菜单管理器。在“复制特征”菜单管理器中，用户还可以以“新参照”“相同参照”“镜像”和“移动”方式来复制原始特征。

例如，借助“移动”功能可以平移、旋转和复制相关的特征，其操作步骤如下。

Step 01 打开素材文件，进入 Pro/E Wildfire 5.0 的工作界面，单击“编辑”|“特征操作”命令，如图 6-26 所示。

Step 02 在弹出的“菜单管理器”对话框中，依次选择“复制”“移动”“选取”“独立”和“完成”选项，如图 6-27 所示，完成特征的设置。

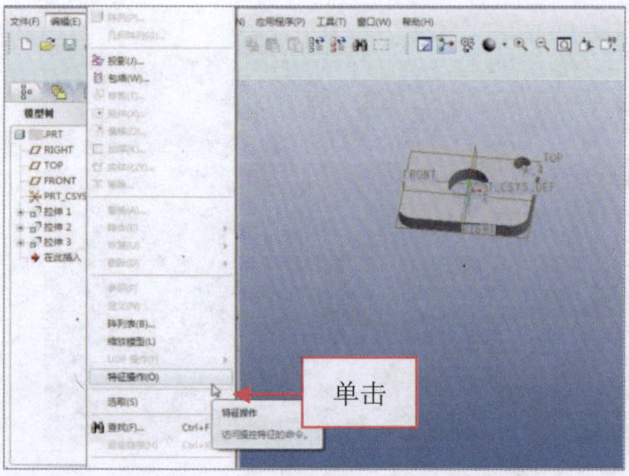

图 6-26　单击“特征操作”命令

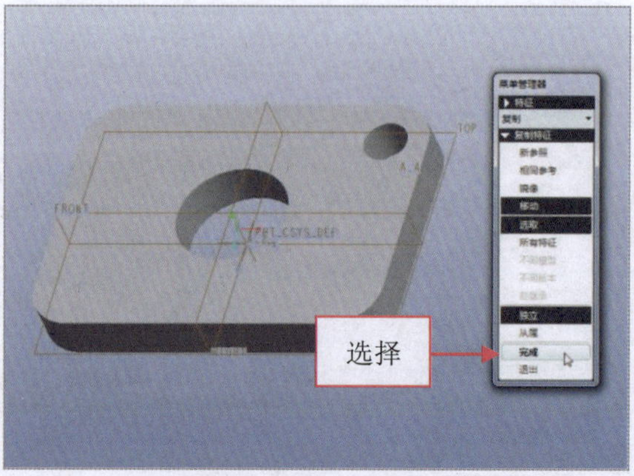

图 6-27　选择“完成”选项（1）

Step 03 选中实体模型中的对应孔特征，选择对话框中的“完成”选项，如图 6-28 所示，确定选取特征。

Step 04 依次选择“菜单管理器”对话框中的“旋转”和“坐标系”选项，在实体模型中选择缺省坐标系，选择对话框中的“Z 轴”和“确定”选项，如图 6-29 所示，设置对话框中的相关信息。

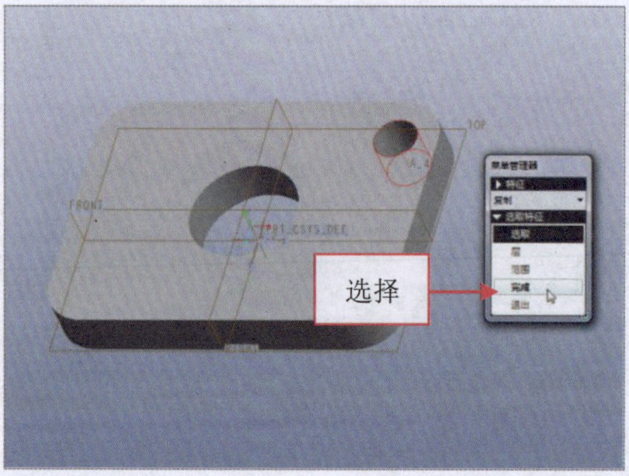

图 6-28　选择“完成”选项（2）

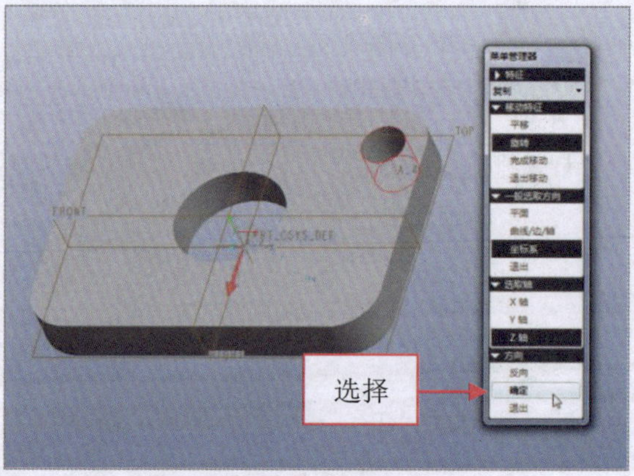

图 6-29　选择“确定”选项（1）

Step 05 在弹出的“输入旋转角度”面板中，输入旋转角度的数值，单击“接受值”按钮，如图 6-30 所示。

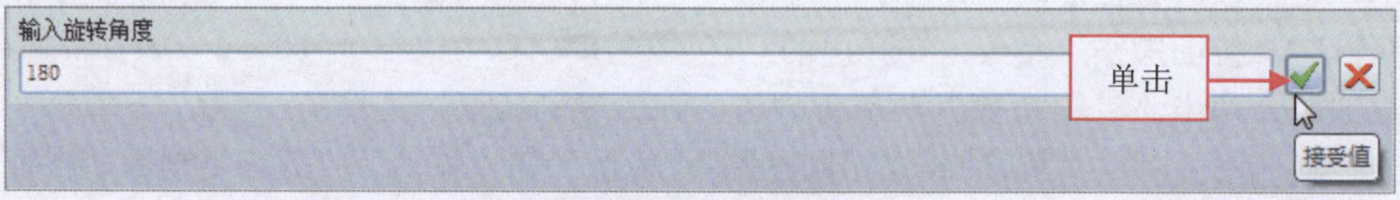

图 6-30　单击“接受值”按钮（1）

Step 06 在“菜单管理器”对话框中选择“平移”和“平面”选项，选中 TOP 平面，将其作为参照平面，选择“确定”选项，如图 6-31 所示。

Step 07 在弹出的“输入偏移距离”面板中输入偏移距离的数值，选择“完成移动”选项，如图 6-32 所示。

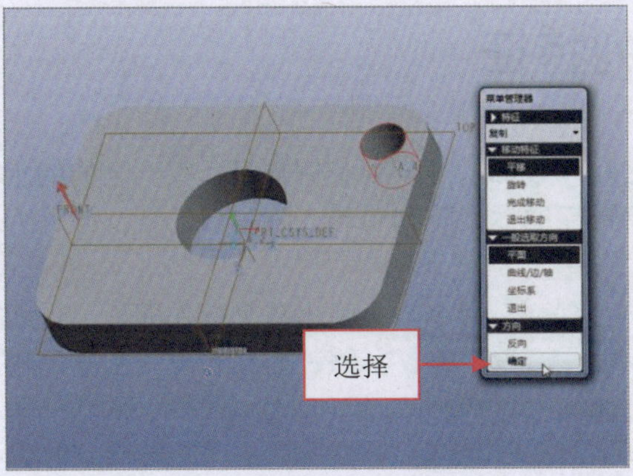

图 6-31　选择“确定”选项（2）

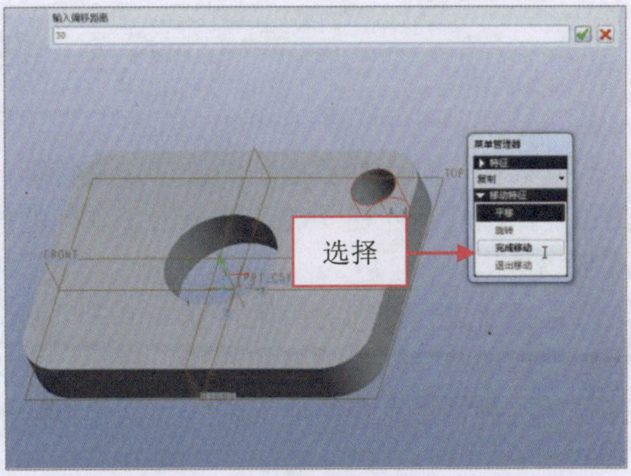

图 6-32　选择“完成移动”选项

Step 08 会弹出“组元素”和“菜单管理器”对话框，选中“菜单管理器”对话框中 Dim 1 前方的复选框，选择“完成”选项，如图 6-33 所示，完成组可变尺寸的设置。

Step 09 在弹出的“输入 Dim 1”面板中，输入 Dim 1 的数值，单击“接受值”按钮，如图 6-34 所示。

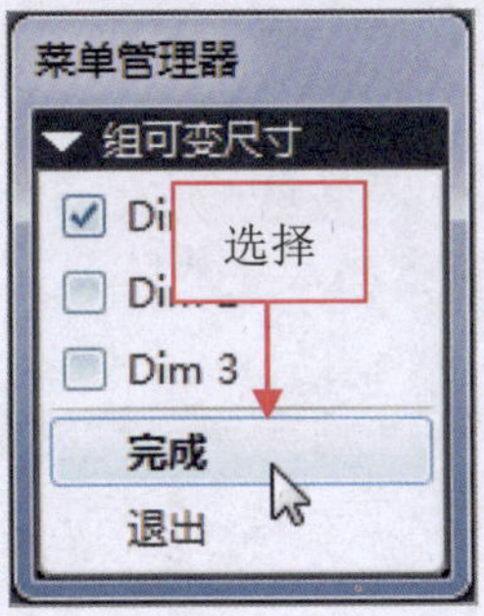

图 6-33　选择“完成”选项（3）

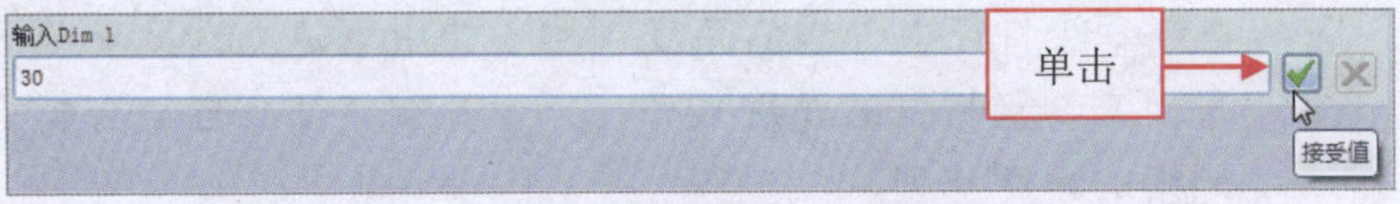

图 6-34　单击“接受值”按钮（2）

Step 10 单击“组元素”对话框中的“确定”按钮，如图 6-35 所示。

Step 11 如果实体模型中出现了新的孔特征，就说明通过移动和旋转创建特征成功了，如图 6-36 所示。

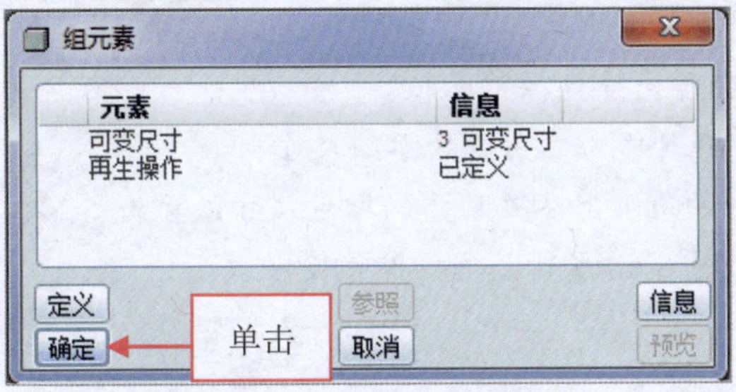

图 6-35　单击“确定”按钮

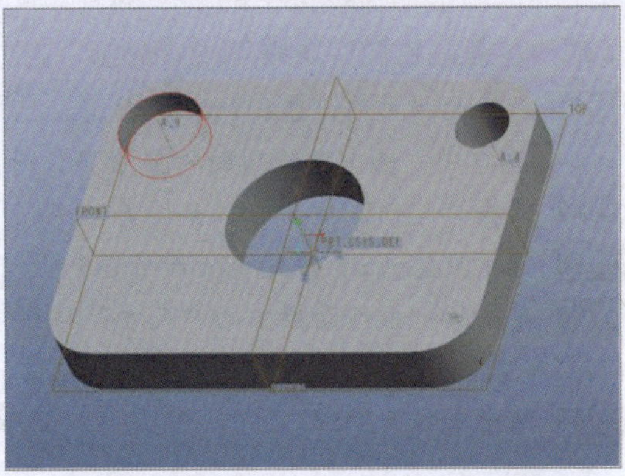

图 6-36　通过移动和旋转创建特征成功

6.3 阵列特征

阵列是一种由参数控制的快速定义特征，这些参数可以是阵列实例数目、实例之间的距离以及原始特征的尺寸等。选定用于阵列的原始特征被称为阵列引导，阵列后的特征被称为阵列成员。

选择要进行阵列的原始特征，单击“编辑”|“阵列”命令，会弹出阵列操作面板，该面板中展示了八种创建阵列的方法：尺寸、方向、轴、填充、表、参照、曲线和点。由于篇幅有限，本节将重点介绍前三种阵列创建方法的具体操作技巧。

6.3.1 创建尺寸阵列

创建尺寸阵列时，可选取特征尺寸，并指定这些尺寸的增量变化以及阵列中的特征实例数。“尺寸”阵列可以是单向阵列（如孔的线性阵列），也可以是双向阵列（如孔的矩形阵列）。换句话说，双向阵列将实例放置在行和列中。根据所选取的要更改尺寸，阵列可以是线性的或角度的。创建尺寸阵列应注意以下几点。

- 可以使用一个特征来作为只用于单一阵列的阵列导引，创建该阵列后，该导引就变成阵列零件，不能再独立操作。
- 创建阵列导引后，要考虑可能需要指定增量位置的尺寸。对于旋转阵列，一个特征必须有一个内置的角度尺寸；对于其他阵列，要创建一个带有重要尺寸的阵列导引，这些尺寸以后将用来控制增量的位置和大小。
- 控制草绘特征中心线的角度尺寸不能用于建立角度参照。可以使用异步创建的基准平面来设置特征的角度尺寸，异步基准特征会自动与特征归组在一起，然后可创建此组的角度阵列。
- 当选取阵列类型时，应考虑再生时间。对于简单阵列，使用“选项”面板中的“相同”或“变化”选项来加速模型的再生。
- 当需要改变实例数时，使用关系来控制实例的位置。在这种情况下，每当修改实例数后，系统会根据输入的公式来计算间距。

下面以创建笔筒模型中的笔斗为例，向用户介绍创建尺寸阵列的方法技巧，其具体操作步骤如下。

创建尺寸阵列

Step 01 打开素材文件，进入 Pro/E Wildfire 5.0 的工作界面，在“模型树”窗口中，选中要阵列的特征组，如图 6-37 所示。

Step 02 单击“阵列”按钮，如图 6-38 所示，会弹出阵列操作面板。

Step 03 选中数值为 36 的尺寸，如图 6-39 所示，将其作为方向 1 的参照尺寸。

Step 04 单击阵列操作面板中的“尺寸”按钮，将方向 1 上参照尺寸的增量尺寸设置为－24，在“方向 2”收集器中，单击鼠标左键，如图 6-40 所示，激活方向 2 收集器。

Step 05 选中数值为 50 的尺寸，如图 6-41 所示。

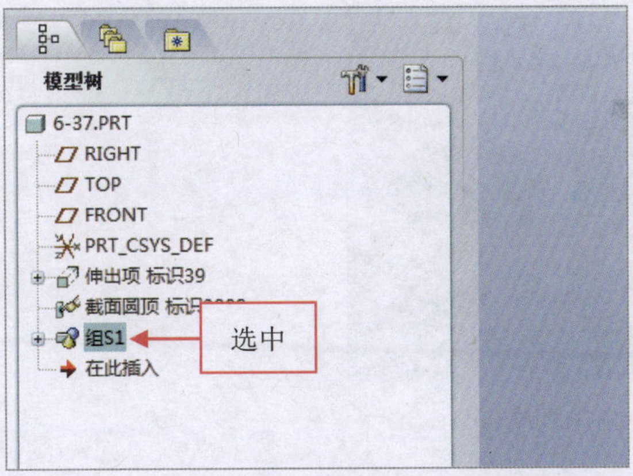

图 6-37　选中要阵列的特征组

图 6-38　单击“阵列”按钮

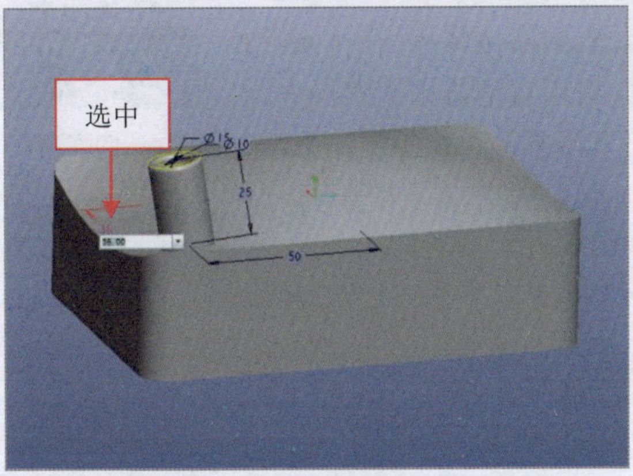

图 6-39　选中数值为 36 的尺寸

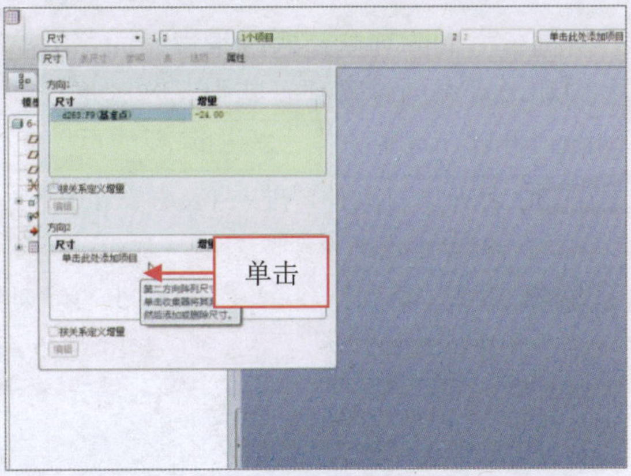

图 6-40　在“方向 2”收集器中单击鼠标左键

Step 06 将其作为方向 2 的参照尺寸，并设置其增量尺寸为 -25.00，设置方向 1 的阵列成员数为 4、方向 2 的阵列成员数为 5，如图 6-42 所示。

Step 07 单击阵列操作面板右侧的✓按钮，如果实体模型的形状出现了明显变化，就说明创建尺寸阵列成功了，如图 6-43 所示。

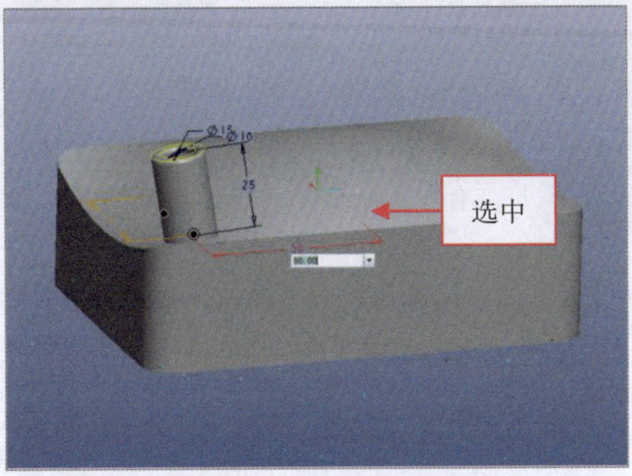

图 6-41　选中数值为 50 的尺寸

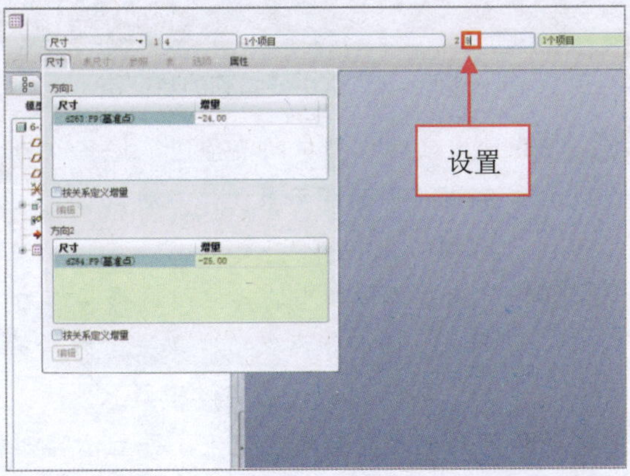

图 6-42　设置方向 1、2 的阵列成员数

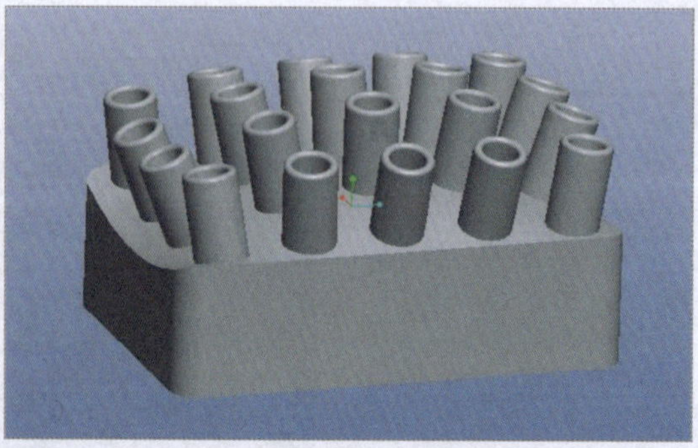

图 6-43　创建尺寸阵列成功

6.3.2　创建方向阵列

创建方向阵列就是通过指定方向，并拖动控制图柄设置阵列增长的方向和增量来创建阵列。其中，阵列增长的方向可由负增量来调整，方向阵列可以在选定方向上添加阵列成员。创建方向阵列的操作步骤如下。

创建方向阵列

Step 01 打开素材文件，进入 Pro/E Wildfire 5.0 的工作界面，在“模型树”窗口中，选中要阵列的特征组，如图 6-44 所示。

Step 02 单击“阵列”按钮，在弹出的阵列操作面板中，单击“尺寸”按钮，在弹出的列表框中，选择“方向”选项，如图 6-45 所示。

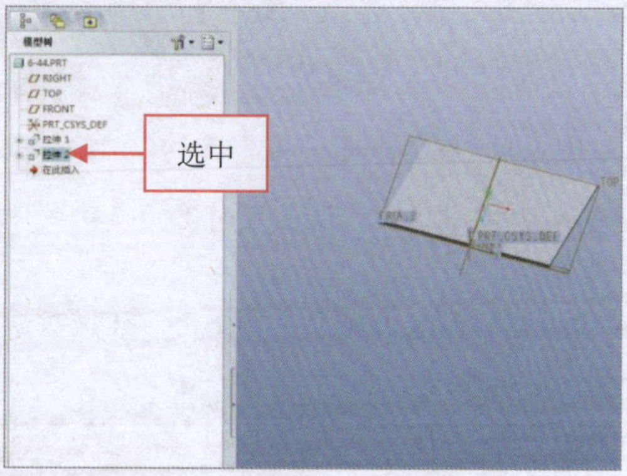

图 6-44　选中要阵列的特征组

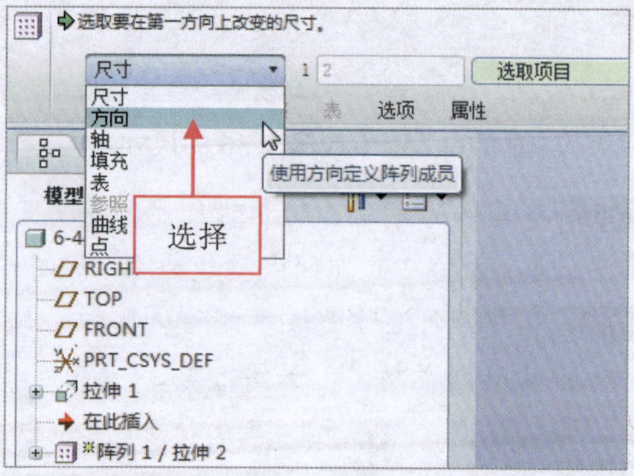

图 6-45　选择“方向”选项

Step 03 选中实体模型中的某条边，将其作为方向 1 的参照，设置该方向参照的阵列成员数和阵列成员间的距离数值，在方向 2 参照的收集器上，单击鼠标左键，如图 6-46 所示，激活方向 2 参照。

Step 04 选中实体模型中的其他边，将其作为方向 2 的参照，设置该方向参照的阵列成员数和阵列成员间的距离数值，单击“方向第二方向”按钮，如图 6-47 所示，改变阵列的方向，将阵列创建在实体模型上。

Step 05 阵列的方向会发生变化，并显示阵列在实体模型上的排列效果，如图 6-48 所示。

Step 06 单击阵列操作面板右侧的按钮，如果实体模型中出现了很多新的孔特征，就说明创建方向阵列成功了，如图 6-49 所示。

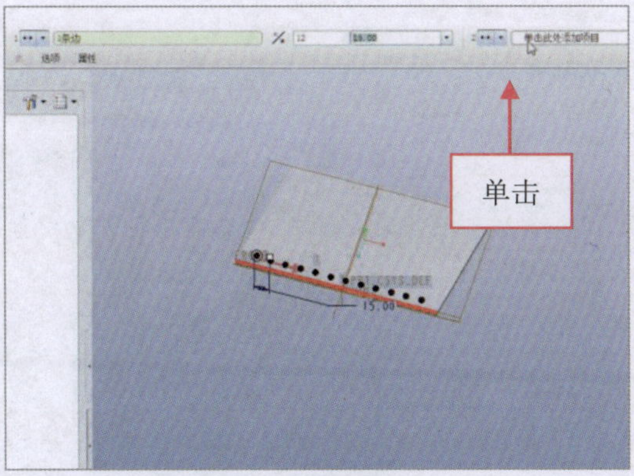

图 6-46　单击鼠标左键

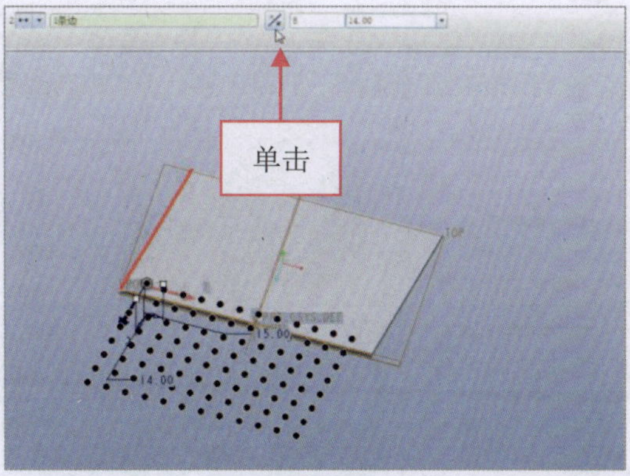

图 6-47　单击“方向第二方向”按钮

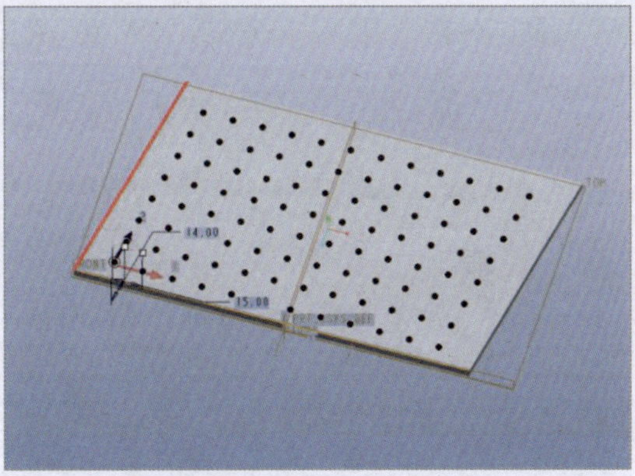

图 6-48　显示阵列在实体模型上的排列效果

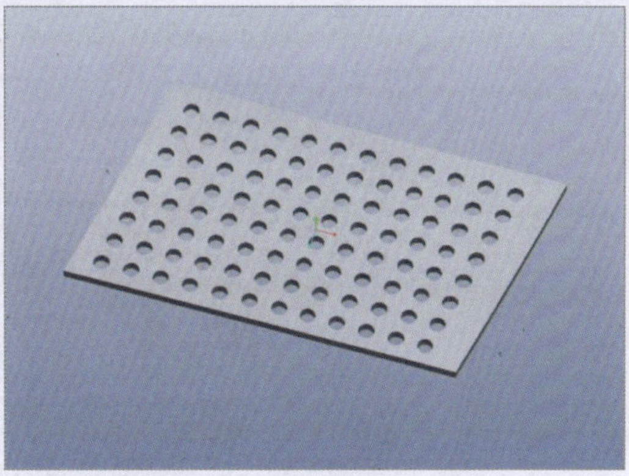

图 6-49　创建方向阵列成功

6.3.3　创建轴阵列

创建轴阵列时，可以在两个方向上放置成员。

➢ **角度**：（方向 1）阵列成员绕轴线旋转，缺省轴阵列将按逆时针方向等间距放置成员。

➢ **径向**：（方向 2）阵列成员被添加在径向方向上。

下面以创建饮料瓶盖中的美观防滑槽为例，向用户介绍轴阵列特征的方法技巧，具体操作步骤如下。

创建轴阵列

Step 01 打开素材文件，进入 Pro/E Wildfire 5.0 的工作界面，在“模型树”窗口中，选中要阵列的特征组，如图 6-50 所示。

Step 02 单击“阵列”按钮，在弹出阵列操作面板中，单击“尺寸”按钮，在弹出的列表框中，选择“轴”选项，如图 6-51 所示。

Step 03 选中实体模型中的某条轴，将其作为方向 1 的参照，设置该方向参照的阵列成员数和阵列成员间的角度距离数值，如图 6-52 所示。

Step 04 单击阵列操作面板右侧的按钮，如果实体模型中出现了很多新的特征，就说明创建轴阵列成功了，如图 6-53 所示。

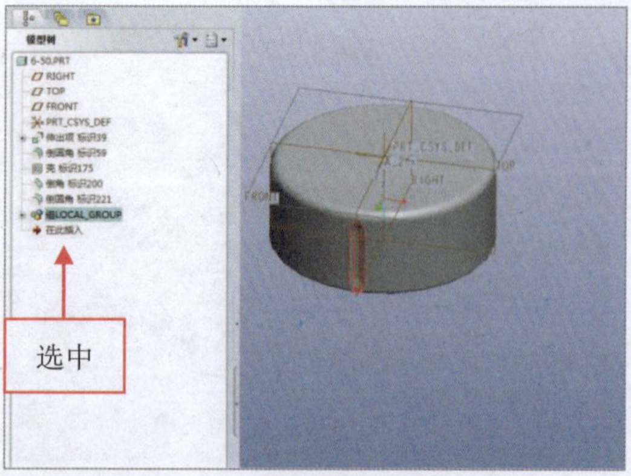

图 6-50　选中要阵列的特征组

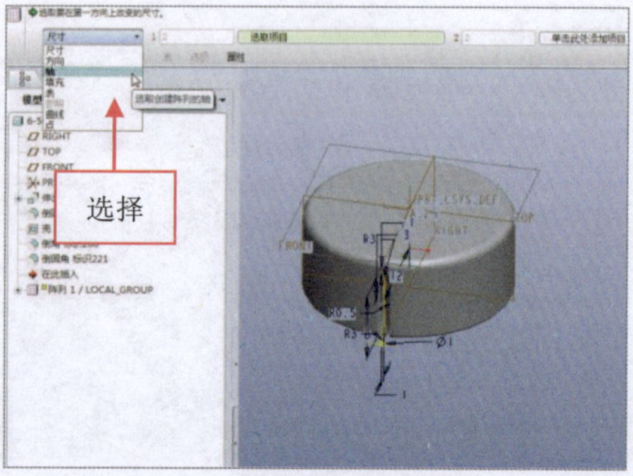

图 6-51　选择“轴”选项

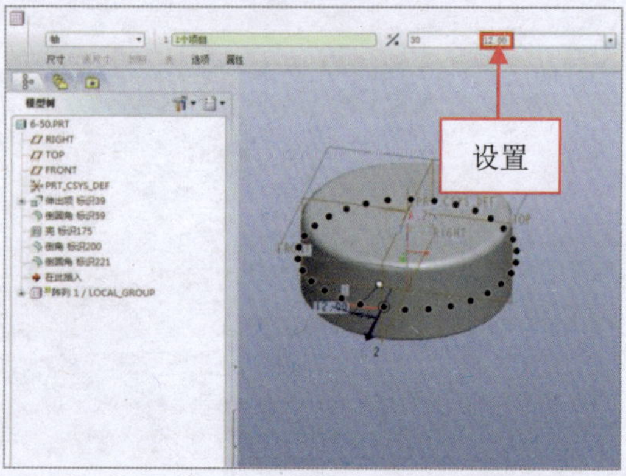

图 6-52　设置阵列成员间的距离数值

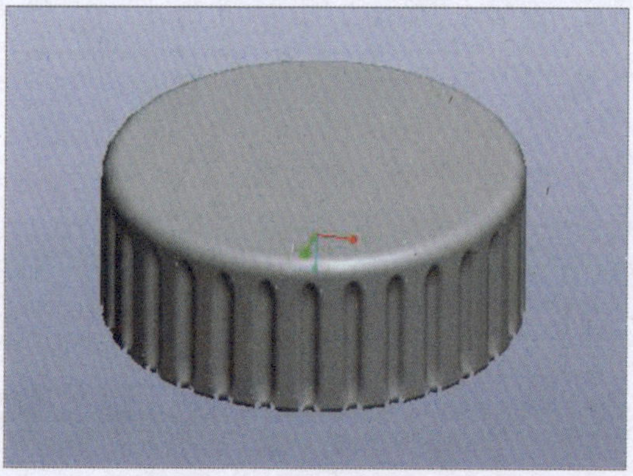

图 6-53　创建轴阵列成功

6.4　偏移特征

使用“偏移”命令，可以通过将一个曲面或一条曲线偏移恒定的距离或可变的距离来创建一个新的特征。然后，可以使用偏移曲面构建几何或创建阵列几何，也可使用偏移曲线构建一组可在以后用来构建曲面的曲线。本节将介绍曲面偏移和曲线偏移的创建方法。

6.4.1　创建曲面偏移

使用偏移曲面的方法，可执行更全面的曲面复制。选取曲面特征后，单击“编辑”|“偏移”命令，弹出偏移操作面板，在操作面板中可以设置“标准偏移特征”“具有拔模特征”“展开特征”和“替换曲面特征”。

标准偏移特征

1．标准偏移特征

标准偏移特征是偏移一个曲面、面组或实体表面而创建的一个曲面特征，其创建的具体操作步骤如下。

Step 01 打开素材文件，进入 Pro/E Wildfire 5.0 的工作界面，在实体模型中，选中对应的曲面特征，单击“编辑”|“偏移”命令，如图 6-54 所示。

Step 02 在弹出的偏移操作面板中，设置曲面偏移距离的数值，如图 6-55 所示。

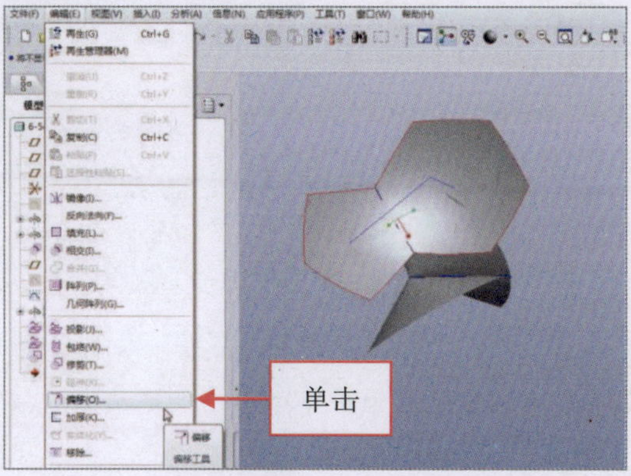

图 6-54　单击“偏移”命令

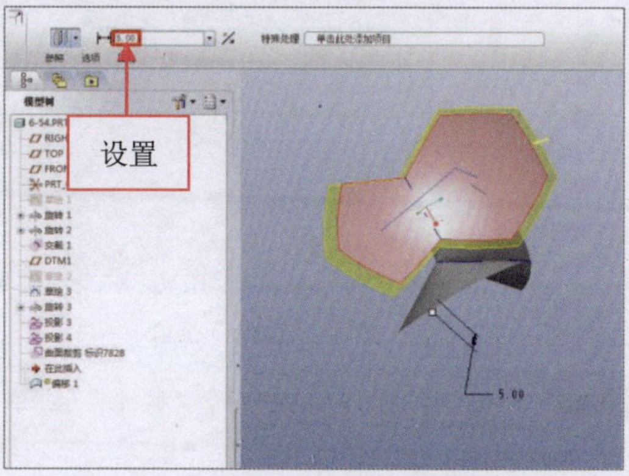

图 6-55　设置曲面偏距的数值

Step 03 单击“选项”按钮，在弹出的面板中，选中“创建侧曲面”复选框，如图 6-56 所示，创建带有侧曲面的偏移曲面。

Step 04 单击偏移操作面板右侧的✔按钮，如果所选曲面出现了加厚和偏移，就说明标准偏移特征创建成功了，如图 6-57 所示。

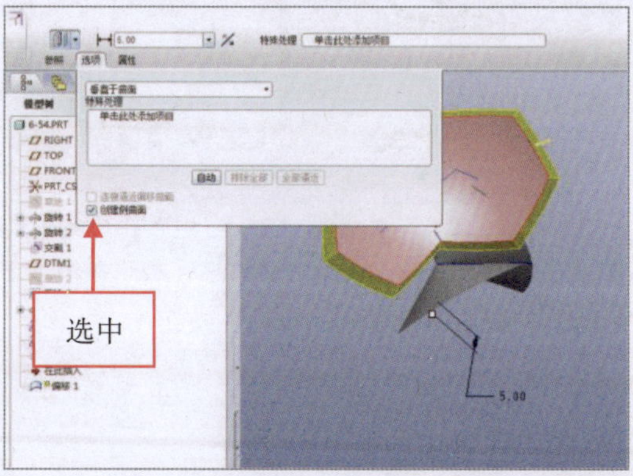

图 6-56　选中“创建侧曲面”复选框

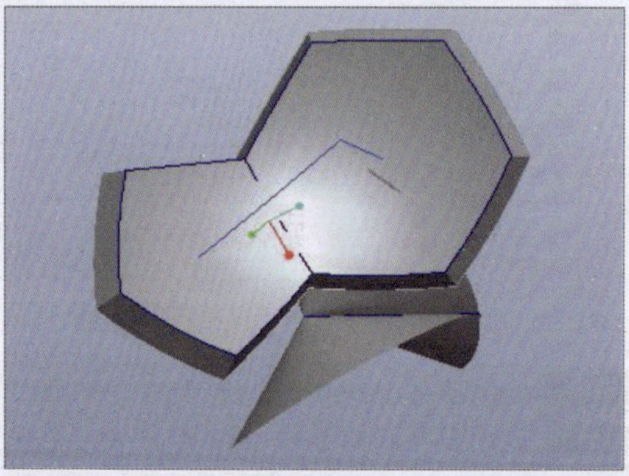

图 6-57　标准偏移特征创建成功

2．具有拔模特征

具有拔模斜度的偏移曲面特征，在设计实例中较为常见，下面以创建音乐播放器的一个按键为例，介绍创建具有拔模特征的偏移特征，其具体操作步骤如下。

具有拔模特征

Step 01 打开素材文件，进入 Pro/E Wildfire 5.0 的工作界面，在实体模型中，选中曲面特征，单击“编辑”|“偏移”命令，如图 6-58 所示。

Step 02 在弹出的偏移操作面板中，单击“标准偏移特征”按钮，在弹出的列表框中，选择“具有拔模特征”选项，如图 6-59 所示。

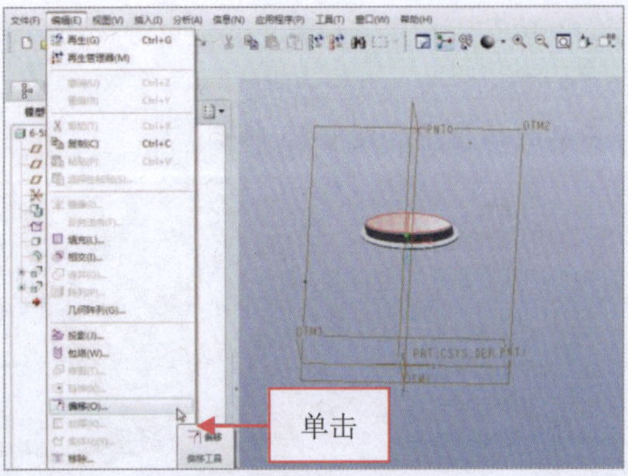

图 6-58　单击“偏移”命令

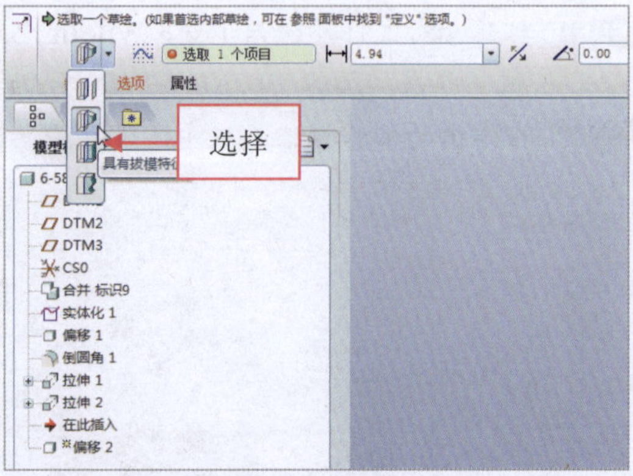

图 6-59　选择“具有拔模特征”选项

Step 03　单击偏移操作面板中的“参照”按钮，在弹出的“参照”面板中，单击“定义...”按钮，如图 6-60 所示。

Step 04　在绘图区中，选中草绘平面和草绘参照平面，单击“草绘”对话框中的“草绘”按钮，如图 6-61 所示。

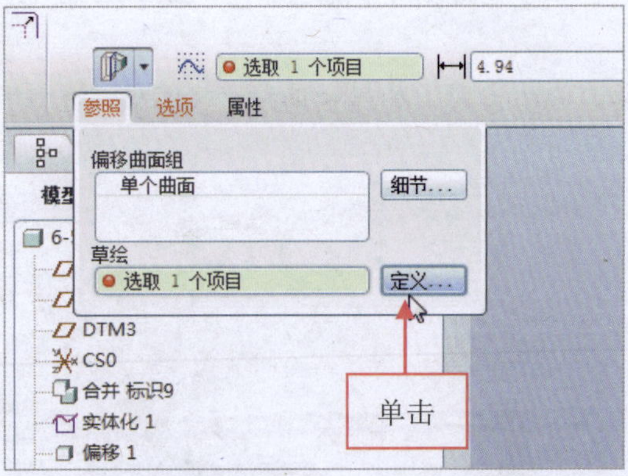

图 6-60　单击“定义...”按钮

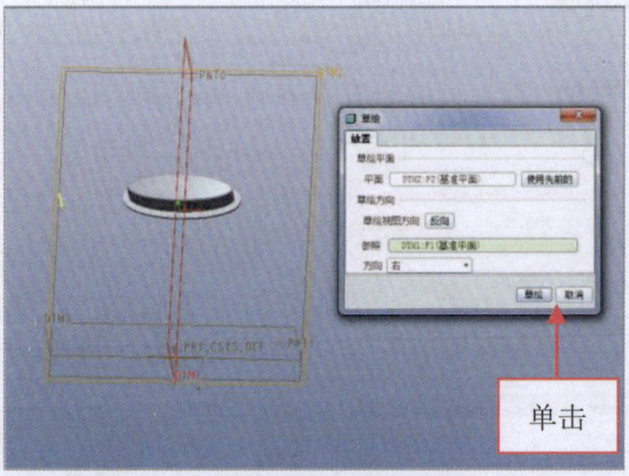

图 6-61　单击“草绘”按钮

Step 05　在草绘区中绘制对应的图元，单击“完成”按钮，如图 6-62 所示，完成草绘。

Step 06　返回偏移操作面板，设置偏移距离和拔模角度的数值，如图 6-63 所示。

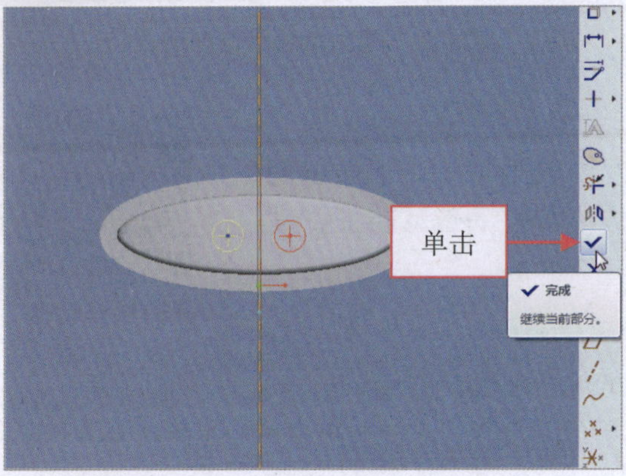

图 6-62　单击“完成”按钮

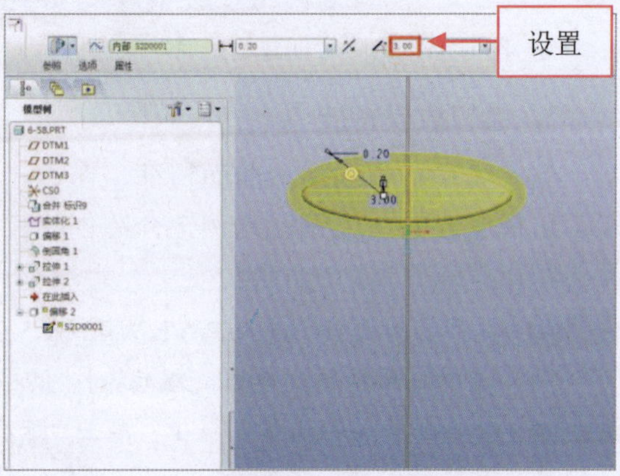

图 6-63　设置偏移和拔模角度的数值

Step 07 单击偏移操作面板中的“选项”按钮，在弹出的“选项”面板中，选中“草绘”和“相切”单选按钮，如图 6-64 所示。

Step 08 单击偏移操作面板右侧的按钮，如果所选曲面中出现了新的特征，就说明具有拔模特征的偏移曲面特征创建成功了，如图 6-65 所示。

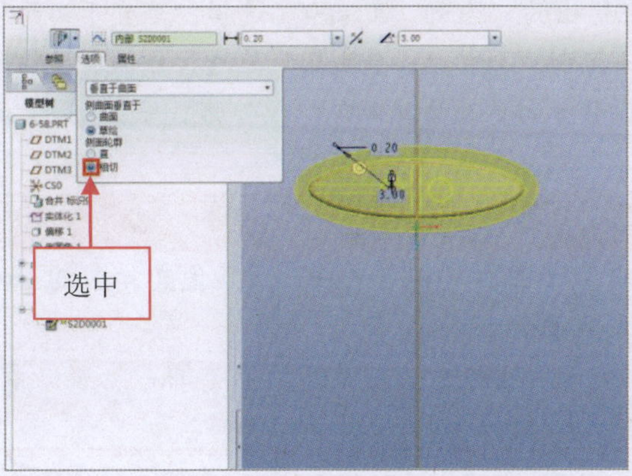

图 6-64　选中“草绘”和“相切”单选按钮

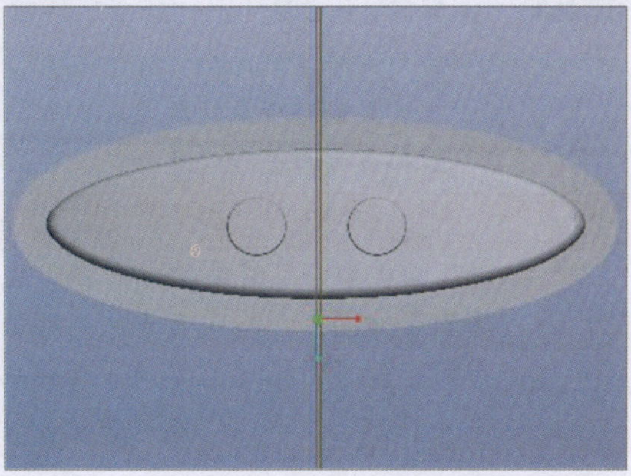

图 6-65　具有拔模特征的偏移曲面特征创建成功

Step 09 可能从图 6-65 中很难看出新创建特征的立体效果，此时可以按下鼠标滚轮并移动鼠标光标，查看其他角度的显示效果，如图 6-66 所示。

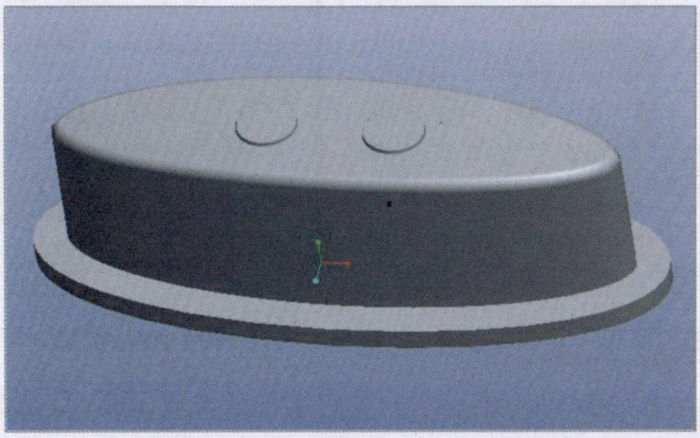

图 6-66　查看其他角度的显示效果

> **▶ 专家指点**
>
> 如果是将曲面集用作参照，并要修改它，可以单击操作面板中的“参照”按钮，然后单击弹出的“参照”面板中的“细节”按钮，并使用“曲面集”对话框的相关功能。
>
> 如果要修改内部草绘，可以单击“参照”面板中的“编辑”按钮，然后进入草绘器进行修改，也可选择快捷菜单中的“编辑内部草绘”选项进行修改。

3．展开特征

单击偏移操作面板上的“展开特征”按钮，可以在封闭面组或曲面的选定之间创建一个连续的体积块；也可以用草绘来约束开放的面组或实体曲面的偏移区域。创建展开偏移曲面特征的具体操作步骤如下。

展开偏移特征

Step 01 打开素材文件，进入 Pro/E Wildfire 5.0 的工作界面，在实体模型中，选中曲面特征，单击“编辑”|“偏移”命令，如图 6-67 所示。

Step 02 在弹出的偏移操作面板中，单击“标准偏移特征”按钮，在弹出的列表框中，选择“展开特征”选项，如图 6-68 所示。

Step 03 单击偏移操作面板中的“选项”按钮，在弹出的“选项”面板中，选择“垂直于曲面”选项作为偏移方法，在“展开区域”选项组中，选中“整个曲面”单选按钮，在操作面板中，设置偏移距离的数值，单击“将偏移方向更改为其他侧”按钮，如图 6-69 所示，对偏移方向进行修改。

> **▶ 专家指点**
>
> “选项”面板中，可将偏移方向指定为“垂直于曲面”和“平移”，其含义分别如下。
>
> - **垂直于曲面**：是指垂直于原始曲面偏移曲面。
> - **平移**：是指沿指定的方向平移曲面。激活方向参照收集器并选取平面、平整的表面、线性曲线或边、轴或坐标系作为参照。

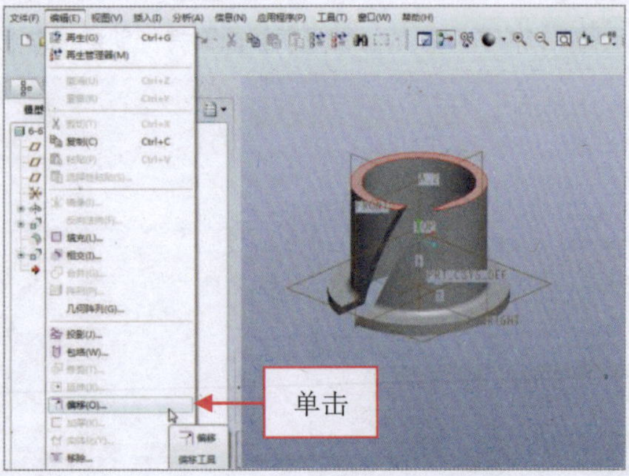

图 6-67　单击“偏移”命令

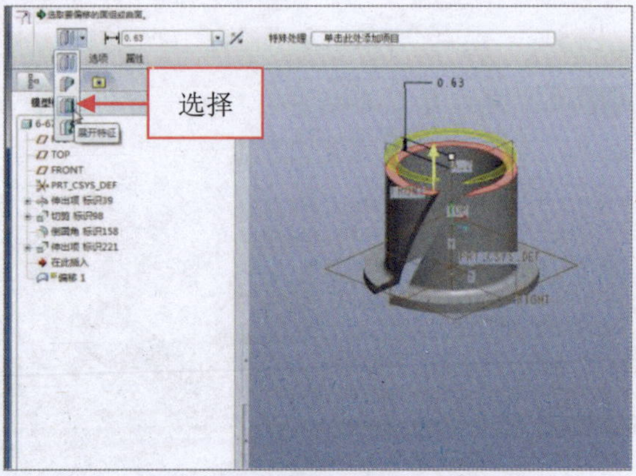

图 6-68　选择　“展开特征”选项

Step 04 单击偏移操作面板右侧的按钮，如果实体模型出现了变化，就说明展开偏移曲面特征创建成功了，如图 6-70 所示。

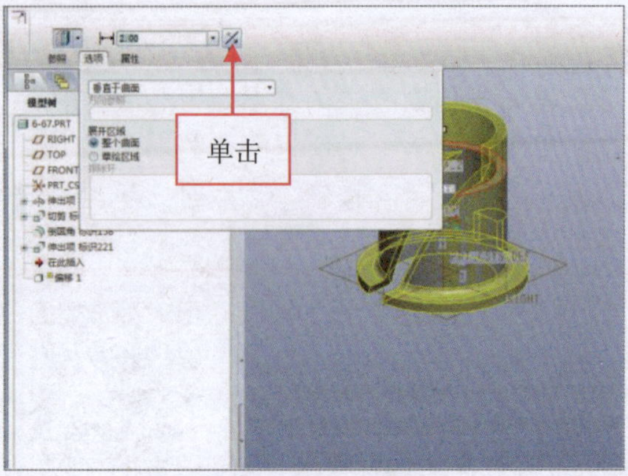

图 6-69　单击“将偏移方向更改为其他侧”按钮

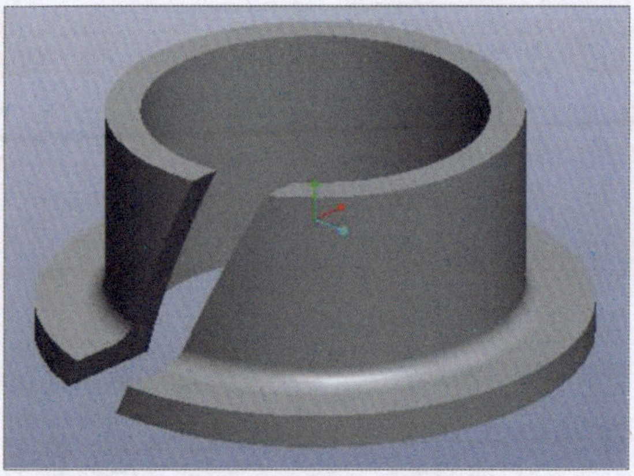

图 6-70　展开偏移曲面特征创建成功

4．替换曲面特征

替换曲面特征

替换曲面的创建方法是用选定的曲面面组或几种平面替换实体面，其中用来替换的面不必涵盖整个实体，曲面边缘会自动延伸过去。创建替换曲面特征的具体操作步骤如下。

Step 01 打开素材文件，进入 Pro/E Wildfire 5.0 的工作界面，在实体模型中，选中曲面特征，单击“编辑”|“偏移”命令，如图 6-71 所示。

Step 02 在弹出的偏移操作面板中，单击“标准偏移特征”按钮，在弹出的列表框中，选择“替换曲面特征”选项，如图 6-72 所示。

Step 03 选择替换曲面面组或基准平面，单击偏移操作面板中的“选项”按钮，在弹出的“选项”面板中，选中“保持替换面组”复选框，如图 6-73 所示，对偏移方向进行修改，保留实体模型中要替换的曲面面组。

Step 04 单击偏移操作面板右侧的按钮，如果实体模型出现了变化，就说明替换偏移曲面特征创建成功了，如图 6-74 所示。

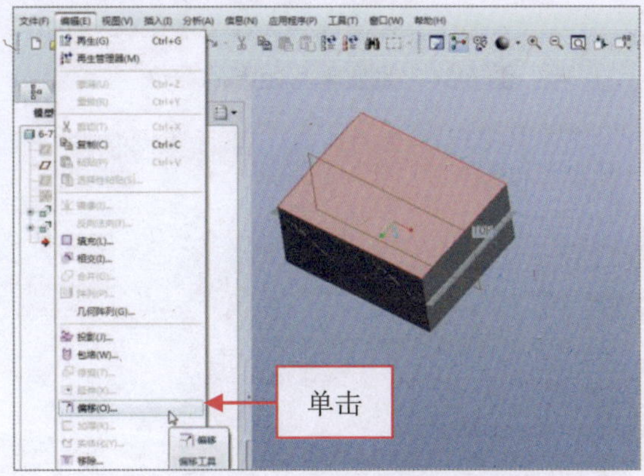

图 6-71　单击“偏移”命令

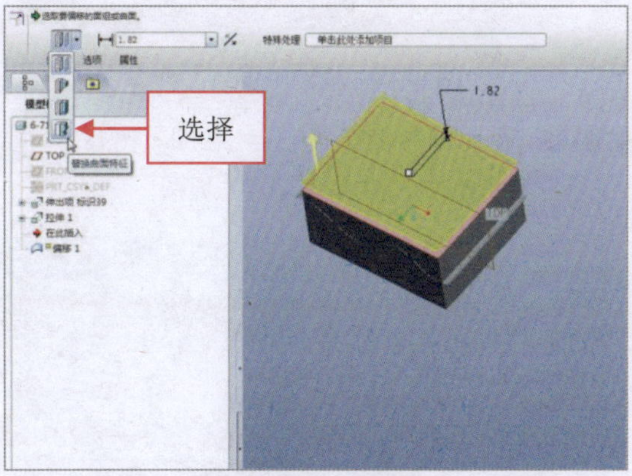

图 6-72　选择“替换曲面特征”选项

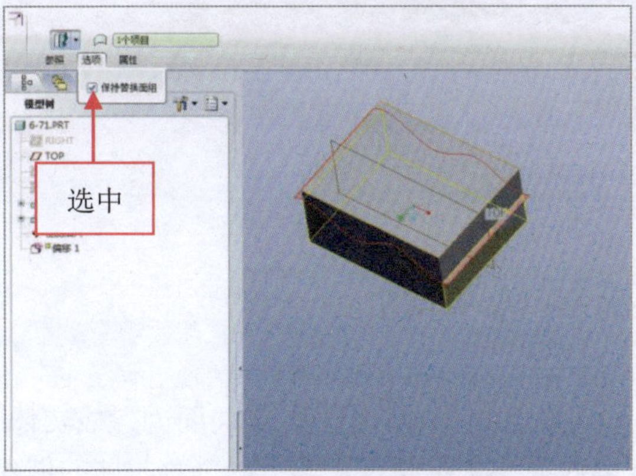

图 6-73　选中“保持替换面组”复选框

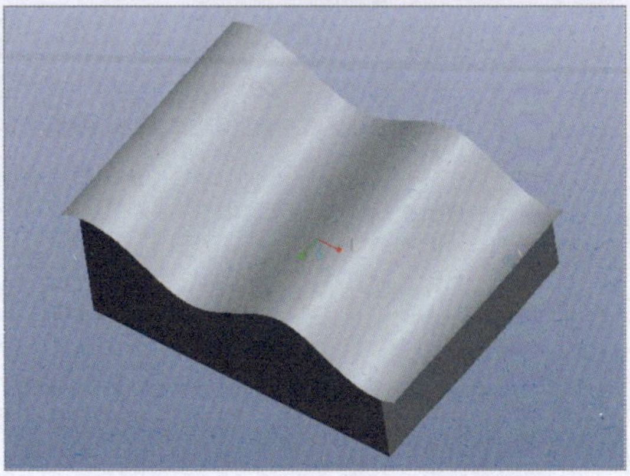

图 6-74　替换偏移曲面特征创建成功

6.4.2 创建曲线偏移

创建曲线偏移

创建曲线偏移的方法与创建曲面偏移大致相同，具体操作步骤如下。

Step 01 打开素材文件，进入 Pro/E Wildfire 5.0 的工作界面，在实体模型中，选中曲线特征，单击“编辑”|“偏移”命令，如图 6-75 所示。

Step 02 在弹出的偏移操作面板中，设置偏移距离的数值，如图 6-76 所示。

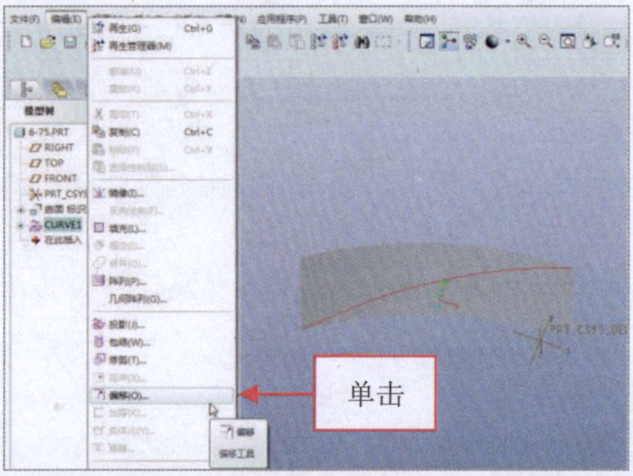

图 6-75 单击“偏移”命令

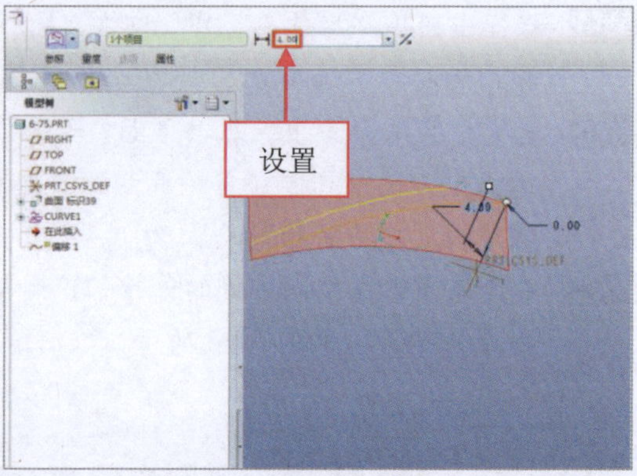

图 6-76 设置偏移距离的数值

Step 03 单击偏移操作面板右侧的✓按钮，如果实体模型中出现了新的曲线，就说明创建曲线偏移成功了，如图 6-77 所示。

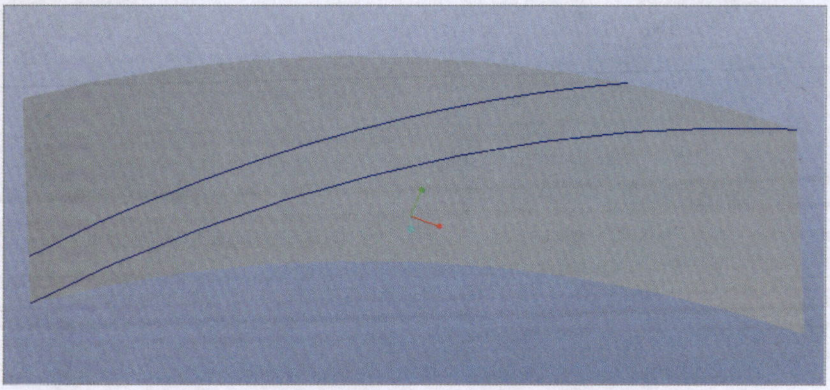

图 6-77 创建曲线偏移成功

6.5 曲面生成实体特征

在利用曲面构建好模型的局部或全部外形后，通常会根据设计意图，将曲面创建成实体。常见的曲面生成实体特征主要包括曲面加厚特征和曲面实体化特征，本节将讲解相关的创建方法。

6.5.1　创建曲面加厚特征

利用“编辑”|“加厚”命令可以将选定的曲面或面组几何，通过添加材料来生成实体薄壁特征，也可以根据选定的曲面或面组几何从实体模型中移除薄材料。

单击“编辑”|“加厚”命令，会弹出加厚操作面板，单击“选项”按钮，在弹出的“选项”面板中可以选择控制的类型，即“垂直于曲面”“自动拟合”和“控制拟合”。

在加厚面板的“选项”面板中，各主要选项的含义分别如下。

- **垂直于曲面：**为缺省项，垂直于原始曲面偏移“加厚”曲面。可选取单个或多个曲面，以从“加厚”操作中排除。
- **自动拟合：**是相对于自动确定的坐标系，缩放和平移加厚的曲面。
- **控制拟合：**通过相对于选定的坐标系缩放原始曲面，然后将其沿指定轴平移，创建“最适合”的情形。
- **坐标系参照：**指示“加厚”特征的坐标系参照的名称。坐标系框（收集器）一次只能包含一个坐标系参照。该列表框处于活动状态时，用户可以选取新的有效的坐标系参照。
- **轴：**指示用来控制“加厚”特征的缩放和材料状态的轴。缺省情况下，选取 *X*、*Y* 或 *Z* 轴作为平移轴。如果不允许沿特定轴平移，就可以清除相应的复选框。

在设计过程中，执行很多命令操作的时候，也会经常选用不同的控制选项来观察效果，然后选择最合适的，其实设计的过程就是一个不断发现和比较的过程。具体来说，创建加厚特征的基本操作步骤如下。

创建加厚特征

Step 01 打开素材文件，进入 Pro/E Wildfire 5.0 的工作界面，在实体模型中，选中要加厚的曲面特征，单击“编辑”|“加厚”命令，如图 6-78 所示。

Step 02 在弹出的加厚操作面板中，设置加厚偏移的数值，单击“反转结果几何的方向”按钮，如图 6-79 所示，调整曲面加厚的方向。

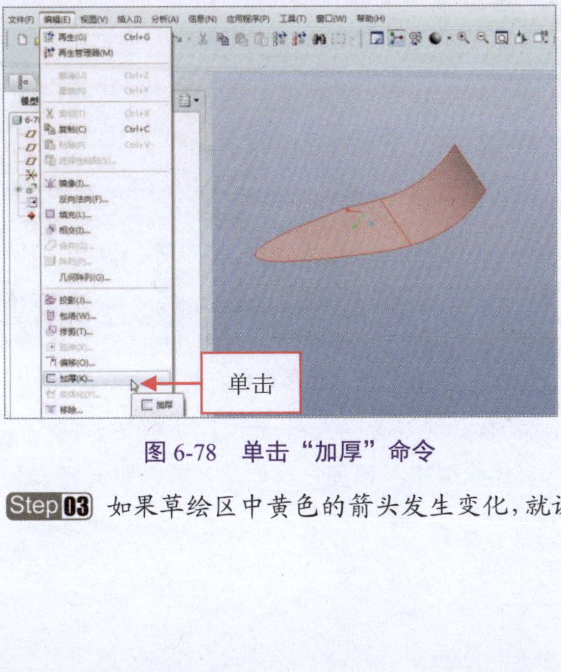

图 6-78　单击“加厚”命令

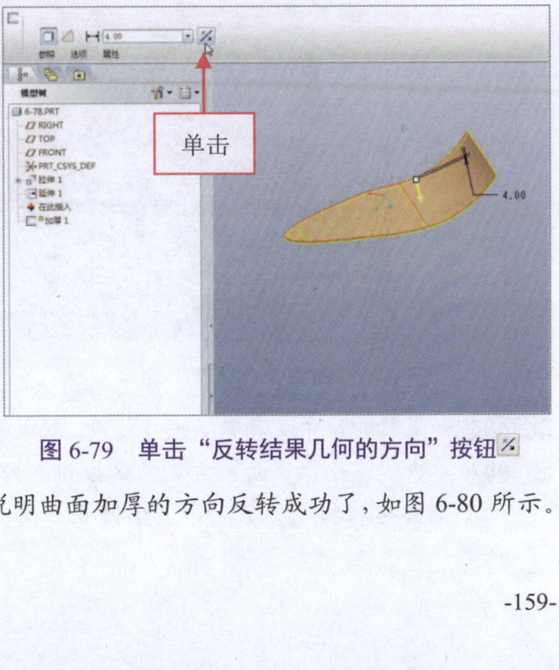

图 6-79　单击“反转结果几何的方向”按钮

Step 03 如果草绘区中黄色的箭头发生变化，就说明曲面加厚的方向反转成功了，如图 6-80 所示。

Step 04 单击加厚操作面板右侧的✓按钮，如果实体模型变厚了，就说明创建曲面加厚特征成功了，如图 6-81 所示。

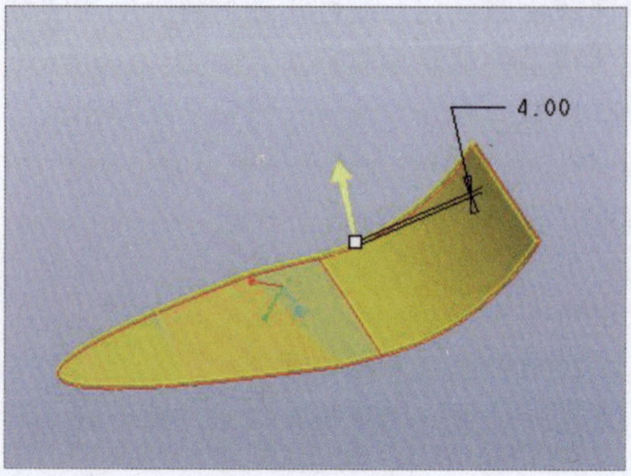

图 6-80　曲面加厚的方向方反转成功

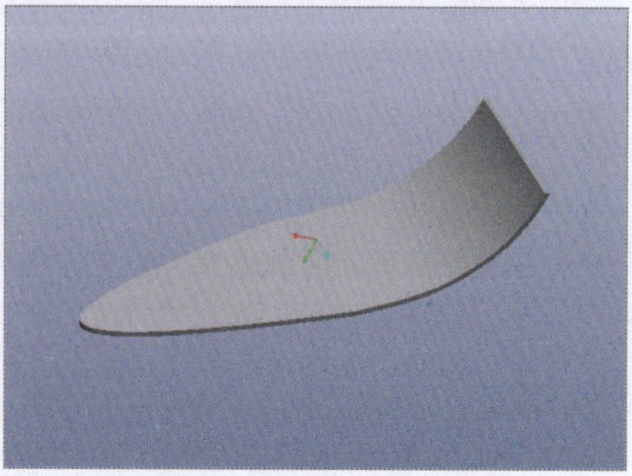

图 6-81　创建曲面加厚特征成功

6.5.2　创建曲面实体化特征

实体化特征是通过曲面来创建的复杂实体特征，在具有曲面、面组的实体中，对选定的有效曲面、面组创建实体化特征，具体操作步骤如下。

创建曲面实体化特征

Step 01 打开素材文件，进入 Pro/E Wildfire 5.0 的工作界面，在实体模型中，选中要实体化的曲面特征，单击“编辑”|“实体化”命令，如图 6-82 所示。

Step 02 在弹出的实体化操作面板中，单击“移除面组内侧或外侧的材料”按钮，单击“更改道具操作方向”按钮，如图 6-83 所示，调整曲面实体化的方向。

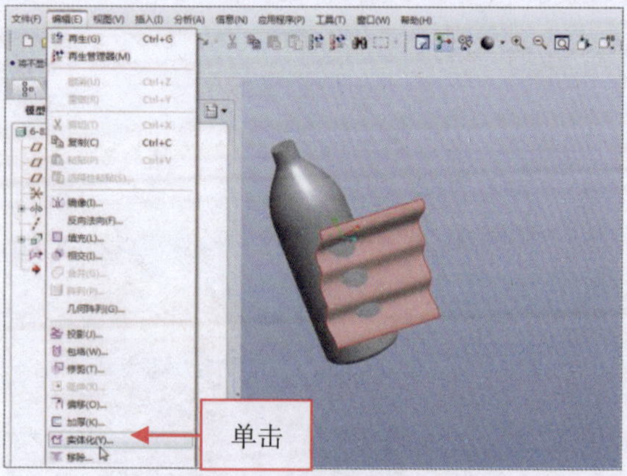

图 6-82　单击“实体化”命令

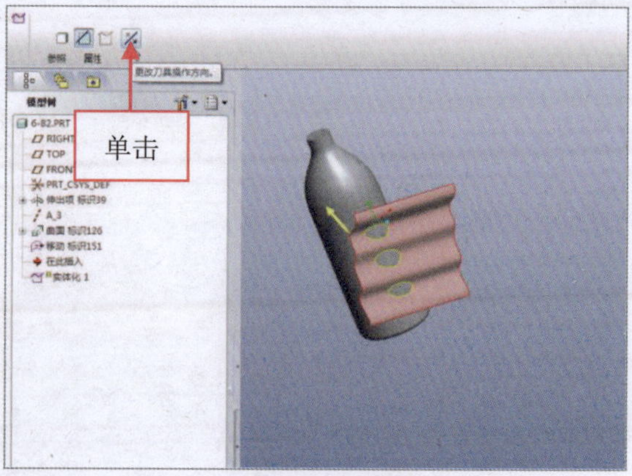

图 6-83　单击“更改道具操作方向”按钮

Step 03 如果草绘区中黄色箭头发生变化，就说明曲面实体化的方向反转成功了，如图 6-84 所示。

Step 04 单击实体化操作面板右侧的✓按钮，如果实体模型中有的部件消失了，就说明创建曲面实体化特征成功了，如图 6-85 所示。

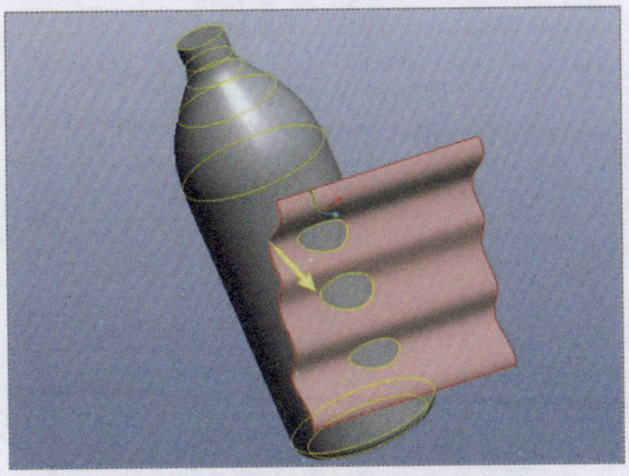

图 6-84　曲面实体化的方向反转成功

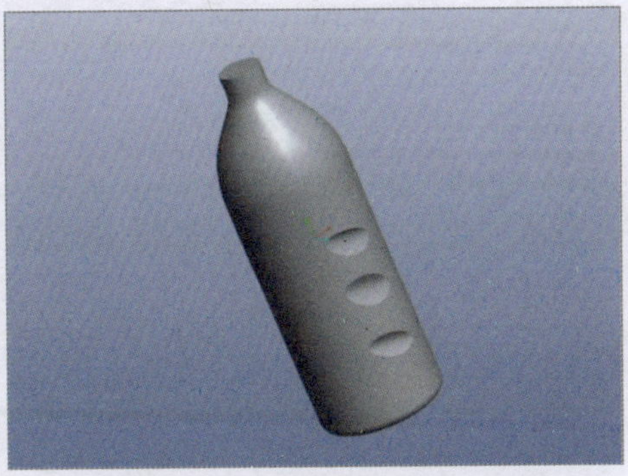

图 6-85　创建曲面实体化特征成功

本章小结

本章主要向读者介绍了 Pro/E Wildfire 5.0 的模型特征编辑的相关知识，帮助读者了解各种创建模型特征的编辑技巧，如复制、镜像、移动、阵列、偏移、曲面生成实体特征的创建技巧等。希望读者通过对本章的学习，能够熟练掌握常见的模型特征编辑技巧。

课后习题

课后习题

鉴于本章知识的重要性，为了帮助读者更好地掌握所学知识，本节将通过上机习题，帮助读者进行简单的知识回顾和补充。

本习题需要掌握在 Pro/E Wildfire 5.0 中创建曲面生成实体特征的方法。用户可以利用素材中的实体模型，创建曲面加厚特征，效果如图 6-86 所示。

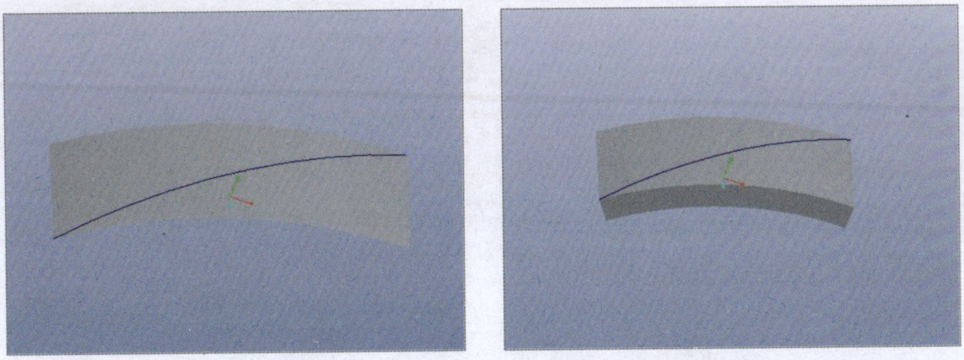

（a）　　（b）

图 6-86　创建曲面加厚特征的效果

第 7 章
其他特征的创建

本章主要介绍剖面、修饰特征、组和模型变更设置等其他特征的创建，掌握这四方面的技巧将有助于用户提升实体模型特征的优化处理能力，帮助用户快速掌握更多特征处理方法。

本章重点

- 创建剖面
- 修饰特征
- 创建组
- 模型变更设置

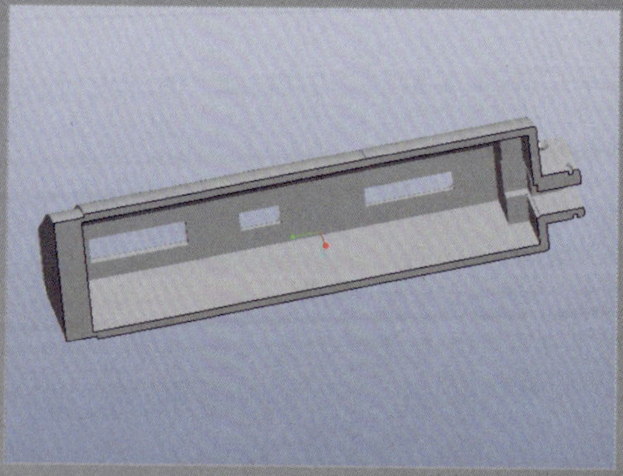

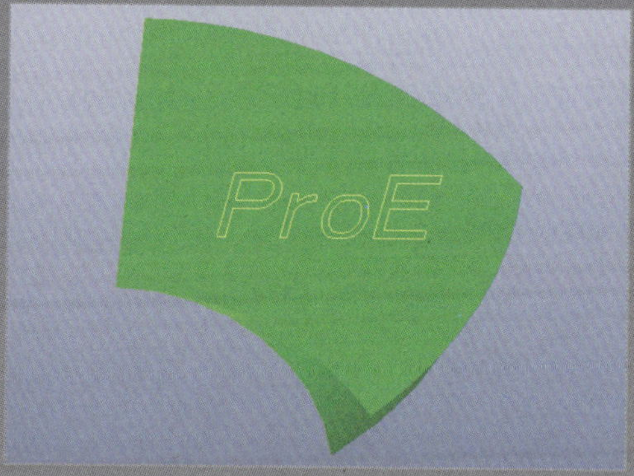

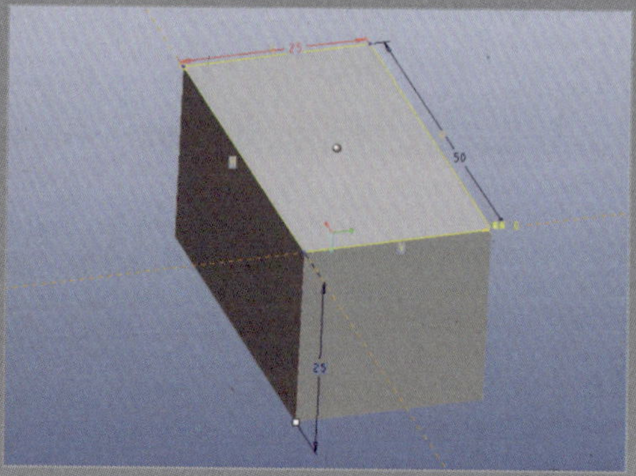

7.1　创建剖面

传统的绘图通常利用剖面来显示模型的内部细节，Pro/E Wildfire 5.0 在绘图、零件以及组件模块下使用剖面也是出于同样的目的。另外，剖面的质量属性也可以计算出来。

Pro/E Wildfire 5.0 中提供了两种创建剖面的方式，分别是平面和偏移。其中，平面剖面是通过选定的平面或基准平面在模型中创建；而偏移剖面是用普通的绘图方法，即通过拉伸一个草绘截面创建偏移剖面，创建偏移剖面的截面必须是开放的。本节将重点讲解创建剖面的相关技巧。

7.1.1　修改剖面

剖面参数是可以修改的，下面是可以修改和操作的参数。

- **尺寸值：**允许定义剖面的尺寸值，完成标注修改后，模型将自动再生。
- **剖面线：**允许剖面将沿截面或平面线建立一个剖面线图案，定义剖面线图案的参数，如线样式、颜色、角度、偏移、间距等，可以通过单击“视图管理器”对话框中的“编辑”按钮，在弹出的“菜单管理器”对话框中，选择“剖面线”选项进行修改。经常使用的剖面线图案可以选择“剖面线”和“保存”选项保存，以便以后使用。

7.1.2　创建平面剖面

平面剖面通过平面表面或基准平面创建，下面以某实体模型的主体外壳为例，向用户介绍创建平面剖面特征，其具体操作步骤如下。

创建平面剖面

Step 01 打开素材文件，进入 Pro/E Wildfire 5.0 的工作界面，单击“视图”|“视图管理器”命令，如图 7-1 所示，启用视图管理器。

Step 02 会弹出“视图管理器”对话框，单击该对话框中的“剖面”按钮，如图 7-2 所示，切换选项卡。

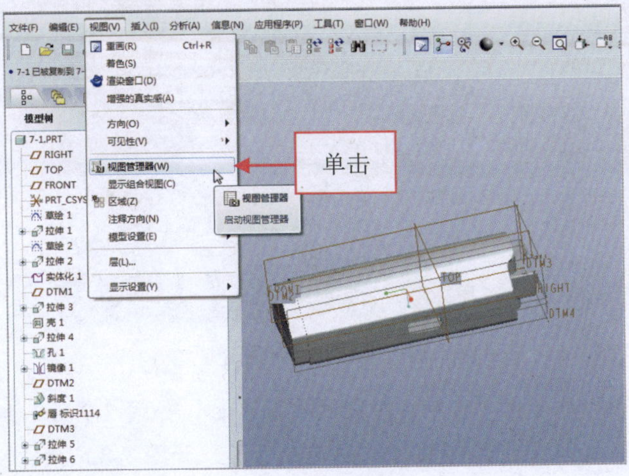

图 7-1　单击“视图管理器”命令

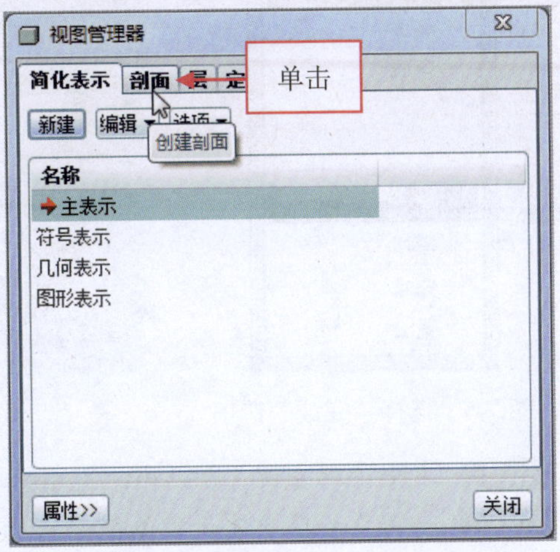

图 7-2　单击“剖面”按钮

Step 03 切换至“剖面”选项卡，单击该选项卡中的“新建”按钮，如图 7-3 所示，进行新剖面的创建。

Step 04 在输入框中输入信息，如图 7-4 所示，给剖面命名，按下【Enter】键。

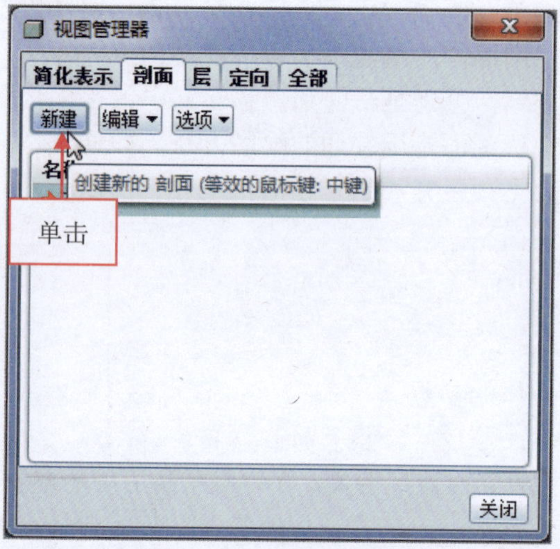

图 7-3 单击“新建”按钮

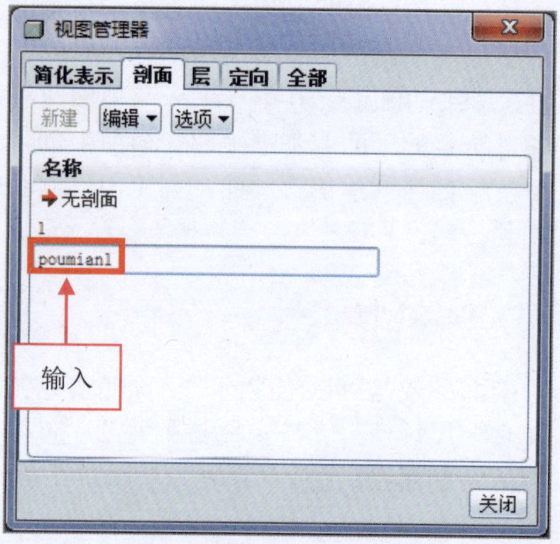

图 7-4 在输入框中输入信息

Step 05 在弹出的“菜单管理器”对话框中，依次选择“模型”“平面”“单一”和“完成”选项，如图 7-5 所示，设置剖面截图的信息。

Step 06 在弹出的“菜单管理器”对话框中，选择“平面”选项，将鼠标光标放置在对应平面上，如图 7-6 所示，单击鼠标左键，设置平面信息。

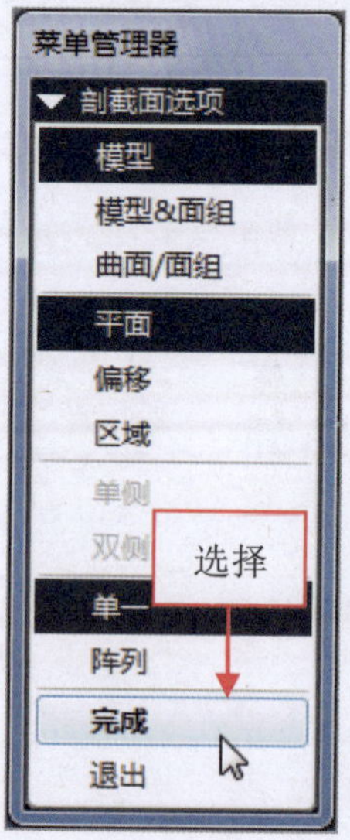

图 7-5 选择“完成”选项

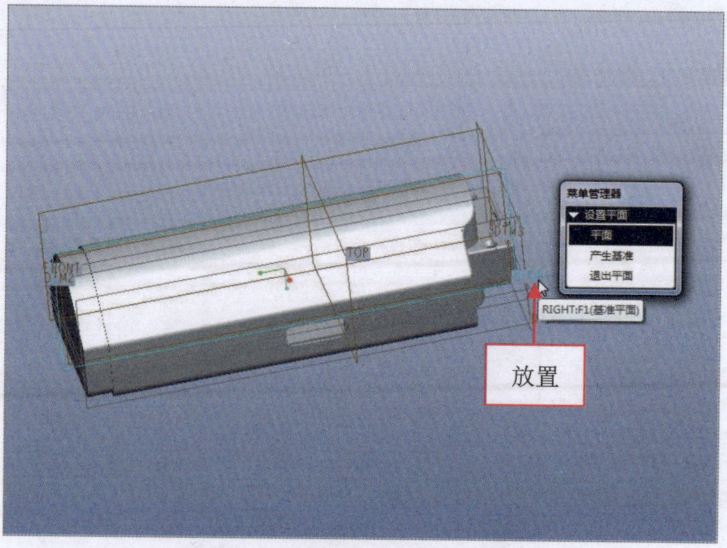

图 7-6 将鼠标光标放置在对应平面上

Step 07 单击鼠标左键，在弹出“视图管理器”对话框中，双击对应的剖面名称，如图 7-7 所示。

Step 08 如果草绘区中展示实体模型的剖面，就说明平面剖面特征创建成功了，如图 7-8 所示。

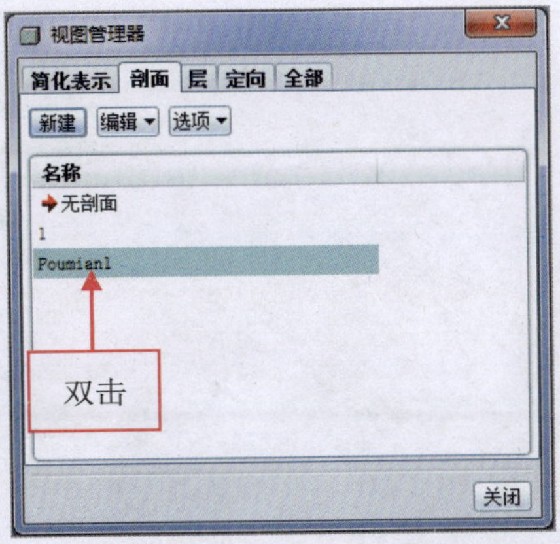

图 7-7　双击对应的剖面名称

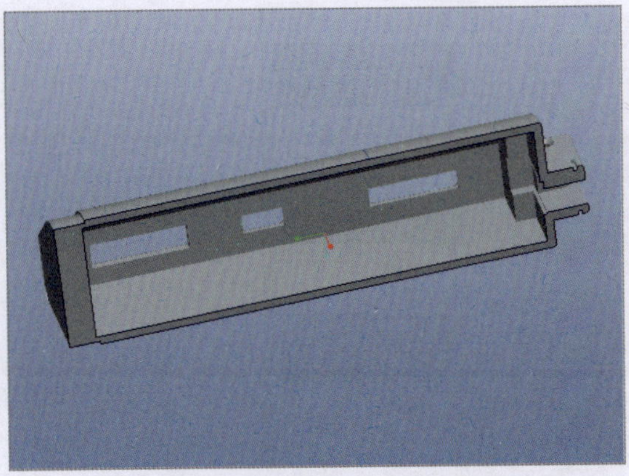

图 7-8　平面剖面特征创建成功

7.1.3　创建偏移剖面

创建偏移剖面

偏移剖面是通过拉伸一个草绘剖面创建的。下面还是以某实体模型的主体为例，向用户介绍创建偏移剖面特征，具体操作步骤如下。

Step 01 打开素材文件，进入 Pro/E Wildfire 5.0 的工作界面，单击“视图”|“视图管理器”命令，如图 7-9 所示，启用视图管理器。

Step 02 会弹出“视图管理器”对话框，单击该对话框中的“剖面”按钮，切换至“剖面”选项卡，单击该选项卡中的“新建”按钮，进行新剖面的创建，在输入框中输入信息，如图 7-10 所示，按下【Enter】键，给剖面命名（命名成功后，名称中的首字母将变成大写）。

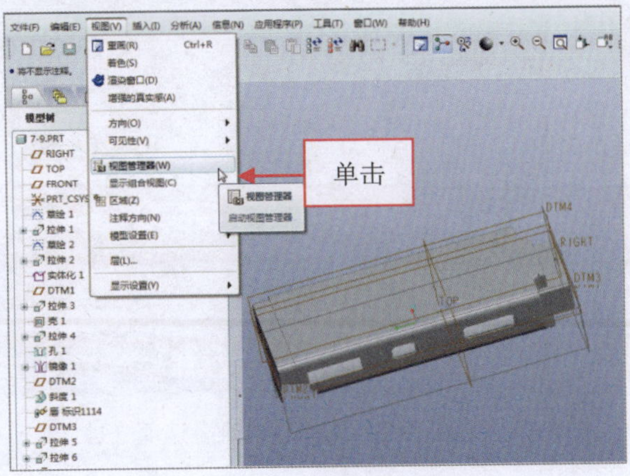

图 7-9　单击“视图管理器”命令

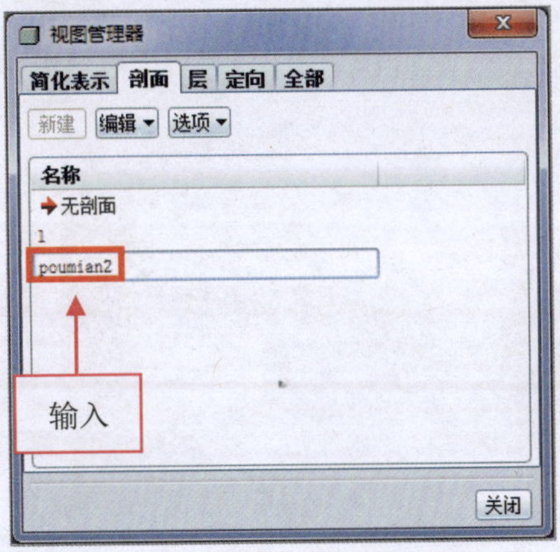

图 7-10　在输入框中输入信息

Step 03 在弹出的“菜单管理器”对话框中，依次选择“模型”“偏移”“双侧”“单一”和“完成”选项，如图 7-11 所示，设置剖截面信息。

Step 04 在弹出的选择“菜单管理器”对话框中，依次选择“产生基准”和“偏移”选项，在草绘区中，选择要作为偏移参照的基准平面，选择“输入值”选项，如图 7-12 所示。

Step 05 在弹出的“输入指定方向的偏移，〈ESC〉退出”面板中设置偏移的数值，单击“接受值”按钮，如图 7-13 所示。

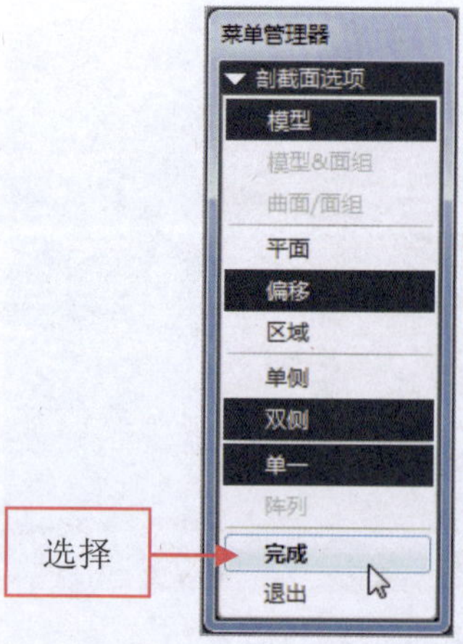

图 7-11　选择“完成”选项（1）

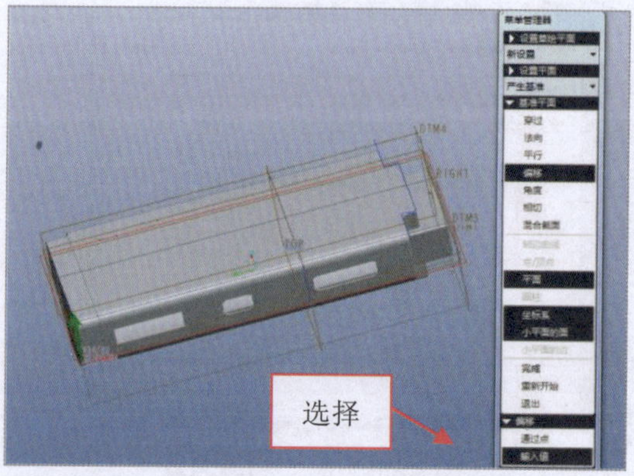

图 7-12　选择“输入值”选项

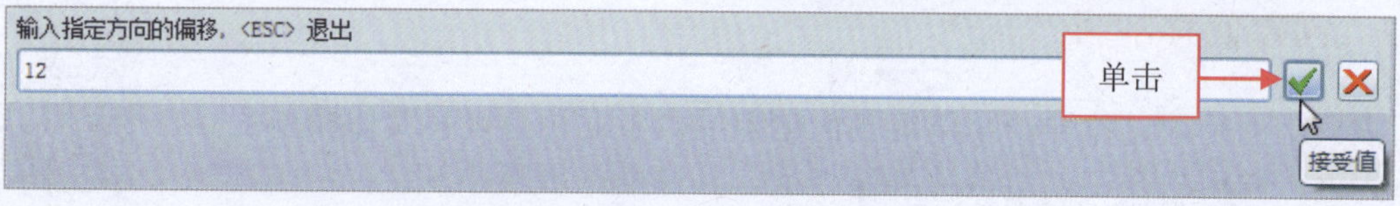

图 7-13　单击“接受值”按钮

Step 06 选择“菜单管理器”对话框中的“完成”选项，如图 7-14 所示，完成基准平面的设置。

Step 07 在弹出的“菜单管理器”对话框中，依次选择“反向”和“确定”选项，如图 7-15 所示，进行绘制方向的调整。

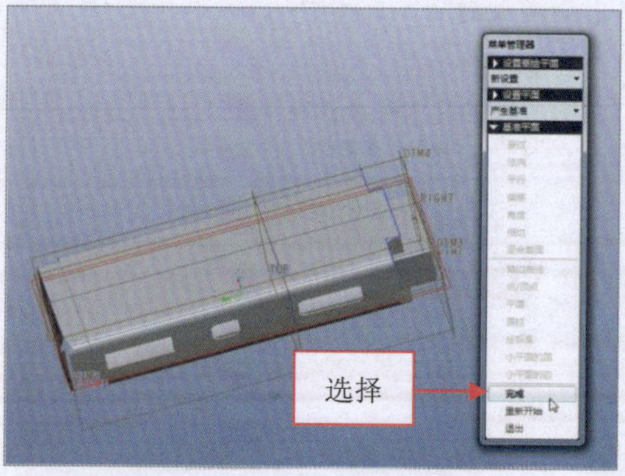

图 7-14　选择“完成”选项（2）

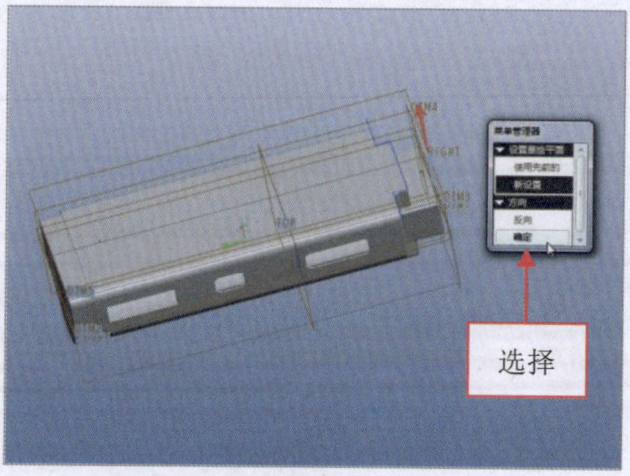

图 7-15　选择“确定”选项（1）

Step 08 在弹出的“菜单管理器”对话框中，依次选择“顶”和“平面”选项，将鼠标光标放置在对应平面上，如图 7-16 所示，单击鼠标左键，设置草绘的平面。

Step 09 在草绘区中，绘制对应的图元，单击“完成”按钮，如图 7-17 所示。

Step 10 单击“视图管理器”对话框中的“编辑”按钮，在弹出的列表框中，选择“重定义”选项，如图 7-18 所示。

Step 11 在弹出的“菜单管理器”对话框中，选择“重定义”选项，选中“方向”复选框，选择“完成”选项，如图 7-19 所示，完成剖截面修改的设置。

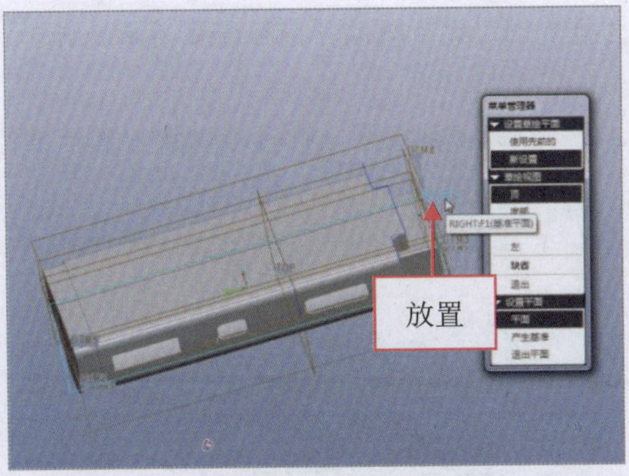

图 7-16　将鼠标光标放置在对应平面上

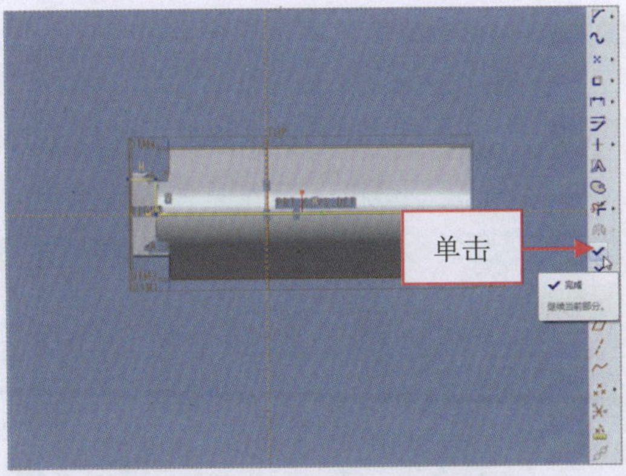

图 7-17　单击“完成”按钮

Step 12 依次选择“菜单管理器”对话框中的“方向”和“确定”选项，如图 7-20 所示，对特征创建的方向进行修改。

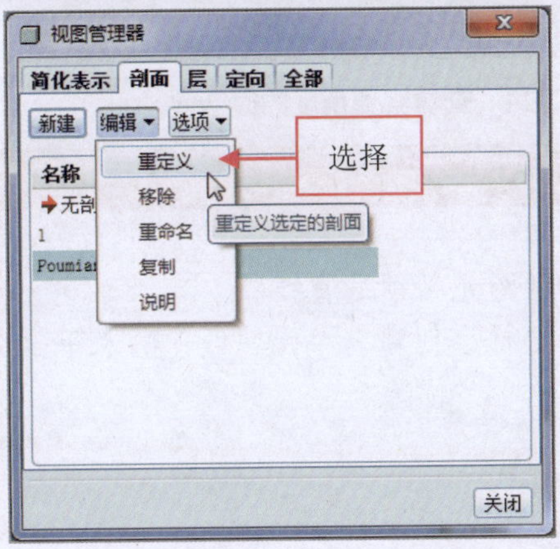

图 7-18　选择“重定义”选项

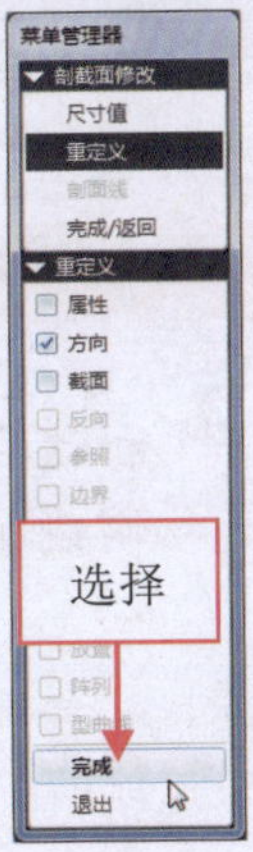

图 7-19　选择“完成”选项（3）

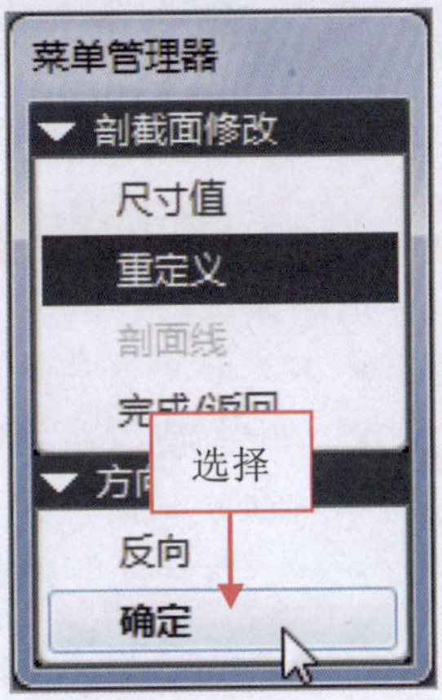

图 7-20　选择“确定”选项（2）

Step 13 在“菜单管理器”对话框中，选择“完成/返回”选项，如图 7-21 所示，完成剖截面的修改。

Step 14 在弹出的“视图管理器”对话框中，双击对应的剖面名称，如图 7-22 所示。

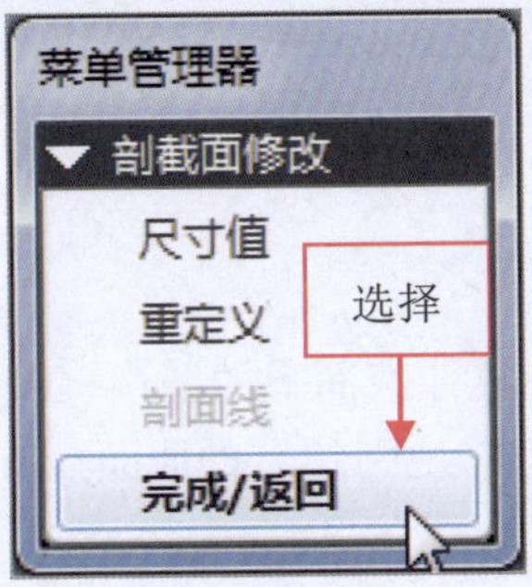

图 7-21　选择“完成/返回”选项

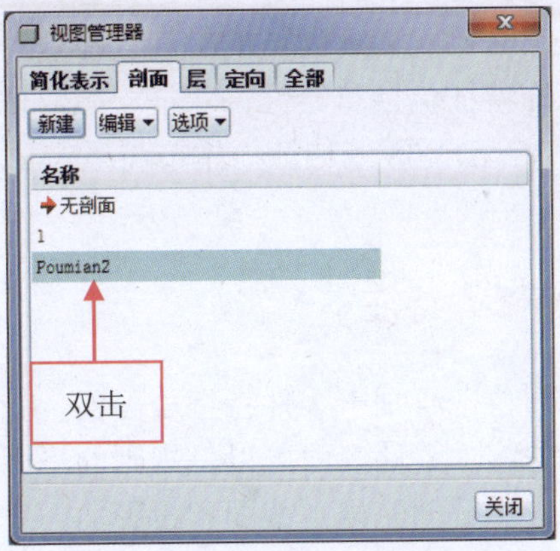

图 7-22　双击对应的剖面名称

Step 15 如果草绘区中展示的实体模型发生了明显的变化，就说明偏移剖面特征创建成功了，如图 7-23 所示。

Step 16 可能从图 7-23 中很难看出新创建偏移剖面特征的立体效果，此时可以按下鼠标滚轮并移动鼠标光标，查看其他角度的显示效果，如图 7-24 所示。

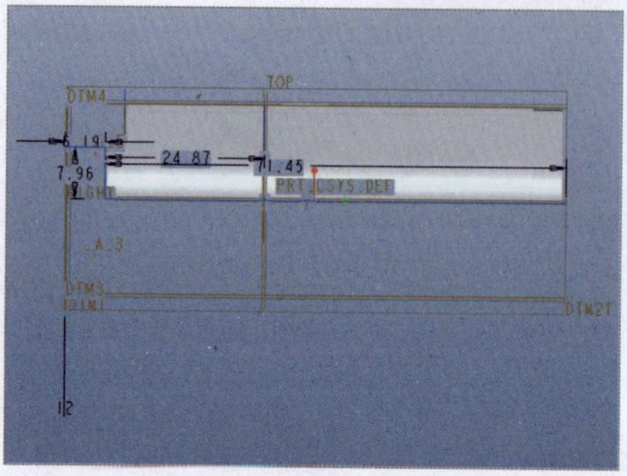

图 7-23 偏移剖面特征创建成功

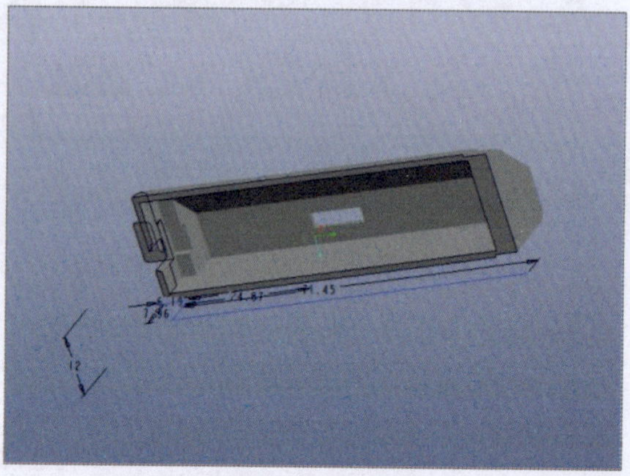

图 7-24 查看其他角度的显示效果

▶ 专家指点

绘制剖面时，有以下四个原则和技巧。

- 截面必须是开放的，并且第一个和最后一个绘制图元必须是直线段。
- 避免使用曲线和样条曲线图元绘制截面，因为这样会创建一个无法改变的水平剖面线样图案。
- 尽量使绘制的线相互平行或垂直。
- 创建通孔或轴的剖面时，使用特征的轴作为参照。

7.2 修饰特征

构建修饰特征是一种十分实用的特征，对于某些设计项目，如果按照常规的建模方法去构建特征，那么可能需要大量的时间。在这种情况下，可采用具有某些简化功能的修饰特征来表示。修饰特征包括草绘修饰特征、螺纹修饰特征、凹槽修饰特征、指定区域特征和机电设计协同（ECAD）区域特征。本节将重点讲解草绘修饰特征、螺纹修饰特征和凹槽修饰特征的相关知识。

7.2.1 草绘修饰特征

草绘修饰特征绘制于零件特征表面的，它包括印制到零件表面上的公司标识、提示符号、或序列号等内容。零件表面可以是规则的平面，也可以是非规则的零件曲面，其特征不必再生。下面就来讲解创建规则截面和投影曲面修饰特征的方法。

1. 创建规则截面修饰特征

在规则的平面上可以直接创建草绘修饰特征，具体操作步骤如下。

创建规则截面修饰特征

Step 01 打开素材文件，进入 Pro/E Wildfire 5.0 的工作界面，单击“插入”|“修饰”|“草绘”命令，如图 7-25 所示。

Step 02 在弹出的“菜单管理器”对话框中，依次选择“规则截面”“无剖面线”和“完成”选项，如图 7-26 所示，设置选项信息。

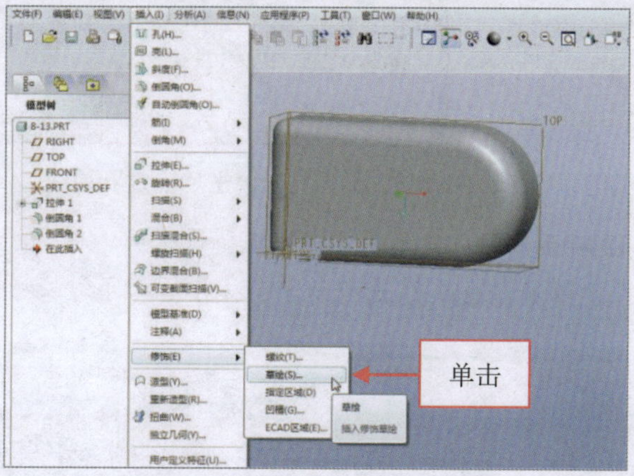

图 7-25　单击“草绘”命令

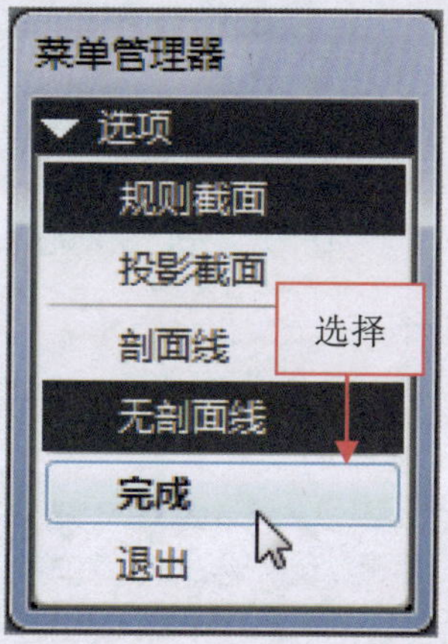

图 7-26　选择“完成”选项

Step 03 选择“菜单管理器”对话框中的“平面”选项，将鼠标放置在实体模型的对应平面上，如图 7-27 所示，单击鼠标左键，设置参照平面。

Step 04 在“菜单管理器”对话框中，选择“确定”选项，如图 7-28 所示，确定草绘的方向。

Step 05 选择“菜单管理器”对话框中的“缺省”选项，如图 7-29 所示，设置草绘视图的信息。

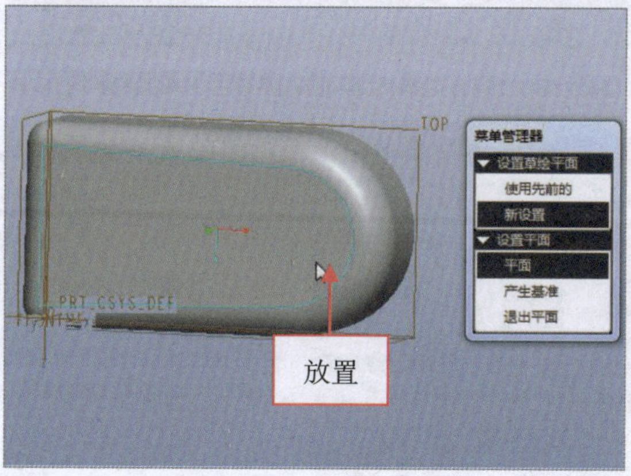

图 7-27　将鼠标放置在实体模型的对应平面上

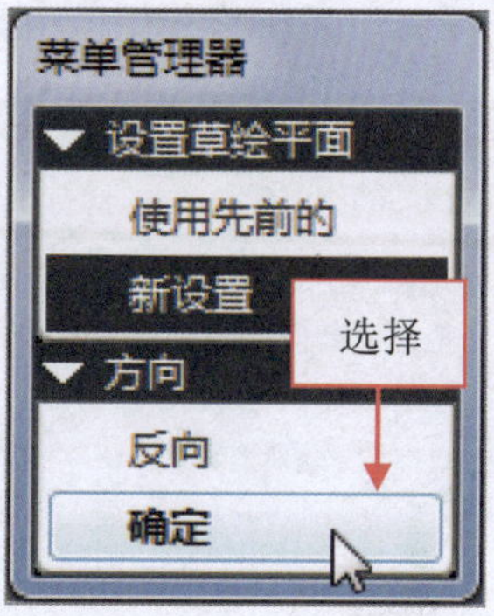

图 7-28　选择“确定”选项

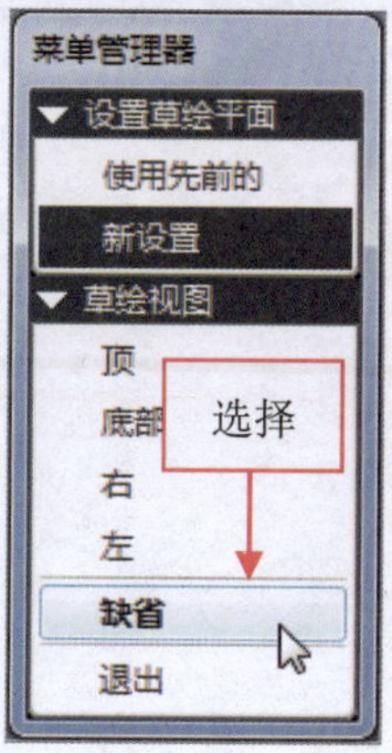

图 7-29　选择“缺省”选项

Step 06 进入草绘模式，单击“文本”按钮，在实体模型中，绘制一条线，如图 7-30 所示，确定文本内容的输入位置。

Step 07 在弹出的“文本”对话框框中，设置文本输入的相关信息，单击“确定”按钮，如图 7-31 所示。

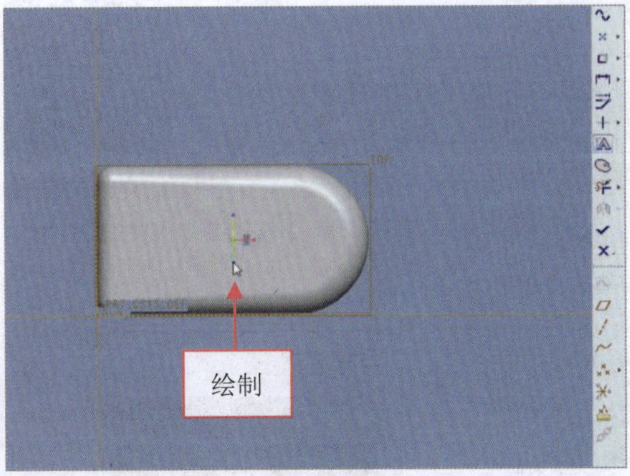

图 7-30 在实体模型中画一条线

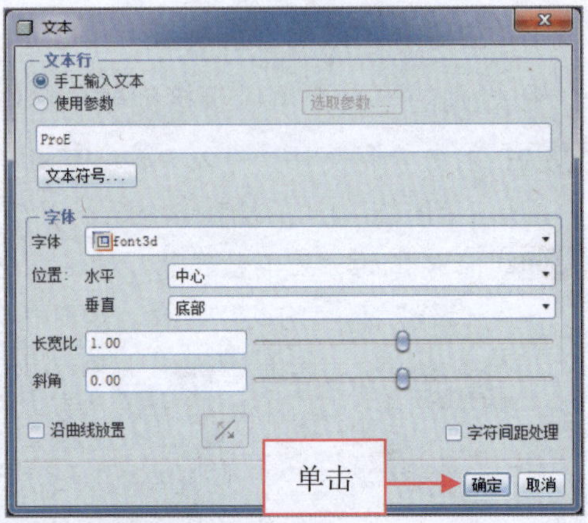

图 7-31 单击“确定”按钮

Step 08 单击“完成”按钮☑，如图 7-32 所示，完成文本内容的设置。

Step 09 预览文本内容在实体模型中的展示效果，如图 7-33 所示，可以看到此时文本内容是反着显示的。

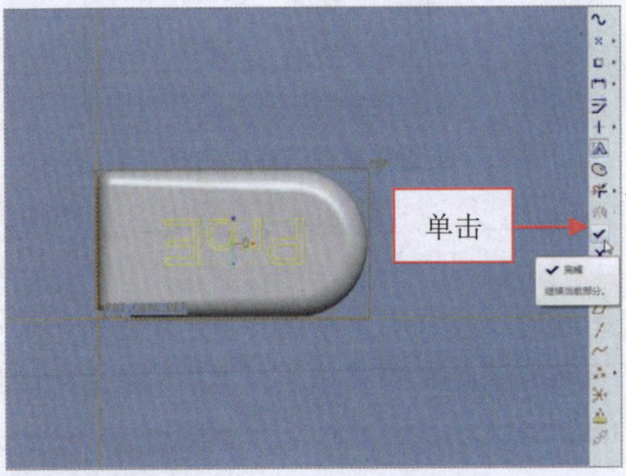

图 7-32 单击“完成”按钮☑

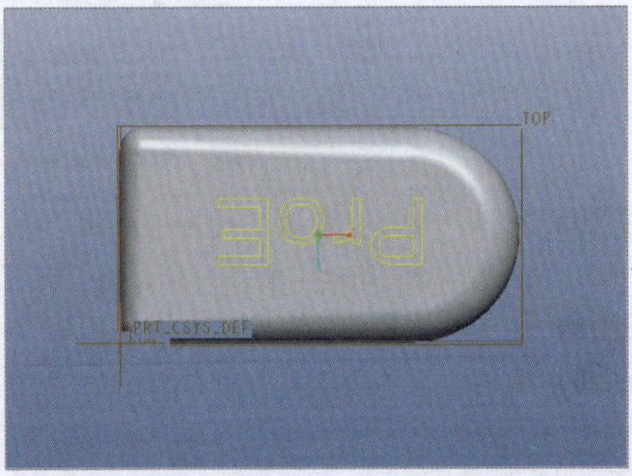

图 7-33 预览文本内容在实体模型中的展示效果

Step 10 可能从图 7-33 中不太好查看文本内容的显示效果，此时可以按下鼠标滚轮并移动鼠标光标，查看其他角度的显示效果，如图 7-34 所示。

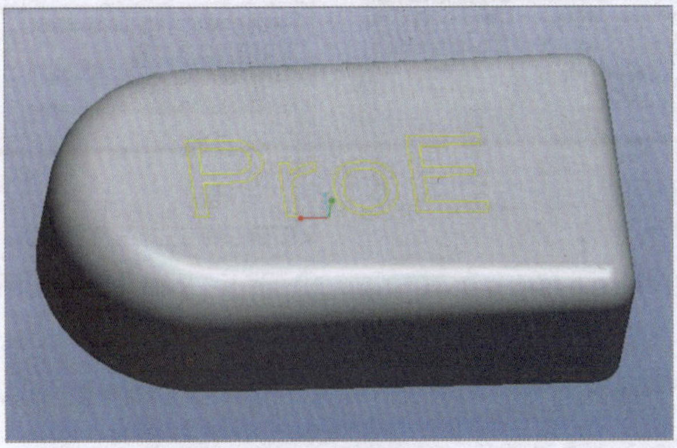

图 7-34 查看其他角度的显示效果

2. 创建投影曲面修饰特征

草绘修饰特征被投影放置在非规则的零件曲面上时，不能超过零件的曲面，也不能对投影截面添加剖面线。创建投影曲面修饰特征具体操作步骤如下。

创建投影曲面修饰特征

Step 01 打开素材文件，进入 Pro/E Wildfire 5.0 的工作界面，单击"插入" | "修饰" | "草绘"命令，如图 7-35 所示。

Step 02 在弹出的"菜单管理器"对话框中，依次选择"投影截面""无剖面线"和"完成"选项，如图 7-36 所示，设置选项信息。

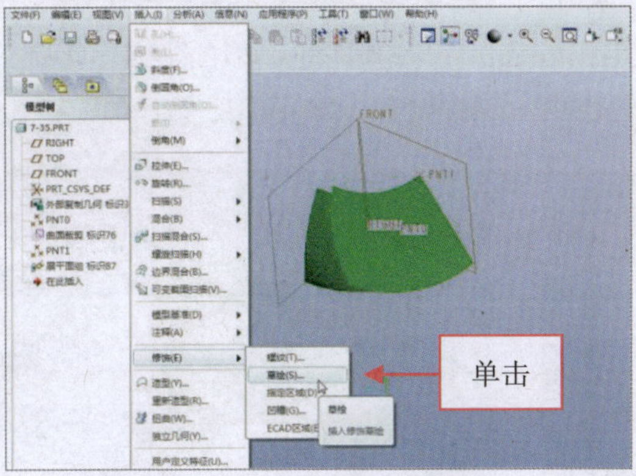

图 7-35　单击"草绘"命令

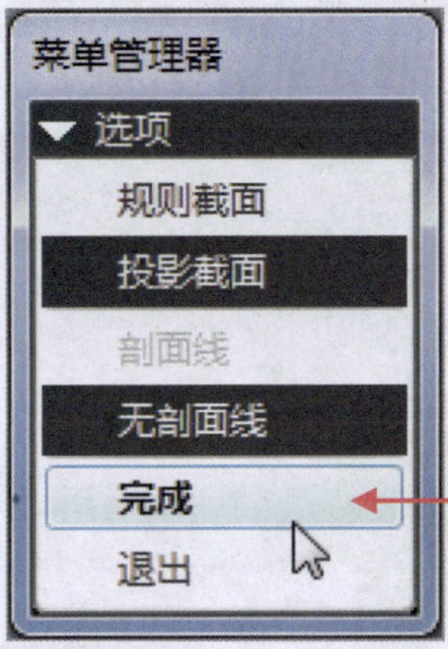

图 7-36　选择"完成"选项

Step 03 在草绘区中，选中实体的对应曲面，如图 7-37 所示，添加特征参考。

Step 04 在草绘区中，再次选中实体的对应曲面，如图 7-38 所示，设置参照的平面。

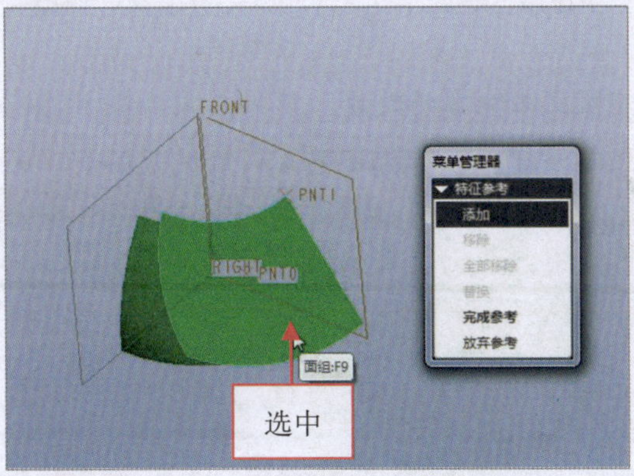

图 7-37　选中实体的对应曲面（1）

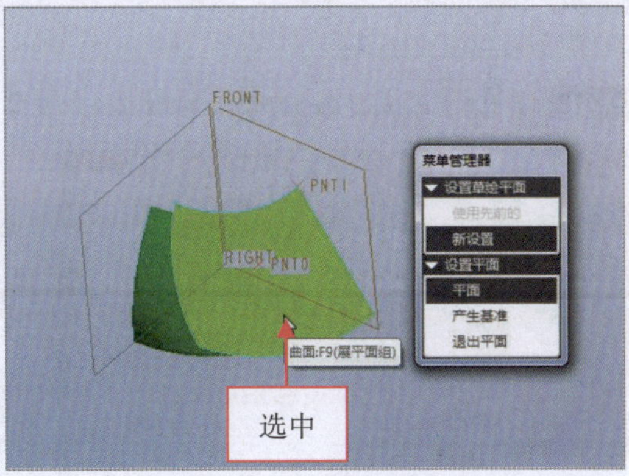

图 7-38　选中实体的对应曲面（2）

Step 05 在"菜单管理器"对话框中，选择"确定"选项，如图 7-39 所示，确定草绘平面的参照方向。

Step 06 在"菜单管理器"对话框中，选择"缺省"选项，如图 7-40 所示，设置草绘视图的信息。

Step 07 在弹出"参照"对话框中，设置参照信息，单击"关闭"按钮，如图 7-41 所示。

Step 08 单击"文本"按钮，在实体模型中，绘制一条线，如图 7-42 所示，确定文本内容的输入位置。

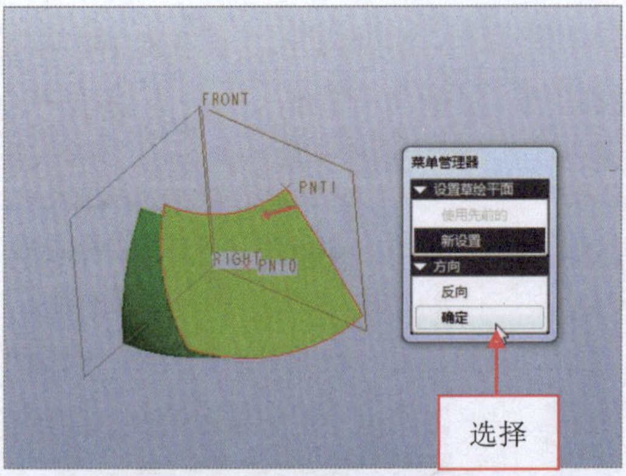

图 7-39　选择“确定”选项

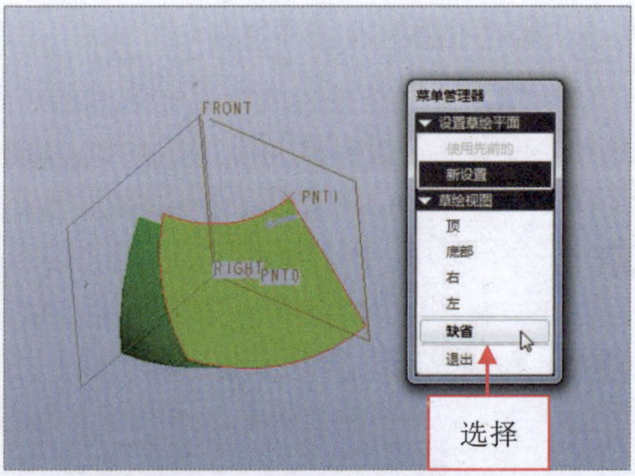

图 7-40　选择“缺省”选项

图 7-41　单击“关闭”按钮

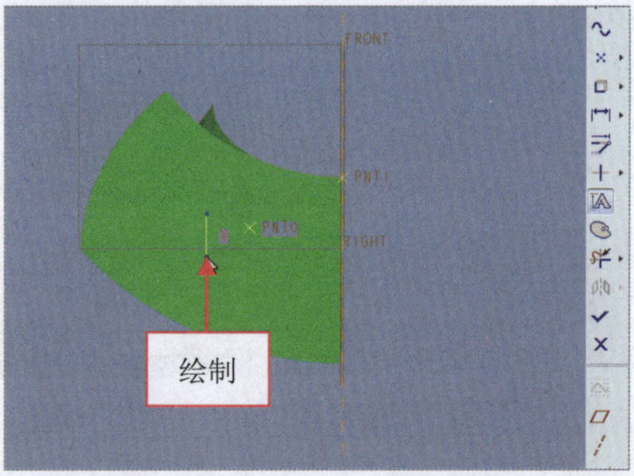

图 7-42　在实体模型中绘制一条线

Step 09 在弹出的“文本”对话框框中，设置文本输入的相关信息，单击“确定”按钮，如图 7-43 所示。

Step 10 单击“完成”按钮☑，如图 7-44 所示，完成文本内容的设置。

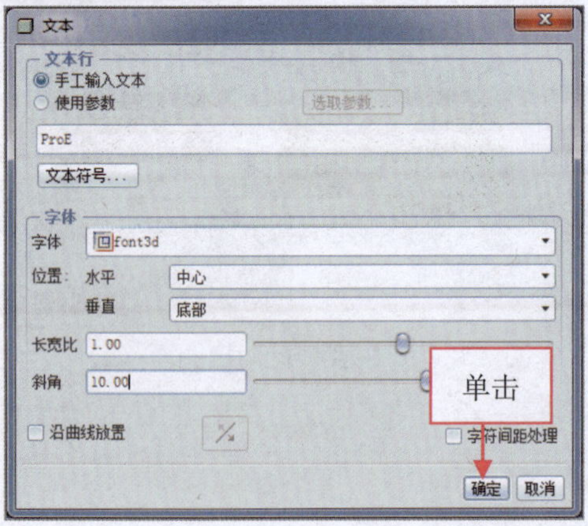

图 7-43　单击“确定”按钮

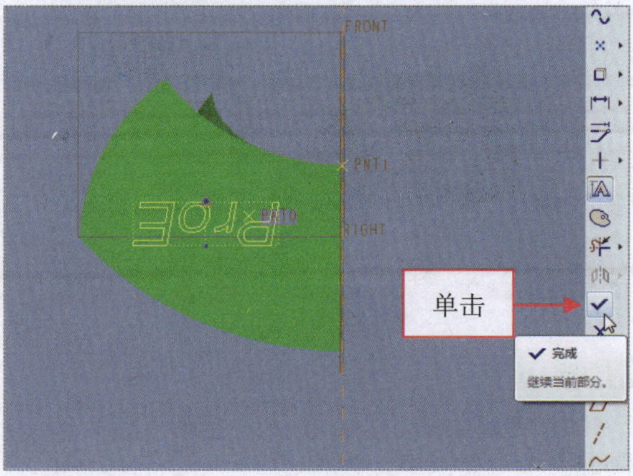

图 7-44　单击“完成”按钮☑

Step 11 预览文本内容在实体模型中的展示效果，可以看到此时文本内容是反着显示的。

Step 12 可能不太好查看文本内容的显示效果，此时可以按下鼠标滚轮并移动鼠标光标，查看其他角度的显示效果，如图 7-45 所示。

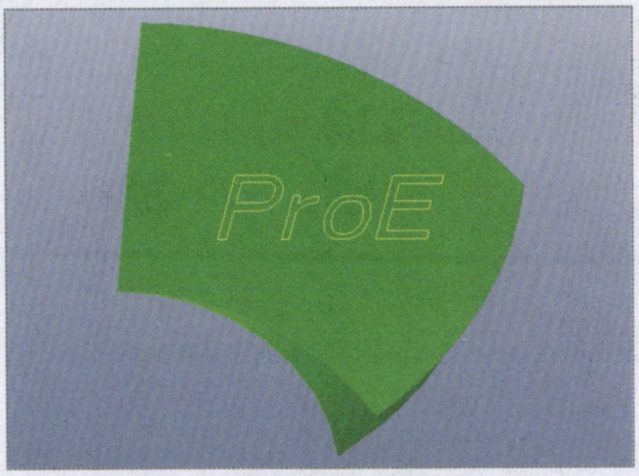

图 7-45　查看其他角度的显示效果

7.2.2　螺纹修饰特征

螺纹修饰特征

螺纹修饰特征是一种简化的可以表示螺纹直径的修饰特征，它是指定螺纹内径或螺纹外径、起始曲面和螺纹长度或终止参照来创建的。创建螺纹修饰特征的基本操作步骤如下。

Step 01 打开素材文件，进入 Pro/E Wildfire 5.0 的工作界面，单击“插入”|“修饰”|“螺纹”命令，如图 7-46 所示。

Step 02 选中实体模型中的某个曲面，在弹出的“修改：螺纹”对话框中，单击“定义”按钮，如图 7-47 所示，定义螺纹修饰特征的螺纹曲面。

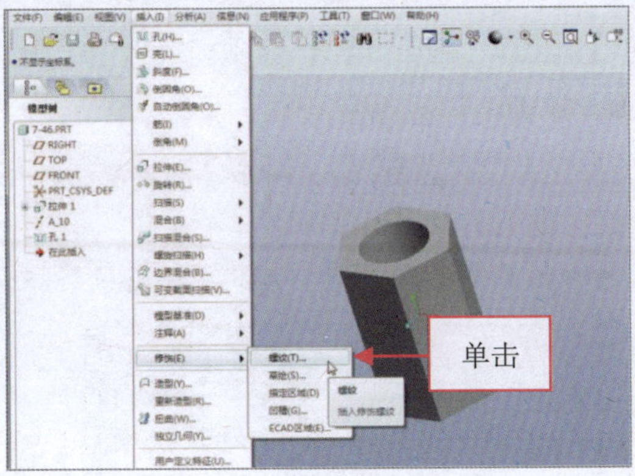

图 7-46　单击“螺纹”命令

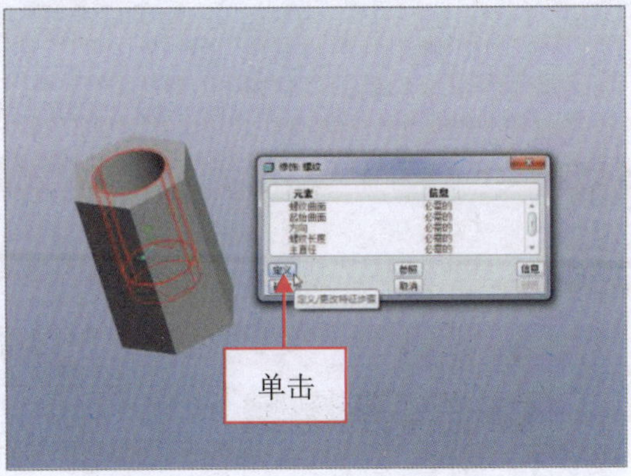

图 7-47　单击“定义”按钮

Step 03 选中实体模型的某个曲面，如上表面，如图 7-48 所示，定义螺纹修饰特征的起始曲面。

Step 04 在弹出的“菜单管理器”对话框中，选择“确定”选项，如图 7-49 所示，设置螺纹修饰特征的方向。

Step 05 在弹出的“菜单管理器”对话框中，依次选择“盲孔”和“完成”选项，如图 7-50 所示，设置螺纹修饰特征指定的特征。

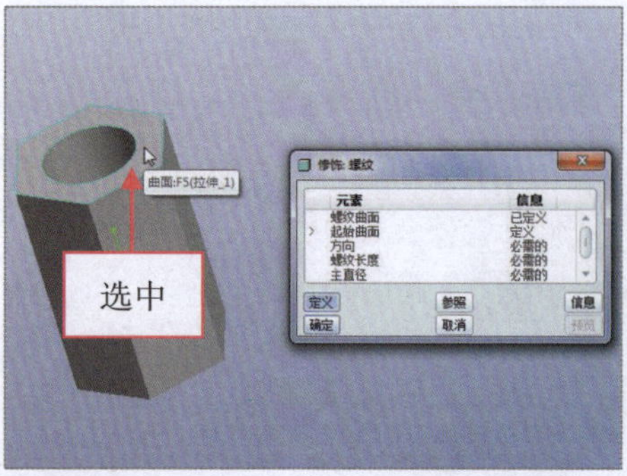

图 7-48　选中实体模型的上表面

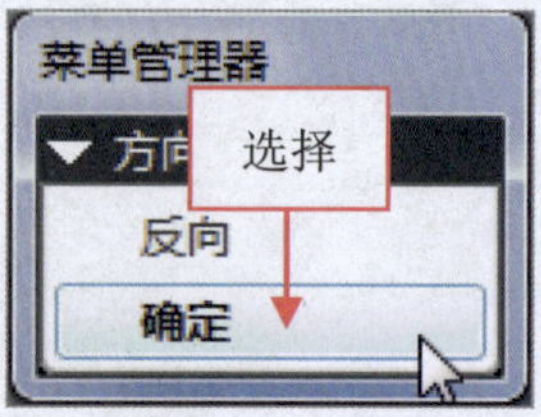

图 7-49　选择“确定”选项

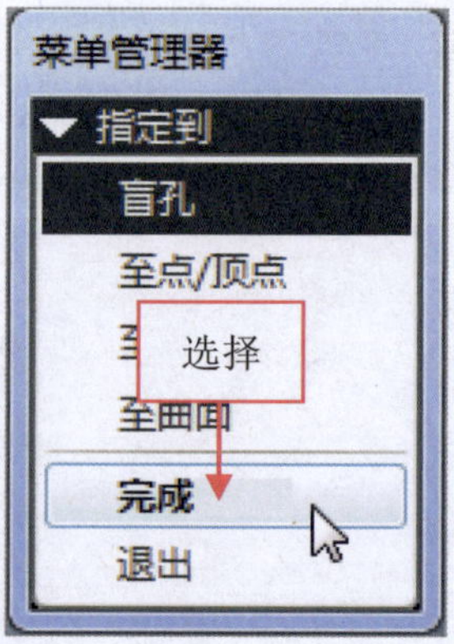

图 7-50　选择“完成”选项

Step 06 在弹出的“输入深度”面板中，输入深度的数值，单击“接受值”按钮☑，如图 7-51 所示，设置螺纹特征的深度。

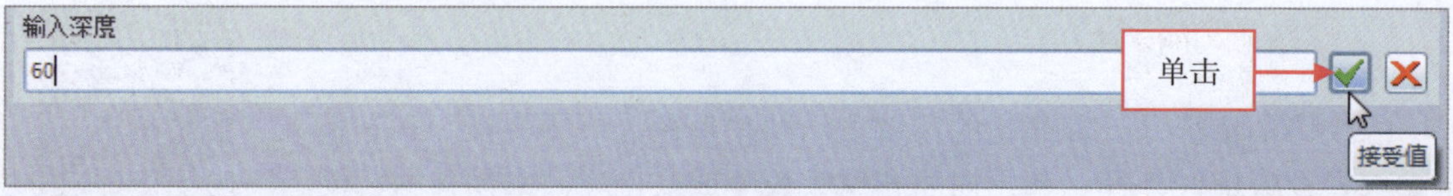

图 7-51　单击“接受值”按钮☑（1）

Step 07 在弹出的“输入直径”面板中，输入直径的数值，单击“接受值”按钮☑，如图 7-52 所示，设置螺纹特征的直径。

图 7-52　单击“接受值”按钮☑（2）

Step 08 选择“菜单管理器”对话框中的“完成/返回”选项，如图 7-53 所示，确定螺纹特征的参数。

Step 09 单击“修饰：螺纹”对话框中的“确定”按钮，如图 7-54 所示，确定创建螺纹特征。

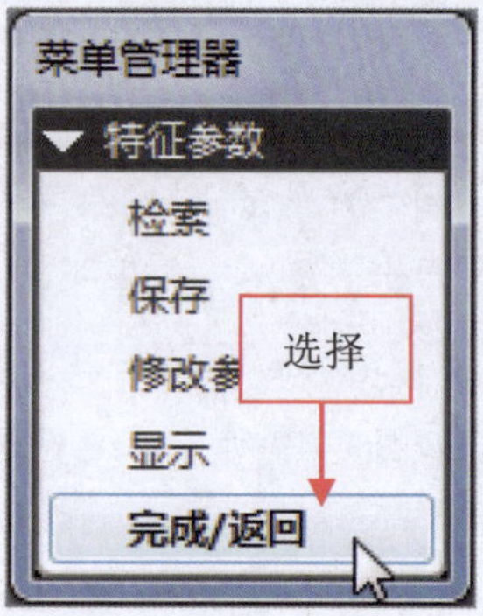

图 7-53　选择“完成/返回”选项

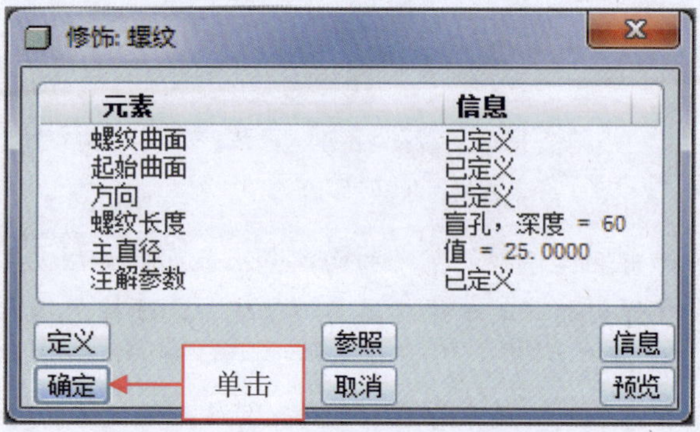

图 7-54　单击“确定”按钮

▶ 专家指点

在图 7-54 所示的“修饰：螺纹”对话框中，可以查看并对已设置的螺纹修饰进行修改。具体方法为：单击该对话框中要设置的信息，根据自身需求重新进行设置操作，然后保存设置。

Step 10 如果实体模型中出现由红色线条组成的曲面，就说明螺纹特征创建成功了，如图 7-55 所示。

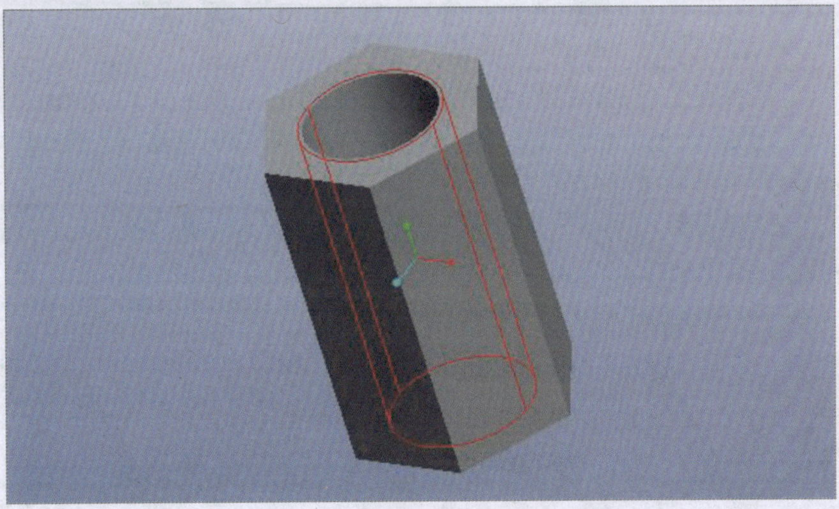

图 7-55 螺纹特征创建成功

7.2.3 凹槽修饰特征

凹槽修饰特征

凹槽特征是一种投影的修饰特征，它可以用来表示在制造过程中，刀具在加工凹槽时沿着零件表面走刀的轨迹，然而凹槽修饰特征并没有设定切削深度。和草绘投影修饰特征一样，凹槽也不能跨越曲面的边界，即其截面只能投影到曲面边界。创建凹槽修饰特征的具体操作步骤如下。

Step 01 打开素材文件，进入 Pro/E Wildfire 5.0 的工作界面，单击“插入”|“修饰”|“凹槽”命令，如图 7-56 所示。

Step 02 选中实体模型中的某个曲面，如圆柱面，选择弹出的“菜单管理器”对话框中的“完成参考”选项，如图 7-57 所示，设置凹槽修饰的特征参考。

Step 03 在“菜单管理器”对话框中，选择“平面”选项，将鼠标光标放置在对应平面上，如图 7-58 所示，设置草绘的参照平面。

Step 04 单击鼠标左键，绘图区中会出现表示草绘参照方向的箭头，选择“菜单管理器”对话框中的“确定”选项，如图 7-59 所示，设置草绘的方向。

Step 05 选择“菜单管理器”对话框中的“缺省”选项，如图 7-60 所示，设置草绘视图的信息。

Step 06 在实体模型上绘制对应的图元，单击“完成”按钮✓，如图 7-61 所示，完成凹槽修饰的草绘。

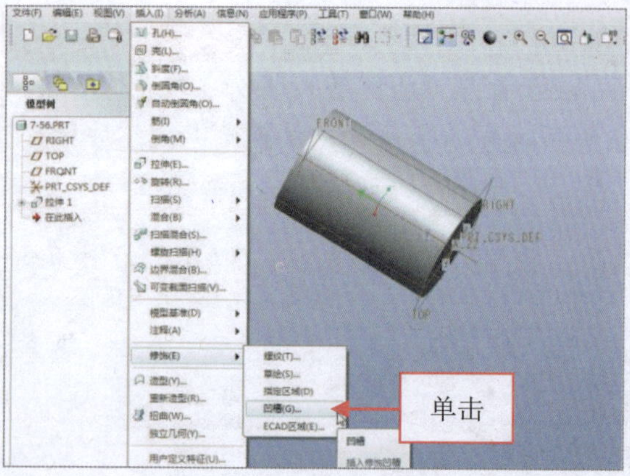

图 7-56　单击“凹槽”命令

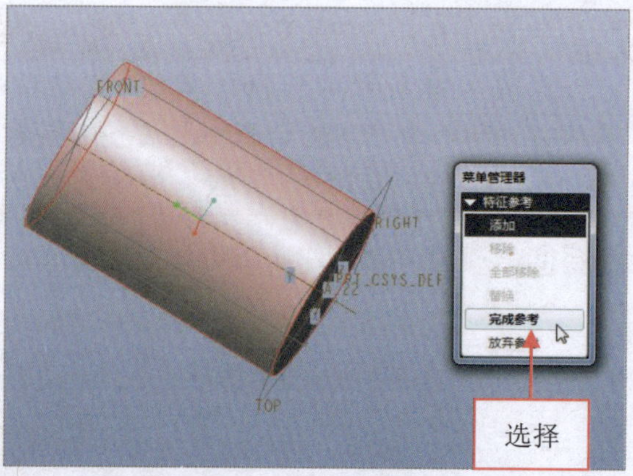

图 7-57　选择“完成参考”选项

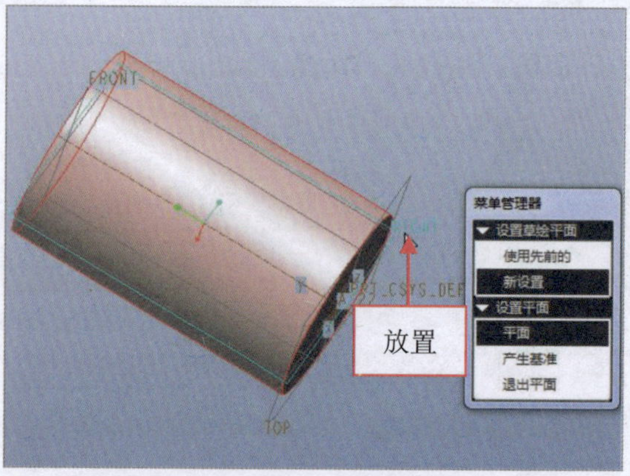

图 7-58　将鼠标光标放置在对应平面上

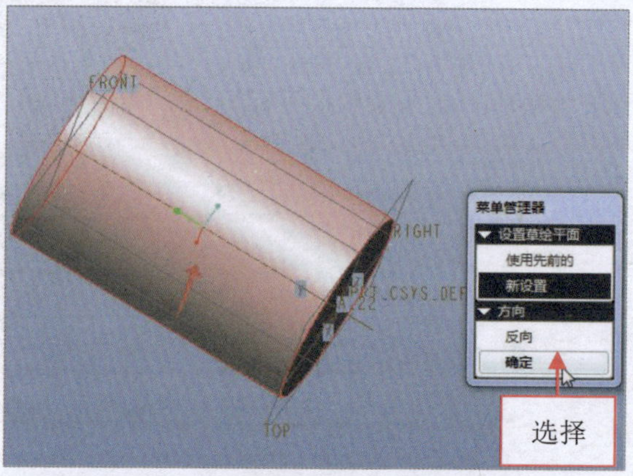

图 7-59　选择“确定”选项

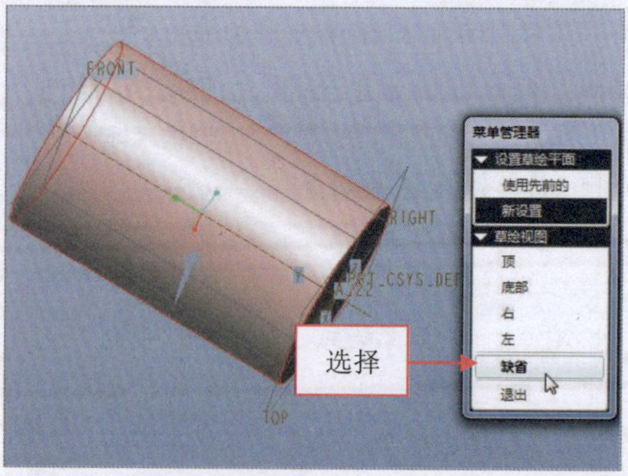

图 7-60　选择“缺省”选项

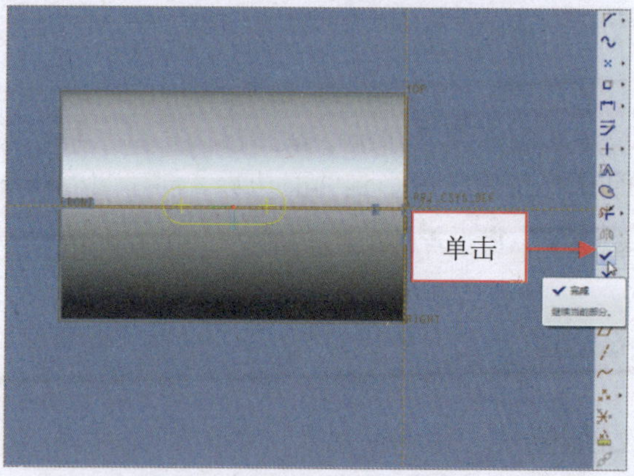

图 7-61　单击“确定”按钮

Step 07 如果实体模型中出现红色的凹槽图形，就说明凹槽特征创建成功了，如图 7-62 所示。

Step 08 图 7-62 中的红色凹槽图形只有象征作用（单击草绘区的空白处会消失），对此，可以按下鼠标滚轮并移动鼠标光标，查看凹槽修饰特征的实际显示效果，如图 7-63 所示。

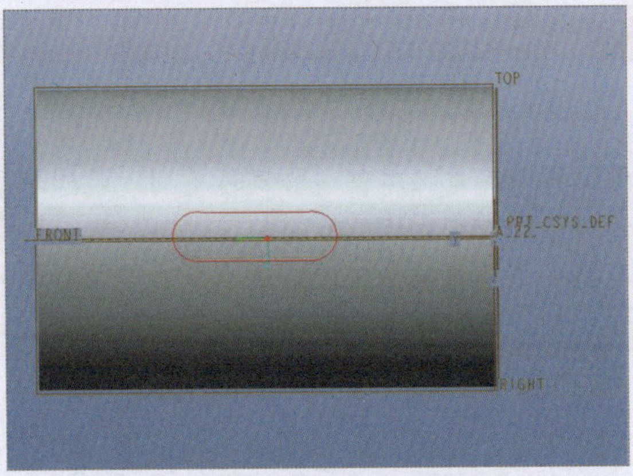

图 7-62　凹槽特征创建成功

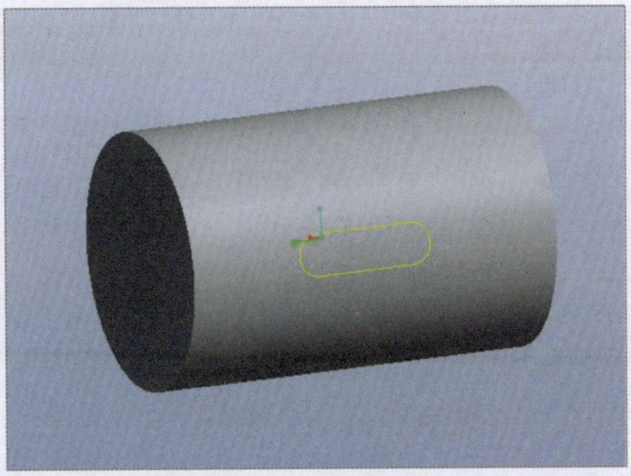

图 7-63　查看凹槽修饰特征的实际显示效果

7.3　创建组

Pro/E Wildfire 5.0 大部分的修改命令都用于操作单个特征，而有时候需要同时操作多个特征，这就要创建一个组，然后再执行阵列组的操作。组在 Pro/E Wildfire 5.0 中是一个非常重要的概念，它是一系列特征的集合。组可分为两种类型：局部组和用户自定义特征，本节将分别讲解这两类组的创建操作技巧。

7.3.1　创建局部组

局部组是只在当前模型中有效的特征，“组”选项可以组合和阵列多个特征，形成局部组的特征在再生列表中的顺序必须相邻。创建局部特征组的操作步骤如下。

创建局部组

Step 01　打开素材文件，进入 Pro/E Wildfire 5.0 的工作界面，在“模型树”窗口中，选中要构建成组的连续特征（即选择起始和终止特征之间的所有特征），单击鼠标右键，在弹出的快捷菜单中，选择“组”选项，如图 7-64 所示。

Step 02　如果“模型树”窗口中显示一个组，就说明局部组创建成功了，如图 7-65 所示。

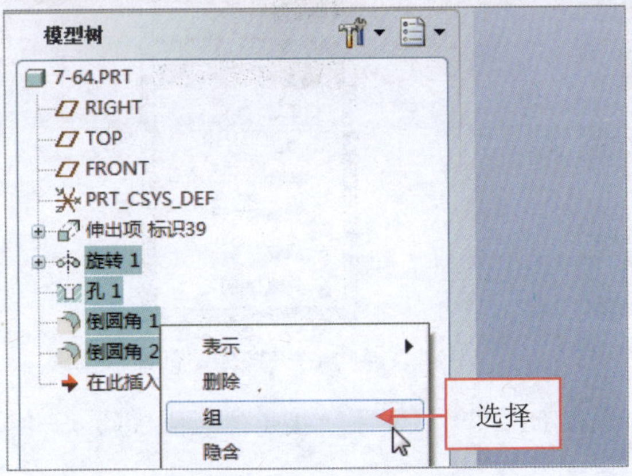

图 7-64　选择“组”选项

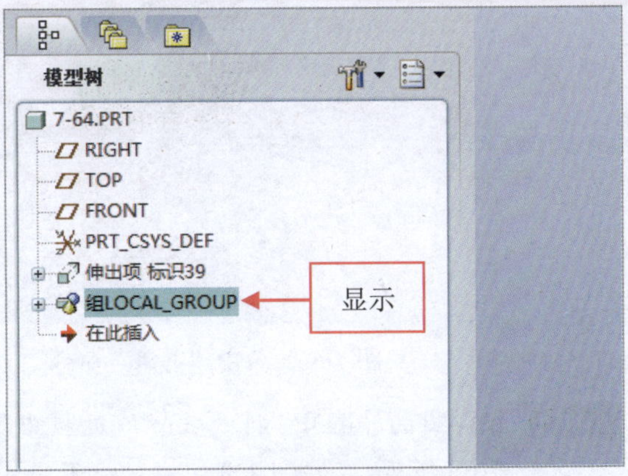

图 7-65　局部组创建成功

> ▶ 专家指点
>
> 创建局部组要注意以下两个问题。
>
> ➢ 创建局部特征组时，不能有放置参照。
>
> ➢ 创建局部特征组时，必须按再生列表的连续顺序选择特征，如果再生列表中的指定特征之间存在其他特征，系统会提示将指定特征之间的所有特征进行分组。但需要注意的是，已经存在于其他组中的特征不能再被分组，如果不想对连续顺序的某些特征进行分组，那么首先要对这些特征进行重新排序。

7.3.2 创建用户自定义特征

创建用户自定义特征

用户自定义特征是那些已经合并成组并被保存到磁盘中的特征，通常是保存在用户自定义特征（user defined features，UDF）库中。完整的 UDF 包括选定的特征、所有相关尺寸、选定特征之间的任何关系以及零件中放置 UDF 的参照列表。UDF 的功能就像是一个新的参照副本，放置 UDF 时，系统会提示用户为副本选择新的参照。

用户自定义特征可以分为从属的和独立的，从属的 UDF 在运行时直接从原来模型中读取原值。如果原始模型中的尺寸发生改变，则这些改变的尺寸也会自动影响到 UDF 中，而独立的 UDF 在创建时就将所有原有模型中的信息复制到 UDF 文件中，如果改变原始模型，那么这些改变将不会反映到 UDF 中。

用户自定义特征可分为两大部分：创建 UDF 和放置 UDF。下面主要介绍创建 UDF 的具体操作步骤。

Step 01 打开素材文件，进入 Pro/E Wildfire 5.0 的工作界面，单击“应用程序”|“继承”命令，如图 7-66 所示。

Step 02 在弹出的“菜单管理器”对话框中，依次选择“特征”“UDF 库”和“创建”选项，如图 7-67 所示，进行 UDF 的创建。

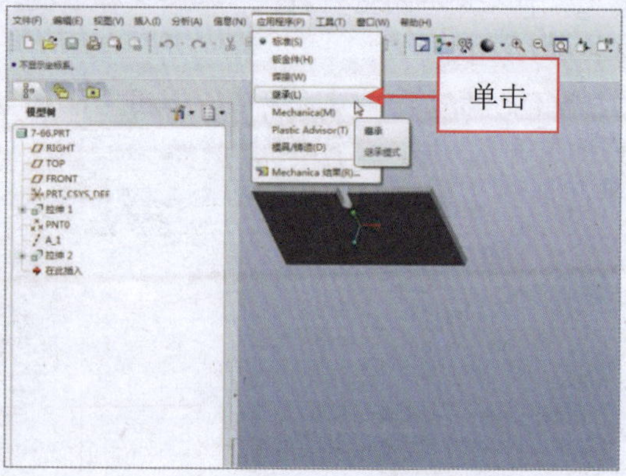

图 7-66 单击“继承”命令

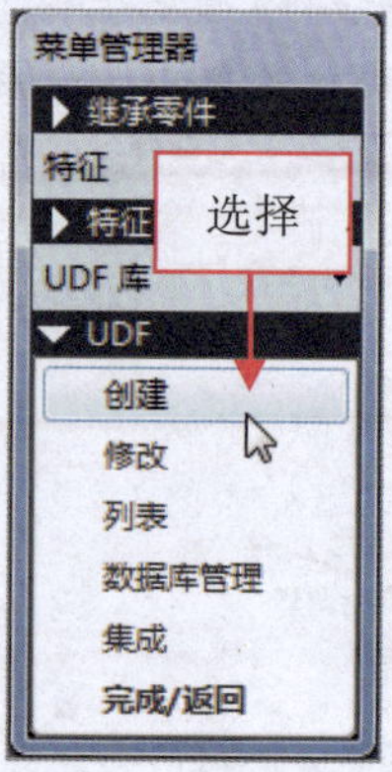

图 7-67 选择“创建”选项

Step 03 在弹出的“UDF 名[退出]: ”面板中，输入 UDF 名称，单击“接受值”按钮☑，如图 7-68 所示，完成 UDF 名称的设置。

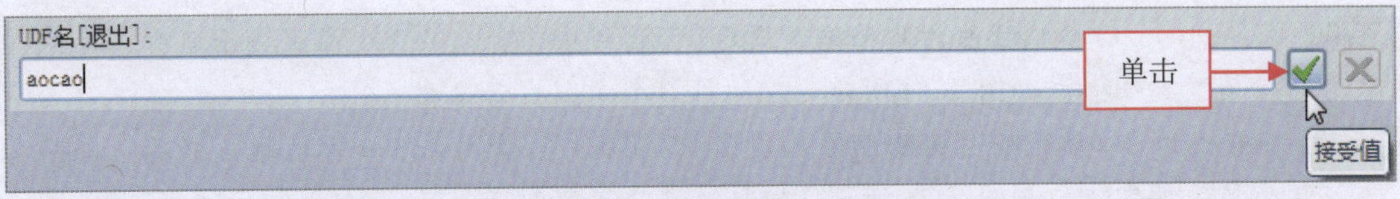

图 7-68　单击“接收值”按钮☑（1）

Step04 在弹出的“菜单管理器”对话框中，依次选择“单一的”和“完成”选项，设置 UDF 选项的信息，如图 7-69 所示。

Step05 在弹出的“确认”对话框中，单击“是”按钮，设置包括参照零件，如图 7-70 所示。

Step06 在实体模型中，选中拉伸切除材料特征，选择“菜单管理器”对话框中的“完成”选项，完成 UDF 选取特征的设置，如图 7-71 所示。

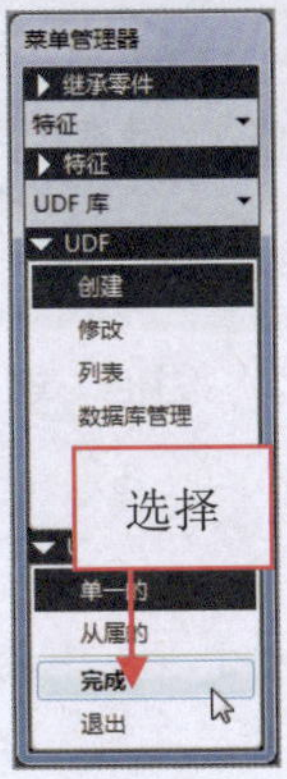

图 7-69　设置 UDF 选项的信息

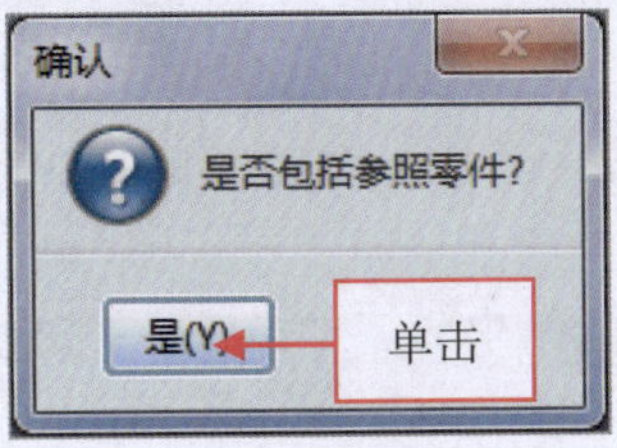

图 7-70　设置包括参照零件

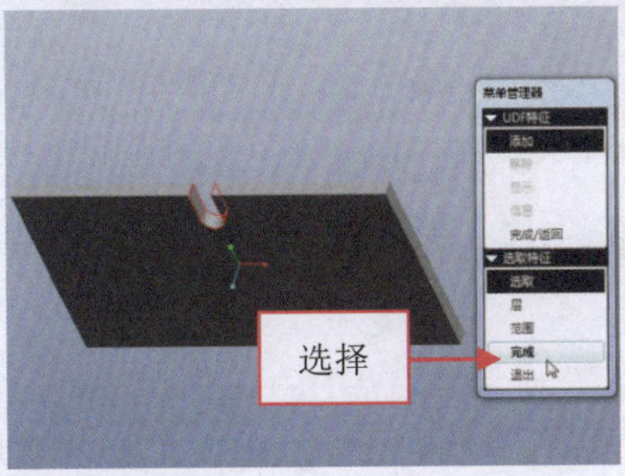

图 7-71　完成 UDF 选取特征的设置

Step07 选择“菜单管理器”对话框中的“完成/返回”选项，如图 7-72 所示，完成 UDF 特征的设置。

Step08 在弹出的“以参照颜色为曲面输入提示：”面板中，输入第 1 个参照提示名称，单击“接受值”按钮☑，如图 7-73 所示，确认第 1 个参照提示名称。

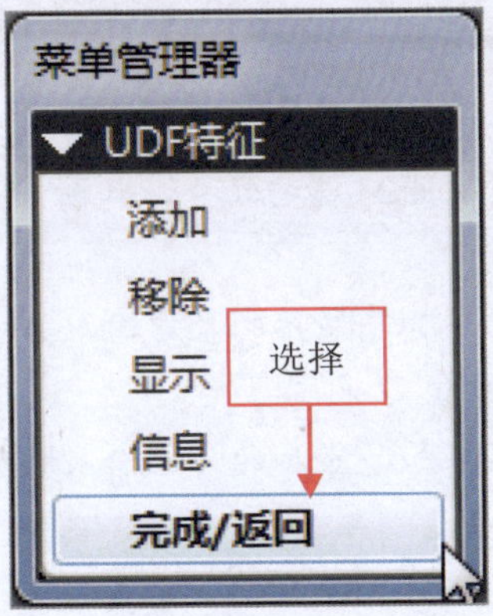

图 7-72　选择“完成/返回”选项（1）

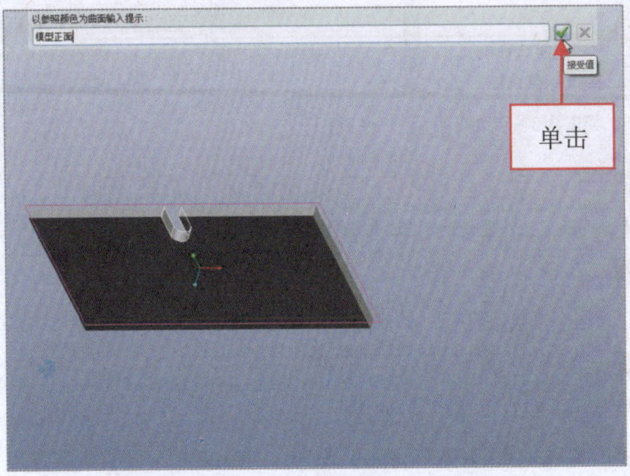

图 7-73　单击“接受值”按钮☑（2）

Step 09 在弹出的“以参照颜色为曲面输入提示：”面板中，输入第 2 个参照提示名称，单击“接受值”按钮，如图 7-74 所示，确认第 2 个参照提示名称。

Step 10 在弹出的“以参照颜色为曲面输入提示：”面板中，输入第 3 个参照提示名称，单击“接受值”按钮，如图 7-75 所示，确认第 3 个参照提示名称。

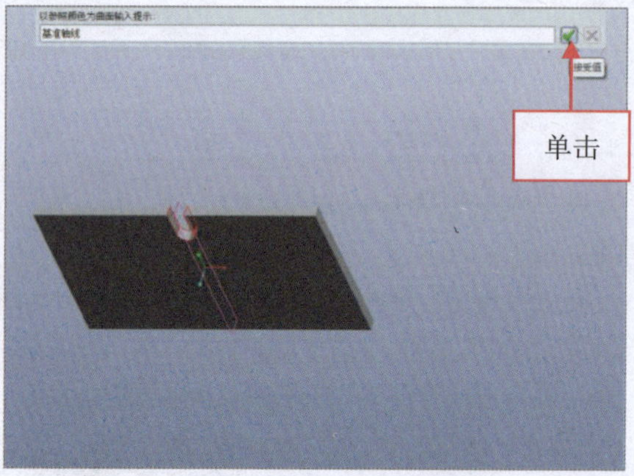

图 7-74 单击“接受值”按钮（3）

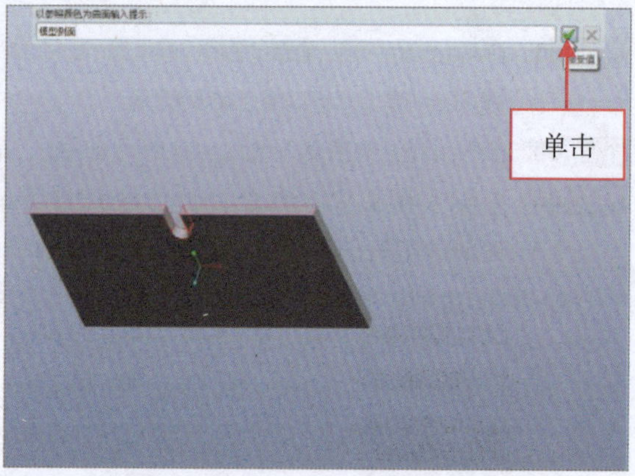

图 7-75 单击“接受值”按钮（4）

Step 11 在“菜单管理器”对话框中，选择“完成/返回”选项，如图 7-76 所示，确定 UDF 的提示设置。

Step 12 选择“UDF：aocao，独立”对话框中的“可变尺寸”选项，单击“定义”按钮，如图 7-77 所示，对 UDF 的可变尺寸进行定义。

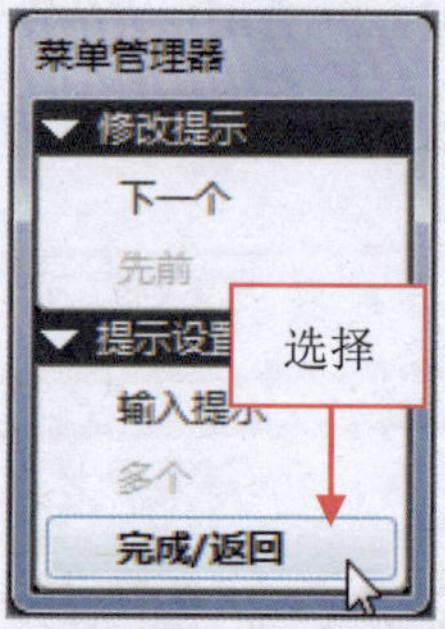

图 7-76 选择“完成/返回”选项（2）

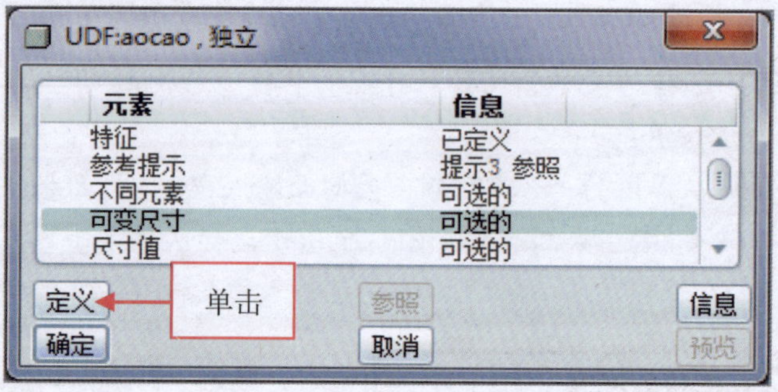

图 7-77 单击“定义”按钮

Step 13 会显示实体模型中已选中拉伸切除材料特征的相关尺寸，选中这些尺寸，如图 7-78 所示，连续两次单击鼠标滚轮，准备进行尺寸的设置。

Step 14 在弹出的“输入尺寸值的提示：”面板中，根据草绘区中加亮显示的尺寸输入数值，单击“接受值”按钮，如图 7-79 所示，确认第 1 个尺寸值。

Step 15 在弹出的“输入尺寸值的提示：”面板中，根据草绘区中加亮显示的尺寸输入数值，单击“接受值”按钮，如图 7-80 所示，确认第 2 个尺寸值。

Step 16 单击“UDF：aocao，独立”对话框中的“确定”按钮，如图 7-81 所示，完成 UDF 创建。

Step 17 UDF 创建完成后，进入素材所在的文件夹，即可查看已创建的 UDF 文件，如图 7-82 所示。如果有需要，还可以通过重命名，将创建的 UDF 文件命名为效果文件。

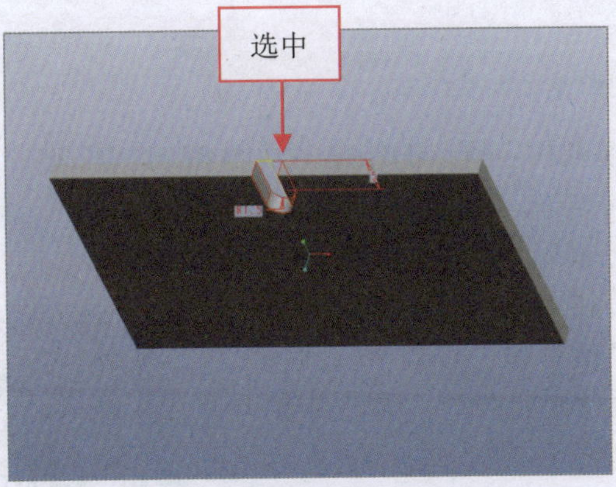

图 7-78　选中显示的尺寸

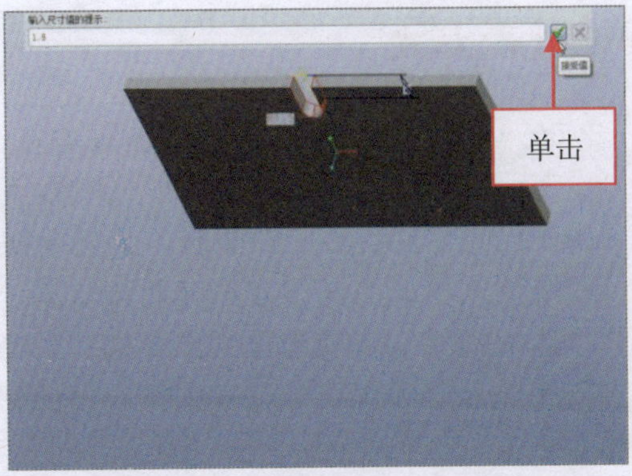

图 7-79　单击“接受值”按钮 (5)

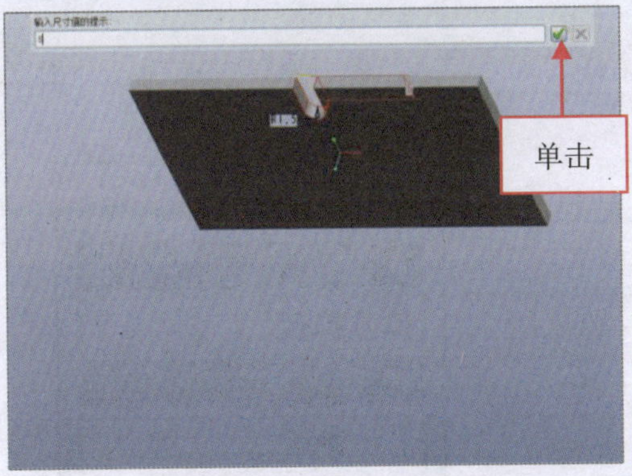

图 7-80　单击“接受值”按钮 (6)

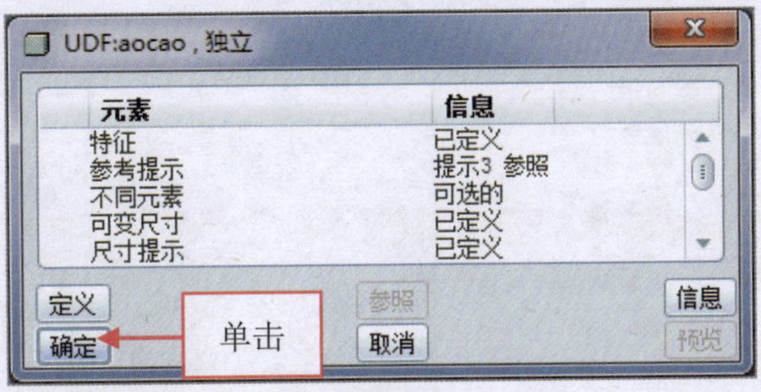

图 7-81　单击“确定”按钮

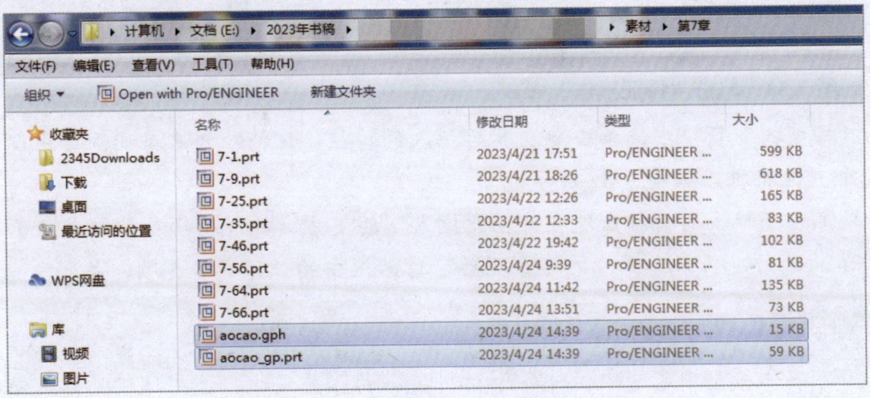

图 7-82　查看已创建的 UDF 文件

7.4　模型变更设置

在设计过程中，不可避免地需要进行特征的编辑，也可能由于尝试不同的设计方案或设计意图的改变需要对特征进行重定义、重新排序等。本节将介绍设计变更命令及与其相关的内容，帮助用户更好地进行模型变更设置。

7.4.1 插入模式

Pro/E Wildfire 5.0 将新添加的特征放置在“模型树”窗口的结尾，然而 Pro/E Wildfire 5.0 也可以在已有特征前添加新的特征。多数情况下，需要为已有特征建立参照特征，当新特征必须用作已有零件特征的参照时，就需要在已有的特征前插入新的特征。

使用插入模式的操作方法有两种，第一种是利用“特征操作”命令中的“插入模式”选项进行操作；第二种是在“模型树”窗口中直接拖动“在此插入”标识符号进行操作。下面将利用“特征操作”命令中的“插入模式”选项，向用户介绍插入特征的方法技巧，其具体步骤如下。

插入模式

Step 01 打开素材文件，进入 Pro/E Wildfire 5.0 的工作界面，单击“编辑”|“特征操作”命令，如图 7-83 所示。

Step 02 在弹出的“菜单管理器”对话框中，依次选择“插入模式”和“激活”选项，如图 7-84 所示，激活插入模式。

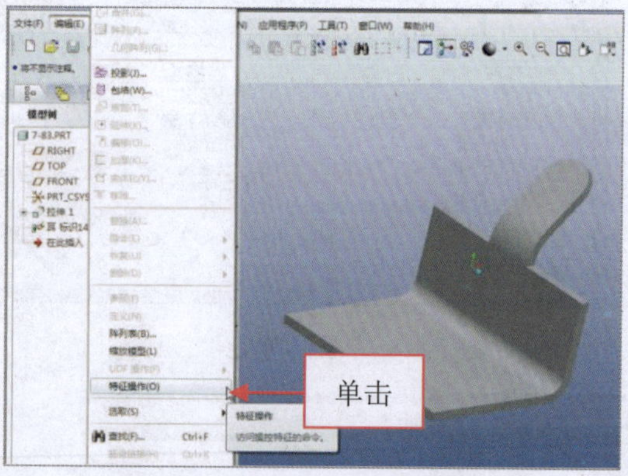

图 7-83 单击“特征操作”命令

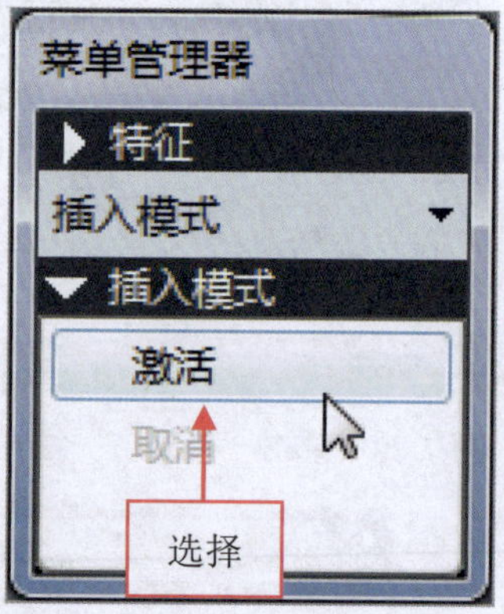

图 7-84 选择“激活”选项

Step 03 在“模型树”窗口中，单击要在其后插入的特征，该特征的名称周围会出现虚框，单击某个其他特征，如图 7-85 所示。

Step 04 如果第 1 个单击的特征出现在“在此插入”的下方，就说明插入特征成功了，如图 7-86 所示。此时，只需选择“菜单管理器”对话框中的“完成”选项，关闭对话框即可。

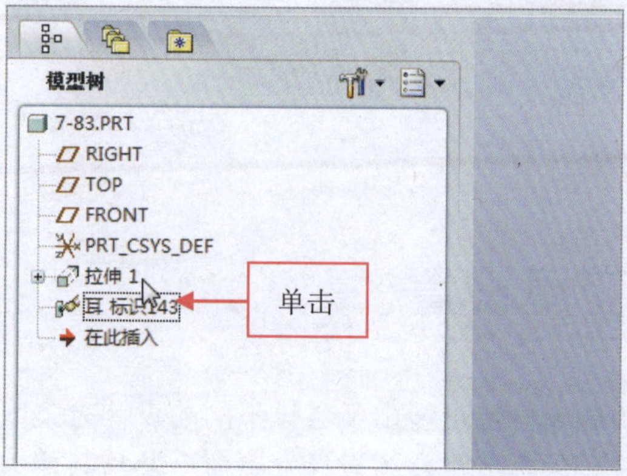

图 7-85 单击某个其他特征

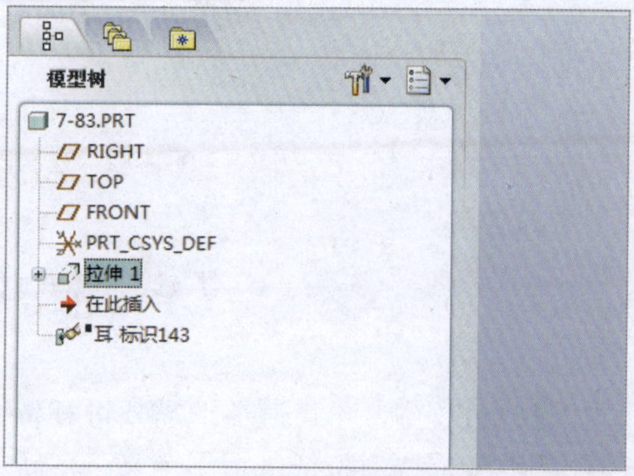

图 7-86 插入特征成功

▶ 专家指点

“模型树”窗口中也可直接拖动“在此插入”标识符号，进行插入模型，其操作方法：在“模型树”窗口中，选择“在此插入”标识符号，按住鼠标左键将其拖至到要插入的位置，然后松开鼠标左键即可。

7.4.2 父子关系

在实体模型中创建某个特征时，往往需要定义特征的草绘平面、草绘平面的参照和截面的草图参照（点、线、面），在特征的草绘截面中往往需要标注截面的定位尺寸、还要建立一些约束，而这些草绘平面、草绘平面的垂直参照平面、截面草图参照（点、线、面）等往往都是其他特征的点、线、面，这样就形成了特征间的父子关系。

父子关系中作为参照的对象称为“父对象”，创建的对象称为“子对象”，图 7-87 所示。“父子”关系是 Pro/E Wildfire 5.0 中最重要的概念之一，子对象依赖于父对象的存在而存在，在进行设计时，必须明确“先有父，后有子”和“有子必有父、无父必无子”的设计思想。

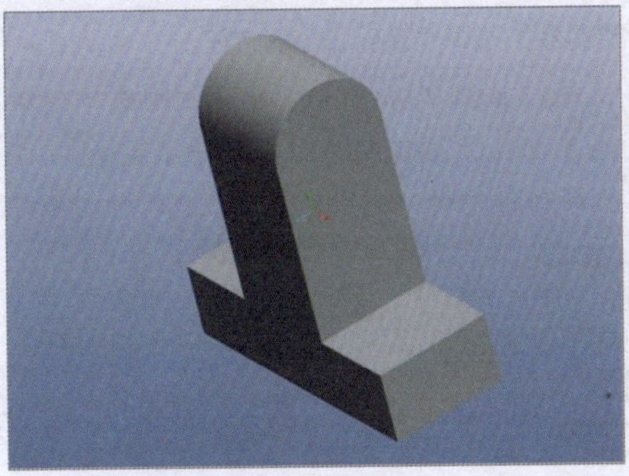

（a）父对象

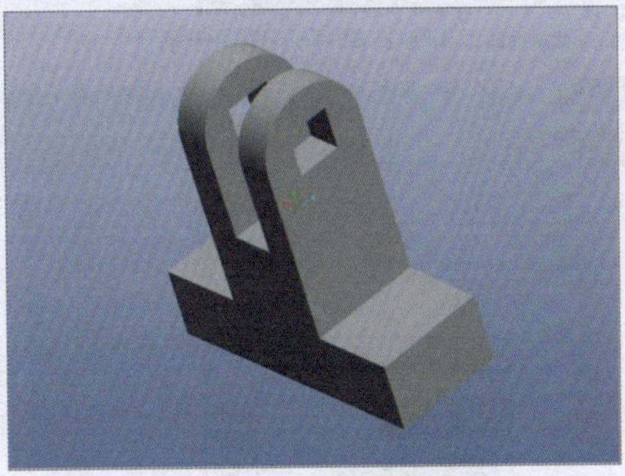

（b） 子对象

图 7-87 父子关系

改变实体模型特征的父子关系有两种方法：第一种方法是改变特征截面的标注参照基准或约束方式；第二种方法是特征的重定次序，即改变特征的草绘平面和草绘平面的参照平面。

7.4.3 特征重新排序

特征重新排序

通常在再生列表中改变特征的顺序是必要的，在建模过程中，比较明显的是特征被组合，然后被阵列，组合的特征在“模型树”窗口中或再生顺序中应该是彼此相邻的。如果组合的特征不满足这个要求，就可以在“模型树”窗口中移动一个或多个特征到新的位置，以改变他们的再生次序。

所谓重新排序是指在再生次序列表中向前或向后移动特征序，但并不是任何特征都可以进行重新排序，如特征之间存在父、子关系的特征，就不能通过重新排序而改变他们的再生次序，所以在重新排序时要谨慎。要注意的是在“模型树”窗口中，子特征不能移动到父特征之前，父项特征不能移动到子项特征之后。对特征重新排序的具体操作步骤如下。

Step 01 打开素材文件，进入 Pro/E Wildfire 5.0 的工作界面，单击“编辑”|“特征操作”命令，在弹出的“菜单管理器”对话框中，依次选择“重新排序”和“选取”选项，如图 7-88 所示，设置特征的相关信息。

Step 02 在“模型树”窗口中，选中要重新排序的特征，如图 7-89 所示，选择“菜单管理器”对话框中的“完成”选项，完成特征的选择。

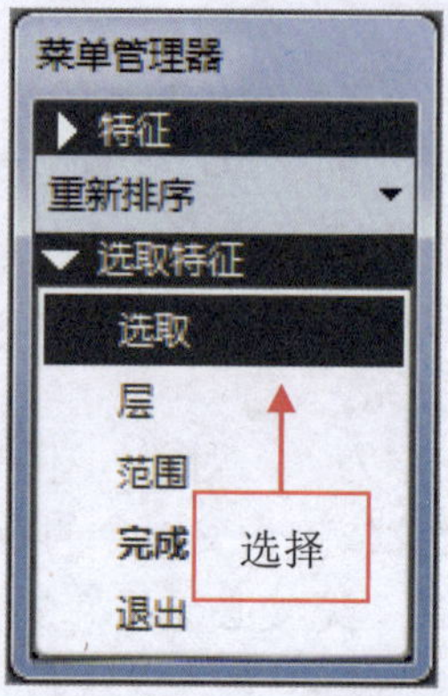

图 7-88　选择“选取”选项

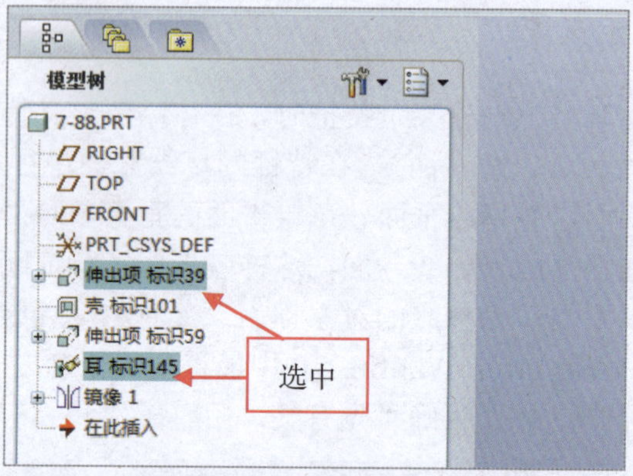

图 7-89　选中要重新排序的特征

Step 03 选择“菜单管理器”对话框中的“确认”选项，如图 7-90 所示，确认刚刚选择的特征。

Step 04 如果“模型树”窗口中所选特征的排序发生了变化，就说明特征重新排序成功了，如图 7-91 所示。此时，只需选择“菜单管理器”对话框中的“完成”选项，关闭对话框即可。

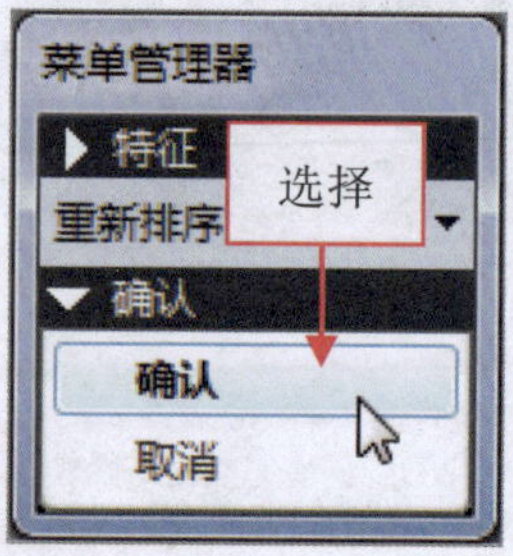

图 7-90　选择“确认”选项

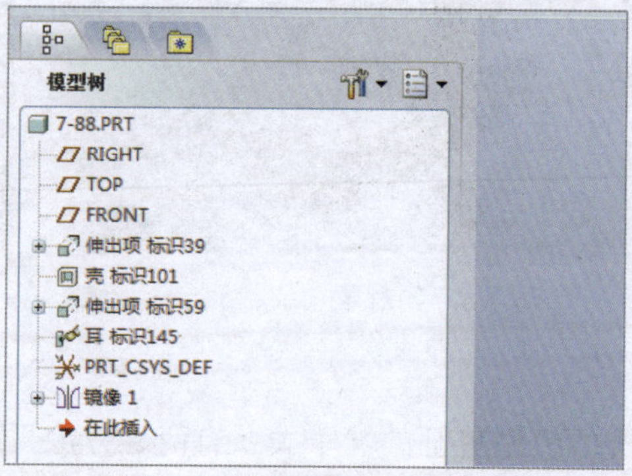

图 7-91　特征重新排序成功

7.4.4　编辑定义

编辑定义是修改对象的重要方法之一，实体模型的特征创建完毕后，如果需要重新定义特征的属性、截面的形状或特征的深度选项，则可以对特征进行“编辑定义”。下面以编辑定义拉伸特征为例，向用户介绍重定义特征的方法技巧，其操作步骤如下。

编辑定义

Step 01 打开素材文件，进入 Pro/E Wildfire 5.0 的工作界面，在“模型树”窗口中，选中要编辑定义的特征，单击鼠标右键，选择快捷菜单中的“编辑定义”选项，如图 7-92 所示。

Step 02 执行操作后，会弹出对应特征的操作面板，如拉伸操作面板，如图 7-93 所示。

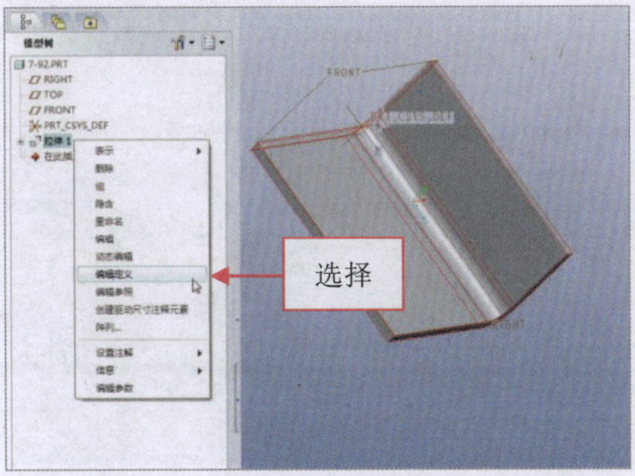

图 7-92　选择“编辑定义”选项

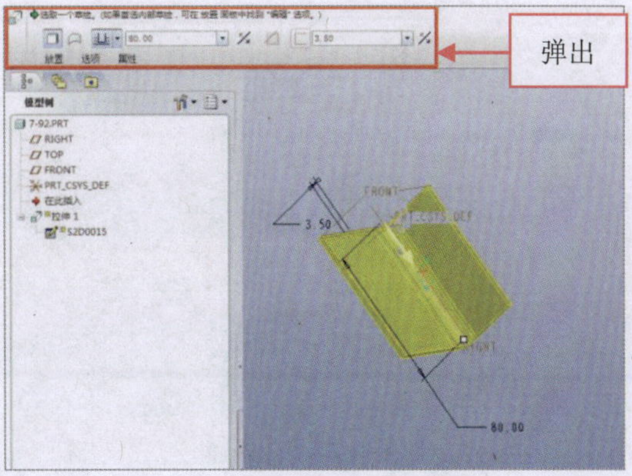

图 7-93　弹出拉伸操作面板

Step 03 在拉伸操作面板中，设置特征相关信息，如拉伸的深度数值和厚度数值，如图 7-94 所示。

Step 04 单击拉伸操作面板右侧的☑按钮，如果实体模型的形状发生了变化，就说明该实体模型的特征定义编辑成功了，如图 7-95 所示。

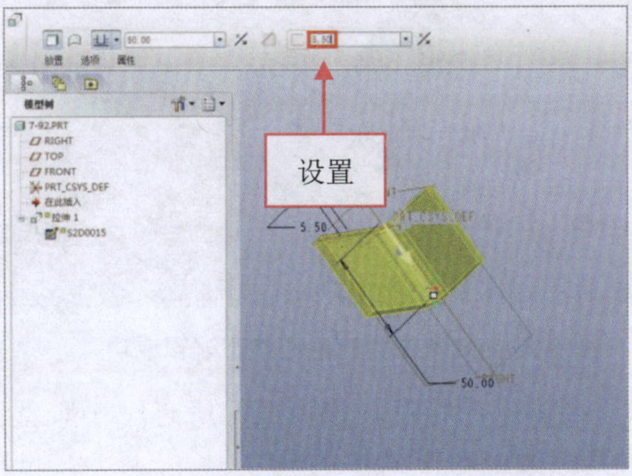

图 7-94　设置拉伸的深度数值和厚度数值

图 7-95　实体模型的特征定义编辑成功

7.4.5　动态编辑

动态编辑

动态编辑也叫特征的修改，即对特征的尺寸和相关修饰元素进行修改，动态编辑即可在图形窗口中直接修改尺寸值。其最近使用的尺寸值显示在模型上，其中有两种方法进行操作。第一种方法是从“模型树”窗口中选择“编辑”选项，然后进行特征编辑，其操作方法如下。

Step 01 打开素材文件，进入 Pro/E Wildfire 5.0 的工作界面，在“模型树”窗口中，选中要进行动态编辑的特征，单击鼠标右键，选择快捷菜单中 “动态编辑”选项，如图 7-96 所示。

Step 02 执行操作后，会显示实体模型中各项尺寸的数值，如图 7-97 所示，双击对应尺寸的数值。

Step 03 在输入框中输入要修改的尺寸数值，如图 7-98 所示，然后按【Enter】键，对该尺寸数值进行修改。

Step 04 如果实体模型的形状发生了变化，就说明该实体模型的特征动态编辑成功了，如图 7-99 所示。

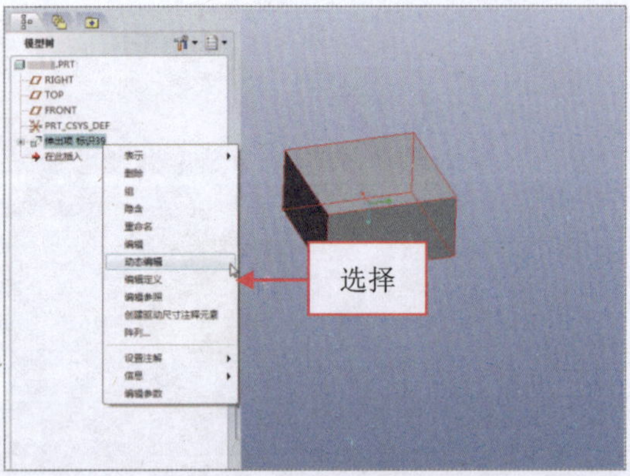

图 7-96　选择“动态编辑”选项

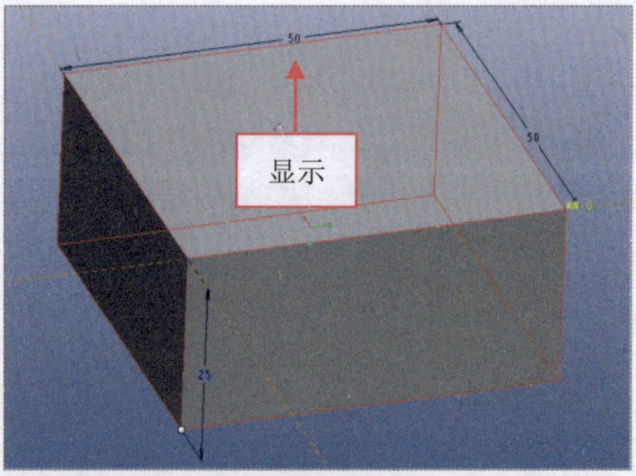

图 7-97　显示实体模型中各项尺寸的数值

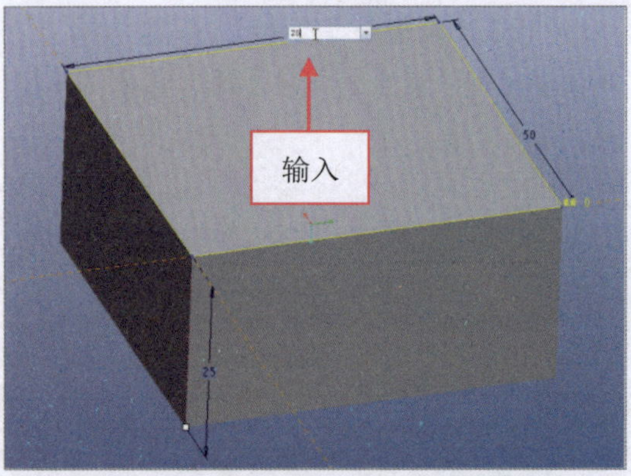

图 7-98　输入要修改的尺寸数值

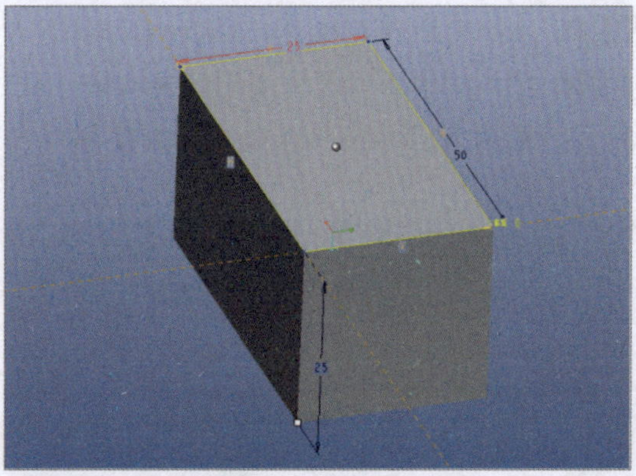

图 7-99　实体模型的特征动态编辑成功

第二种方法是直接在工作窗口中的模型上双击要编辑的特征，该特征的所有尺寸都会显示出来，选择要进行修改的尺寸然后双击即可对其修改，对于简单的模型，这是常用的修改特征的方法。

7.4.6　编辑参照

重定特征路径

当特征为另一特征的参照时，则父、子依赖关系就存在了，编辑特征参照会打破特征与另一特征间的父与子关系，“模型树”窗口中的“编辑参照”选项提供了编辑特征参照的两个选项：“重定特征路径”和“替换参考”。

“重定特征路径”允许为特征选择新的或漏掉的参照，此选项允许为丢失了父项特征的子项特征替换参照，其重点是在子特征及其参照上，此选项可以在再生特征失败时使用，也可以按照以下步骤重定特征路径。

Step 01 打开素材文件，进入 Pro/E Wildfire 5.0 的工作界面，在“模型树”窗口中，选中要编辑参照的特征，单击鼠标右键，选择弹出的快捷菜单中的“编辑参照”选项，如图 7-100 所示。

Step 02 执行操作后，会弹出“确认”对话框，单击对话框中的“是”按钮，如图 7-101 所示，确认恢复模型。

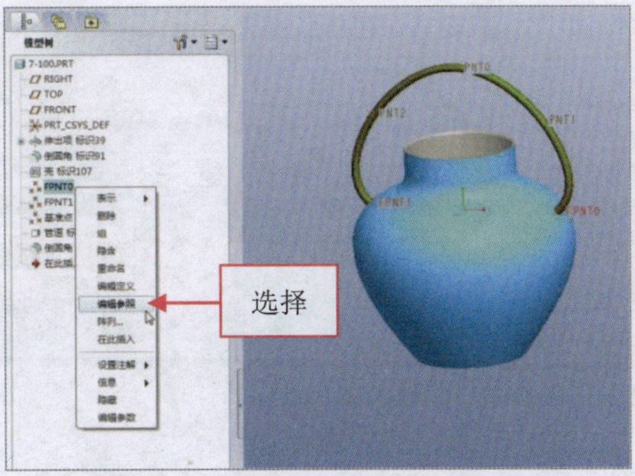

图 7-100　选择“编辑参照”选项

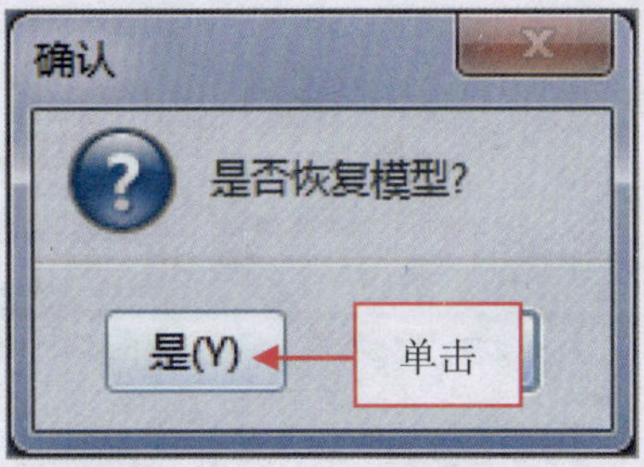

图 7-101　单击“是”按钮

Step 03 在弹出的“菜单管理器”对话框中，依次选择“重定特征路径”“替换”和“选取”选项，将鼠标光标放置在要重新选取的参照上，如图 7-102 所示，单击鼠标左键，确认选择参照。

Step 04 如果所选特征的位置发生了变化，就说明该特征重定特征路径成功了，如图 7-103 所示。

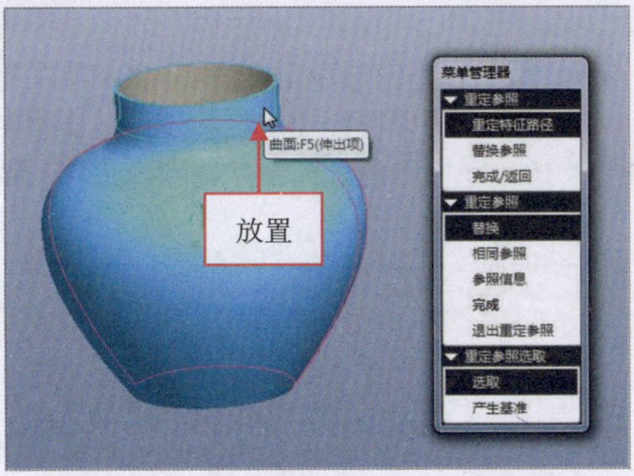

图 7-102　将鼠标光标放置在要重新选取的参照上

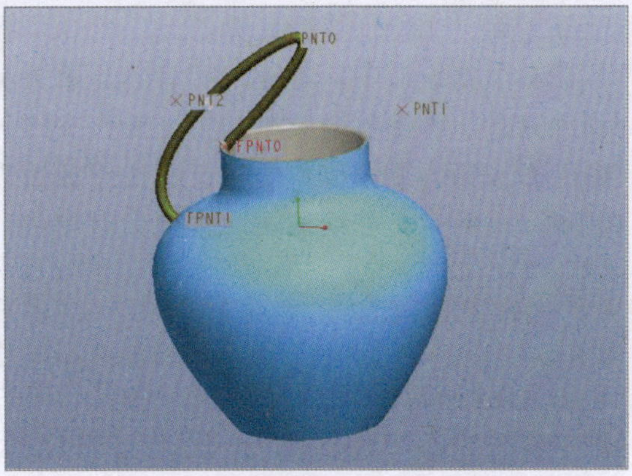

图 7-103　特征重定特征路径成功

替换参考允许为子项特征替换参照，该选项在父参照必须被替换时使用。可以用一个新参照替换原来的参照，也可以选择多个来替换参照。该选项的目的是替换父项特征的子特征，可按以下操作步骤替换参照。

替换参照

Step 01 打开素材文件，进入 Pro/E Wildfire 5.0 的工作界面，在“模型树”窗口中，选中要编辑参照的特征，单击鼠标右键，选择弹出的快捷菜单中的“编辑参照”选项，单击弹出的“确认”对话框中的“是”按钮，在弹出的“菜单管理器”对话框中，依次选择“替换参照”和“单个图元”选项，将鼠标光标放置在要选取的图元上，如图 7-104 所示，单击鼠标左键，确认选取图元参照。

Step 02 如果所选图元的颜色发生了变化，就说明该特征的参照替换成功了，如图 7-105 所示。此时，只需选择“菜单管理器”对话框中的“完成/返回”选项，关闭“菜单管理器”对话框即可。

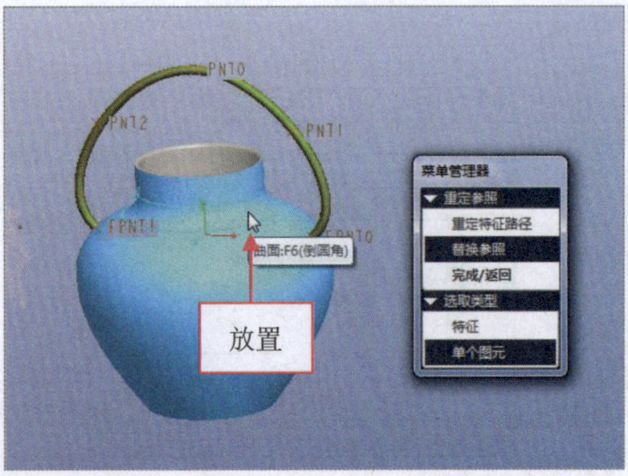

图 7-104　将鼠标光标放置在要选取的图元上

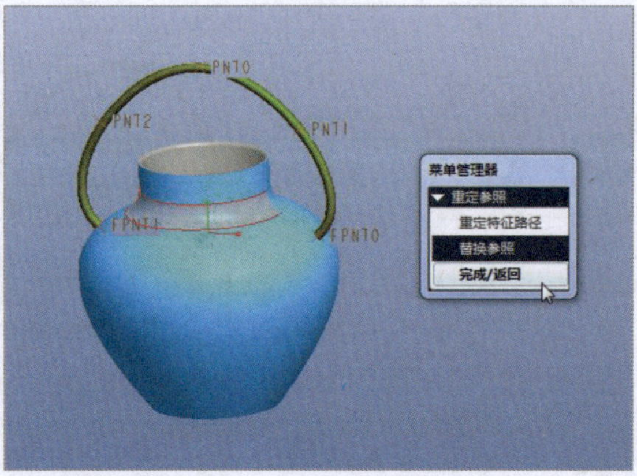

图 7-105　参照替换成功

7.4.7　解决再生失败

Pro/E Wildfire 5.0 是一个基于特征的参数化建模软件，在 Pro/E Wildfire 5.0 中，特征按照创建的顺序显示在“模型树”窗口中，在零件再生过程中定义每个几何特征都要从第一个特征到最后一个特征重新计算。

在参数化设计中，特征之间有着显著关系，这些建立的特征参照不会互相冲突，而在检测到冲突时，再生就会失败。特征操作失败的解决方法为：结束特征预览状态，单击操作面板中的▶按钮，返回操作面板，单击“放置”按钮，选择面板中的“编辑”选项，进行入草绘模式，重新定义草绘截面，直至失败解决。

7.4.8　隐含、隐藏和删除特征

隐含、隐藏特征是在创建特征和修改零件中最常用的方法之一，隐含特征就是将特征从模型中暂时删除，而隐藏特征就是在零件模型中看不见此特征，下面将介绍隐含、隐藏和删除特征的相关操作方法。

1. 隐含特征

复杂的零件会降低再生的速度，隐含特征将把特征从“模型树”窗口和再生列表中删除，但并不是删除特征，它的信息仍然保存在数据库中。隐含特征可以简化零件模型，让选择和创建特征变得更加容易。由于隐含特征不进行再生，这样可以减少再生时间和显示过程，在修改模型时加速修改过程。另外，暂时隐含特征便于尝试不同的设计方案。

隐含特征

在中文版 Pro/E Wildfire 5.0 中，隐含特征的操作步骤如下。

Step 01 打开素材文件，进入 Pro/E Wildfire 5.0 的工作界面，在“模型树”窗口中，选中要隐含的特征，单击鼠标右键，选择弹出的快捷菜单中的“隐含”选项，如图 7-106 所示。

Step 02 在弹出的“隐含”对话框中，单击“确定”按钮，如图 7-107 所示，确定隐含对应特征。

Step 03 执行操作后，如果“模型树”窗口中不再显示刚刚选中的特征，就说明该特征隐含成功了，如图 7-108 所示。

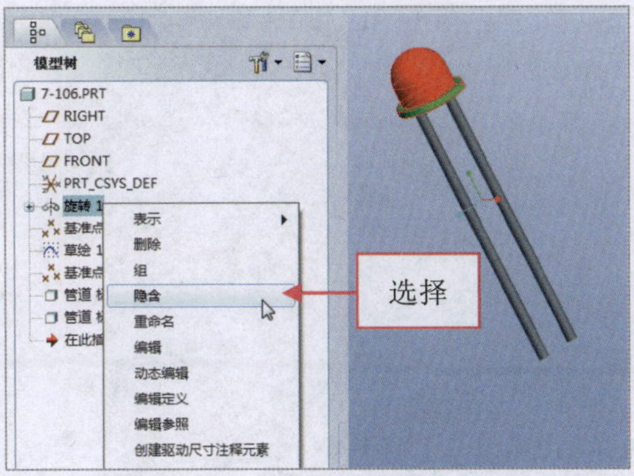

图 7-106　选择“隐含”选项

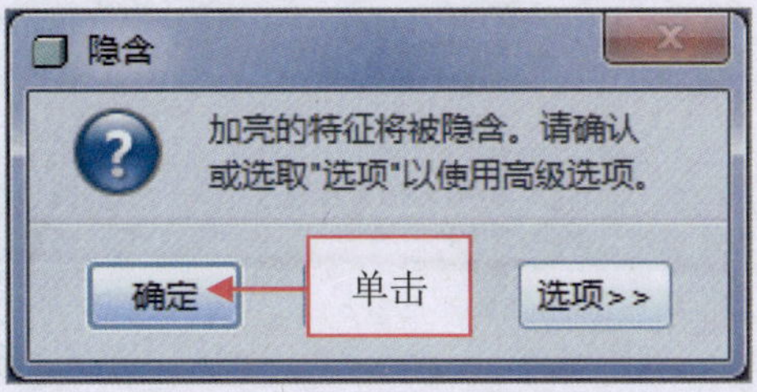

图 7-107　单击“确定”按钮

一般情况下，特征被隐含后，系统不在“模型树”窗口中显示该特征，如果希望被隐含的特征再次显示在“模型树”窗口中，可以执行如下操作。

显示隐含特征

Step 01 打开素材文件，进入 Pro/E Wildfire 5.0 的工作界面，单击“模型树”右侧的按钮，选择弹出的列表框中的“树过渡器”选项，如图 7-109 所示。

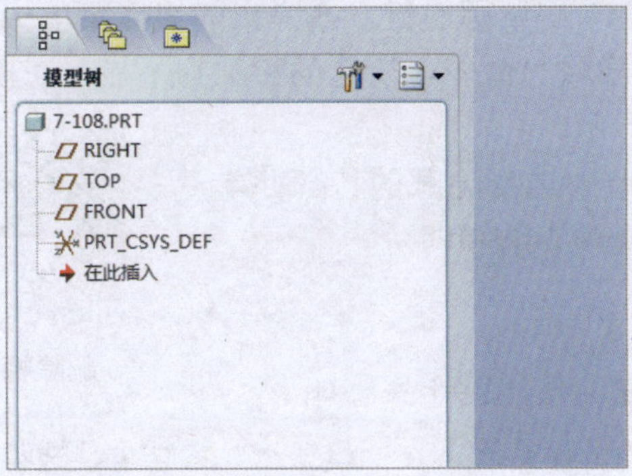

图 7-108　特征隐含成功

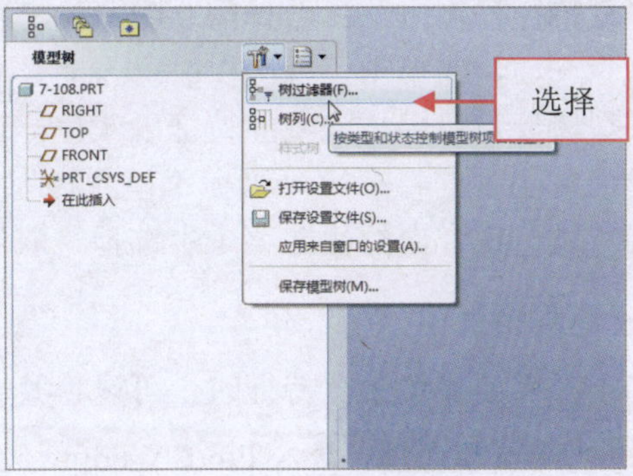

图 7-109　选择“树过渡器”选项

Step 02 在弹出的“模型树项目”对话框中，选中“隐含的对象”复选框，单击“确定”按钮，如图 7-110 所示，确定显示隐含的对象。

Step 03 如果“模型树”窗口中显示带有黑点的特征名称，就说明隐含的特征显示成功了，如图 7-111 所示。

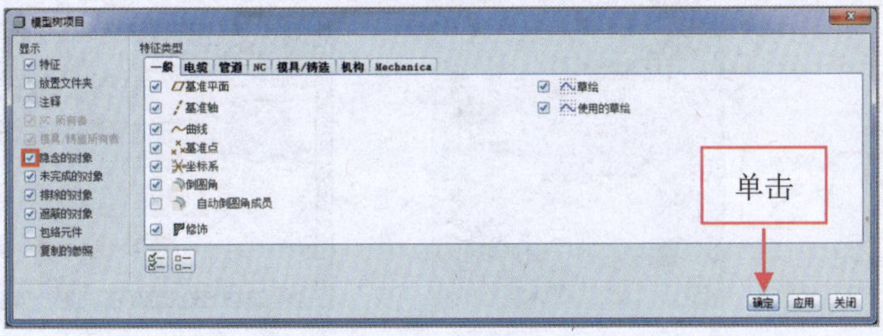

图 7-110　单击“确定”按钮

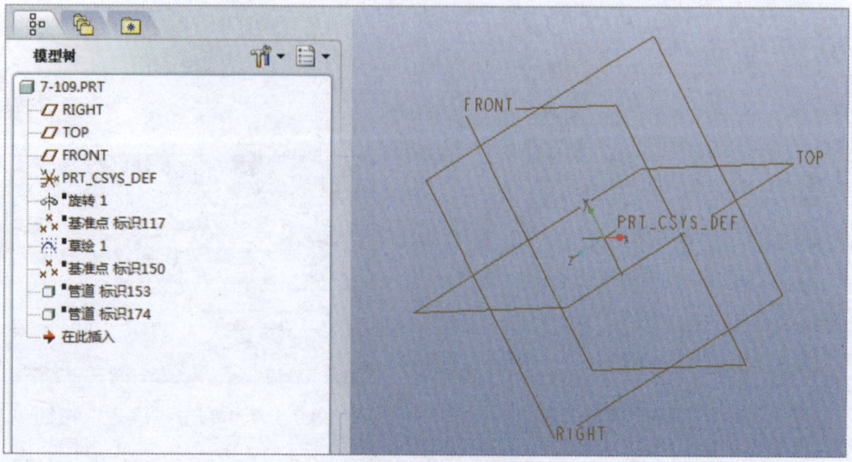

图 7-111　隐含的特征显示成功

2．隐藏特征

特征的隐藏是将特征暂时隐藏起来，不在模型中显示，但被隐藏的特征还存在于“模型树”窗口中，特征可以独立于它的子项特征进行因此，来简化模型显示，但对于实体特征不能被隐藏。

隐藏特征操作方法：选择需要隐藏的特征，单击鼠标右键，在弹出的快捷菜单中，选择“隐藏”选项，或单击“视图”|“可见性”|“隐藏”命令，所选的特征将不显示在模型中，在“模型树”窗口中被隐藏的特征以灰色标识显示。

要恢复隐含的特征，可以在“模型树”窗口中选择隐藏的特征并单击鼠标右键，在弹出的快捷菜单中选择“取消隐藏”选项即可。

3．删除特征

删除特征

当不再需要显示某个特征时，可以将其删除，具体操作步骤如下。

Step 01 打开素材文件，进入 Pro/E Wildfire 5.0 的工作界面，在“模型树”窗口中，选择要删除的特征，单击鼠标右键，选择弹出的快捷菜单中的“删除”选项，如图 7-112 所示。

Step 02 在弹出的“删除”对话框中，单击“确定”按钮，如图 7-113 所示，确定删除对应特征。

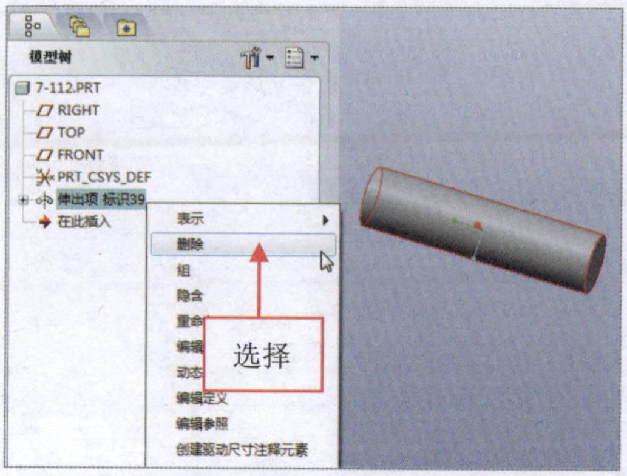

图 7-112　选择“删除”选项

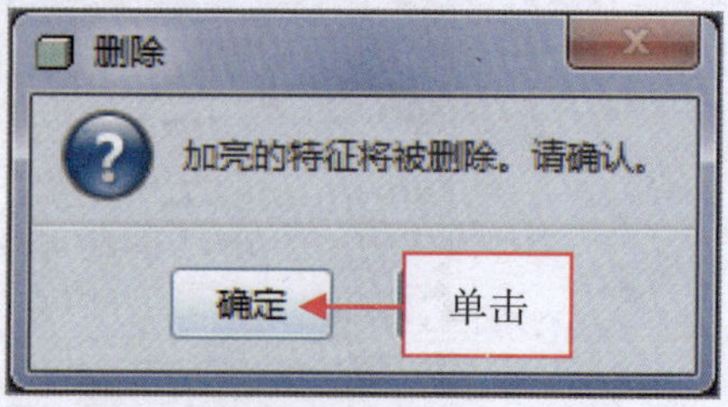

图 7-113　单击“确定”按钮

Step 03 如果“模型树”窗口中不再显示对应特征，就说明该特征删除成功了，如图 7-114 所示。

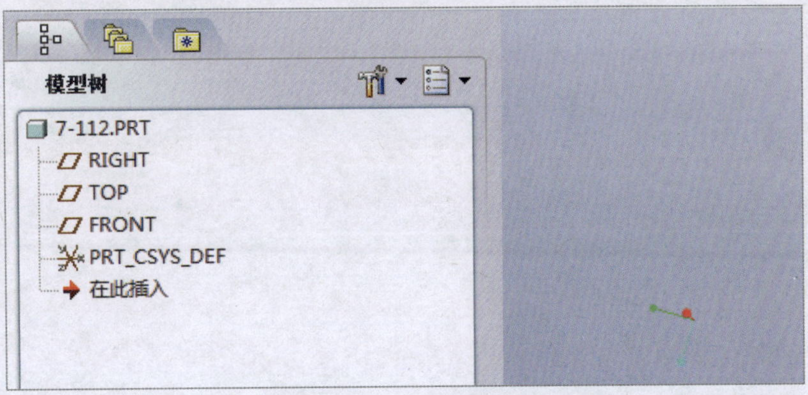

图 7-114 特征删除成功

本章小结

本章主要向读者介绍了 Pro/E Wildfire 5.0 的其他特征的相关知识，帮助读者了解剖面、修饰特征、组的创建技巧以及模型变更的相关设置技巧等。希望读者通过对本章的学习，能够熟练掌握常见其他特征的创建技巧。

课后习题

课后习题

鉴于本章知识的重要性，为了帮助读者更好地掌握所学知识，本节将通过上机习题，帮助读者进行简单的知识回顾和补充。

本习题需要掌握在 Pro/E Wildfire 5.0 中创建曲面生成实体特征的方法。用户可以利用素材中的实体模型，创建曲面加厚特征，效果如图 7-115 所示。

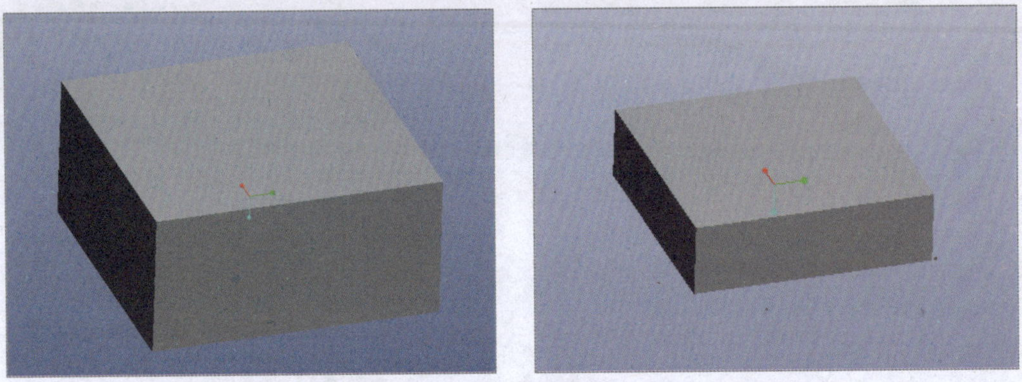

（a）（b）

图 7-115 创建曲面加厚特征的效果

第 8 章 产品装配的设计

8

一个产品往往是由多个零件的组合（装配）而成的，零件的组合是在装配模型中完成的。本章主要讲解产品的装配设计，通过对本章的学习，用户可以了解产品装配的过程，掌握基本的装配技能，主要包括创建产品装配模型的过程、装配图中元件的常用编辑、装配元件的替换、爆炸视图的创建以及装配剖面图的查看。

本章重点

- 创建装配模型的过程
- 装配中元件的常用编辑
- 装配元件的替换
- 爆炸视图的创建
- 装配剖面图的查看

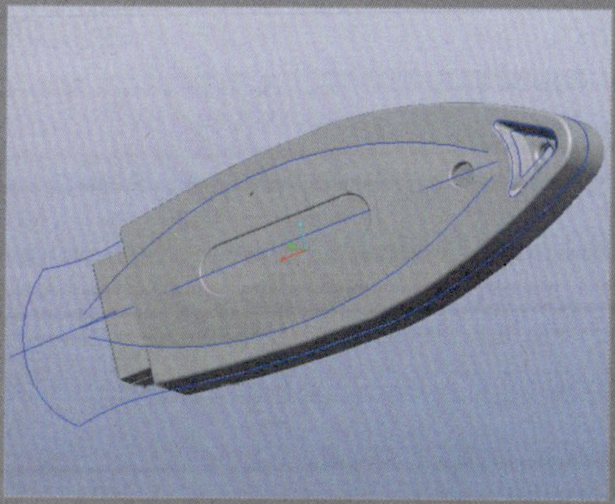

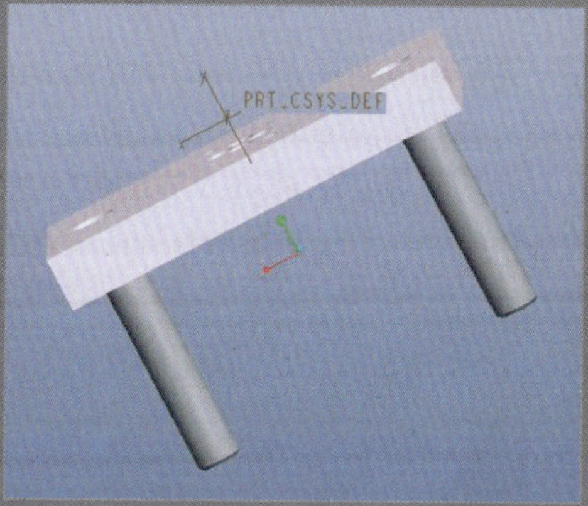

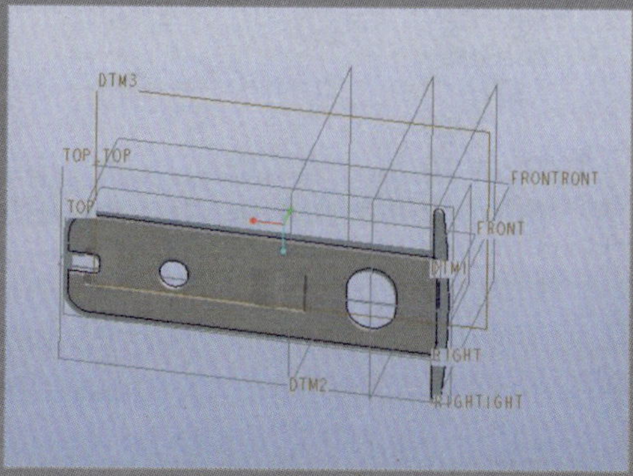

8.1　创建装配模型的过程

中文版 Pro/E Wildfire 5.0 中专门配置了具有强大元件装配功能的设计模块——组件模块。利用该模块提供的基本装配工具和其他工具，可以将设计好的元件按照指定的装配关系放置一起形成组件，可以在组件的模式下添加和设计新元件，可以对单个元件进行修改编辑。

本节将以 U 盘装配体模型为例，向用户介绍创建产品装配模型的过程。

8.1.1　创建装配的三维平面

创建装配的三维平面

在中文版 Pro/E Wildfire 5.0 中，创建装配三维平面的具体操作步骤如下。

Step01 单击“文件”|“新建”命令，在弹出的“新建”对话框“类型”选项区中，选中“组件”单选按钮，在“子类型”选项区中，选中“设计”单选按钮，并在“名称”文本框中输入文件名，取消选中“使用缺省模板”复选框，单击“确定”按钮，如图 8-1 所示，确定“新建”对话框中设置的信息。

Step02 在弹出的“新文件选项”对话框中，选择对应装配模板的选项，单击“确定”按钮，如图 8-2 所示，确定文件选项的信息设置。

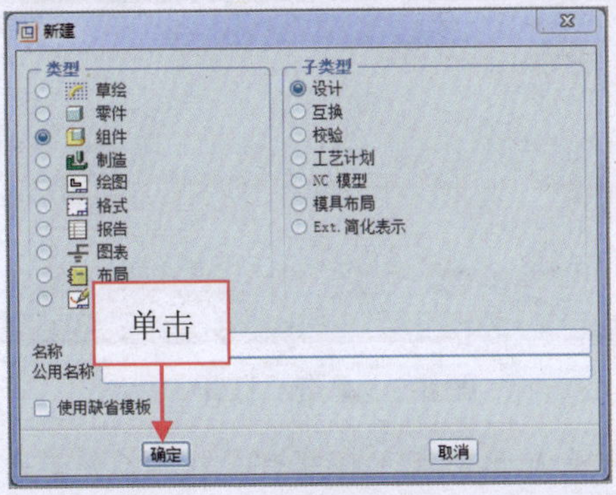

图 8-1　单击“确定”按钮（1）

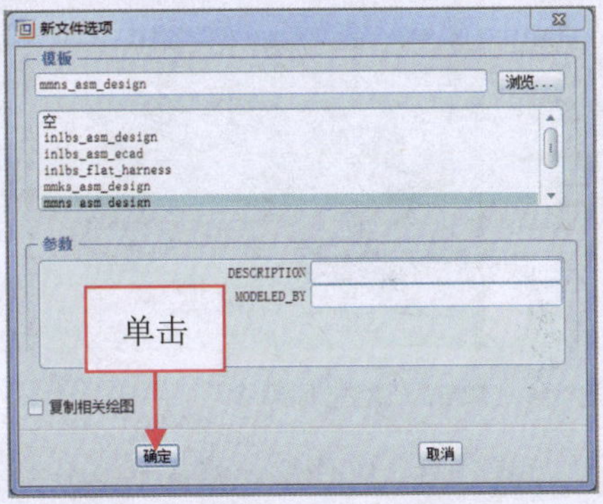

图 8-2　单击“确定”按钮（2）

Step03 进入组件设计模式，此时，草绘区中会显示三个正交的装配基准平面，如图 8-3 所示。

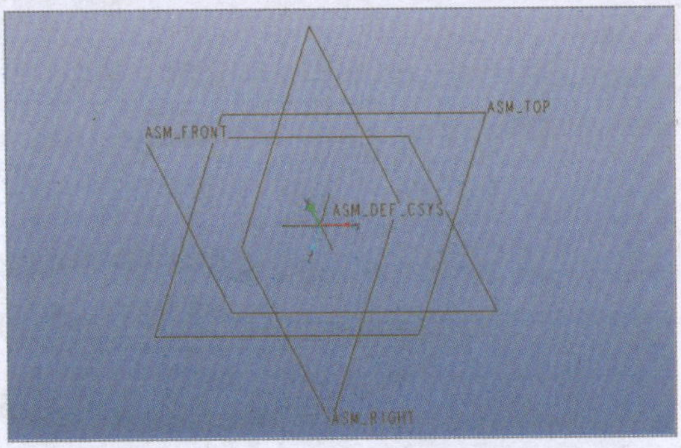

图 8-3　草绘区中显示三个正交的装配基准平面

8.1.2 装配第一个元件

在装配模型下，要创建一个标准的装配件，首先必须创建三个正交的装配基准平面或基准元件，然后才可把其他元件添加到装配环境中。

创建三个正交基准面平面的方法是：进入组件设计模式后，单击“基准”工具栏中的“基准平面工具”按钮，或单击“插入”|“模型基准”|“平面”命令。

如果不创建三个正交的装配基准平面，那么基础元件就是放置到组件设计模式中的第一个元件、子组件或骨架模型，此时，无须定义位置约束，元件只按默认放置。如果用互换元件来替换基础元件，则替换元件也总是按默认放置。

装配第一个元件

下面以引入并约束第一个元件为例，介绍具体操作步骤。

Step 01 打开素材文件，进入组件设计模式，单击“插入”|“元件”|“装配”命令，如图 8-4 所示。

Step 02 在弹出的“打开”对话框中，选择对应的素材文件，单击“打开”按钮，如图 8-5 所示，将 U 盘的下半部分结构加入装配图中。

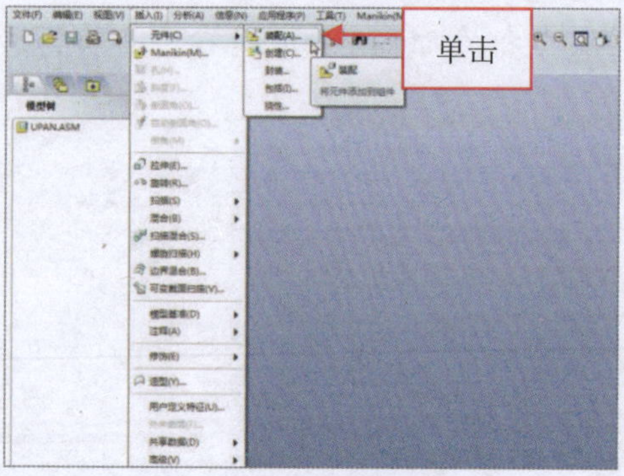

图 8-4 单击“装配”命令

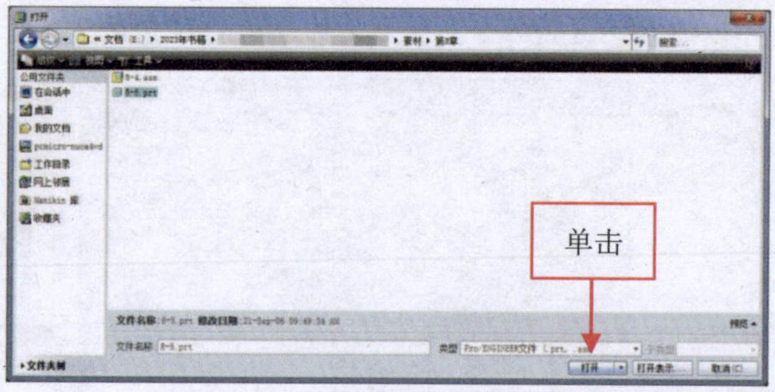

图 8-5 单击“打开”按钮

Step 03 执行操作后，组件设计模式的工作界面中会显示 U 盘的下半部分结构，并弹出装配操作面板，如图 8-6 所示，用户可以借助该面板对元件进行放置。

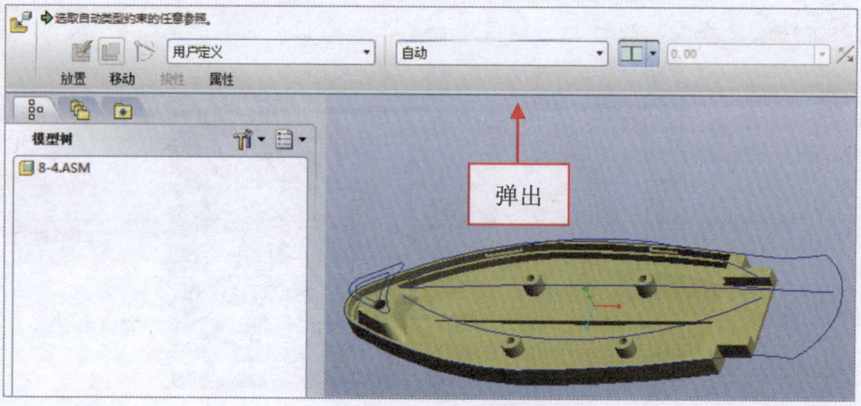

图 8-6 弹出装配操作面板

Step 04 单击装配操作面板右侧的✓按钮，如果组件设计模式的工作界面中显示灰色的实体模型，就说明第一个元件装配成功了，如图 8-7 所示。

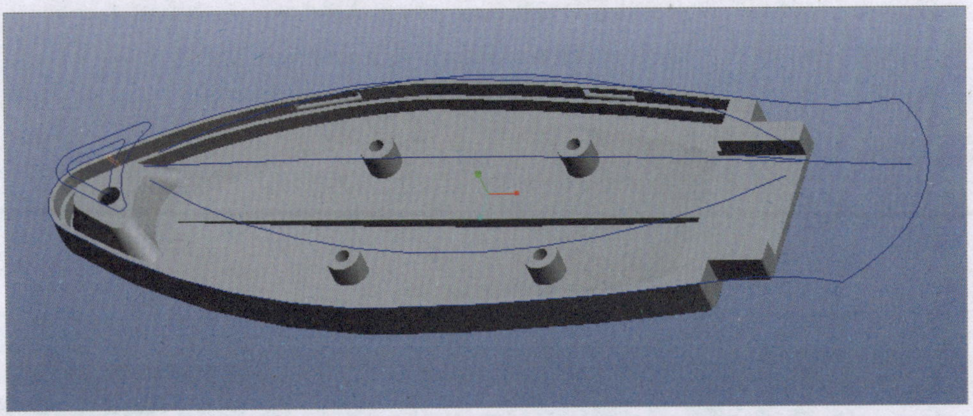

图 8-7　第一个元件装配成功

8.1.3　装配第二个元件

装配第二个元件

当引入元件到装配件中时，系统将选择“自动”放置。从装配体和元件中选择有效的参照后，系统将自动选择适合指定参照的约束类型。约束类型的自动选择可省去手动从约束列表中选择约束的操作步骤，从而有效地提高工作效率。然后，在某些约束情况下，需要将“自动”改为列表中的其他类型的约束。

下面以引入 U 盘中的上半部分结构为例，向用户介绍装配约束元件的具体步骤。

Step 01 打开素材文件，进入组件设计模式，单击“装配”按钮，如图 8-8 所示。

Step 02 在弹出的“打开”对话框中，选择对应的素材文件，单击“打开”按钮，如图 8-9 所示，将 U 盘的上半部分结构加入装配图中。

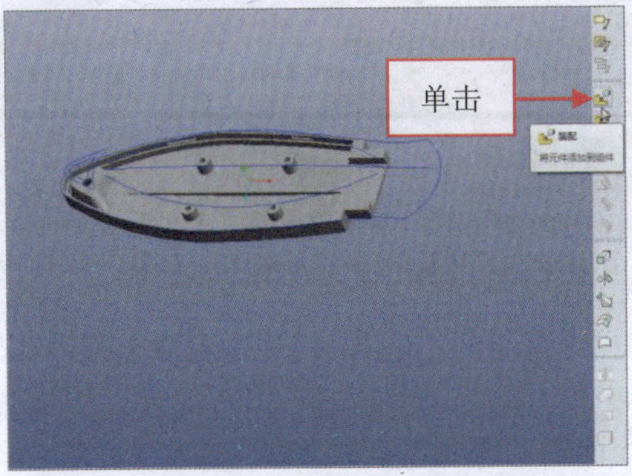

图 8-8　单击“装配”按钮

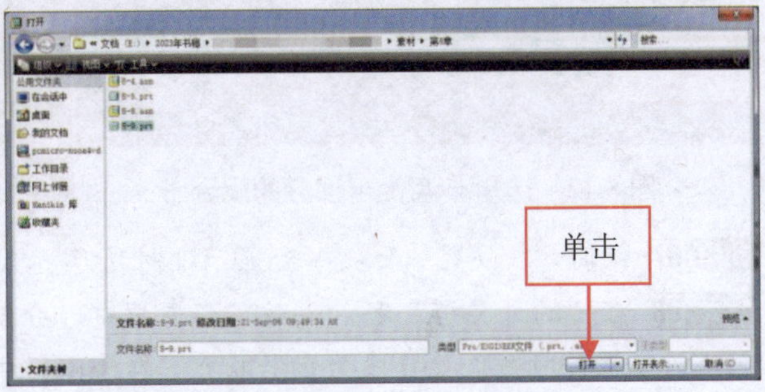

图 8-9　单击“打开”按钮

Step 03 如果组件设计模式工作界面中，出现新的实体模型图，就说明 U 盘的上半部分结构成功加入到装配图中，如图 8-10 所示。

Step 04 此时不能按照系统默认位置进行放置，因为需要对元件进行装配，所以在装配 U 盘的上半部分结构时，需要将 U 盘的下半部分结构作为参照进行装配。在装配操作面板中，单击“放置”按钮，弹出“放置”面板，在“约束类型”和“偏移”列表框中，分别选择“配对”和“重合”选项，如图 8-11 所示，设置元件的放置信息。

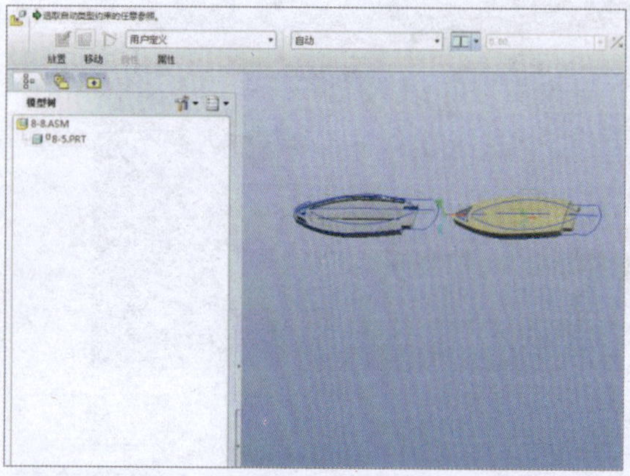

图 8-10　U 盘的上半部分结构成功加入到装配图中

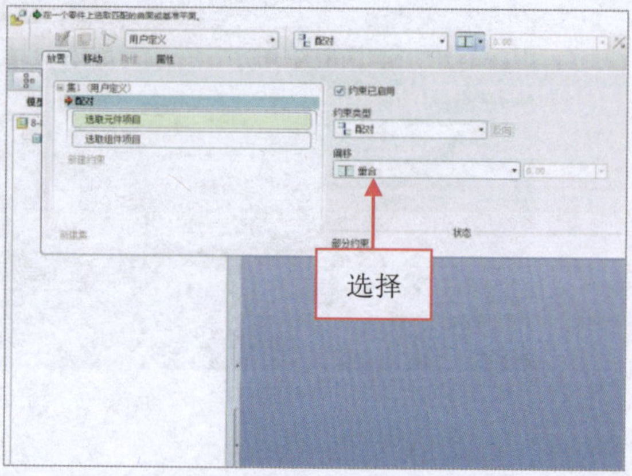

图 8-11　选择“重合”选项

Step 05 确认“选取元件项目”收集器为激活状态，在绘图区中，选中 U 盘上半部分的配合面，如图 8-12 所示。

Step 06 确认“选取组件项目”收集器为激活状态，在绘图区中，选中 U 盘下半部分的配合面，如图 8-13 所示，完成上下部分的配对。

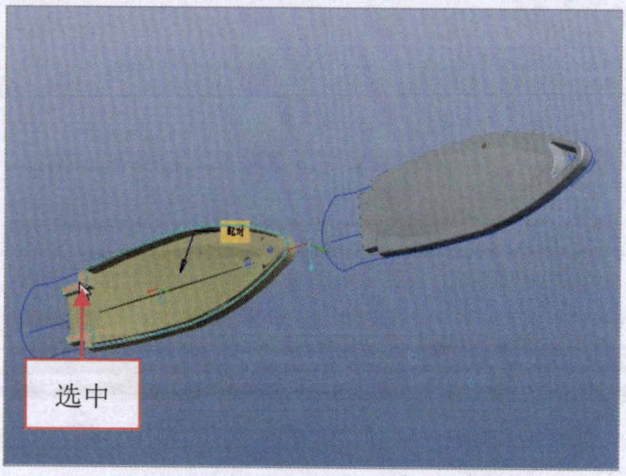

图 8-12　选择 U 盘上半部分的配合

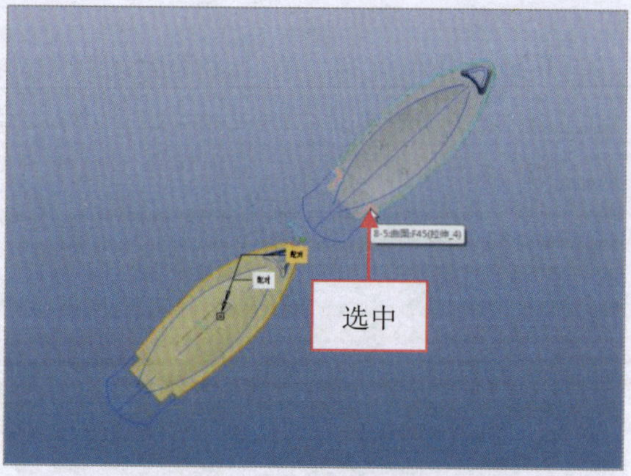

图 8-13　选择 U 盘下半部分的配合面

Step 07 此时，“放置”面板中会显示配对信息，单击“新建约束”按钮，继续为 U 盘创建约束。

Step 08 在“约束类型”和“偏移”列表框中，分别选择“配对”和“重合”选项，确认“选取元件项目”收集器为激活状态，在绘图区中，选中 U 盘上半部分的唇作为元件参照，如图 8-14 所示。

Step 09 确认“选取组件项目”收集器为激活状态，在绘图区中，选中 U 盘下半部分的唇作为组件的参照，如图 8-15 所示，完成上下部分的配对。

Step 10 此时，“放置”面板中会显示配对信息，单击“新建约束”按钮，继续为 U 盘创建约束。

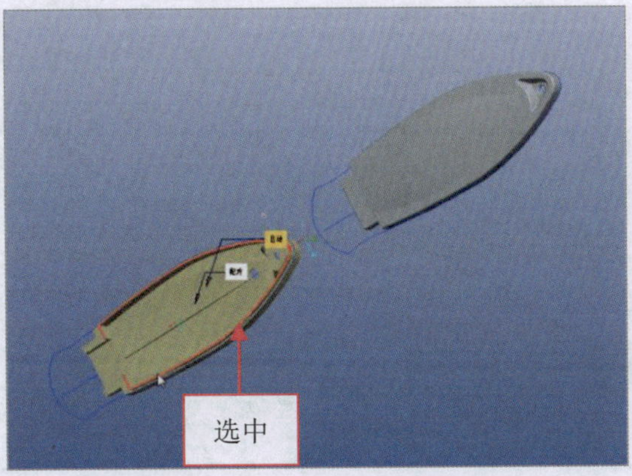

图 8-14　选中 U 盘上半部分的唇作为元件参照

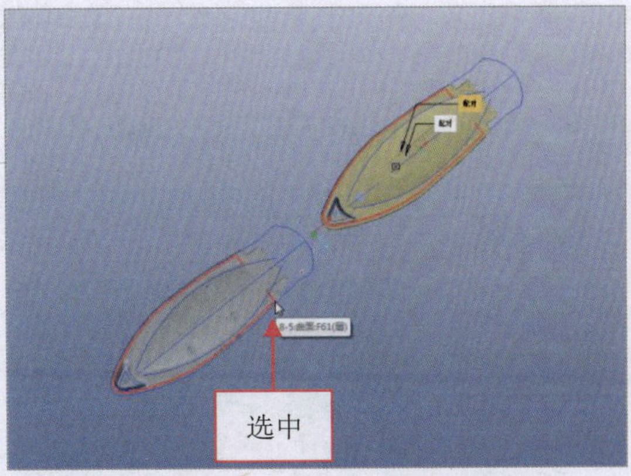

图 8-15　选中 U 盘下半部分的唇作为组件参照

Step 11 在“约束类型”和“偏移”列表框中，分别选择“配对”和“重合”选项，确认“选取元件项目”收集器为激活状态，在绘图区中，选中 U 盘上半部分的壳作为元件参照，如图 8-16 所示。

Step 12 确认“选取组件项目”收集器为激活状态，在绘图区中，选中 U 盘下半部分的壳作为组件的参照，如图 8-17 所示，完成上下部分的配对。

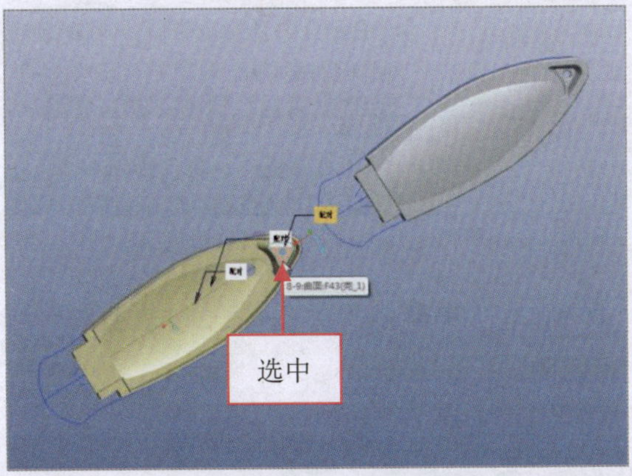

图 8-16　选中 U 盘上半部分的壳作为元件参照

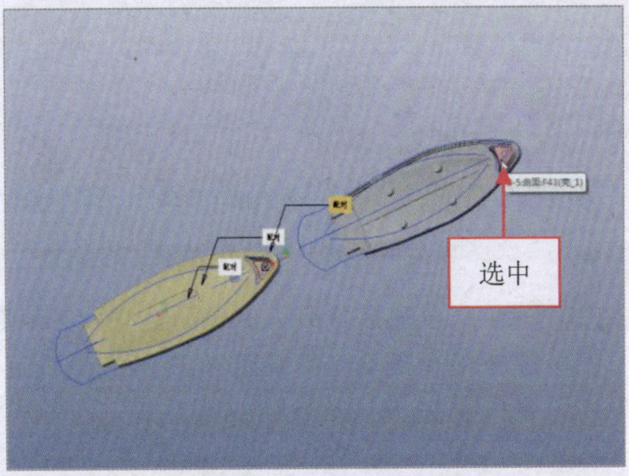

图 8-17　选中 U 盘下半部分的壳作为组件的参照

Step 13 此时，“放置”面板中会显示配对信息，单击“新建约束”按钮，如图 8-18 所示，继续创建约束。

Step 14 在“约束类型”和“偏移”列表框中，分别选择“配对”和“重合”选项，确认“选取元件项目”收集器为激活状态，在绘图区中，选中 U 盘上半部分的孔作为元件参照，如图 8-19 所示。

Step 15 确认“选取组件项目”收集器为激活状态，在绘图区中，选中 U 盘下半部分的孔作为组件的参照，如图 8-20 所示，完成上下部分的配对。

Step 16 此时，“放置”面板中会显示配对信息，并且“状态”会显示为“完全约束”，如图 8-21 所示，这就说明元件约束的创建基本完成了。

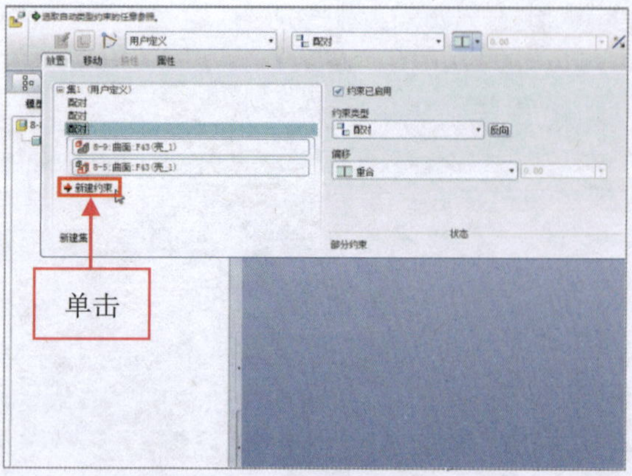

图 8-18　单击“新建约束”按钮

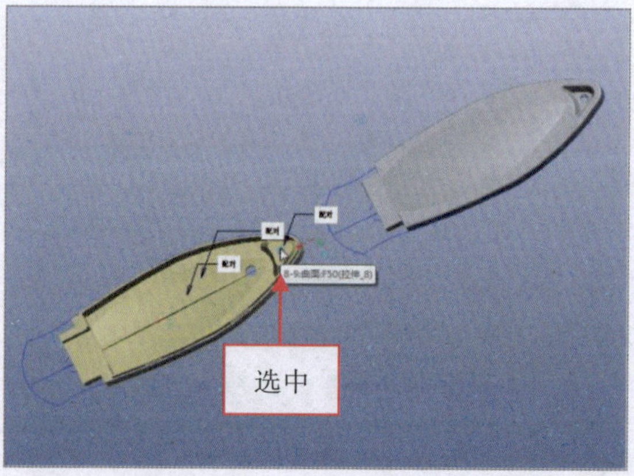

图 8-19　选中 U 盘上半部分的孔作为元件的参照

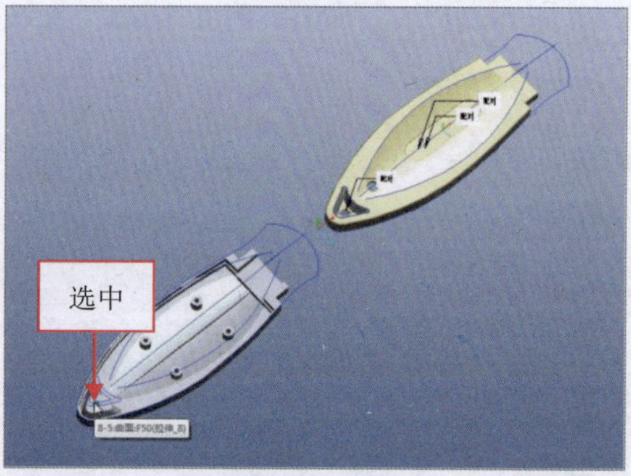

图 8-20　选择 U 盘下半部分的孔作为组件的参照

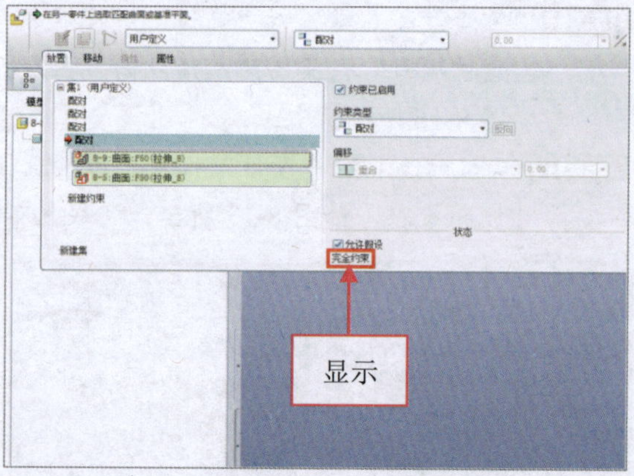

图 8-21　“状态”显示为“完全约束”

Step 17　单击装配操作面板右侧的☑按钮，如果 U 盘的上、下半部分合在了一起，就说明装配约束元件成功了，如图 8-22 所示。

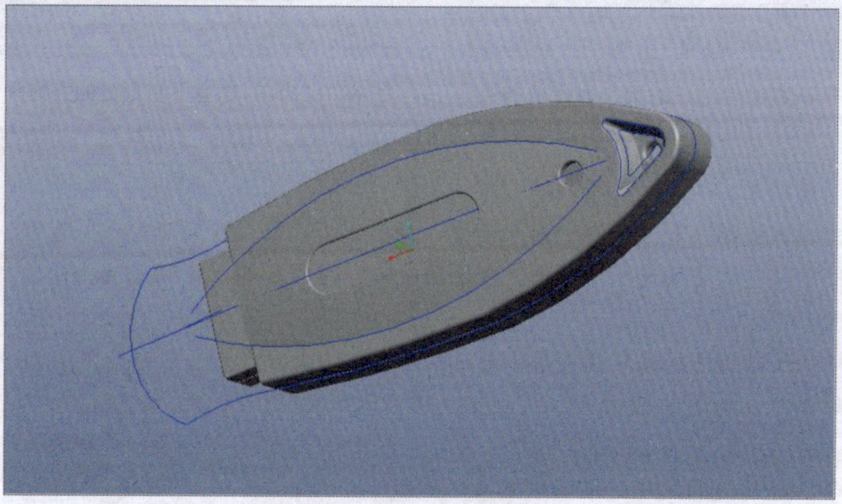

图 8-22　装配约束元件成功

▶ 专家指点

除了第 2 个元件之外，用户还可以参照 8.1.3 中的操作方法，装配更多的元件。例如，用户可以在图 8-22 所示的基础上，再给 U 盘装配 1 个盖元件，为 U 盘加上专属的盖，更好地保护好 U 盘。

在装配操作面板中单击“放置”按钮，弹出“放置”面板，弹出的“约束类型”列表中，包括了 11 种设置约束。所有产品都是由不同元件装配而成，元件装配时需要设置各个元件的约束关系，下面分别向用户介绍不同的约束类型。

1．自动

通常来说，使用相同的约束类型和参照装配元件，通过自动放置，可更快地约束元件，并可以同时放置元件的多个实例。通过使元件界面自动与组件中的界面或几何相配对，可将元件放置在组件中。手动装配元件或选取一个元件时，可设置将使用的缺省界面。

在中文版 Pro/E Wildfire 5.0 的装配操作面板中，单击“放置”按钮，会弹出“放置”面板，在“放置”面板中的“约束类型”列表框中，选择“自动”选项，即可将对应元件进行自动放置。

2．配对

“配对”约束是指两组元件（或模型）所指定的平面、基准平面重合（当偏移值为零时）或相平行（当偏移值不为零时），并且两平面的法线方向相反。

使用“配对”约束可以使两个装配元件中的两个平面平行。例如，8.1.3 中讲解装配第二个元件时，便多次使用了“配对”约束。

在进行配对约束时，还可以朝向相反的方向且紧贴在一起，也可以输入偏距值，使两个平面离开一定的距离。

3．对齐

使用“对齐”约束可使两个平面共面（重合并且法向方向相同）、两条轴线同轴或两个点重合。使用“对齐”约束，可以对齐旋转曲面或边。法向朝向同一方向，而不是像“配对”约束一样朝向相对。

平面之间的距离取决于这两个平面是否重合对齐，或者是否有偏距。“定向”对齐方式与“定向”配对相同，只是它们的法线朝向同一方向。使用对齐配对或定向对齐时，必须指定附加约束，以便严格定位元件。

4．插入

使用“插入”约束可将旋转曲面插入其他旋转曲面中，且使它们同轴。当轴选取无效或不方便时，可以用这个约束。在“约束类型”列表框中选择“插入”选项时，“偏移”列表框中将不会显示选项。

5．相切

使用“相切”约束控制两个曲面在切点的接触。该放置约束的功能与“配对”功能相似，因为该约束配对曲面，而不对齐曲面。

6. 坐标系

用“坐标系”约束，可通过将元件的坐标系与组件的坐标系对齐（既可以使用组件坐标系，也可以使用元件坐标系），将该元件放置在组件中。使用“搜索”工具，根据名称选取坐标系，从组件以及元件中选取坐标系，或者即时创建坐标系。

7. 线上的点

用“直线上的点”约束控制边、轴或基准曲线与点之间的接触。例如，先选择某个点作为元件上的点，再选择某个点作为组件上的点，即可创建“线上点”约束。

8. 曲面上的点

用“曲面上的点”约束控制曲面与点之间的接触。例如，先选择某个点作为元件上的点，再选择某个曲面作为组件上的平面，即可创建“曲面上的点”约束。

9. 曲面上的边

使用“曲面上的边”约束是指在某个元件上指定某条边，在其他元件上指定某个面，且使用它们相接触，即将参照边约束在参照面上。

10. 固定

使用“固定”约束可以将元件固定在绘图区的当前位置。当向装配环境中引入第 1 个元件（元件）时，也可对该元件应用这种约束形式。

11. 缺省

使用“缺省”约束将系统创建的元件的缺省坐标系与系统创建的组件的缺省坐标系对齐。当向装配环境中引入第 1 个元件时，常常对该元件应用这种约束形式。

8.1.4 干涉分析装配体

干涉分析装配体

装配好各部分的元件之后，还需要对装配体进行干涉分析，以检查装配体是否出现干涉现象，具体操作步骤如下。

> ▶ 专家指点
>
> 干涉现象原指两个或两个以上的波相遇时，出现了相互影响。这里是指元件装配之后，彼此之间相互影响。

Step 01 打开素材文件，进入组件设计模式，单击“分析”|“模型”|“全局干涉”命令，如图 8-23 所示，开启全局干涉。

Step 02 在弹出的“全局干涉”对话框中，单击“计算当前分析以供预览”按钮，如图 8-24 所示，计算全局干涉情况。

Step 03 执行操作后，“全局干涉”对话框中会显示计算结果，从结果中可以看出，两个元件之间存在干涉，单击“接受并完成当前的分析”按钮，如图 8-25 所示，接受并完成全局干涉。

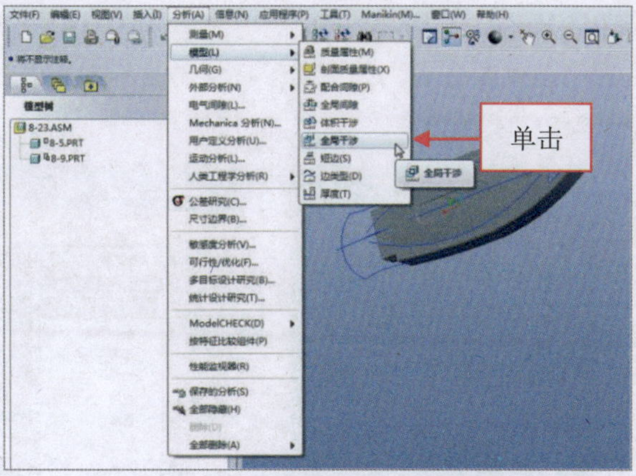

图 8-23　单击“全局干涉”命令

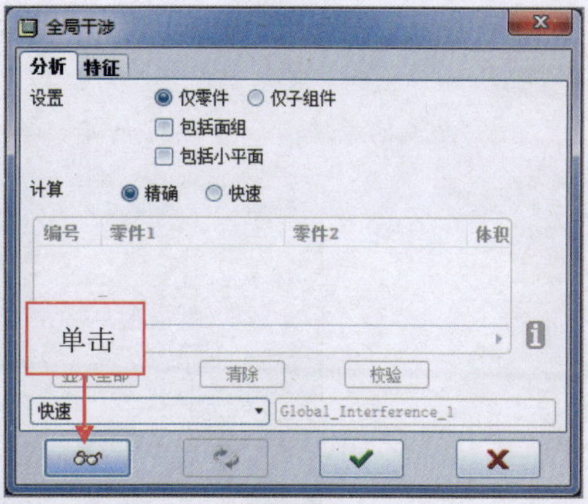

图 8-24　单击相应按钮

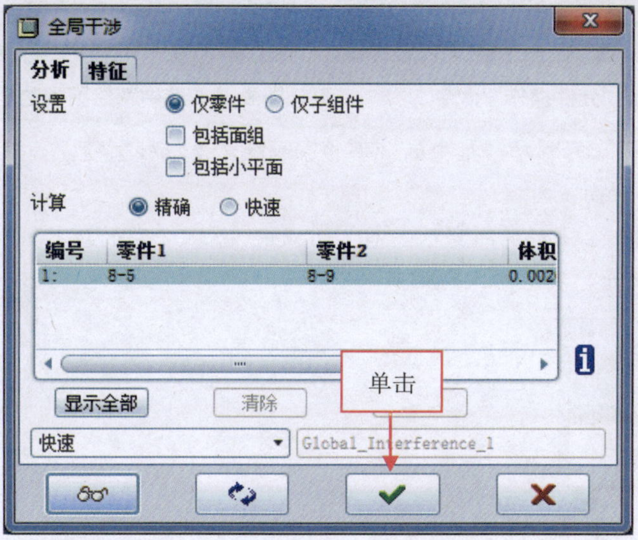

图 8-25　单击“接受并完成当前的分析”按钮

Step 04　单击“文件”|“保存”命令，保存文件，完成 U 盘的装配设计。

8.2　装配图中元件的常用编辑

在中文版 Pro/E Wildfire 5.0 中，装配图中元件的操作是指对指定的元件进行复制、插入模式、重新排序、合并、切除和变换等。要将结构复杂且元件数量繁多的模型迅速、准确地组建好，只是熟练掌握装配基础功能是远远不够的，还必须结合元件的编辑功能，综合地运用才能达到事半功倍的效果。本节将向用户介绍在装配图中元件的五种常用编辑操作。

8.2.1　复制元件

在中文版 Pro/E Wildfire 5.0 中，复制元件的具体操作步骤如下。

复制元件

Step01 打开素材文件，单击“编辑”|“元件操作”命令，如图 8-26 所示。

Step02 在弹出的“菜单管理器”对话框中，选择“复制”选项，选中草绘区中的坐标系和需要复制的原件，如图 8-27 所示，单击鼠标滚轮，完成选择。

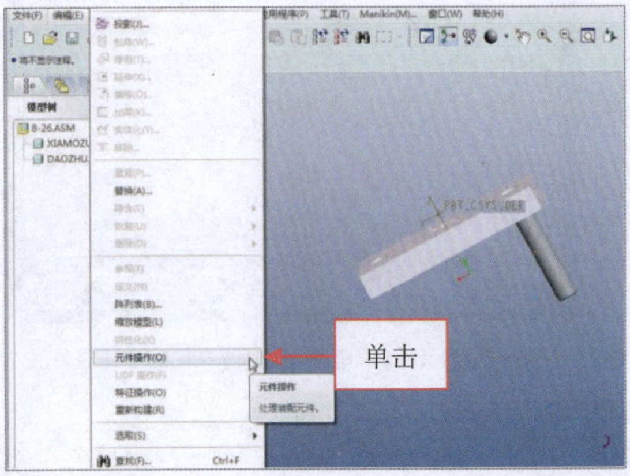

图 8-26 单击“元件操作”命令

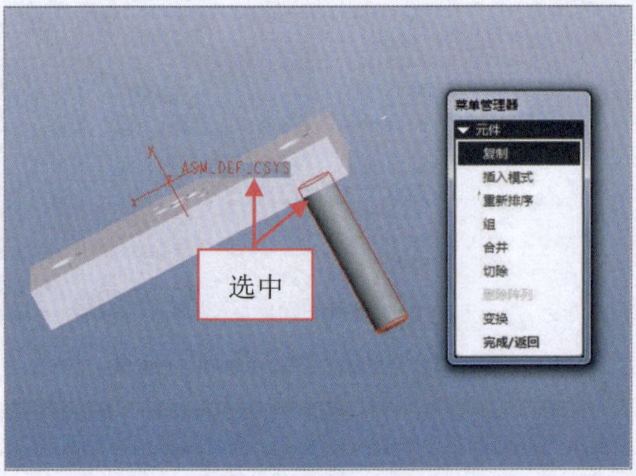

图 8-27 选中草绘区中的坐标系和需要复制的原件

Step03 选择“菜单管理器”对话框中的“平移”和对应坐标轴选项，如图 8-28 所示，确定复制元件的平移方向。

Step04 在弹出的“输入 平移的距离 X 方向”面板中，输入平移的距离，单击“接受值”按钮☑，如图 8-29 所示，确认输入的距离。

图 8-28 选择“平移”和对应坐标轴选项

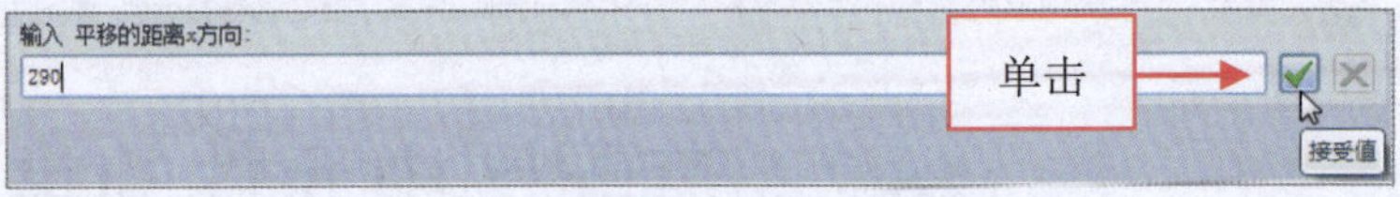

图 8-29 单击“接受值”按钮☑（1）

Step05 选择“菜单管理器”对话框中的“完成移动”选项，如图 8-30 所示，退出平移距离设置。

Step06 在弹出的“输入沿这个复合方向的实例数目：”面板中，输入对应的实例数目，单击“接受值”按钮☑，如图 8-31 所示，确认输入的实例数目。

Step07 在“菜单管理器”对话框中，选择“完成”选项，如图 8-32 所示，完成元件的复制。

Step08 如果实体模型中出现了与复制元件相同的新元件，就说明元件复制成功了，如图 8-33 所示。此时，只需选择“菜单管理器”对话框中的“完成/返回”选项，关闭“菜单管理器”对话框即可。

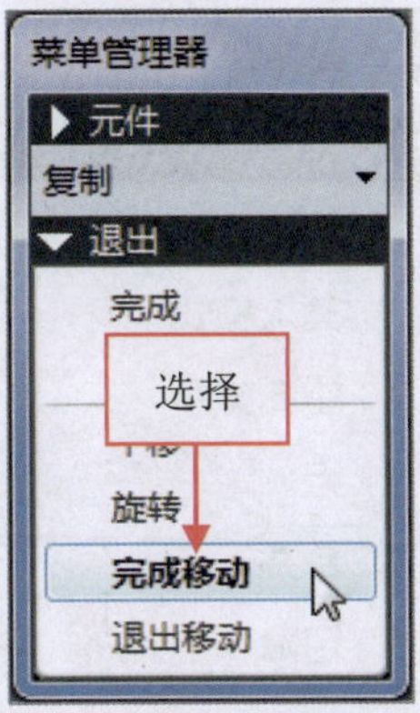

图 8-30　选择“完成移动”选项

图 8-31　单击“接受值”按钮☑（2）

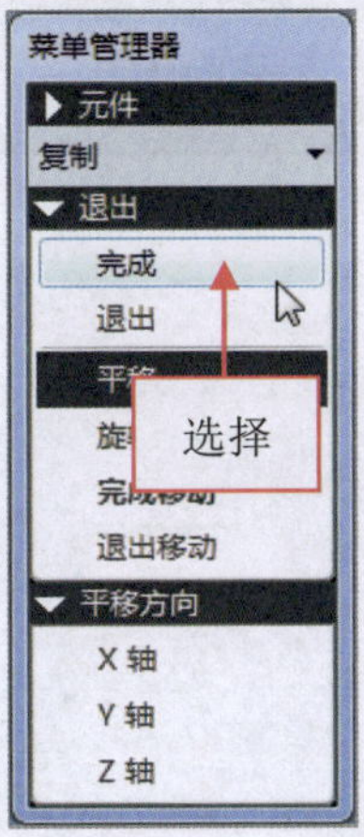

图 8-32　选择“完成”选项

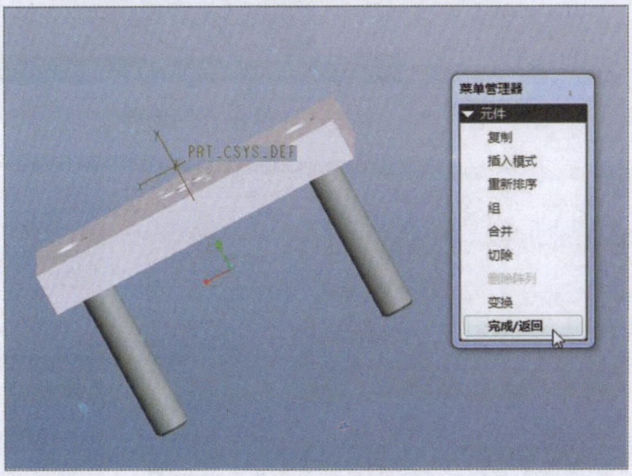

图 8-33　元件复制成功

8.2.2　合并元件

合并元件

合并元件是指将组件中的两个元件作并集的布尔运算（加运算），此操作可以将两个元件的实体体积融合为一个新的元件。合并元件的具体操作步骤如下。

Step 01 打开素材文件，单击“编辑”|“元件操作”命令，如图 8-34 所示。

Step 02 在弹出的“菜单管理器”对话框中，选择“合并”选项，如图 8-35 所示。

Step 03 选中实体模型中的某个元件，将其作为合并的第一个元件，单击“选取”对话框中的“确定”按钮，如图 8-36 所示，接受选取。

Step 04 选中实体模型中另外的元件，将其作为合并的第二个元件，单击“选取”对话框中的“确定”按钮，如图 8-37 所示，接受选取。

Step 05 在弹出的“菜单管理器”中，依次选择“参照”“无基准”和“完成”选项，如图 8-38 所示，完成合并的选项设置。

Step 06 如果实体模型发生了变化，就说明元件合并成功了，如图 8-39 所示。此时，只需选择“菜单管理器”对话框中的“完成/返回”选项，关闭“菜单管理器”对话框即可。

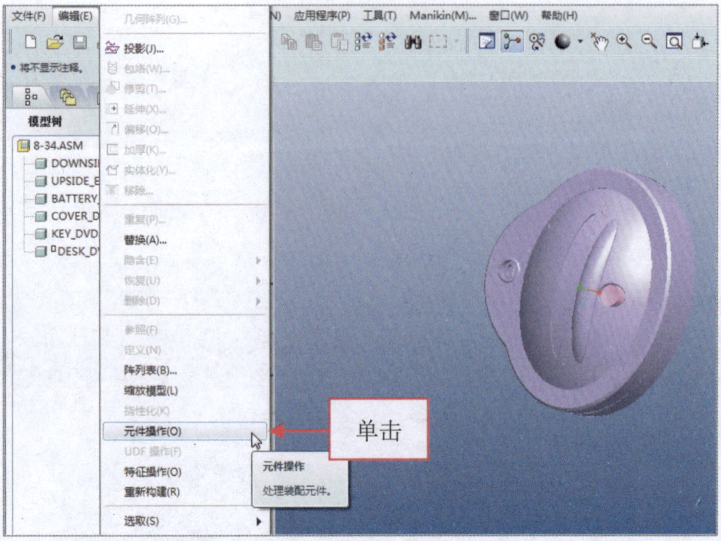

图 8-34　单击“元件操作”命令

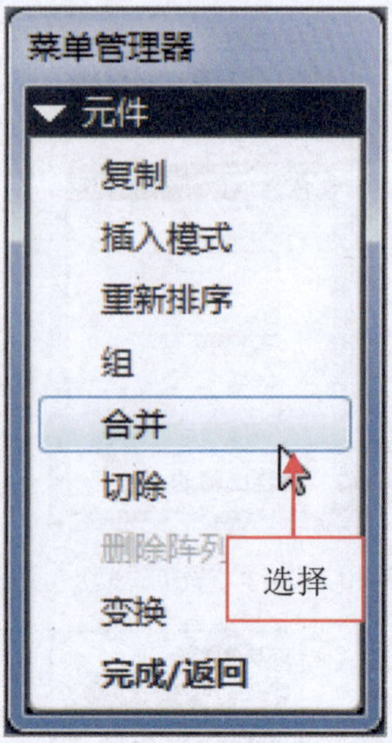

图 8-35　选择“合并”选项

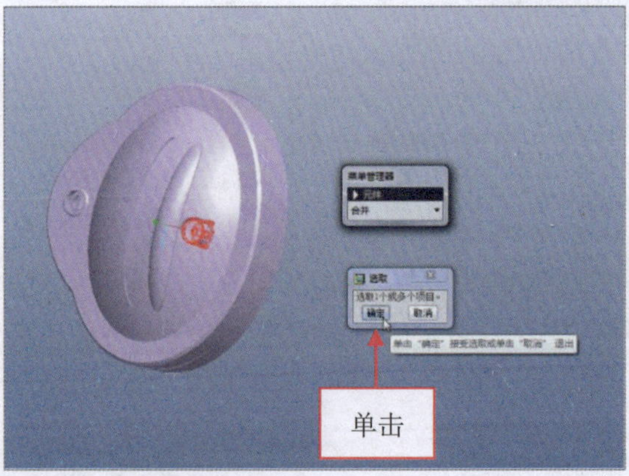

图 8-36　单击“确定”按钮（1）

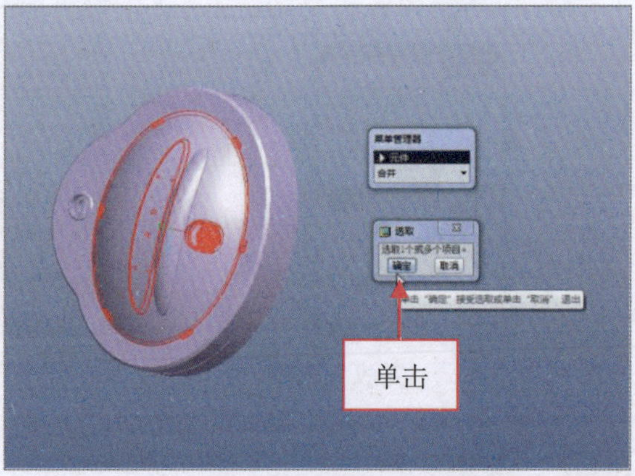

图 8-37　单击“确定”按钮（2）

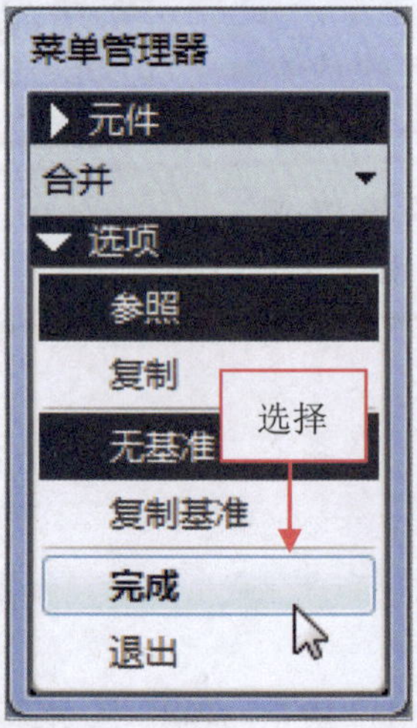

图 8-38　选择“完成”选项

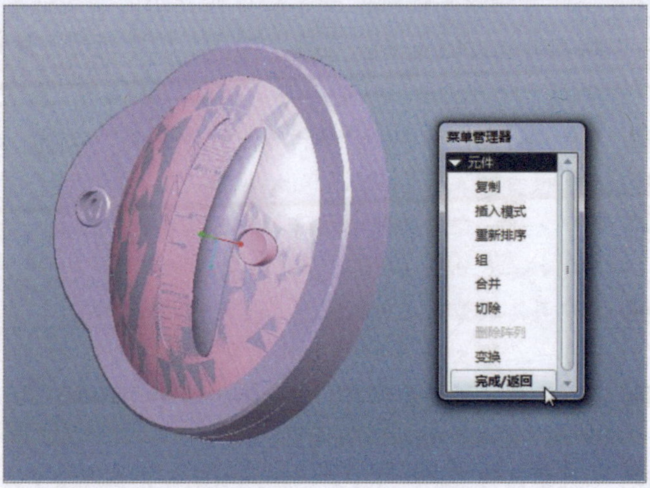

图 8-39　元件合并成功

8.2.3　切除元件

切除元件是指将组件中的两个元件作交集的布尔运算（减运算），此操作可以将某个元件的实体体积从其他元件的实体体积中挖除。与使用“合并”功能一样，根据所选的附加选项的不同，可以将第二个元件的特征和关系复制到第一个元件中，也可以通过第一个元件来参照第二个元件。

切除元件的操作步骤和合并元件大致相同，只需将选择“合并”选项换成选择“切除”选项即可。

8.2.4　阵列元件

在组件模式下，可以使用阵列的方式来装配具有规则排布的多个相同元件。在装配中进行阵列，其方法与在元件模型中进行特征阵列一样，只是在组件模式下，其中的阵列对象包括了元件和子装配组件。

阵列的操作方法为：首先在合适的位置上装配好一个零部件，然后使用阵列的方式来装配余下的相同零部件，比按常规方法一个一个地装配这些零部件要快捷得多。下面以装配办公椅中的脚轮为例，向用户介绍阵列元件的具体操作步骤。

阵列元件

Step 01 打开素材文件，选中“模型树”窗口中需要阵列的元件并单击鼠标右键，在弹出的快捷菜单中，选择“阵列”选项，如图 8-40 所示。

Step 02 在弹出的阵列操作面板中，单击“填充”按钮，在弹出的列表框中，选择“轴”选项，如图 8-41 所示，设置阵列的参照方式。

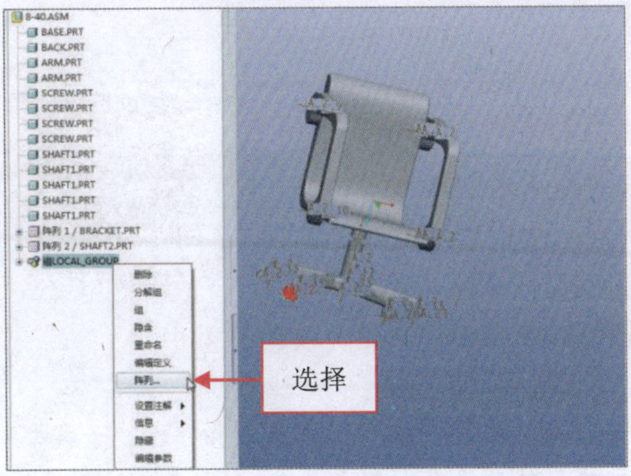

图 8-40　选择“阵列”选项

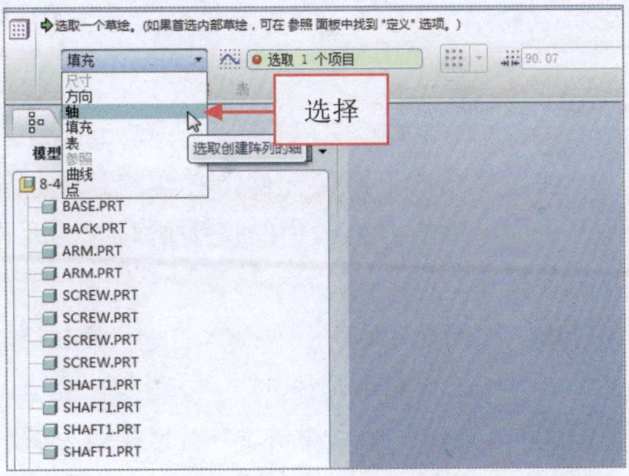

图 8-41　选择“轴”选项

Step 03 在绘图区中，选中对应的轴，如基准轴 A_2，如图 8-42 所示，将其作为阵列元件中心轴。

Step 04 在阵列操作面板中设置方向 1 上的阵列成员数和阵列成员间的角度值，如图 8-43 所示。

Step 05 单击装配操作面板右侧的☑按钮，如果办公椅出现了 5 个脚轮，就说明阵列元件成功了，如图 8-44 所示。

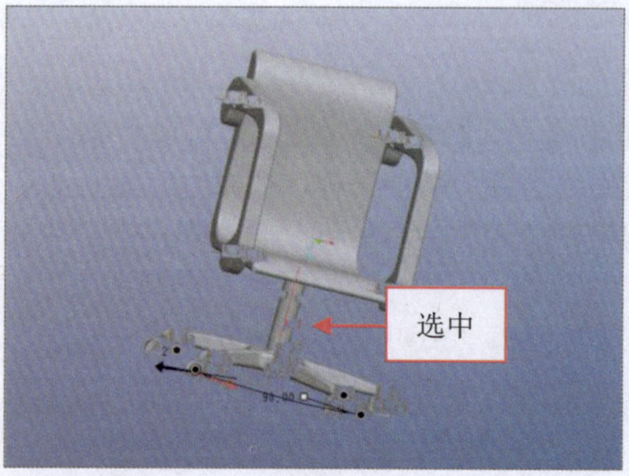

图 8-42　选择基准轴 A_2

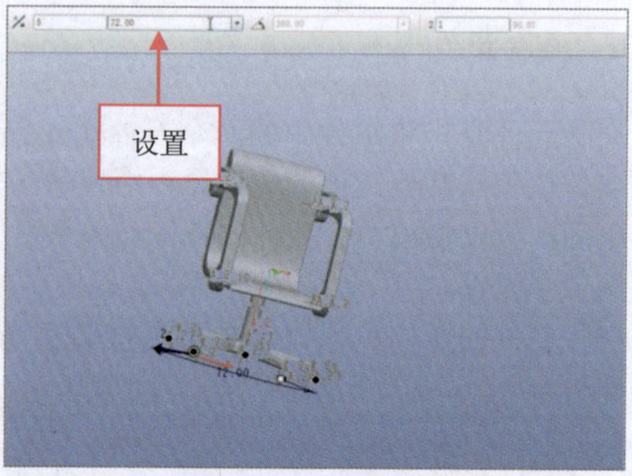

图 8-43　设置角度值

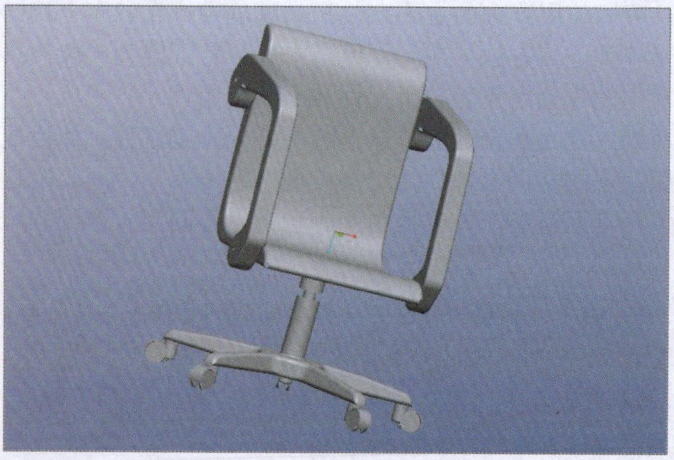

图 8-44　阵列元件成功

8.2.5　镜像元件

镜像元件

在组件模式下镜像元件，其实就是通过镜像的方式来创建一个新的元件。下面以镜像办公椅中的扶手所对应的元件为例，向用户介绍镜像元件的具体操作步骤。

Step 01 打开素材文件，单击“创建”按钮，如图 8-45 所示，在组件模式下创建新的元件。

Step 02 在弹出的“元件创建”对话框“类型”选项区中，选中“零件”单选按钮，在“子类型”选项区中，选中“镜像”单选按钮，输入创建元件的名称，单击“确定”按钮，如图 8-46 所示，完成镜像元件的信息设置。

Step 03 在“镜像元件”对话框，设置镜像类型和从属关系控制的相关信息，选择要阵列的元件，将其作为零件参照，选择成功后，“零件参照”收集器中会显示对应元件的名称，如图 8-47 所示。

Step 04 选择基准平面作为平面参照，单击“确定”按钮，如图 8-48 所示，完成镜像零件的信息设置。

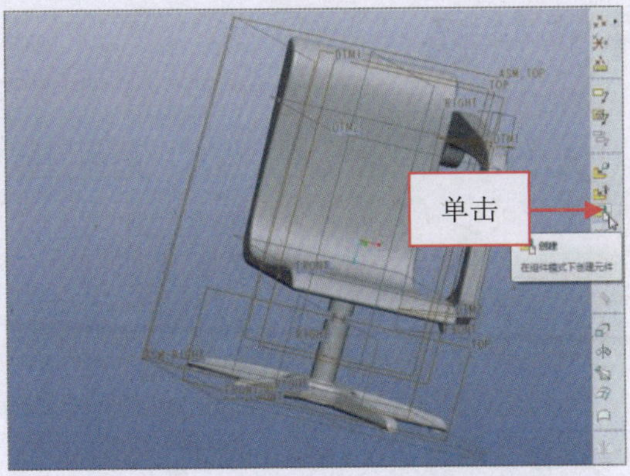

图 8-45　单击“创建”按钮

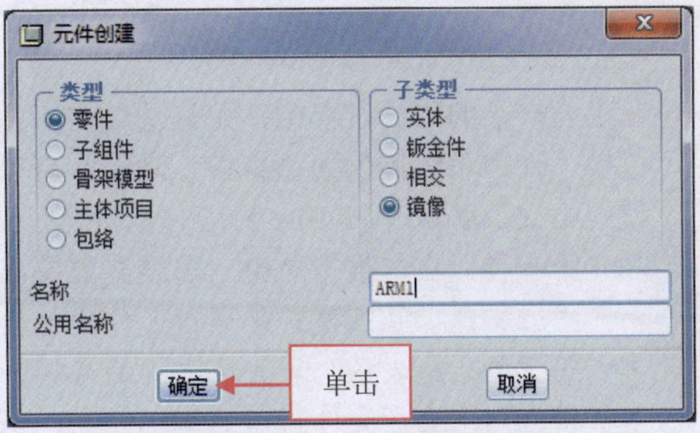

图 8-46　单击“确定”按钮

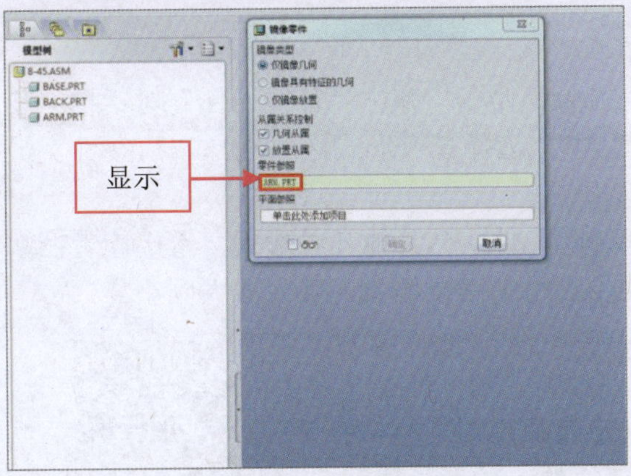

图 8-47　显示对应元件的名称

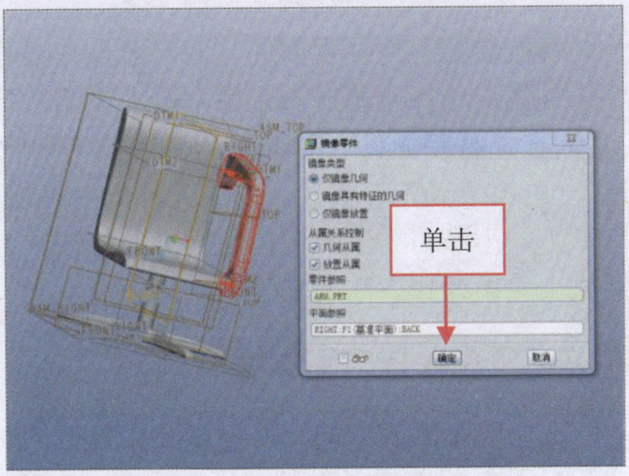

图 8-48　单击“确定”按钮

Step 05 如果“模型树”窗口中出现了创建的元件名称，并且办公椅出现了新的扶手，就说明镜像元件成功了，如图 8-49 所示。

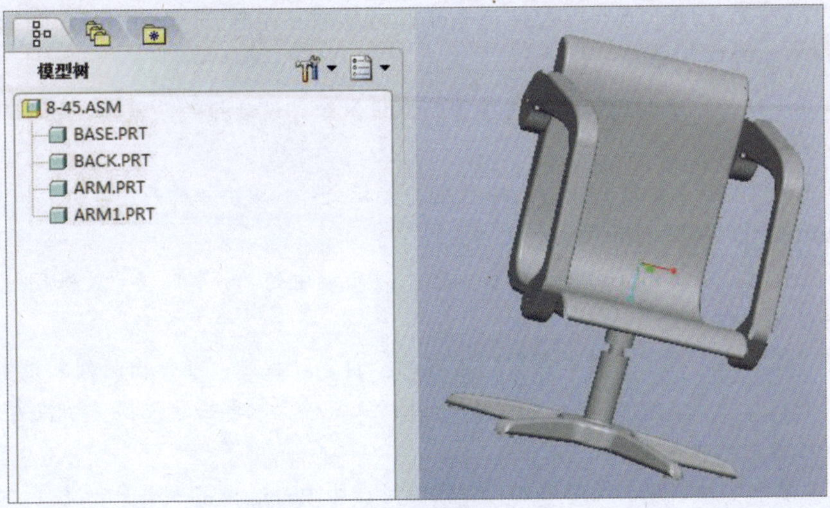

图 8-49　镜像元件成功

8.3　装配元件的替换

在工业产品的设计过程中，尤其是结构深化设计的过程中，某些装配元件有可能需要变更、替换。使用系统提供的“替换”功能，可以很方便明了地置换需要变更的元件。

使用中文版 Pro/E Wildfire 5.0 可以利用以下三种方式来替换不同样式的装配元件。

- **第一种**：在二维布局中，通过装配基准的声明来进行元件的替换。
- **第二种**：以互换模式来进行元件的替换。
- **第三种**：族表各个子元件之间的替换。

本节将为用户介绍元件替换的基础知识，帮助用户快速掌握相关的操作技巧。

8.3.1　元件替换的操作过程

替换装配元件（零部件）的一般操作过程如下。

首先，选择要替换的元件，单击“编辑”|“替换”命令，弹出“替换元件”对话框。其次， 在“替换元件”对话框的“替换为”选项区中，选择替换形式，并选择替换文件。最后， 单击“确定”按钮，完成元件的替换操作。

下一小节将详细介绍使用族表的形式来替换装配元件。而其他几种形式，希望读者在掌握族表替换操作方法的基础上，举一反三，在实际应用中慢慢体会，其方法大同小异。

8.3.2　替换元件的实例展示

替换元件的实例展示

在同一个族表中的元件为可互相替换的装配元件，使用族表的方式替换元件的前提条件是替换的元件已经有可替换的元件（衍生元件）在同一族表中。

利用族表可以轻而易举地产生一系列相似元件，同时，如果在装配中应用这些类属元件，那么会带来一个潜在的好处，即可轻轻松松地在族表（很多相似元件的集合）内部替换元件。下面以替换一个平直连接件上装配的螺栓为例，介绍以族表的形式替换元件的具体操作步骤。

Step 01 参照 8.1.1 的方法创建装配的三维平面，进入组件设计模式，单击“装配”按钮，如图 8-50 所示。

Step 02 在弹出的“打开”对话框中，选择对应的素材文件，单击“打开”按钮，如图 8-51 所示，在组件设计模式中打开该素材文件。

Step 03 执行操作后，会弹出装配操作面板，单击该面板中的“放置”按钮，如图 8-52 所示，对元件的放置信息进行设置。

Step 04 单击“放置”面板中“约束类型”下方的“自动”按钮，在弹出的列表框中，选择约束类型的对应选项，如“缺省”选项，如图 8-53 所示，单击装配操作面板右侧的按钮，设置元件的约束类型。

Step 05 单击“装配”按钮，在弹出的“打开”对话框中，选择另一个素材文件，单击“打开”按钮，如图 8-54 所示，确认打开该素材文件。

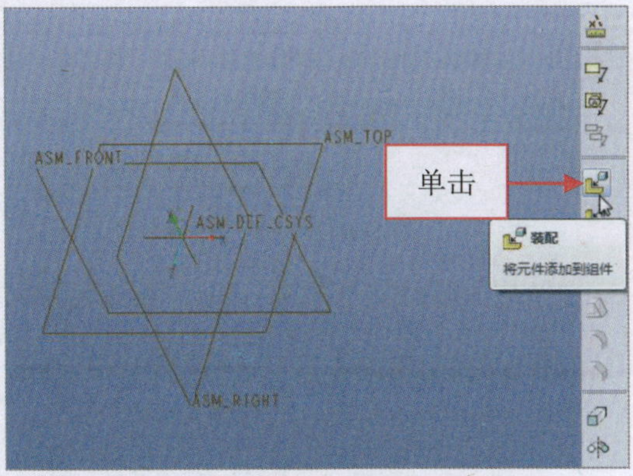

图 8-50　单击“装配”按钮

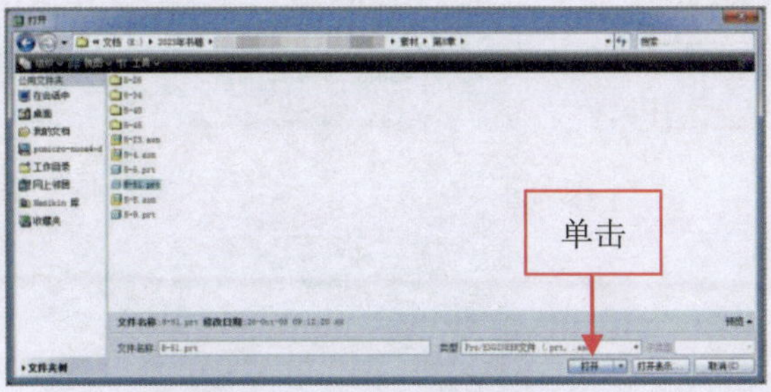

图 8-51　单击“打开”按钮（1）

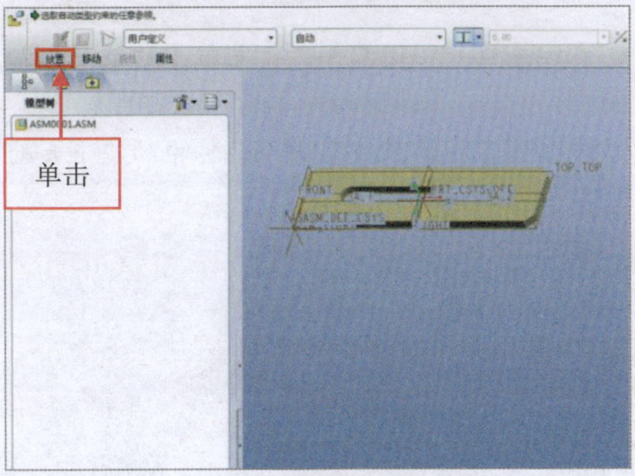

图 8-52　单击“放置”按钮（1）

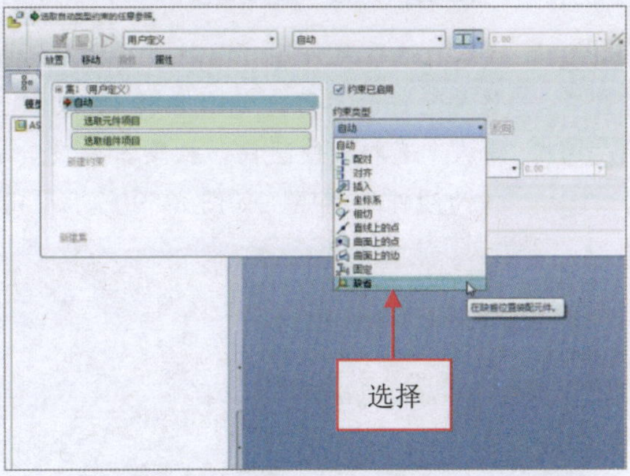

图 8-53　选择“缺省”选项

Step 06 在弹出的“选取实例”对话框中，选择对应模型的选项，单击“打开”按钮，如图 8-55 所示，在组件设计模式中打开对应的模型。

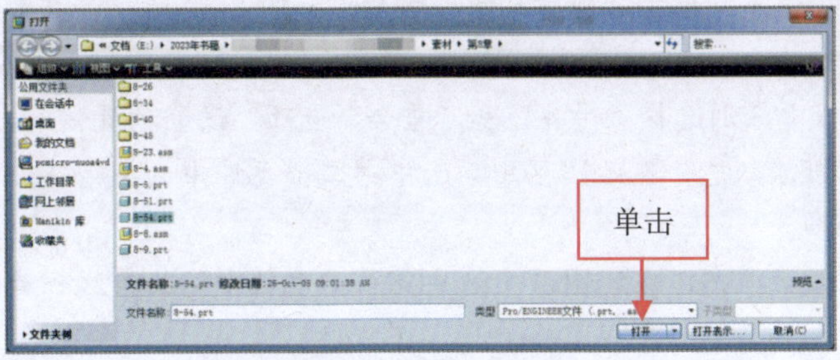

图 8-54　单击“打开”按钮（2）

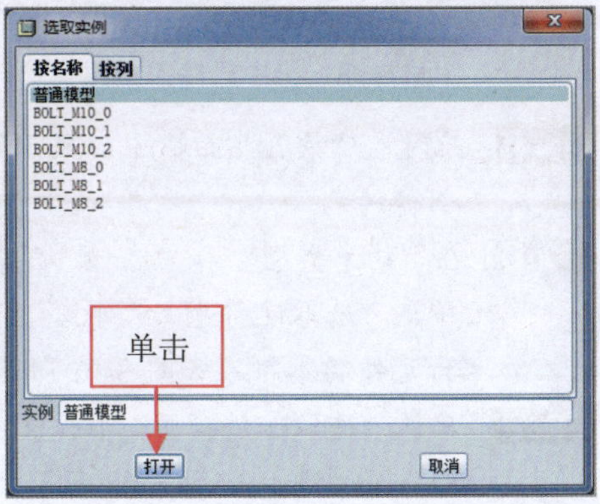

图 8-55　单击“打开”按钮（3）

Step 07 执行操作后，显示新打开的元件，并弹出装配操作面板，单击该面板中的“放置”按钮，如图 8-56 所示，对新打开元件的放置信息进行设置。

Step 08 在“放置”面板中设置“约束类型”和“偏移”信息，如图 8-57 所示，完成放置类型的设置。

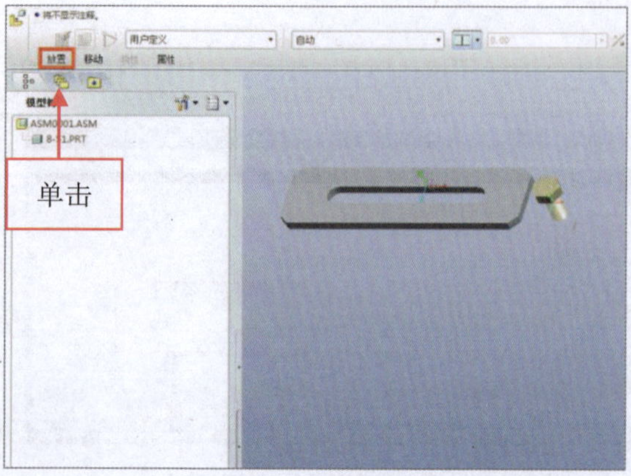

图 8-56　单击“放置”按钮（2）

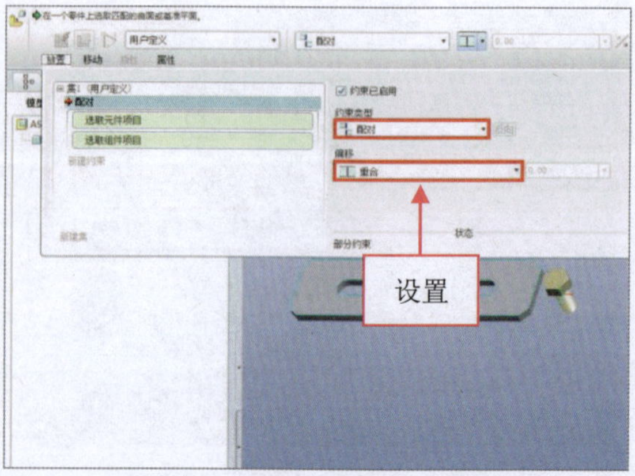

图 8-57　设置“约束类型”和“偏移”信息

Step 09 确认“选取元件项目”收集器为激活状态，在绘图区中，选中第二个元件中的某个曲面作为元件的参照，如图 8-58 所示。

Step 10 确认“选取组件项目”收集器为激活状态，在绘图区中，选中第一个元件中的某个曲面作为组件的参照，如图 8-59 所示，完成元件的配对。

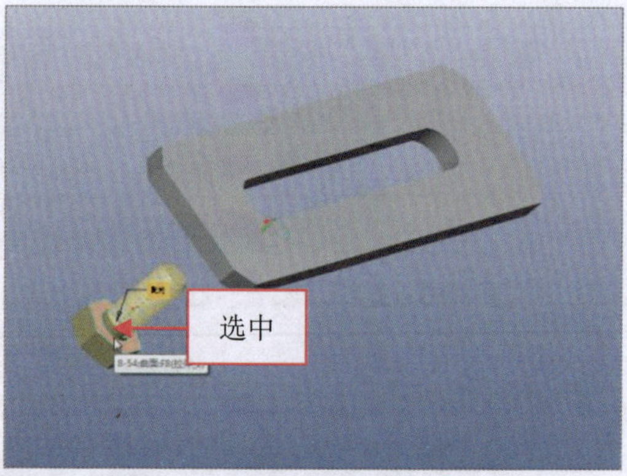

图 8-58　选中元件的参照（1）

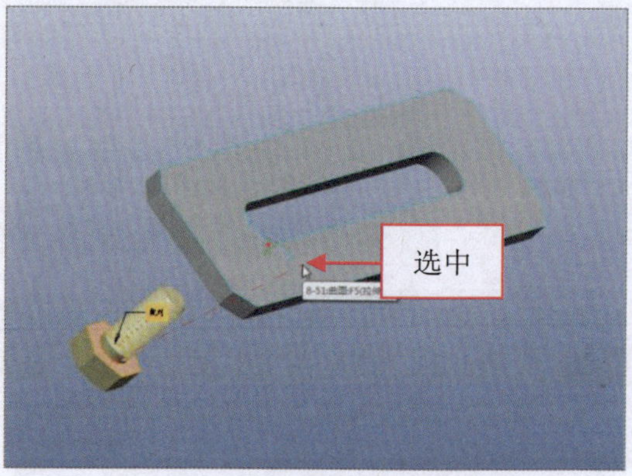

图 8-59　选中组件的参照（1）

Step 11 此时，“放置”面板中会显示配对信息，单击“新建约束”按钮，如图 8-60 所示，继续创建约束。

Step 12 在“约束类型”和“偏移”列表框中分别选择“对齐”和“重合”选项，设置放置信息，确认“选取元件项目”收集器为激活状态，在绘图区中，选中第二个元件中的某条线作为元件的参照，如图 8-61 所示。

Step 13 确认“选取组件项目”收集器为激活状态，在绘图区中选中第一个元件中的某条线作为组件的参照，如图 8-62 所示。

Step 14 此时，“放置”面板中会显示配对信息，并且“状态”会显示为“完全约束”，如图 8-63 所示，这就说明元件约束的创建基本完成了。单击装配操作面板右侧的☑按钮，完成元件的插入和装配。

Step 15 假设经过观察和设计分析，觉得该螺栓的长度太短，需要替换长度稍长一点的同类螺栓，可以进行元件的替换操作。单击“编辑”|“替换”命令，如图 8-64 所示。

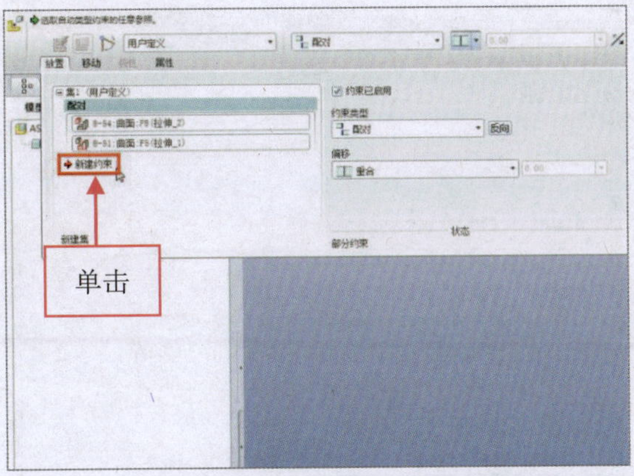

图 8-60　单击“新建约束”按钮

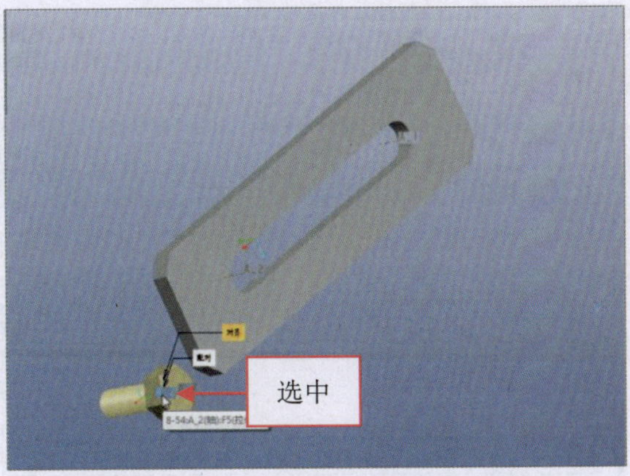

图 8-61　选中元件的参照（2）

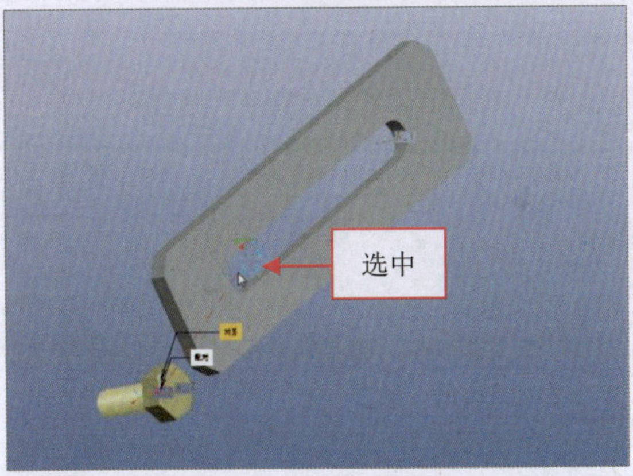

图 8-62　选中组件的参照（2）

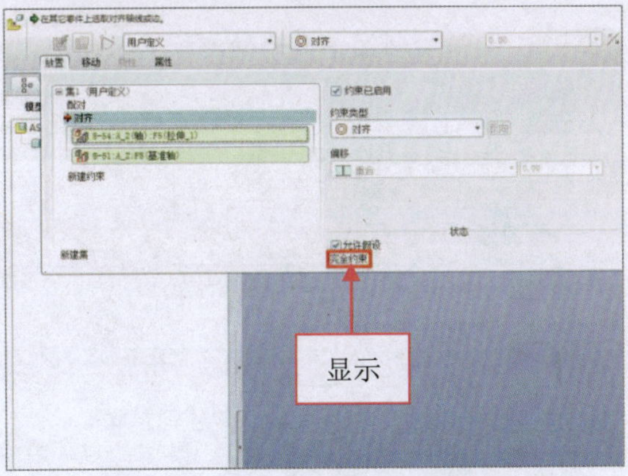

图 8-63　“状态”显示为“完全约束”

Step 16 在弹出的“替换”对话框中，单击“打开”按钮，如图 8-65 所示，打开族表。

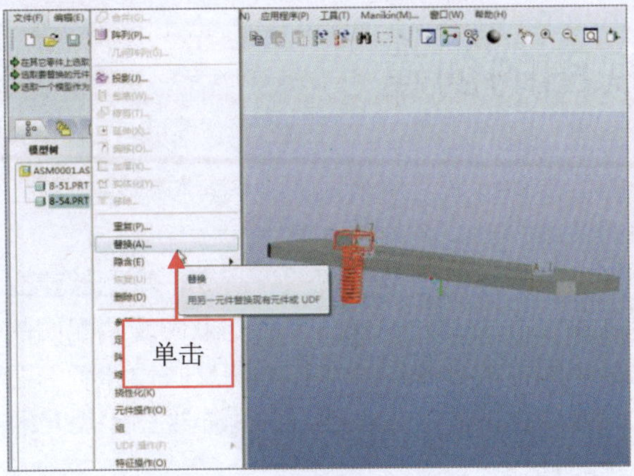

图 8-64　单击“替换”命令

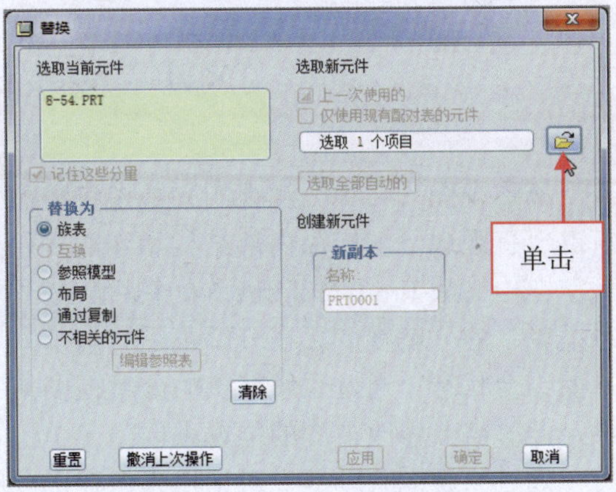

图 8-65　“打开”按钮

Step 17 在弹出的“族树”对话框中，选择对应的元件选项，单击“确定”按钮，如图 8-66 所示，确认选择。

Step 18 返回“替换”对话框，单击“确定”按钮，如图 8-67 所示，确定替换元件。

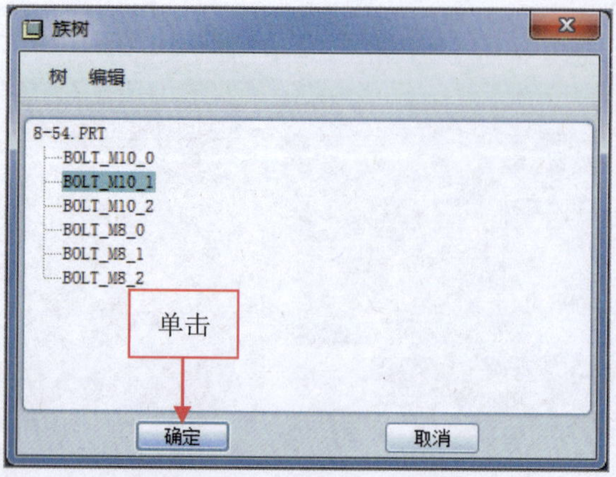

图 8-66 单击“确定”按钮（1）

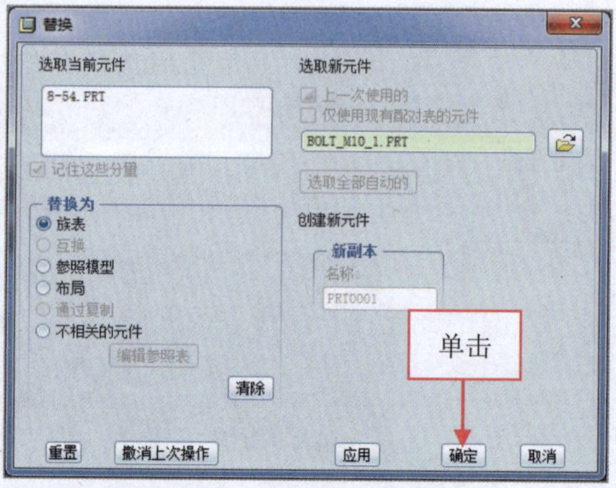

图 8-67 单击“确定”按钮（2）

Step 19 如果绘制区中显示的螺栓变长，就说明元件替换成功了，如图 8-68 所示。

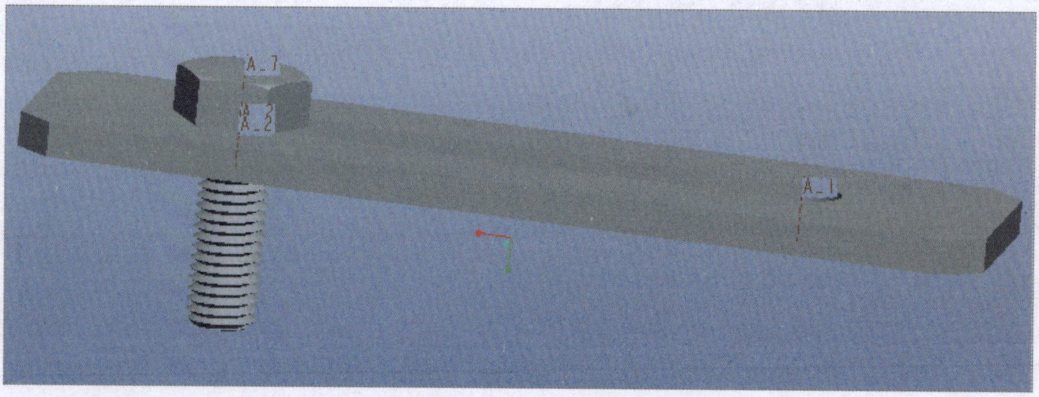

图 8-68 元件替换成功

8.4 爆炸视图的创建

爆炸视图（又称分解视图）是指将装配好的零部件拆散后所形成的视图，创建爆炸视图有助于直观地了解产品内部结构和零部件之间的关系。

在中文版 Pro/E Wildfire 5.0 中，单击“视图”|“分解”|“分解视图”命令，就能够建立系统默认的分解视图。在分解视图状态下，可以使用“取消分解视图”命令来恢复装配图的原始组合状态。通过系统默认的分解视图来观察装配体的分状况，往往不能反映设计者的意图，此时需要修改视图的位置来创建一个满意的爆炸视图。对于创建好的爆炸视图，用户还可以通过“视图管理器”对话框来保存已分解好的视图。

本节将通过分解某个装配体，展示手动设置爆炸视图的操作步骤，从而达到使用户了解生成装配的分解状态的目的。

8.4.1　创建自动爆炸视图

创建自动爆炸视图

在中文版 Pro/E Wildfire 5.0 中，创建自动爆炸视图的具体操作步骤如下。

Step 01 打开素材文件，进入组件设计模式，单击“视图”|“分解”|“分解视图”命令，如图 8-69 所示，确认分解视图。

Step 02 如果绘图区中显示多个散乱的元件，那么说明创建自动爆炸视图成功了，如图 8-70 所示。

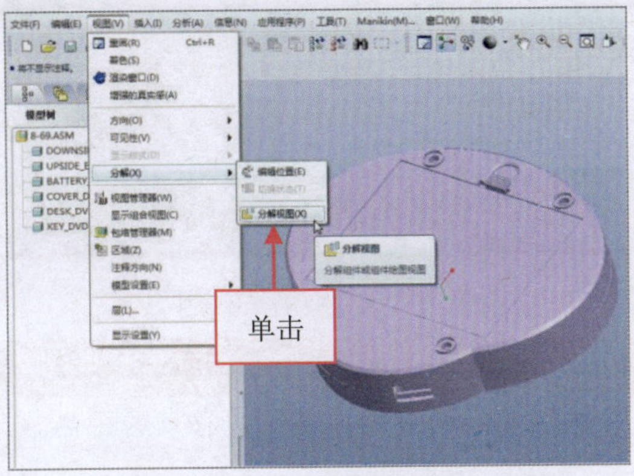

图 8-69　单击“分解视图”命令

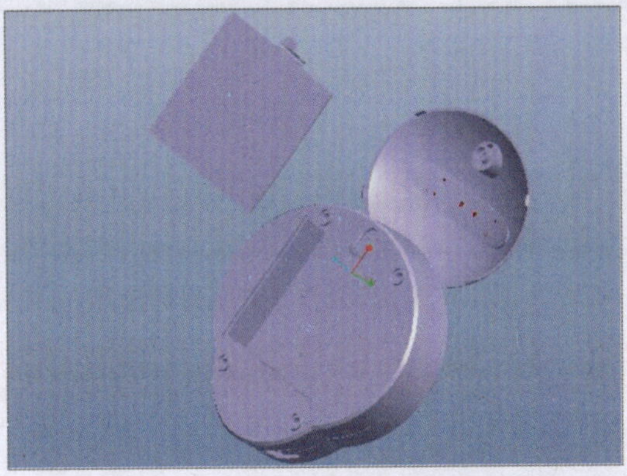

图 8-70　创建自动爆炸视图成功

8.4.2　编辑分解位置

编辑分解位置

在创建自动爆炸视图后，用户可通过单击“视图”|“分解”|“编辑位置”命令，来调整各元件的相对位置。下面以编辑某个自动爆炸视图的位置为例，介绍具体的操作步骤。

Step 01 打开素材文件，进入组件设计模式，单击“视图”|“分解”|“编辑位置”命令，如图 8-71 所示，确认编辑分解位置。

Step 02 在弹出的编辑分解操作面板中，单击“参照”按钮，选中要移动的元件和移动参照，如图 8-72 所示。

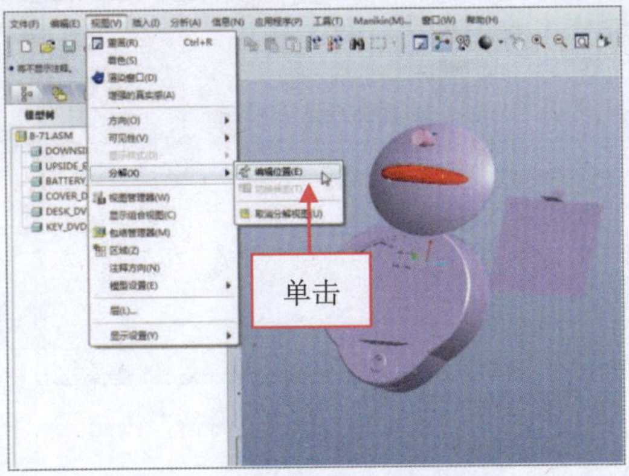

图 8-71　单击“编辑位置”命令

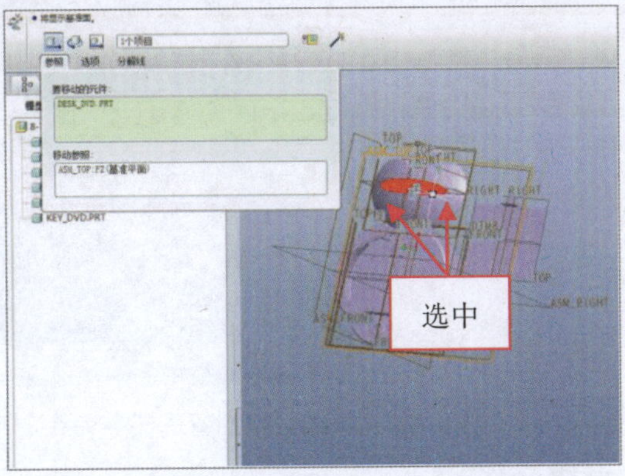

图 8-72　选择要移动的元件和移动参照

Step 03 在绘图区中，调整所选的元件，将其移动至目标位置，如图 8-73 所示。

Step 04 单击装配操作面板右侧的✓按钮，如果对应元件的位置发生了变化，就说明该元件的位置编辑成功了，如图 8-74 所示。

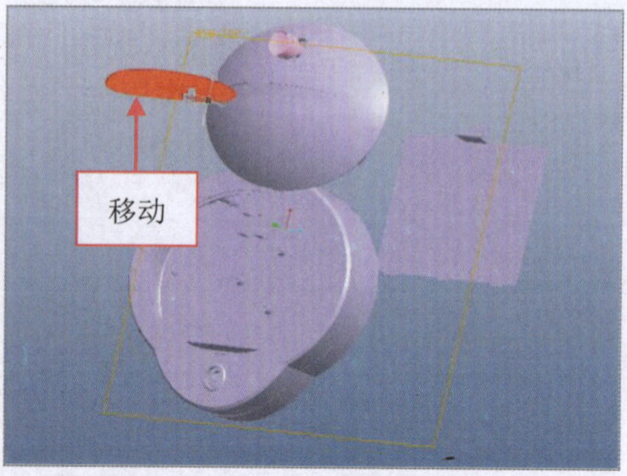

图 8-73　将元件移动至目标位置

图 8-74　元件的位置编辑成功

> **▶ 专家指点**
>
> 在编辑分解位置的过程中，一般都需要不断地改变运动参照，甚至是移动的距离，以此来调整各零件的分解位置，直到满意为止。

8.4.3　保存分解视图

保存分解视图

对于已编辑好位置的爆炸视图，如果希望下次打开文件时看到同样的分解图，则需要使用“视图管理器”对话框，来保存已分解好的视图。保存分解视图的具体操作步骤如下。

Step 01 打开素材文件，单击“视图”|“视图管理器”命令，如图 8-75 所示，打开视图管理器。

Step 02 在弹出的“视图管理器”对话框中，单击“分解”按钮，如图 8-76 所示，切换选项卡。

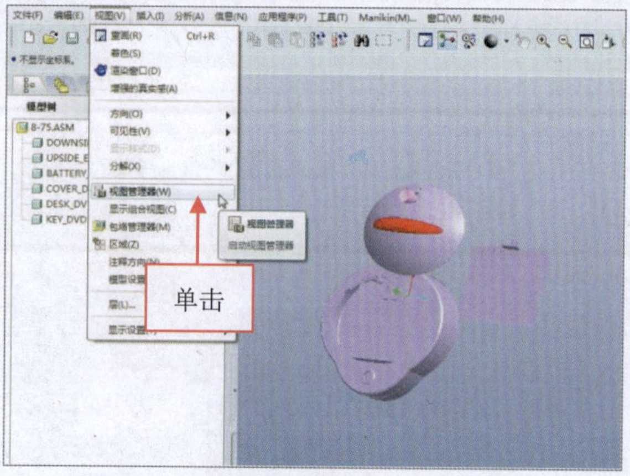

图 8-75　单击“视图管理器”命令

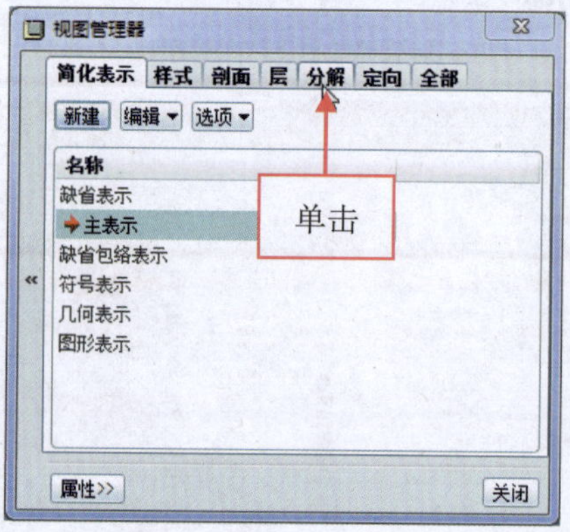

图 8-76　单击“分解”按钮

Step 03 执行操作后，切换至“分解”选项卡，单击“新建”按钮，如图 8-77 所示，创建新分解。

Step 04 在弹出的输入框中，输入新创建分解的名称，如图 8-78 所示，按【Enter】键。

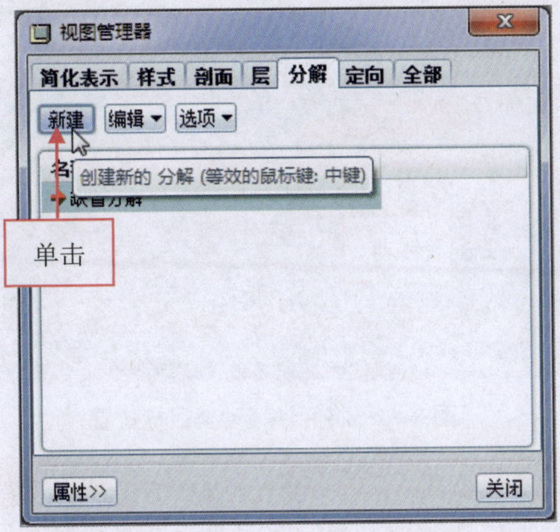

图 8-77　单击“新建”按钮

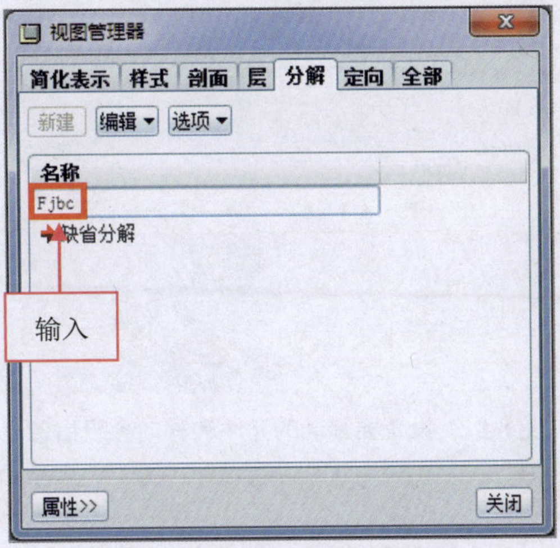

图 8-78　输入新创建分解的名称

Step 05 执行操作后，“分解”选项卡中会显示新创建分解的名称，单击“属性”按钮，如图 8-79 所示，设置新创建分解的属性信息。

Step 06 在分解属性设置的相关选项卡中，单击“编辑位置”按钮，如图 8-80 所示，设置分解的位置。

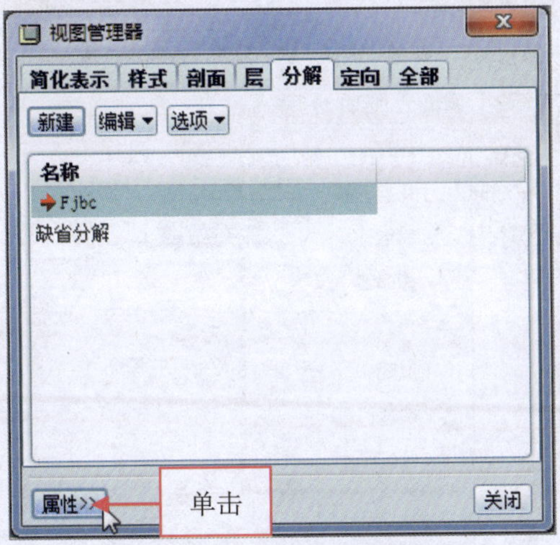

图 8-79　单击“属性”按钮

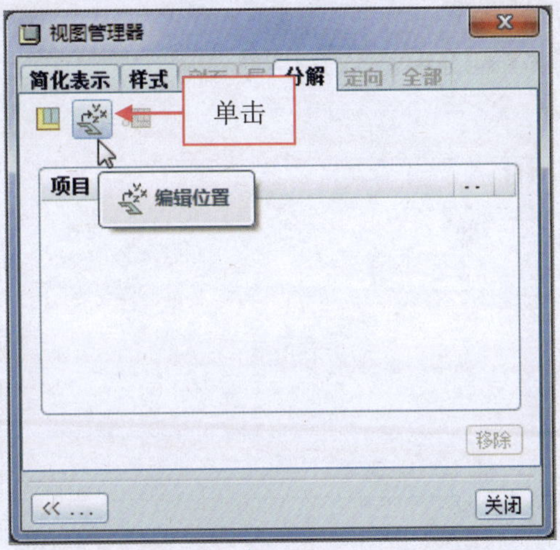

图 8-80　单击“编辑位置”按钮

Step 07 在编辑分解操作面板中，单击“参照”按钮，设置要移动的元件和移动参照信息，如图 8-81 所示。

Step 08 在绘图区中，调整所选的元件，将其移动至目标位置，如图 8-82 所示。

Step 09 单击装配操作面板右侧的按钮，完成分解位置的编辑。返回分解属性设置的相关选项卡，单击下方的“切换到垂直视图”按钮，如图 8-83 所示，返回“视图管理器”对话框。

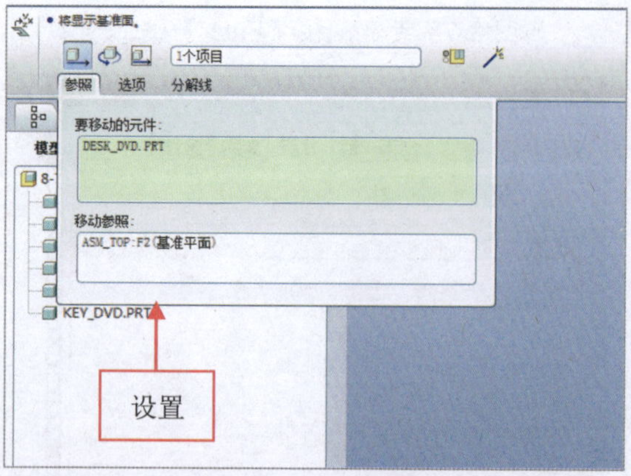

图 8-81　设置要移动的元件和移动参照信息

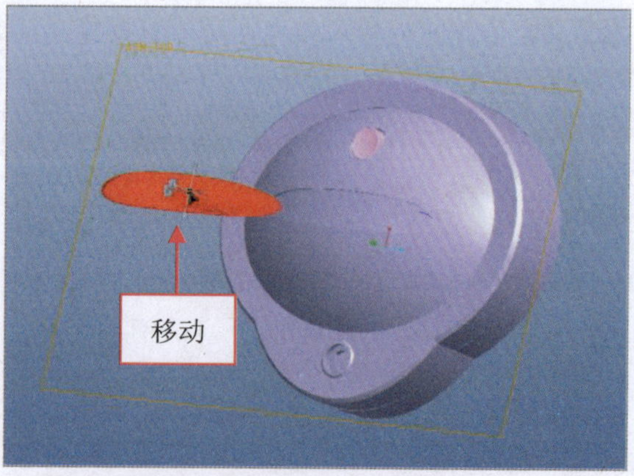

图 8-82　将元件移动至目标位置

▶ 专家指点

为了容易捕捉参照和不影响视觉效果，在编辑爆炸视图之前，用户可以在“模型树”窗口中通过快捷菜单，将各元件的内部基准平面和坐标系隐藏起来，只显示 ASM_FRONT、ASM_RIGHT、ASM_TOP 基准平面和 ASM_DEF_CSYS 坐标系。

Step 10 单击“视图管理器”对话框“分解”选项卡中的“编辑”按钮，选择弹出的列表框中的“保存...”选项，如图 8-84 所示，保存分解视图。

图 8-83　单击“切换到垂直视图”按钮«…

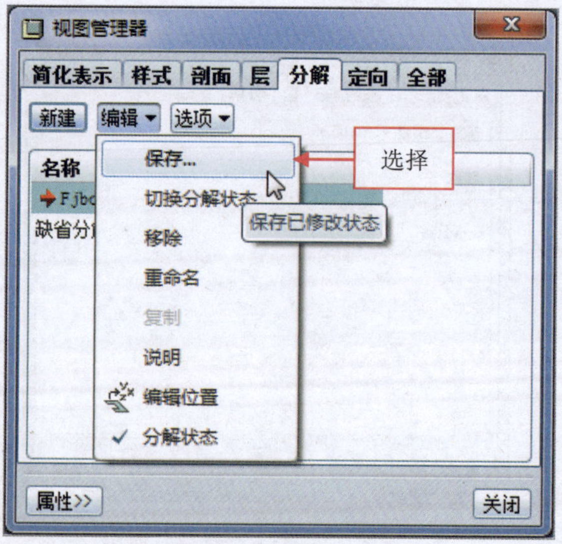

图 8-84　选择“保存...”选项

Step 11 在弹出的“保存显示元素”对话框中，选中“分解”复选框，单击“确定”按钮，如图 8-85 所示，确定保存分解视图的显示元素。

Step 12 如果绘图区中显示分解视图，并且“视图管理器”对话框“分解”选项卡中显示对应的分解名称，就说明保存分解视图成功了，如图 8-86 所示。此时，只需单击“视图管理器”对话框中的“关闭”按钮，关闭该对话框即可。

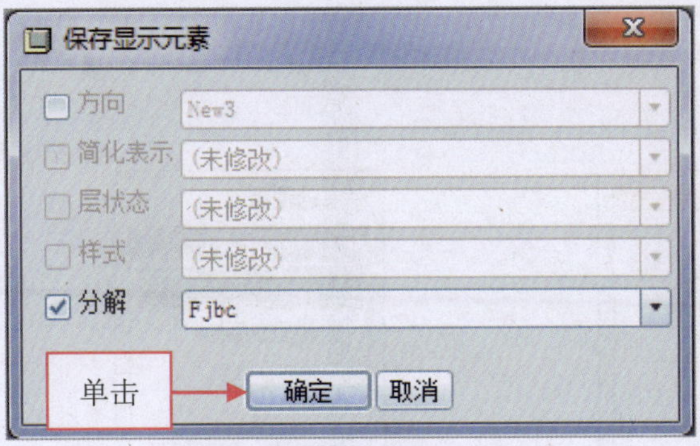

图 8-85　单击“确定”按钮

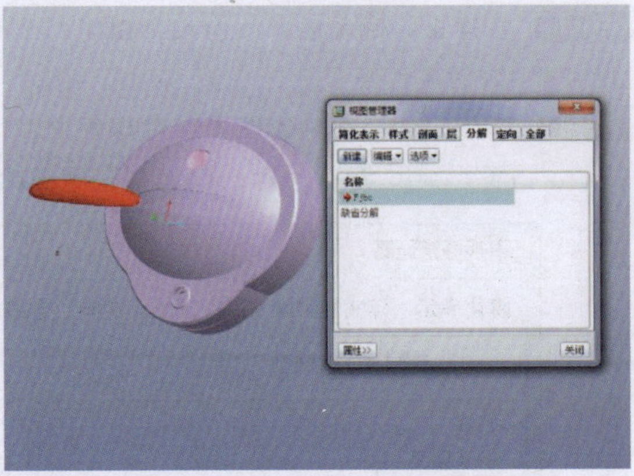

图 8-86　保存分解视图成功

8.5　装配剖面图的查看

在工业产品的实际设计过程中，需要通过设计剖面来观察装配体中的结构关系，以此来直观地分析产品结构装配的合理性和把握内容结构的细节问题等。

在中文版 Pro/E Wildfire 5.0 中，可以通过“视图管理器”对话框来设置剖面。具体来说，在该对话框有以下两种设置剖面信息的方法。

装配剖面图的查看

- **菜单**：单击“视图”|“视图管理器”命令。
- **按钮**：单击“视图”工具栏中的“启动视图管理器”按钮。

使用以上任意一种方法，即可弹出“视图管理器”对话框，进行装配剖面的设置。

以查看手机装配模型的剖面为例，介绍在装配图中查看剖面的方法及具体操作步骤。

Step 01 打开素材文件，单击“视图”|“视图管理器”命令，如图 8-87 所示，打开视图管理器。

Step 02 在弹出的“视图管理器”对话框中，单击“剖面”按钮，切换至对应选项卡，单击“新建”按钮，如图 8-88 所示，创建新的剖面。

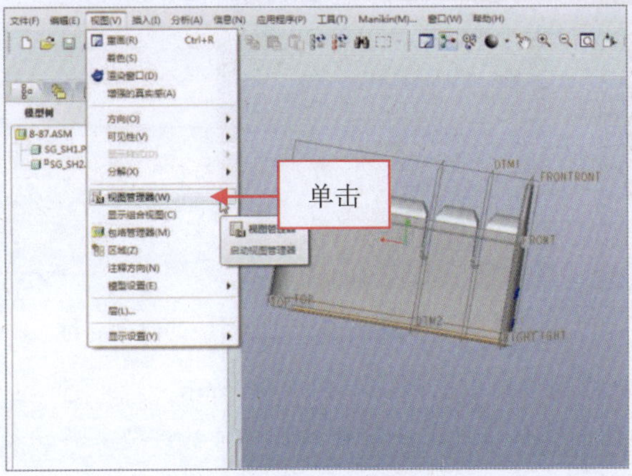

图 8-87　单击“视图管理器”按钮

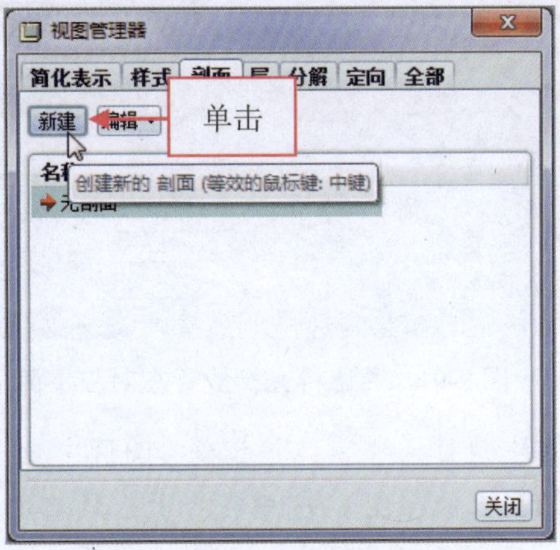

图 8-88　单击“新建”按钮

Step 03 在弹出的输入框中，输入新创建剖面的名称，如图 8-89 所示，按【Enter】键，确认剖面的名称。

Step 04 在弹出的“菜单管理器”对话框中，依次选择“模型”“平面”“单一”和“完成”选项，如图 8-90 所示，设置剖截面的选取信息。

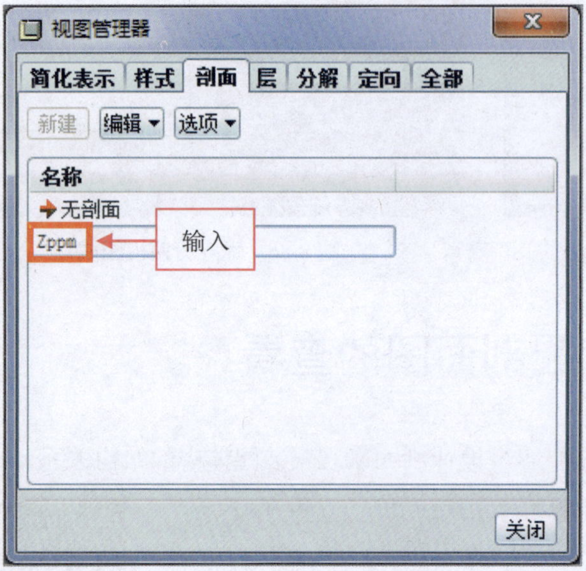

图 8-89　输入新创建剖面的名称

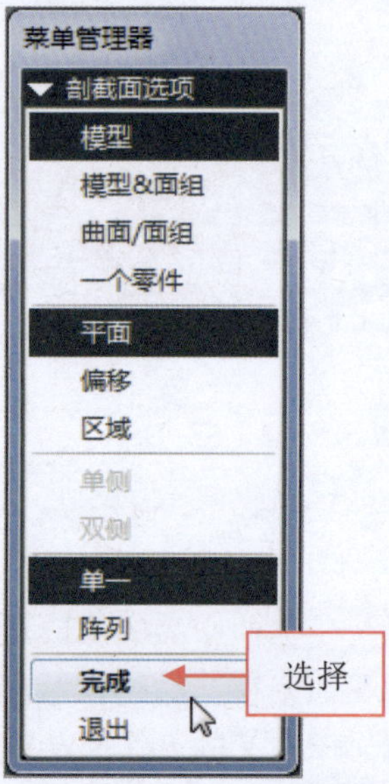

图 8-90　选择“完成”选项

Step 05 选择“菜单管理器”对话框中的“平面”选项，将鼠标光标放置在对应平面上，如图 8-91 所示，单击鼠标左键，设置剖截面的参照平面。

Step 06 返回“视图管理器”对话框，双击“剖面”选项卡中对应的剖面名称，如图 8-92 所示，查看装配的剖截面。

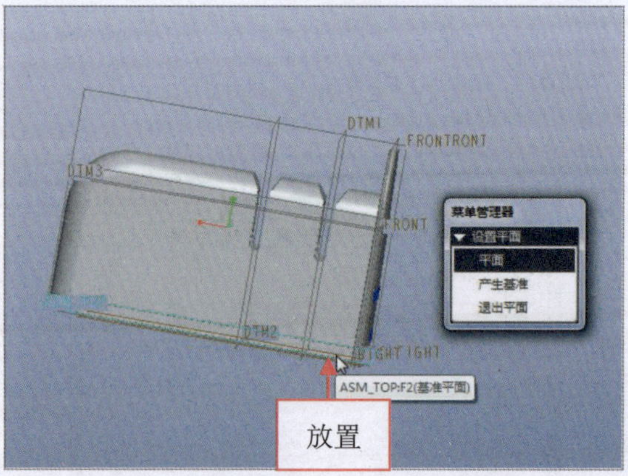

图 8-91　将鼠标光标放置在对应平面上

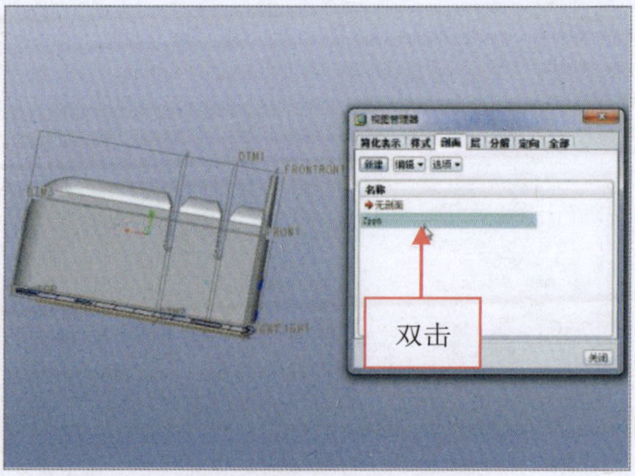

图 8-92　双击对应的剖面名称

Step 07 执行操作后，即可在绘图区中查看对应的装配剖面图，如图 8-93 所示。

Step 08 可能从图 8-93 中很难看出装配剖面图的具体情况，此时可以按下鼠标滚轮并移动鼠标，查看其他角度的显示效果，如图 8-94 所示。

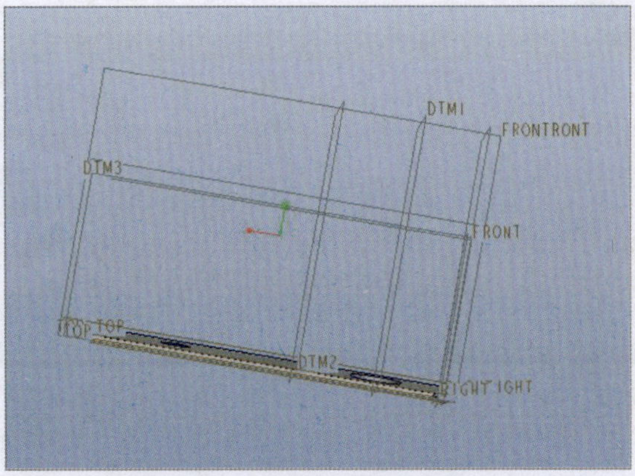

图 8-93　查看对应的装配剖面图

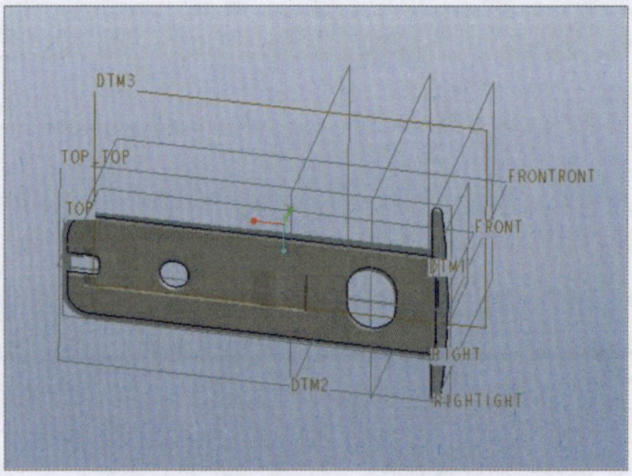

图 8-94　查看其他角度的显示效果

本章小结

本章主要向读者介绍了 Pro/E Wildfire 5.0 产品装配设计的相关知识，帮助读者了解常见的产品装配技巧，如创建装配模型、装配图中圆角的常用编辑、装配元件的替换和爆炸视频的创建以及装配剖面图的查看。希望读者通过对本章的学习，能够熟练完成各种产品的装配和设计。

课后习题

课后习题

鉴于本章知识的重要性，为了帮助读者更好地掌握所学知识，本节将通过上机习题，帮助读者进行简单的知识回顾和补充。

本习题需要掌握在 Pro/E Wildfire 5.0 中创建爆炸视图的方法。例如，用户打开素材文件，创建自动爆炸视图，效果如图 8-95 所示。

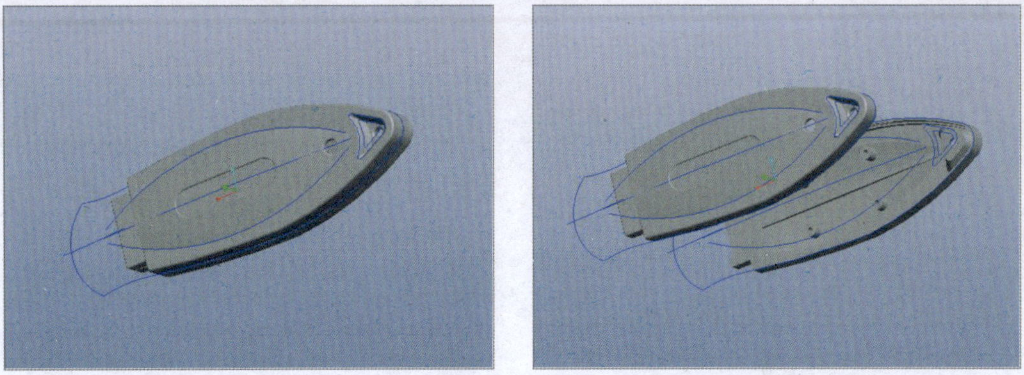

(a)　　(b)

图 8-95　创建自动爆炸视图的效果

第 9 章 工程图的设计

随着制造信息化的飞速发展，现在可以将三维模型的设计数据传输到数控加工设置里面来直接加工。但工程图仍然是工业产品（或机械设计）常见输出形式，它是将三维模型通过一定的投影关系而形成的二维视图，在很多时候，产品的制造还是根据工程图纸来完成的。本章将重点讲解工程图的设计知识，帮助用户快速掌握相关的操作技巧。

本章重点

- 工程图基础
- 创建视图
- 注释视图
- 创建和编辑表格

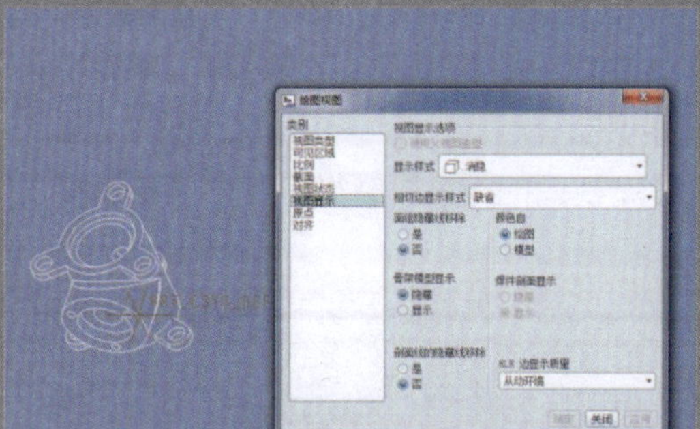

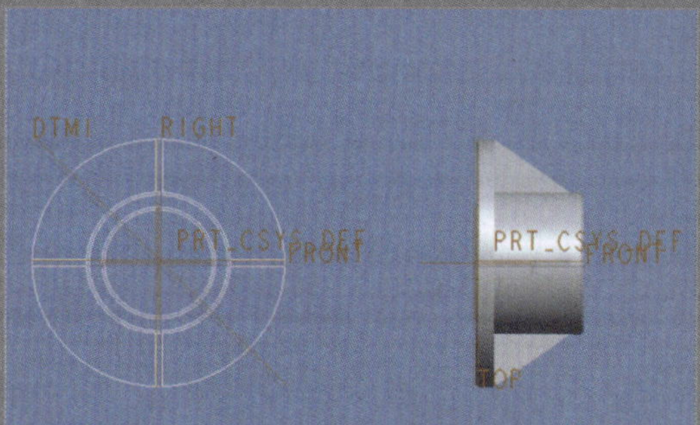

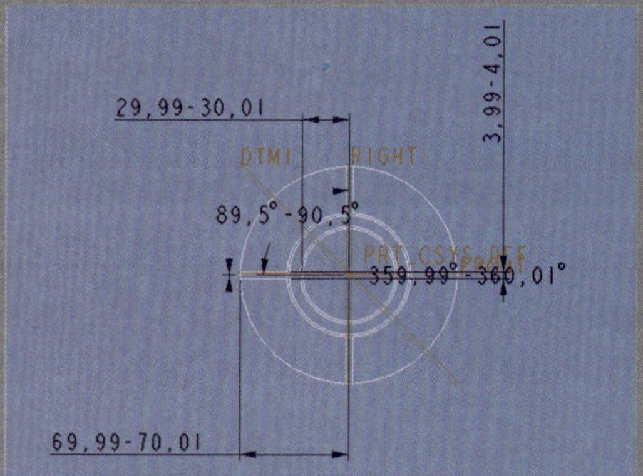

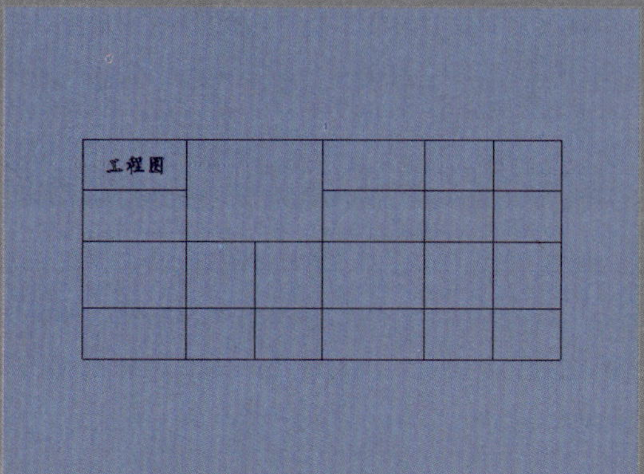

9.1　工程图基础

工程图也是 Pro/E Wildfire 5.0 的重要组成部分。利用系统提供的工程图模式，可以很方便地将三维模型转换为二维的工程视图来表示。生成的工程图与模型之间依然保持着参数化的关联性。如果修改三维模型，则相应的工程图也会跟着改变；反之，如果修改工程图，则关联的三维模型也会再生改变。

生成的工程图是由各种视图组成的，这些视图包括普通视图、投影视图、剖视图、旋转视图、辅助视图和详细视图等。系统可以自动为视图标注尺寸，也可以手动标注尺寸。

工程图需要遵循一定的制图规范或标准，如国标（GB）。为了确保工程图保持一定的格式和界面，需要为工程图选定合适的工程图模板或定义统一的工程图格式。在没有特殊说明时，本章涉及的工程图为系统缺省的标准形式。

在新建一个工程图文件的过程中，可以预先确定标准模板和格式，必要时，可以通过绘图设置文件选项和配置文件选项来进一步定义工程图的环境。本节主要讲解工程图配置和新建工程文件等基础操作。

9.1.1　工程图的配置

工程图的配置

设置工程图的配置（即工程图环境）有两种途径：一种是设置与工程图相关的配置（Config）.pro 配置文件选项；另一种则是设置绘图配置文件（后缀名为.dtl）。其中，Config.pro 配置文件选项控制着系统的运行环境和界面；绘图配置文件（后缀名为.dtl）则控制着工程图中的相关变量，如文字高度、尺寸标注形式、箭头形式与大小等。设置绘图配置文件（.dtl）的具体操作步骤如下。

Step 01 单击“文件”|“新建”命令，在弹出的“新建”对话框中，选中“绘图”单选按钮，输入文件名称，单击“确定”按钮，如图 9-1 所示，确定新建文件。

Step 02 在弹出的“新建绘图”对话框中，设置绘图的相关信息，单击“确定”按钮，如图 9-2 所示，确定新建绘图。

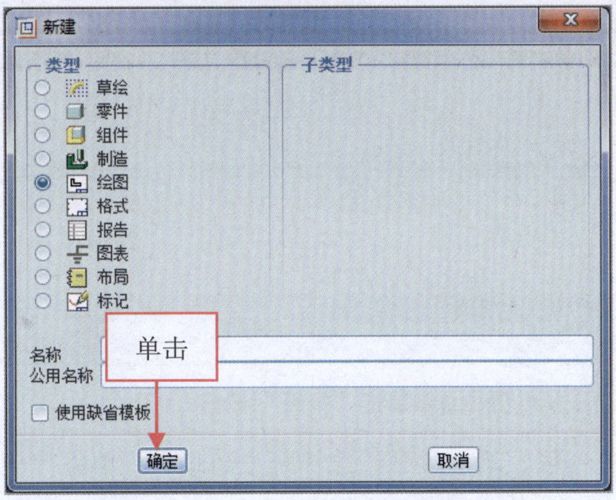

图 9-1　单击“确定”按钮（1）

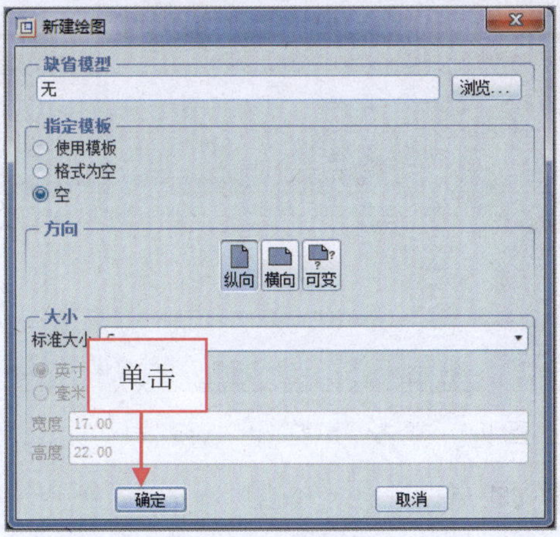

图 9-2　单击“确定”按钮（2）

Step 03 进入工程绘图模式，单击“文件”|“绘图选项”命令，如图 9-3 所示，开启绘图选项的设置。

Step 04 执行操作后，会弹出“选项”对话框，如图 9-4 所示。选择需要的绘图配置文件选项，在其“值”文本框中，设置新的参数值，单击“应用”按钮，应用新的配置文件选项值，此时系统将更新工程图；单击“关闭”按钮，将完成绘图配置文件的设置。

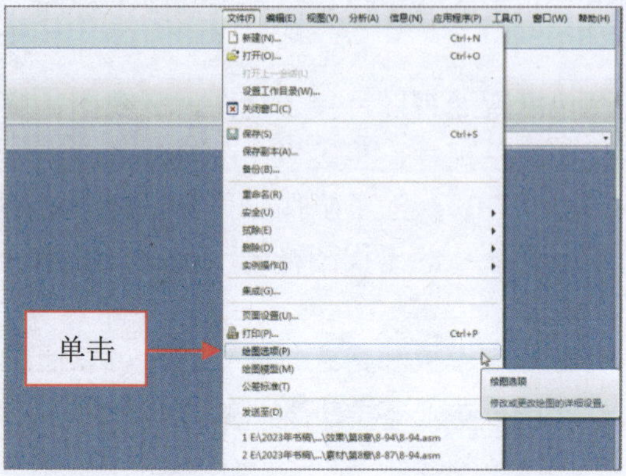

图 9-3　单击“绘图选项”命令

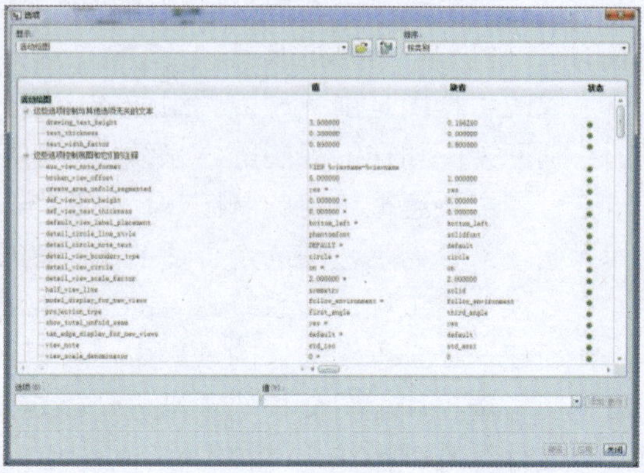

图 9-4　“选项”对话框

9.1.2　新建工程图文件

新建工程图文件

新建工程图文件的具体操作步骤如下。

Step 01 单击“文件”|“新建”命令，在弹出的“新建”对话框中，选中“绘图”单选按钮，输入文件名称，单击“确定”按钮，确定新建文件。单击弹出的“新建绘图”对话框中的“浏览...”按钮，如图 9-5 所示，查看选择要为其新建工程图文件的模型。

Step 02 在弹出的“打开”对话框中，选择包含实体模型的素材文件，单击“打开”按钮，如图 9-6 所示，打开素材文件。

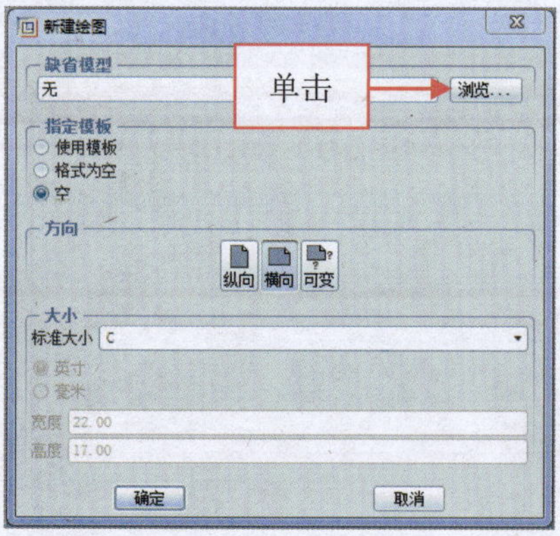

图 9-5　单击“浏览...”按钮

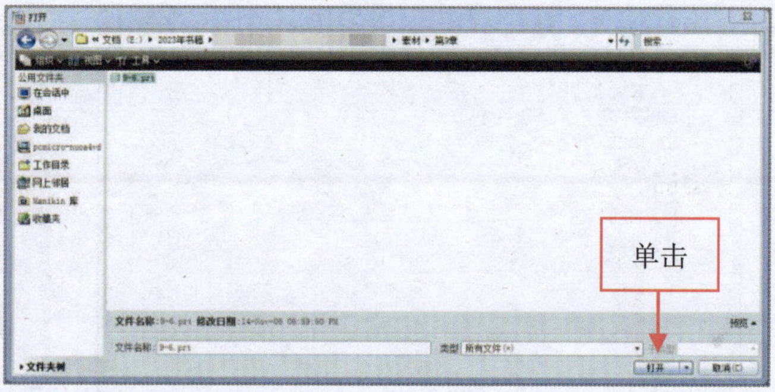

图 9-6　单击“打开”按钮

Step 03 返回“新建绘图”对话框，选中“使用模板”单选按钮，选择对应的模板，单击“确定”按钮，如图 9-7 所示，确定使用该模板。

Step 04 执行操作后，进入工程绘图模式，会展示缺省的标准三视图，如图 9-8 所示。此时，只需保存文件，即可完成工程图文件的新建。

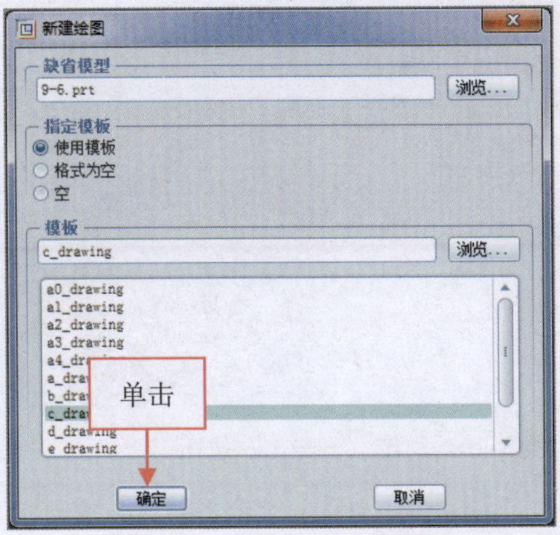

图 9-7　单击“确定”按钮

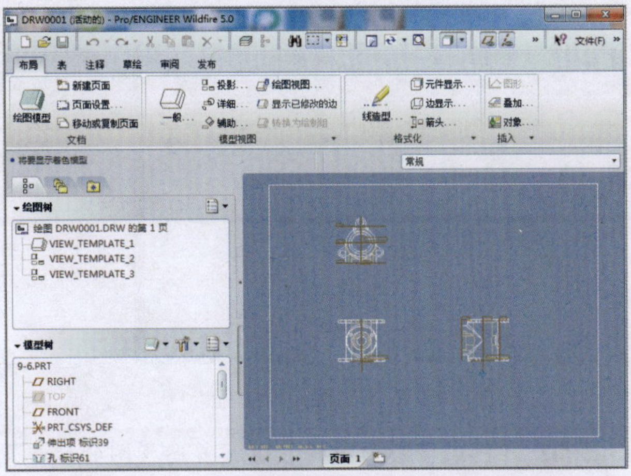

图 9-8　工程图界面中展示缺省的标准三视图

9.2　创建视图

将模型向投影面投影所得到的图形称为视图，在 Pro/E Wildfire 5.0 中，“绘图视图”对话框中几乎集成了所有创建视图的命令，通过该对话框可以创建或编辑各种视图。本节将重点介绍普通视图、投影视图、剖视图、旋转视图、辅助视图和详细视图的创建方法。

9.2.1　普通视图

普通视图

普通视图可以是前视图、后视图、俯视图、顶视图、左视图、右视图，还可以是等轴测图、斜轴测视图或用户自定义视角的视图等。

创建普通视图的操作步骤如下。

Step 01 单击“文件”|“新建”命令，在弹出的“新建”对话框中，选中“绘图”单选按钮，输入文件名称，单击“确定”按钮，确定新建文件。单击弹出的“新建绘图”对话框中的“浏览...”按钮，打开包含模型的素材文件，设置绘图的模板、方向和大小等信息，单击“确定”按钮，如图 9-9 所示，确定新建绘图。

Step 02 进入工程绘图模式，单击“一般...”按钮，如图 9-10 所示，开启普通视图的创建。

▶ 专家指点

普通视图的视图方向是通过“绘图视图”对话框来定义，视图定向方法有“查看来自模型的名称”“几何参照”和“角度”三种，其含义如下。

- **查看来自模型的名称：**通过系统默认的视图方向来创建普通视图。
- **几何参照：**根据几何参照自定义视图方向。
- **角度：**通过设置视图旋转一定的角度来定义视图。

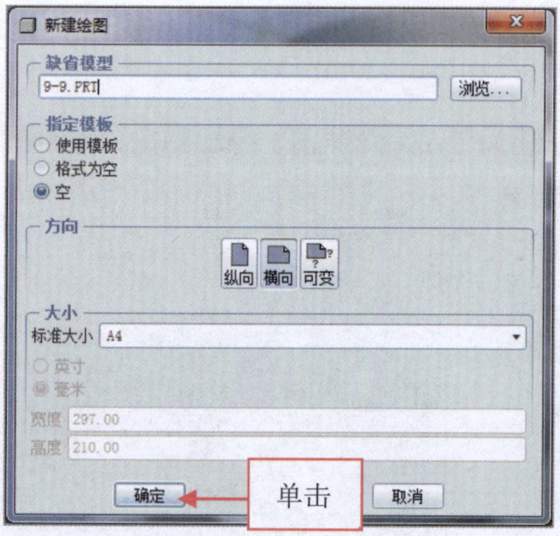

图 9-9　单击“确定”按钮

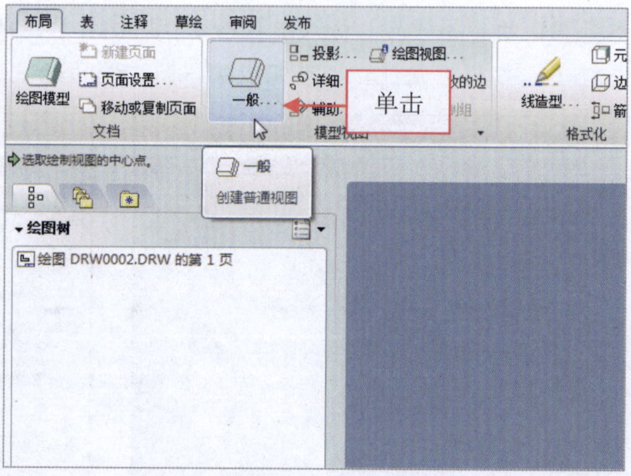

图 9-10　单击“一般...”按钮

Step 03 在图纸图框内选择放置该普通视图的位置，单击鼠标左键，会弹出“绘图视图”对话框。为了让视图不显示被遮掩的轮廓线，在“绘图视图”对话框中的“类型”选项区中，选择“视图显示”选项，在“显示样式”列表框中，选择“消隐”选项，单击“应用”按钮，如图 9-11 所示，应用绘图视图的设置。

Step 04 执行操作后，即可成功创建普通视图，如图 9-12 所示。此时，只需单击“关闭”按钮，关闭“绘图视图”对话框即可。

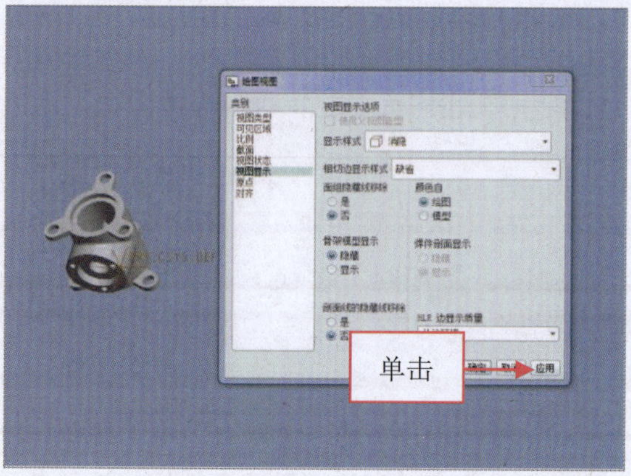

图 9-11　单击“应用”按钮

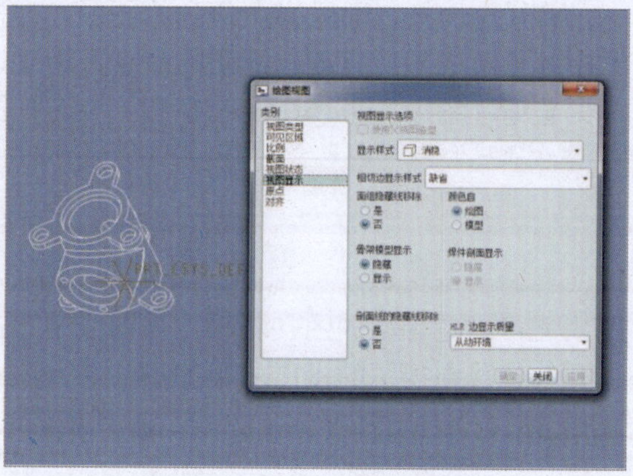

图 9-12　成功创建普通视图

9.2.2　投影视图

要创建投影视图，需要先添加主视图（普通视图）。投影视图是通过主视图在水平或垂直方向上投影而形成的。在一般情况下，应选择最能表达模型信息的普通视图来作为主视图。相对于主视图而言，可以根据投影方向，将投影视图方向分为左视图、右视图、俯视图、仰视图和后视图等。

下面以一个实体模型为例，向用户介绍创建投影视图的方法技巧，而创建投影视图要分为两部分，即先创建主视图，再添加投影视图。

创建主视图

1．创建主视图

创建主视图的具体操作步骤如下。

Step 01 单击“文件”|“新建”命令，在弹出的“新建”对话框中，选中“绘图”单选按钮，输入文件名称，单击“确定”按钮，确定新建文件。单击弹出的“新建绘图”对话框中的“浏览...”按钮，打开包含模型的素材文件，设置绘图的信息，单击“确定”按钮，如图 9-13 所示，确定新建绘图。

Step 02 进入工程绘图模式，单击“一般...”按钮，开启普通视图的创建。在图纸图框内选择放置该普通视图的位置，单击鼠标左键，会弹出“绘图视图”对话框，切换至该对话框的“视图显示”选项卡，设置视图显示的相关信息，如图 9-14 所示。

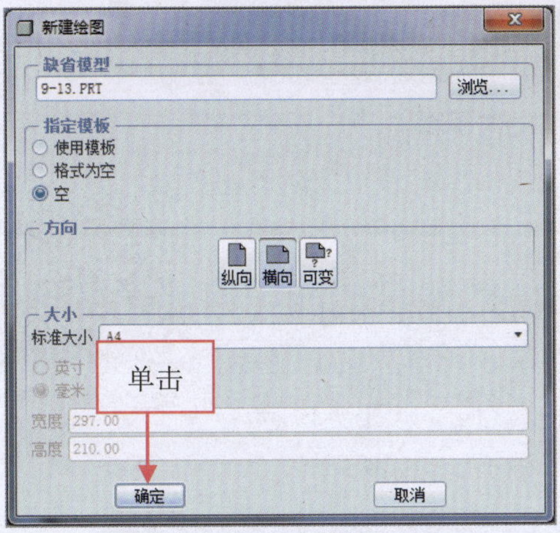

图 9-13　单击“确定”按钮

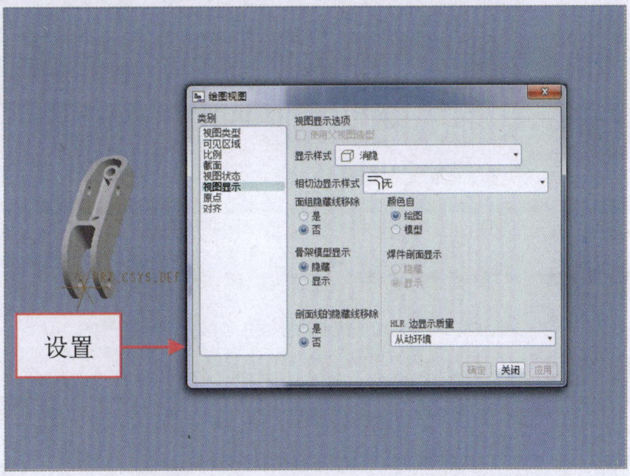

图 9-14　设置视图显示的相关信息

Step 03 切换至“视图类型”选项卡，设置视图类型的相关信息，如图 9-15 所示。

Step 04 切换至“比例”选项卡，设置比例和透视图的相关信息，单击“应用”按钮，如图 9-16 所示，应用绘图视图的设置。

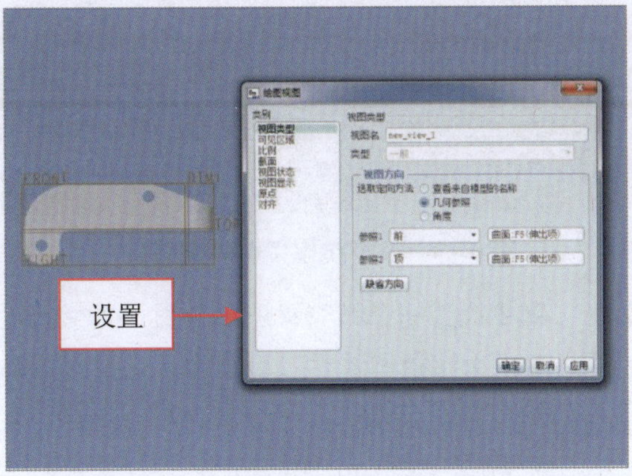

图 9-15　设置视图类型的相关信息

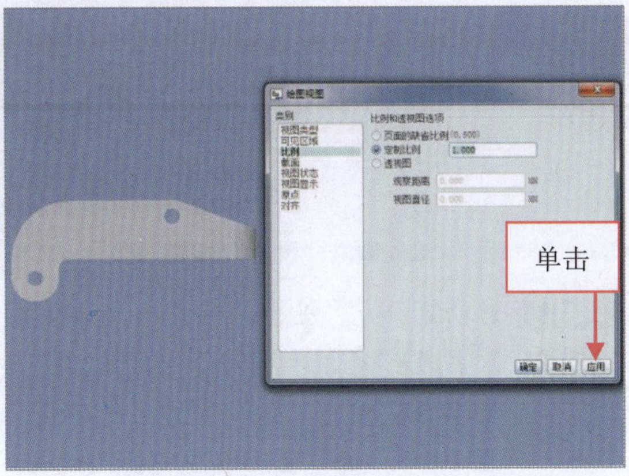

图 9-16　单击“应用”按钮

Step 05 执行操作后，即可成功创建投影视图的主视图，如图 9-17 所示。此时，只需单击“关闭”按钮，关闭“绘图视图”对话框即可。

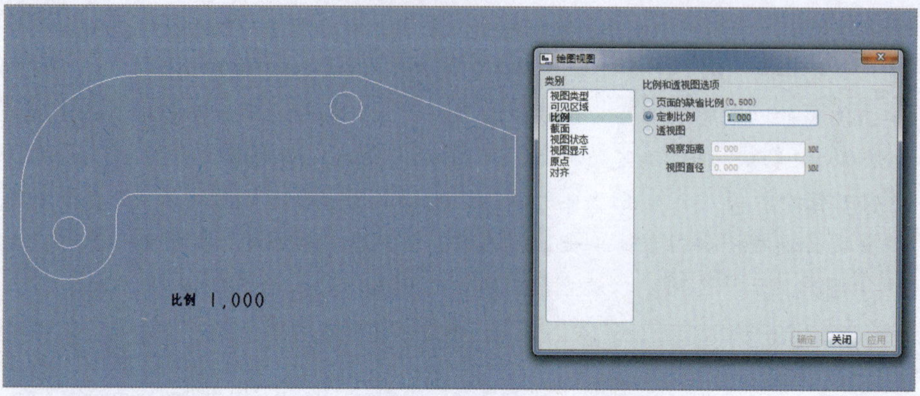

图 9-17　成功创建投影视图的主视图

2．添加投影视图

添加投影视图的具体操作步骤如下。

添加投影视图

Step 01 打开素材文件，进入工程绘图模式，单击“投影”按钮，如图 9-18 所示，开启投影视图的创建。

Step 02 执行操作后，主视图的周围将显示代表投影的矩形框，如图 9-19 所示。移动鼠标光标可以在主视图的水平或垂直方向上移动投影框。

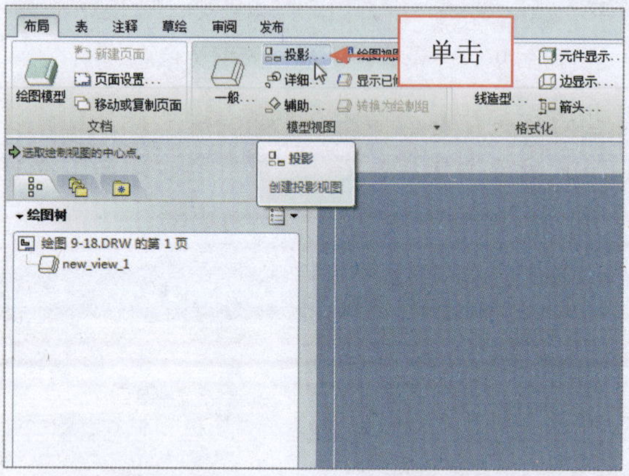

图 9-18　单击“投影”按钮

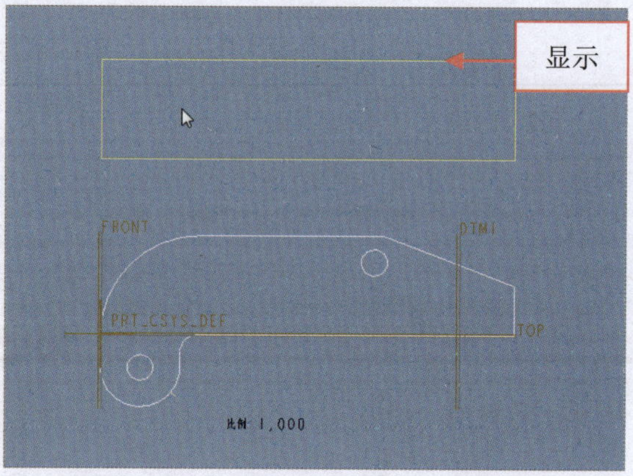

图 9-19　显示代表投影的矩形框

Step 03 移动鼠标光标至合适位置后，单击鼠标左键，即可放置一个投影视图，如图 9-20 所示。

Step 04 双击投影视图，会弹出“绘图视图”对话框，切换至“视图显示”选项卡，设置视图显示的相关信息（如果有需要也可以设置其他的绘图视图信息），单击“应用”按钮，如图 9-21 所示，应用绘图视图的设置。

Step 05 执行操作后，即可成功添加投影视图，如图 9-22 所示。此时，只需单击“关闭”按钮，关闭“绘图视图”对话框即可。

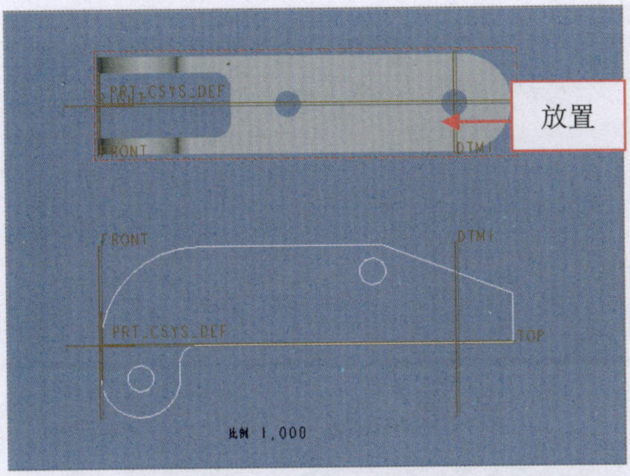

图 9-20　放置一个投影视图

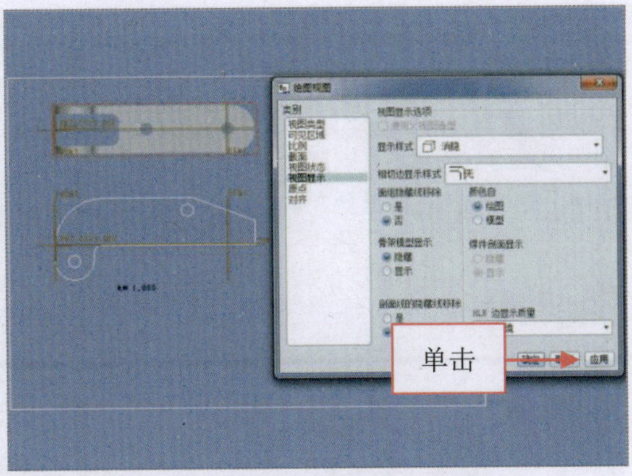

图 9-21　单击“应用”按钮

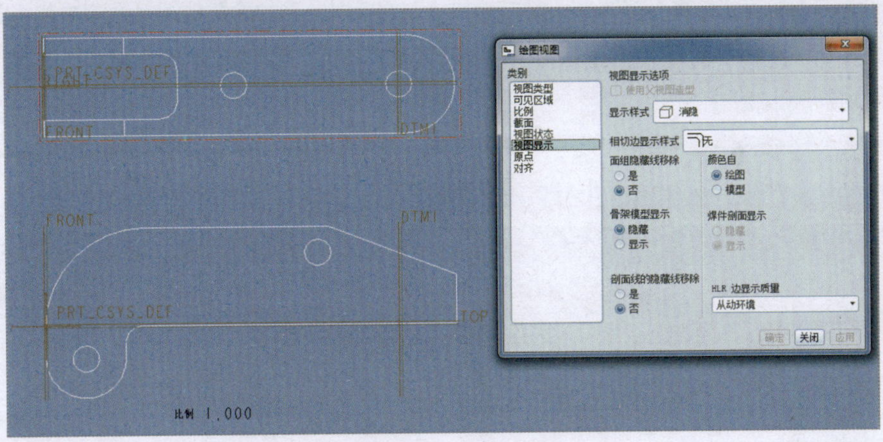

图 9-22　成功添加投影视图

9.2.3　剖视图

剖视图是指在零件或组件模式中创建和保存一个剖面，并在绘图中以相关的剖面线显示出来，同时用户可以在插入创建其他视图时添加剖视图。剖视图可以分为全剖视图和半剖视图。下面就来讲解这两种剖视图的创建方法。

1．全剖视图

全剖视图

创建全剖视图的操作步骤如下。

Step 01 单击“文件”|“新建”命令，在弹出的“新建”对话框中，选中“绘图”单选按钮，输入文件名称，单击“确定”按钮，确定新建文件。单击弹出的“新建绘图”对话框中的“浏览…”按钮，打开包含模型的素材文件，设置绘图的信息，单击“确定”按钮，如图 9-23 所示，确定新建绘图。

Step 02 进入工程绘图模式，单击“一般…”按钮，开启普通视图的创建。在图纸图框内选择放置该普通视图的位置，会弹出“绘图视图”对话框，切换至该对话框的“视图显示”选项卡，设置视图显示的相关信息，如图 9-24 所示。

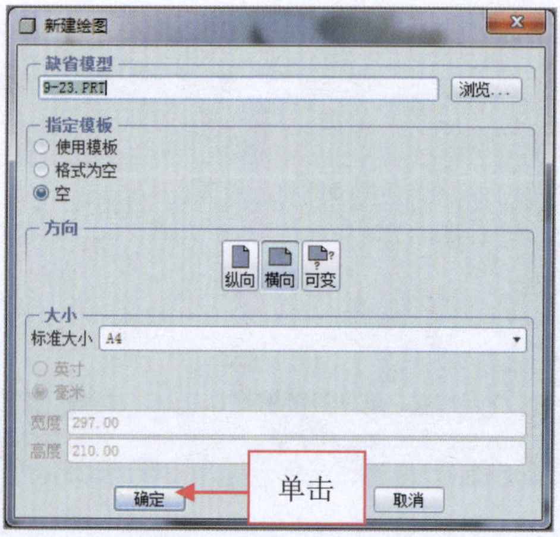

图 9-23　单击“确定”按钮

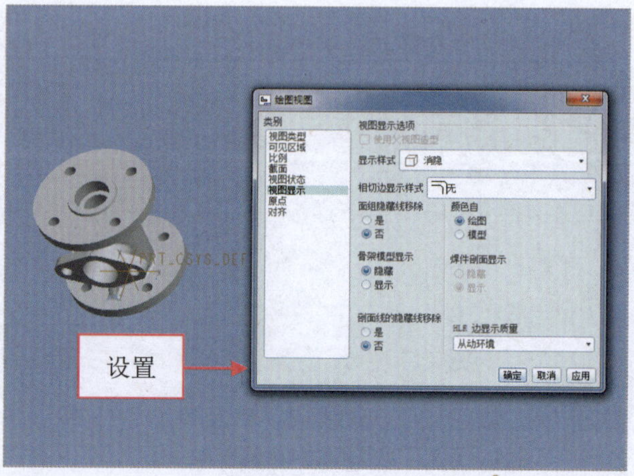

图 9-24　设置视图显示的相关信息

Step 03 切换至“比例”选项卡，设置绘图比例的相关信息，单击“应用”按钮，如图 9-25 所示，应用绘图视图设置。

Step 04 切换至“截面”选项卡，选中“2D 剖面”单选按钮，单击“将横截面添加到视图”按钮，如图 9-26 所示，开启横截面的创建。

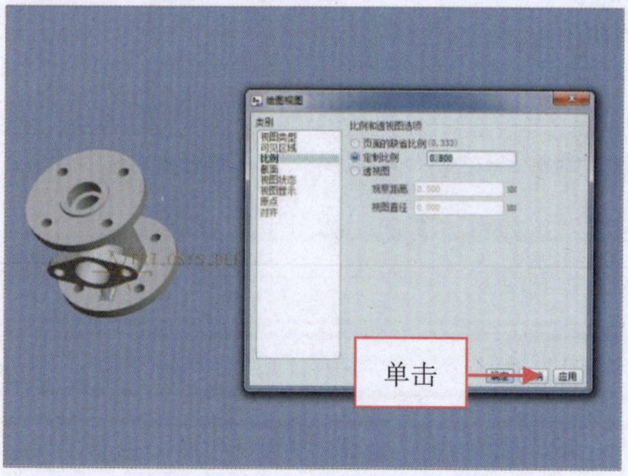

图 9-25　单击“应用”按钮（1）

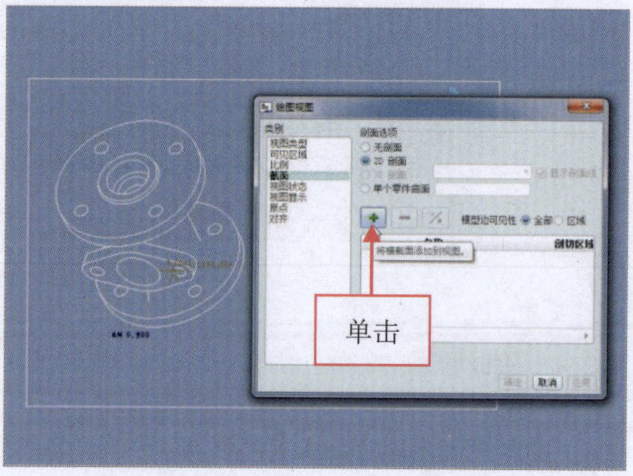

图 9-26　单击“将横截面添加到视图”按钮

Step 05 选择弹出的列表框中的“创建新...”选项，如图 9-27 所示，开启新截面的创建。

Step 06 由于工程图中没有存在已保存的 2D 剖面，所以系统会弹出“菜单管理器”对话框，设置“剖截面创建”的相关信息，如选择“偏移”“双侧”“单一”“完成”选项，如图 9-28 所示。

Step 07 在弹出的“输入剖面名 [退出]”面板中，输入剖面名称，单击“接受值”按钮，如图 9-29 所示。

Step 08 在弹出的“菜单管理器”对话框中，选择设置草绘平面和平面的信息，将鼠标光标放置在参照平面上，如图 9-30 所示，单击鼠标左键，确认参照平面。

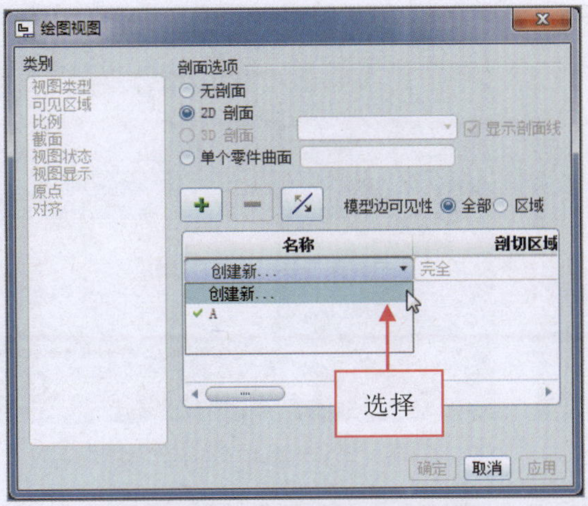

图 9-27　选择“创建新...”选项

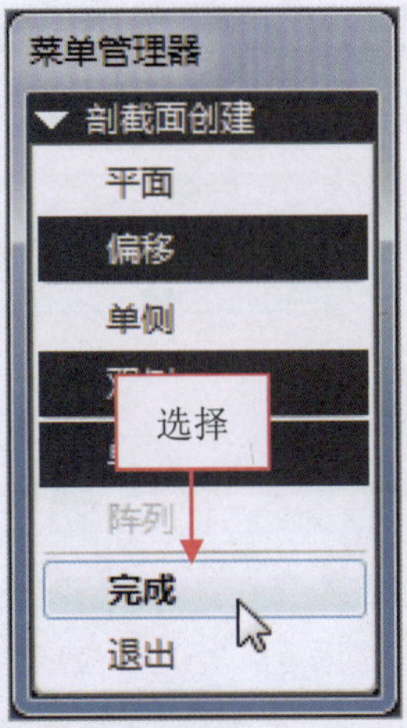

图 9-28　选择“完成”选项

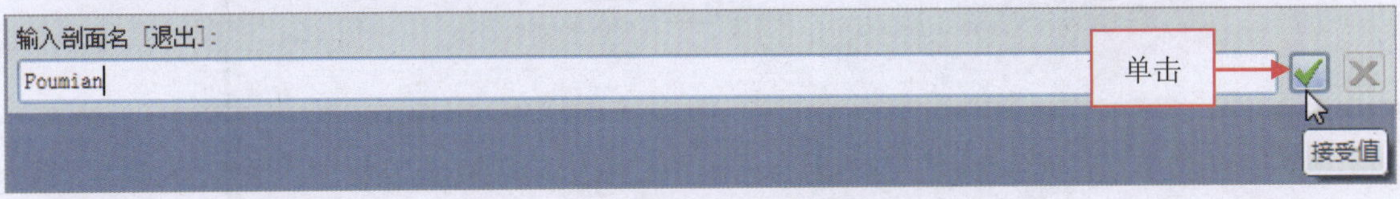

图 9-29　单击“接受值”按钮

Step 09 在“菜单管理器”对话框中，依次选择“确定”和“缺省”选项，设置草绘的方向和视图信息，进入草绘模式。在草绘区中，绘制剖切线，单击“完成”按钮，如图 9-31 所示。

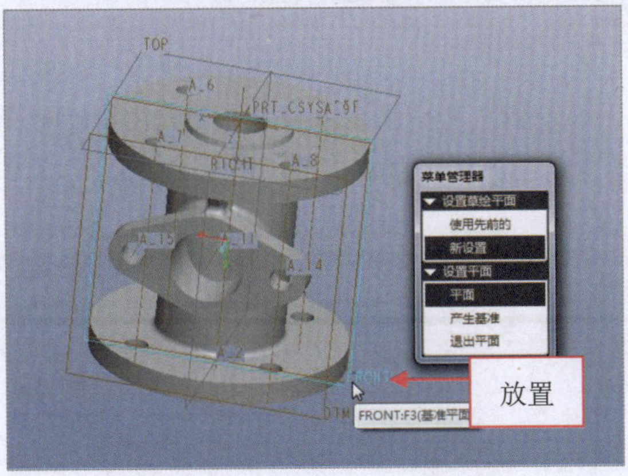

图 9-30　将鼠标光标放置在参照平面上

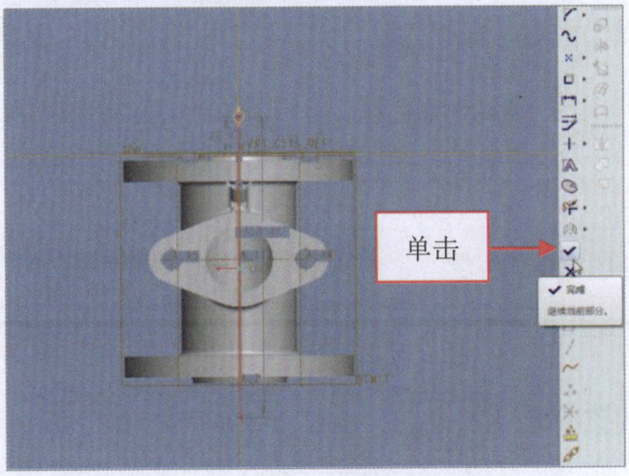

图 9-31　单击“完成”按钮

Step 10 返回“绘图视图”对话框，单击“应用”按钮，如图 9-32 所示，应用剖面视图相关设置。

Step 11 切换至“绘图视图”对话框的“视图类型”选项卡，设置视图类型的相关信息，单击“应用”按钮，如图 9-33 所示，应用视图类型的相关设置。

Step 12 执行操作后，即可完成全剖视图的创建，如图 9-34 所示。此时，只需单击“关闭”按钮，关闭“绘图视图”对话框即可。

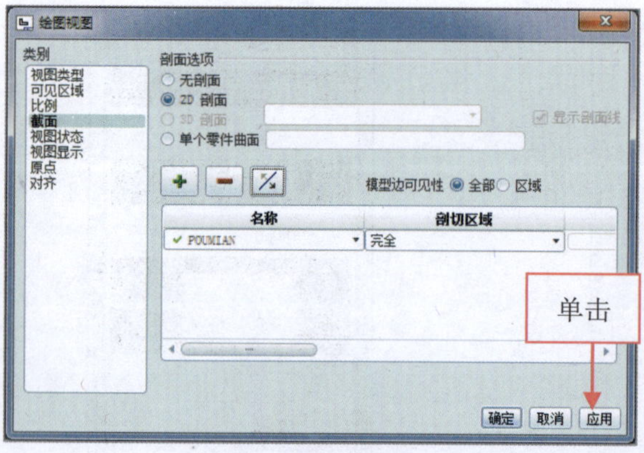

图 9-32　单击“应用”按钮（2）

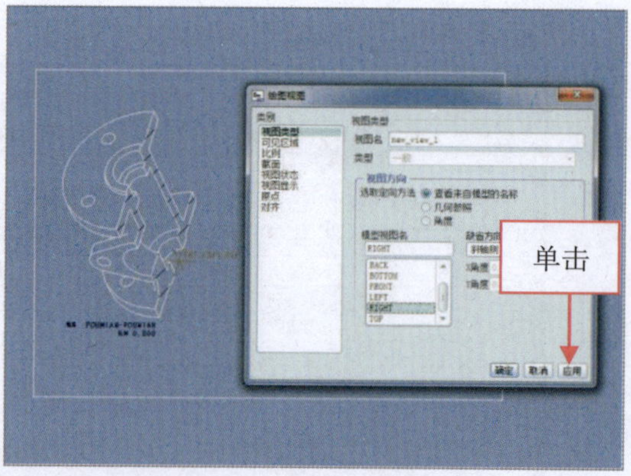

图 9-33　单击“应用”按钮（3）

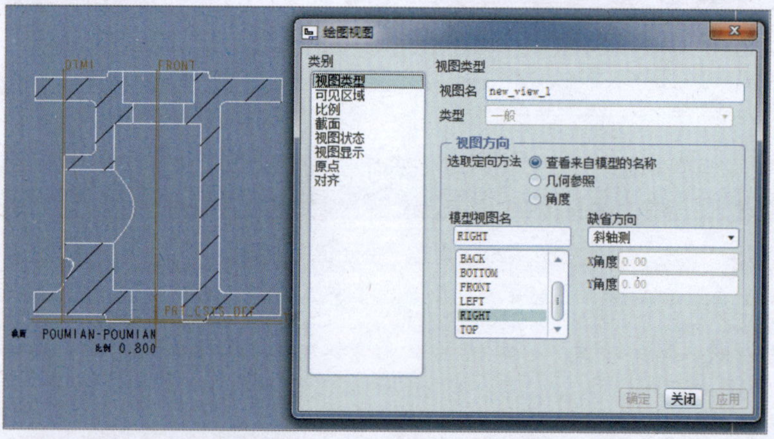

图 9-34　完成全剖视图的创建

2. 半剖视图

半剖视图

对于对称中心完全对称的模型，只需使用半视图表达模型的一半即可。下面以某个机械实体模型的视图为例，向用户介绍创建半剖视图的具体操作步骤。

Step 01 打开对应素材文件，进入工程绘图模式，会显示文件中的视图，如图 9-35 所示。

Step 02 双击视图，会弹出“绘图视图”对话框，切换至“截面”选项卡，选中“2D 剖面”单选按钮，单击“将横截面添加到视图”按钮，选择弹出的列表框中的 W 选项，如图 9-36 所示，开启横截面的创建。

Step 03 单击“剖切区域”下方的“完全”按钮，选择弹出的列表框中的“一半”选项，如图 9-37 所示，设置剖切区域。

Step 04 在工程绘图区中，选中某个平面，如 RIGHT 平面，如图 9-38 所示，将其作为参照平面。

Step 05 此时，视图中会加亮显示剖切箭头，如图 9-39 所示，可在需要剖切的一侧单击鼠标左键，调整剖切的方向。

Step 06 单击“绘图视图”对话框中的“应用”按钮，如图 9-40 所示，应用绘图视图的截面设置。

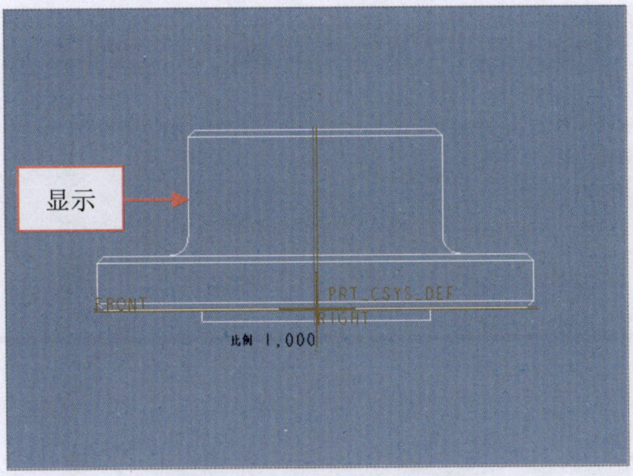

图 9-35　显示文件中的视图

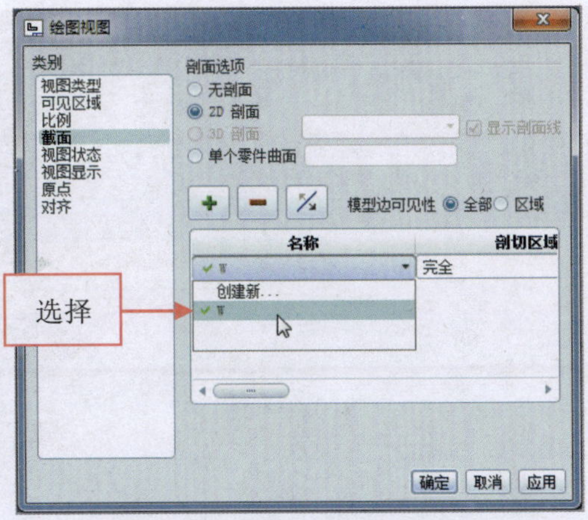

图 9-36　选择 W 选项

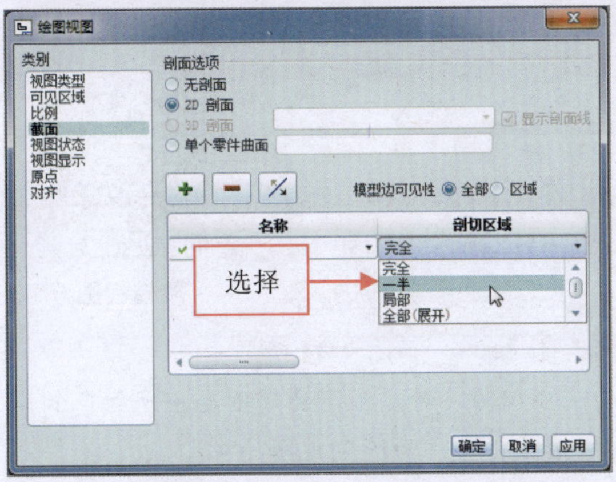

图 9-37　选择“一半”选项

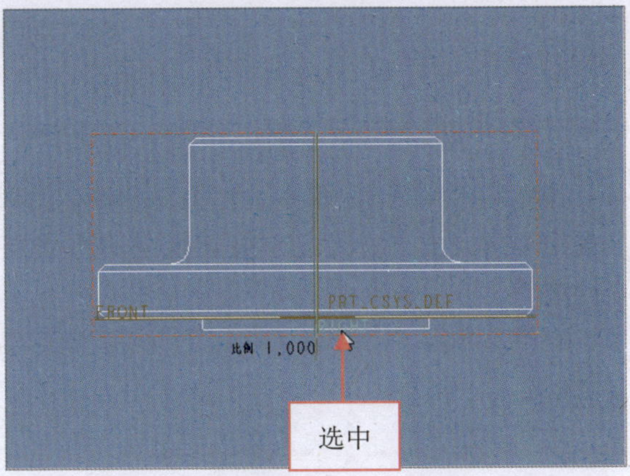

图 9-38　选中 RIGHT 平面

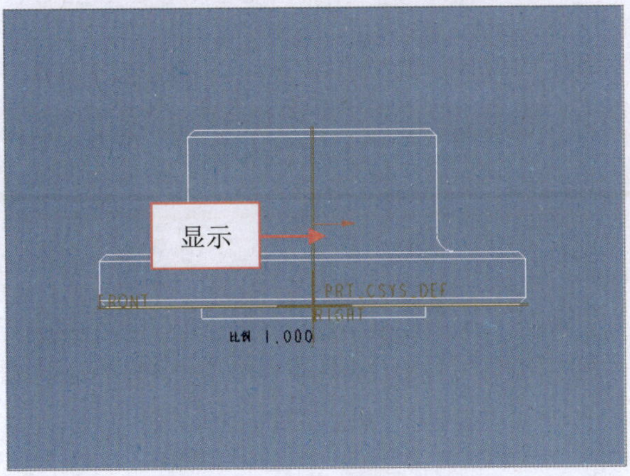

图 9-39　加亮显示剖切箭头

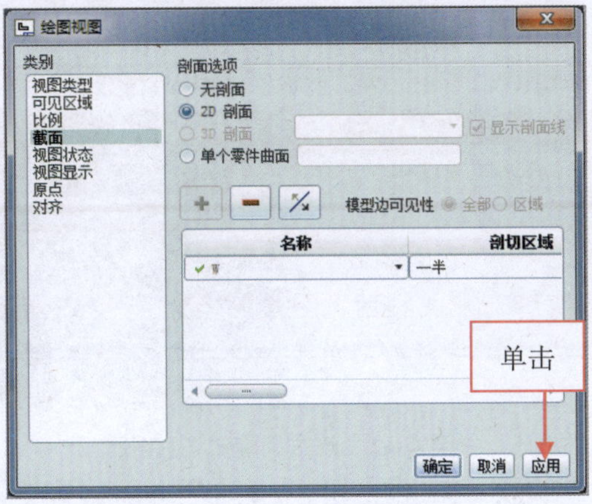

图 9-40　单击“应用”按钮

Step 07 执行操作后，即可完成半剖视图的创建，如图 9-41 所示。此时，只需单击“关闭”按钮，关闭“绘图视图”对话框即可。

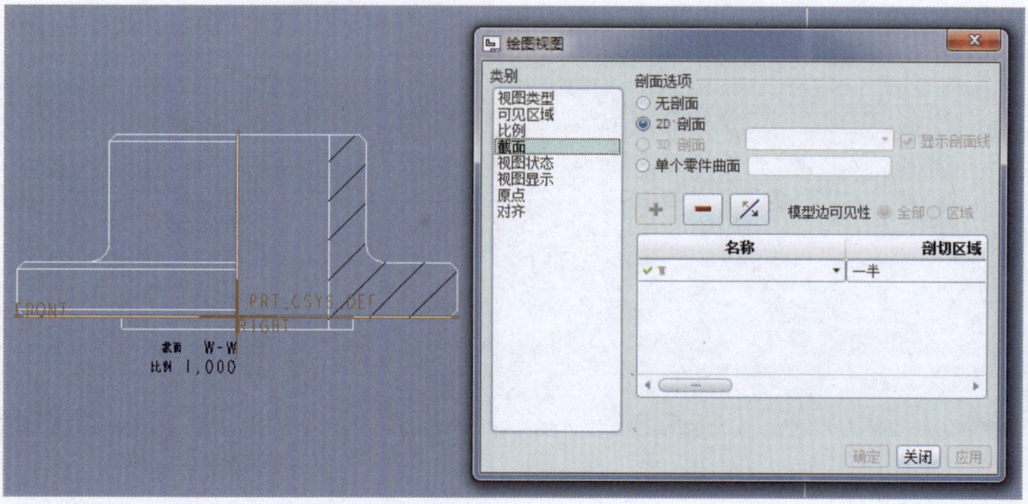

图 9-41　完成半剖视图的创建

9.2.4　旋转视图

旋转视图

旋转视图用于表现模型上复杂、微小的局部视图。下面以法兰盘的主视图为例，主要介绍创建旋转视图的方法技巧，其具体操作步骤如下。

Step 01 打开对应素材文件，进入工程绘图模式，单击“模型视图”面板中的 按钮，在弹出的列表框中，单击“旋转”按钮，如图 9-42 所示。

Step 02 选中绘图区中的视图，将其作为旋转截面的父项视图，对应视图的周围会出现红色的虚线框。单击该视图周围的某处，如图 9-43 所示，将其作为绘制视图的中心点。

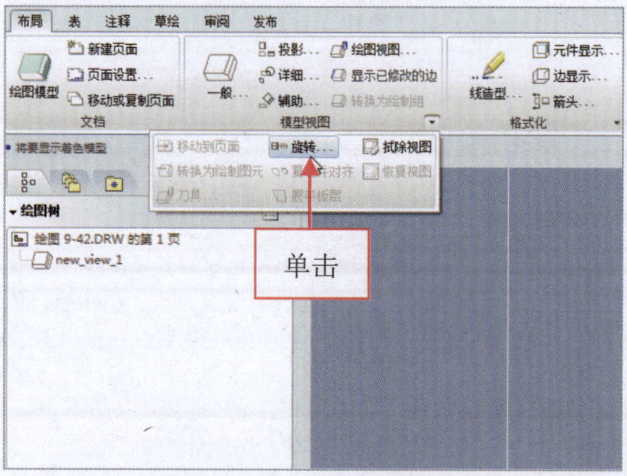

图 9-42　单击“旋转”按钮

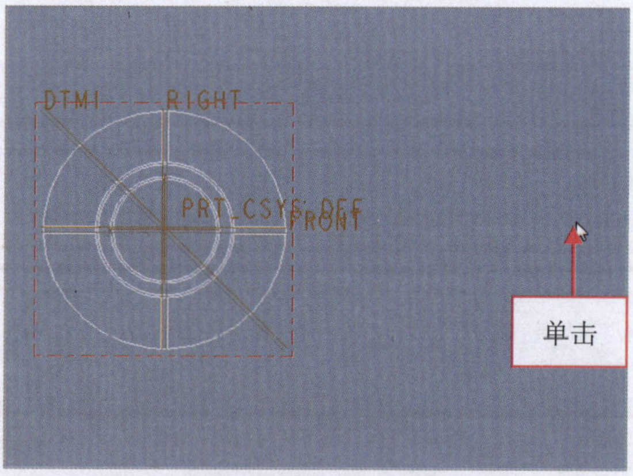

图 9-43　单击视图周围的某处

Step 03 执行操作后，会弹出“绘图视图”对话框，单击“视图类型”选项卡“旋转视图属性”选项区“截面”右侧的 A 按钮，在弹出的列表框中，选择“创建新...”选项，如图 9-44 所示，设置视图的横截面。

Step 04 在弹出的“菜单管理器”对话框中，依次选择“平面”“单一”和“完成”选项，如图 9-45 所示，设置剖截面的创建信息。

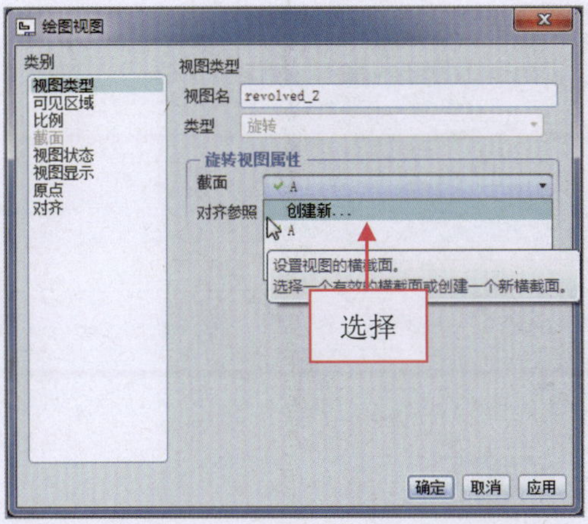

图 9-44　选择“创建新…”选项

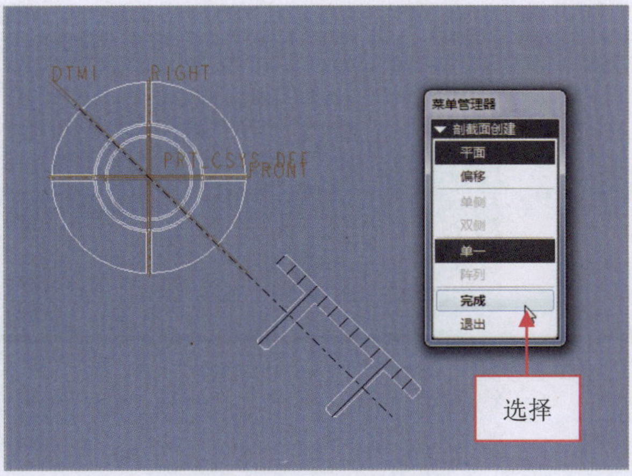

图 9-45　选择“完成”选项

Step 05 在弹出的“输入剖面名 [退出]”面板中，输入剖面的名称，单击“接受值”按钮✅，如图 9-46 所示，确认剖面名称。

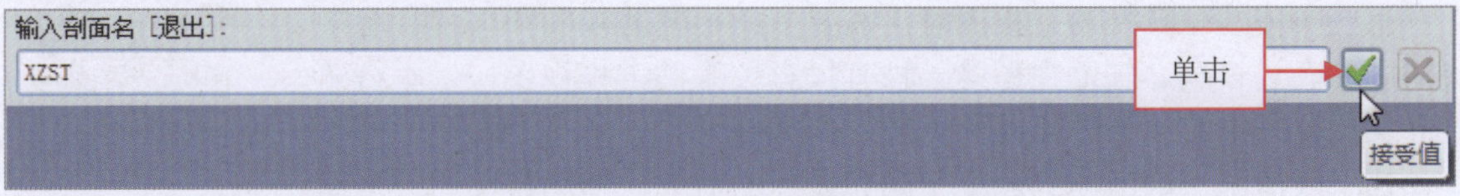

图 9-46　单击“接受值”按钮✅

Step 06 选择“菜单管理器”对话框中的“平面”选项，将鼠标光标放置在对应平面上，如图 9-47 所示，单击鼠标左键，设置参照平面。

Step 07 单击“绘图视图”对话框中的“应用”按钮，如图 9-48 所示，应用视图类型相关的设置。

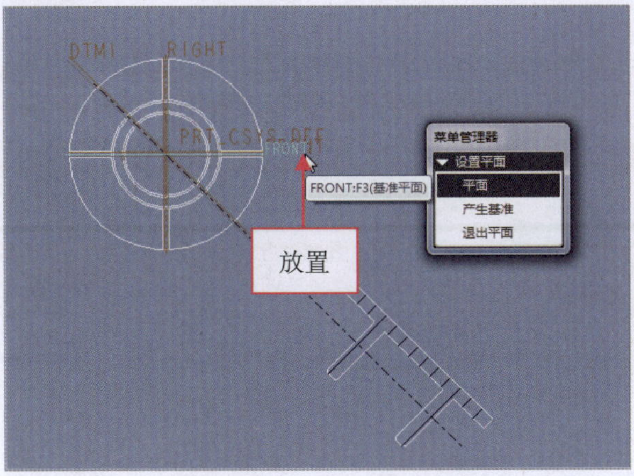

图 9-47　将鼠标光标放置在对应平面上

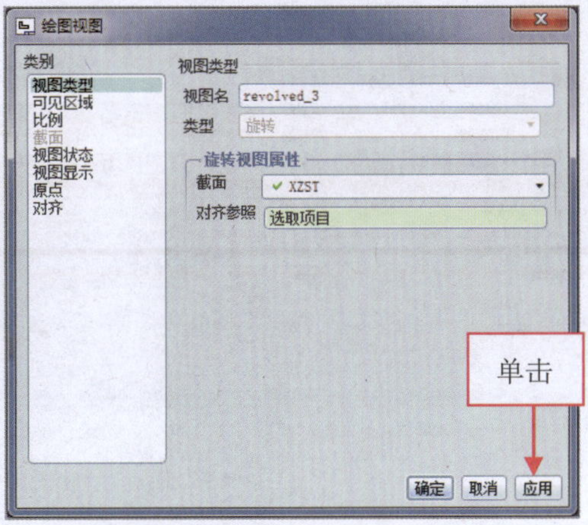

图 9-48　单击“应用”按钮

Step 08 单击“绘图视图”对话框中的“关闭”按钮，即可看到创建成功的旋转视图，如图 9-49 所示。

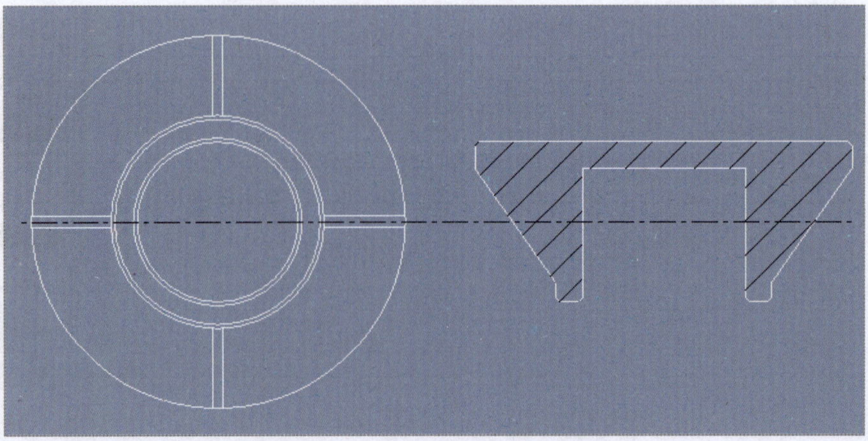

图 9-49　创建成功的旋转视图

9.2.5　辅助视图

辅助视图

有些实体模型转换为工程图时，需要借助于辅助视图和详细视图来更清晰的表达模型。辅助视图是一种有投影关系的工程视图，以垂直角度向父项视图中的参照进行投影而产生的视图。

在一般情况下，考虑到图纸空间和显示的需要，辅助视图通常是展示局部的信息，其具体创建步骤如下。

Step 01 打开素材文件，进入工程绘图模式，单击“辅助…”按钮，如图 9-50 所示，开启辅助视图的创建。

Step 02 将鼠标光标放置在对应平面上，如图 9-51 所示，单击鼠标左键，将其作为辅助视图的基准平面。

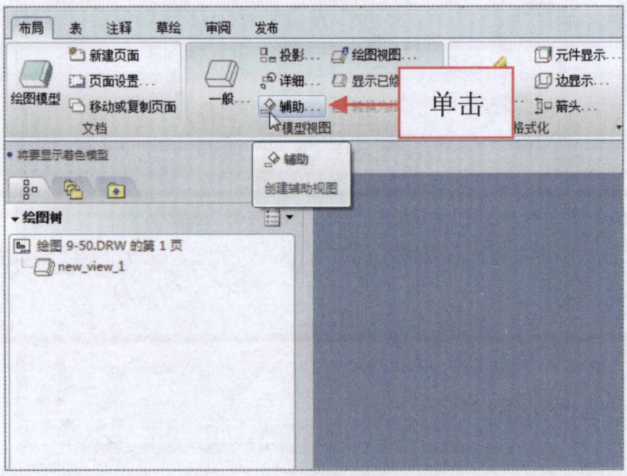

图 9-50　单击“辅助…”按钮

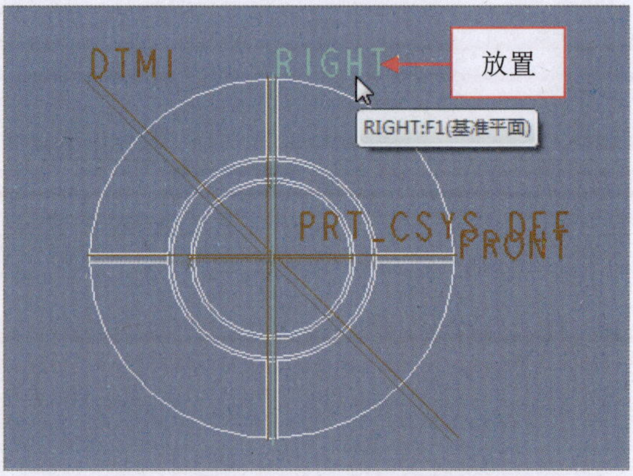

图 9-51　将鼠标光标放置在对应平面上

Step 03 执行操作后，视图的周围将出现表示辅助视图显示位置的矩形框，如图 9-52 所示，移动鼠标光标参照基准平面移动矩形框。

Step 04 移动鼠标光标至合适位置后，单击鼠标左键即可成功放置一个辅助视图，如图 9-53 所示。

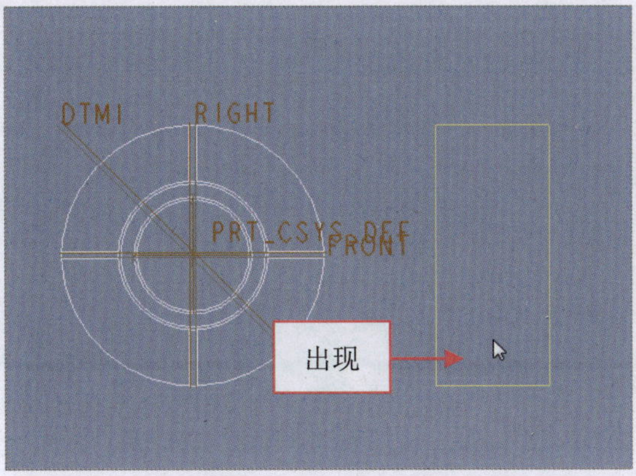

图 9-52　出现表示辅助视图显示位置的矩形框

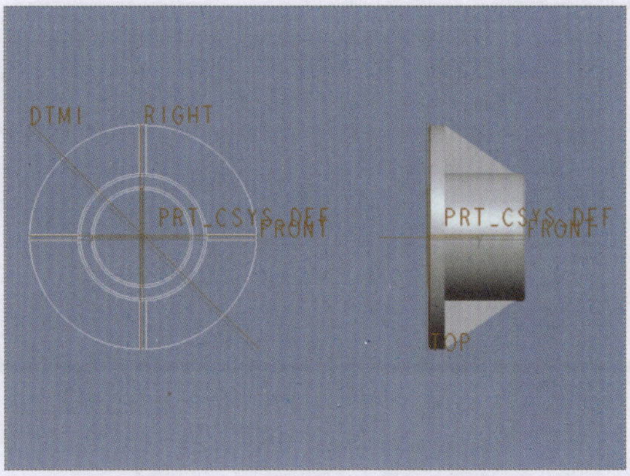

图 9-53　成功放置一个辅助视图

9.2.6　详细视图

有时候，特征可能会比较小，用标准投影视图无法完全描述它们。因此，在这种情况下，放大视图的某个部分，获得更精确的细节信息是经常的事情。详细视图是指放大显示视图中的局部信息，从而获得一个新的视图，同时，在父视图中生成注释和边界。创建详细视图的具体操作步骤如下。

详细视图

Step 01 打开素材文件，进入工程绘图模式，单击“详细...”按钮，如图 9-54 所示，开启详细视图的创建。

Step 02 单击视图中的某个点，如图 9-55 所示，将其作为要绘制视图（即详细视图）的中心。

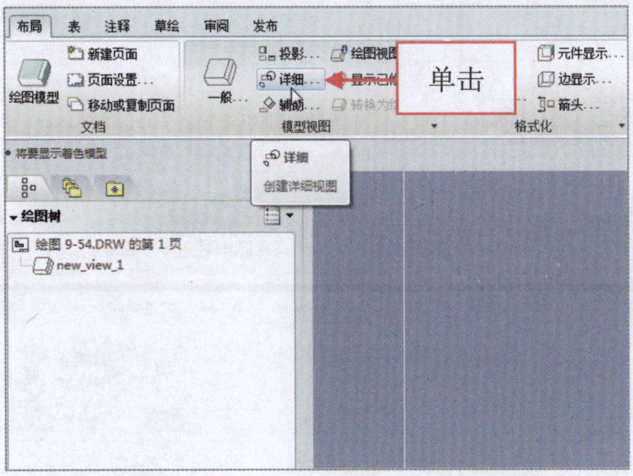

图 9-54　单击“详细...”按钮

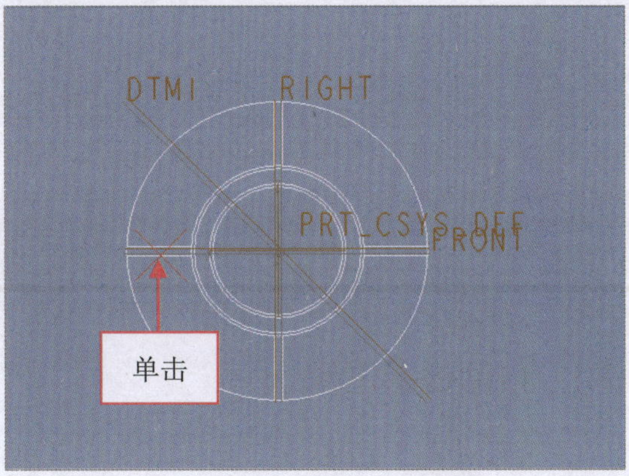

图 9-55　单击视图中的某个点

Step 03 围绕绘制视图中心点，在绘图区中，依次单击鼠标左键，草绘样条曲线，如图 9-56 所示，来定义轮廓线。

Step 04 单击鼠标滚轮结束样条曲线的绘制，系统会根据绘制的样条曲线显示一个圆形的轮廓线，如图 9-57 所示。

Step 05 在要放置视图的位置单击鼠标左键，即可创建选取区域的详细视图，如图 9-58 所示。

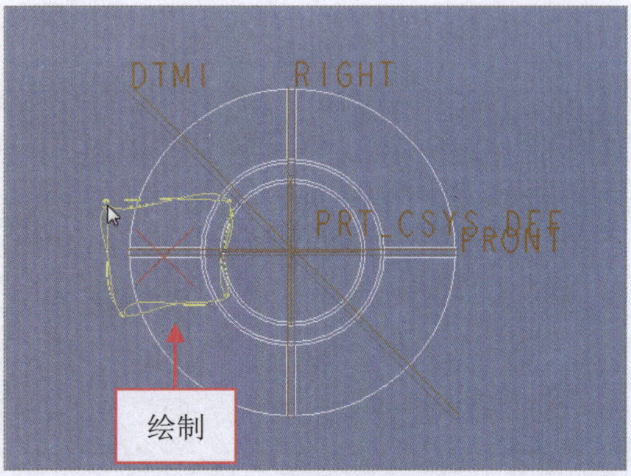

图 9-56　草绘样条曲线

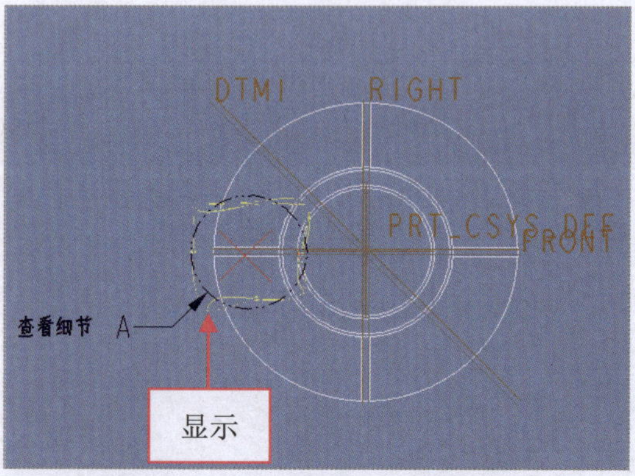

图 9-57　显示一个圆形的轮廓线

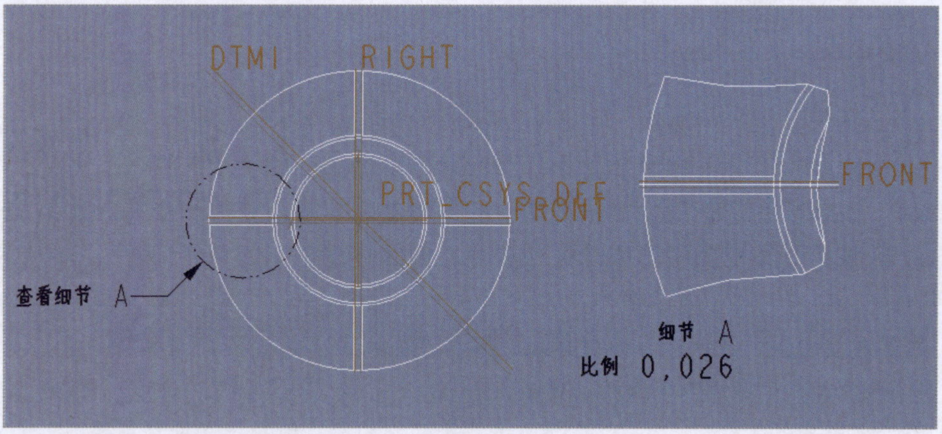

图 9-58　创建选取区域的详细视图

9.3　注释视图

完整的工程图是由视图、注释、标题栏和明细表等项目构成的，所以创建视图之后，通常会添加相关的注释。本节主要介绍注释视图的相关技巧。

9.3.1　自动显示注释

自动显示注释

在一个新的工程图中，可以通过简单的操作，自动显示注释，如尺寸和一些项目参数，具体操作步骤如下。

Step 01 打开素材文件，进入工程绘图模式，单击“注释”功能区“插入”面板中的“显示模型注释”按钮，如图 9-59 所示。

Step 02 执行操作后，会弹出“显示模型注释”对话框，如图 9-60 所示，该对话框中会显示操作提示。

Step 03 选中绘图中的视图，该视图的周围会显示相关的注释信息，如图 9-61 所示。

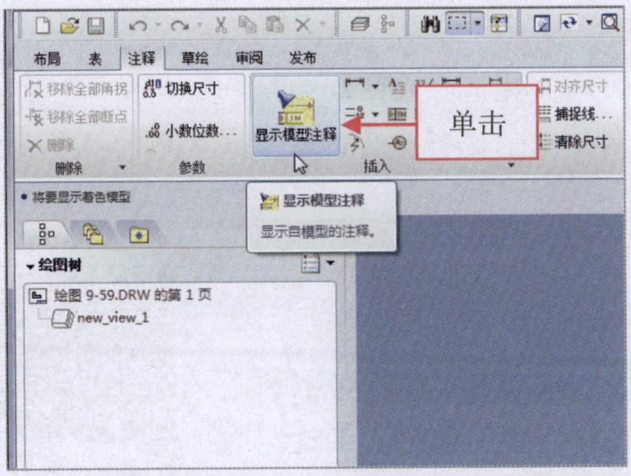

图 9-59　单击“显示模型注释”按钮

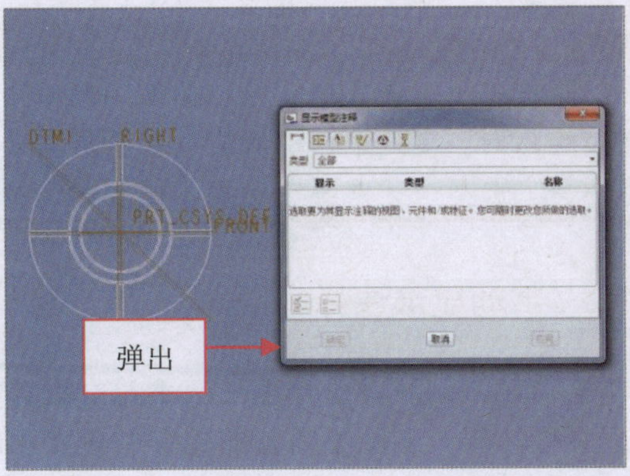

图 9-60　弹出“显示模型注释”对话框

Step 04 选中“显示模型注释”对话框中对应注释类型的复选框，单击“应用”按钮，如图 9-62 所示，应用选中的注释模型。

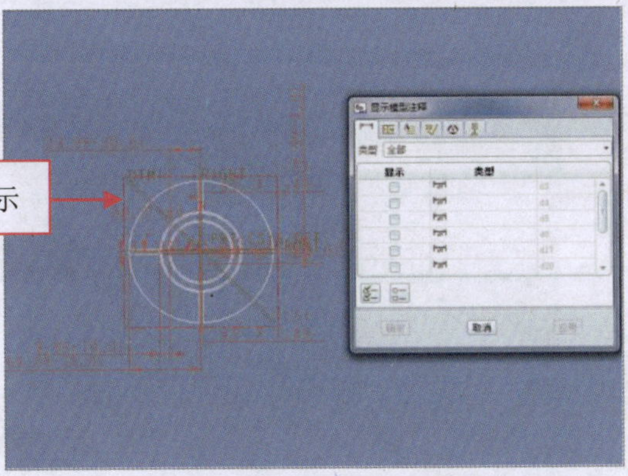

图 9-61　视图的周围会显示相关的注释信息

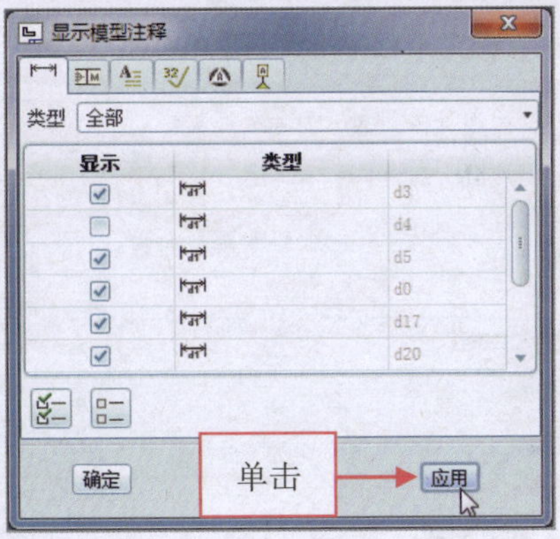

图 9-62　单击“应用”按钮

Step 05 单击“显示模型注释”对话框中的“取消”按钮，即可查看自动显示的注释，如图 9-63 所示。

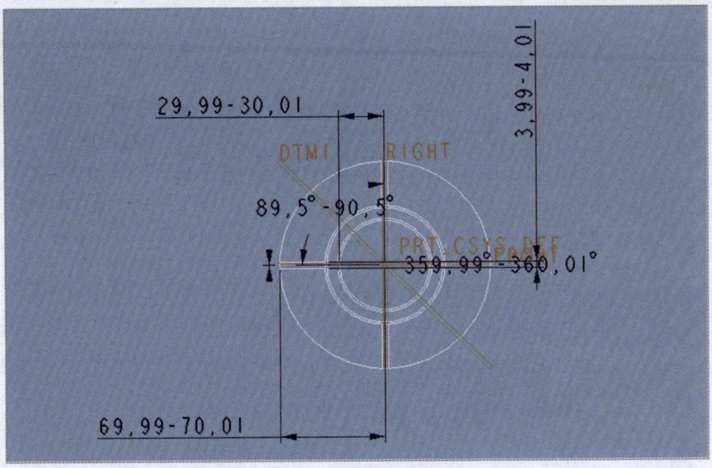

图 9-63　查看自动显示的注释

> ▶ 专家指点
>
> 除单击“注释”功能区“插入”面板中的“显示模型注释”按钮之外，用户还可以在“绘图树”窗口中选中对应的绘图并单击鼠标右键，选择弹出的快捷菜单中的“显示模型注释”选项，让系统自动显示视图的注释。

9.3.2 手动显示注释

手动显示注释

自动显示的注释比较凌乱，不符合设计者对图纸的要求，这就需要手动调整注释，删除不需要的注释并重新手动注释需要的信息。手动注释尺寸的具体操作步骤如下。

Step 01 打开素材文件，进入工程绘图模式，单击“注释”功能区“插入”面板中的“尺寸—新参照”按钮，如图 9-64 所示。

Step 02 执行操作后，在弹出的“菜单管理器”对话框中，选择注释依附类型的对应选项，选中要显示注释的视图部分，如图 9-65 所示。

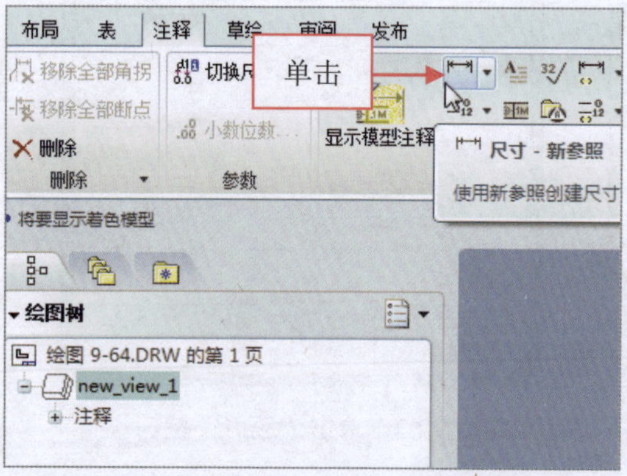

图 9-64 单击“尺寸-新参照”按钮

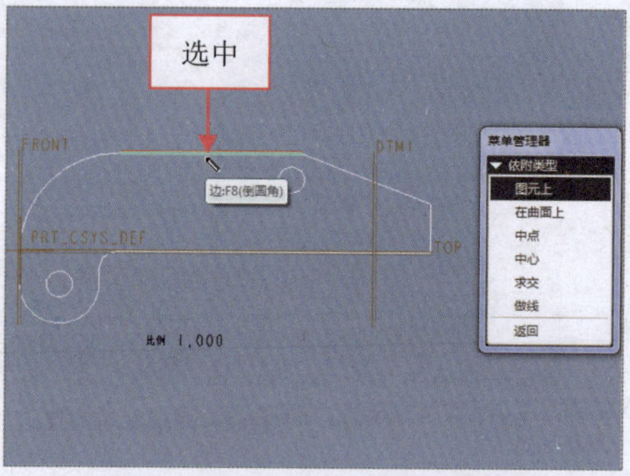

图 9-65 选中要显示注释的视图部分

Step 03 单击鼠标滚轮，选中的视图部分附近会显示相关的注释，如图 9-66 所示。

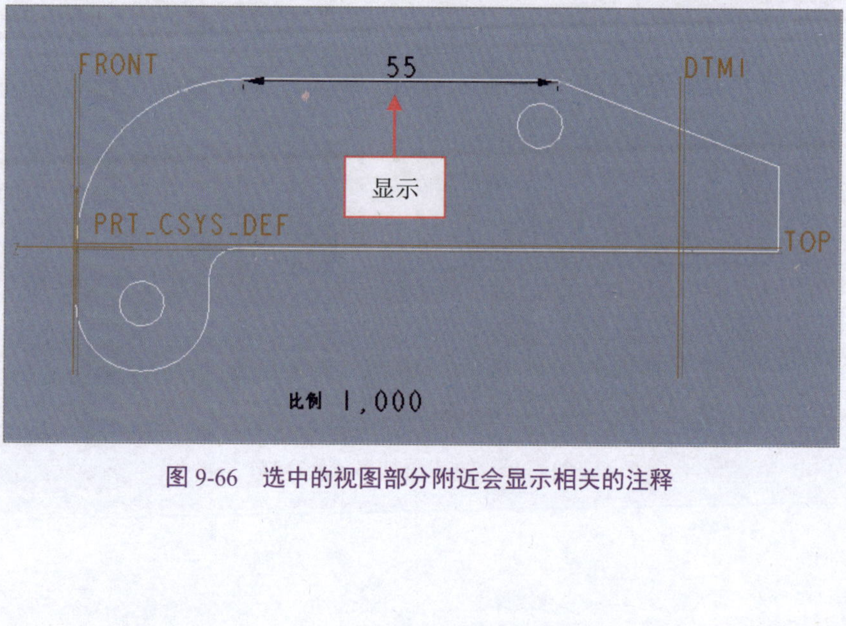

图 9-66 选中的视图部分附近会显示相关的注释

9.3.3　移动视图的注释

有时系统显示的注释会盖住视图，影响整个绘图区的美感。对此，用户可以通过如下操作将视图的注释移动到合适的位置。

移动视图的注释

Step 01 打开素材文件，进入工程绘图模式，选中要移动的视图注释，如图 9-67 所示。

Step 02 按住鼠标左键，移动鼠标光标至合适的位置，如图 9-68 所示，用户可以根据绘图区中出现的红色线条来判断注释的移动位置。

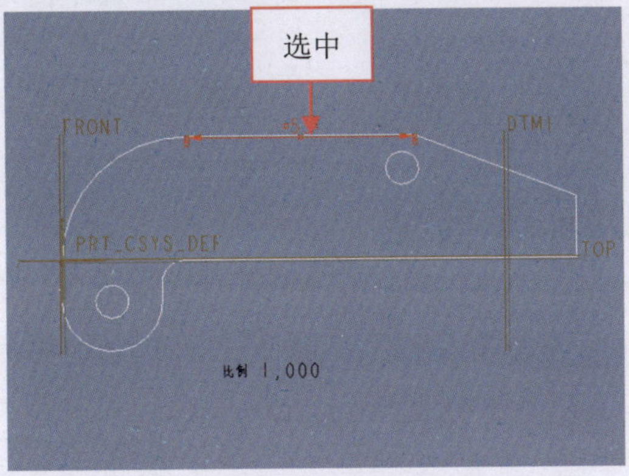

图 9-67　选中要移动的视图注释

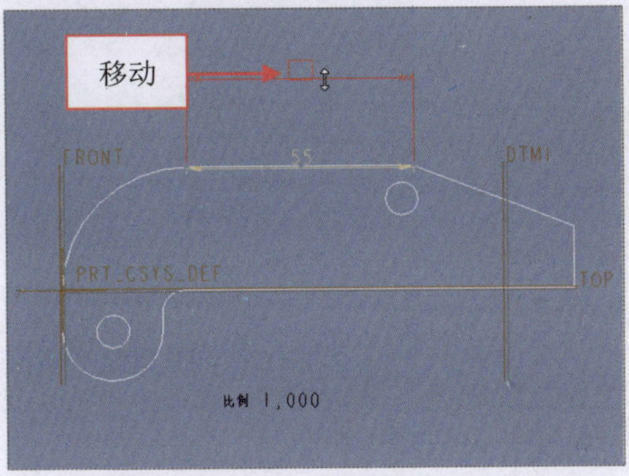

图 9-68　移动鼠标光标至合适的位置

Step 03 松开鼠标左键，即可完成视图注释的移动，如图 9-69 所示。

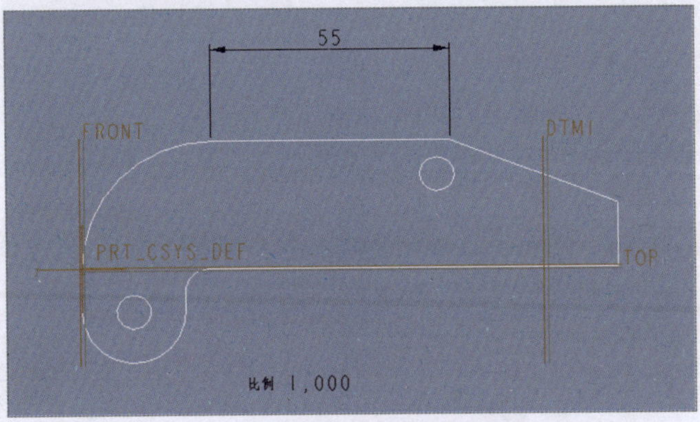

图 9-69　完成视图注释的移动

9.3.4　删除视图的注释

当不需要再显示视图的某个注释时，用户可以选择直接将其删除，具体操作步骤如下。

删除视图的注释

Step 01 打开素材文件，进入工程绘图模式，选中要删除的视图注释，单击“注释”功能区“删除”面板中的“删除”按钮，如图 9-70 所示。

Step 02 如果选中的视图注释消失不见，就说明视图注释删除成功了，如图 9-71 所示。

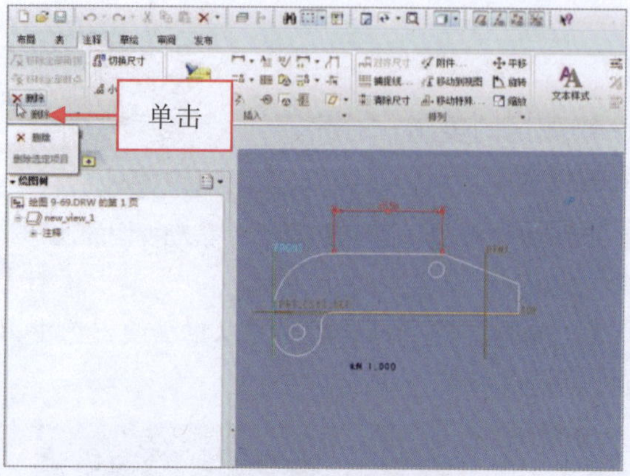

图 9-70　单击“删除”按钮

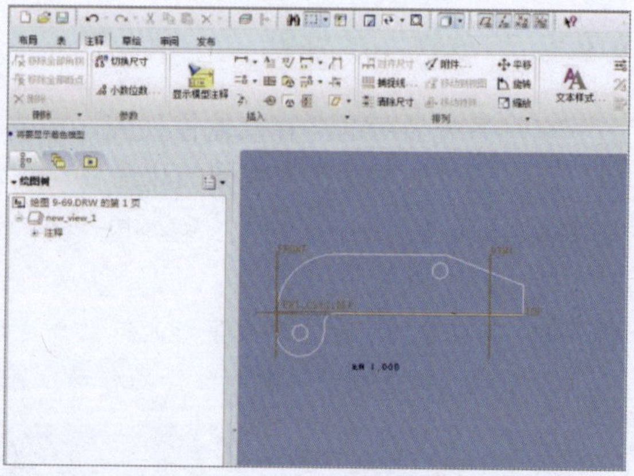

图 9-71　视图注释删除成功

9.4　创建和编辑表格

除视图和注释之外，完整的零件工程图中还应该包括标题栏和明细表，而标题栏与明细表主要是依靠表格来完成的。本节主要介绍表格的创建和编辑技巧，帮助用户快速完成标题栏和明细表的创建。

9.4.1　创建表格

创建表格

在工程绘图模式中，用户可以快速创建一个表格，具体操作步骤如下。

Step 01 打开素材文件，进入工程绘图模式，单击“表”功能区“表”面板中的“表”按钮，如图 9-72 所示。

Step 02 在弹出的“菜单管理器”对话框中定义表格的四要素，即表格的扩展方向（降序或升序）、约束对齐（左对齐或右对齐）、表格大小的计量方式（按字符数或按长度）和表格的原点（选出点、顶点、图元上、相对坐标、绝对坐标），如依次选择“降序”“右对齐”“按长度”和“选出点”选项，如图 9-73 所示。

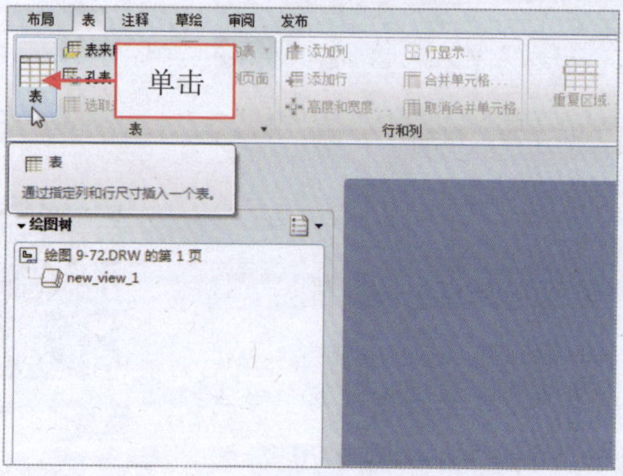

图 9-72　单击“表”按钮

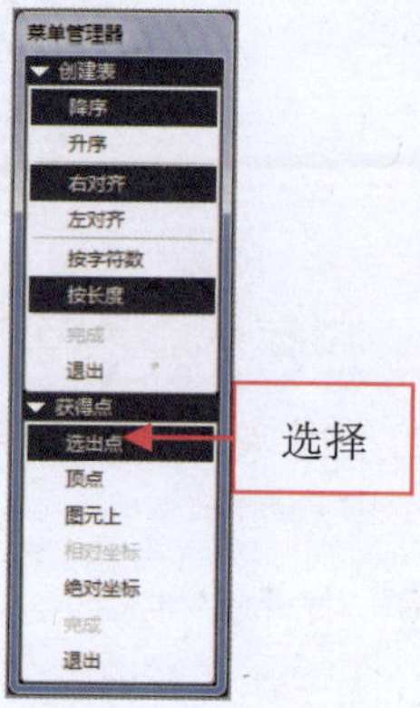

图 9-73　选择“选出点”选项

Step 03 在绘图区中单击某点，确定创建表格的位置。在弹出的“用绘图单位（MM）输入第一列的宽度[退出]”面板中，输入表格第一列的宽度值，单击“接受值”按钮，如图 9-74 所示，确定第一列的宽度值。

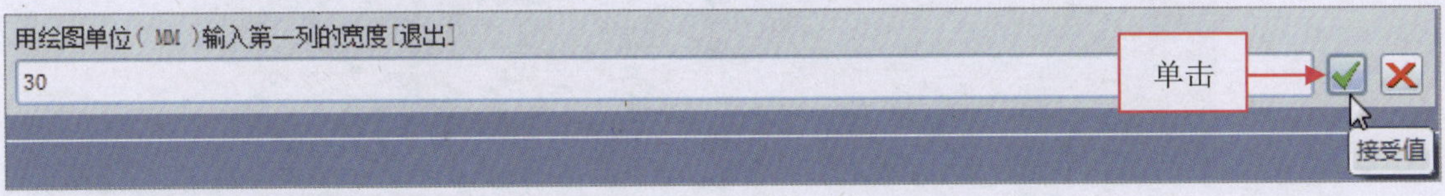

图 9-74　单击“接受值”按钮（1）

Step 04 在弹出的“用绘图单位（MM）输入下一列的宽度[Done]”面板中，输入表格第二列的宽度值，单击“接受值”按钮，如图 9-75 所示，确定第二列宽度值，如图 9-71 所示。

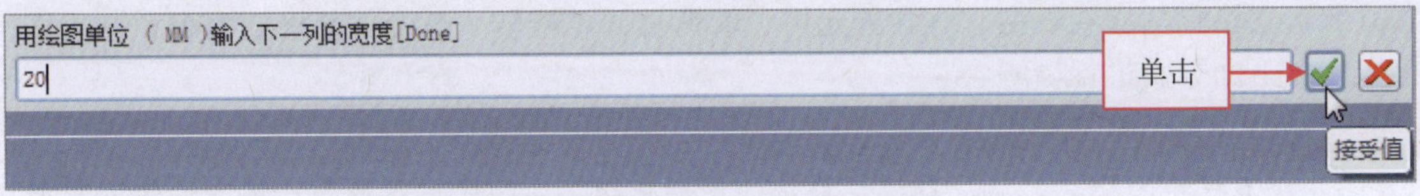

图 9-75　单击“接受值”按钮（2）

Step 05 重复 Step 04 中的操作，完成其他列的宽度值设置，直至不再需要创建列，此时在文本框中不用输入宽度值，直接按【Enter】键。

Step 06 在弹出的“用绘图单位（MM）输入第一行的宽度[退出]”面板中，输入表格第一行的高度值，单击“接受值”按钮，如图 9-76 所示，确定第一行的高度值。

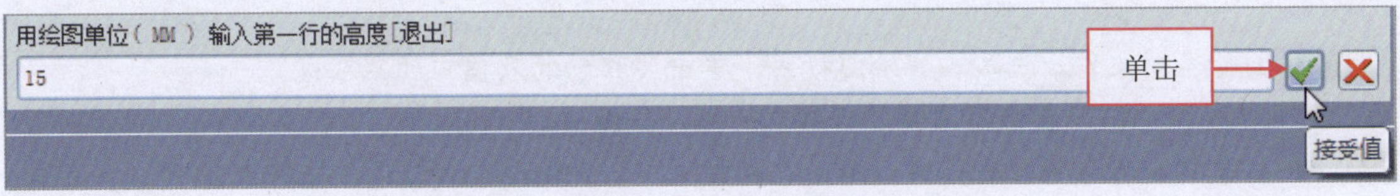

图 9-76　单击“接受值”按钮（3）

Step 07 在弹出的“用绘图单位（MM）输入下一行行的高度[Done]”面板中，输入表格第 2 行的高度值，单击“接受值”按钮，如图 9-77 所示，确定第 2 行的高度值，如图 9-71 所示。

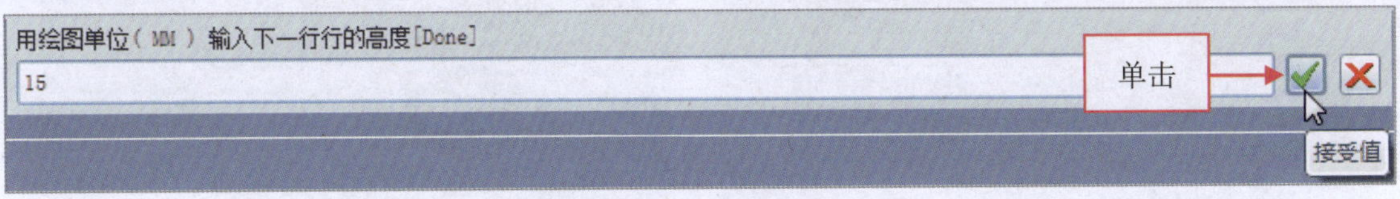

图 9-77　单击“接受值”按钮（4）

Step 08 重复 Step 07 中的操作，完成其他行的高度值设置，直至不再需要创建行，此时在文本框中不用输入高度值，直接按【Enter】键。

Step 09 执行操作后，如果绘图区中出现一个表格，就说明表格创建成功了，如图 9-78 所示。

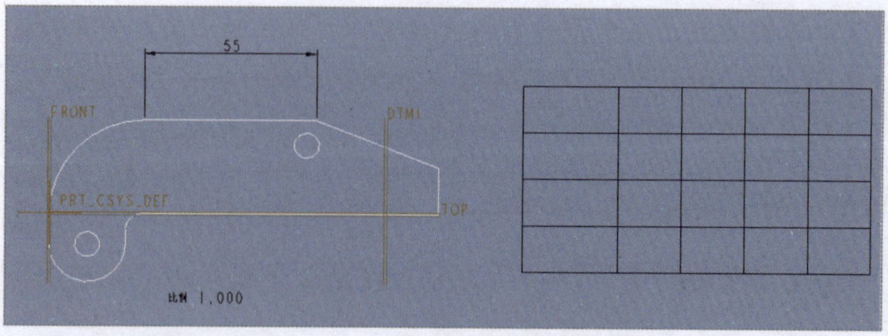

图 9-78　表格创建成功

9.4.2　编辑表格

编辑表格包括移动表格、合并单元格、取消合并、旋转、改变单元格的大小和删除表格等操作，下面分别进行讲解。

> **▶ 专家指点**
>
> 进入工程绘图模式之后，系统会默认使用“布局”功能区进行操作。用户编辑表格时，需要先切换至“表”功能区，这样才能选中表格，执行相关的操作。

1．移动表格

移动表格即先选择要移动的表格，此时表格上出现几个小正方形，移动鼠标到小正方形的附近，然后单击鼠标左键进行移动即可。具体操作步骤如下。

移动表格

Step 01 打开素材文件，进入工程绘图模式，单击要移动的表格中的某个或部分单元格，表格周围会显示红色的点，如图 9-79 所示。

Step 02 将鼠标光标放置在表格四个角所在的红点上，表格会变成蓝色，如图 9-80 所示，并且鼠标光标会变为十字形状。

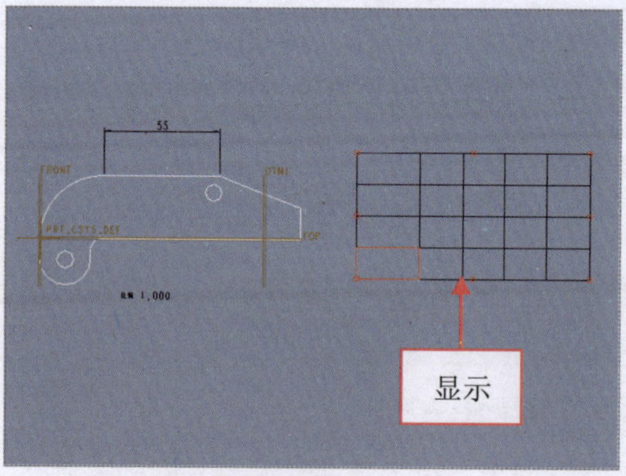

图 9-79　表格周围显示红色的点

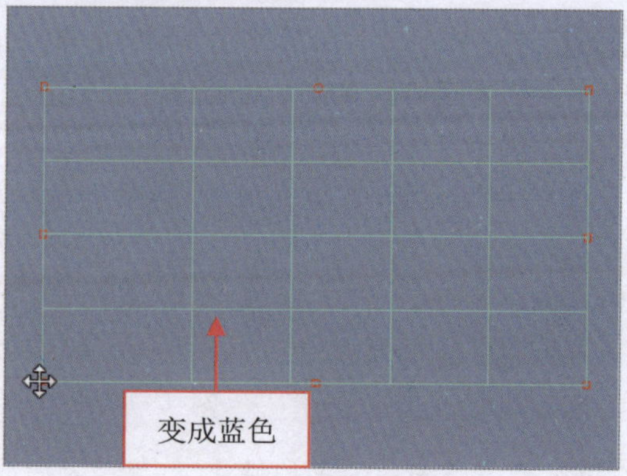

图 9-80　表格变成蓝色

Step 03 按住鼠标左键，移动鼠标光标至合适的位置，如图 9-81 所示，此时，除了选中的单元格之外，其他红色的边表示的是表格移动后的边线。松开鼠标左键，即可将表格移动至对应的位置。

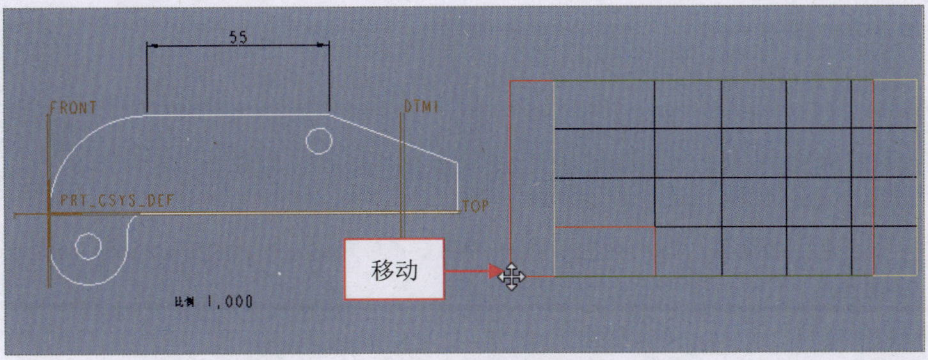

图 9-81　移动鼠标光标至合适的位置

2．添加单元格

用户可以在原有表格的基础上，添加行或列，完成单元格的添加。例如，通过如下操作可以在表格中添加一列单元格。

添加单元格

Step 01 打开素材文件，进入工程绘图模式，单击“表”功能区“行和列”面板中的“添加列”按钮，如图 9-82 所示。

Step 02 将鼠标光标放置在要添加列的两列单元格之间，如图 9-83 所示，单击鼠标左键，进行添加操作。

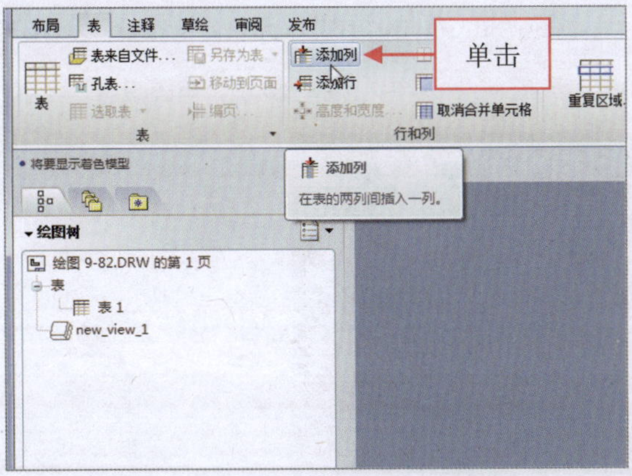

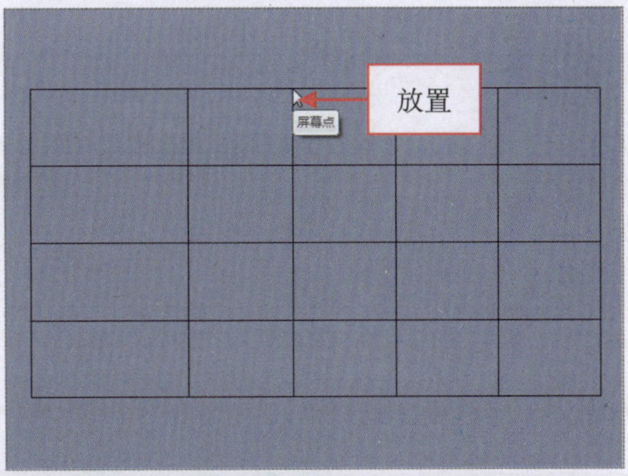

图 9-82　单击“添加列”按钮　　　图 9-83　将鼠标光标放置在要添加列的两列单元格之间

Step 03 执行操作后，如果比原表格的单元格多了一列，就说明添加列成功了，如图 9-84 所示。

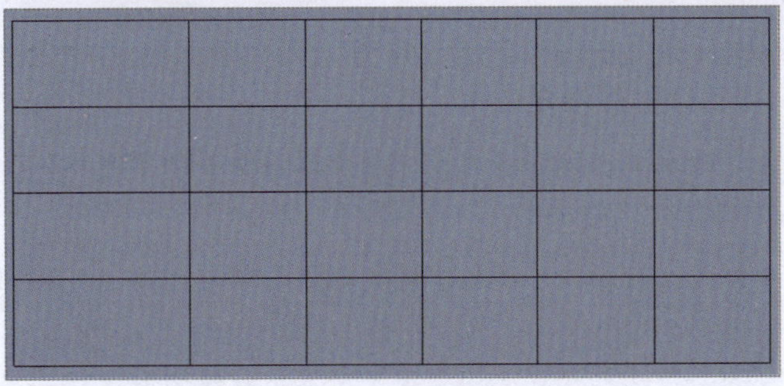

图 9-84　添加列成功

3．合并单元格

合并单元格是指将选定的若干个单元格合并为一个单元格，并移除单元格之间的边界，其具体操作步骤如下。

合并单元格

Step 01 打开素材文件，进入工程绘图模式，选中要合并的单元格，如图 9-85 所示。

Step 02 单击“表”功能区“行和列”面板中的“合并单元格...”按钮，如图 9-86 所示，进行合并操作。

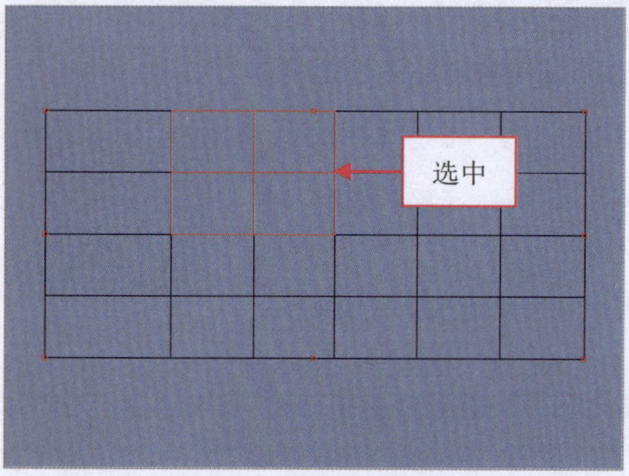

图 9-85　选中要合并的单元格

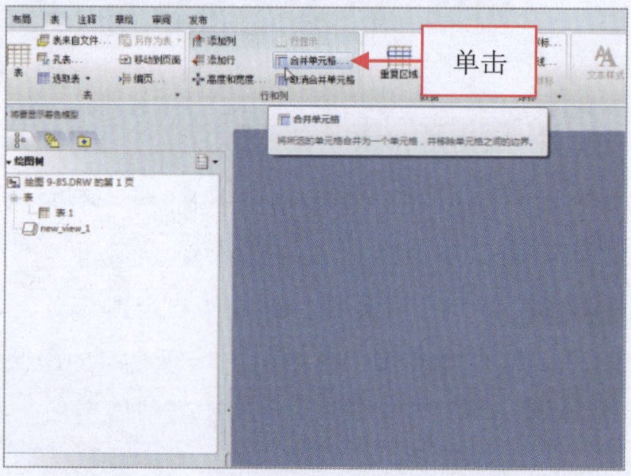

图 9-86　单击“合并单元格...”按钮

Step 03 执行操作后，如果所选单元格之间边界消失，就说明合并单元格成功了，如图 9-87 所示。

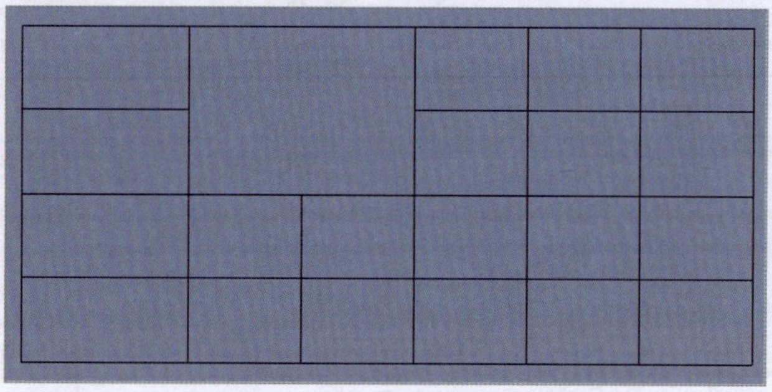

图 9-87　合并单元格成功

4．取消单元格

取消合并单元格是指将合并的某个单元格变为多个单元格，并恢复单元格的原始边界，其具体操作步骤如下。

取消单元格

Step 01 打开素材文件，进入工程绘图模式，选中要取消合并的单元格，如图 9-88 所示。

Step 02 单击“表”功能区“行和列”面板中的“取消合并单元格...”按钮，如图 9-89 所示，进行取消合并操作。

Step 03 执行操作后，如果所选单元格之间出现了边界，就说明取消合并单元格成功了。

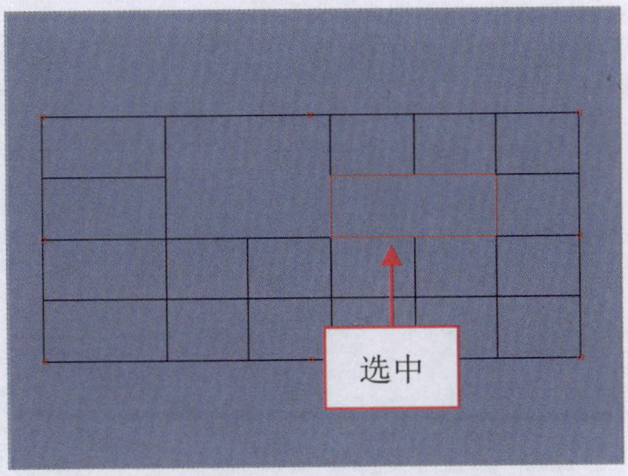

图 9-88　选中要取消合并的单元格

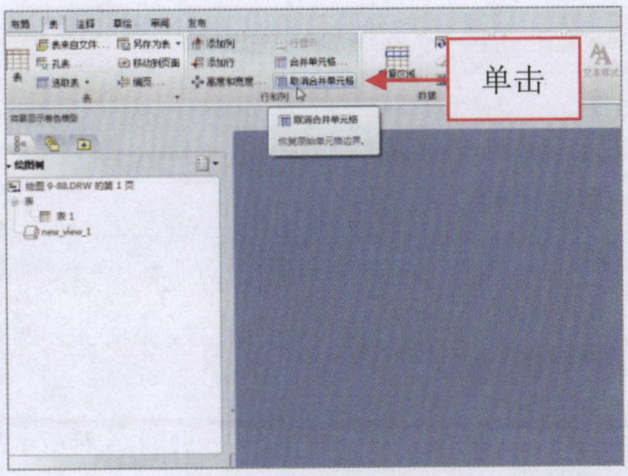

图 9-89　单击“取消合并单元格...”按钮

5．调整单元格的高度和宽度

单元格的高度和宽度也可以进行修改，具体操作步骤如下。

调整单元格的高度和宽度

Step 01 打开素材文件，进入工程绘图模式，选中要调整高度和宽度的单元格，如图 9-90 所示。

Step 02 单击“表”功能区“行和列”面板中的“高度和宽度...”按钮，如图 9-91 所示，进行取消合并操作。

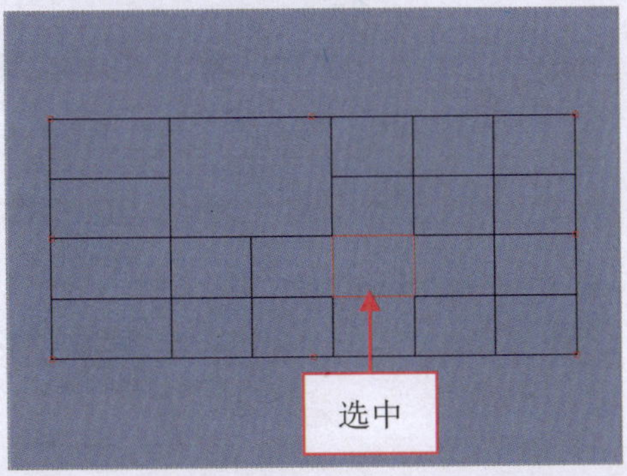

图 9-90　选中要调整高度和宽度的单元格

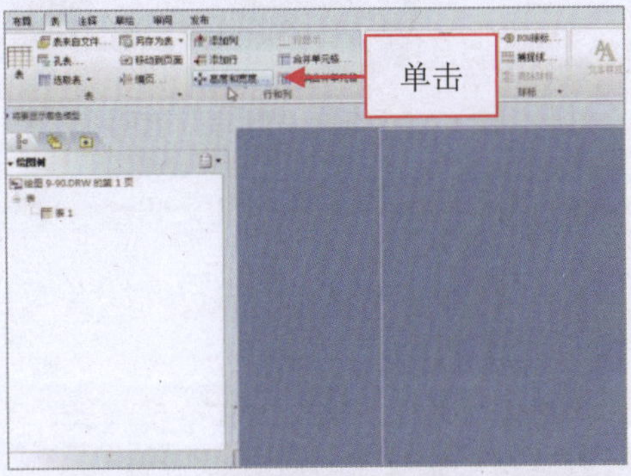

图 9-91　单击“高度和宽度...”按钮

Step 03 在弹出的“高度和宽度”对话框中，设置行的高度和列的宽度，单击“确定”按钮，如图 9-92 所示，确认设置。

Step 04 执行操作后，如果所选单元格所在行和列的单元格出现了变化，就说明单元格的高度和宽度调整成功了，如图 9-93 所示。

6．删除表格

如果不需要再使用某个表格，可以选择将其删除，具体操作步骤如下。

删除表格

Step 01 在“绘图树”窗口中，选中对应的表格并单击鼠标右键，选中弹出的快捷菜单中的“删除”选项，如图 9-94 所示。

Step 02 执行操作后，如果“绘图树”窗口和绘图区中对应表格的相关信息都消失了，就说明该表格删除成功了，如图 9-95 所示。

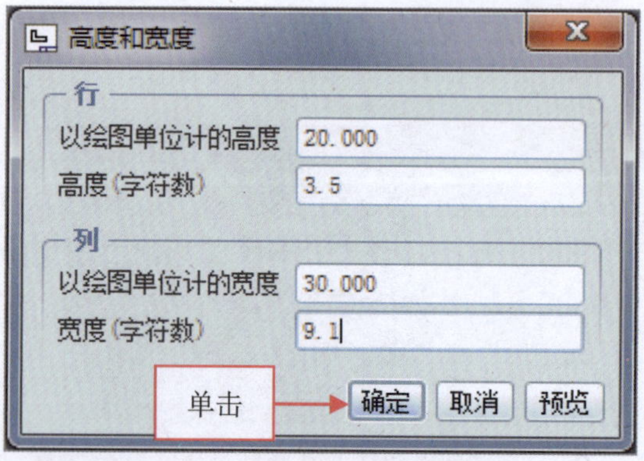

图 9-92　单击“确定”按钮

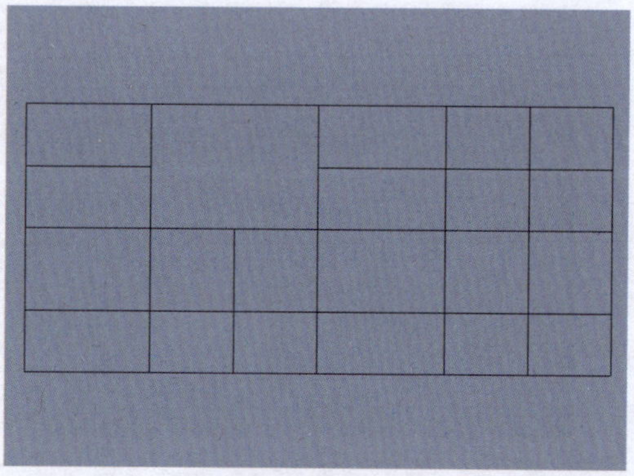

图 9-93　单元格的高度和宽度调整成功

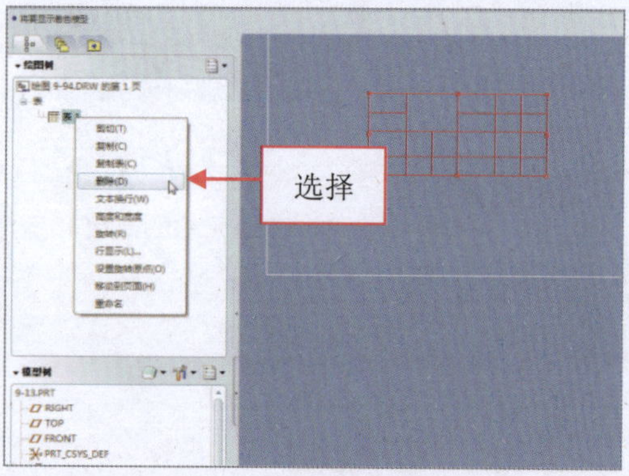

图 9-94　选择“删除”选项

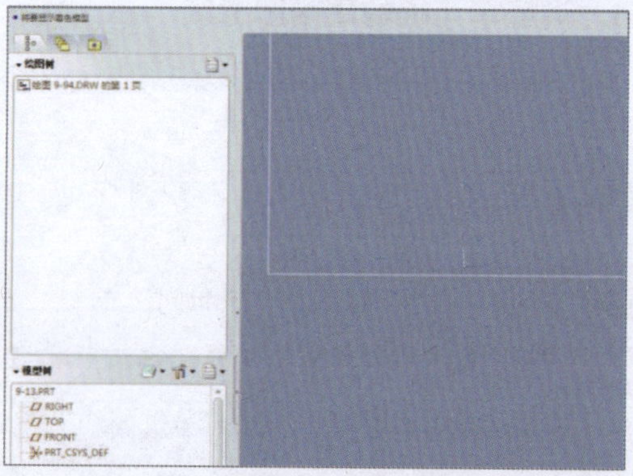

图 9-95　表格删除成功

9.4.3　插入文字

下面以一个表格为例，向用户介绍在表格内插入文字的方法技巧，其具体操作步骤如下。

插入文字

Step 01 打开素材文件，进入工程绘图模式，选中要插入文字的单元格，并双击该单元格，如图 9-96 所示。

Step 02 执行操作后，会弹出“注释属性”对话框，在该对话框的“文本”选项卡中，输入要插入的文字，单击“文本样式”按钮，如图 9-97 所示，切换选项卡，设置文本的样式。

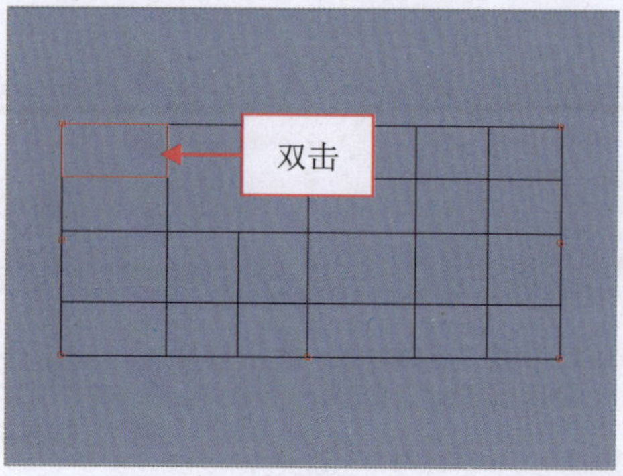

图 9-96　双击对应单元格

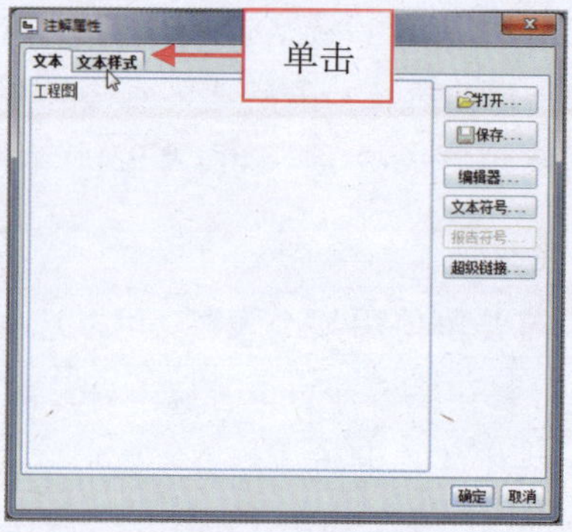

图 9-97　单击“文本样式”按钮

Step 03 在“文本样式”选项卡中，设置文本的样式信息，单击“确定”按钮，如图 9-98 所示。

Step 04 执行操作后，即可成功在对应单元格中插入文字，如图 9-99 所示。

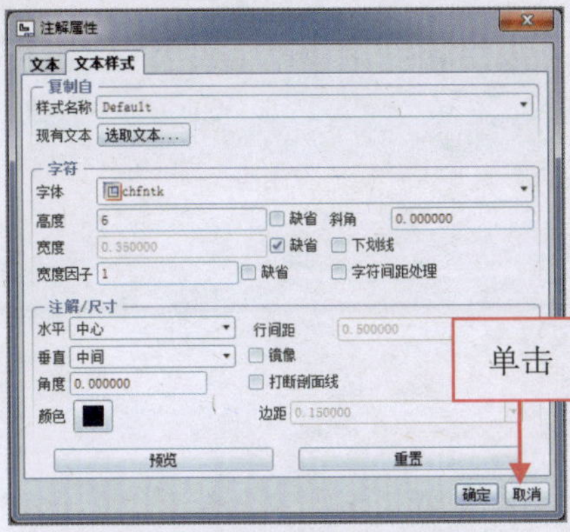

图 9-98　单击“确定”按钮

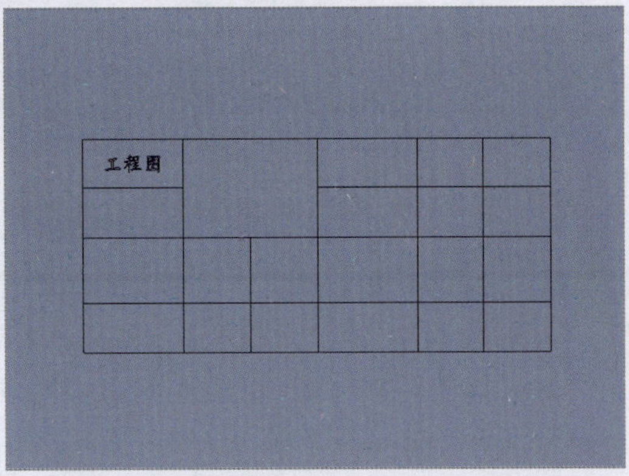

图 9-99　成功在对应单元格中插入文字

本章小结

本章主要向读者介绍了 Pro/E Wildfire 5.0 工程图设计的相关知识，帮助读者了解工程图设计的常见技巧，如创建视图、注释视图、创建和编辑表格等。希望读者通过对本章的学习，能够熟练掌握设计出所需的工程图。

课后习题

课后习题

鉴于本章知识的重要性，为了帮助读者更好地掌握所学知识，本节将通过上机习题，帮助读者进行简单的知识回顾和补充。

本习题需要掌握视图注释的关闭技巧。当不需要显示视图的注释信息时，用户可以直接关闭视图注释，效果如图 9-100 所示。

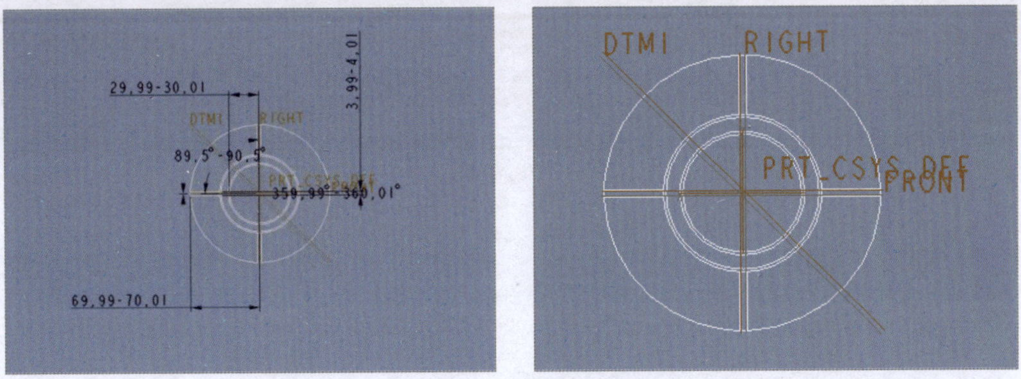

(a)　　(b)

图 9-100　关闭视图注释的效果

第 10 章 综合应用经典实例

通过前面章节的详细介绍，相信用户对中文版 ProE Wildfire 5.0 优秀的设计思想和设计功能已经有了一个完整的认识。本章将基于中文版 ProE Wildfire 5.0 的强大功能，讲解薄孔板、轴承和沐浴露瓶的创建技巧。读者掌握这些综合实例的技巧之后，可以在以后的工程项目中熟练制作出需要的实体模型。

本章重点

- 薄孔板
- 轴承
- 沐浴露瓶

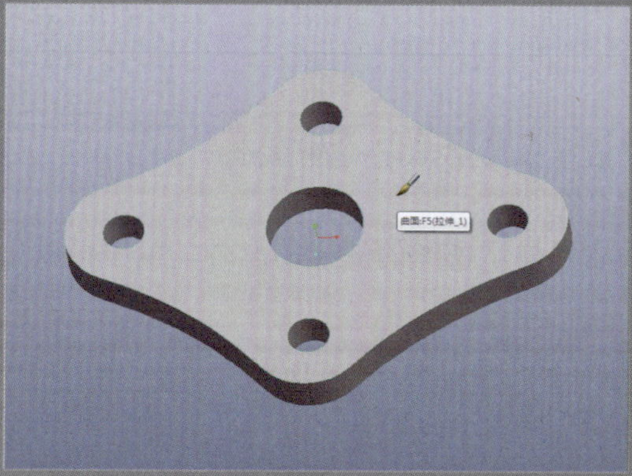

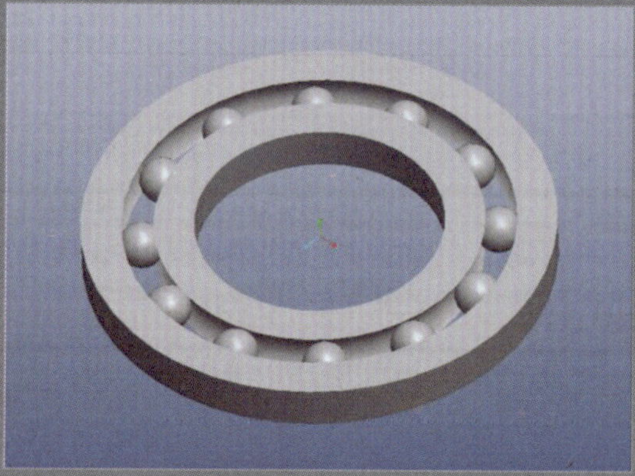

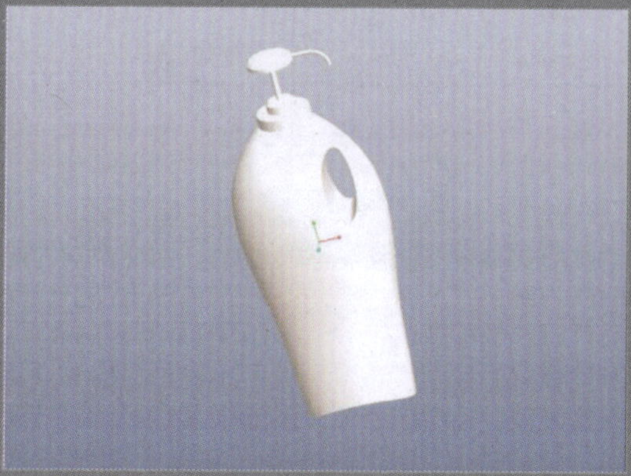

10.1 薄孔板

薄孔板的创建综合运用了二维草绘图形的编辑和修改，并运用了拉伸特征和外观的调整技巧。本节将从绘制二维草绘图形、调整拉伸效果和外观方面，分别讲解薄孔板的创建技巧。学习本节内容，可以帮助用户掌握草图编辑和修改技巧，为进一步的特征造型打下基础。

10.1.1 绘制二维草绘图形

在创建薄孔板之前，必须先绘制薄孔板的二维草绘图形。下面将详细讲解绘制薄孔板二维草绘图形的具体操作步骤。

绘制二维草绘图形

Step 01 单击“文件”|“新建”命令，会弹出“新建”对话框，在“类型”选项区中，选中“零件”单选按钮，在“子类型”选项区中，选中“实体”单选按钮，输入文件的名称，取消选中“使用缺省模板”复选框，单击“确定”按钮，完成新建信息的设置。

Step 02 在弹出的“新文件选项”对话框中，选择对应的选项，单击“确定”按钮，完成新文件的信息设置。

Step 03 进入零件模型设计模式，单击“插入”|“拉伸”命令，或单击特征工具栏中的"“拉伸”按钮，如图 10-1 所示。

Step 04 在弹出的拉伸操作面板中，单击“放置”按钮，在弹出的“放置”面板中，单击“定义...”按钮，如图 10-2 所示，进行放置信息的定义。

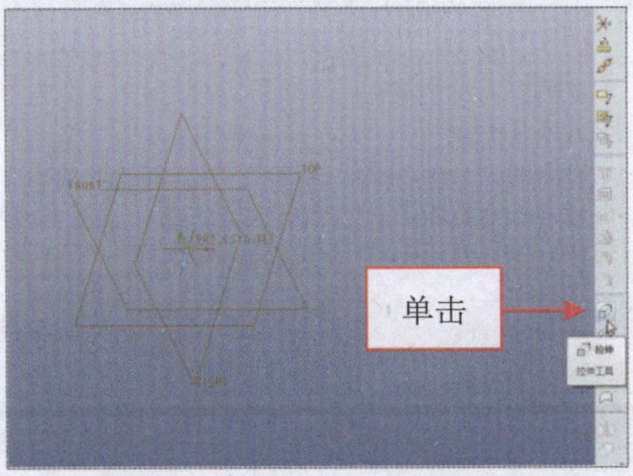

图 10-1 单击“拉伸”按钮

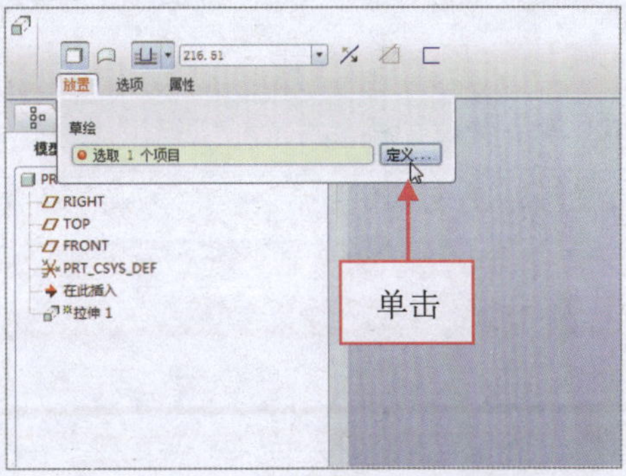

图 10-2 单击“定义...”按钮

Step 05 在弹出的“草绘”对话框，设置放置的草绘平面和草绘方向信息，单击“草绘”按钮，如图 10-3 所示。

Step 06 进入零件模型的二维草绘模式，单击特征工具栏中的“中心和轴椭圆”按钮，如图 10-4 所示。

Step 07 以原点为中心，绘制一个椭圆，如图 10-5 所示，将其作为薄孔板孔特征的二维参照图。

Step 08 单击特征工具栏中的“圆心和点”按钮，如图 10-6 所示。

Step 09 以绘制的椭圆与草绘参照的四个交点为中心，绘制四个等半径的圆，如图 10-7 所示，绘制薄孔板四周孔特征的参照图。

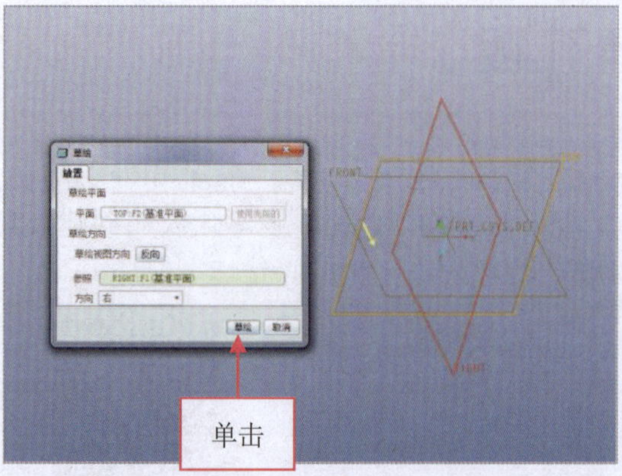

图 10-3　单击“草绘”按钮

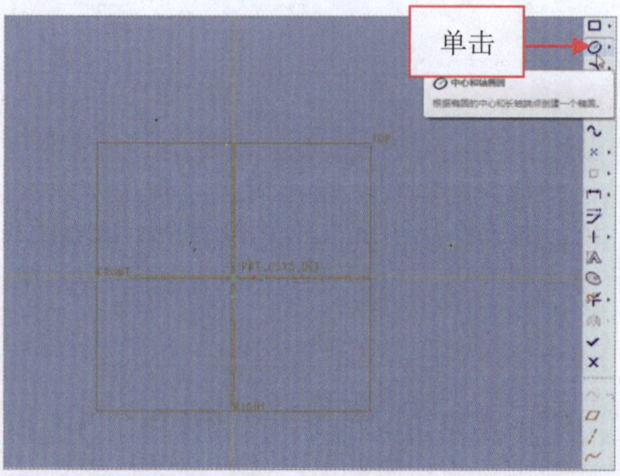

图 10-4　单击“中心和轴椭圆”按钮

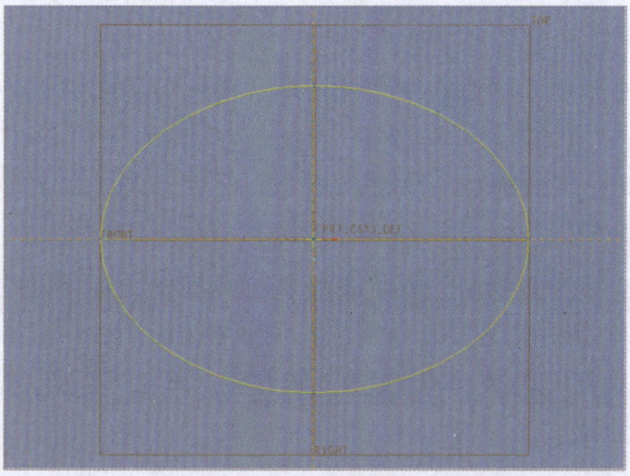

图 10-5　绘制一个椭圆

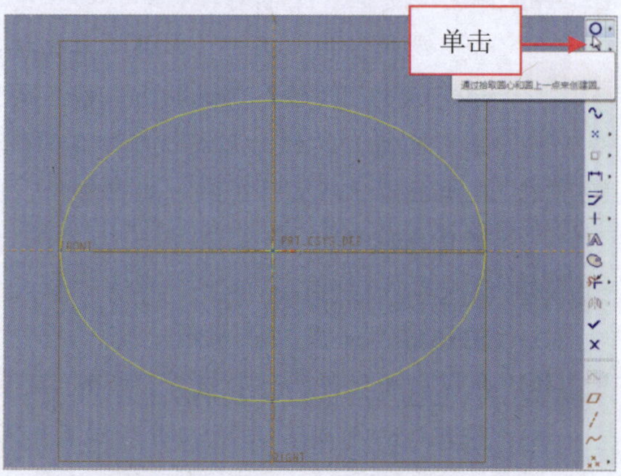

图 10-6　单击“圆心和点”按钮

Step 10 单击特征工具栏中的“圆形”按钮，如图 10-8 所示。

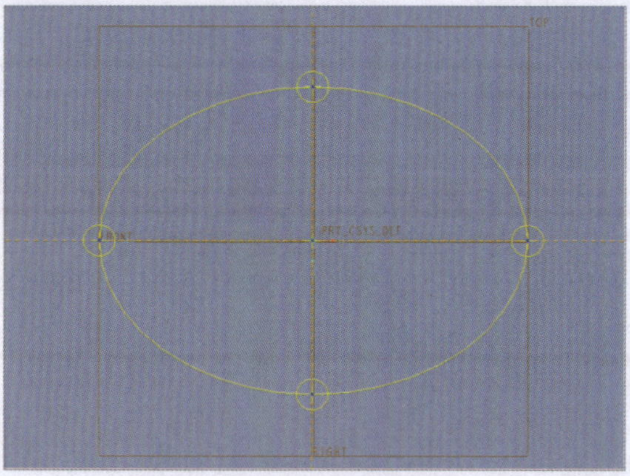

图 10-7　绘制四个等半径的圆

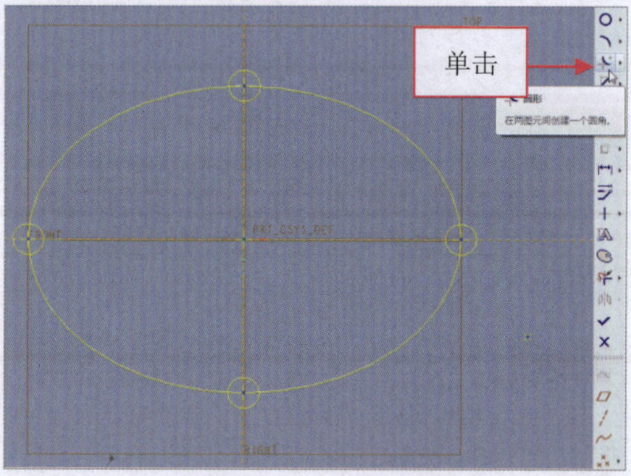

图 10-8　单击“圆形”按钮

Step 11 绘制连接四个圆的圆角，结果如图 10-9 所示。由于绘制时，选中圆角位置的不同，产生的圆角大小也不相同。

Step 12 单击某个圆角的半径数值，在弹出的输入框中，输入要修改的半径数值，如图 10-10 所示，完成该圆角半径数值的调整。

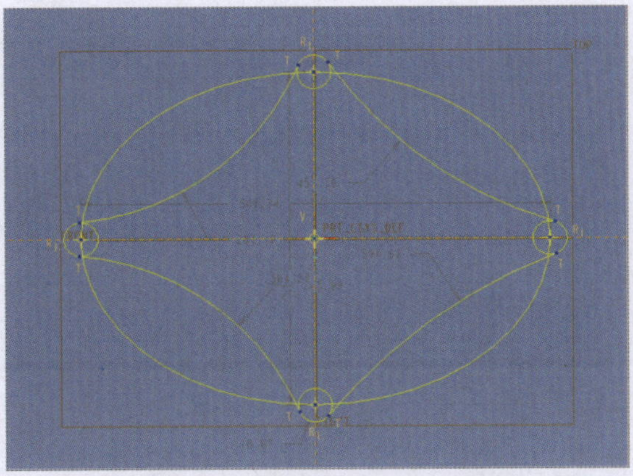

图 10-9　绘制连接四个圆的圆角

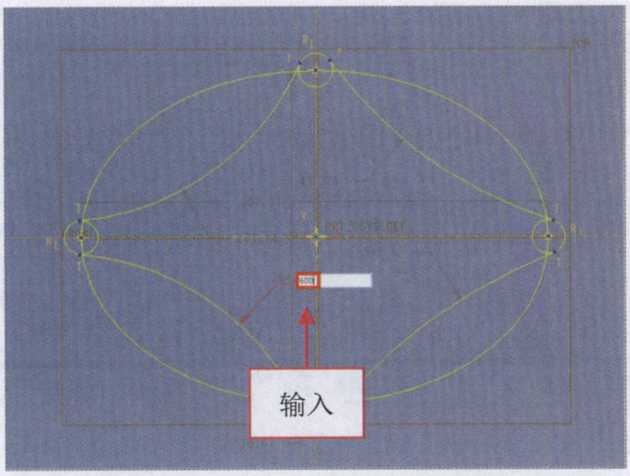

图 10-10　输入要修改的半径数值

Step 13 单击特征工具栏中的“垂直”按钮，单击弹出的列表框中的“相等”按钮，如图 10-11 所示，为其他圆角的调整选择约束条件。

Step 14 选中刚刚调整半径数值的圆角，依次选择要与之半径数值相同的圆角，则在这两个圆角中添加相等约束，约束后圆角的半径相同。重复进行操作，直至给 4 个圆角都添加相等约束，效果如图 10-12 所示。

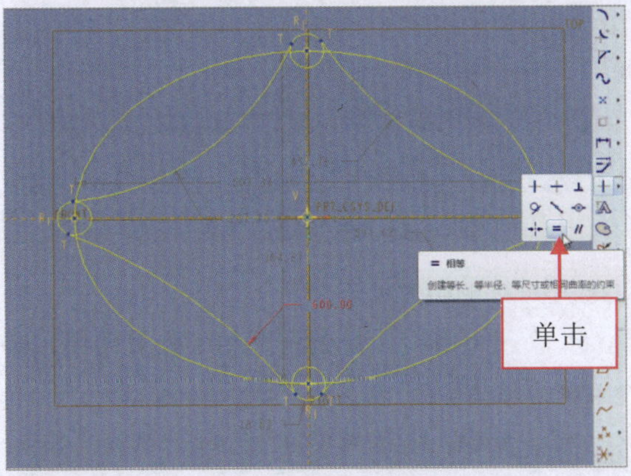

图 10-11　单击“相等”按钮

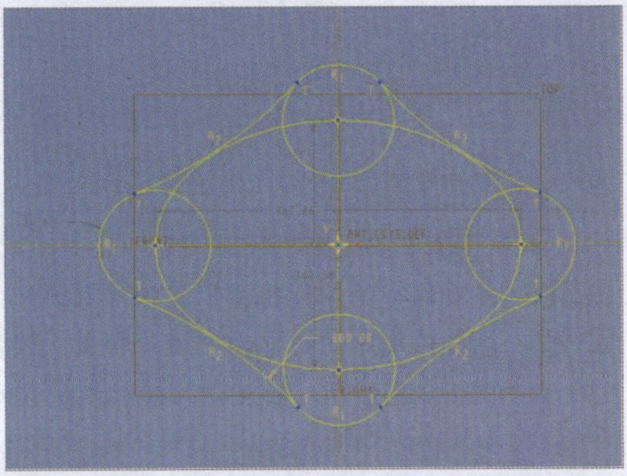

图 10-12　调整圆角半径数值后的效果

Step 15 在绘图区中，选中最初绘制的椭圆，单击“编辑”|“切换构造”命令，如图 10-13 所示，准备切换该椭圆的构造。

Step 16 执行操作后，即可将选中椭圆的实线转换成构造线，如图 10-14 所示。

▶ 专家指点

构造线是辅助草图绘制和尺寸标注的参照。对于较复杂的草图，为了方便、快捷地绘制图元，可以在绘制的过程中，添加使用很多起辅助作用的线，在绘制结束后将不能与特征生成的线段转化为构造线即可。

Step 17 单击特征工具栏中的“删除段”按钮，单击要删除的圆弧，如图 10-15 所示。

Step 18 执行操作后，即可将对应圆弧删除，如图 10-16 所示。

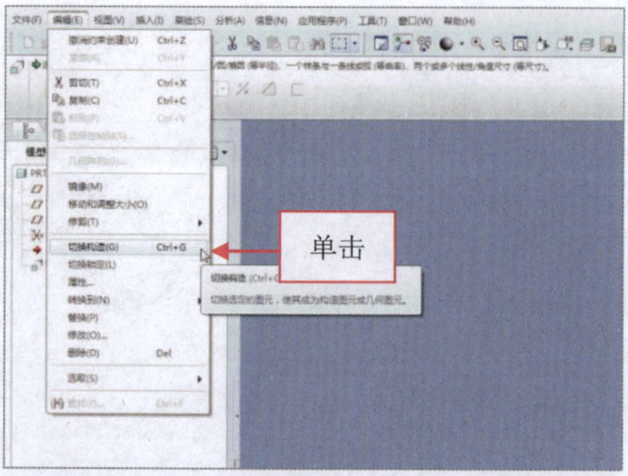

图 10-13　单击“切换构造”命令

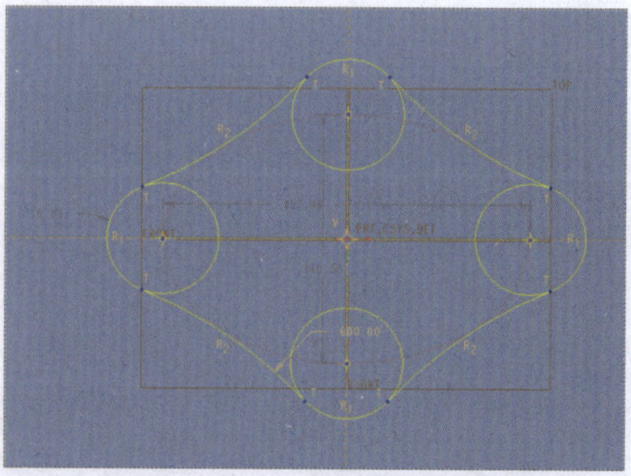

图 10-14　将选中椭圆的实线转换成构造线

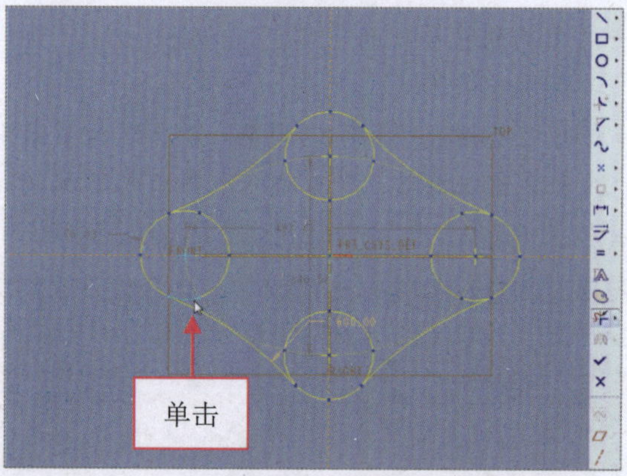

图 10-15　单击要删除的圆弧

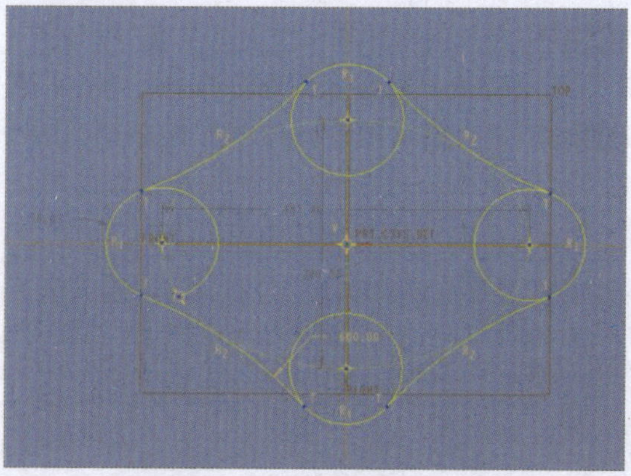

图 10-16　删除对应的圆弧

Step 19 参照同样的操作将其他多余的圆弧删除，效果如图 10-17 所示。

Step 20 单击特征工具栏中的“圆心和点”按钮，以原点为圆心，绘制一个相对较大的圆，如图 10-18 所示，将其作为薄孔板孔特征的二维草绘图。

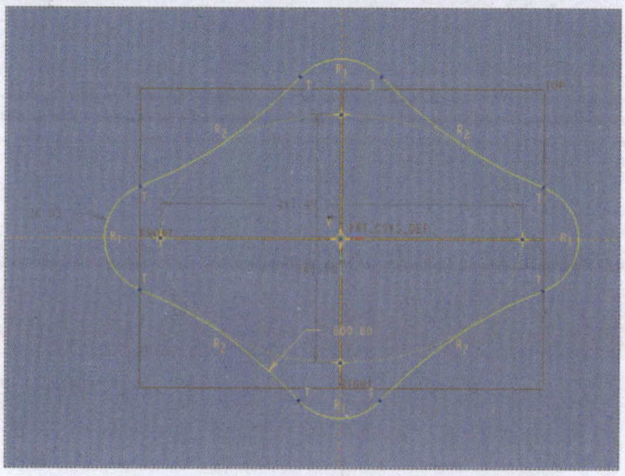

图 10-17　删除其他多余圆弧的效果

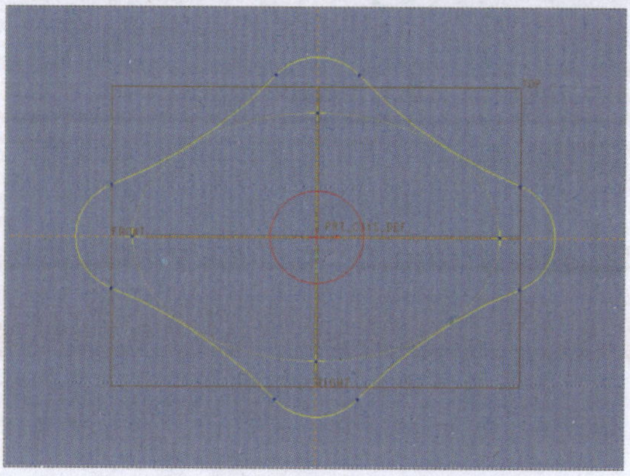

图 10-18　绘制一个相对较大的圆

Step 21 在大圆的周围绘制四个相对较小的圆，单击特征工具栏中的“完成”按钮，如图 10-19 所示。

Step 22 执行操作后，即可退出草绘模式，完成薄孔板二维草绘图形绘制，效果如图 10-20 所示。

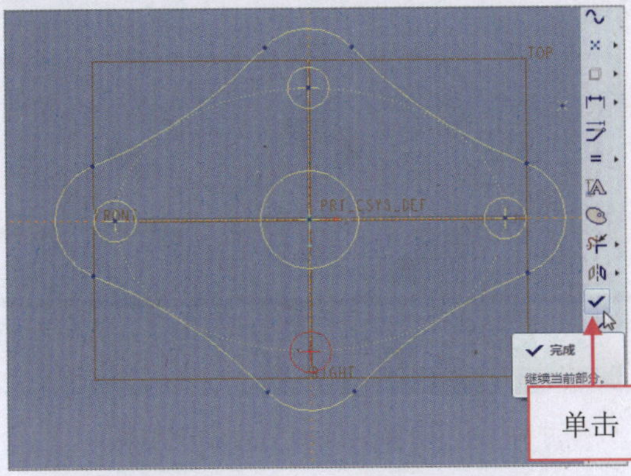

图 10-19 单击“完成”按钮

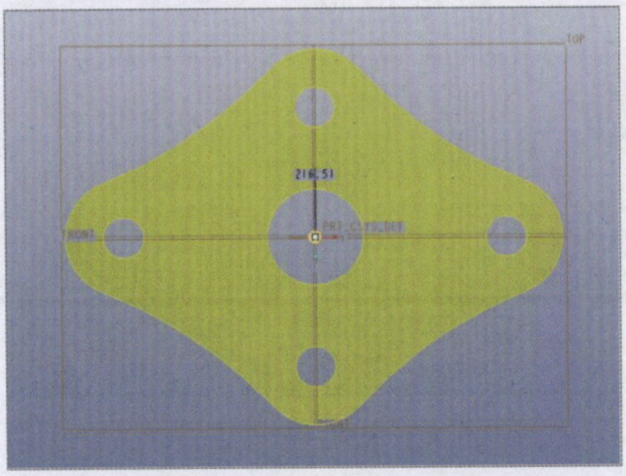

图 10-20 完成薄孔板二维草绘图形的绘制的效果

10.1.2 调整拉伸效果和外观

创建好二维草绘图形后，接下来的操作就是调整拉伸效果和外观，制作符合自身需求的薄孔板，具体操作步骤如下。

调整拉伸效果和外观

Step 01 打开对应的素材文件，选中“模型树”窗口中的拉伸特征并单击鼠标右键，选择弹出的列表框中的“编辑定义”选项，如图 10-21 所示，调出拉伸操作面板（如果是直接在图 10-20 的基础上进行操作，则无需执行该步骤）。

Step 02 在弹出的操作面板中，设置拉伸方式和拉伸的深度值等信息，如图 10-22 所示。

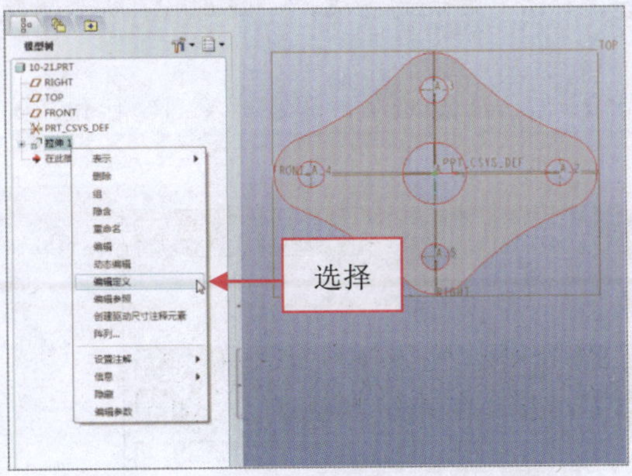

图 10-21 选择“编辑定义”选项

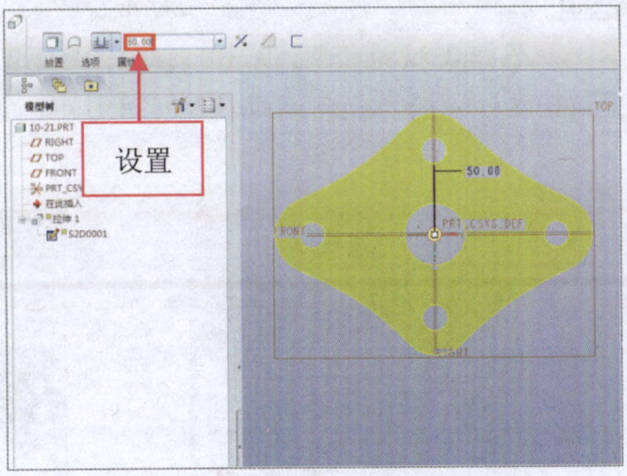

图 10-22 设置拉伸方式和拉伸的深度值等信息

Step 03 单击拉伸操作面板右侧的按钮，生成拉伸特征，效果如图 10-23 所示。

Step 04 可能从 10-23 中难以看出生成拉伸特征的立体效果，此时可以按下鼠标滚轮并移动鼠标光标，查看其他角度的显示效果，如图 10-24 所示。

Step 05 单击“外观库”按钮右侧的按钮，如图 10-25 所示，准备对薄孔板的外观进行设置。

Step 06 在弹出的外观库列表框中，单击“更多外观...”按钮，如图 10-26 所示。

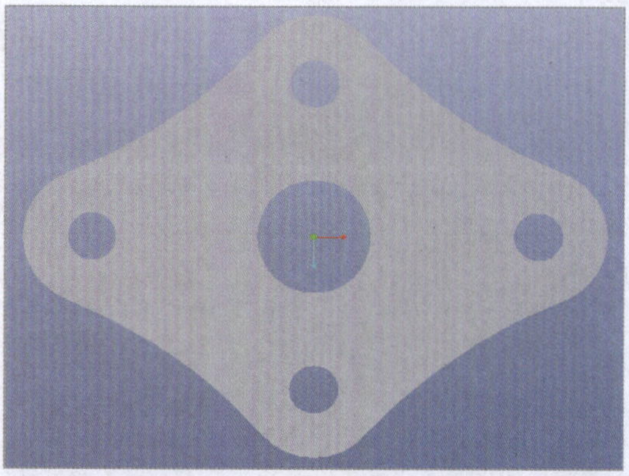

图 10-23　生成拉伸特征

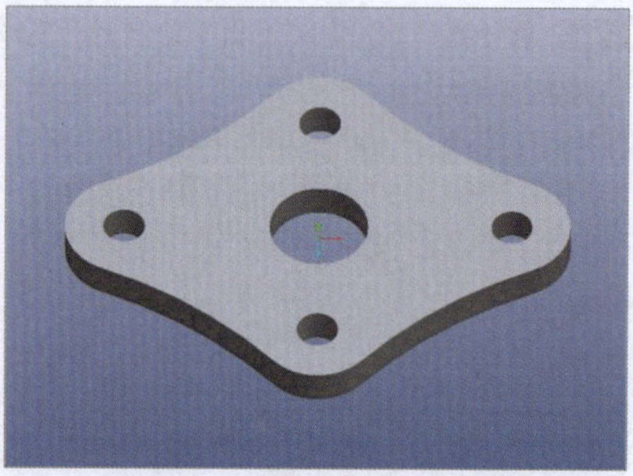

图 10-24　查看其他角度的显示效果

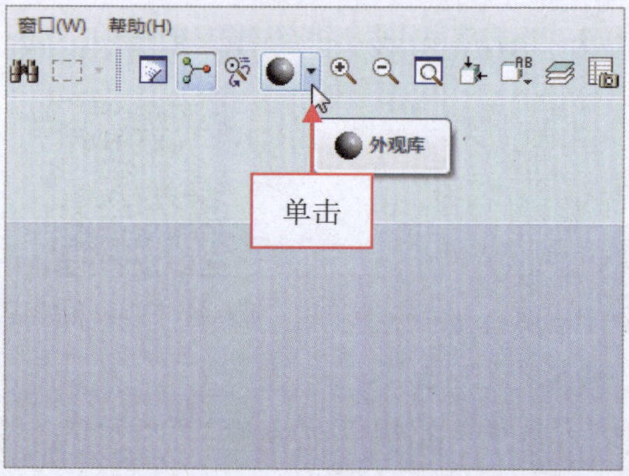

图 10-25　单击“外观库”按钮右侧的按钮

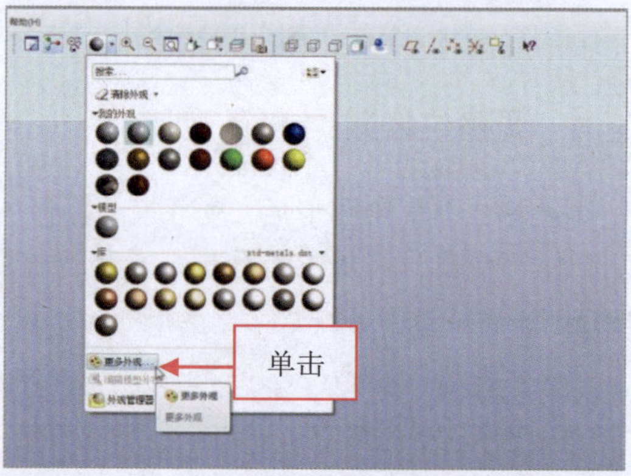

图 10-26　单击“更多外观...”按钮

Step 07　在弹出的“外观编辑器”对话框中，单击“颜色”右侧的色块，如图 10-27 所示，以设置薄孔板的颜色。

Step 08　在弹出的“颜色编辑器”对话框中，设置 R、G、B 的数值，单击“关闭”按钮，如图 10-28 所示。

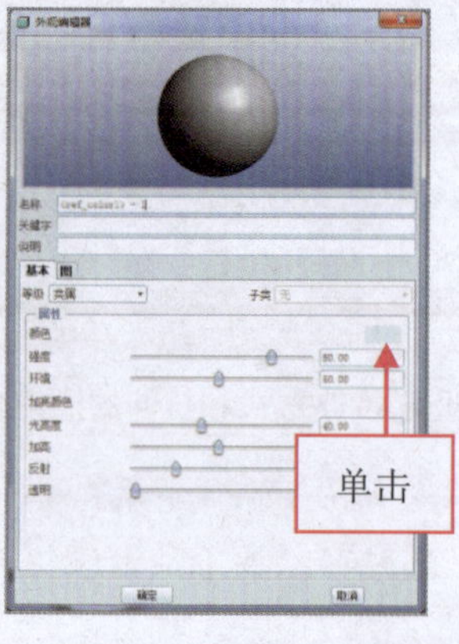

图 10-27　单击“颜色”右侧的色块

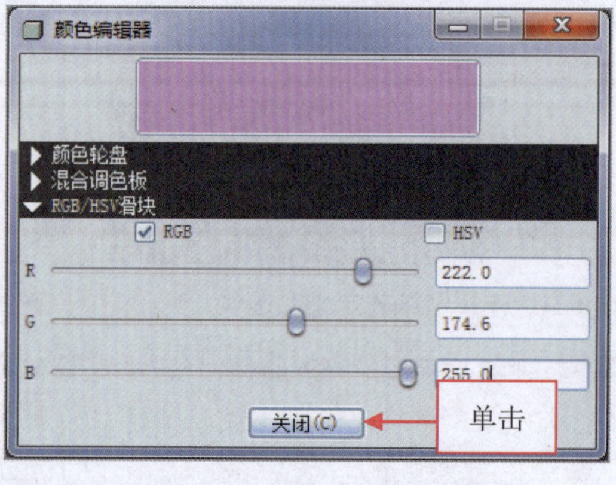

图 10-28　单击“关闭”按钮

Step 09　返回“外观编辑器”对话框，设置其他的属性信息，单击“确定”按钮，如图 10-29 所示，确定外观设置。

Step 10 执行操作后，鼠标光标会变成画笔形图标，单击需要调整颜色的曲面，如图 10-30 所示。

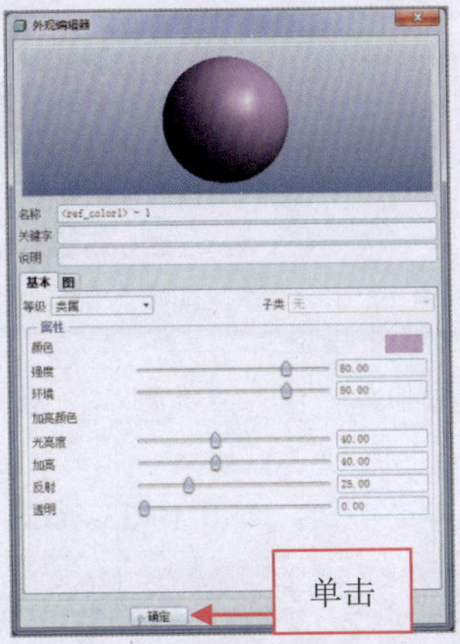

图 10-29　单击“确定”按钮

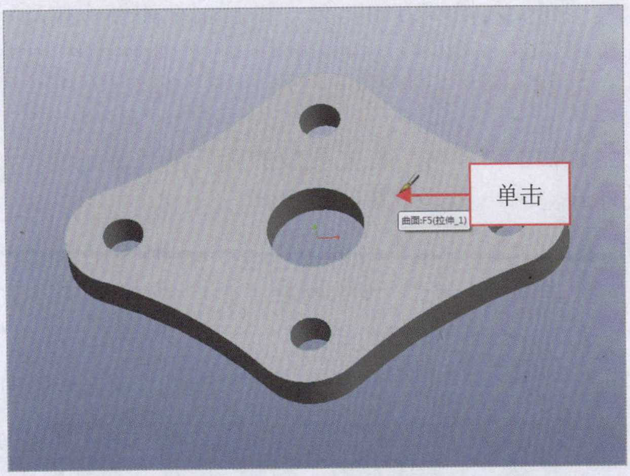

图 10-30　单击需要调整颜色的曲面

Step 11 执行操作后，即可调整对应曲面的颜色，效果如图 10-31 所示。

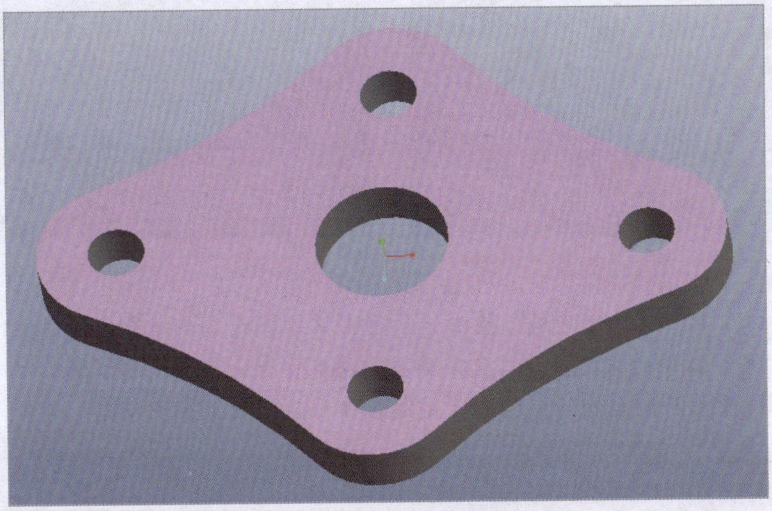

图 10-31　调整对应曲面颜色的效果

▶ 专家指点

上述调整零件模型颜色的方法，与给物件刷油漆有些相似。用户可以根据自身需求，选择性地给零件模型调整颜色。

10.2　轴　承

轴承的创建主要运用了拉伸和旋转的方法，综合运用了多种特征的使用技巧。同时，还将使用到组的操作，即将几个特征合并成一个组特征。本实例的重点和难点在于，如何方便快捷地实现轴承内滚珠模型的阵列、建组并进行相关的操作。本节将从创建基础实体特征、创建滚珠槽和创建滚珠方面，分别讲解轴承的创建技巧。

10.2.1 创建基础实体特征

在创建轴承模型时，首先要做的就是创建基础实体特征，即创建轴承的外部轮廓，其具体操作步骤。

创建基础实体特征

Step 01 参照 10.1.1 小节中的 Step 01 至 Step 05 中的操作，进入零件模型的二维草绘模式，单击特征工具栏中的“圆心和点”按钮○，以原点为圆心，绘制一个大圆，如图 10-32 所示。

Step 02 单击特征工具栏中的“同心”按钮◎，绘制一个同圆心的小圆，如图 10-33 所示。

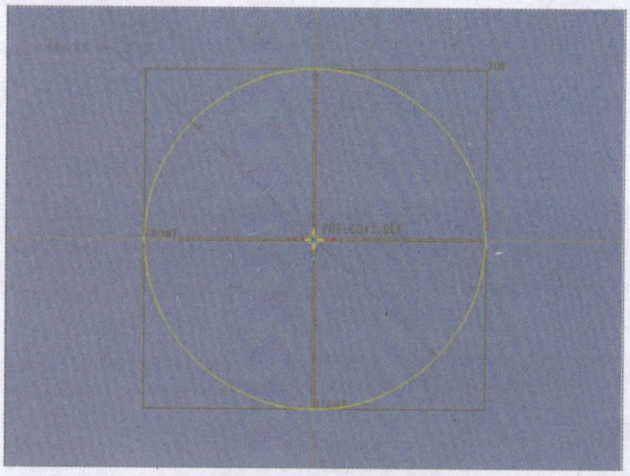

图 10-32 绘制 1 个大圆

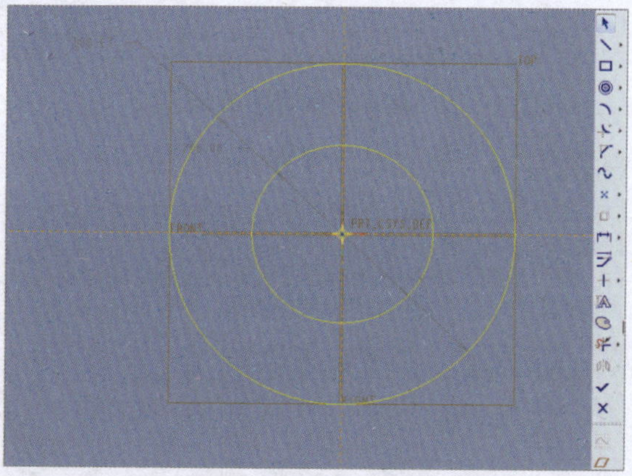

图 10-33 绘制一个同圆心的小圆

Step 03 单击特征工具栏中的“完成”按钮✔，退出草绘模式，在弹出的拉伸操作面板中，设置拉伸方式和拉伸的深度值等信息，如图 10-34 所示。

Step 04 单击拉伸操作面板右侧的✔按钮，生成拉伸特征，效果如图 10-35 所示。

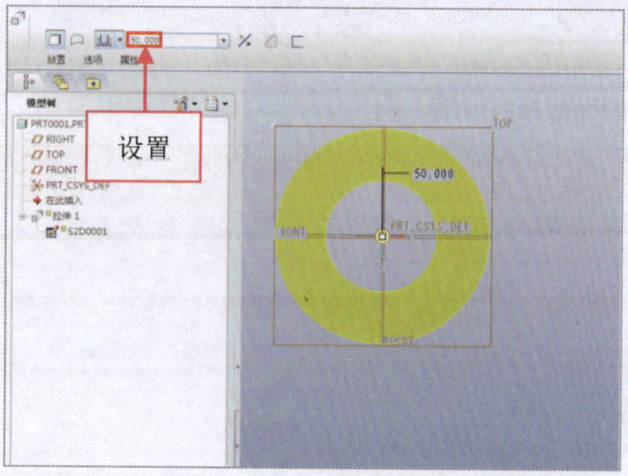

图 10-34 设置拉伸方式和拉伸的深度值等信息

图 10-35 生成拉伸特征

Step 05 可能从图 10-35 中难以看出生成拉伸特征的立体效果，此时可以按下鼠标滚轮并移动鼠标光标，查看其他角度的显示效果，如图 10-36 所示。

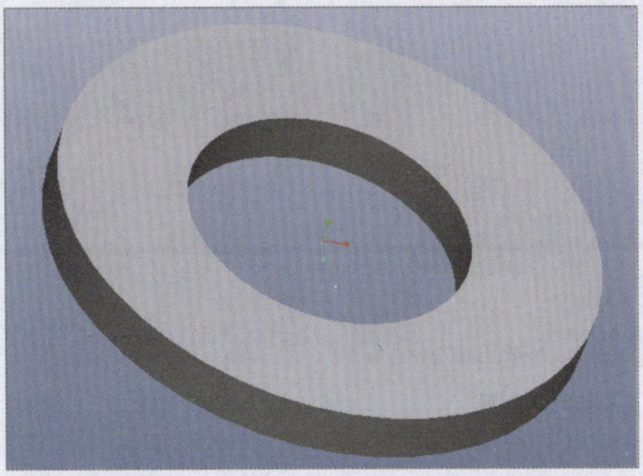

图 10-36　查看其他角度的显示效果

10.2.2　创建滚珠槽

接下来将使用切剪材料旋转的方法创建滚球槽。在草绘剖面时，要绘制一条与基础实体特征的中心轴线重合的中心线，将其为旋转中心线，具体操作步骤如下。

创建滚珠槽

Step 01 打开对应的素材文件，单击特征工具栏中的“旋转”按钮，如图 10-37 所示，调出旋转操作面板。

Step 02 在弹出的旋转操作面板中，单击“作为实体旋转”按钮和“移除材料”按钮，如图 10-38 所示，定义以旋转方式生成实体，并切剪材料旋转。

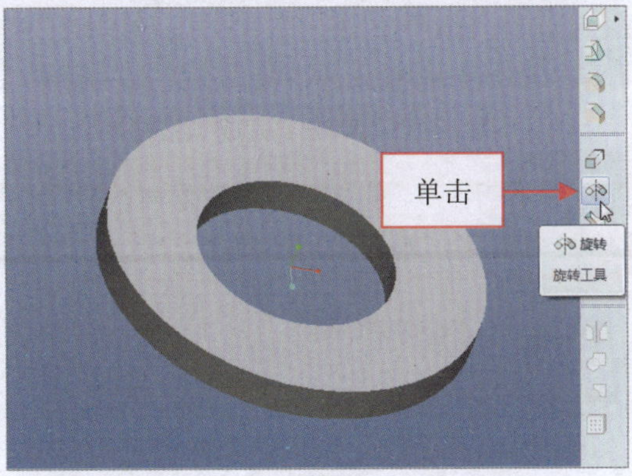

图 10-37　单击“旋转”按钮

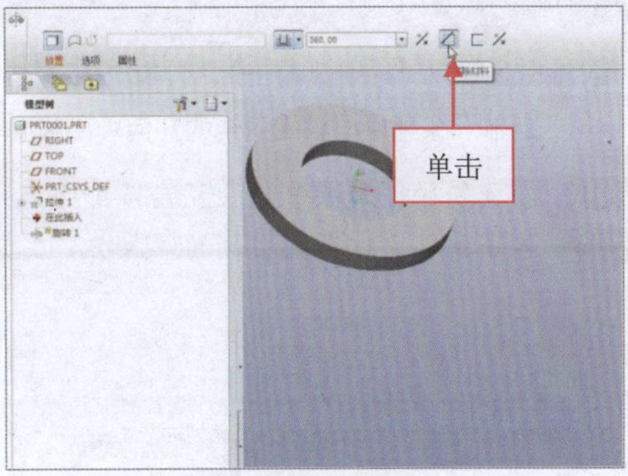

图 10-38　单击“移除材料”按钮

Step 03 单击“放置”按钮，在弹出的“放置”面板中，单击“定义”按钮，进行放置信息的定义。在弹出的“草绘”对话框中，设置放置的草绘平面和草绘方向信息，单击“草绘”按钮，如图 10-39 所示。

Step 04 进入零件模型的二维草绘模式，单击特征工具栏中的“线”按钮，单击弹出的列表框中的“几何中心线”按钮，如图 10-40 所示。

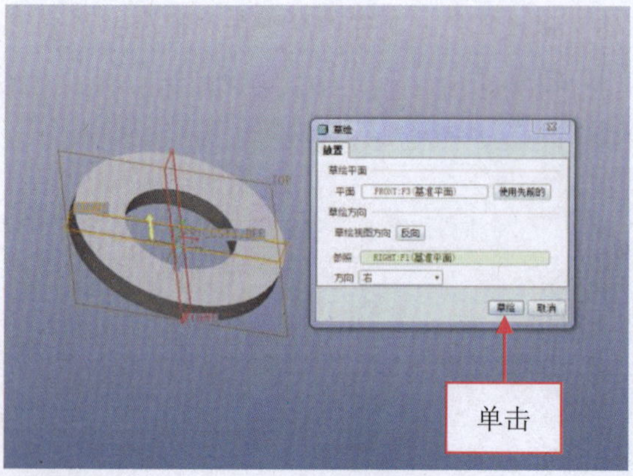

图 10-39　单击“草绘”按钮

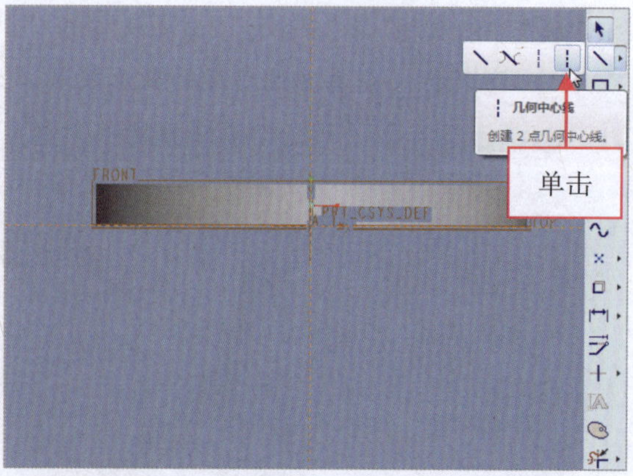

图 10-40　单击“几何中心线”按钮

Step 05 绘制一条与基础实体特征的中心轴线重合的几何中心线，如图 10-41 所示。

Step 06 单击特征工具栏中的“圆心和点”按钮，绘制一个圆，单击“完成”按钮，如图 10-42 所示，退出草绘模式。

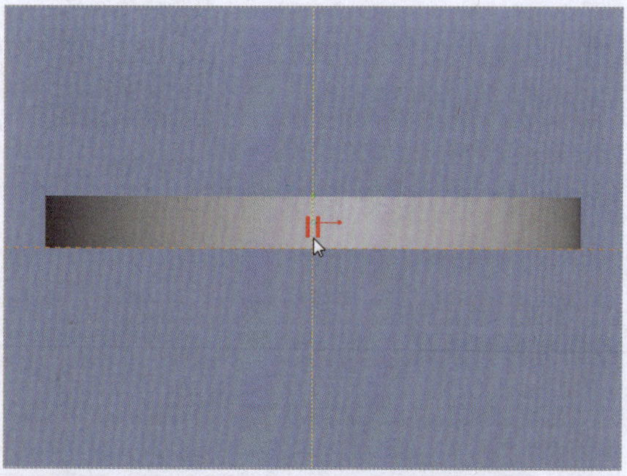

图 10-41　绘制一条与中心轴线重合的几何中心线

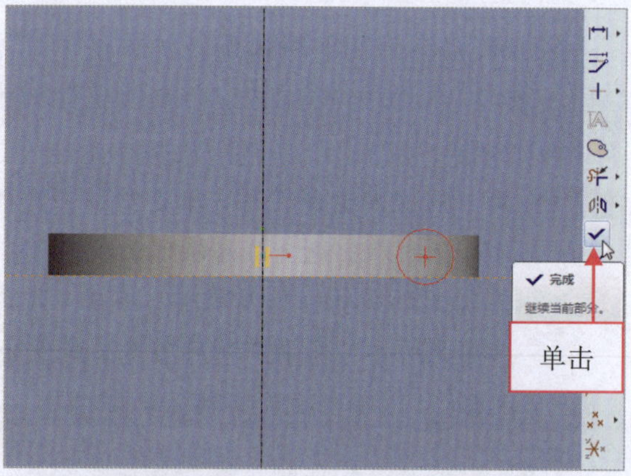

图 10-42　单击“完成”按钮

Step 07 在旋转操作面板中，设置旋转角度，如图 10-43 所示，设置切剪材料的方向。

Step 08 单击旋转操作面板右侧的按钮，完成滚珠槽的创建，如图 10-44 所示。

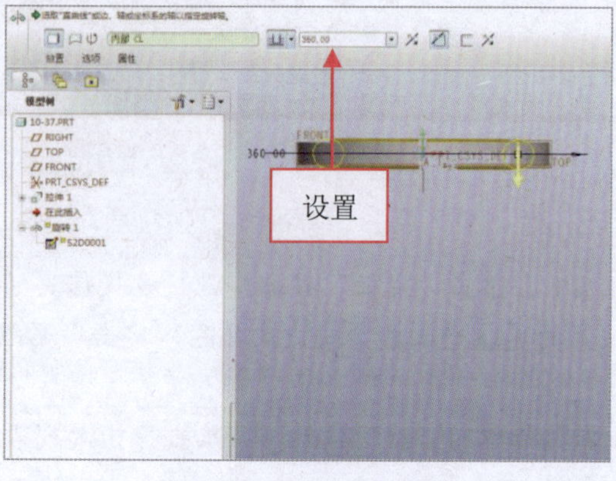

图 10-43　设置旋转角度

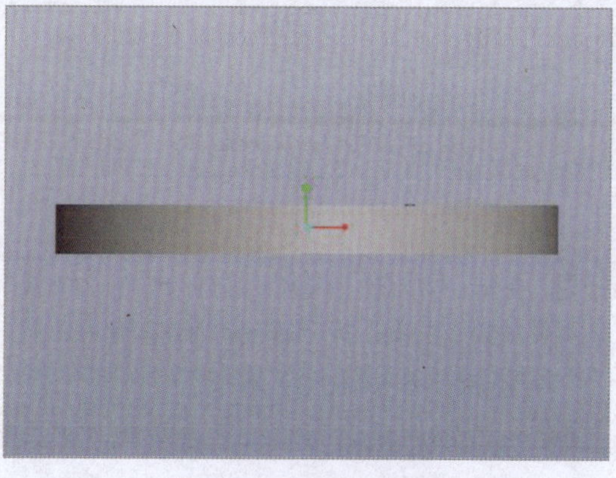

图 10-44　完成滚珠槽的创建

Step 09 可能从图 10-44 中难以看出滚珠槽的立体效果，此时可以按下鼠标滚轮并移动鼠标光标，查看其他角度的显示效果，如图 10-45 所示。

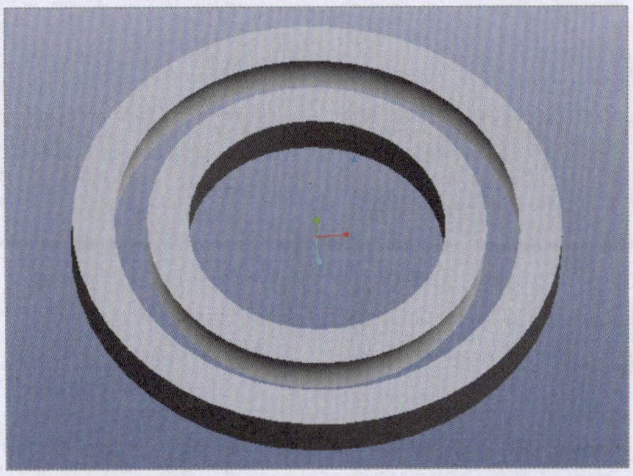

图 10-45　查看其他角度的显示效果

10.2.3　创建滚珠

创建滚珠

接下来创建一个基准平面，并以此基准平面为草绘平面，使用加材料旋转的方法创建一颗滚珠，然后使用特征操作中的组操作，将滚珠实体特征和基准平面 DTM1 合并成一个组特征。再使用特征阵列的方法创建其他的滚珠，其具体操作步骤如下。

Step 01 打开对应的素材文件，单击特征工具栏中的“平面”按钮，如图 10-46 所示，启用基准平面工具。

Step 02 在弹出的“基准平面”对话框中，设置基准平面的放置信息，单击“确定”按钮，如图 10-47 所示，确认放置信息。

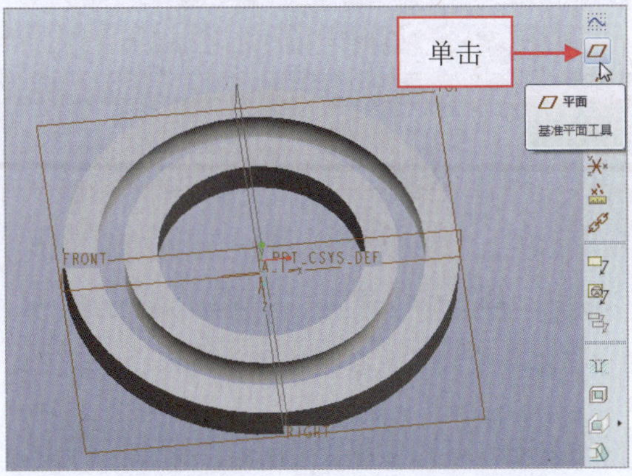

图 10-46　单击“平面”按钮

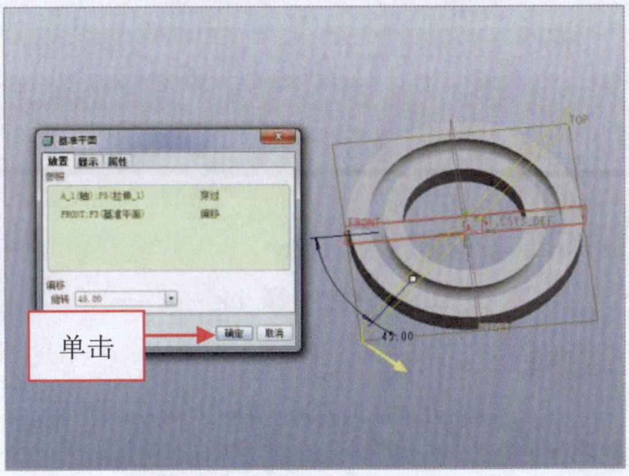

图 10-47　单击“确定”按钮

Step 03 单击特征工具栏中的“旋转”按钮，在弹出的旋转操作面板中，单击“作为曲面旋转”按钮，以旋转生成曲面实体。单击“放置”按钮，在弹出的“放置”面板中，单击“定义”按钮，进行放置信息的定义。

Step 04 在弹出的“草绘”对话框中，设置草绘的放置信息，单击“草绘”按钮，如图 10-48 所示，确认进行草绘。

Step 05 在弹出的“参照”对话框中，设置草绘的参照信息，单击“关闭”按钮，如图 10-49 所示，确定参照信息。

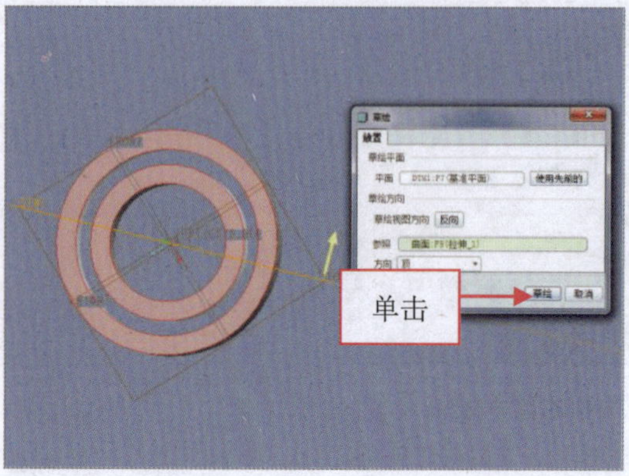

图 10-48　单击“草绘”按钮

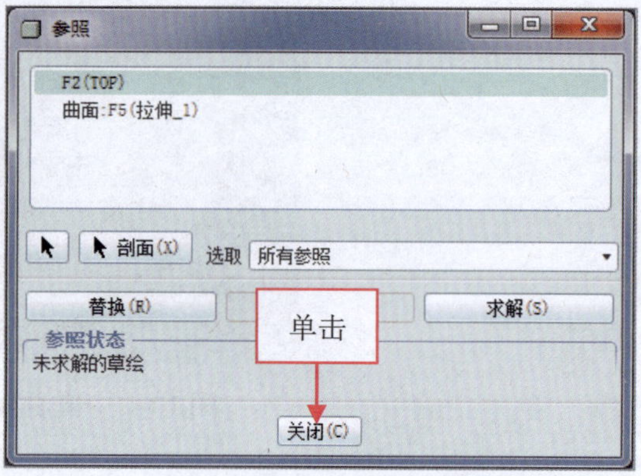

图 10-49　单击“关闭”按钮

Step 06 进入零件模型的二维草绘模式，单击特征工具栏中的“几何中心线”按钮，绘制一条几何中心线，如图 10-50 所示，将其作为滚珠二位草绘图的参照线。

Step 07 单击特征工具栏中的“圆心和端点”按钮，绘制一个半圆，如图 10-51 所示，确定滚珠的草绘图。

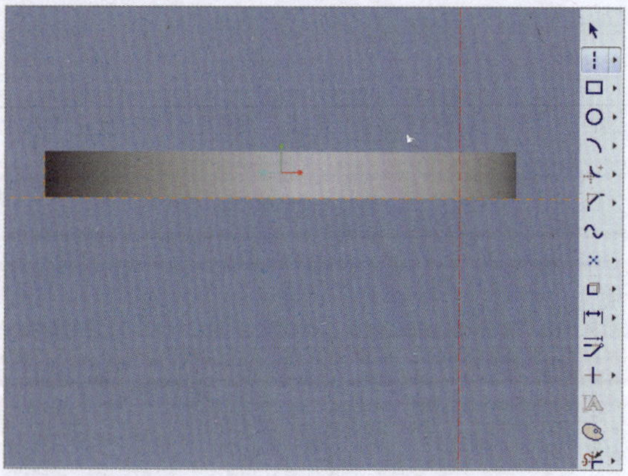

图 10-50　绘制一条几何中心线

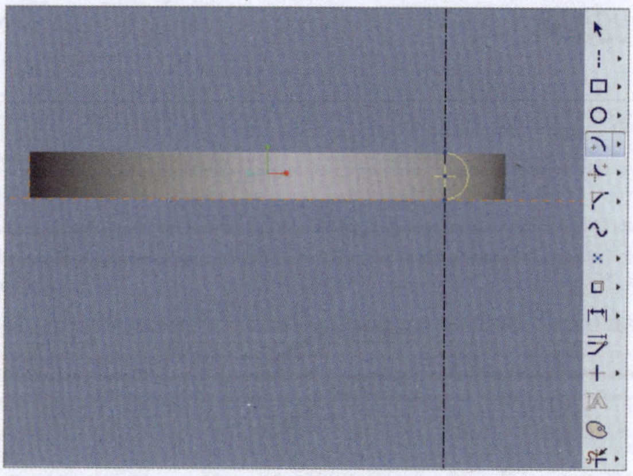

图 10-51　绘制一个半圆

Step 08 单击特征工具栏中的“完成”按钮，退出二维草绘模式。在旋转操作面板中，设置旋转角度为 360.00，如图 10-52 所示。

Step 09 单击旋转操作面板右侧的按钮，即可完成滚珠实体特征的创建，效果如图 10-53 所示。

Step 10 可能从图 10-53 中难以看出滚珠实体特征的立体效果，此时可以按下鼠标滚轮并移动鼠标光标，查看其他角度的显示效果，如图 10-54 所示。

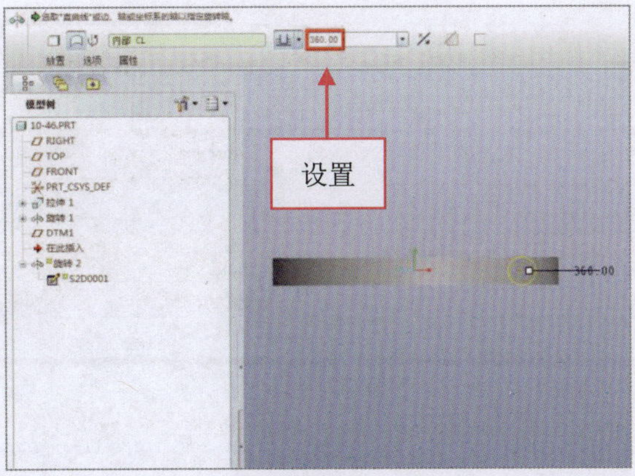

图 10-52　设置旋转角度为 360.00

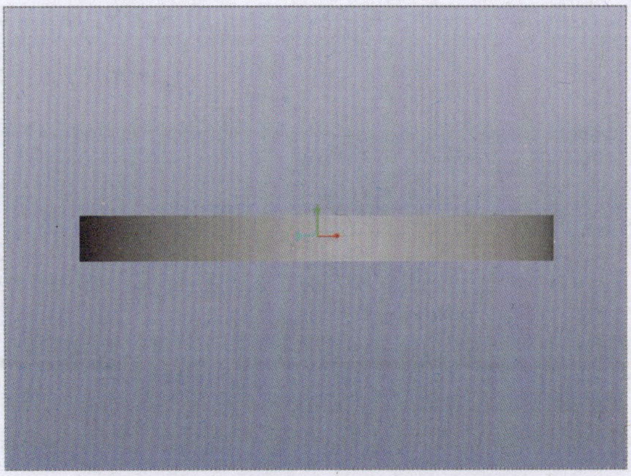

图 10-53　完成滚珠实体特征的创建

Step 11 在“模型树”窗口中，按住【Ctrl】键选取旋转 2 特征和基准平面 DTM1，单击鼠标右键，选择弹出的列表框中的“组”选项，如图 10-55 所示，创建一个组。

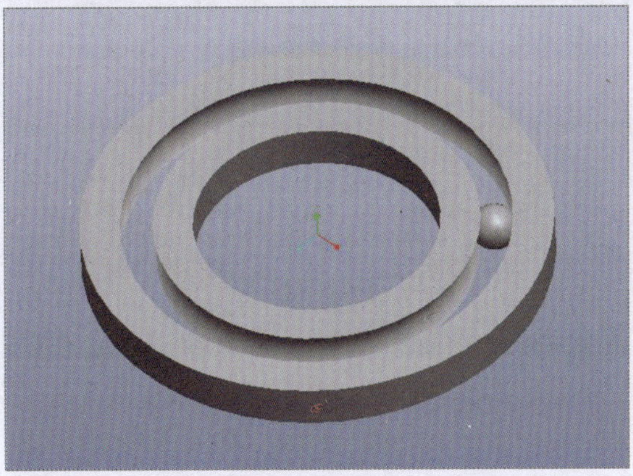

图 10-54　查看其他角度的显示效果

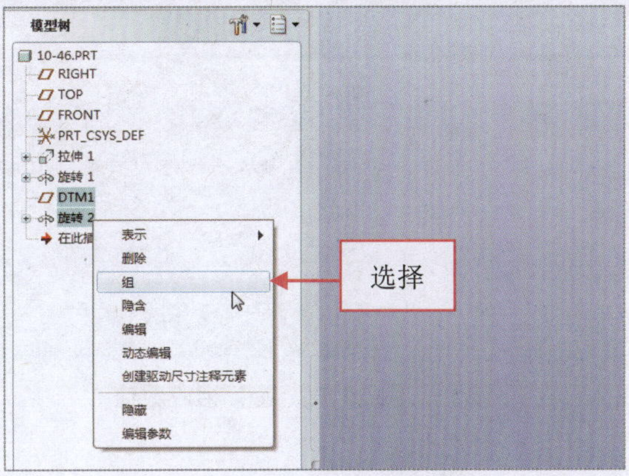

图 10-55　选择“组”选项

Step 12 选中生成的组，单击特征工具栏中的“阵列”按钮，如图 10-56 所示，启用阵列功能。

Step 13 设置阵列创建方式为“轴”，选中绘图区中的中心轴线 A_1，如图 10-57 所示，将其作为阵列的参照线。

Step 14 在阵列操作面板中，设置阵列的成员数和阵列成员间的角度距离数值，如图 10-58 所示，完成阵列信息的设置。

▶ 专家指点

在创建以轴为参照线的阵列时，可以根据自身需求设置阵列的成员数和阵列成员间的角度距离数值。但是，如果要使各阵列成员平衡地分布成一圈，还需要注意将两者的乘积控制为 360。

Step 15 单击阵列操作面板右侧的✔按钮，即可阵列的创建，生成轴承的实体模型，如图 10-59 所示。

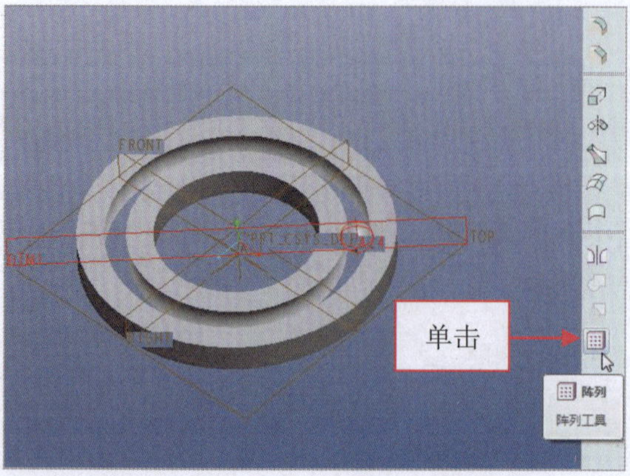

图 10-56　单击“阵列”按钮

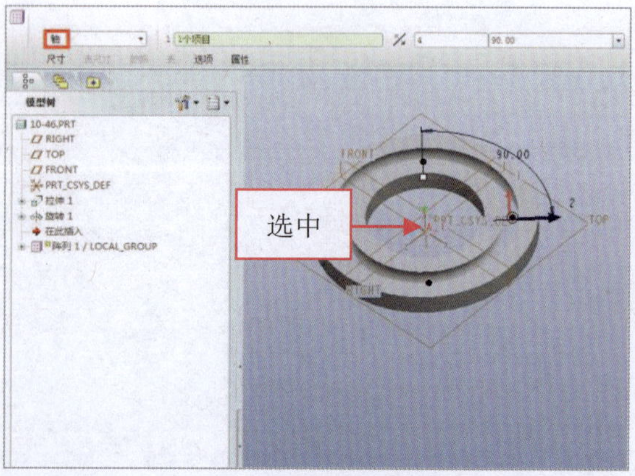

图 10-57　选中绘图区中的中心轴线 A_1

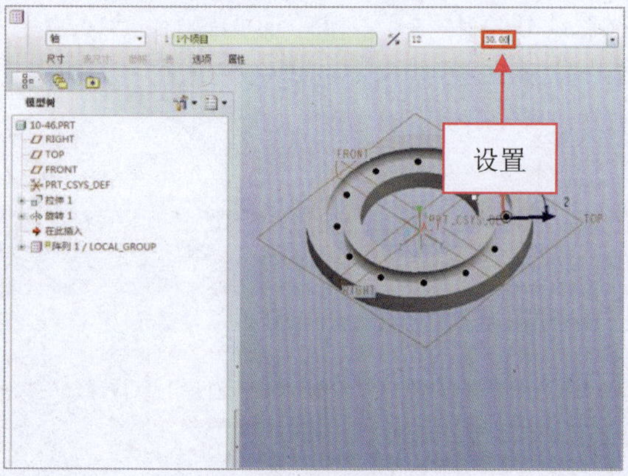

图 10-58　设置相应数值

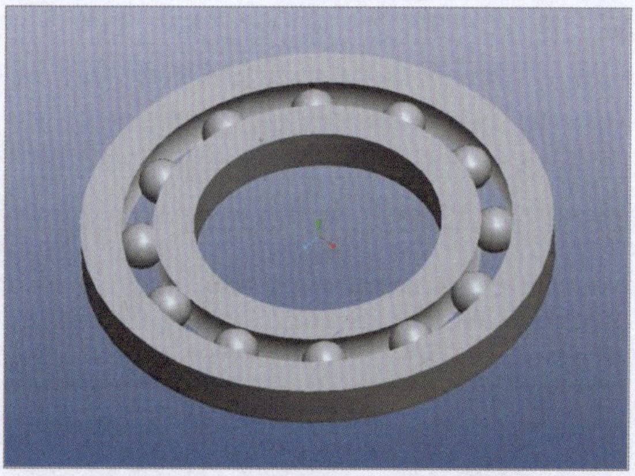

图 10-59　生成轴承的实体模型

10.3　沐浴露瓶

沐浴露瓶模型的创建主要运用了混合实体、旋转实体、扫描实体、边界曲面、实体化及圆角等命令设计沐浴露瓶模型。本实例的重点和难点在于，绘制混合实体、绘制旋转实体、绘制基准曲线及边界曲面和利用边界曲面切除实体。本节将从创建沐浴露瓶身、创建沐浴露瓶颈及瓶底、创建沐浴露手柄和调整沐浴露瓶的颜色方面，介绍沐浴露瓶的创建技巧。

10.3.1　创建沐浴露瓶身

在创建沐浴露瓶模型之前，首先要做的就是使用混合实体命令创建沐浴露瓶身模型，其具体操作步骤如下。

创建沐浴露瓶身

Step 01　参照 10.1.1 中的 Step 01 至 Step 02 中的操作，进入零件模型设计模式，单击“插入”|“混合”|“伸出项”命令，如图 10-60 所示。

Step02 在弹出的“菜单管理器”对话框中，选择“平行”“规则截面”“草绘截面”和“完成”选项，如图 10-61 所示，设置混合选项的信息。

Step03 执行操作后，会弹出“伸出项：混合，平行，规则截面”对话框和“菜单管理器”对话框。在“菜单管理器”对话框中，选择“光滑”“完成”选项，如图 10-62 所示，设置混合伸出项的信息。

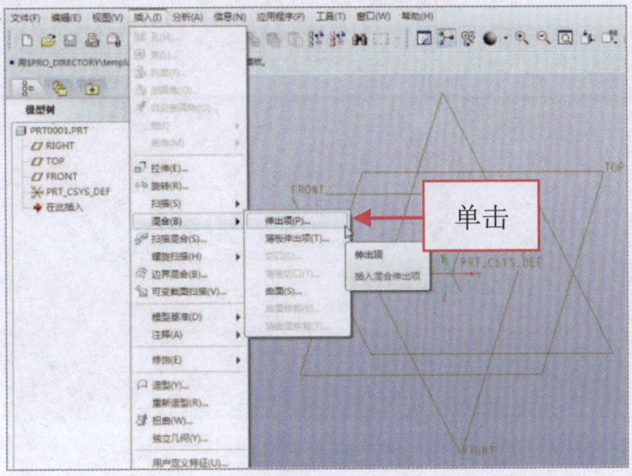

图 10-60　单击“伸出项”命令

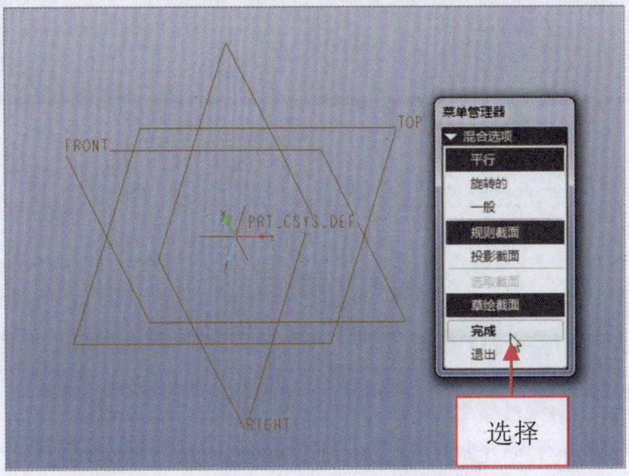

图 10-61　选择“完成”选项（1）

Step04 依次选择“新设置”和“平面”选项，设置草绘平面和平面信息，将鼠标光标放置在 TOP 基准平面上，如图 10-63 所示，将其作为混合实体草绘平面。

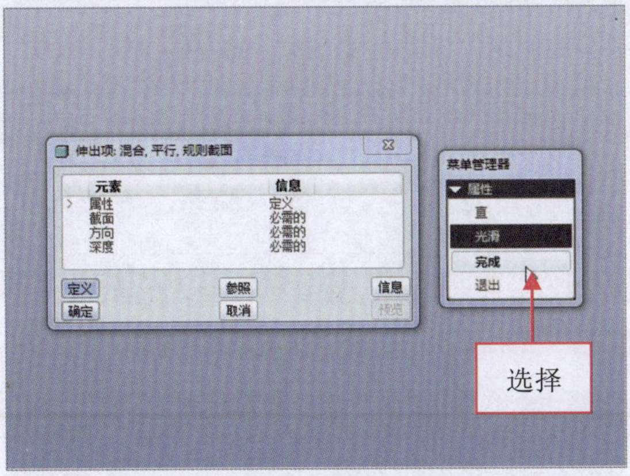

图 10-62　选择“完成”选项（2）

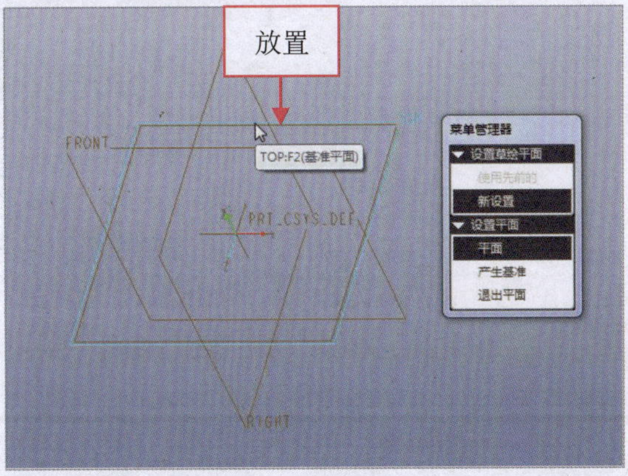

图 10-63　将鼠标光标放置在 TOP 基准平面上

Step05 绘图区中会出现红色的箭头，选择“菜单管理器”对话框中的“确定”选项，设置草绘的方向。选择“缺省”选项，设置草绘的视图信息。

Step06 进入二维草绘模式，单击“圆心和点”按钮，单击弹出的列表框中的“中心和轴椭圆”按钮，如图 10-64 所示。

Step07 在草绘区中绘制一个椭圆，如图 10-65 所示。

Step08 单击“草绘”|“特征工具”|“切换截面”命令，如图 10-66 所示，将绘制的椭圆切换成截面。

Step09 如果椭圆变成了灰色，就说明该椭圆已成功切换成截面，如图 10-67 所示。

Step 10 参照同样的操作，在草绘区中再绘制四个椭圆，并将这些切换成截面，效果如图 10-68 所示。

Step 11 单击特征工具栏中的“圆心和点”按钮，绘制一个圆，如图 10-69 所示，将其作为第六个截面。单击“完成”按钮，完成二维草绘图形的绘制。

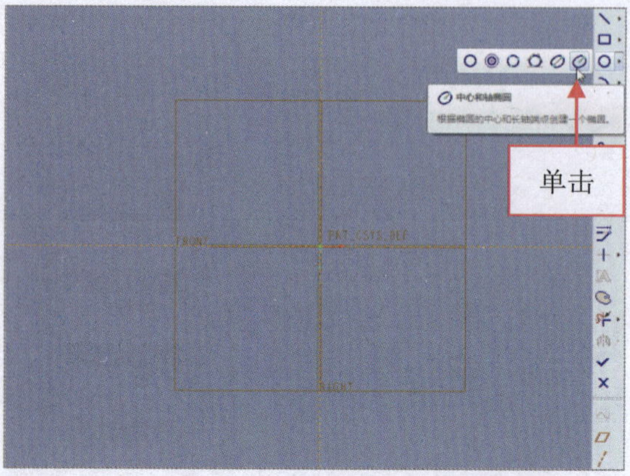

图 10-64　单击“中心和轴椭圆”按钮

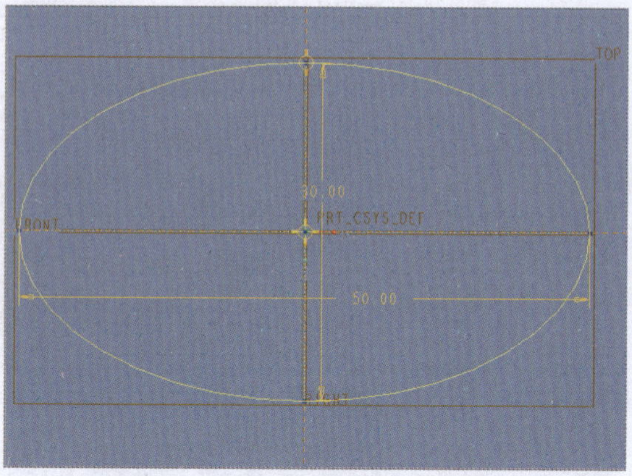

图 10-65　在草绘区中绘制一个椭圆

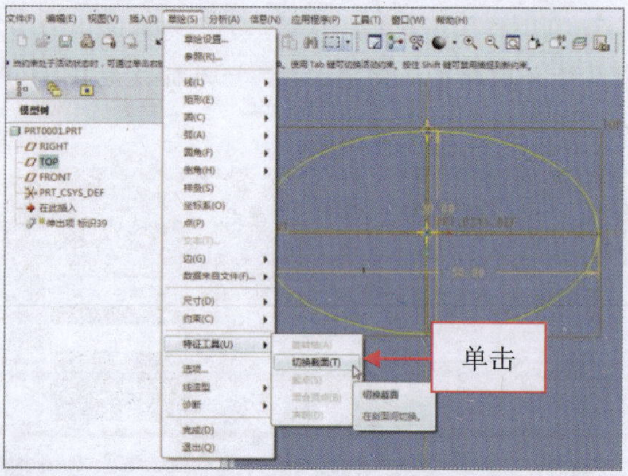

图 10-66　单击“切换截面”命令

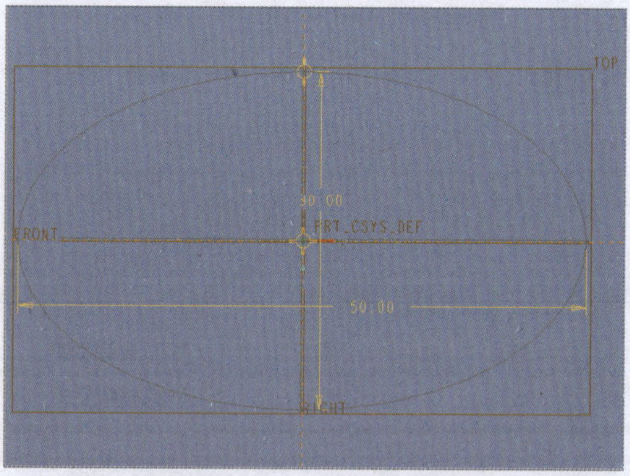

图 10-67　椭圆已成功切换成截面

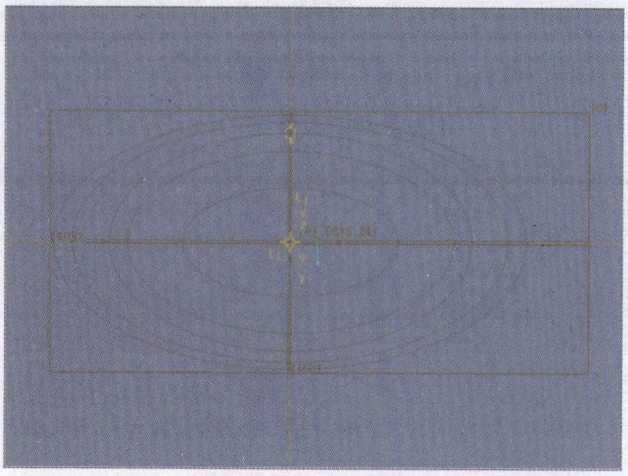

图 10-68　绘制四个椭圆并将其切换成截面

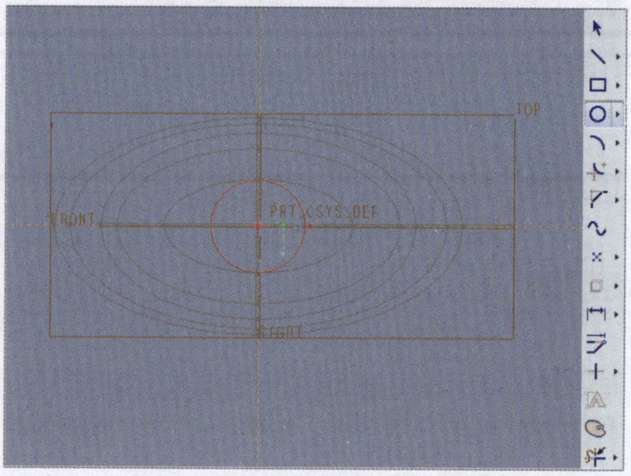

图 10-69　绘制一个圆

Step 12 在弹出的“菜单管理器”对话框中，设置深度信息，如选择“盲孔”和“完成”选项，如图 10-70 所示。

Step 13 在弹出的“输入截面 2 的深度”面板中，输入对应的深度值，如 40.0 000，如图 10-71 所示，按【Enter】键，确认截面的深度。

Step 14 在弹出的“输入截面 3 的深度”面板中，输入对应的深度值，如 30.0 000，如图 10-72 所示，按【Enter】键，确认截面的深度。

Step 15 在弹出的“输入截面 4 的深度”面板中，输入对应的深度值，如 110.0 000，如图 10-73 所示，按【Enter】键，确认截面的深度。

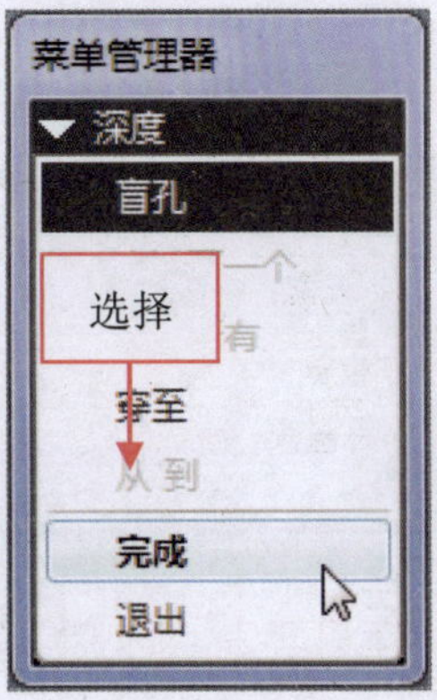

图 10-70　选择“完成”选项（3）

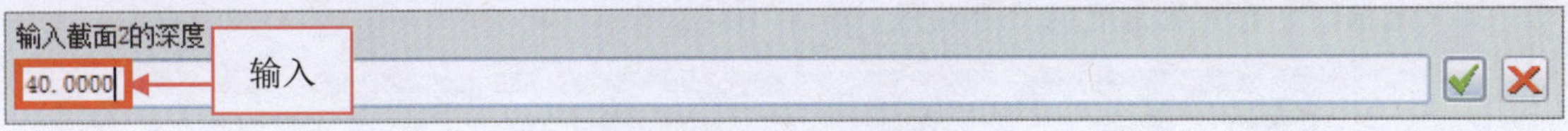

图 10-71　输入 40.0 000

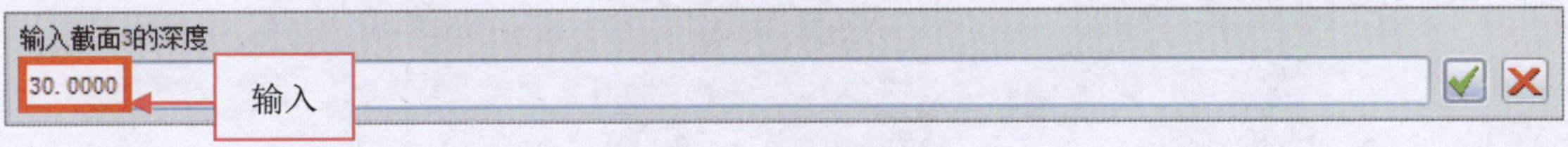

图 10-72　输入 30.0 000

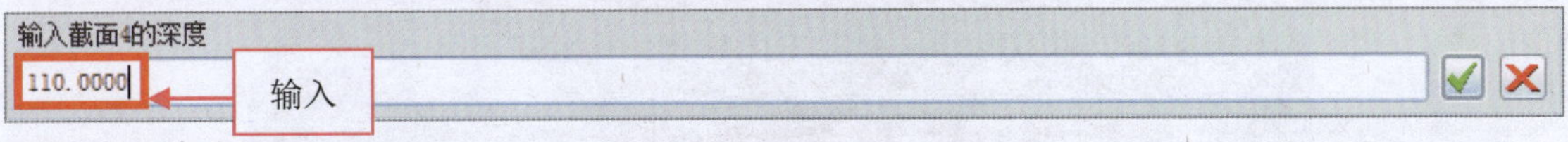

图 10-73　输入 110.0 000

Step 16 在弹出的“输入截面 5 的深度”面板中，输入对应的深度值，如 10.0000，如图 10-74 所示，按【Enter】键，确认截面的深度。

图 10-74　输入 10.0 000

Step 17 在弹出的“输入截面 6 的深度”面板中，输入对应的深度值，如 10.0 000，单击“接受值”按钮，如图 10-75 所示，完成截面深度的设置。

Step 18 返回“伸出项：混合，平行，规则截面”对话框，单击“确定”按钮，如图 10-76 所示，确定混合伸出项的设置。

Step 19 执行操作后，即可查看创建的沐浴露瓶身，效果如图 10-77 所示。

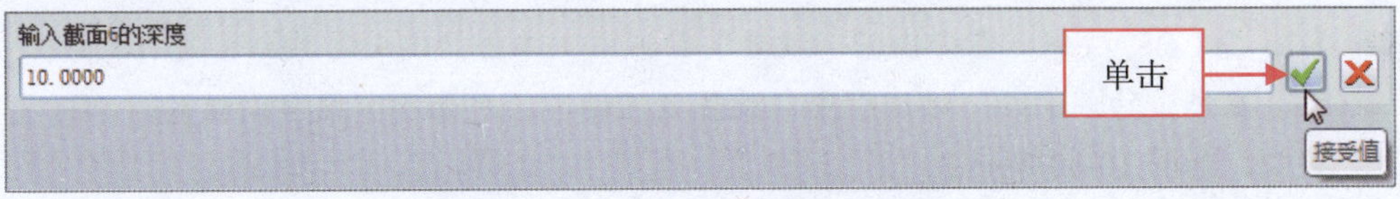

图 10-75　单击“接受值”按钮

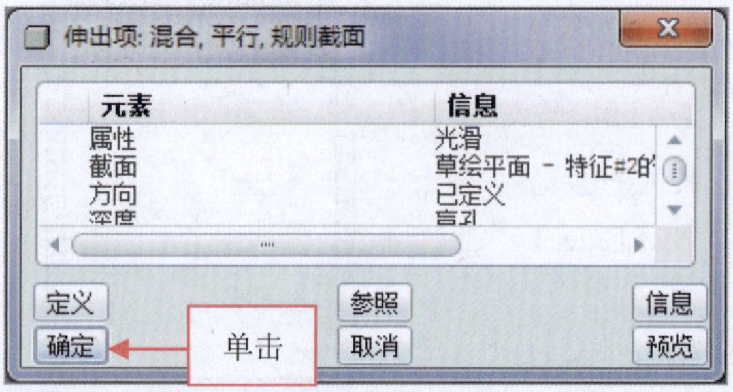

图 10-76 单击“确定”按钮

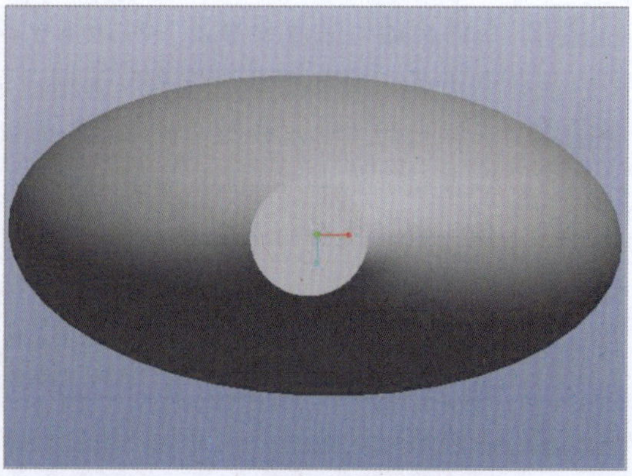

图 10-77 查看创建的沐浴露瓶身

Step 20 可能从图 10-77 中难以看出沐浴露瓶身的立体效果，此时可以按下鼠标滚轮并移动鼠标光标，查看其他角度的显示效果，如图 10-78 所示。

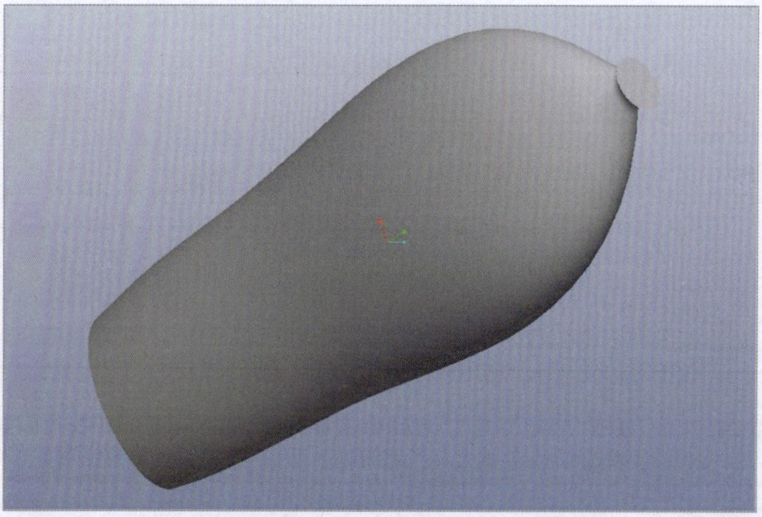

图 10-78 查看其他角度的显示效果

10.3.2 创建沐浴露瓶颈及瓶底

接下来的操作是使用旋转实体、扫描实体、扫描切口等命令创建沐浴露瓶颈和瓶底，其具体操作步骤如下。

创建沐浴露瓶颈及瓶底

Step 01 打开对应的素材文件，单击特征工具栏中的“旋转”按钮，调出旋转操作面板。在弹出的旋转操作面板中，单击“作为实体旋转”按钮，如图 10-79 所示，定义以旋转方式生成实体。

Step 02 单击“放置”按钮，在弹出的“放置”面板中，单击“定义”按钮，进行放置信息的定义。在弹出的“草绘”对话框中，设置放置的草绘平面和草绘方向信息，单击“草绘”按钮，如图 10-80 所示。

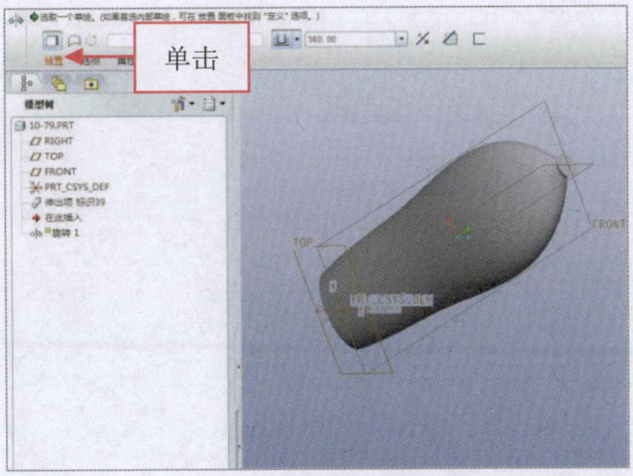

图 10-79　单击“作为实体旋转”按钮

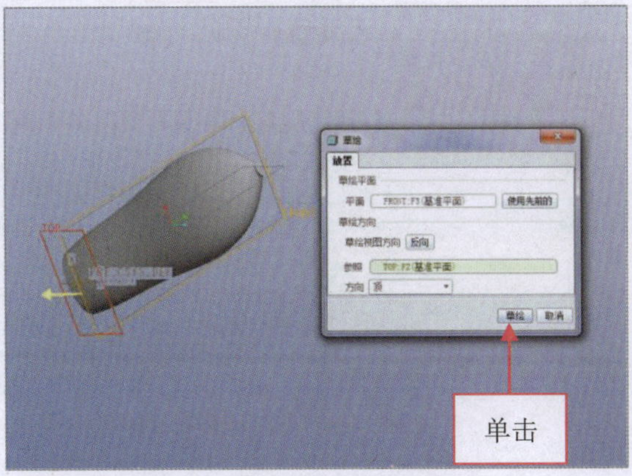

图 10-80　单击“草绘”按钮

Step 03 进入零件模型的二维草绘模式，单击特征工具栏中的“线”按钮，单击弹出的列表框中的“几何中心线”按钮，绘制 1 条与中心轴线重合的几何中心线，如图 10-81 所示，将其作为草绘的参照线。

Step 04 单击特征工具栏中的“线”按钮，绘制沐浴露瓶颈的二维草绘图，单击“完成”按钮，如图 10-82 所示。

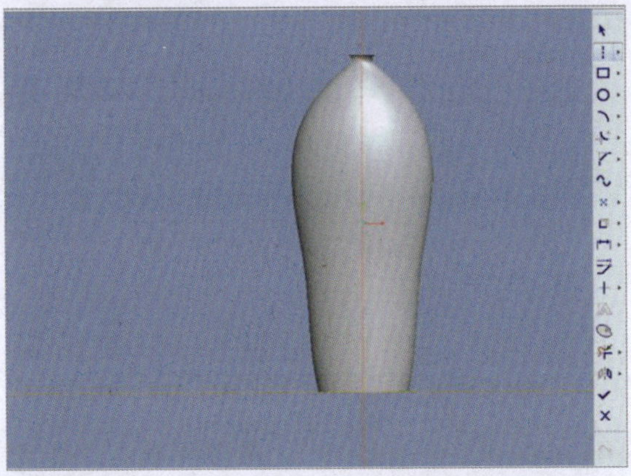

图 10-81　绘制 1 条与中心轴线重合的中心线

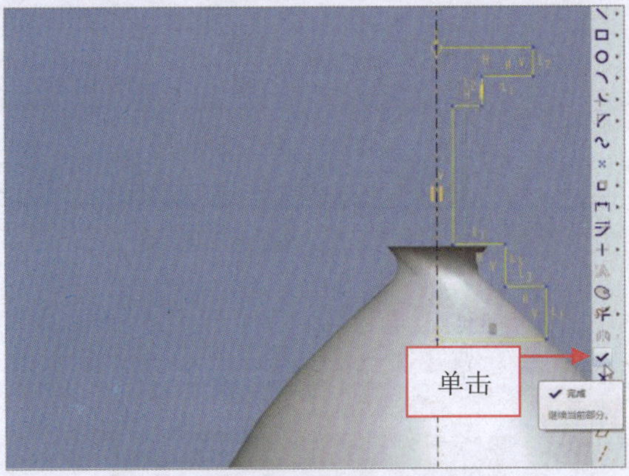

图 10-82　单击“完成”按钮（1）

Step 05 执行操作后，即可预览旋转特征的效果。在旋转特征操作面板中，设置旋转角度为 360.00，如图 10-83 所示。

Step 06 单击旋转操作面板右侧的按钮，即可完成沐浴露瓶颈的创建，效果如图 10-84 所示。

Step 07 单击“插入”|“扫描”|“伸出项”命令，如图 10-85 所示，开始进行沐浴露瓶口的创建。

Step 08 执行操作后，会弹出“伸出项：扫描”对话框和扫描轨迹设置的“菜单管理器”对话框。选择“菜单管理器”对话框中的“草绘轨迹”选项，如图 10-86 所示，设置扫描的轨迹。

Step 09 依次选择“新设置”和“平面”选项，设置草绘平面和平面信息，将鼠标光标放置在 FRONT 基准平面上，如图 10-87 所示，单击鼠标左键，将其作为草绘的参照平面。

Step 10 选择“确定”选项，如图 10-88 所示，设置草绘的参照方向。选择“缺省”选项，设置草绘视图的信息。

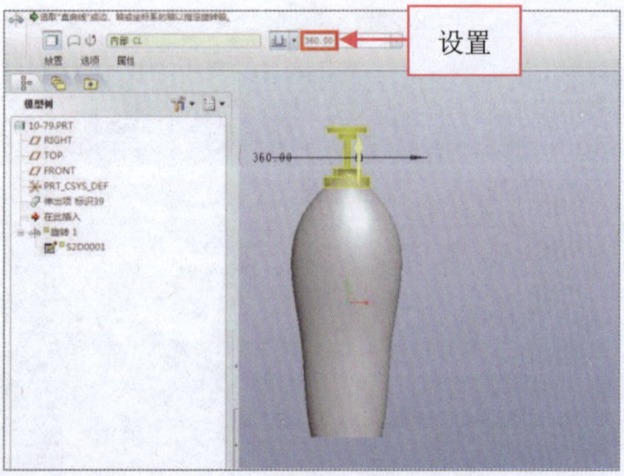

图 10-83　设置旋转角度为 360.00

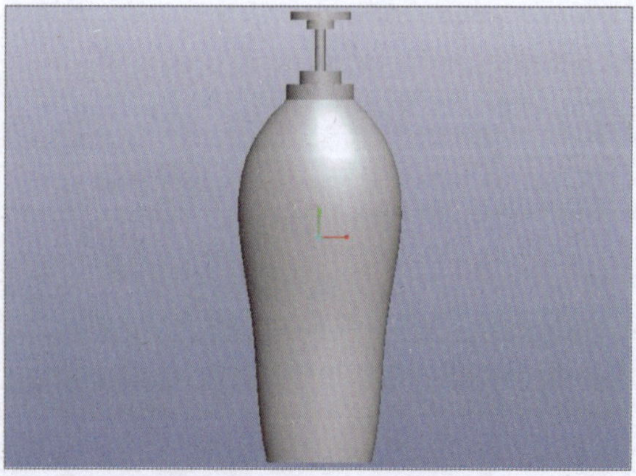

图 10-84　完成沐浴露瓶颈的创建

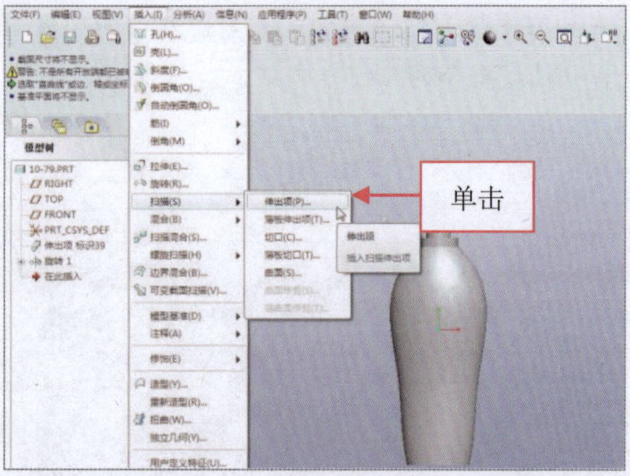

图 10-85　单击“伸出项”命令

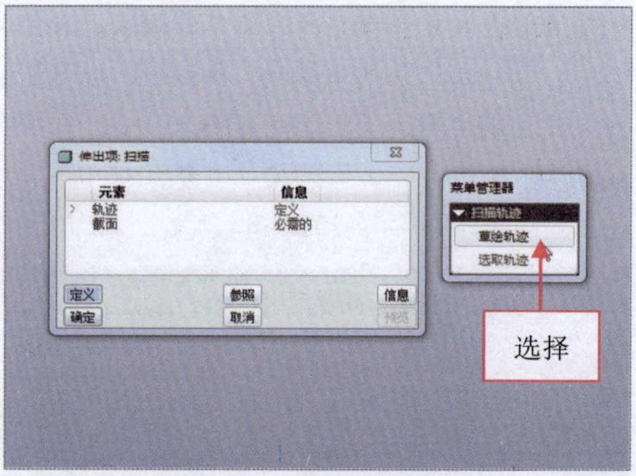

图 10-86　选择“草绘轨迹”选项（1）

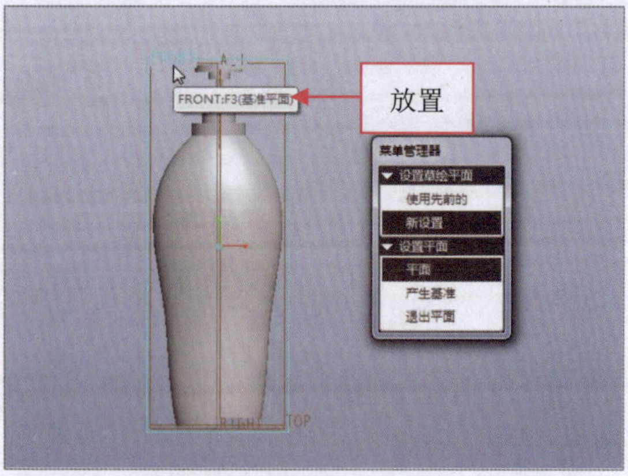

图 10-87　将鼠标光标放置在 FRONT 基准平面上（1）

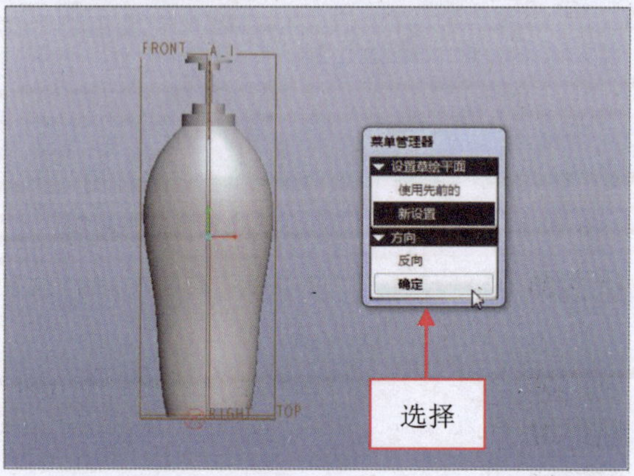

图 10-88　选择“确定”选项（1）

Step 11 单击特征工具栏中的“线”按钮，绘制一条线段，如图 10-89 所示，将其作为水平扫描轨迹线。

Step 12 单击特征工具栏中的“3 点/相切端”按钮，绘制一条圆弧，如图 10-90 所示，将其作为圆弧扫描轨迹线。单击“完成”按钮，退出草绘模式，完成沐浴露瓶口的二维草绘图形创建。

图 10-89　绘制一条线段

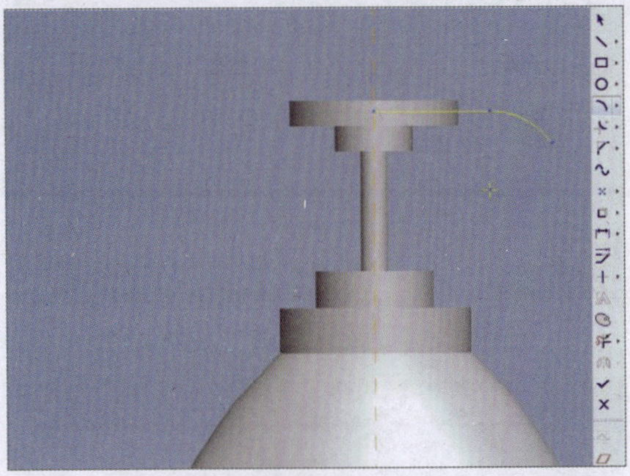

图 10-90　绘制一条圆弧

Step 13 在弹出的“菜单管理器”对话框中，依次选择“自由端”和“完成”选项，如图 10-91 所示，完成属性信息的设置。

Step 14 单击特征工具栏中的“圆心和点”按钮，绘制一个圆，单击“完成”按钮，如图 10-92 所示，完成扫描截面的绘制。

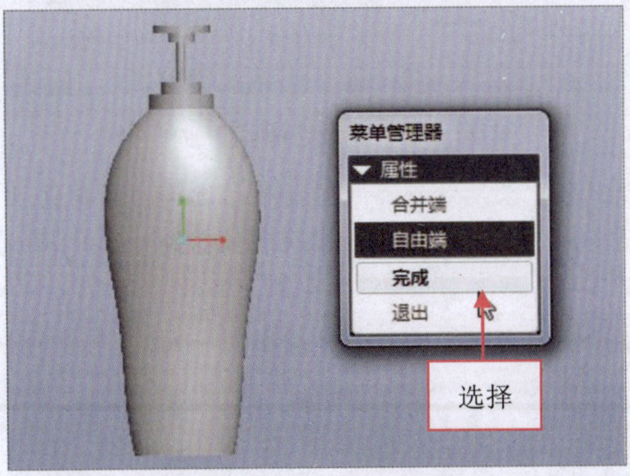

图 10-91　选择“完成”选项（1）

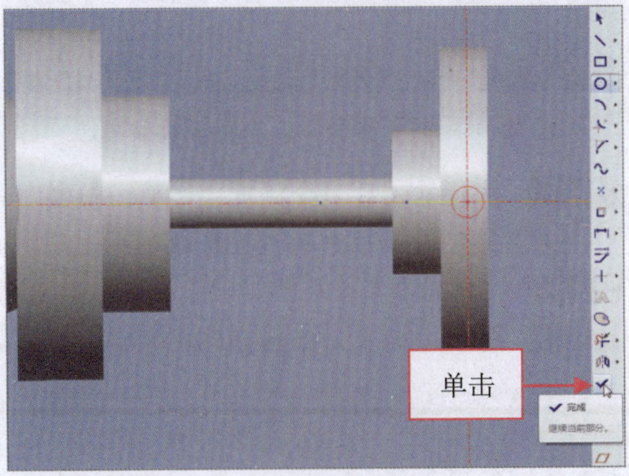

图 10-92　单击“完成”按钮（2）

Step 15 单击“伸出项：扫描”对话框中的“确定”按钮，如图 10-93 所示，确定设置的伸出项扫描信息。

Step 16 执行操作后，即可完成沐浴露瓶口的创建，效果如图 10-94 所示。

Step 17 可能从 10-94 中难以看出沐浴露瓶口的立体效果，此时可以按下鼠标滚轮并移动鼠标光标，查看其他角度的显示效果，如图 10-95 所示。

Step 18 单击“插入”|“扫描”|“切口”命令，如图 10-96 所示，开始沐浴露瓶底的创建。

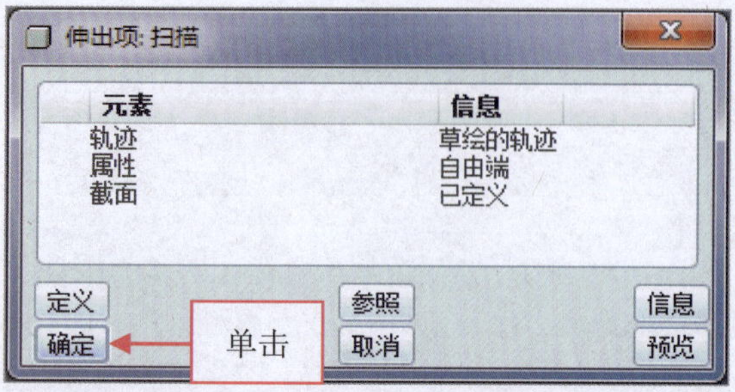

图 10-93　单击“确定”按钮（1）

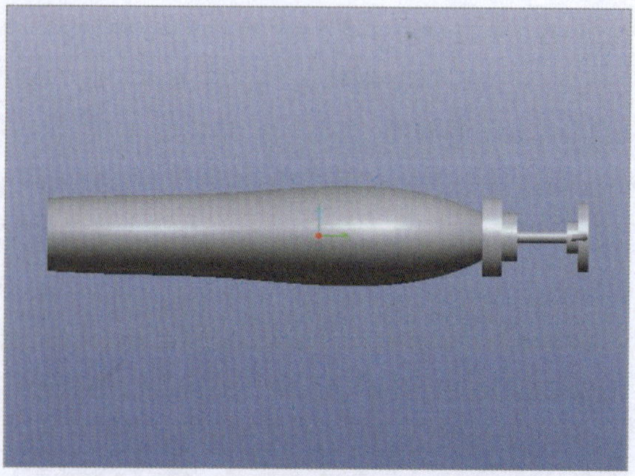

图 10-94　完成沐浴露瓶口的创建

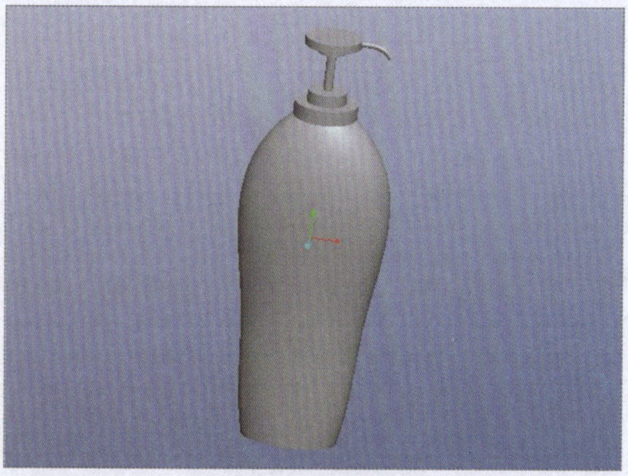

图 10-95　查看其他角度的显示效果（1）

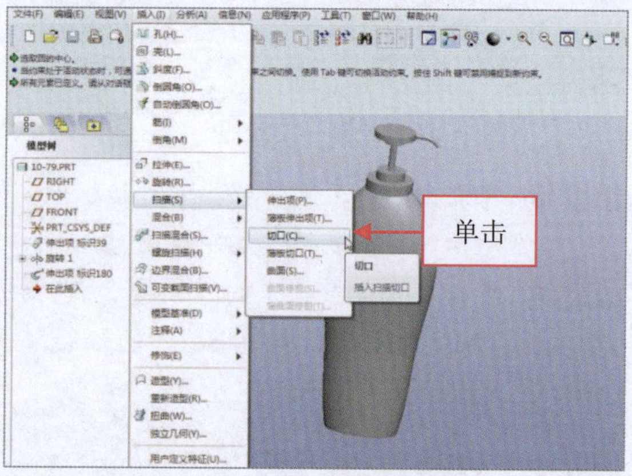

图 10-96　单击“切口”命令

Step 19 执行操作后，会弹出“切剪：扫描”对话框和“菜单管理器”对话框，选择“菜单管理器”对话框中的“草绘轨迹”选项，如图 10-97 所示，设置扫描轨迹的信息。

Step 20 依次选择“新设置”和“平面”选项，设置草绘平面和平面信息，将鼠标光标放置在 FRONT 基准平面上，如图 10-98 所示，单击鼠标左键，将该平面作为草绘参照平面。

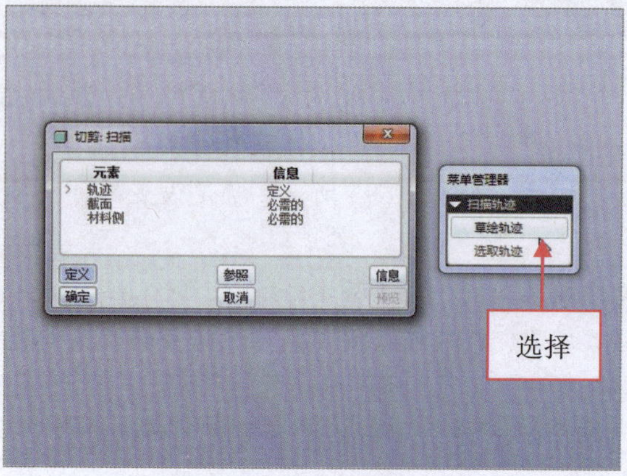

图 10-97　选择“草绘轨迹”选项（2）

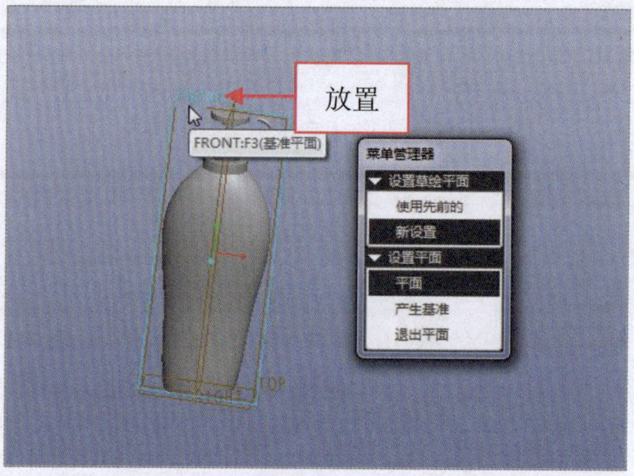

图 10-98　将鼠标光标放置在 FRONT 基准平面上（2）

Step21 在“菜单管理器”对话框中，选择“确定”选项，确定草绘的方向。选择“缺省”选项，设置草绘视图信息。

Step22 进入二维草绘模式，单击特征工具栏中的“3 点/相切端”按钮，绘制一条圆弧，如图 10-99 所示，将其作为圆弧扫描轨迹线。单击“完成”按钮，完成扫描轨迹的绘制。

Step23 依次选择“菜单管理器”对话框中的“自由端”和“完成”选项，如图 10-100 所示，完成扫描属性信息的设置。

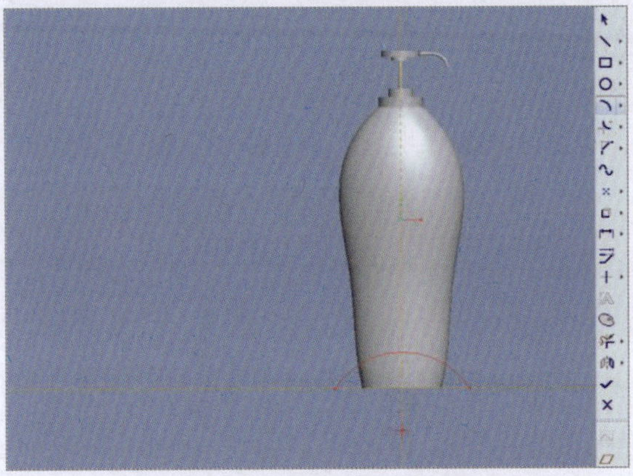

图 10-99　绘制一条圆弧

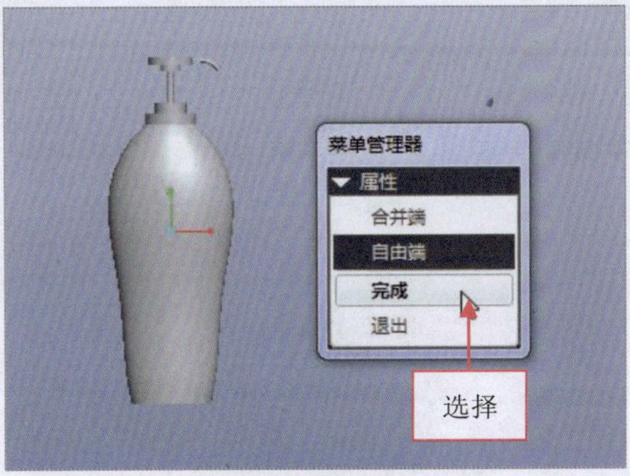

图 10-100　选择“完成”选项（2）

Step24 进入二维草绘模式，单击特征工具栏中的“3 点/相切端”按钮，绘制一条圆弧（圆弧中心落在水平基准线上，且与垂直基准线相切），单击“完成”按钮，如图 10-101 所示，完成圆弧扫描截面的绘制。

Step25 选择“确定”选项，如图 10-102 所示，确定扫描的方向。

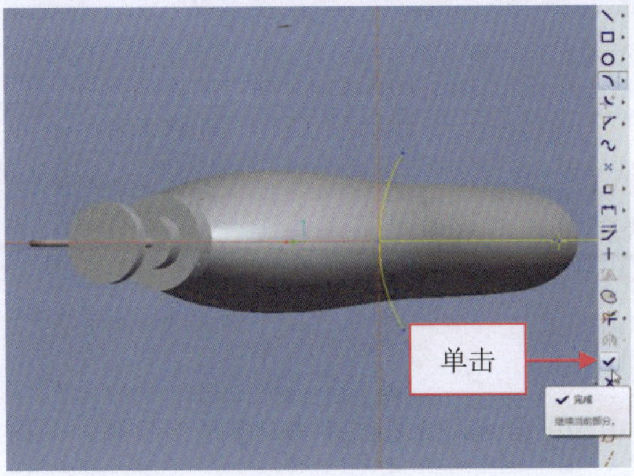

图 10-101　单击“完成”按钮（3）

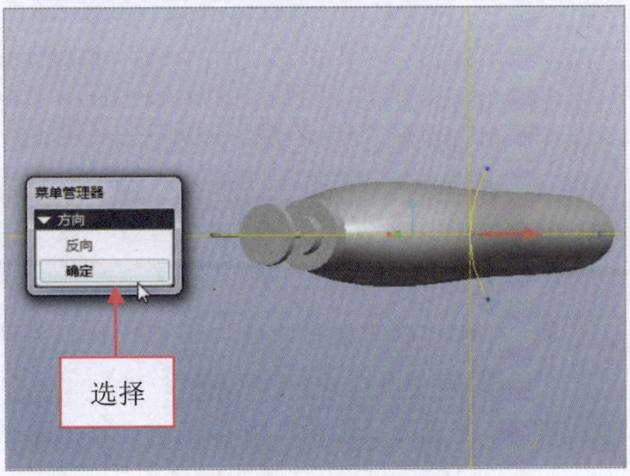

图 10-102　选择“确定”选项（2）

Step26 单击“切剪：扫描”对话框中的“确定”按钮，如图 10-103 所示，确定切剪扫描的相关设置。

Step27 执行操作后，即可查看创建的沐浴露瓶底，效果如图 10-104 所示。

Step28 可能从图 10-104 中难以看出沐浴露瓶底的立体效果，此时可以按下鼠标滚轮并移动鼠标光标，查看其他角度的显示效果，如图 10-105 所示。

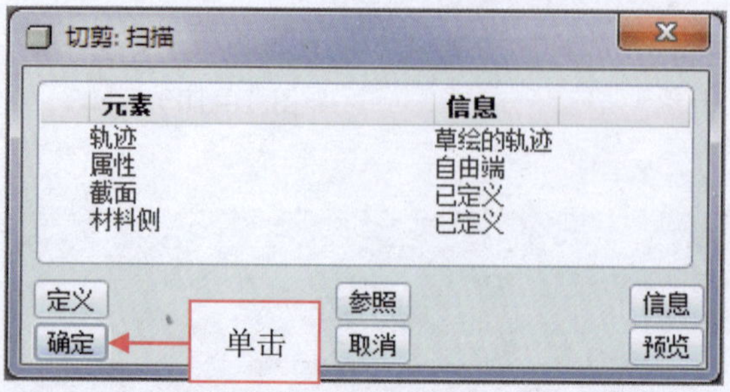

图 10-103　单击“确定”按钮（2）

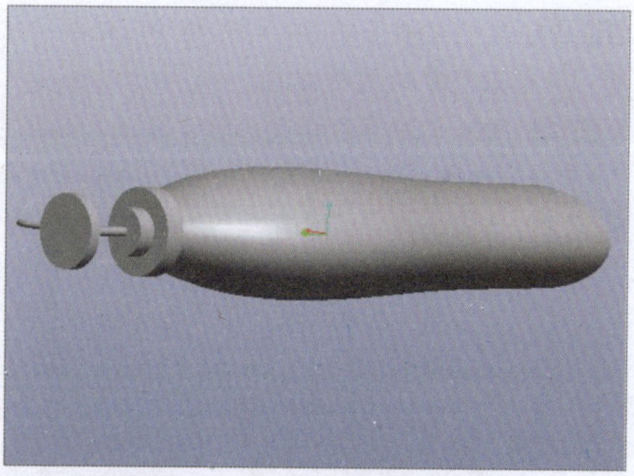

图 10-104　查看创建的沐浴露瓶底

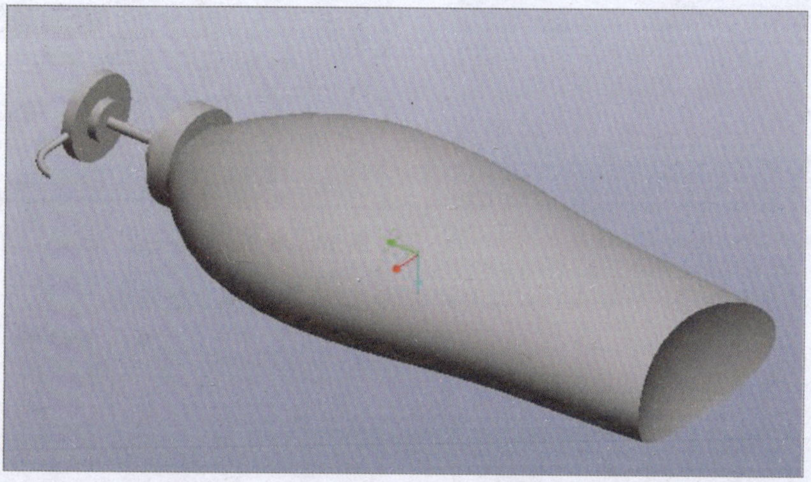

图 10-105　查看其他角度的显示效果（2）

10.3.3　创建沐浴露手柄

创建沐浴露手柄

接下来的操作是使用草绘、边界曲面、实体化及圆角等命令完成沐浴露手柄其他部分的绘制，其具体操作步骤如下。

Step 01 打开对应的素材文件，单击特征工具栏中的“草绘”按钮，如图 10-106 所示，启动草绘模式。

Step 02 在弹出的“草绘”对话框中，设置草绘平面和草绘方向信息，单击“草绘”按钮，如图 10-107 所示，确定设置信息。

Step 03 进入零件模型的二维草绘模式，单击特征工具栏中的“中心和轴椭圆”按钮，绘制一个椭圆，如图 10-108 所示，将其作为沐浴露手柄的二维草绘参照图。

Step 04 单击“完成”按钮，结束基准曲线绘制，效果如图 10-109 所示。

Step 05 单击工具栏中的“线框”按钮，如图 10-110 所示，将实体模型的显示方式切换为线框模式。

▶ 专家指点

Pro/E Wildfire 5.0 中实体模型会默认以着色模式显示，但是在着色模式下，绘制的基准曲线将无法显示出来，这不利于后面的操作，所以需要将显示模式切换为线框模式。

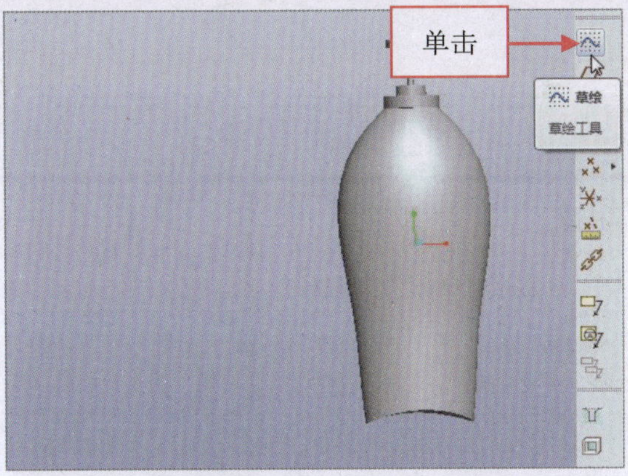

图 10-106　单击“草绘”按钮

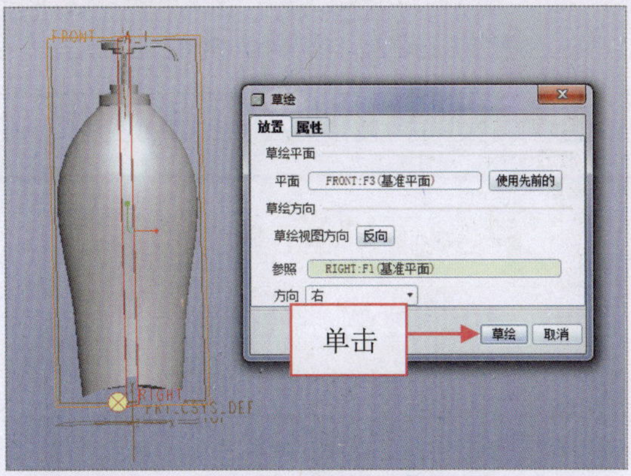

图 10-107　单击“草绘”按钮（1）

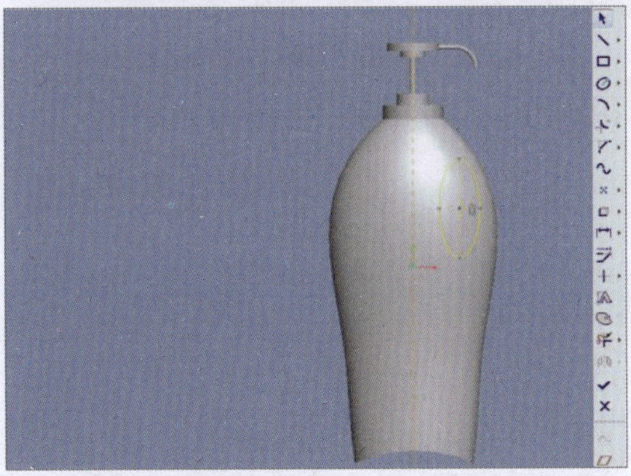

图 10-108　绘制一个椭圆（1）

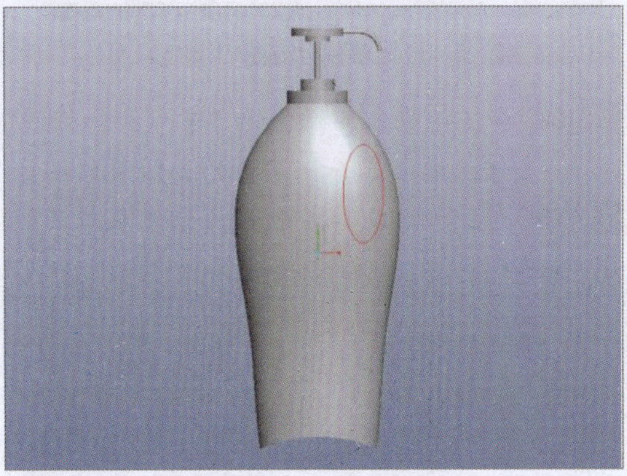

图 10-109　基准曲线的绘制效果（1）

Step 06 单击特征工具栏中的“平面”按钮，如图 10-111 所示，打开“基准平面”对话框。

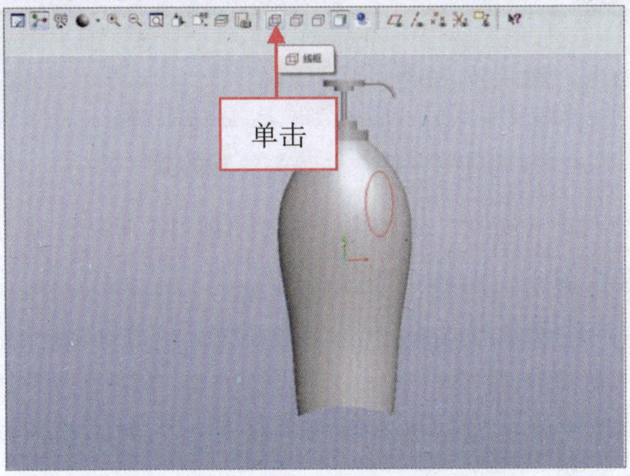

图 10-110　单击“线框”按钮

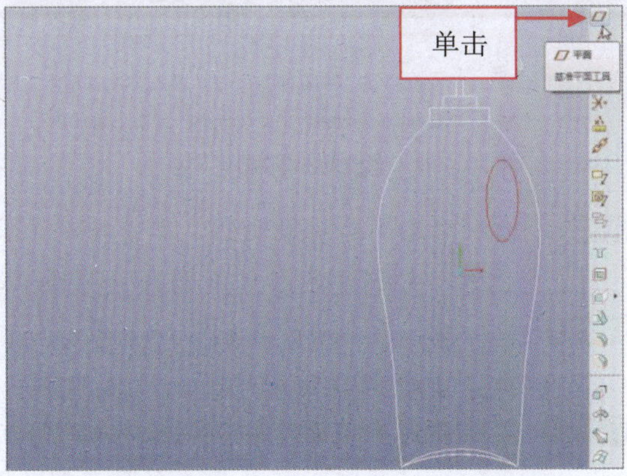

图 10-111　单击“平面”按钮

Step 07 在弹出的“基准平面”对话框中，设置相关信息，单击“确定”按钮，如图 10-112 所示，确定基准平面的设置。

Step 08 单击特征工具栏中的“草绘”按钮，弹出“草绘”对话框，选中 DTM1 基准平面作为基准曲线草绘平面，接受系统默认的草绘视图方向参照，单击“草绘”按钮，如图 10-113 所示，进入二维草绘模式。

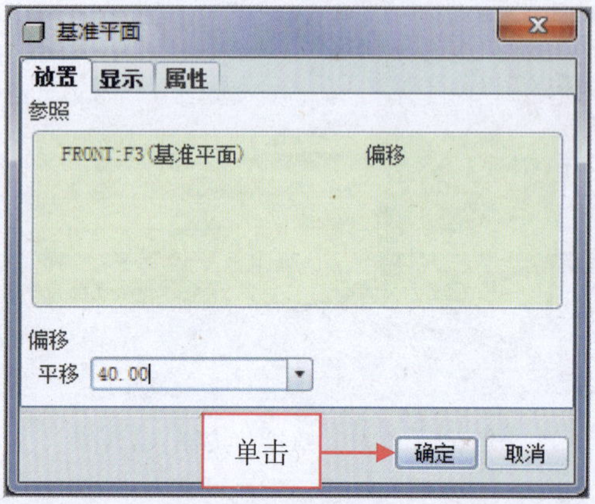

图 10-112 单击“确定”按钮

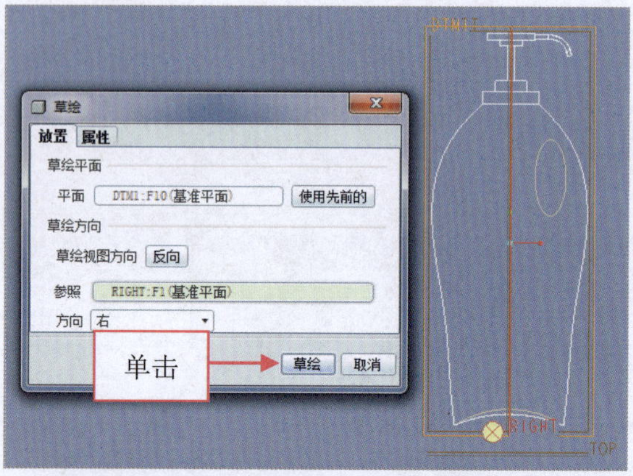

图 10-113 单击“草绘”按钮（2）

Step 09 单击特征工具栏中的“中心和轴椭圆”按钮，绘制一个椭圆，如图 10-114 所示，将其作为沐浴露手柄某侧的二维草绘图。

Step 10 单击“完成”按钮，结束基准曲线绘制，效果如图 10-115 所示。

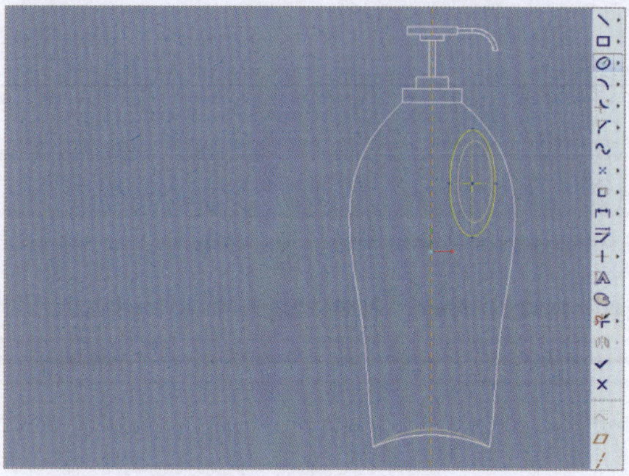

图 10-114 绘制一个椭圆（2）

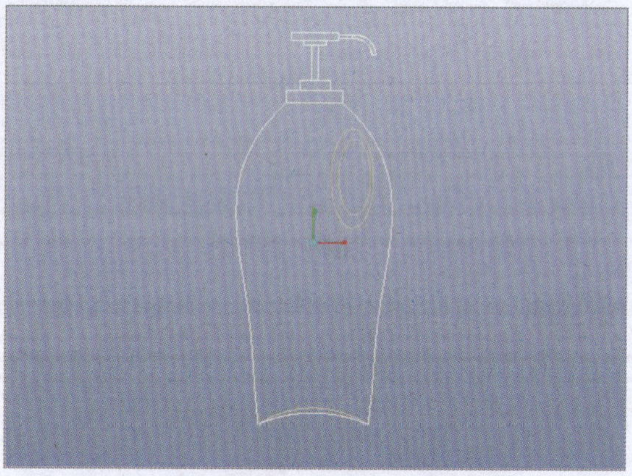

图 10-115 基准曲线的绘制效果（2）

Step 11 选中刚绘制的基准曲线，单击特征工具栏中的“镜像”按钮，如图 10-116 所示，借助镜像功能创建沐浴露手柄另一侧的二维草绘图。

Step 12 执行操作后，会弹出镜像操作面板，选择作为镜像平面的参照平面，如 FRONT 基准平面，如图 10-117 所示。

Step 13 单击镜像操作面板右侧的按钮，即可借助镜像功能创建沐浴露手柄另一侧的二维草绘图，按下鼠标滚轮并移动鼠标光标，效果如图 10-118 所示。

Step 14 单击“插入”|“边界混合”命令，如图 10-119 所示，开启边界混合操作。

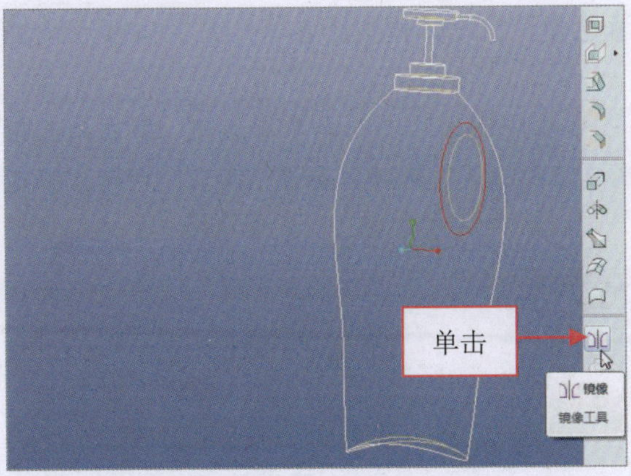

图 10-116 单击“镜像”按钮

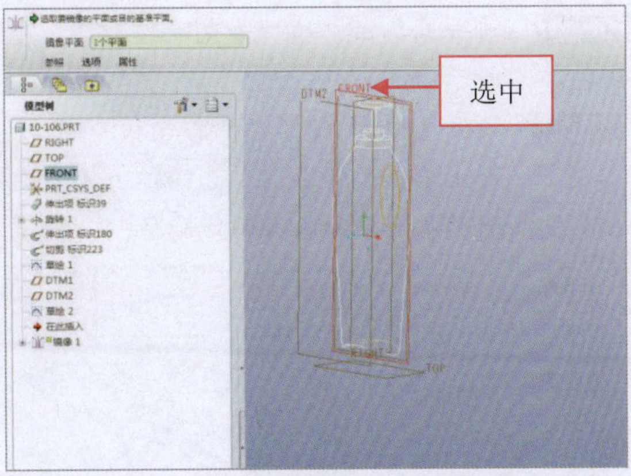

图 10-117 选中 FRONT 基准平面

图 10-118 创建沐浴露手柄另一侧的二维草绘图

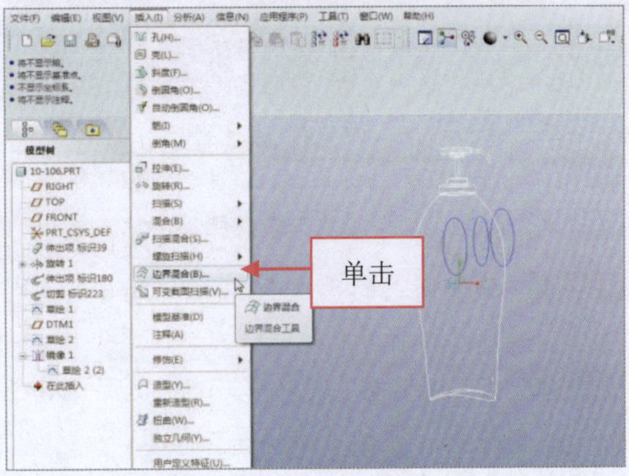

图 10-119 单击“边界混合”命令

Step 15 按住【Ctrl】键，逐一选择创建的基准曲线，如图 10-120 所示，对其进行边界混合操作。

Step 16 单击镜像操作面板右侧的✔按钮，即可查看基准曲线的边界混合效果，如图 10-121 所示。

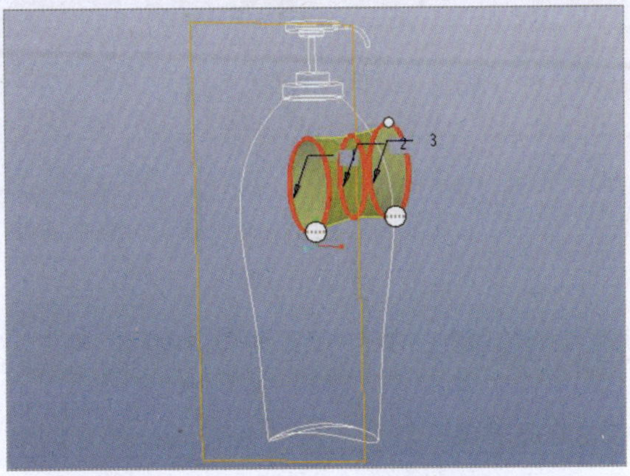

图 10-120 逐一选择创建的基准曲线

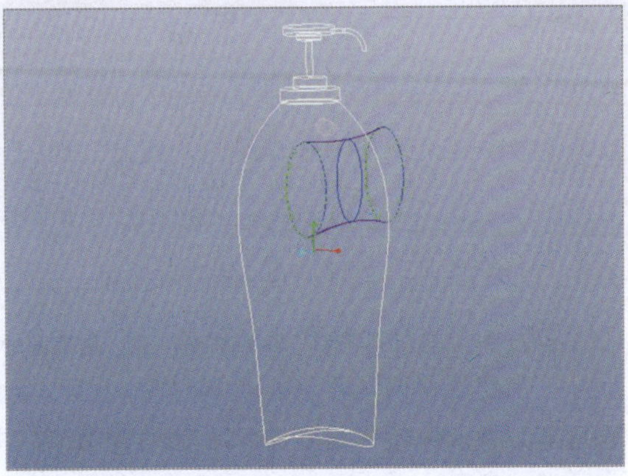

图 10-121 基准曲线的边界混合效果

Step17 单击工具栏中的“着色”按钮，查看着色模式下实体模型的显示效果，如图 10-122 所示。

Step18 按住【Ctrl】键，在“模型树”窗口中，选中要隐藏的基准面和基准曲线，并在所选项目上单击鼠标右键，选择弹出的快捷菜单中的“隐藏”选项，如图 10-123 所示，将所选的基准面和基准曲线隐藏。

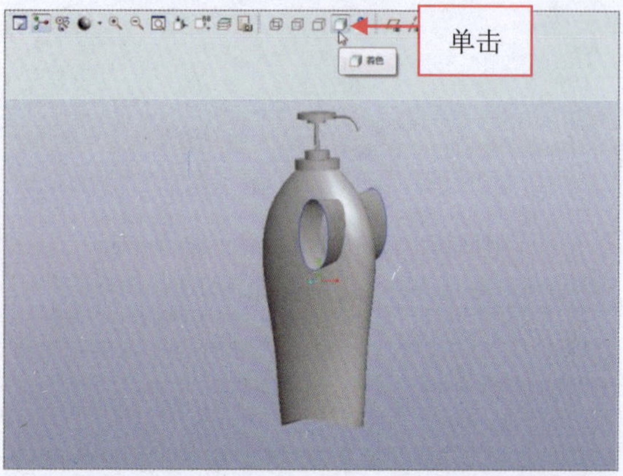

图 10-122　着色模式下实体模型的显示效果

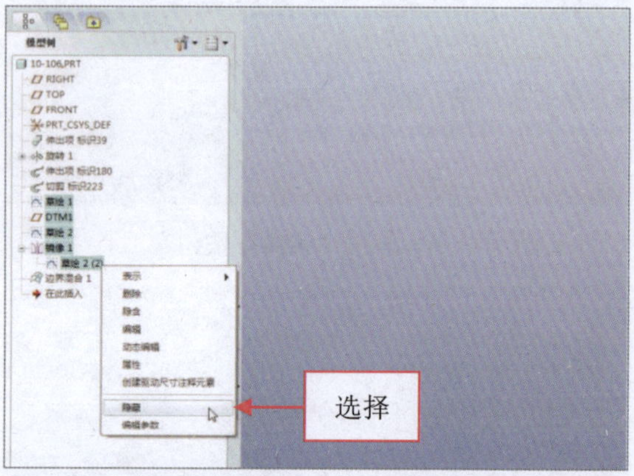

图 10-123　选择“隐藏”选项

Step19 如果所选的基准面和基准曲线变成灰色，就说明这些基准面和曲线隐藏成功了，如图 10-124 所示。

Step20 在“模型树”窗口中，选中边界混合 1 特征，单击“编辑” | “实体化”命令，如图 10-125 所示，调出实体化操作面板。

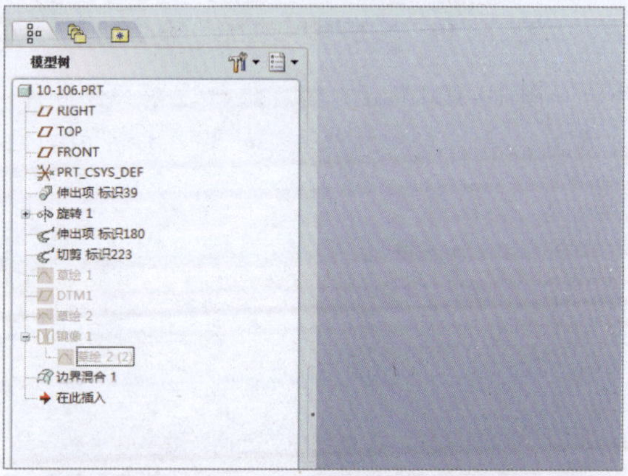

图 10-124　基准面和曲线隐藏成功

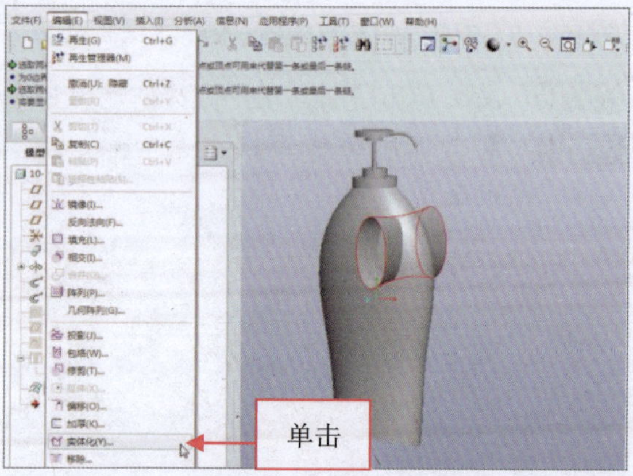

图 10-125　单击“实体化”命令

Step21 单击实体化操作面板中的“移除面组内侧或外侧的材料”按钮，如图 10-126 所示，将选中的边界混合特征移除。

Step22 单击实体化操作面板右侧的按钮，即可查看边界混合特征移除的效果，如图 10-127 所示。

Step23 单击特征工具栏中的“边倒角”按钮，如图 10-128 所示，对实体模型进行边倒角特征的操作。

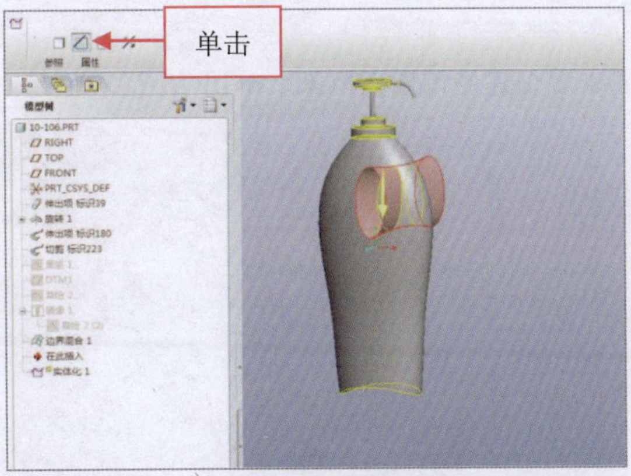

图 10-126　单击“移除面组内侧或外侧的材料”按钮

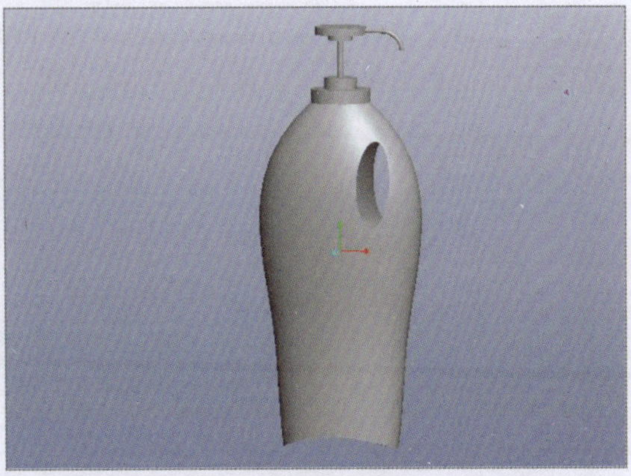

图 10-127　边界混合特征移除的效果

Step 24 按住【Ctrl】键，选中要进行倒角操作的边，设置倒角距离，如图 10-129 所示。

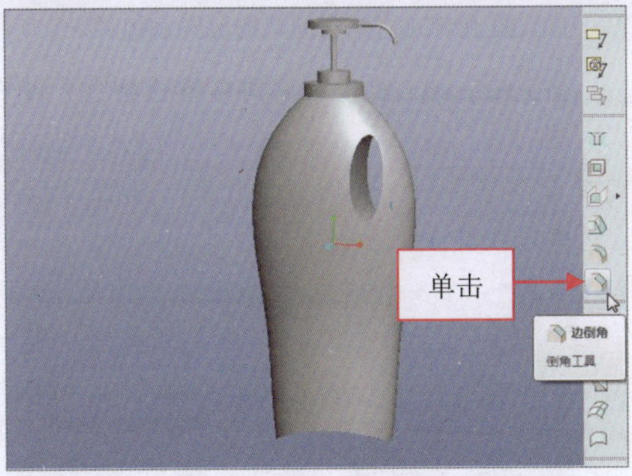

图 10-128　单击“边倒角”按钮

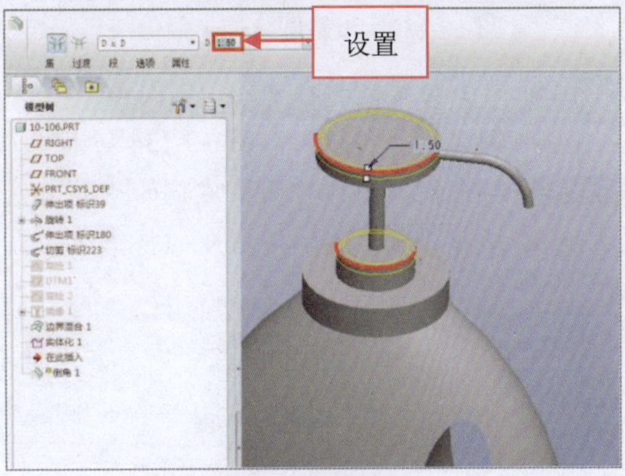

图 10-129　设置倒角距离

Step 25 单击边倒角操作面板右侧的✔按钮，即可查看创建的边倒角效果，如图 10-130 所示。

Step 26 单击特征工具栏中的“倒圆角”按钮，如图 10-131 所示，对实体模型进行倒圆角特征的操作。

图 10-130　查看创建的边倒角效果

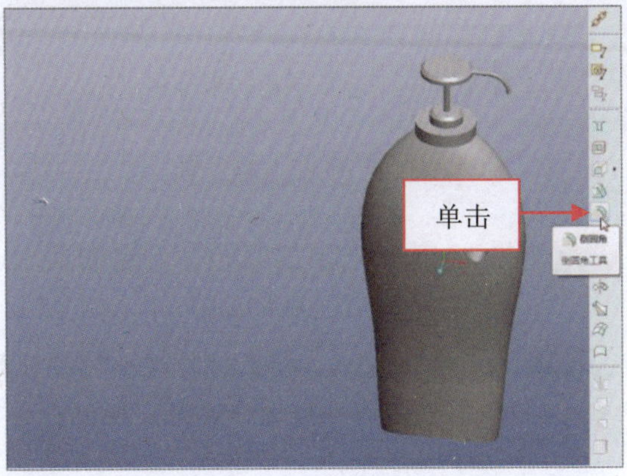

图 10-131　单击“倒圆角”按钮

Step 27 选择要进行倒圆角操作的边，设置圆角的半径值，如图 10-132 所示。

Step 28 单击倒圆角操作面板右侧的✓按钮，即可查看创建的倒圆角效果，如图 10-133 所示。

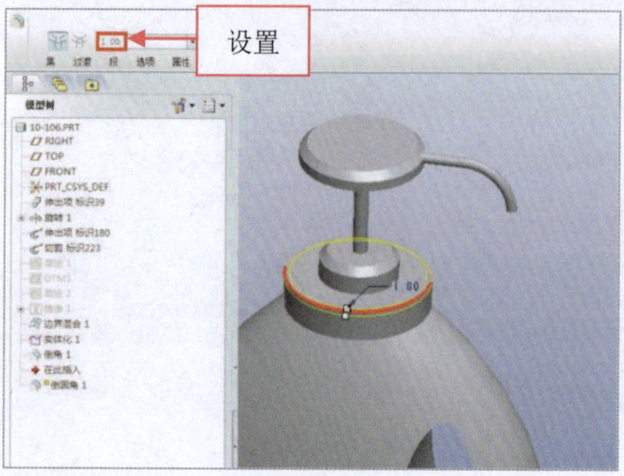

图 10-132　设置圆角的半径值（1）

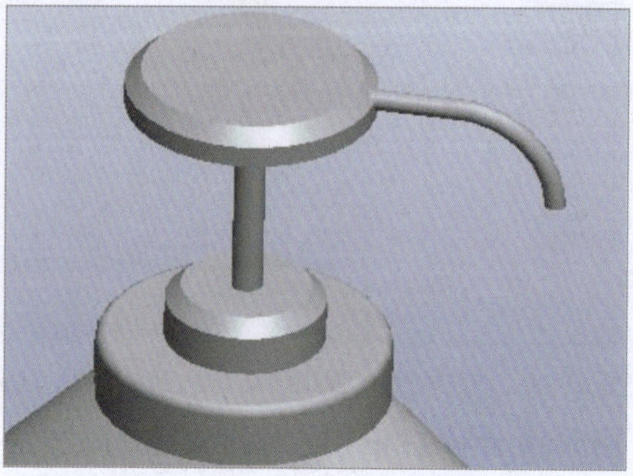

图 10-133　查看创建的倒圆角效果

Step 29 单击特征工具栏中的“倒圆角”按钮，选择浴露手柄上要进行倒圆角操作的边，设置圆角的半径值，如图 10-134 所示。

Step 30 单击倒圆角操作面板右侧的✓按钮，即可查看浴露手柄上的倒圆角效果，如图 10-135 所示。此时，沐浴露瓶的整体结构基本就创建完成了。

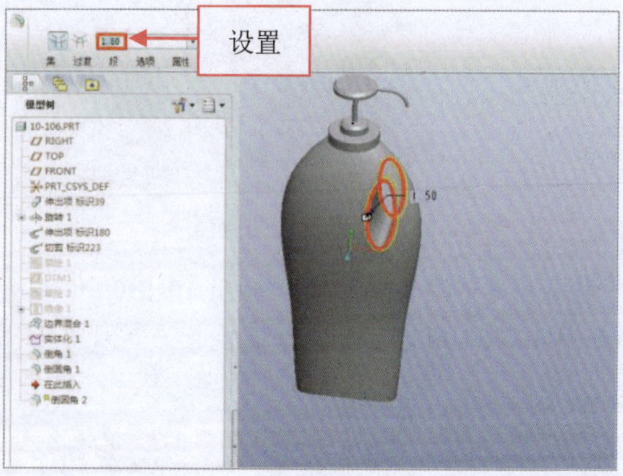

图 10-134　设置圆角的半径值（2）

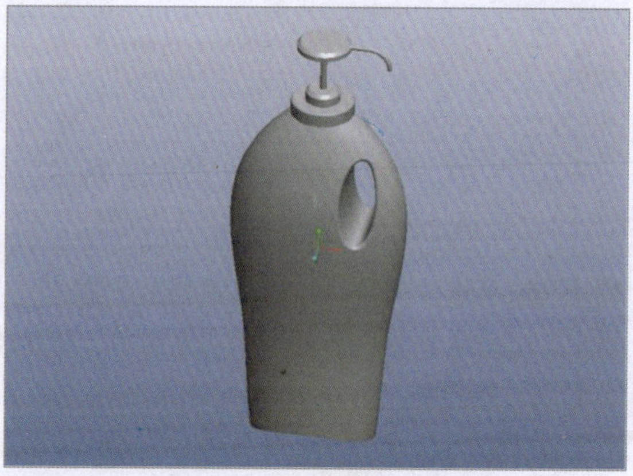

图 10-135　查看浴露手柄上的倒圆角效果

10.3.4　调整沐浴露瓶的颜色

有的沐浴露瓶对颜色可能有一定的要求，对此，用户可以通过如下操作来调整沐浴露瓶的颜色。

调整沐浴露瓶的颜色

Step 01 打开素材文件，单击“外观库”按钮右侧的按钮，准备对沐浴露瓶的外观进行设置。在弹出的外观库列表框中，单击“更多外观...”按钮，如图 10-136 所示。

Step 02 在弹出的“外观编辑器”对话框中，单击“颜色”右侧的色块，以设置沐浴露瓶的颜色。在弹出的“颜色编辑器”对话框中，设置 R、G、B 的数值，例如，要将沐浴露瓶设置为白色，可以将 R、G、B 的数值都设置为 255，单击“关闭”按钮，如图 10-137 所示，确认颜色设置。

> **▶ 专家指点**
>
> 打开素材文件之后，原本隐藏的内容会再次显示出来。因此，为了更好地进行操作，用户还需要自行对不需要显示的内容进行隐藏。例如，因为本小节是在上个小节创建的沐浴露手柄之上进行操作的，所以用户还需要对 10.3.3 小节 Step 18 中选中的基准面和基准曲线进行隐藏。

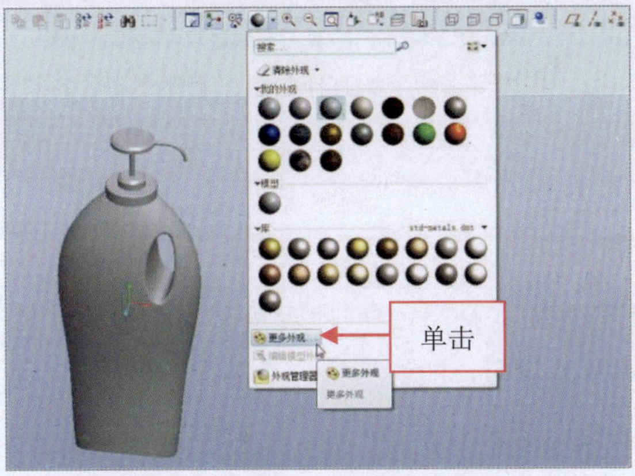

图 10-136　单击“更多外观...”按钮

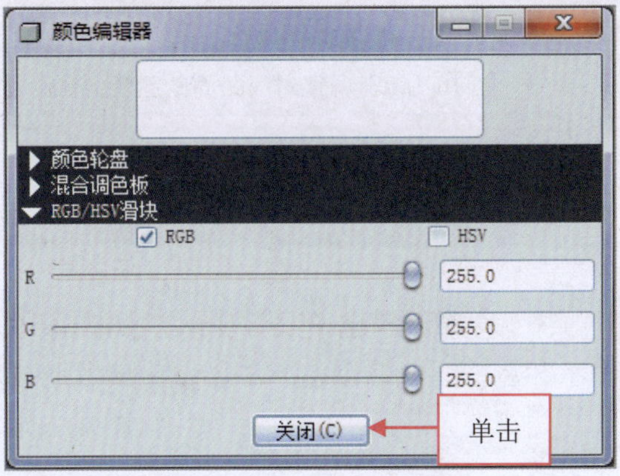

图 10-137　单击“关闭”按钮

Step 03 返回“外观编辑器”对话框，设置其他的属性信息，单击“确定”按钮，如图 10-138 所示，确定外观设置。

Step 04 执行操作后，鼠标光标会变成画笔形图标，单击需要调整颜色的曲面，如图 10-139 所示。

图 10-138　单击“确定”按钮

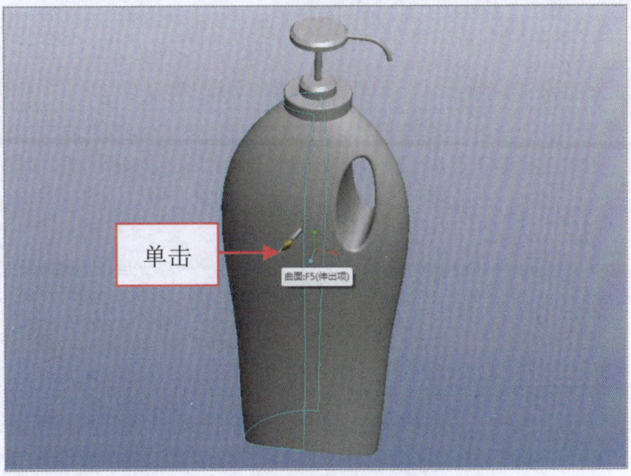

图 10-139　单击需要调整颜色的曲面

Step 05 执行操作后，即可调整对应曲面的颜色，效果如图 10-140 所示。

Step 06 参照上述操作，将沐浴露瓶上的其他曲面都调整成需要的颜色，效果如图 10-141 所示。

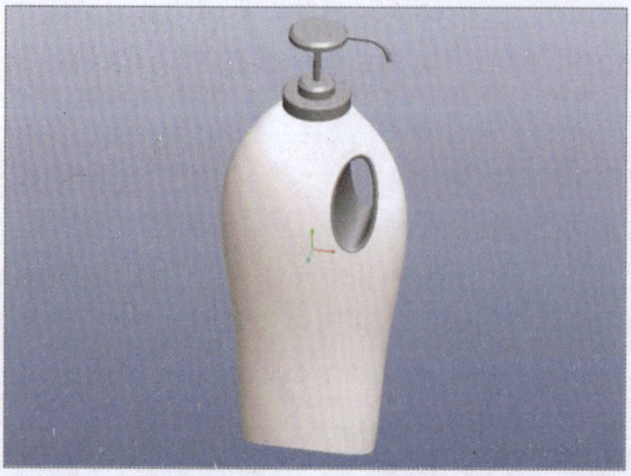
图 10-140　调整对应曲面的颜色

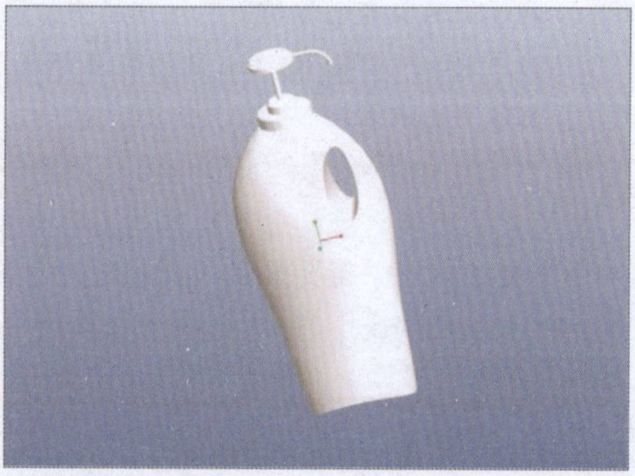
图 10-141　将沐浴露瓶上的其他曲面都调整成需要的颜色

本章小结

本章主要向读者介绍了 Pro/E Wildfire 5.0 中经典实例的应用技巧，帮助读者了解薄孔板、轴承和沐浴露瓶的创建方法。希望读者通过对本章的学习，能够根据自身需求，创建出满意的模型实体。

课后习题

鉴于本章知识的重要性，为了帮助读者更好地掌握所学知识，本节将通过上机习题，帮助读者进行简单的知识回顾和补充。

本习题需要掌握常见实体模型的创建方法。用户需要根据要求创建对应的实体模型，例如，创建紫色沐浴露瓶，效果如图 10-142 所示。

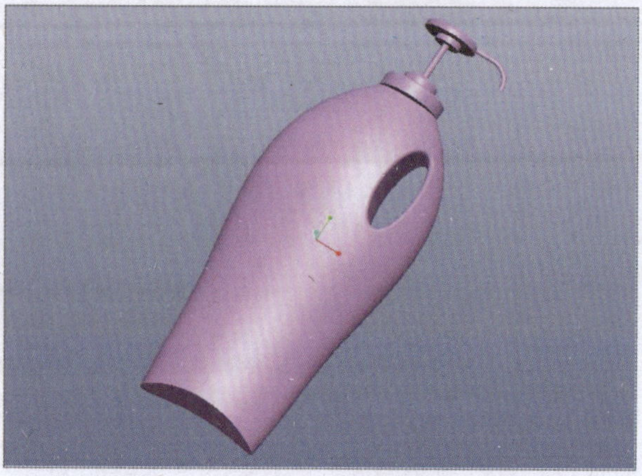
图 10-142　建紫色沐浴露瓶的效果